區

Local Area Networks

First Edition

Behrouz A. Forouzan
DeAnza College
with
Sophia Chung Fegan
原著

國立交通大學電信工程學系 **王蒞君** 副教授
啟迪國際資訊股份有限公司 **夏共晚** 講師
翻譯

McGraw-Hill Education

US Boston Burr Ridge, IL Dubuque, IA Madison, WI New York San Francisco St. Louis

International Bangkok Bogotá Caracas Kuala Lumpur Lisbon London Madrid Mexico City Milan Montreal New Delhi Santiago Seoul Singapore Sydney Taipei Toronto

國家圖書館出版品預行編目資料

區域網路 / Behrouz A. Forouzan, Sophia Chung Fegan 原著；
王菘君，夏其晚翻譯.
-- 初版. -- 臺北市：麥格羅希爾，2004[民93]
面； 公分. -- (機械叢書；CI003)
譯自：Local area networks
ISBN 957-493-920-0(平裝)

1. 區域網路

312.9166　　93008511

資訊科學叢書 CI003

區域網路

作　　者　Behrouz A. Forouzan
譯　　者　王菘君、夏其晚
企劃編輯　陳　靖
特約編輯　莊麗娜

發 行 人　劉漢文
出 版 者　美商麥格羅・希爾國際股份有限公司 台灣分公司
地　　址　台北市 100 中正區博愛路 53 號 7 樓
網　　址　http://www.mcgraw-hill.com.tw
讀者服務　E-mail:edu_service@mcgraw-hill.com.tw
　　　　　TEL: (02) 2311-3000　FAX: (02) 2388-8822
登記證號　局版北市業字第 323 號
總 代 理　全華科技圖書股份有限公司
　　　　　台北市龍江路 76 巷 20 號 2 樓
　　　　　TEL: (02) 2507-1300　FAX: (02) 2506-2993
　　　　　http://www.chwa.com.tw
　　　　　http://www.opentech.com.tw
　　　　　E-mail:book@ms1.chwa.com.tw
　　　　　帳號: 0100836-1
　　　　　書號 18007

出版日期　2004 年 7 月（初版一刷）
定　　價　新台幣 650 元整
Original: Local Area Networks, First Edition　ISBN: 0-07-233605-6

ISBN：957-493-920-0

中文版推薦序

本書討論的範圍集中在區域網路的部分，從網路的架構（乙太網路、記號環、FDDI）、模型（OSI），協定（TCP/IP）、規則，談到網路設備（路由器、橋接器、交換器）、線材（同軸電纜、雙絞線、光纖），內容可說是相當豐富。作者同時也花了相當多的篇幅來介紹區域網路技術的演進，與目前的趨勢，這些技術包括無線區域網路、IPv6、快速乙太網路、Gigabit 乙太網路等等。

本書最大的特色，就是作者善用簡單易懂的圖形與表格來對照解釋，讓讀者以視覺化的方式理解複雜的觀念。此外，在章節中展示的範例，以及每章最後面所附的練習題，也能提供讀者區域網路概念與原理的應用。對於想深入此課題的讀者們，請別錯過附錄的介紹。

網路技術的發展，已經快速地融入我們的生活之中。學習網路的相關知識，也不再是工程師或是研究人員們的專利。這本教科書，對於想認識網路架構，尤其是區域網路的讀者們而言，都是值得一再細讀的教材。

王蒞君
夏其晚

前言
Preface

就目前的網路技術，特別是在區域網路的技術層次而言，是屬於我們文化中最快速成長的一種技術。在這種成長中所衍生的其中一個結果，是大量增加了許多的專業人員—並且平均地在數量上和類型上有許多的學生選修這方面的課程來學習這些技術，而他們如果瞭解這些技術會是成功的基本要素。今天，學生們想要知道這些區域網路的概念和協定，可以透過學術和專業的背景來達成。如果要對他們有用的話，一本區域網路教科書就要讓不同技術背景的學生都能接受。這本書就是以這些學生為考量而寫成的。

本書的特色

這本書設計出幾個特色，讓學生特別容易理解區域網路 (LAN)。

架構

我們先從基礎的電訊技術開始。在第 1 到第 5 章，我們討論了徹底瞭解區域網路協定必要的主題。如果學生已經修習過通訊或電信方面的課程，這些章節可以跳過或是快速地複習一下。

第 6 到第 9 章描述了所有關於區域網路協定的一般概念。其中會討論到 LAN 的拓樸，流量及錯誤控制，媒介存取控制，以及邏輯連線控制。

第 10 到第 15 章描述主要的 LAN 協定和技術。我們會先從傳統的乙太網路 (Ethernet) 開始，然後繼續討論快速 (Fast) 以及十億位元乙太網路 (Gigabit Ethernets)。

接著我們會討論記號匯流排 (Token Bus)、記號環 (Token Ring)、非同步傳輸模式區域網路 (ATM LANs) 以及無線區域網路。

第 16 章專注於區域網路的效能。這是設計給一些具有機率背景的讀者。這部分也可以被跳過而不會影響整體的學習。

第 17 章描述如何使用連線裝置來連接區域網路。

第 18 章專注在 TCP/IP 協定套件。今天的區域網路並不能與網際網路隔絕。如果需要安排個別的 TCP/IP 協定課程，這一章是可以被跳過的。

第 19 章是關於加密/解密。今天，由於在安全上有許多的錯誤，所以本章希望可以給學生們有關加密技術的想法。再次強調一下，如果在網路安全的部分需要另一個課程，這一章是可以被跳過不教。

第 20 章討論網路管理，這對於所有的讀者而言是非常重要的一章。

視覺化的作法

我們以均衡的文字和圖片來取代複雜公式的作法，在書中展現了完整的技術相關主題。大約有 470 張圖片伴隨著解釋的文字敘述，讓讀者以視覺化和直覺的方式來瞭解這些內容。在解釋網路概念時，圖片的使用相當重要，因為網路是基於連線和傳輸的。這些概念用視覺化的方式比用文字敘述還容易說明。

強調的重點

我們將重複的重要概念放在方框中，讓讀者可以快速地參閱。

範例與應用

在適當的時機，我們會在章節中包含範例來描繪所介紹的概念。這些也會協助讀者解答每一章最後的習題練習。

摘要

每一章的最後會有該章涵蓋內容的摘要。這些摘要是該章節中所有重點的簡要概述。

重要的名詞術語

每一章的最後會有重要名詞術語的列表，提供讀者可以進行快速地參閱。

練習題

每一章都會包含練習題，這是設計用來強調特別重要的概念，並且鼓勵學生去運用它們。它包含兩個部分：選擇題和習題。選擇題可以測試學生是否理解基本的概念和術語。習題則需要對內容有較深入的理解。

附錄

附錄嘗試提供快速的參考，或是在瞭解本書所討論的重要概念時必要的複習內容。

解釋名詞和縮寫

本書包含了擴充的名詞解釋。在書的封皮也有縮寫的列表。

線上補充教材可以在 www.mhhe.com/forouzan 的網站找到

■**PowerPoints**：四色的投影片，其中包括本書的圖片，這對於講師和學生來說都是很棒的資源。

■**解答**：完整的解答會透過密碼保護，而且只提供給授課講師。而單數習題的解答提供給學生的目的是為了促銷自修。

■**PageOut**：PageOut 是 McGraw-Hill 特有的產品，它可以讓你快速地針對網路課程建立網站。它不需要你事先瞭解 HTML，不用花很長的時間，也不需要設計的技巧。相對地，PageOut 提供一系列的範本。只要簡單地填入你的課程資訊，並且點選 16 個設計的其中之一。這些簡短的程序就可以讓你擁有專業設計的網頁。

如何使用本書

本書是針對學術界與專業人士所撰寫。本書也適合對這個領域有興趣的專業人士自修之用。作為一本教科書，它可以當作一學期或一個學季的課程。這些章節的組織架構提供相當大的彈性。以下是一些指導原則：

■如果學生沒有電訊或數據通訊背景的話，第 1 到第 6 章是必要的。

■第 10 到第 15 章是必要的。

■第 16 章假定學生具有基本機率理論的知識。機率理論的複習可以參考附錄 J。

■第 17 章是必要的。

■第 18 與第 19 章是可選擇的。

■第 20 章是必要的。

感謝辭

很明顯地，要完成這樣範圍的一本書，需要許多人的支援。我們必須感謝 DeAnza 的學生和相關工作人員：他們的鼓勵與支援讓這個專案具體呈現，並且對於它的成功貢獻良多。對於開發這樣一本書的過程中，最重要的貢獻就是來自對等的評論。我們實在很難用言語來表達對於許多評論者至高的感謝之意，因為這些評論者花費許多時間閱讀手稿並且提供他們的註解與想法。我們還要特別感謝 DePaul 大學的 Gregory Brewster 和 DuPage 學院的 Harry Hou，他們也評論了手稿。

特別感謝 McGraw-Hill 的工作人員。我們的發行者 Betsy Jones，他證明了一位熟練的發行者可以化不可能為可能。企畫編輯 Emily Lupash 隨時隨地給予我們必要的協助。專案經理 Sheila Frank 以他高度的熱情導引我們走過出版的過程。我們同時也要感謝出版 Sandy Hahn、設計 Rick Noel 以及文字編輯 Barbara Somogyi。

註冊商標的標記

在本書的內容中，我們使用許多的註冊商標。與其每次在提到這些註冊商標時都要插入一個符號，我們在此處承認這些商標，並且指出沒有要侵犯它們的意圖。它們屬於各自擁有者的財產。

- Apple, AppleTalk, EtherTalk, LocalTalk 和 TokenTalk
- Bell 和 StarLan
- DEC, DECnet, VAX 和 DNA
- IBM, SDLC, SNA 和 IBM PC
- Novell, Netware, IPX 和 SPX
- Network File System 和 NFS
- PostScript
- UNIX
- Xerox
- 其他在此處沒有提到的註冊商標

來自同事以及學生的反映意見

沒有一本書是完美的。我們深信如果可以持續地得到學生以及專業人士的反映意見，每一本書的內容都可以更加精進。請將問題、註解、錯誤或建議寄到 **forouzan@fhda.edu** 或 Behrouz Forouzan, DeAnza College, 21250 Stevens Creek Blvd., Cupertino, CA 95014.

目錄

第 18 章 TCP/IP

第 19 章 資料加密 *Data Encryption*

第 20 章 網路管理 *Network Management*

第 1 章

網路概論

Introduction

本章主要內容是在討論網路的基本觀念，我們將特別針對**區域網路** (*Local Area Networks*) 做解說，除了清楚定義何謂區域網路外，並簡單介紹區域網路的一些應用，以及構成區域網路的基本要件。

1.1 網路 Networks

網路 (Network) 是一個由各種設備所組成的集合總稱，在網路中的設備有時也稱為**節點** (node)，這些節點在網路中是藉由媒體連結 (Medium Link) 互相連接。而一個節點可能是一部電腦、印表機，或是任何可以接收及傳送資料的設備，連接各個設備的連結，通常被稱為通訊通道 (Communications Channel)。

今天當我們談到網路時，通常會將它分成三大類：區域網路 (Local Area Networks, LANs)、都會網路 (Metropolitan Area Networks, MANs) 和廣域網路 (Wide Area Networks, WANs)。想判斷一個網路歸屬於哪一類網路，主要是根據它的規模、網路擁有權、網路涵蓋之區域遠近及網路實體架構而定，如圖 1.1。

圖 1.1 網路的分類

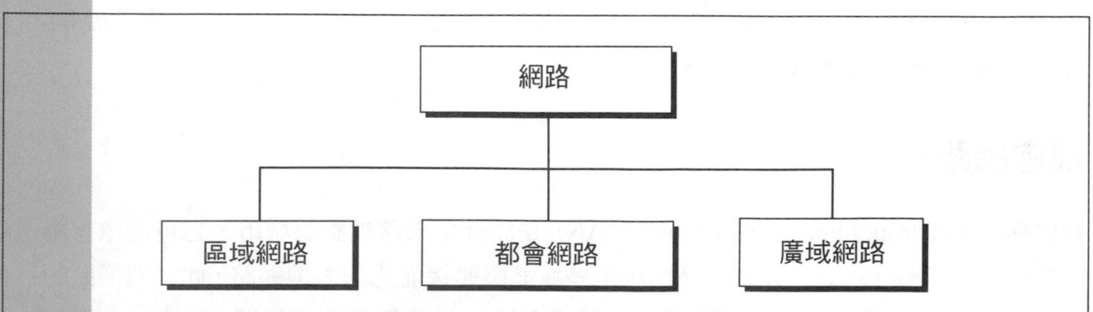

區域網路

區域網路 (Local Area Networks, LAN) 通常屬於個人或私人機構，主要是用來連接一個辦公室、一棟建築物裡、或是一個校園內的許多網路設備，如圖 1.2。根據該機構的需求以及所使用的網路技術，區域網路可以位在個人辦公室裡，由兩台電腦和一台印表機所組成的簡單網路，也可以延伸成遍及整個公司，連接所有電腦、語音及視訊週邊設備的公司內部網路。目前區域網路的範圍被限定在幾公里之內。

圖 1.2 區域網路

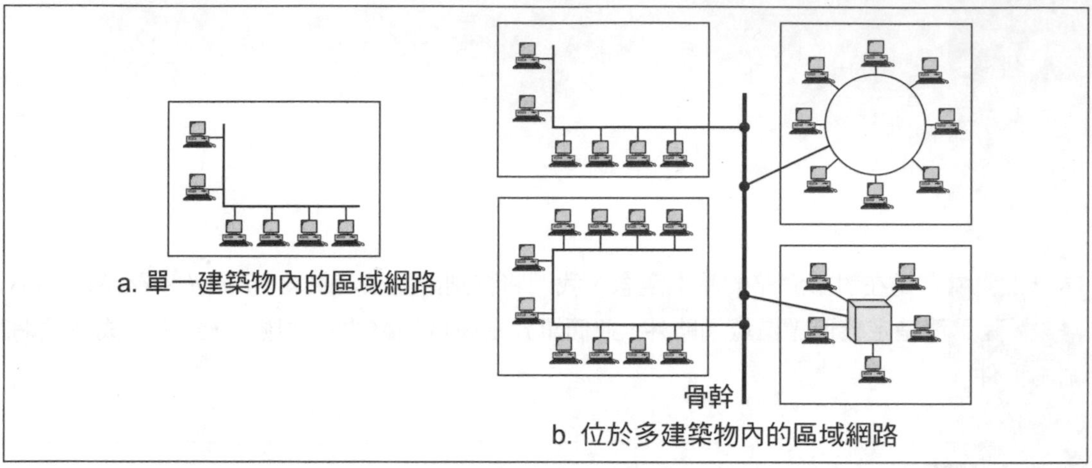

區域網路的設計目標是讓個人電腦及工作站之間能共享資源。可以在網路中共享的資源包括：(1) 硬體設備，例如印表機；(2) 軟體設備，例如應用程式；(3) 數據資料，例如資料庫中的資訊。商業環境中常見的區域網路範例如下：這種區域網路主要用來連接多台以工作為導向的電腦，例如工程部的工作站和會計部的多部個人電腦，當中的一部電腦可能會配置高容量硬碟而成為伺服器 (Server)，高價的軟體程式可以儲存在伺服器內，讓整個工作團隊都能分享使用。在此例中，區域網路的規模可能會被該軟體的合法使用人數，或是可以連接到此伺服器的作業系統人數所限制。

除了依據規模大小之外，區域網路也可以依據使用的傳輸介質 (Transmission Media) 和網路拓樸 (Network Topology) 來區分，因為通常一個區域網路只會使用一種傳輸介質。

對於傳統區域網路而言，傳輸資料的速率通常是在 4 ~ 16Mbps 的範圍內（附註：1 Mbps= 10^6 位元 / 秒）。然而，傳輸速率在 100 Mbps 或 1Gbps 範圍的區域網路在目前是相當常見的（附註：1Gbps= 10^9 bit per second）。

都會網路

都會網路 (Metropolitan Area Network, MAN) 是設計用來跨越整個城市，它可能像有線電視網一般的單一網路，或是一種藉由多個小型區域網路連接而成的大型網路，此大型網路的目標是要達到所謂區域網路與區域網路間 (LAN-to-LAN) 以及設備與設備間 (Device-to-Device) 的資源共享機能。舉例來說，一個公司可藉由都會網路，連接這些散佈在城市中各地辦公室的多個區域網路，如圖 1.3。

目前許多電話公司都已經提供一種相當受歡迎的都會網路服務，稱為交換式百萬位元資料服務 (Switched Multi-megabit Data Services, SMDS)。

圖 1.3　都會網路 (Metropolitan Area Network, MAN)

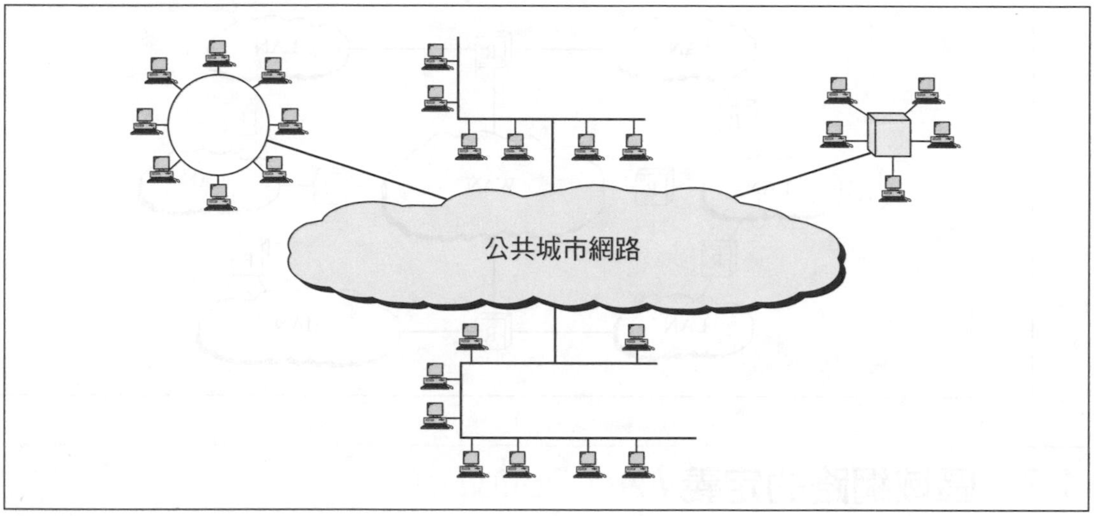

廣域網路

一個**廣域網路** (Wide Area Network, WAN) 能夠讓數據、語音、影像和視訊資料在寬廣的地理區內做長距離的傳輸，所涵蓋的範圍可能包括一個國家、一個洲，甚至於全世界，如圖 1.4。

相較於區域網路是使用私人的硬體設備來傳送資料，廣域網路使用公共的、專屬的，或者是私人的通信設備（通常是以上的組合）來傳遞資訊，因此幾乎可以涵蓋無限長的距離。

圖 1.4　廣域網路 (Wide Area Network, WAN)

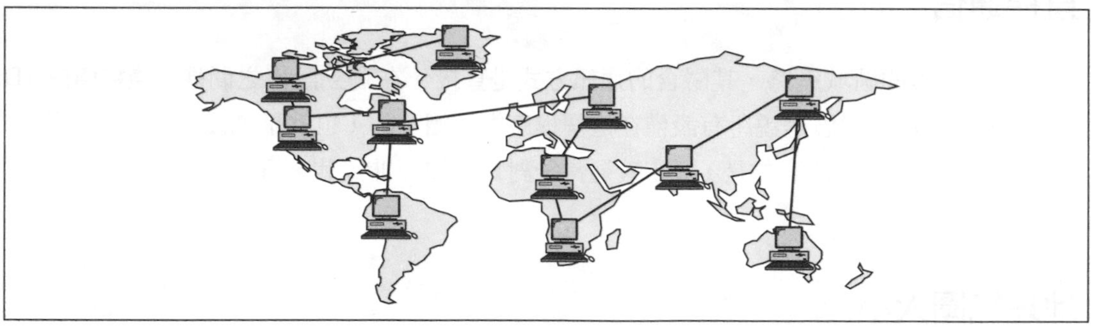

互連網路

當兩個以上的網路連結在一起就形成一個**互連網路** (Internetwork, or internet)，圖 1.5 為一個網路互連的範例，其中 R 代表路由器 (Router)。個別的網路如果要加入互連網路，須藉由特殊的互連網路設備，例如路由器 (Router) 和閘道器 (Gateway)，我們將在第 17 章中對這些網路互連設備做更詳細的討論。請注意英文中 *internet*（第一個字母是小寫的 *i*）和 *Internet*（第一個字母是大寫的 *I*）意義的不同，前者代表網路相互連接的通稱，而後者代表特定的全球性網際網路。

圖 1.5　網路的互連（Internetwork 或 internet）

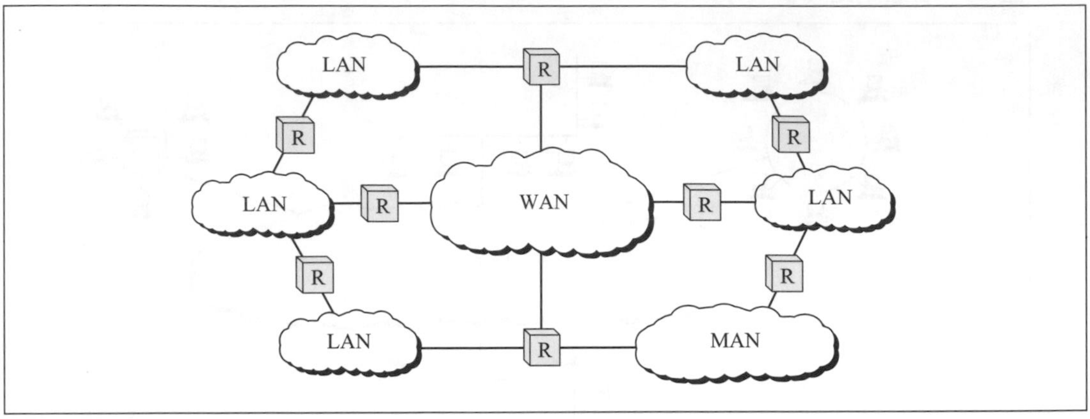

1.2　區域網路的定義 *LAN Definition*

電機電子工程師學會 (Institute of Electrical and Electronics Engineers, IEEE) 對區域網路 (Local Area Network, LAN) 的定義如下：「**區域網路是一種資料通信系統，它能夠讓許多獨立運作的設備，在中等距離的地理區域範圍內** (*moderately sized geographical area*)**，以中等實體通訊通道的資料傳輸速率** (*moderate data rate*) **在彼此之間進行直接通信** (*direct communication*)。」

在此定義中有一些問題需要進一步地澄清和解釋。

直接通信

由 IEEE 定義的區域網路，其隱含的通訊方式是直接。在獨立設備之間進行**直接通信** (Direct Communication)，意思是說所有設備在這個程序中是相等的，也就是說沒有任何設備能控制其他的設備。但是需要注意的是，此定義通常針對實體層而非邏輯層面，我們很快地就會討論到這個問題。

地理範圍大小

在 IEEE 的定義中明確地指出，區域網路中通訊設備的傳輸距離是中等距離，其涵意是指一個區域網路 (LAN) 是無法包括整個國家，甚至整個城市內的全部電腦。一個區域網路實際涵蓋的**地理範圍大小** (Size) 通常限制在一棟建築物、校園，或是一個站台（公司辦公室）。

傳輸媒體

IEEE 指出區域網路的通訊應該發生在一個實體媒體 (Physical Medium) 上，現今大家對「實體媒體」的解釋相當廣泛。區域網路可以使用導引的**傳輸媒體** (guided transmission media)，例如纜線，此傳輸媒體應該是該區域網路所專用，而不是公有的；另外區域網路也能使用非導引式的傳輸媒體 (unguided media)，例如空氣，這類的傳輸媒體是可以和其他區域網路共同分享使用。但在此例中，雖然傳輸媒體可被共享，區域網路在建立通信通道時，該通道是此區域網路專用的。請注意，這個觀念和廣域網路 (Wide Area Network, WAN) 使用公共交換網路 (Public Switched Networks) 的方式完全不同【註 1】。

數據傳輸速率 (Data Transmission Rate)

雖然在 IEEE 的區域網路定義中，曾提及傳輸的速率是中等速率，然而，目前區域網路的傳輸速率可以從每秒數百萬位元 (Mbps) 到每秒數十億位元 (Gbps)【註 2】，將來的區域網路甚至會有更高的傳輸速率。

1.3 區域網路的組成要件 LAN Components

一個區域網路是由硬體和軟體所共同組成，**硬體** (Hardware) 是網路中有形的實體部分，而**軟體** (Software) 是讓網路運作的程式集合。

硬體

讓我們先討論硬體的部分。大體上我們可以把區域網路中所使用的硬體元件分為三大類：工作站、傳輸媒介和連接裝置。

工作站

區域網路的目的是將各個**工作站** (Stations)，例如電腦、印表機、數據機 (Modem) 連接在一起。這些工作站有時稱為節點 (Node)，但在本書中我們統一使用工作站這個名詞。

每個工作站必須具備連接網路的能力，因此一個工作站必須有額外的硬體設備及軟體工具來執行網路的相關工作，例如傳送數據資料、接收數據資料和監控網路狀況。這種硬體裝置通常以**網路介面卡** (Network Interface Card, NIC) 的形式呈現，它通常是建置在工作站的內部，而且包含執行網路功能所需的電路（以晶片形式呈現）。

註 1：**廣域網路** (WLAN) 在**公共交換網路** (Public Switched Networks) 中所使用的傳輸媒體是共用的，且其通信通道是向交換網路暫時借用的。

註 2：Mbps = 10^6 bit per second; 1 Gbps = 10^9 bit per second。

傳輸媒介

傳輸媒介 (Transmission Media) 是工作站之間相互通信所使用的路徑，區域網路目前使用**導引** (guided) 的傳輸媒介（如纜線）或**非導引式** (unguided) 的傳輸媒介（如空氣），我們將在第四章中進一步討論這些傳輸媒介及其特性。

連接裝置

區域網路中有兩種類型的**連接裝置** (connection devices)，第一類是連接傳輸媒體到工作站的連接裝置，例如傳接器 (Transceivers【註 3】) 和傳接器纜線 (Transceiver Cables)；第二類連接裝置是用來連接各個網路區段，例如增益器 (Repeaters【註 4】) 和橋接器 (Bridges【註 5】)。

軟體

區域網路所使用的軟體分為兩大類型：(1) 網路作業系統；(2) 應用軟體。

網路作業系統

網路作業系統 (Network Operating System, NOS) 是一種程式，它能讓工作站和相關設備到網路之間進行邏輯連接，例如讓用戶彼此間能相互通信，並能共享資源。目前比較流行的區域網路作業系統有 Novell Netware、Windows NT、Windows 2000 和 UNIX。

應用程式

應用程式 (Applications Programs) 能讓用戶解決特殊的問題，它並不是只能專用在區域網路，也能使用在獨立的電腦上。

1.4　區域網路的模型 *LAN Models*

從使用者的觀點來看，一個區域網路可被配置成客戶端 / 伺服器模式區域網路 (Client/Server LAN) 或是對等模式區域網路 (Peer-to-Peer LAN)。詳細討論這兩種模式是屬於網路作業系統的課題，我們在這裡只介紹基本觀念。

客戶端 / 伺服器模式

在一個**客戶端 / 伺服器模式** (Client/Server Model) 中，一個稱為**伺服器** (Server) 的工作站會提供服務給許多稱作**客戶端** (Clients) 的工作站。網路作業系統有伺服器和客戶端兩種版本，分

註 3：Transceiver 是 Transmitter 和 Receiver 的簡稱。

註 4：**增益器** (Repeater) 是一種透過訊號增益使訊號傳輸距離延長的設備。

註 5：**橋接器** (Bridge) 是一種具有過濾資料流量及轉送能力的網路設備。

別裝置在伺服器工作站和客戶端工作站上。一個區域網路可包含一般性的伺服器或數個特定功能的伺服器。

特定功能之伺服器 (Dedicated Servers)

一個大型網路可能有許多伺服器，而每一部伺服器專門執行某個特定的工作。舉例來說，一個網路可能包含一個郵件伺服器、一個檔案伺服器、或一個列印伺服器，其中郵件伺服器負責接收電子郵件，它必須隨時都在運作，以避免遺失電子郵件，同時讓用戶端隨時都能藉由執行電子郵件軟體來存取郵件。而檔案伺服器的功能，則是讓用戶端使用存在它磁碟機裡的共用資料，當用戶端需要某些共用資料時，只要通知此伺服器，它就會傳送該份資料給用戶。另外，列印伺服器可以讓許多用戶共用一個高速印表機，每一個用戶端傳送資料到此列印伺服器，它會暫存這些來自不同用戶的資料，而後依優先次序將它們印出。在這種模式中，檔案伺服器會執行**伺服器檔案存取程式** (server file-access program)、郵件伺服器執行**伺服器郵件處理程式** (server mail-handing program)、列印伺服器執行**伺服器列印處理程式** (server print-handing program)、而用戶端則會根據本身的需求，執行**客戶端檔案存取程式** (client file-access program)、**客戶端郵件處理程式** (client mail-handing program) 或**客戶端列印處理程式**。圖 1.6 顯示一個客戶端 / 伺服器模式中有多個特定功能伺服器的想法。

圖 1.6 有多個特定功能伺服器的客戶端 / 伺服器模式

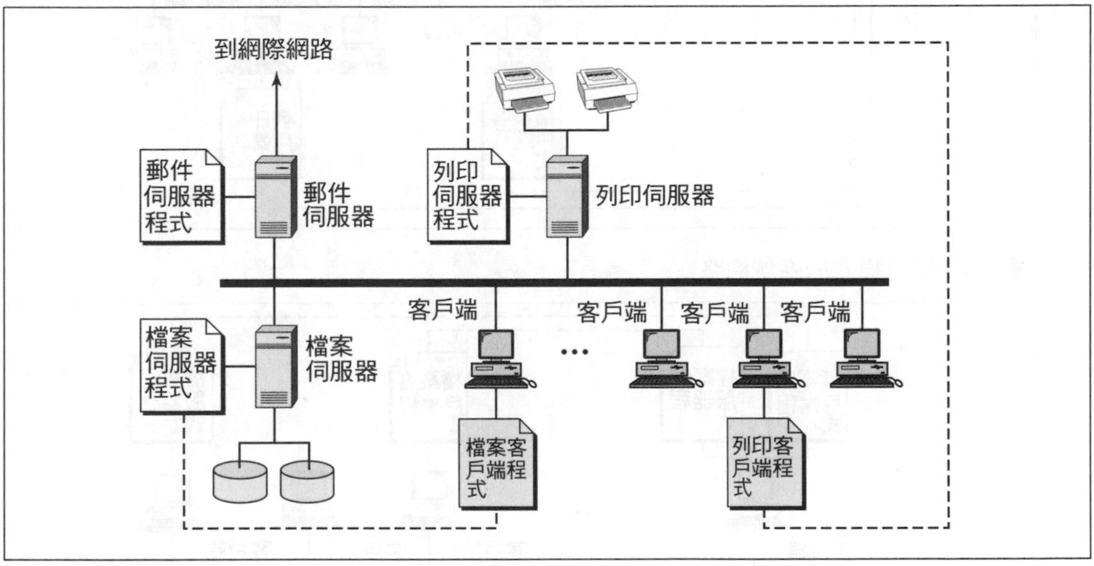

在此圖中，我們可以看到用戶正在執行客戶端檔案存取程式 (client file-access program)，從檔案伺服器內檢索資料，而另一個用戶正在執行客戶端列印處理程式 (client print-handing program) 列印資料。

一般伺服器

一個小型網路可能只有一台一般**伺服器** (general server)，在這種模式中，一台伺服將負責所有的服務，它能當作郵件伺服器、檔案伺服器和列印伺服器等。一般性伺服器可以同時執行所有的伺服器程式，圖 1.7 說明一個具有一般伺服器的客戶端 / 伺服器模式。

在此圖中，兩個用戶端正與一般伺服器相連，其中一個用戶跟檔案伺服器程式要求服務，而另一個用戶端則跟列印伺服器要求服務。

圖 1.7 具有一般伺服器的客戶端 / 伺服器模式

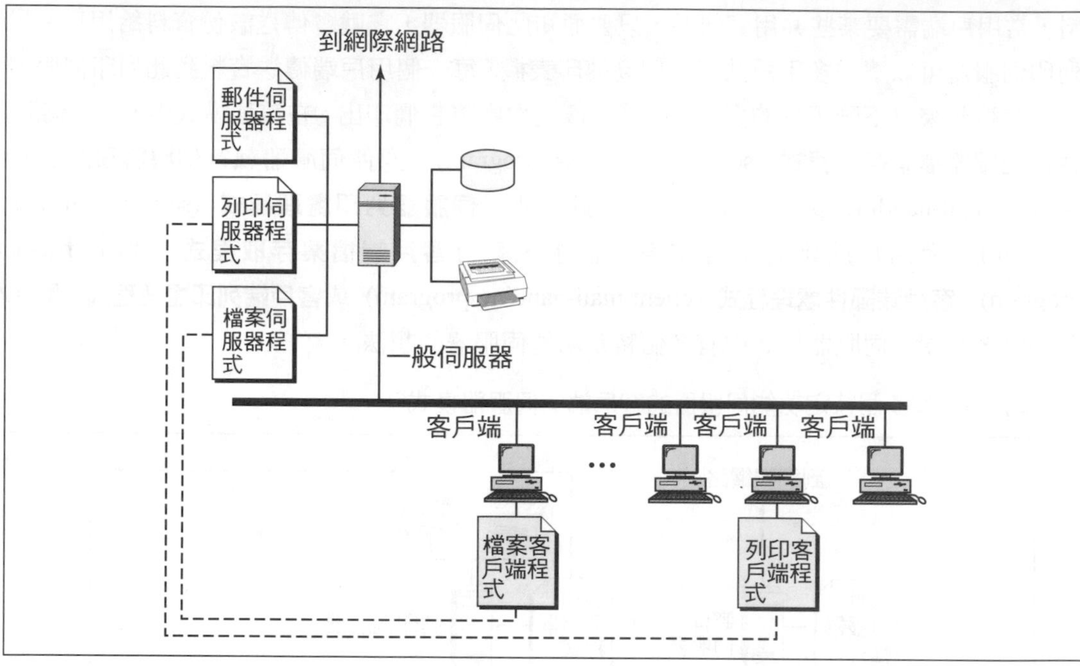

圖 1.8 對等模式的區域網路

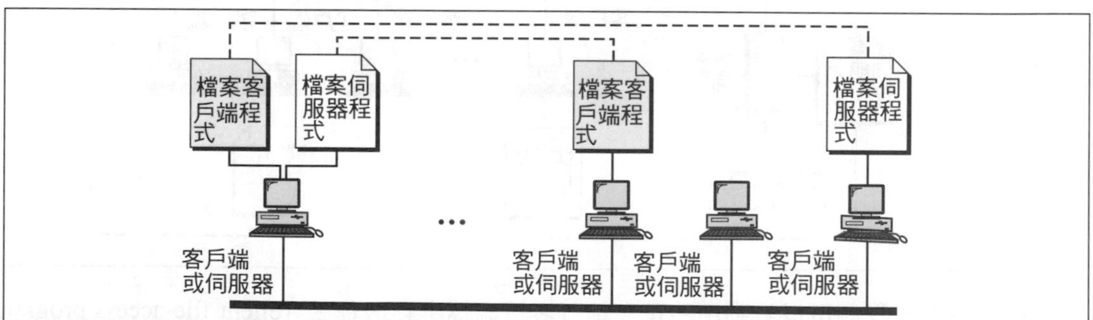

對等模式

在**對等模式** (Peer-to-Peer Model) 下的區域網路，一個工作站可以同時是伺服器 (server) 以及客戶端 (client)，沒有任何一個工作站會明確地被指派為伺服器或客戶端，假如某工作站對另一個工作站要求服務，那麼要求服務的工作站就是客戶端，而回應的工作站就是伺服器。換句話說，假如工作站 A 需要拷貝來自工作站 B 的一個檔案，工作站 A 會執行客戶端檔案傳輸程

式 (client file-transfer program)，而工作站 B 也會執行伺服器檔案傳輸程式 (server file-transfer program)，一會兒之後，當工作站 B 需要拷貝來自工作站 A 的一個檔案，工作站 B 就會執行客戶端程式，而工作站 A 則執行伺服器程式。在這種模式下，每一個工作站必須隨時執行伺服器程式，而客戶端程式則是視需要才會執行，如圖 1.8。

客戶端 / 伺服器模式和對等模式的比較

從上面的討論我們可以有以下的結論：客戶端 / 伺服器模式 (Client / Server Model) 的區域網路比較適合全功能的網路，而對等模式 (Peer-to-Peer Model) 的區域網路適合於特殊用途的網路，例如一個規模較小的工作團隊在執行一個專案時，需要經常共用彼此的資源，也因為如此，對等模式有時也被稱為工作群組模式 (workgroup model)。

1.5 區域網路的應用 *LAN Applications*

我們將在這個章節中簡述區域網路的應用，包括辦公室網路 (office networks)、工業網路 (industry network) 和骨幹網路 (backbone network)。

辦公室網路 (Office Networks)

目前最常見的區域網路應用是在辦公室的環境裡，這種辦公室的區域網路通常有三種目的：資源分享、各辦公室之間的通訊和網際網路通信。

資源分享

辦公室區域網路可以允許多個使用者共用公司中的各項資源，例如硬體設備、軟體程式或檔案資料。

硬體資源分享　大部分的公司都會有精密且昂貴的硬體設備，例如高品質的快速印表機。但是，每位使用者都配置一台這種類型的印表機，顯然不符合經濟效益，因為並非每個人隨時都在使用印表機，所以將此印表機設置成分享印表機 (shared printer) 是比較合適的作法，藉由區域網路，可以將許多使用者連接到此分享印表機，並讓每個使用者的印表工作依序在同一台印表機執行。

軟體資源分享　大型且複雜的程式，例如會計程式，也能儲存於一台機器內讓多人共同使用。值得一提的是，區域網路可以取代過去分時 (time sharing) 的環境，它是由一部大型電腦 (main-frame computer) 以中央處理的方式來完成，而使用者是經由一種簡易功能的終端機 (dumb terminal) 連接到此大型電腦。

檔案資料的分享　讓用戶之間能分享彼此的大型檔案和資料庫，是區域網路的另一項優點，在一般的公司中，不同使用者常常需要連接到一個大型檔案或資料庫來存取資料。

各辦公室之間的通訊

區域網路已經創造出一種新型態的辦公室通訊模式。各職員之間利用網路彼此通訊，他們能以一對一、一對多或一對全部等不同的方式來傳送訊息，這種網路通訊方式，有時比藉由傳統電話的通訊方式來得更有效率。

對外的通訊方式

區域網路可以用在辦公室環境中的另一種方式，是藉由網際網路 (Internet) 建立連接到公司外部的通訊。每位員工可以使用區域網路來連接網際網路。

工業網路 (Industry Networks)

有一些區域網路的架構適合自動化生產和製造，舉例來說，區域網路可以用在汽車產業，來協調不同的運作，例如控制機器人、原料處理或倉儲備料等工作。

骨幹網路

在一個機構中，高速的區域網路也可以當作**骨幹網路** (Backbone Networks) 來連接數個低速區域網路。舉例來說，在校園中不同建築物裡的低速區域網路，可藉由一個高速骨幹區域網路將彼此連接起來，如此一來，在不同建築物中的不同使用者也可以相互通訊。這種機制有許多好處：第一，使用高速區域網路來連接每個用戶的價格太昂貴，而單純使用一個低速區域網路來進行此工作又會太慢。第二、骨幹網路可以改善系統的可靠性。假如某個區域網路的工作不正常，其他網路仍然能夠持續運作。負載也是另一個議題；使用骨幹網路可以將某些網路的流量與其他網路隔開。

1.6 關鍵名詞 *Key Terms*

- 應用程式 (application program)
- 客戶端 (client)
- 客戶端 / 伺服器模式 (client/server model)
- 連接設備 (connecting device)
- 一般伺服器 (general server)
- 導引的傳輸媒體 (guided media)
- 硬體 (hardware)
- 互連網 (internet)
- 互連網路 (internetwork)
- 區域網路 (local area network, LAN)
- 都會網路 (metropolitan area network, MAN)
- 網路 (network)
- 網路介面卡 (network interface card, NIC)
- 網路作業系統 (network operating system, NOS)
- 節點 (node)
- 對等模式 (peer-to-peer model)
- 伺服器 (server)
- 軟體 (software)
- 工作站 (station)

傳輸媒介 (transmission medium)

非導引式傳輸媒體 (unguided medium)

廣域網路 (wide area network, WAN)

1.7 摘要 Summary

- 網路是由媒體連線連接起來的一組設備。
- 網路可以被分類成區域網路 (local area network, LAN)、都會區域網路 (metropolitan area network, MAN)、或是廣域網路 (wide area network, WAN)。
- 一個 LAN 通常是私人擁有，而且連線設備都在單一的辦公室、建築物、或校園。
- 一個 MAN 被設計跨越整個城市。它可以被某個私人公司全部擁有和運作，或是由公開的公司所提供的服務。
- WAN 提供資料、影像、圖片和影片資訊的長距離傳輸，並且跨越較大的地理區域如國家或大陸。
- 一個互連網路（或互連網）是兩個或多個連接的網路。
- LAN 是硬體（工作站、媒介、和連線設備）和軟體（網路作業系統和應用程式）的組合。
- LAN 可以被建置為客戶端 / 伺服器或對等 (peer-to-peer) LAN。
- LANs 通常被用來作為辦公室網路、工業網路以及骨幹網路。

1.8 練習題 Practice Set

選擇題

1. 網路上的一個節點可以是一台________。
   a. 印表機
   b. 電腦
   c. 工作站
   d. 以上皆是

2. 網路的三種類型中，________涵蓋的範圍最小。
   a. LAN
   b. MAN
   c. WAN
   d. 以上皆非

3. 網路的三種類型中，________涵蓋的範圍最大。
   a. LAN
   b. MAN
   c. WAN
   d. 以上皆非

4. 交換式百萬位元資料服務屬於________服務的範例。

a. LAN

b. MAN

c. WAN

d. 以上皆非

5. 一個服務舊金山市的有線電視網路，最有可能是________。

a. LAN

b. MAN

c. WAN

d. 以上皆非

6. 以下何者屬於 LAN 的元件？

a. 工作站

b. 傳輸媒體

c. 連接裝置

d. 以上皆是

7. ________通常是工作站內部執行網路功能的硬體。

a. IEEE

b. NIC

c. SMDS

d. 環

8. 以下何者可以被分類成連線裝置？

a. 傳接器

b. 傳接器纜線

c. 橋接器

d. 以上皆是

9. 在公司（辦公室）的網路中，________通常會被分享。

a. 硬體

b. 軟體

c. 資料

d. 以上皆是

10. Ocasio 網球店的網路包含兩個工作站和一台印表機。這最有可能是________。

a. LAN

b. MAN

c. WAN

d. 以上皆非

11. Coffland 攝影公司的總部在都柏林，其分公司遍佈亞洲、歐洲和北美，這最有可能是________。
    a. LAN
    b. MAN
    c. WAN
    d. 以上皆非
12. 一個互連網路可以包含________。
    a. LANs
    b. MANs
    c. WANs
    d. 以上皆是

習題

13. 請舉出五個實例，說明網路如何成為你生活中的一部分。
14. 請舉出一個例子，說明硬體如何能影響網路的效能。
15. 請舉出一個例子，說明軟體如何能影響網路的效能。
16. 一個銀行的兩個分行（位在兩個不同的城市）使用一條專屬的電話線連接。這種專線連接是屬於何種網路類型？
17. 請做些研究，並且找出在你校園中所使用的 NOS 類型。

第 2 章

數據通訊模型

Data Communication Models

現今的網路與互連網路必須由製造商製造的終端系統（例如：電腦工作站）以及中介系統（例如：路由器）相互連接。當我們了解互連網路不只是終端系統或中介系統之間的連線，而且還要讓不同的應用程式彼此通訊時，其困難度會更高。換句話說，實際的通訊會發生在某個終端系統與另一個終端系統上的兩個應用程式之間。

這意味著協調的必要性：應用程式之間必須彼此了解，終端系統間必須互相協調，至於中介系統則必須協助整個資訊的繞送，而傳輸媒介必須讓資訊傳送的速率與正確性達到終端系統的要求，等等。

這是一項相當複雜的工作，複雜的原因，是因為這些系統的一部分必須處理整個通訊工作的某些項目，而這些系統的其他部分則是處理其它的項目。終端系統不負責將資訊從某個地方帶到另一個地方，這個任務應該交給傳輸媒介，像是電纜或空氣來執行；資料交換或是繞送的工作，也不是終端系統的功能，應該交給某些中介系統來負責。

2.1 分層架構 *Layered Architecture*

在分層架構的方法中，兩個應用程式之間複雜的通訊工作會先被打散成許多較小的任務工作，之後這些工作再被分配給不同的**階層** (*layer*) 來處理。不同的協定會使用不同數目的階層，而每個階層的任務也因為協定的不同而有所不同。

對等通訊 (Peer-to-Peer Communication)

分層架構的其中一種想法，就是建立**對等通訊協定** (Peer-to-Peer Communication)。這種想法是指在一個系統中所給定的某一層，與另外一個系統中所對應的該層進行邏輯的通訊。換句話說，來源端的第 *N* 層在邏輯上（未必需要在實體上）能與目的端以及所有中介系統的第 *N* 層進行資料交換（假使這些系統具有第 *N* 層），請參考圖 2.1。

圖 2.1 對等通訊

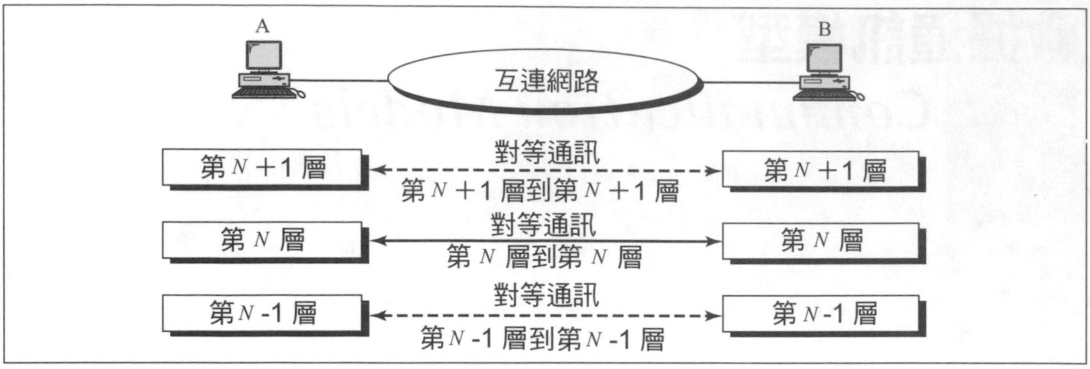

協定數據單位 (Protocal Data Unit PDU)

在分層架構中，對應兩層之間的通訊需要一個數據的單位〔封包〕，我們將它稱為**協定數據單位** (Protocal Data Unit, PDU)，在第一層所使用的 PDU 被稱作 1-PDU，在第二層使用的 PDU 被稱為 2-PDU，以此類推，在第 N 層使用的 PDU 被稱作 N-PDU。

封裝 / 解除包裝 (Encapsulation/decapsulaion)

雖然邏輯的通訊是發生在對應的兩層之間，但是實際的通訊卻在穿越這些不同的協定層時就發生了。位於來源端的資料會往下穿越這些層來進行遞送；在目的端，資料是往上傳送，而在中介系統時，資料則是先向上然後再向下傳送。在傳送的過程中，由較高層或較底層傳送的 PDU 會被加上或移去**標頭** (headers) 或**標尾** (trailers)。這種程序稱為**封裝 / 解除包裝** (encapsulation/decapsulation)，因為它看起來就像一個從高層來的 PDU，在向下傳輸至較低層的過程中被裹上了一些東西；而從低層來的 PDU 在被傳送到較高層的時候被移去了一些東西。圖 2.2 顯示出這種想法。

圖 2.2 封裝 / 解除包裝

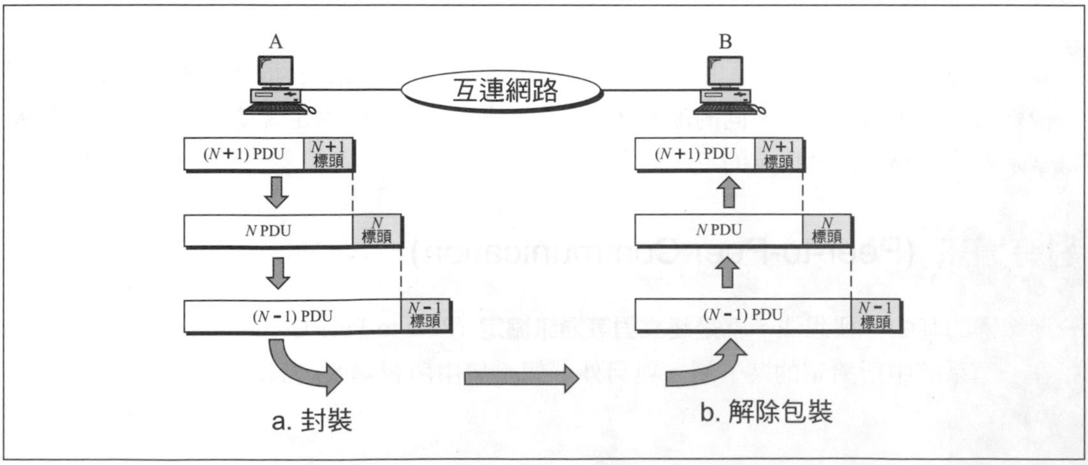

服務 (Services)

在多層架構的協定中，第 *N* 層接收到第 *N*-1 層所提供的服務，並且提供服務給第 *N*+1 層使用，這表示第 *N* 層倚賴第 *N*-1 層。

服務存取點 (Service Access Points)

第 *N* 層的實體可以提供服務給第 *N*+1 層中超過一個以上的實體，第 *N* 層的實體使用**服務存取點** (Service Access Points, SAP) 的位址來定義第 *N*+1 層應該接收到的服務。圖 2.3 清楚顯示這些存取的點。

圖 2.3 服務存取點

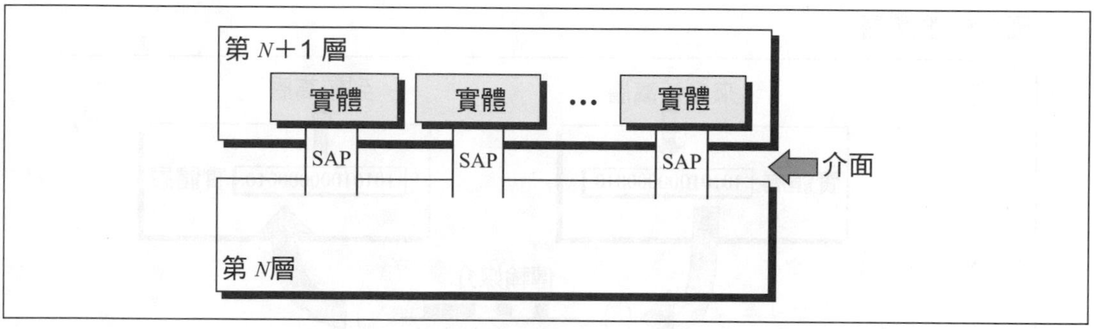

分層之間的介面 (Interfaces between Layers)

穿越這些協定層的資料與網路訊息是藉由**介面** (Interfaces) 在兩個相鄰層之間傳輸，每個介面定義出某一層必須提供什麼樣的訊息與服務給它的上一層使用，而一個明確定義的介面與分層功能會提供模組給網路系統。只要某一層仍舊可以提供給他的上一層所需之服務，那麼該層功能的特定實現方式可以被修改或置換，不需更改鄰近的其他層。

圖 2.4 **OSI** 模型

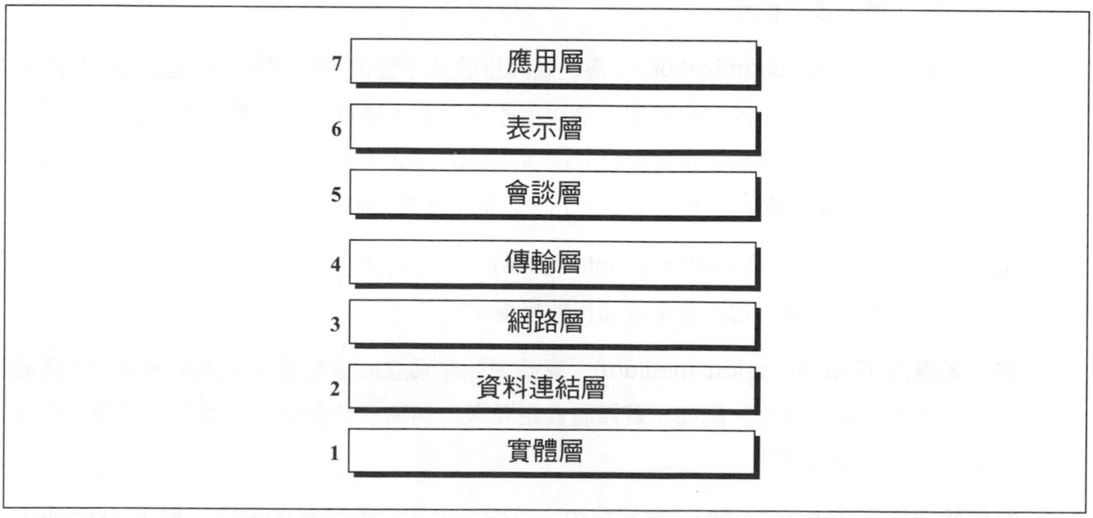

2.2　OSI 模型 *OSI Model*

開放系統互連 (Open Systems Interconnection, OSI) 模型是一種分層的架構，它被設計用來可以讓所有類型電腦系統互相通訊的網路系統。它包含七個獨立卻相互關聯的分層，每一層都定義了透過網路來移動資訊的程序之中的某個部分。圖 2.4 顯示了 OSI 七層的模型。

實體層 (physical layer)

OSI 模式的第一層（最底層）是**實體層** (physical layer)，實體層最主要的功能在於協調建立一個介於傳送端與接收端之間的位元連接（實際連結），如圖 2.5。

圖 2.5　實體層

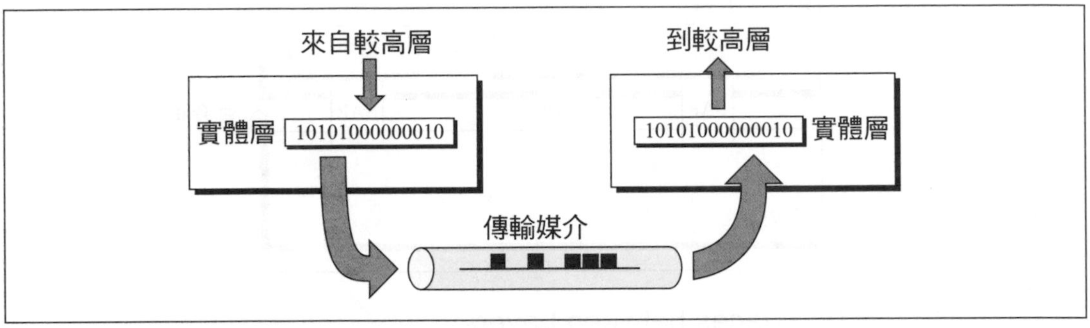

實體層主要的功能可以被討論歸納成下列幾項：

- **位元表示** (Representation of bits)　實體層透過傳送媒介將要被傳送的一串**位元** (bits)(序列的 0 或 1）轉成電磁信號，這些位元會被用來表示數位或類比信號，而且是經由導引的（電纜線）或是非導引的（空氣）媒介來傳送。
- **資料傳輸率** (Data rate)　實體層也定義出資料要用多快的速度來傳送，這裡定義的**傳輸率**為每秒可傳送多少位元。
- **位元同步** (Bit synchronization)　傳送端與接收端不僅需要使用相同的位元速率，而且在位元層級上必須是同步的。對於傳送端與接收端而言，每個位元的間隔也應該完全相同。今天，大多數的通訊協定都是使用自我同步編碼的方式，某些協定也會在資料開頭加上一串稱為**前置** (preamble) 位元的重複位元，來協助接收端與傳送端在位元層級達到同步。
- **介面的特性** (Characteristics of interfaces)　實體層同時定義出傳輸媒介與裝置之間的介面特性。換句話說，它定義系統如何連接傳輸媒介。
- **傳輸媒介** (Transmission medium)　實體層並非獨立於傳輸媒介，大多數協定的實體層定義了必須使用的媒介，例如：實體層會定義媒介為電纜或是空氣，如果是電纜，還要定義是哪些類型以及特性。
- **傳輸模式** (Transmission)　實體層也定義兩台裝置之間傳輸的方向：**單工** (simplex)，**半雙工** (half-duplex) 或**全雙工** (full-duplex)。單工模式；只有一台裝置可以送出訊息，另一台則只能接收訊息；在半雙工模式的情況，兩台裝置均能傳送與接收，但不能同時執行此動作；而全雙工的模式，兩台裝置可同時傳送和接收訊息。

資料連結層 (Date Link Layer)

資料連結層 (Date Link Layer) 負責跳躍點對跳躍點 (hop-to-hop) 的傳輸（一個跳躍點可能是終端使用者的電腦或是連接兩個網路之間的連結裝置）。此階層將一些位元結合成一個訊息單元，稱為**訊框** (frame)，並且將訊框傳送到下一個跳躍點。在某些協定中，此層將實體層（一種未經處理的原始機制）轉換成可靠的連結，並解決一些實體層可能產生的錯誤，然後再傳到上一層（網路層）。圖 2.6 顯示在 OSI 模型中資料連結層所負責的動作。

在圖 2.6 中，終端系統 A 希望與 F 進行數據通訊，此傳輸的發生會經由中間的系統 B 與 E。資料連結層的通訊傳輸是採用跳躍點對跳躍點 (hop-to-hop) 的方式，也就是說，A 的資料連結層必須跟下一個跳躍點，B，的資料連結層溝通，來傳送訊框。當此工作完成時，A 的資料連結層已經完成它的任務；接著，B 的資料連結層要與 E 的該層溝通來傳送訊框；最後，E 的資料連結層與 F 的資料連結層溝通，將訊框傳送到它最後的終點。如同你所注意到的，從 A 到 F 遞送一個訊框需要三個跳躍點。在許多網路所形成的實際互連網路中，訊框抵達最終目的地之前，必須經過許多的傳送過程。

圖 2.6 資料連結層

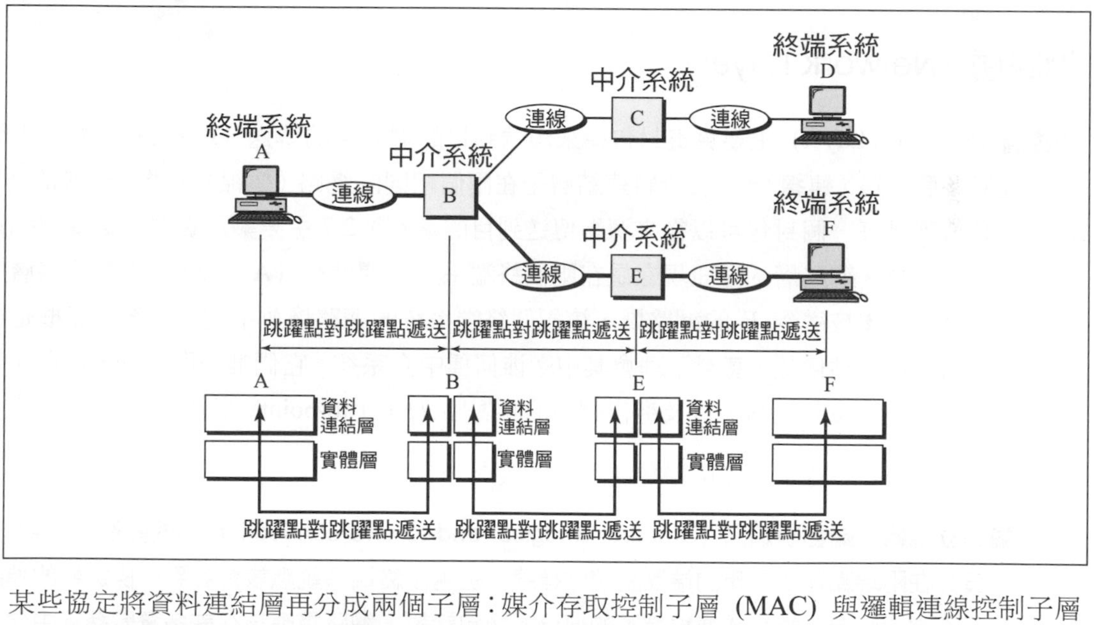

某些協定將資料連結層再分成兩個子層：媒介存取控制子層 (MAC) 與邏輯連線控制子層 (LLC)。在這個例子中，前三項（訊框化，定址，媒介存取控制）任務由 MAC 子層負責，而後二項任務（流量控制和錯誤控制）則由 LLC 子層負責。

■**訊框化 (Framing)** 當實體層沒有資料要傳送時，它會送出一些閒置的位元到線路上，用來保持連線在運作的狀態，並且讓所有主機的實體層了解，即使線路是在啟動和可運作的情況下，目前是沒有資料需要傳輸。當資料連結層有資料需要實體層傳送時，它會在封包前面標注一連串特殊的位元序列，這些位元序列會通知接收端，此時網路連線並非在閒置狀態，而且有封包要傳過來。資料連結層會加上一序列的位元框住接收到的上層封包，這也是為什麼資料連結層的封包會被稱為訊框的原因。

■**定址** (Addressing)　在網路中，許多工作站（在這種情況下，一些連線裝置像增益器，橋接器，路由器都可被視為工作站）是連接在一起的。為了確保從一台工作站到另一台工作站是進行一對一的通訊，每一個訊框都必須有明確的**來源位址** (source address) 來識別傳送端工作站，以及**目的地位址** (destination address) 來識別接收端工作站。這些位址有時被稱作**實體** (physical) 或 MAC **位址** (MAC addresses)。

■**媒介存取控制** (Medium access Control, MAC)　當許多工作站於網路中共同分享同一個實體媒介的時候，可能會發生同時有一個以上的工作站需要傳送資料，這時必須有一些機制來處理這樣的情況，它被稱作**媒介存取控制** (Medium access Control, MAC)。

■**流量控制** (Flow control)　資料連結層可以控制網路連線中傳送訊框的速率，它可以使用某種機制來確定接收端不會被傳送過來的資料所淹沒。它也可以利用回覆確認的系統，來確定訊框被接收端所接收。資料連結層的流量控制屬於跳躍點對跳躍點，而非端點對端點 (end-to-end) 的控制。每一個工作站都必須確認下一個工作站不會被資料所淹沒。

■**錯誤控制** (Error control)　資料連結層可藉由加入某些機制來偵測或重傳遺失或損壞的訊框，來增加實體層的可靠度。

網路層 (Network Layer)

網路層 (Network Layer) 主要負責封包從來源端到目的端之間的傳送（端點對端點），中間可能會經過多個網路（連線）。鑒於資料連結層是在兩個相同的網路（連線）中監督封包的傳送，網路層必須確保每一個封包可以從來源端傳送到目的端。圖 2.7 主要顯示資料連結層與網路層在傳送時的不同。網路層的通訊現在是在兩個終端系統之間進行（A 和 F），從 A 網路層所製作出來的封包應該被送到 F 的網路層，這兩個終端系統的網路層並不在乎系統的訊框是如何執行跳躍點對跳躍點傳輸，甚至不理會其中牽涉何種中介系統。它們唯一關心的，是它能否跟另外一個終端系統彼此通訊，以及進行邏輯的點對點 (point-to-point) 通訊。

網路層所負責的特定工作可歸類為下列幾項：

■**建立邏輯上端點對端點** (Creating a logical end-to-end connection) **的連線**　網路層主要負責在兩端點建立邏輯的端點對端點連線。這兩個終端系統應該會看到一條邏輯的連線，而不需擔心像是連線或連線裝置的部分。換句話說，網路層應該在許多實體網路中建立一個邏輯的網路。

■**隱藏來自底層的細節** (Hiding the details of the lower layer)　網路層會把一些來自實體層或是網路連結層較為瑣碎的細節隱藏起來，讓較高層看不到，假使我們更改了實體的連線或是資料連結層的協定，傳輸層通常不會知道這些資訊。

■**定址** (Addressing) 資料連結層所解決的位址問題只是在一個局部的網路結構中，如果封包跨越網路的界線，則需要另外一套定址系統來分辨資料的來源端以及目的地。

■**繞送**（**路由** (Routing)） 當許多獨立的網路或連線被連結在一起而形成**互連網路**（**網路中的網路**）或大型網路的時候，這些連線設備（被稱為路由器或是閘道器）會繞送封包到目的地。網路層的其中一項功能便是提供這種機制，「繞送」的意義就是在許多可行的路徑中選取一條最佳路線。

圖 2.7 網路層

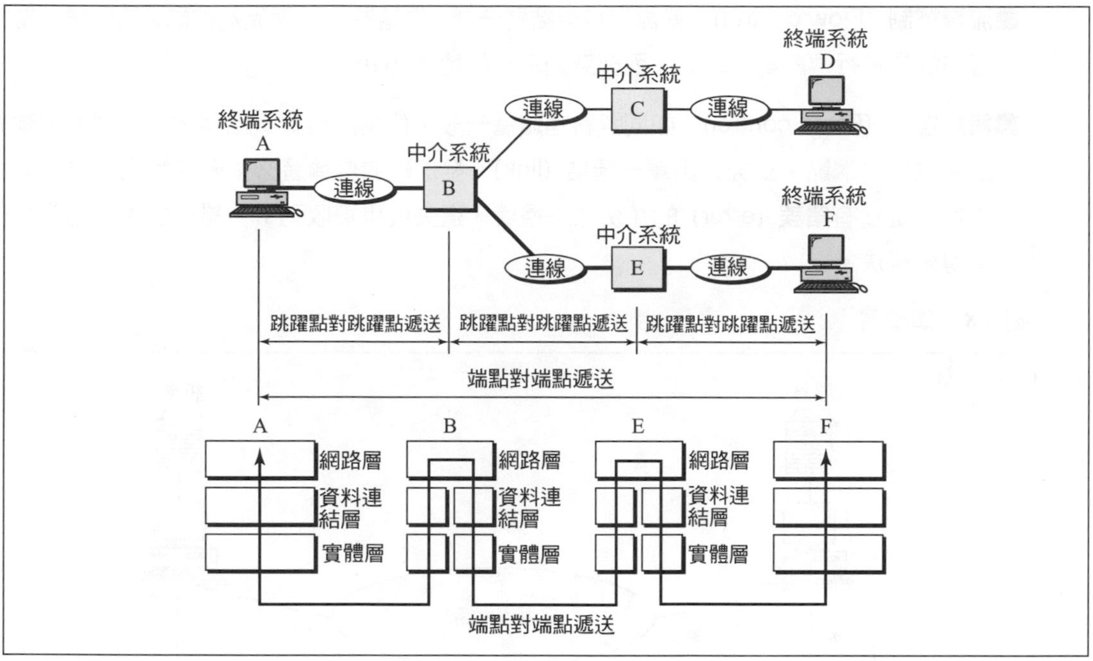

傳輸層 (Transport Layer)

傳輸層 (Transport Layer) 主要負責整個訊息端點對端點無錯誤地傳送，網路層則是負責監控主機對主機 (host-to-host) 之間個別封包的遞送。圖 2.8 顯示了網路層與傳輸層任務的不同。

當一個封包抵達終端系統的時候，傳輸層負責將它往上送到會談層談，傳輸層主要負責的項目可歸納成下列幾項：

■**服務點的位址** (Service-point addressing) 電腦通常會同時執行數個程式，所以從**來源到目的地的傳送** (source-to-destination delivery) 不只是從這部電腦遞送到下一部電腦，而且是從這部電腦的特定程序傳送到另一部電腦上的特定程序（執行程式），所以傳輸層的標頭還必須包括另一種類型的位址，稱為**服務點位址** (service-point)（或**埠位址** (port address)）。網路層把每個封包送到正確的電腦中，而傳輸層則把整個訊息送給該部電腦上正確的程序 (process)。

■**切割與重組** (Segmentation and ressembly)　一個訊息會被分割成許多可傳送的分段，而每個分段都會包含一個序號，這些數字讓傳輸層可以在訊息抵達目的地後正確重組，並且識別與更換在傳送過程中遺失的封包。

■**連線控制** (Connection control)　傳輸層可以是連結導向，也可以是非連結導向的模式。非連結導向的傳輸層將每一個分段視為獨立不相干的封包，然後傳送到目的地端主機上的傳輸層；而連接導向的傳輸層則是先與目地端主機的傳輸層建立連線，然後再遞送封包，等到所有的封包都已經送達目的地，再結束連線。

■**流量控制** (Flow control)　就像資料連結層一樣，傳輸層也負責流量控制，然而傳輸層的流量控制是進行端點對端點的，而非穿過單一的連結 (link)。

■**錯誤控制** (Error control)　如同資料連結層一般，傳輸層也負責錯誤控制，然而傳輸層是透過端點對端點，並非藉由單一連結 (link)。發送端的傳輸層必須確定整個訊息在到達目的地時是沒有**錯誤** (error) 的（例如：損壞、遺失或重複收到）。錯誤的更正通常是透過重傳來解決。

圖 2.8　傳輸層

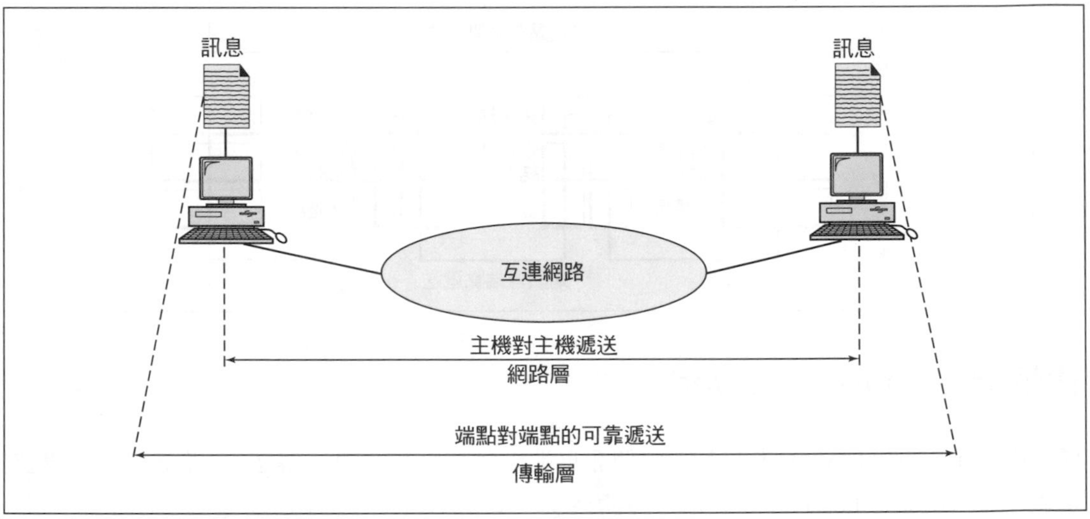

會談層 (Session Layer)

由前三層（實體層、資料連結層、網路層）所提供的服務對某些處理程序來說並不夠。**會談層** (session layer) 是網路結構的對話控制者，由它建立、維護並同步通訊系統之間的互動。會談層的特定功能包括以下幾項：

■**半一全雙工的服務** (Half-and full-duplex service)　在某些協定中，傳輸層提供單工（單一方向）的傳送服務，這可能已經滿足了某些應用程式；然而有些應用程式可能需要半雙工的服務。這時會談層可以跟傳輸層一起建立一個半雙工的服務給這些應用程式，而且會談層更可以使用兩個傳輸層的連線建立一個全雙工（同一時間雙向）的服務。基於這個理由，會談層有時被稱作*對話的控制者*，因為它可以在兩個終端使用者之間建立通訊，看起來像一次一個交談（半雙工）或是一次兩個交談（全雙工）。

■**同步** (Synchronization)　會談層允許兩個終端系統在資料傳送的過程中加入檢查點或是同步標記。這項服務對於某些需要在一次的傳輸連線中傳送大量資料的應用程式就非常有用。檢查點允許要被送出的資料在兩個同步標記中的傳送與確認。

■**原子化** (Atomization)　有時候一個應用程式需要多個傳輸連線來完成一件工作，而這些連線的組合必須被視為一項工作，一旦其中一個連線沒有完成，整個工作應該要被取消，而會談層可以把這些連線整合成一個工作。

表示層

不同的電腦使用不同的語法來定義資料，例如有些電腦使用 ASCII 編碼來表示字元資料，有些則使用 EBCDIC。資料表示法的不同或語法間的差異必須在電腦進行通訊前獲得解決。在來源端，**表示層** (presentation layer) 負責將應用層傳來的資料或編碼轉換成一般通用的格式；在目的地端，表示層負責將這些接收到的資料，再轉換成應用層所瞭解的格式。換句話說，表示層允許兩個對應的應用層使用自己的資料格式，所以在來源端的應用層跟目的地端的應用層很可能使用完全不同的資料格式。

表示層所負責的功能如下所示：

■**翻譯** (Translation)　兩個系統的程序（執行程式）之間通常會以字元字串或數字等等的形式來交換訊息，這些訊息在傳送之前必須先轉成位元串流，因為不同的電腦使用不同的編碼系統，表示層負責讓這些使用不同編碼方式的電腦能相互的溝通。傳送端的表示層將那些原本與傳送端相依的訊息轉換成一般的格式，而接收端的表示層再把這些一般的格式轉換成與接收端相依的資料格式。總之，表示層主要是解決資料結構的不同。

■**加密** (Encryption)　遞送機密資訊時，系統必須保障資訊的隱密性。加密意味著傳送端將原本的資訊轉換成另外一種格式，再經由網路傳送出去；而解密則將這些接收到的資訊轉換成為原本的格式。

■**壓縮** (Compression)　資料壓縮是為了減少所需傳送的位元數，而這個步驟在傳送文件、聲音或是影像等多媒體時都是相當重要的。

應用層

應用層 (application layer) 能讓使用者，不論是人們或軟體都可以順利地存取網路。它提供使用者介面與支援，例如電子郵件、遠端的檔案的存取及傳送、分享資料庫的管理，或是其他類型的分散式資訊服務。換句話說，應用層提供使用者或使用者程式經常會用到的服務。

分層架構的總結

圖 2.9 總結出七個階層的功能。

圖 **2.9** 分層功能的總結

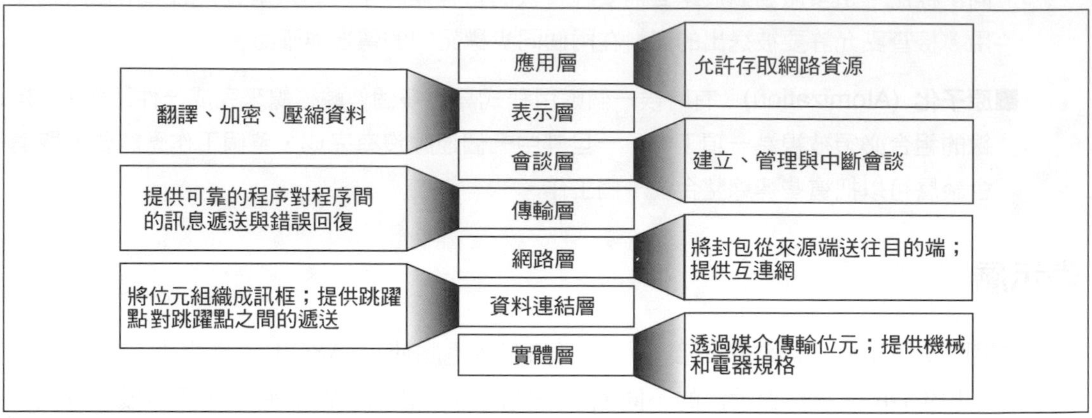

圖 **2.10**

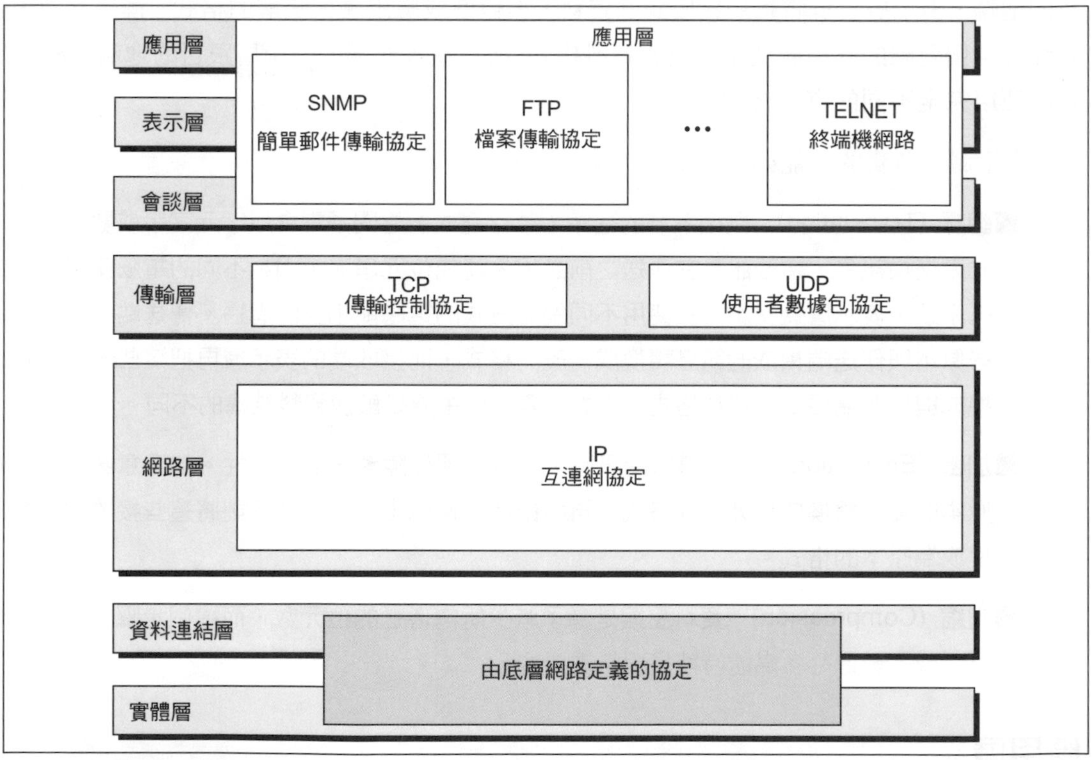

2.3 TCP/IP 協定套件 *TCP/IP Protocol Suite*

使用在網際網路的 TCP/IP 協定套件比 OSI 模型更早被建立，因此 TCP/IP 協定套件的分層與 OSI 的分層並不完全相符。TCP/IP 協定套件主要分為三層：網路層、傳輸層及應用層，它們是位在兩個較低層之上。網路層與傳輸層提供互連網與傳輸的功能，然而，在 OSI 最上面的三層在 TCP/IP 中僅以單獨的一層被表示，它被稱為**應用層** (*application layer*)（見圖 2.10）。

TCP/IP 是一些交談模組所組成的階層協定，每一個模組都其有特定的功能，但不一定會互相依賴。雖然 OSI 指定了每一層所具備的功能，TCP/IP 協定套件包含了相當獨立的協定，它們可以被混合或因為系統的需要而加以匹配。**階層**表示每一個上層的協定都可以被一個或多個較低層的協定所支援。

在傳輸層中，TCP/IP 定義兩種協定：**傳輸控制協定** (Transmission Control Protocal, TCP) 和**使用者數據包協定** (User Datagram Protocal, UDP)；在網路層，即使在這一層還有一些其他的協定支援資料移動，由 TCP/IP 所定義的主要協定稱為**互連網協定** (Internetworking Protocal, IP)（譯註：有些書採用 Internet Protocal，網際網路協定）。請參考第 18 章 TCP/IP 協定的討論。

實體層與資料連結層

TCP/IP 協定套件中並未定義這兩層，它把這個問題留給底層網路，讓它們自行使用所需的協定或標準。TCP/IP 協定通常關注於來源端與目的地之間的傳送，其中資料會從一個網路移往另一個網路。至於實體層與資料連結層會做什麼事，這是組成互連網路或互連網的區域網路與廣域網路所關心的。

網路層

TCP/IP 協定中相對於 OSI 網路層的協定層通常也稱為網路層，有時稱為互連網路 (internetwork) 層或互連網 (internet) 層。不論其名稱為何，它僅包含了一些協定，主要的協定被稱為互連網路協定(Internetworking Protocal, IP)，此協定主要是負責建立稱為 IP 數據包的網路層封包，並且將它們送達目的地。這些數據包穿越不同的網路（LAN 或 WAN），然後依照順序或是沒有按照順序抵達目的地。比較上面的階層負責將接收到的封包排序，中間的節點不用改變數據包的資料部分，就能負責將數據資料繞送到最適合的路徑。

傳輸層

TCP/IP 協定套件中的傳輸層主要包含兩個協定：TCP 與 UDP。前者，傳輸控制協定 (TCP) 是一個可靠的協定，它讓兩個應用層之間可以彼此交談，從來源端到目的端傳送一連串的字元流，以及用相反的方向傳送（全雙工通訊）。在來源端，TCP 將這些位元組串流分割成許多可以管理的分段再傳送它們，在加入必要的標頭之後交給 IP 來遞送；在目的地端，它用接收到的分段建立字元串流，再交給應用層使用。TCP 協定的效能超越了 OSI 的傳輸層協定，它會執行一些在 OSI 模型中定義給會談層的工作。它在兩個應用層之間建立一個全雙工的連線（會談）。

第二個協定一使用者數據包協定 (UDP)，只是個非常簡單的傳輸協定，它甚至忽略了在 OSI 模型中所定義給傳輸層的工作。它是一個不可靠的協定，主要被用在一些需要快速遞送單筆封包，而且不需要考慮流量與錯誤控制的應用程式。不過 UDP 有時卻是傳輸層協定的較佳選擇，因為它可以支援群播 (multicasting) 以及廣播 (broadcasting)。

會談與表示層

TCP/IP 模型中沒有會談與表示層，某些在 OSI 中定義給會談層執行的工作，會被包含在 TCP/IP 中的傳輸層，例如：TCP 在兩個應用層協定之間建立一個全雙工的連線。OSI 模型中其他會談層與表示層的任務則被包括在應用層，如果有需要用到它們的話。換句話說，TCP/IP 留給應用層的每個協定去決定是否需要這些功能，例如：某個應用層協定如果認為需要，它會去做格式轉換。

應用層

TCP/IP 協定套件中的應用層包含許多協定，它們被使用者或程式用來在遠端系統上存取資源。TCP/IP 協定中的應用程式，可能要花很多章節來進行完整的討論，這個部分可參考「*TCP/IP Protocol Suite,*Forouzan,Mcgraw-Hill，2000」這本書來得到更多的資訊。

2.4 IEEE 標準 *IEEE Standards*

IEEE 的電腦社群 (Computer Society) 在 1985 年開始一項名為 Project 802 的專案，其目的在建立一套標準，讓許多來自不同製造廠商的裝置可以相互通訊。Project 802 並沒有試圖換掉 OSI 中的某些部分。相對地，這是一種方式，用來指定主要的 LAN 協定中，實體層與資料連結層的功能。這套標準由美國國家標準協會 (American National Standard Institute, ANSI) 正式通過。1987 年，國際標準組織 (International Standard Oganization, ISO) 也核准它成為國際性的標準，並命名為 ISO 8802。

圖 2.11 顯示出 802 標準與傳統的 OSI 模型的關係。IEEE 將資料連結層再細分成兩個子層：**邏輯連線控制** (logical link control, LLC) 與**媒介存取控制** (media access control, MAC)。實體層也被分為兩個子層：**實體媒介獨立** (physical medium independent, PMI) 子層與**實體媒介相依** (physical medium dependen, PMD) 子層。

LLC 子層

LLC 並沒有明確的架構，它與 IEEE 和 ANSI 所定義的區域網路 (LAN) 相同。在第九章有針對 LLC 詳細的描述。

圖 2.11　LAN 與 OSI 模型的比較

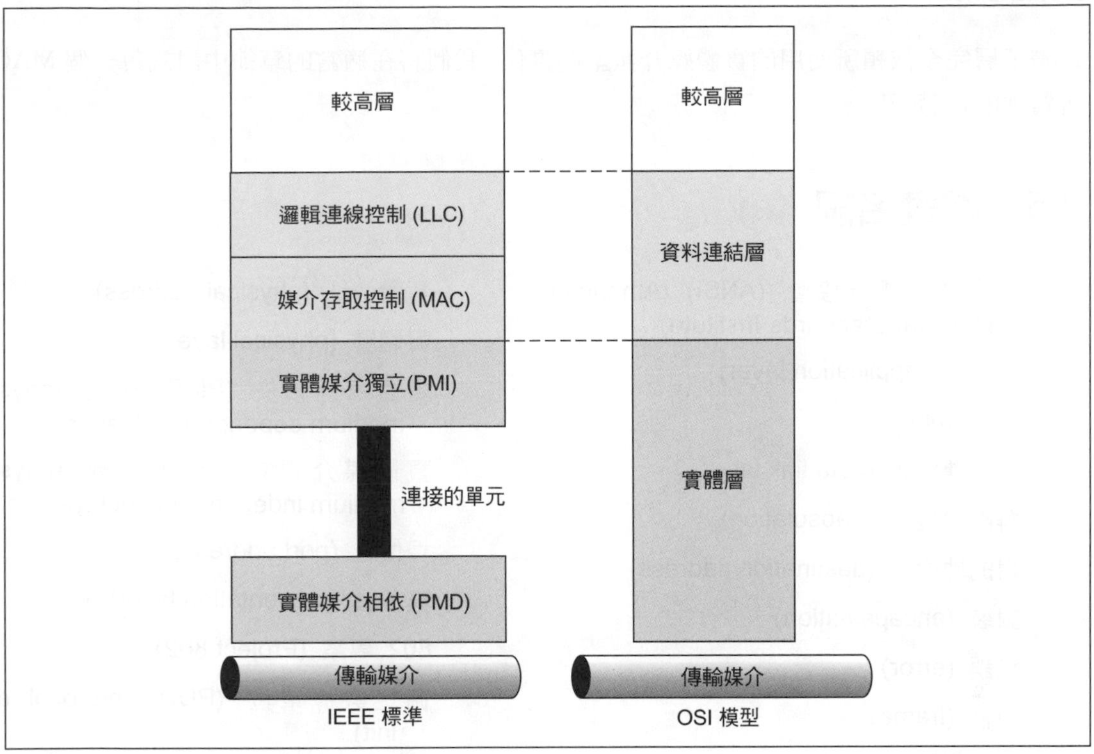

MAC 子層

另一方面，MAC 包含許多相異的模組，每個模組持有被使用之特定區域網路產品的專屬資訊。MAC 子層處理了分享媒介的競爭問題，它包含了要將資訊從某處移到另一處所需的同步、旗標、流量、錯誤控制等規格，以及要接收和繞送封包的下一個工作站之實體位址。MAC 協定會對應到使用它們的區域網路（Ethernet、Token Ring 以及 Token Bus）。圖 2.12 顯示了 802 標準中對於不同的區域網路所做的定義。

圖 2.12　LAN 的 IEEE 標準

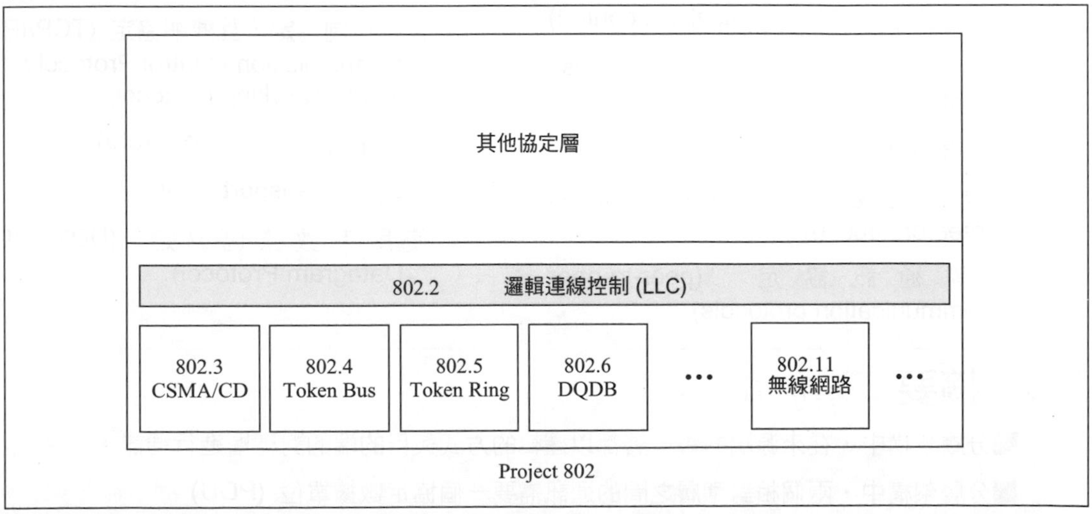

實體子層

實體子層完全依賴所使用的實體媒介類型與實作。我們將在適當的章節中討論每一個 MAC 層所對應的實體子層。

2.5　關鍵名詞 Key Terms

美國國家標準協會 (ANSI) (American National Standards Institute)

應用層 (application layer)

位元 (bit)

資料連結層 (data link layer)

解除包裝 (decapsulation)

目的地位址 (destination address)

封裝 (encapsulation)

錯誤 (error)

訊框 (frame)

全雙工模式 (full-duplex mode)

半雙工模式 (half-duplex mode)

標頭 (header)

介面 (interface)

國際標準組織 (ISO) (International Standards Organization)

互連網 (internetworks)

互連網協定 (IP) (Internetworking Protocol)

邏輯連線控制 (LLC) (logical link control)

媒介存取控制 (MAC) (medium access control)

網路層 (network layer)

開放系統互連 (OSI) (Open Systems Interconnection)

對等通訊協定 (peer-to-peer communication protocols)

實體位址 (physical address)

實體層 (physical layer)

實體媒介相依 (PMD) 子層 (physical medium dependent sublayer)

實體媒介獨立 (PMI) 子層 (physical medium independent sublayer)

埠位址 (port address)

表示層 (presentation layer)

802 專案 (Project 802)

協定數據單位 (PDU) (protocol data unit)

服務存取點 (SAP) (service access point)

服務點位址 (service-point address)

會談層 (session layer)

單工模式 (Simplex mode)

來源位址 (source address)

來源端到目的端遞送 (source-to-destination delivery)

標尾 (trailer)

傳輸控制協定 / 互連網協定 (TCP/IP) (Transmission Control Protocol / Internetworking Protocol)

傳輸率 (Transmission Rate)

傳輸層 (transport layer)

使用者數據包協定 (UDP) (User Datagram Protocol)

2.6　摘要 Summary

■分層架構中，在來源端的每一層都以邏輯的方式與目的端的對應層進行通訊。

■分層架構中，兩個相對應層之間的通訊需要一個協定數據單位 (PDU)。

- 當 PDU 往下穿越協定層的時候，它會被每個經過的協定層加以封裝。
- 一個服務存取點 (SAP) 在某個特定的分層中可以識別實體。
- 介面定義一個分層必須提供給它上一層所需的資訊與服務。
- 國際標準組織 (ISO) 建立一個模型稱作「開放系統互連 (OSI)」，讓不同的系統之間可以進行通訊。
- OSI 的七層模型可提供研發通用相容架構、硬體和軟體的一套準則。
- 實體層，資料連結層，網路層都是網路支援層。
- 會談層，表示層，應用層都是使用者支援層。
- 傳輸層用來連接網路支援層與使用者支援層。
- 實體層協調透過傳輸媒介傳送位元串流時所需的功能。
- 資料連結層負責將資料單位無誤地從一個工作站遞送到另一個工作站。
- 網路層負責將封包跨越多個網路連線從來源端傳送到目的端。
- 傳輸層負責整個訊息從來源端到目的端的遞送。
- 會談層在通訊裝置之間建立、維護以及同步彼此的互動。
- 表示層藉著將資料轉換成彼此同意的格式，以確保通訊裝置之間可以相互運作。
- 應用層讓使用者可以存取網路。
- TCPIP 協定套件在 OSI 制定之前就已經建立，是目前網際網路使用的通信協定套件。

2.7 練習題 *Practice Set*

選擇題

1. ________模型顯示電腦網路的功能應該如何被組織起來。

   a. ITU-T

   b. OSI

   c. ISO

   d. ANSI

2. OSI 模型包含________層。

   a. 3

   b. 5

   c. 7

   d. 8

3. ________層決定同步點的位置。

   a. 傳輸

   b. 會談

   c. 表示

d. 應用

4. 整個訊息的端點對端點 (end-to-end) 遞送是由_________層負責。

a. 網路

b. 傳輸

c. 會談

d. 表示

5. _________層最接近傳輸媒介。

a. 實體

b. 資料連結

c. 網路

d. 傳輸

6. 在_________層，資料單位被稱為訊框 (frame)。

a. 實體

b. 資料連結

c. 網路

d. 傳輸

7. 資料的解密與加密是由_________層負責。

a. 實體

b. 資料連結

c. 表示

d. 會談

8. 會談控制是_________層的功能。

a. 傳輸

b. 會談

c. 表示

d. 應用

9. 網路使用者可以使用郵件服務和目錄服務是透過_________層。

a. 資料連結

b. 會談

c. 傳輸

d. 應用

10. 資料單元的節點對節點 (node to node) 遞送是由_________層負責。

a. 實體

b. 資料連結

c. 傳輸

d. 網路

11. 當資料封包從較低層移往較高層時，標頭會被________。

a. 加入

b. 移除

c. 重新安排

d. 修改

12. 當資料封包從較高層移往較低層時，標頭會被________。

a. 加入

b. 移除

c. 重新安排

d. 修改

13. ________層位於網路層和會談層之間。

a. 實體

b. 資料連結

c. 傳輸

d. 表示

14. 第 2 層位於實體層和________層之間。

a. 網路

b. 資料連結

c. 傳輸

d. 表示

15. 當資料從裝置 A 傳送給裝置 B 時，A 的第 5 層標頭是由 B 的________層來閱讀。

a. 實體

b. 傳輸

c. 會談

d. 表示

16. 在 ________層，會將一種字元編碼轉換成另一種。

a. 傳輸

b. 會談

c. 表示

d. 應用

17. ________層將位元轉換成電磁的訊號。

a. 實體

b. 資料連結

c. 傳輸

d. 表示

18. ________層可以使用訊框的標尾來進行錯誤偵測。

a. 實體

b. 資料連結

c. 傳輸

d. 表示

19. 為什麼會研發 OSI 模型？

a. 製造商不喜歡 TCP/IP 協定套件。

b. 資料傳輸率急遽的增加

c. 需要有允許任何兩個系統可以通訊的標準。

d. 以上皆非

20. 實體層關注於透過實體媒介的________傳輸。

a. 程式

b. 會談

c. 協定

d. 位元

21. 哪一層的功能是介於使用者支援層和網路支援層之間的溝通角色？

a. 網路層

b. 實體層

c. 傳輸層

d. 會談層

22. 什麼是傳輸層的主要功能？

a. 節點對節點 (node-to-node) 的遞送

b. 端點對端點 (end-to-end) 訊息遞送

c. 同步

d. 更新和維護路由表

23. 會談層的檢查點 ________ 。

a. 只允許顯示檔案的一部分

b. 偵測和回復錯誤

c. 控制加入標頭

d. 牽涉關於對話的控制

24. 以下何者是應用層的服務？

a. 網路虛擬終端機

b. 檔案傳輸、存取和管理

c. 電子郵件服務

d. 以上皆是

習題

25. 請將以下的敘述匹配 OSI 的七層架構（可能不只一層）：

a. 決定路徑

b. 流量控制

c. 對外界 (outside world) 的介面

d. 提供給一般使用者的網路存取

e. 將 ASCII 轉換成 EBCDIC 碼

f. 封包交換

26. 請將以下敘述匹配 OSI 七層架構（可能不只一層）：

a. 可信賴的端點對端點 (end-to-end) 資料傳輸

b. 網路選擇

c. 訊框 (frames) 定義

d. 提供使用者服務，例如電子郵件和檔案傳輸

e. 透過實體媒介傳輸位元串流 (bit stream)

27. 請將以下敘述匹配 OSI 七層架構（可能不只一層）：

a. 直接與使用者應用程式通訊

b. 錯誤更正與重傳

c. 機械，電器與功能性的介面

d. 負責兩個相鄰節點之間的訊息

e. 重組資料封包

28. 請將以下敘述匹配 OSI 七層架構（可能不只一層）：

a. 提供格式與編碼轉換服務

b. 建立、管理、和結束會談

c. 確保可靠的資料傳輸

d. 提供登入與登出的程序

e. 提供可獨立於不同資料表示法的機制

f. 同步不同的使用者

第 3 章

資料傳輸

Data Transmission

本章將討論在區域網路中傳送數據資料的相關問題，包括數位傳輸和類比傳輸兩種傳送方式。我們將先討論數位訊號與類比訊號。**數位** (Digital) 傳輸包括線路編碼（二進制資訊轉換成數位訊號）和取樣（類比訊號轉換成數位訊號）兩種程序。**類比** (Analog) 傳輸包括數位訊號與類比訊號的調變。再來我們討論多工技術 (Multiplexing)，它是集合許多個數位或是類比頻道，共用一個實體層通訊通道的技術。最後我們會介紹一些有關數據通訊的重要理論基礎。

3.1 類比與數位訊號 *Analog and Digital Signals*

要在區域網路中將資料從一個設備傳送到另一個設備，我們需要把資料表示成可以被傳輸媒介接受的訊號。訊號可以分為兩種形式：數位和類比。

數位訊號

數位訊號 (digital signal) 是離散或非連續的訊號，它只能具有有限數目的值，對於數位訊號而言，從一個值轉換到另一個值的時間幾乎是立即的（如圖 3.1）。

圖 3.1 數位訊號

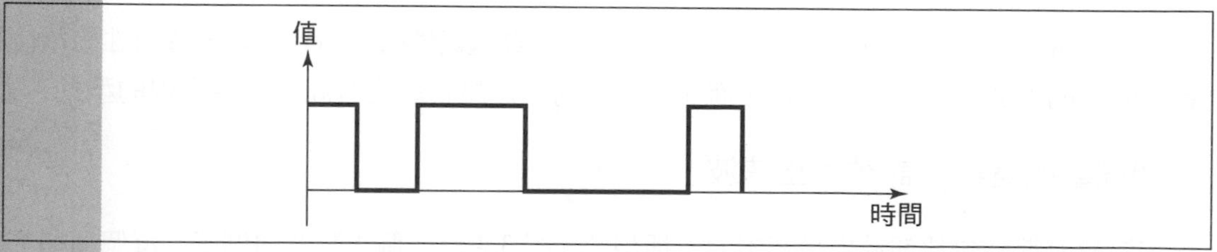

位元區間 (Bit Interval) 和位元傳輸率 (Bit Rate)

在數位訊號中我們常用到兩個名詞：位元傳輸率和位元區間（或稱位元週期）。**位元區間** (bit interval) 是傳送一個位元所需要的時間；位元傳輸率是每秒有多少的位元區間數目，也就是說，位元傳輸率就是一秒鐘所能傳送的位元個數，通常我們以**位元 / 秒** (bit per second, bps) 來表示（如圖 3.2）。

圖 3.2　位元傳輸率和位元區間

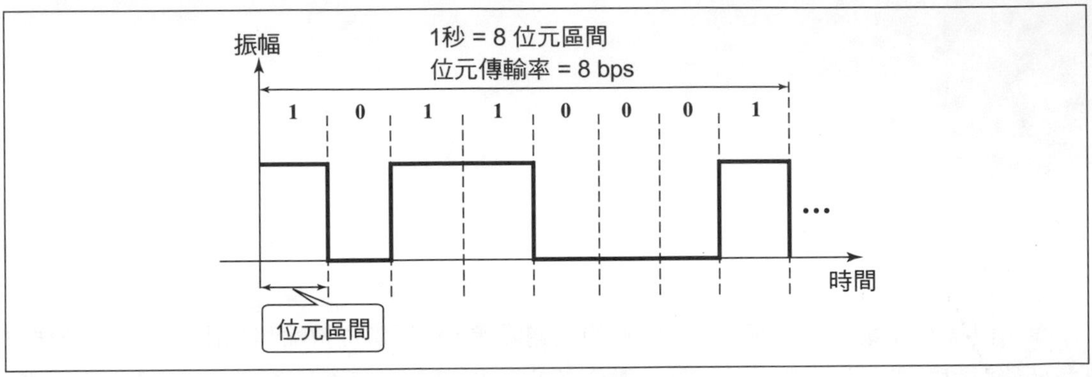

下面的公式可作為位元區間和位元傳輸率之間的相互轉換：

位元傳輸率 ＝1 / （位元區間）　　位元區間 ＝1 / （位元傳輸率）

類比訊號

類比訊號 (analog signal) 是連續的訊號，不同於數位訊號，類比訊號可以用無窮多數量的值來表示。而且對於類比訊號而言，從一個值轉換到另一個值的變化通常是很平滑的（如圖 3.3）。

圖 3.3　類比訊號

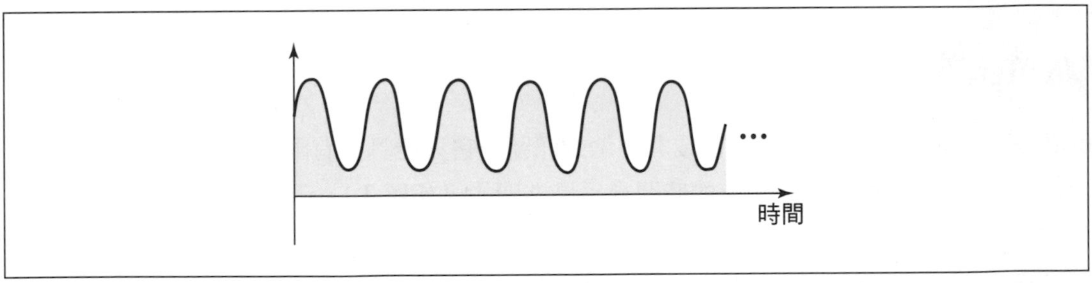

類比訊號可以是**週期性** (periodic) 的也可以是**非週期性的** (aperiodic)，週期性的類比訊號會以固定的型式定期地重覆出現，而非週期性的類比訊號就沒有固定重覆出現的型式。

一個簡單的週期性訊號：正弦波

正弦波是週期性類比訊號中最基本的一種型式。圖 3.4 是一個正弦波的例子，每個週期都包含兩個部分，一個是在時間軸上半部的曲線，接下去是在時間軸下半部的曲線。正弦波可以用三種特性表達：**振幅** (*Amplitude*)，**週期或頻率** (*Period or Frequency*)，以及**相位** (*Phase*)。

圖 3.4 正弦波

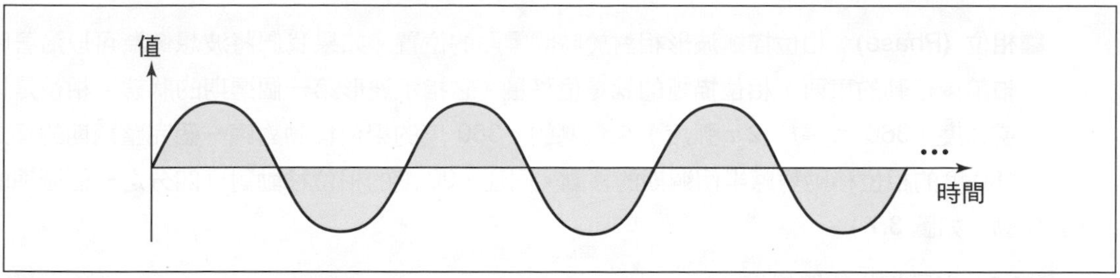

■**振幅** (Amplitude) 如圖所示，一個訊號的振幅是訊號在波形上任一點的值，也就是在波形上每一點和水平軸的垂直距離。正弦波的最大振幅就是它達到垂直軸的最高值(如圖 3.5)。

圖 3.5 振幅

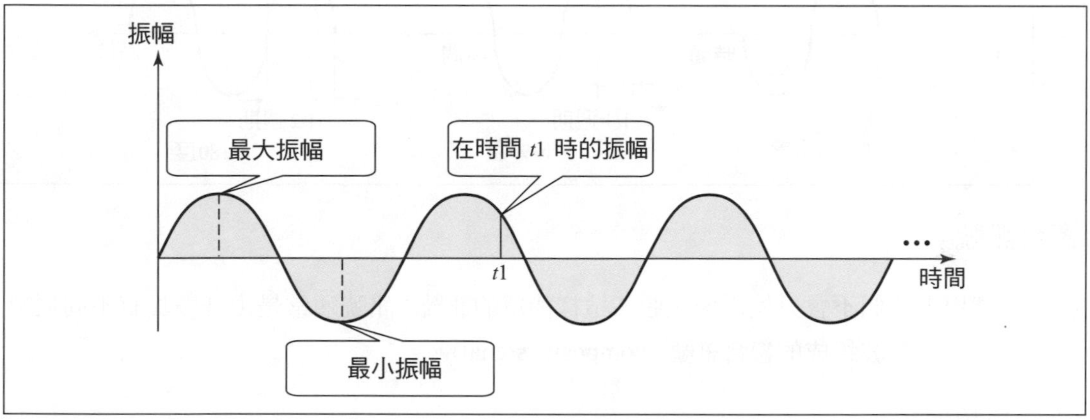

根據訊號的類型，振幅可以用**伏特** (*volts*)、**安培** (*amperes*) 或**瓦特** (*watts*) 等單位量測。伏特是指電壓；安培是指電流；而瓦特是指能量。

圖 3.6 週期和頻率

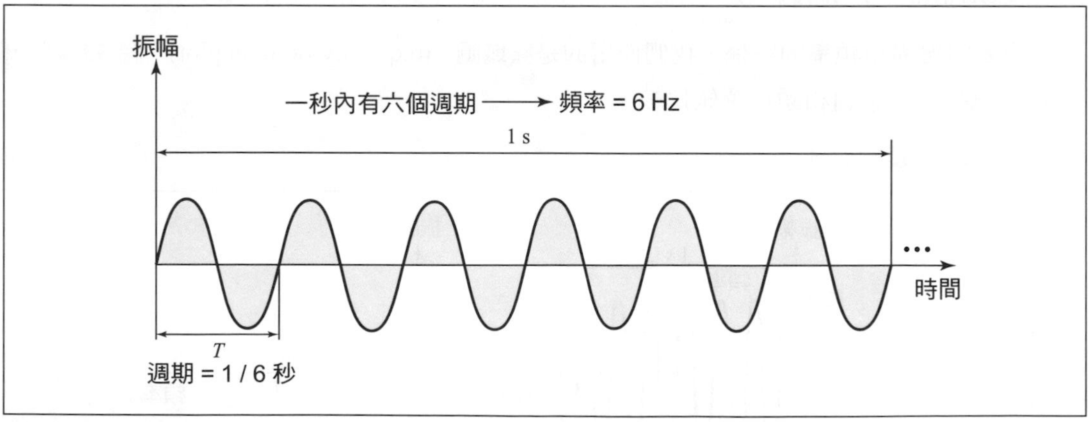

■**週期和頻率** (Period and frequency) 週期指的是訊號完成一個循環所需要的時間，以秒為單位。頻率是指一秒鐘所包含的訊號週期數目。訊號的頻率就是 週期數 / 每秒。圖 3.6 顯示了週期和頻率的概念。注意頻率和週期是互為倒數關係。如果我們定義週期為 T，頻率為 f，我們會得到下面的關係式：

$$f = 1/T \quad 和 \quad T = 1/f$$

■**相位** (Phase) 相位描述波形相對於時間零點的位置。如果我們將波想像為可以沿著時間軸前後移動的東西，相位描述的就是位移量。它指示波形第一個週期的狀態。相位是以度或弧度（360 度等於 2π 弧度）來量測的。360 度的相位移動對應一個完整週期的移動；180 度的相位移動對應半個週期的移動。同理，90 度的相位移動對應四分之一個週期的移動（如圖 3.7）。

圖 3.7 不同相位的關係

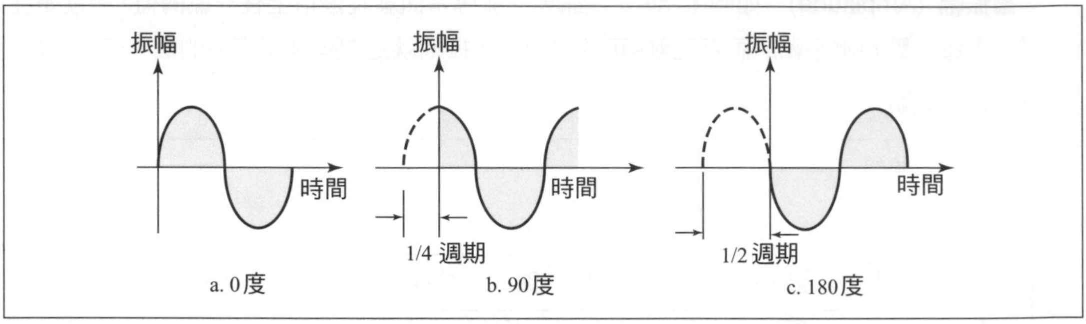

複合訊號

在實際應用上我們不會只使用像正弦波這樣簡單的訊號；訊號通常是由許多具有不同振幅、頻率、相位的正弦波組成的**複合訊號** (composite signal)。

時域和頻域

正弦波可以用它的振幅、頻率和相位來進行綜合的定義。我們已經將正弦波在時域圖 (time-domain plot) 裡展示過了。**時域圖** (time-domain plot) 表明了訊號振幅相對於時間的改變（它是振幅相對時間的圖式）。相位和頻率則無法以時域圖明確的表示出來。

要表明振幅和頻率的關係，我們使用的是**頻域圖** (frequency-domain plot)。圖 3.8 將一個簡單週期訊號的時域圖和頻域圖做比較。

圖 3.8 時域和頻域

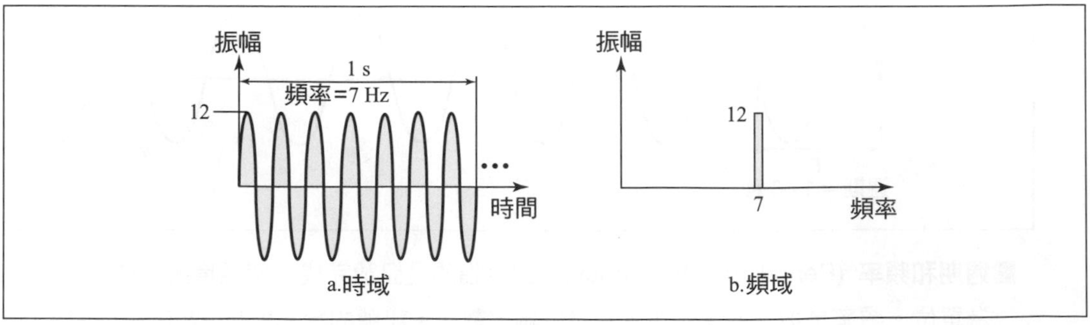

頻域會特別用來展現複合訊號的構成元素，圖 3.9 展示這樣的概念。

頻譜和頻寬

這裡要提到兩個術語：**頻譜** (spectrum) 和**頻寬** (bandwidth)。訊號的頻譜是所有訊號頻率成分的集合，以頻域圖來表示。訊號頻寬是頻譜的寬度（請參考圖 3.10）。換句話說，頻寬所指的是頻率成分的範圍，頻譜指的是在這範圍裡的元素。我們將範圍裡最高的頻率減掉最低的頻率即可計算出頻寬。

數位或類比

現在我們已經區別了數位和類比訊號，值得注意的是，真實的數位訊號是非週期性的。傅立葉分析（請參考 *Forouzan, Data communications and Networking, 2nd edition, Mc-Graw Hill*）可以證明即使是一個非週期訊號，例如數位訊號，也能被分解成無限個類比訊號。在這種情況下，頻譜不是離散，而是連續的。

圖 3.9　不同訊號的時域和頻域圖

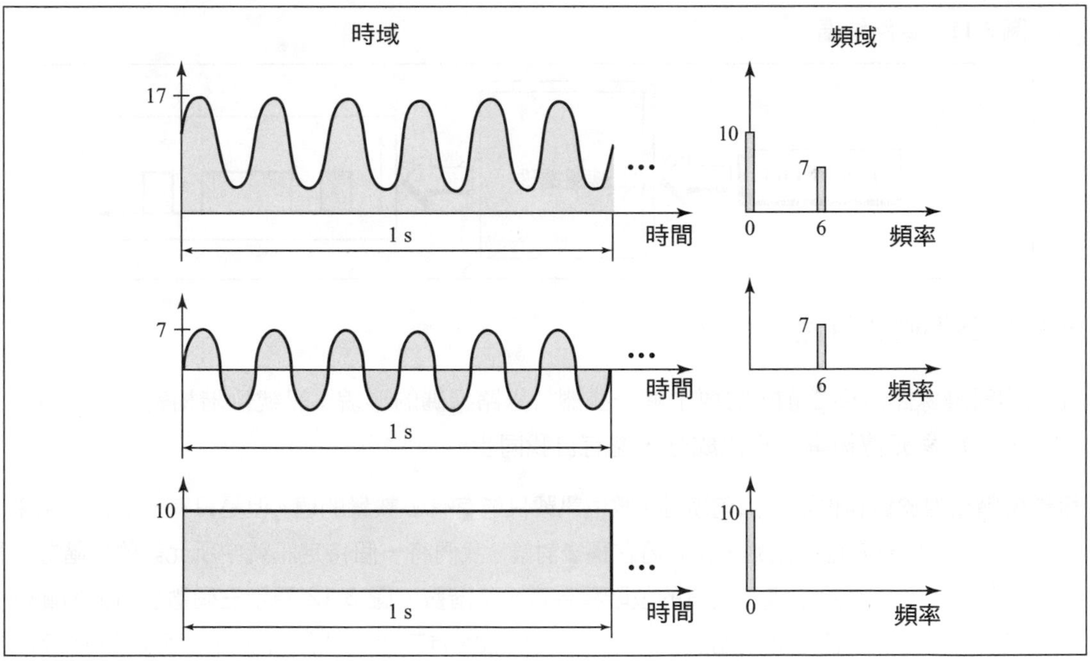

圖 3.10　頻寬

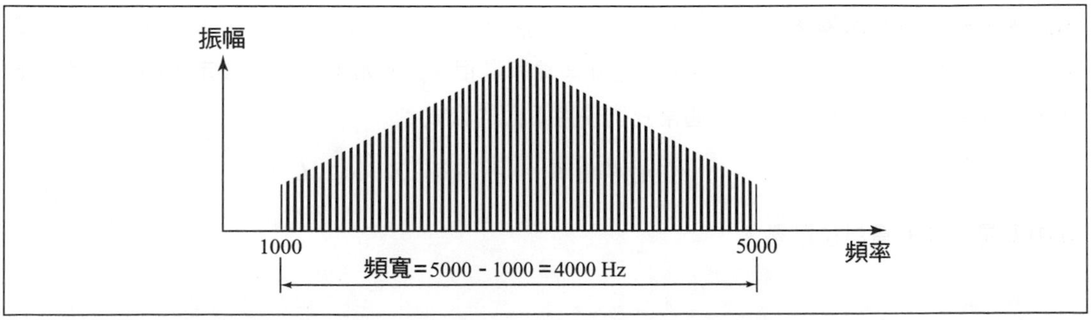

3.2 數位傳輸 *Digital Transmission*

在數位傳輸中，我們利用數位訊號將資訊從傳送端送到接收端。要傳送的資訊可以是 0 和 1 的形式（二進制數字或位元）或是類比訊號，例如聲音或影像。第一種形式，我們使用線路編碼將位元編碼成數位訊號，第二種形式，我們先將連續的量取樣而得到一序列位元，再用線路編碼將位元編碼成數位訊號。數位傳輸有時稱為**基頻傳輸** (baseband transmission)，因為這種傳輸隨時都會使用整個傳輸媒介的容量。

在這一節中，我們會先討論用來將二進制資訊編碼成數位訊號的線路編碼機制，接著才討論數位傳輸中類比訊號的取樣。

線路編碼

線路編碼 (Line coding) 是將二進制資訊（位元序列）轉換成數位訊號的程序，這對於從電腦送出，而且經過數位通訊系統的資料是必要的。圖 3.11 顯示了線路編碼的概念。

圖 3.11　線路編碼

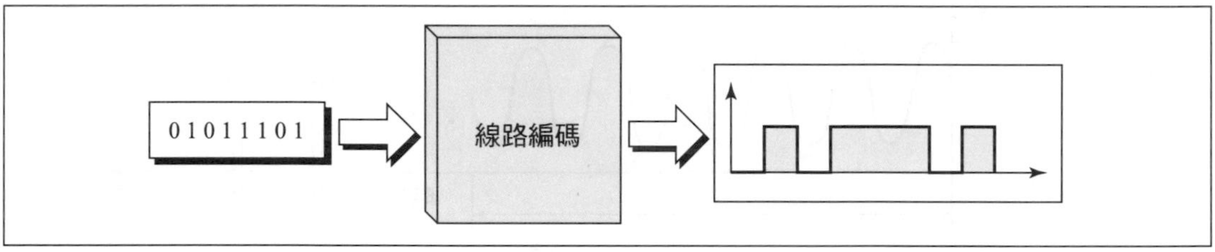

一些線路編碼的特性

在我們討論線路編碼之前，需要了解一些關於線路編碼的形貌：訊號位階相對於資料位階，脈波率相對於位元傳輸率，直流成分，還有自我同步。

訊號位階相對於資料位階　如前所述，數位訊號只能有有限數量的值。但是只有一些值是用來表示資料，其餘的會有其他的用途，我們將在稍後討論。我們將一個特定訊號中所允許的位階數目稱為訊號位階數；另外將用來表示資料的位階稱為資料位階數。圖 3.12 顯示三個數位訊號的範例。第一個訊號有兩個訊號位階和兩個資料位階。第二個訊號有三個訊號位階卻只有兩個資料位階。第三個訊號有四個訊號位階和四個資料位階。

脈波率相對於位元傳輸率　脈波率定義為每秒的脈波數，位元傳輸率定義為每秒傳送的位元數。如果一個脈波只定義一個位元，脈波率和位元傳輸率是相等的。如果一個脈波定義超過一個以上的位元，位元傳輸率會比脈波率高。通常我們使用下面的公式：

$$\text{位元傳輸率} = \text{脈波率} \times \log_2 L$$

其中 L 是訊號的資料位階數。

圖 3.12　訊號位階相對於資料位階

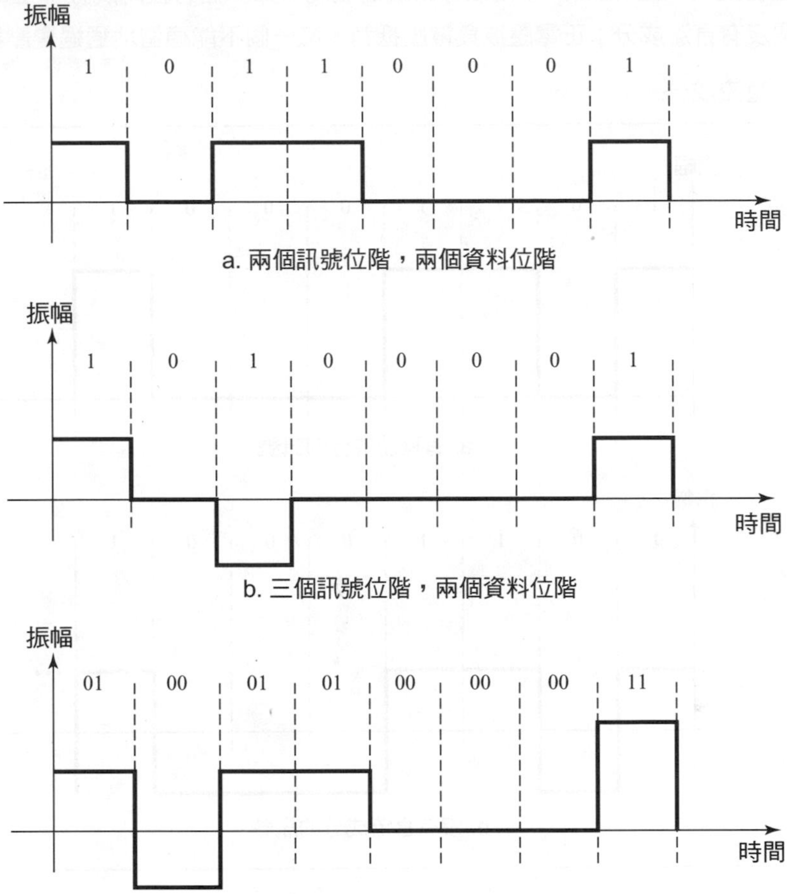

範例一

一個訊號有兩個資料位階，脈波持續期間為 1ms。我們用以下的方法計算脈波率和位元傳輸率：

$$脈波率 = 1 / (1 * 10^{-3}) = 1000 \text{ 脈波 / 秒}$$

$$位元傳輸率 = 脈波率 * \log_2 L = 1000 * \log_2 2 = 1000 \text{ 位元 / 秒}$$

範例二

一個訊號有四個資料位階，脈波持續期間為 1ms。我們計算脈波率和位元傳輸率如下：

$$脈波率 = 1 / (1 * 10^{-3}) = 1000 \text{ 脈波 / 秒}$$

$$位元傳輸率 = 脈波率 * \log_2 L = 1000 * \log_2 4 = 2000 \text{ 位元 / 秒}$$

直流成分 如果訊號通過一個不允許**直流成分** (DC component) 通過的系統（例如變壓器），訊號的平均電壓會是 0。圖 3.13 展示兩個線路編碼機制。第一個有直流成分；正電壓沒有被負電壓抵銷。第二個沒有直流成分；正電壓被負電壓抵銷。第一個不能適當地通過變壓器；第二個可以。

圖 3.13 直流成分

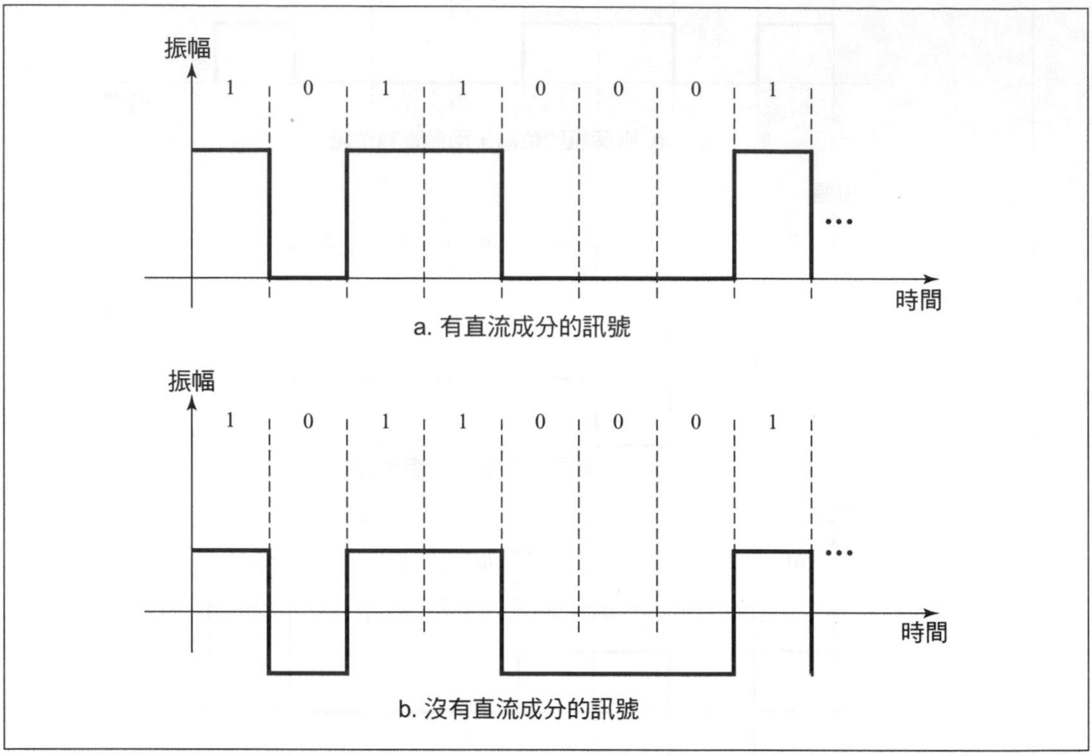

圖 3.14 缺乏同步

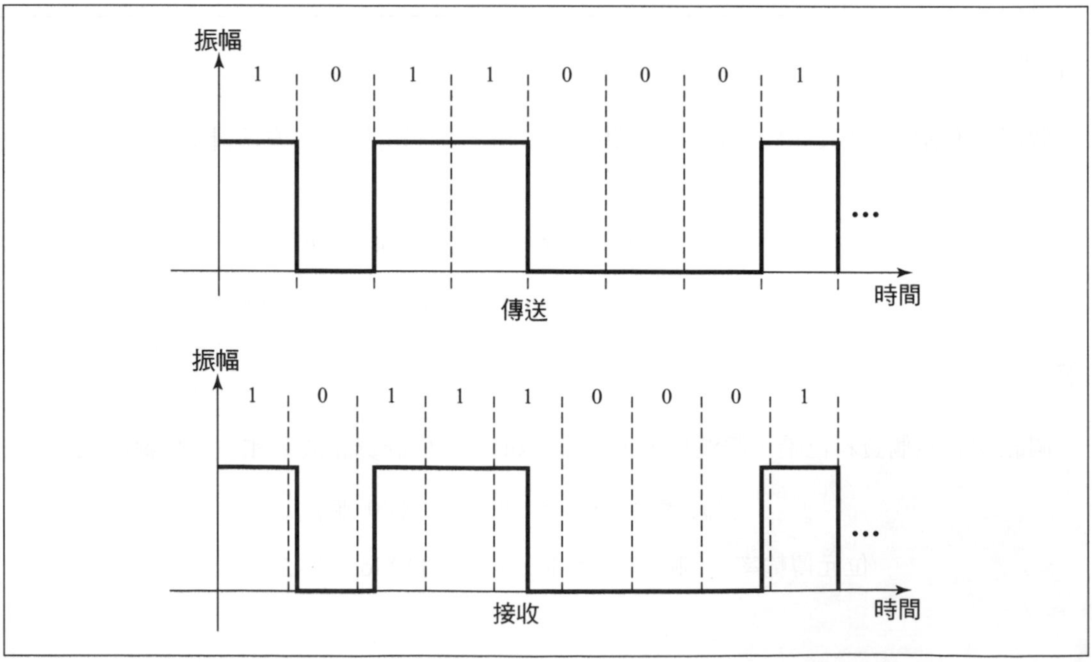

自我同步 要正確的解讀從傳送端接收到的訊號，接收端的位元區間一定要完全對應傳送端的位元區間。如果接收端的時脈比較快或比較慢，位元區間無法完全匹配，而且接收端將不能如傳送端所預期的去解讀訊號。圖 3.14 展示接收端的位元區間較短的情形。傳送端送出 10110001，接收端收到 101110001。

自我同步 (self-synchronous) 的數位訊號在傳送的資料裡包含時序訊息。如果在訊號中有變換的情況，可以在一個位元區間的開始、中間、結束的位置來警告接收端，就可能達成自我同步。如果接收端的時脈無法同步，那些警告點就可以重設時脈。

範例三

在一個數位傳輸中，接收端時脈比傳送端快 0.1 個百分點。如果資料傳送率是 1Kbps，接收端每秒會多收到幾個位元？如果資料傳輸率是 1Mbps，會多收到幾個位元？

解答

1Kbps，傳送端快 0.1 %。也就是說每秒它收到 1001 個位元，而不是 1000 個位元。

傳送 1000 個位元 → 收到 1001 個位元 → 每秒多 1 個位元

1Mbps，傳送端快 0.1 %。也就是說每秒它收到 100100 個位元，而不是 1000000 個位元。

傳送 1000000 個位元 → 收到 1001000 個位元 → 每秒多 1000 個位元

我們可以將線路編碼機制分為三大類：**單極性** (*unipolar*)、**極性** (*polar*) 和**雙極性** (*bipolar*)，如圖 3.15。

圖 3.15 線路編碼機制

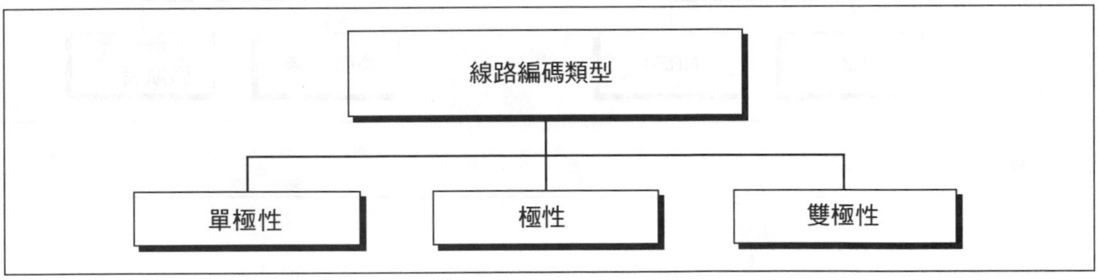

在所有這些線路編碼機制中，我們假設只有兩個資料位階（來表示 0 和 1）。資料位階大於 2 時，概念相同；脈波率和位元傳輸率則是不同。

單極

單極編碼 (Polar encoding) 是非常簡單而且非常基本的。圖 3.16 展示單極編碼的概念。正電壓編碼成 1，零電壓編碼成 0。

圖 3.16 單極性編碼

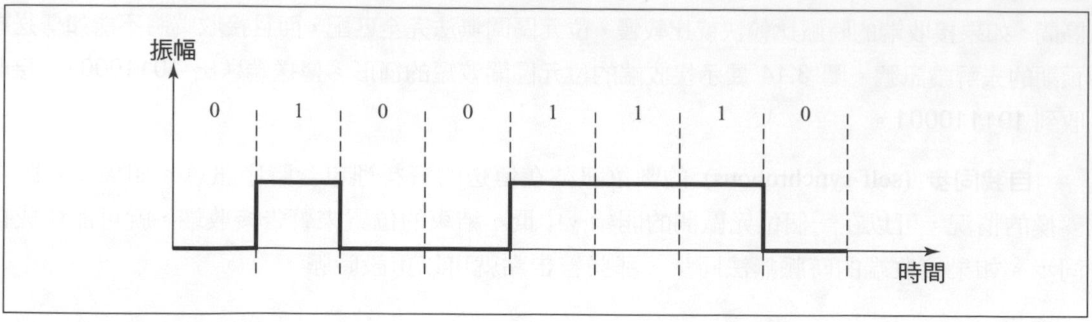

單極編碼缺少好的編碼機制之特性。它有直流成分而且沒有自我同步的機制（長串的 0 或 1 可能造成接收端失去同步）。

極性

極性編碼 (Polar encoding) 使用兩個非零的訊號位階：一個正、一個負。用這種方式，線路的平均電壓會減少，而且在單極編碼的直流成分問題也會減緩。有些極性編碼機制同時也是自我同步。

圖 3.17 極性編碼的類型

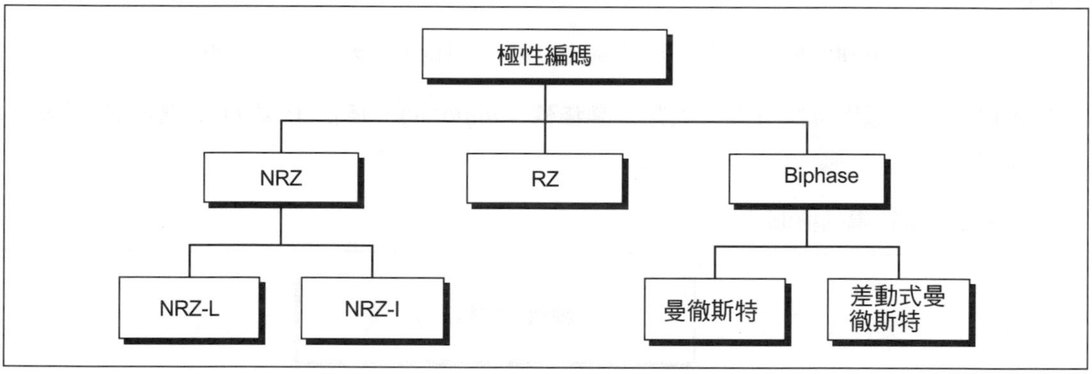

圖 3.18 NRZ 編碼

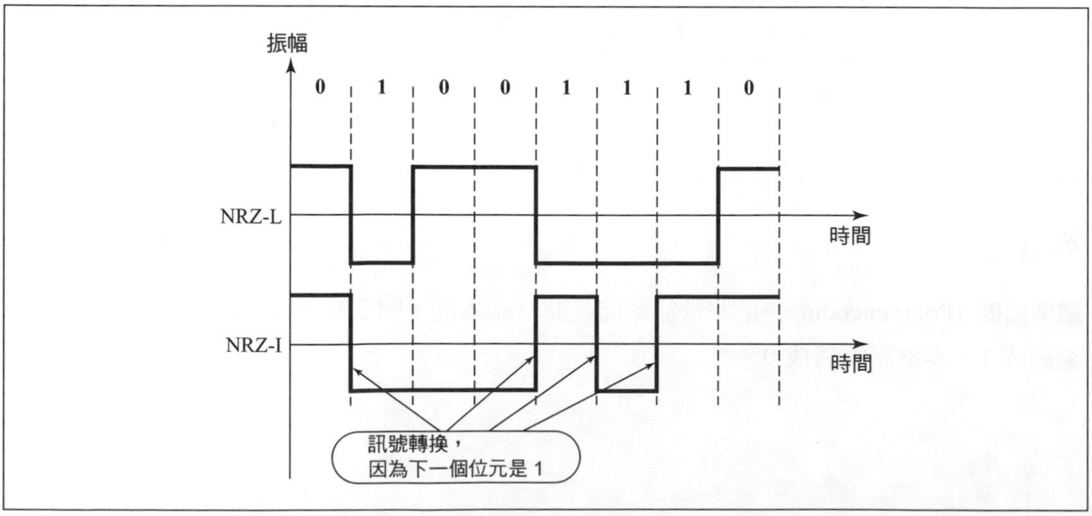

我們可以將極性編碼分為三類：**不歸零** (nonreturn to zero, NRZ)，**歸零** (return to zero, RZ)，以及**雙相** (biphase)。NRZ 編碼機制包括兩種方式：**不歸零、位階** (nonreturn to zero, level NRZ-L) 和**不歸零、反相** (nonreturn to zero, invert, NRZ-I)。雙相編碼也有兩種方式。第一種**曼徹斯特** (Mancheste) 是**乙太網路** (Ethernet) LANs 用的方式，第二種**差動式曼徹斯特** (Differential Manchester) 是**記號環** (Token Ring) LANs 用的方式（請參考圖 3.17）。

不歸零 (NRZ) 在 NRZ 編碼中，訊號位階只有正或負兩種。NRZ 編碼可以用兩種方式實行：NRZ-L 和 NRZ-I，如圖 3.18。

■NRZ-L 在 NRZ-L 編碼中，訊號位階會根據它所表示的位元類型而定。正電壓通常表示位元 0，負電壓表示位元 1（反之亦然）；所以訊號位階是根據位元的狀態而定。這種機制無法自我同步，而且如果資料包含長串的 0 或 1 就可能失去同步。

■NRZ-I 在 NRZ-I 編碼中，以位階的反轉表示位元 1。它是以正負位階之間的轉換，而不是以位階本身來表示位元 1。保持原本的位階不改變就是 0。如果資料不包含一長串連續的 0，NRZ-I 會比 NRZ-L 好。位元 1 會造成訊號位階的轉變，因此可以用來警告接收端，去同步它的時脈。

圖 3.19 歸零編碼

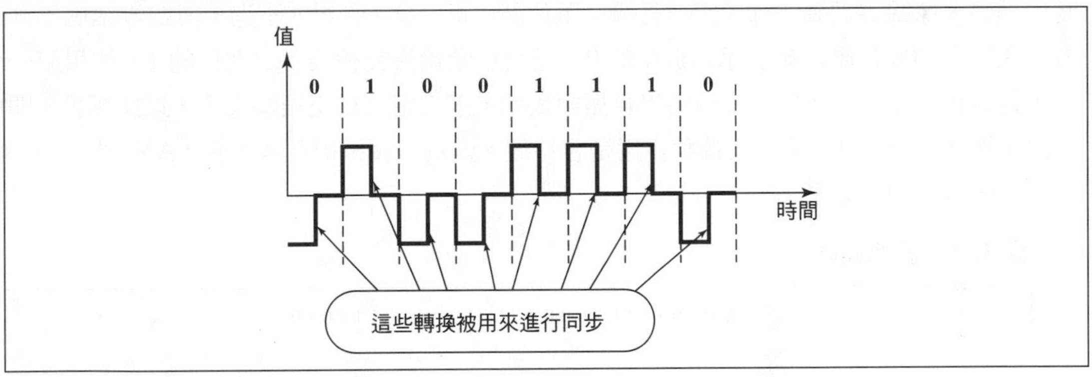

圖 3.20 曼徹斯特和差動式徹斯特編碼

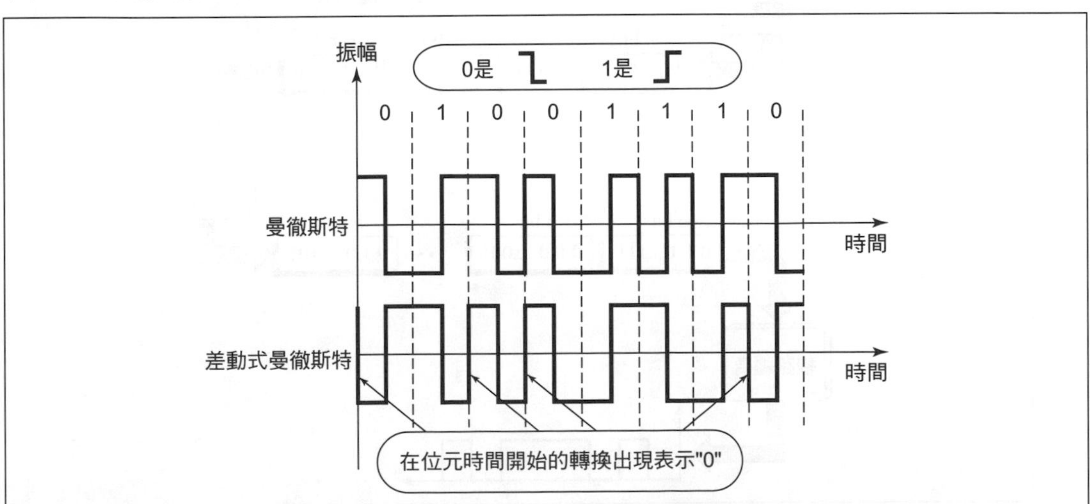

歸零 (Return to Zero, RZ) 要進行完美的同步，一定要在每個位元都有訊號變換。歸零編碼以正或負位階表示位元 1 或位元 0。不過，訊號的轉變，會在從正或負位階轉換成零位元區間的中間，並且保持在零位階直到位元區間結束。位元區間中間的轉換，可以用來同步接收端時脈。圖 3.19 說明了這個概念。

雙相 (Biphase) 雙相編碼可能是現存對於同步問題最好的解決方法。雙相編碼訊號在位元區間中點變換但不歸零，相反的，它持續變換到另一極。像歸零編碼一樣，這些轉換可以拿用來進行同步。目前有兩種雙相編碼的方式用網路上：曼徹斯特和差動式曼徹斯特編碼。圖 3.20 展示相同的位元樣式之曼徹斯特和差動式曼徹斯特編碼。

- **曼徹斯特** (Manchester) 這種編碼使用在位元區間中央反轉的方式，來表示位元並進行同步。負到正的轉換表示二進位的 1，而正到負的轉換表示二進位的 0。
- **差動式曼徹斯特** (Differential Manchester) 在差動式曼徹斯特法，這種編碼使用在位元區間中央反轉的方式進行同步，不過，另外用加在區間開始的轉換出現與否來表示位元。出現轉換表示二進位的 0，沒有轉換表示二進位的 1。

雙極

雙極編碼，像歸零編碼一樣，使用三個電壓位階：正、負、和零。不過，與歸零編碼不同的地方，在於它的零位階用來表示二進位的 0。正負位階輪流交替表示二進位的 1。如果第一個位元 1 是以正振幅表示，則第二個將以負振幅表示，第三個又以正振幅表示，以此類推。即使沒有出現連續的位元 1，這種交替動作還是會持續。因為雙極編碼並未用在 LANs 的環境，我們不會進一步地討論這種方法。

圖 3.21 區塊編碼

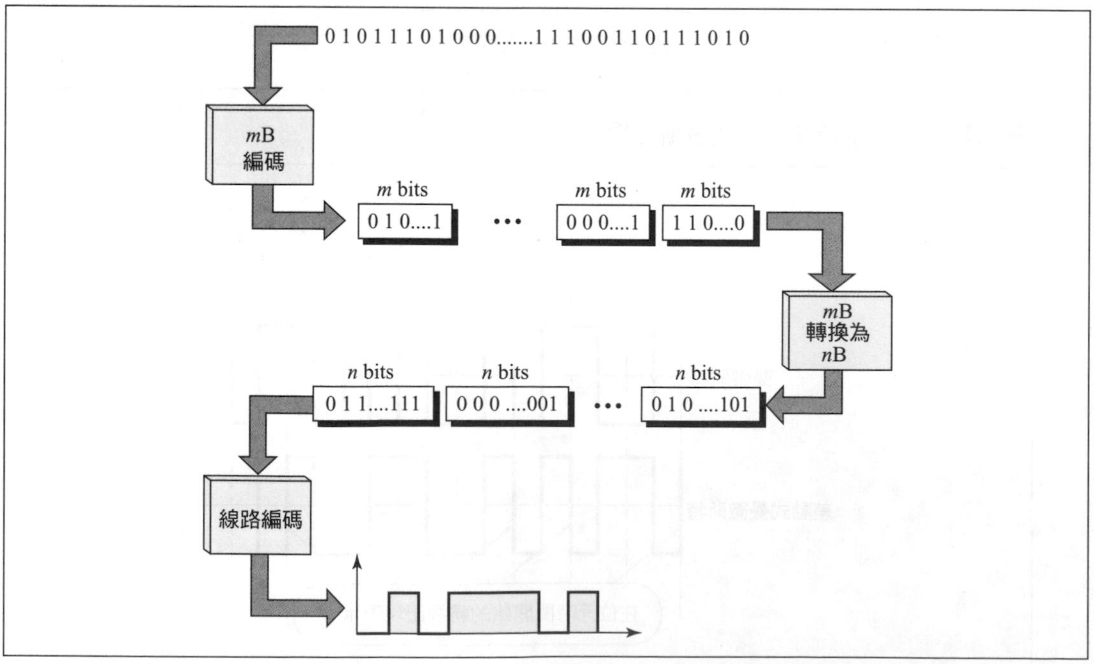

區塊編碼

為了改進線路編碼的效能，所以產生了**區塊編碼** (block coding)。我們需要某種冗餘的位元來確保同步。此外，我們還需要加入其他多餘的位元（我們將在第四章討論）來偵測錯誤。區塊編碼可以在某種限度上達成上面提到的兩個目標，圖 3.21 說明這個程序。

我們依照下列的步驟來做：

■將一串的位元分割成 *m* 位元的區塊。

■每個 *m* 位元區塊以 *n* 位元區塊代替，*n* 比 *m* 大。

■每個 *n* 位元區塊就是線路編碼，不用考慮同步。

替換

區塊編碼的核心就是替換的步驟。我們將每一個 *m* 位元的區塊，以 *n* 位元的區塊來替換。這就是為什麼區塊編碼有時候被稱為 mBnB。舉例來說，在 4B5B 編碼中，我們以 5 位元區塊代換 4 位元區塊。在 4 位元區塊裡，我們只能有 16 (2^4) 個不同區塊。在 5 位元區塊裡，我們可以有 32 (2^5) 個可能的區塊。也就是說，我們可以將某些 5 位元區塊對應到 4 位元區塊，有些 5 位元的區塊是沒有用到的。我們可以應用特別的策略，只選擇哪些 5 位元區塊來協助我們進行同步和錯誤偵測。圖 3.22 展示了我們如何只使用一半的 5 位元區塊。

同步 (Synchronization)　例如，我們可以用某些 5 位元的區塊，產生不會超過三個連續 0 或 1 的結果。

圖 **3.22**　區塊編碼的代換

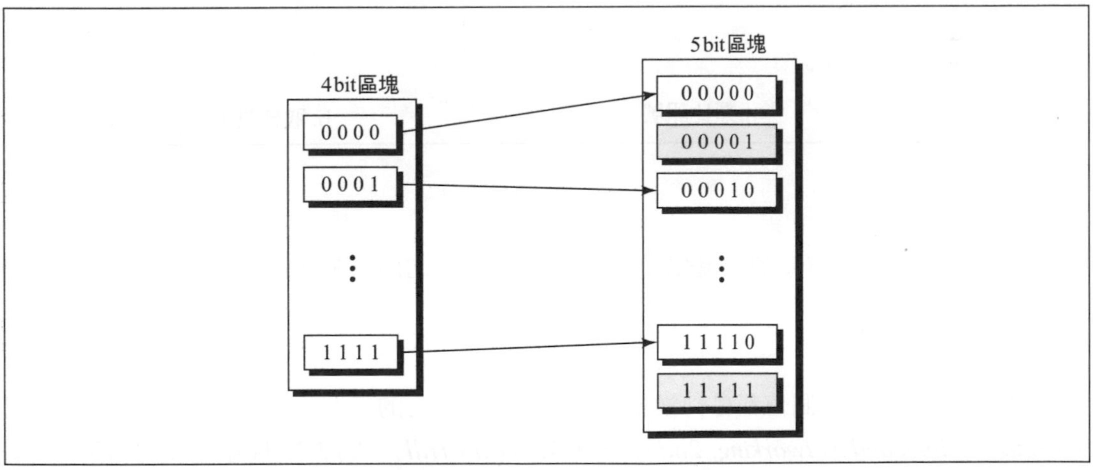

錯誤偵測 (Error Detection)　區塊編碼確實可以幫助我們進行錯誤偵測。因為只使用一部分的 5 位元區塊，如果在區塊中有一個或多個位元被改變，造成接收端收到未被使用的區塊，它就能輕易地偵測到錯誤。

在 LANs 環境中使用區塊編碼

有些 LAN 協定使用區塊編碼。我們將在相關的章節（第 10 和 11 章）中討論這些特定的程序。

取樣和量化：PCM

我們有時候需要在數位傳輸媒介中傳送連續的資料，例如聲音或影像資訊。雖然有許多方法可以達成這個任務，我們只討論其中最普遍的：**取樣** (sampling) 和**量化** (quantization)，通常稱為**脈碼調變** (pulse code modulation, PCM)。

取樣

在 PCM 程序的第一步，是對連續資料取樣，在固定的間隔區間量測連續資料的值。我們將每一個取樣稱為脈波。圖 3.23 說明這個概念。

圖 3.23 取樣

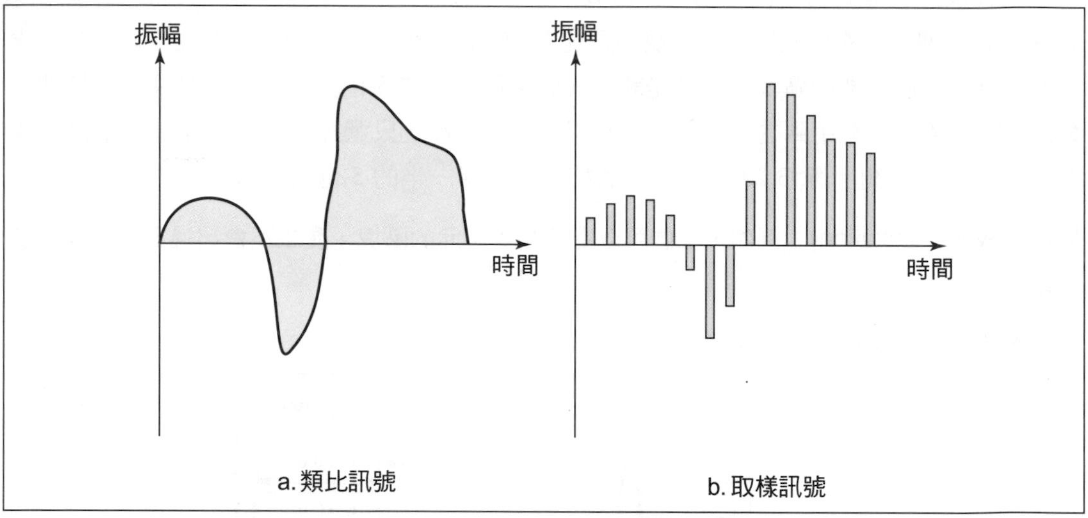

量化

取樣之後，得出的脈波會加以量化（指定數值）。量化的結果被顯示在圖 3.24。

指定二進位數值

在量化與調整之後，每個值都會轉換為帶有正負號與強度的二進位數字（請參考 *Forouzan, Data communications and Networking, 2nd edition, Mc-Graw Hill*）。圖 3.25 展示最後的結果。

現在類比訊號已經轉變為二進位資料了，在它用在數位傳輸之前，我們還需要對它進行線路編碼。

圖 3.24 量化

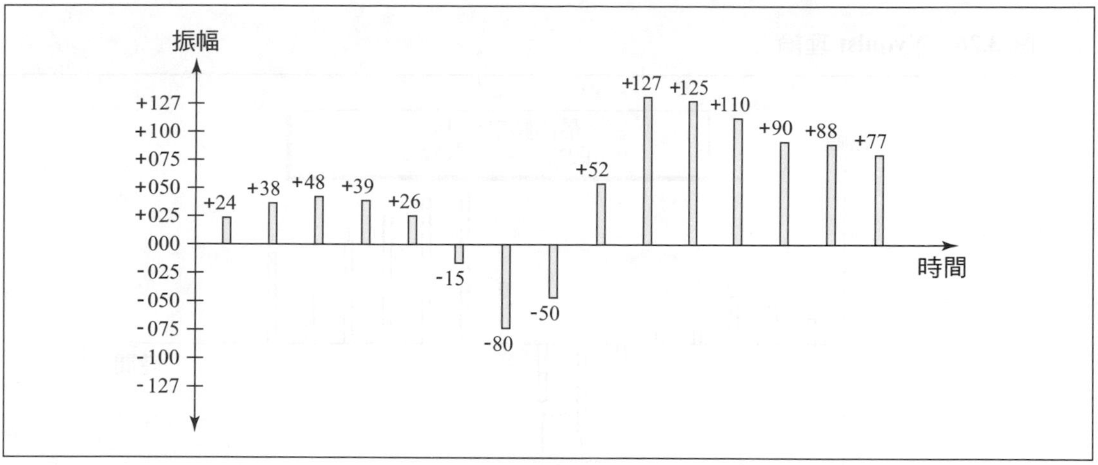

圖 3.25 轉換為二進位數字

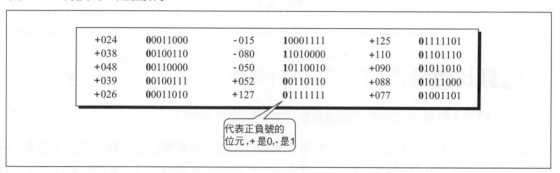

+024	**0**0011000	-015	**1**0001111	+125	**0**1111101
+038	**0**0100110	-080	**1**1010000	+110	**0**1101110
+048	**0**0110000	-050	**1**0110010	+090	**0**1011010
+039	**0**0100111	+052	**0**0110110	+088	**0**1011000
+026	**0**0011010	+127	**0**1111111	+077	**0**1001101

代表正負號的位元，+是0，-是1

取樣率

正如你從前面的圖所看到的，任何以數位重現類比訊號的精確性，會跟取樣的數目有關。使用 PCM 的問題是，多少的取樣數目才足夠呢？

根據 Nyquist 理論，我們知道在使用 PCM 來重現原本的類比訊號時，如果要確保其精確性，取樣率必須至少是原本的訊號中最高頻成分的兩倍。所以，如果我們想要取樣一個最高頻率為 4000Hz 的電話語音訊號，我們需要的取樣率為每秒 8000 個取樣。

取樣率是 x Hz 頻率的兩倍，意思是說訊號一定要每 $1 / 2x$ 秒取樣一次。以前述的電話線傳輸語音訊號為例，每 1/8000 秒就要取樣一次。圖 3.26 說明這個概念。

每個取樣代表多少位元？

我們找出取樣率之後，還需要決定每個取樣代表的位元數，而這會取決於我們所需要的精確程度。我們根據還原成原始訊號時期望的精確度來選擇位元。

位元傳輸率

在找出每個取樣包含多少位元數之後，我們可以用下面的公式來計算位元傳輸率：

位元傳輸率 = 取樣率 * 每個取樣的位元數

圖 3.26 **Nyquist** 理論

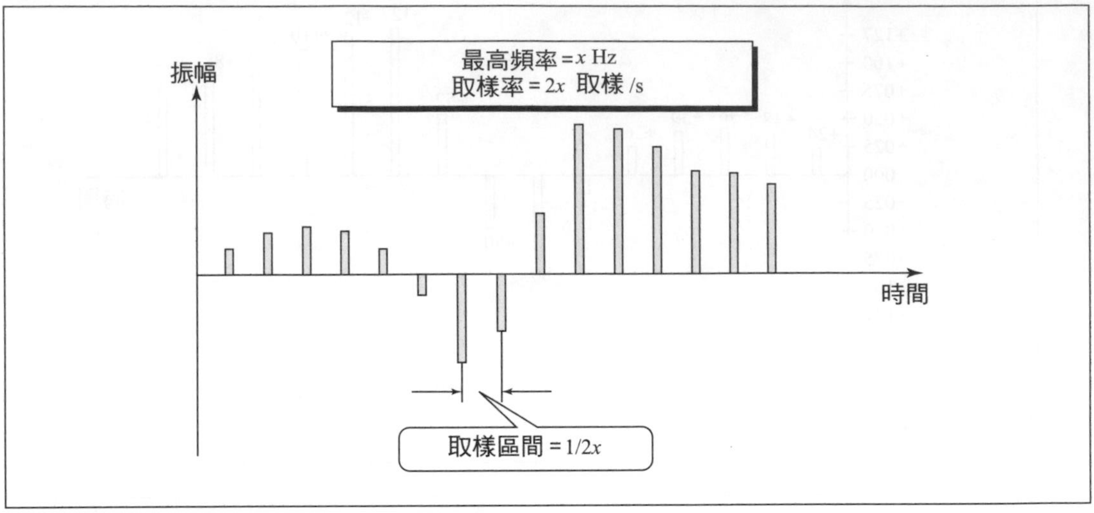

3.3 類比傳輸 *Analog Transmission*

在類比傳輸裡，數位訊號或類比訊號會調變高頻的類比訊號。

在這個章節中，我們首先定義一些類比傳輸的特性。接著我們討論藉由數位訊號做調變，最後是討論藉由類比訊號做調變。類比傳輸的使用被限制在區域網路，所以我們這裡也只討論這個範圍。

以數位訊號調變

以數位訊號對一個高頻類比訊號（稱為**載波** (carrier)）進行調變，是依據數位訊號所攜帶的資訊，來改變一個或多個載波特性（振幅、頻率、相位）的過程。

鮑得率相對於位元傳輸率

鮑得率定義每秒傳送的訊號元素數目。位元傳輸率定義每秒傳送的位元數。如果一個訊號元素只有一個位元，鮑得率和位元傳輸率是一樣的。如果一個訊號元素包含不只一個位元，則位元傳輸率會比鮑得率高。一般而言，位元傳輸率和鮑得率之間有以下的關係：

$$位元傳輸率 = 鮑得率 * \log_2 N$$

其中 N 代表在每個訊號元素中的位元數。

四種常見的機制

載波的三種特性都可以被改變，所以我們至少有三種調變的類型：**振幅偏移調變** (amplitude shift keying, ASK)、**頻率偏移調變** (frequency shift keying, FSK)，以及**相位偏移調變** (phase shift keying, PSK)。此外還有第四種（更好的）機制，合併振幅與相位的改變，稱為正交振幅調變 (quadrature amplitude modulation, QAM)。QAM 是這些選擇中它最有效率，而且是新式數據機所使用的機制（如圖 3.27）。

圖 3.27 由數位訊號調變的分類

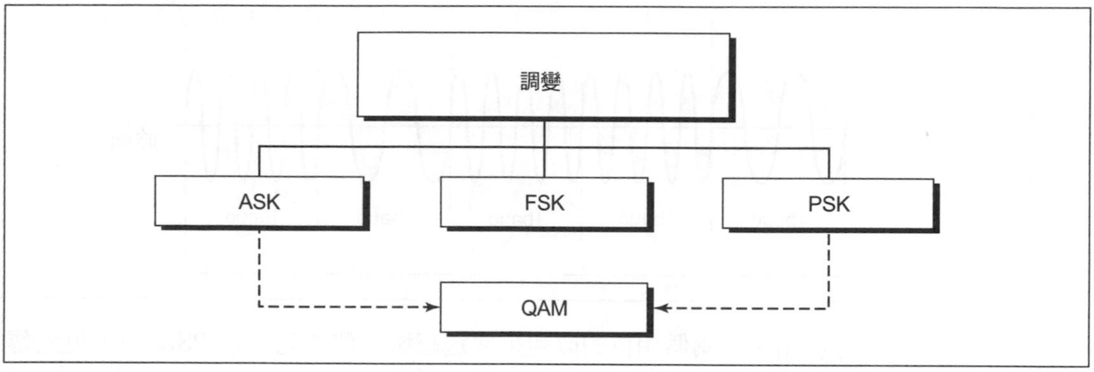

振幅偏移調變 (ASK) 在振幅偏移調變 (ASK) 中，載波訊號的振幅會改變來表示位元 1 或 0。頻率和相位則保持不變。不幸的是 ASK 傳輸非常容易受雜訊干擾的影響。圖 3.28 展示 ASK 的概念。

一般 ASK 技術使用**開關鍵** (on-off keying, OOK)。在 OOK 的機制，其中一個位元值是以零電壓來表示。

頻率偏移調變 (FSK) 在頻率偏移調變 (FSK) 中，載波訊號的頻率會改變來表示位元 1 或 0。訊號的頻率在每個位元區間保持不變，而且其值由位元（0 或 1）決定。最高振幅和相位保持不變。圖 3.29 展示 FSK 的概念。

圖 3.28 ASK

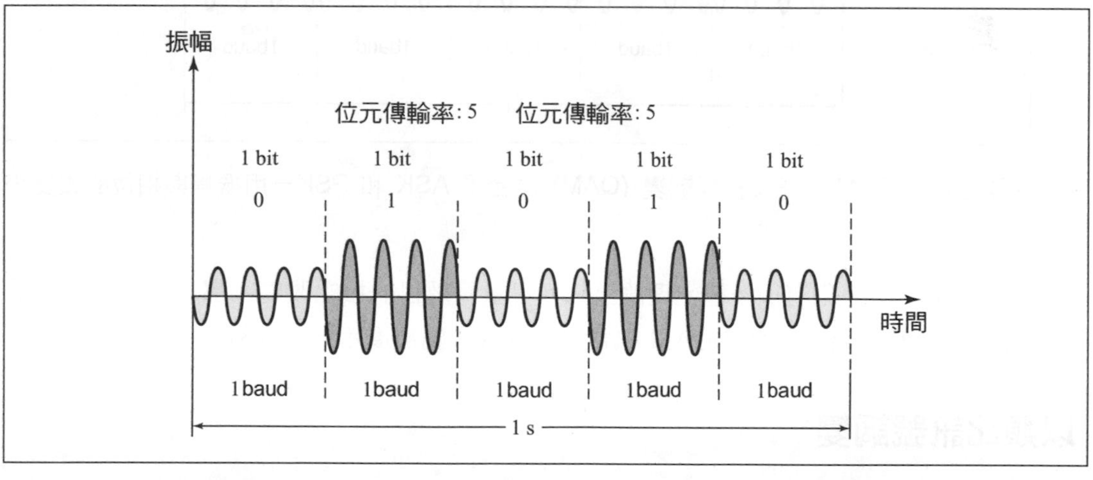

FSK 避免了大部分 ASK 會有的雜訊問題。因為接收端會檢視某個特定週期中特定頻率的改變，所以可以忽略電壓突然的變化。

相位偏移調變 (Phase Shift Keying, PSK) 在相位偏移調變 (PSK) 中，載波訊號的相位會改變來表示位元 1 或 0。最大振幅和頻率保持不變。舉例來說，如果我們從相位 0 度開始來表示位元 0，我們可以將相位改變為 180 度來表示位元 1。圖 3.30 展示 PSK 的概念。

圖 3.29　FSK

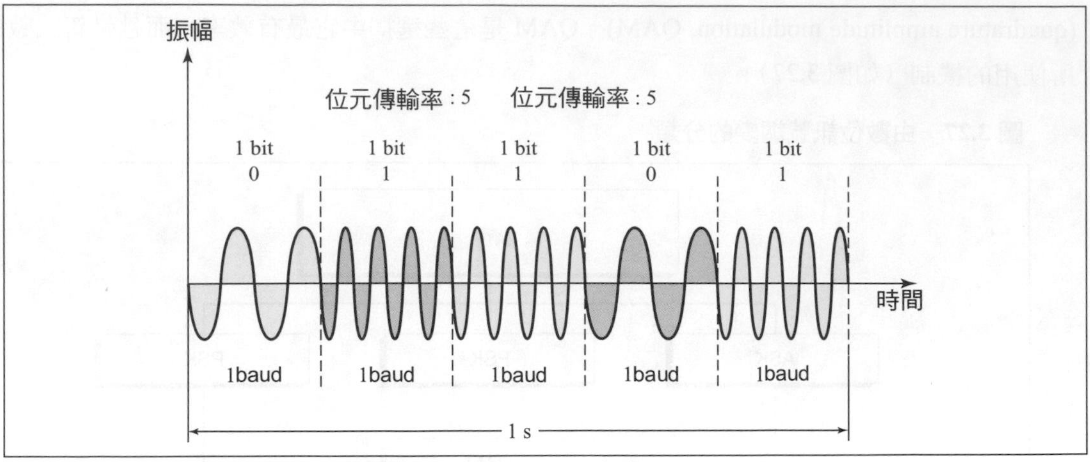

一般常見的，是使用多於兩個相位的改變來傳送超過一個位元。在 PSK 中，位元傳輸率通常比鮑得率高。

圖 3.30　PSK

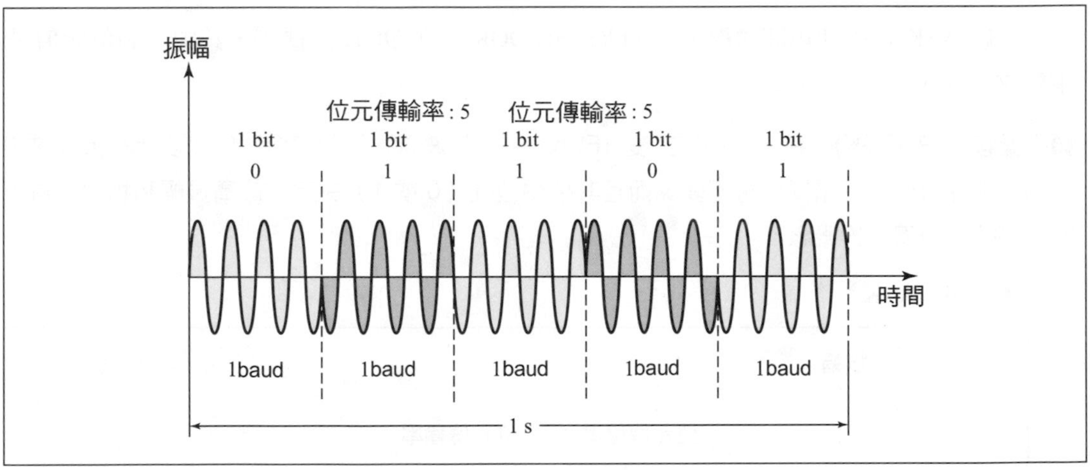

正交振幅調變 (QAM)　正交振幅調變 (QAM) 結合了 ASK 和 PSK－用振幅與相位的改變來表示位元樣式。

QAM 可能的變化有很多種。理論上任何可量測數目的振幅改變，都可以和任意可量測數目的相位改變相結合。一個 8-QAM 訊號的對應時域圖被展示於圖 3.31。

以類比訊號調變

以低頻類比訊號對一個高頻類比訊號（載波）調變，是依據低頻類比訊號所攜帶的資訊，來改變一個或多個載波特性（振幅、頻率、相位）的程序。我們不打算對這個主題做進一步的討論，因為這種類型的調變不常用在 LANs 上面。

圖 3.31　8-QAM 訊號的時域圖

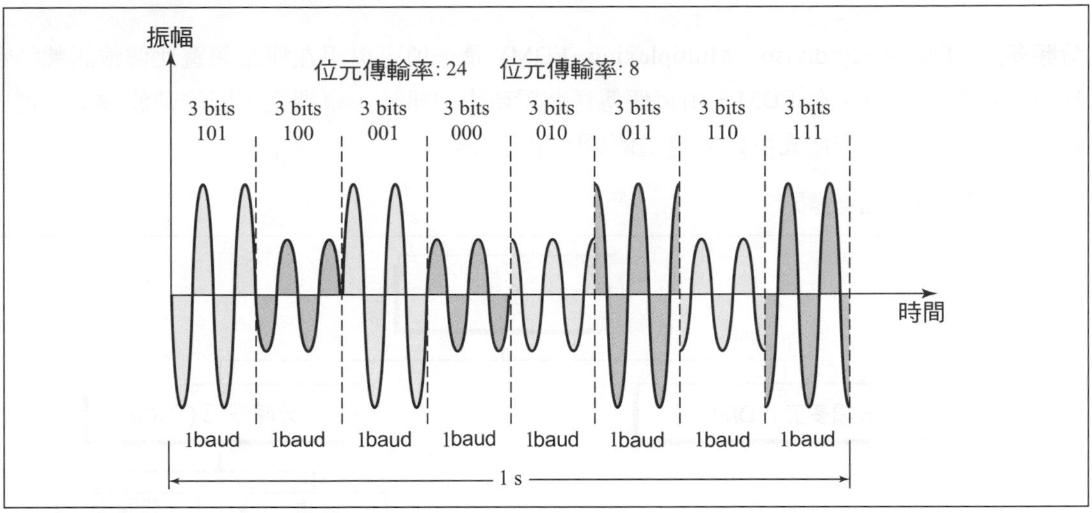

3.4 多工 *Multiplexing*

多工 (Multiplexing) 指的是將一個連結的可用頻寬分給許多使用者，可以想像成將連結切成許多頻道。圖 3.32 展示了兩種可能的方式來連結四對設備。在圖 3.32a，每一對設備有自己的連結。如果每一個連結的總頻寬並未被完全利用，一部分的頻寬就被浪費了。在圖 3.32b 中，每一對設備之間的傳輸被多路傳送；相同的四對設備分享單一連結的頻寬。

圖 3.32　多工相對於非多工

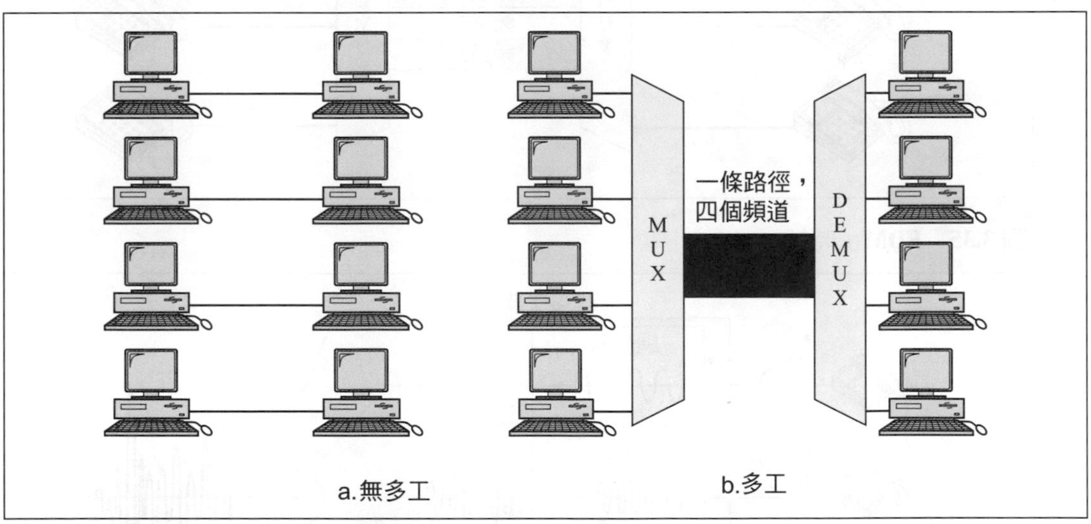

我們這裡會討論兩種多工的技術：分頻多工與分時多工，如圖 3.33。

分頻多工 (FDM)

分頻多工 (Frequency-divison Multiplexing, FDM) 是一種可以用在連結頻寬比傳輸訊號結合的頻寬高的類比技術。在 FDM，由每個傳送裝置產生的訊號，會調變不同的載波頻率。這些經過調變的訊號，再結合成可以被連結傳送的複合訊號。

圖 3.33 多工的分類

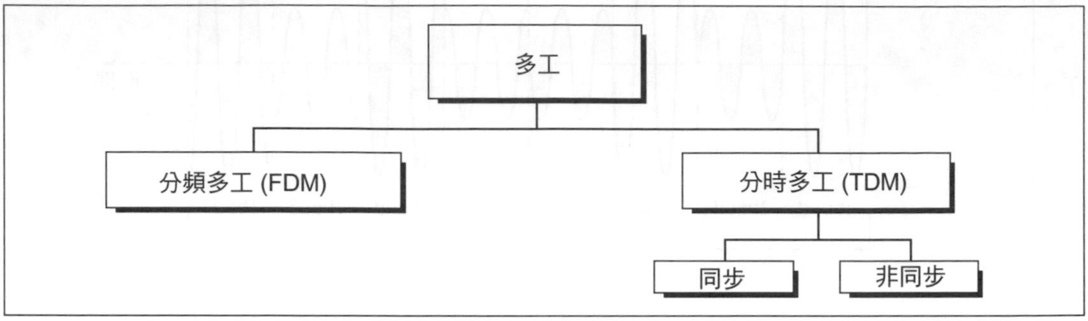

載波頻率被分成足夠的頻寬來容納調變訊號。頻道之間需要拿掉未使用的頻寬或**保護頻帶** (guard bands) 來避免訊號重疊。

圖 3.34 FDM

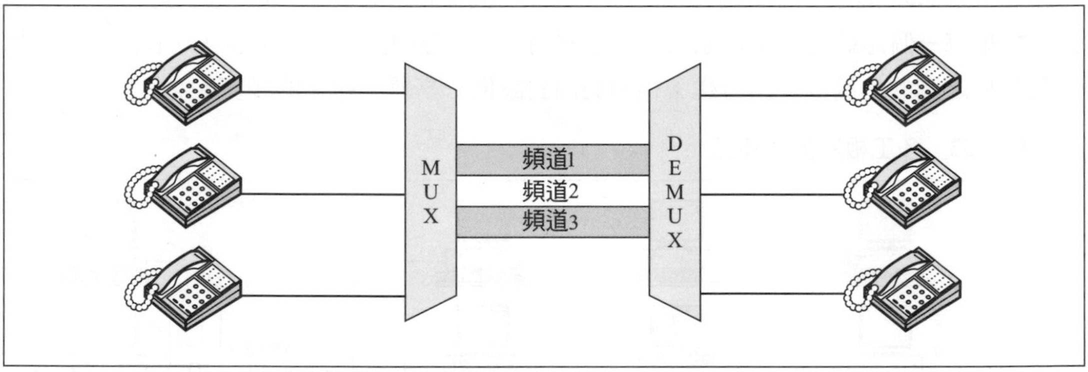

圖 3.35 FDM，時域

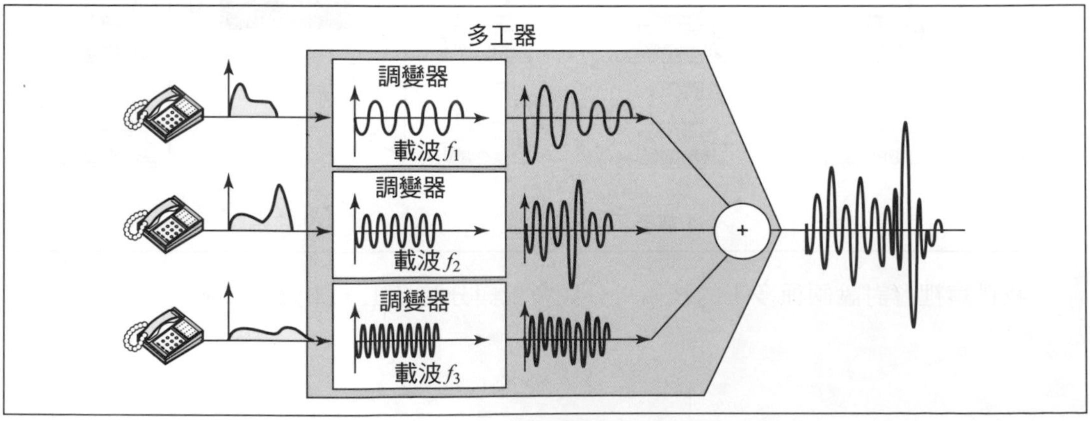

圖 3.34 展示 FDM 的概念。在這個範例中，傳輸路徑分成三個部分，每個部分都表示可載送一個傳輸動作的頻道。

圖 3.35 是多工程序的時域概念範例。FDM 是種類比程序，我們在這裡以電話做為輸入、輸出設備來顯示。每個電話產生一種類似頻率範圍的訊號。在多工器中，這些類似的訊號會被調變成不同的載波頻率（f_1, f_2 和 f_3），這些經過調變的訊號會結合成一個複合訊號，然後透過某個足夠容納複合訊號頻寬的介質連結，將它傳送出去。

分時多工 (TDM)

分時多工 (Time-divison Multiplexing, TDM) 是一種可以用在傳輸介質頻寬（每秒位元數）比傳送一接收端裝置所需頻寬還要高的數位程序。

圖 3.36 展示 TDM 的概念。請注意，這裡的連結和 FDM 所用的是一樣的，不過，這裡的連結是以時間做分段而不是頻率。圖中的訊號 1、2、3 和 4 等部分是依順序佔用連結。

圖 3.36 TDM

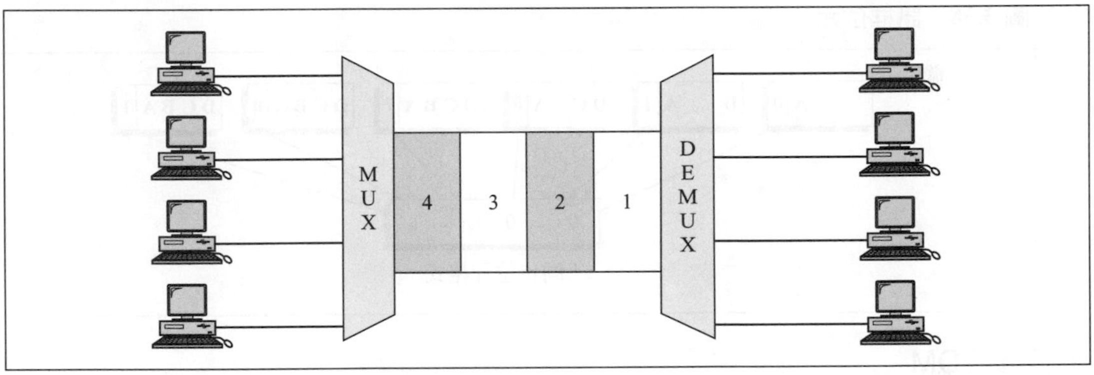

TDM 可以用兩種方式完成：**同步** (synchronous) TDM 與**非同步** (asynchronous) TDM。

同步 TDM

在分時多工裡，**同步** (*synchronous*) 這個術語表示多工器隨時會配置完全相同的時間槽給各個設備，不管這些設備有沒有要傳送任何訊息。例如，時間槽 A 只分配給設備 A，而且不能被其他設備再使用。每次它所配置的時間槽出現時，這個設備就有機會傳送它的部分資料，如果這個設備無法傳送或是沒有要傳送的資料，它的時間槽仍舊會保持空的。

訊框 時間槽 (time slot) 聚集成訊框，訊框包含了完整時間槽的循環，它包含一個或多個專屬於各傳送設備的時間槽（請參考圖 3.37）。在一個 *n* 條輸入線路的系統，它的每個訊框至少有 *n* 個槽，而每個槽配置給特定的輸入線路來載送資料。如果分享連結的所有輸入設備都以相同的資料傳輸速率傳送，各個設備在每個訊框裡都會有一個時間槽。不過，也可以使用不同的資料傳輸速率。專屬於特定設備的時間槽會佔據每個訊框裡同樣的位置，並且建立該設備的頻道。在圖 3.37，我們展示以同步的 TDM 將三條輸入線路多路傳送到單一路徑。在這個例子裡，所有的輸入都使用相同的資料傳輸速率，所以每個訊框中的時間槽數目等於輸入設備的數目。

圖 3.37 同步 TDM

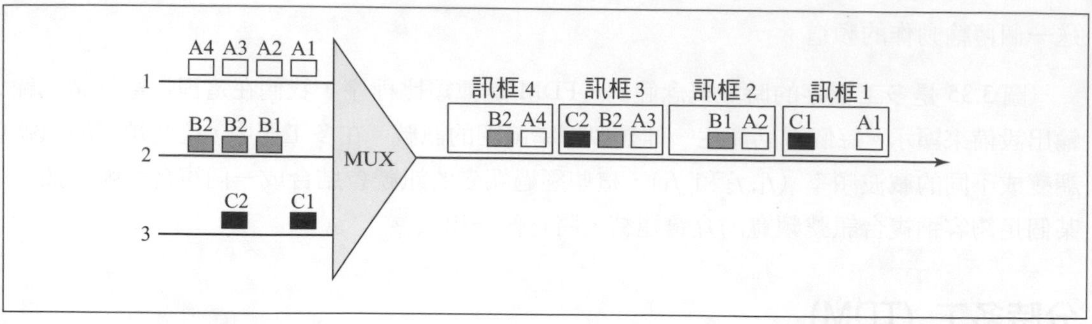

訊框位元 因為在同步 TDM 系統中，時間槽的順序不會隨著不同的訊框而改變，所以在每個訊框中只需要包含少量的額外資訊。接收的順序可以通知解多工器，如何找出每個時間槽，所以不需要地址。不過，許多因素會造成時間的不一致性。因為這種理由，一個或多個同步位元通常會加在每個訊框的開頭。這些位元被稱為**訊框位元** (framing bits)，它們在各個訊框的起始以固定的樣式加入，讓解多工器可以跟接收進來的位元串流進行同步，所以它能精確地分隔時間槽。在大多數的情況下，每個訊框會包含一個位元的同步資訊，並交替使用 0 和 1 (01010101010)，如圖 3.38。

圖 3.38 訊框位元

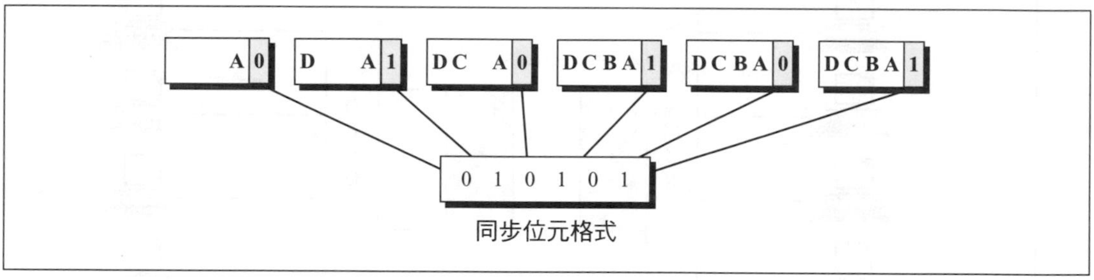

非同步 TDM

同步 TDM 不保證可以使用連結上的所有容量。事實上，某個瞬間很可能只有一部分的時間槽是在使用中的。因為時間槽已經事先被分配而且固定了，只要連接的設備沒有傳送資料時，它對應的時間槽就是空的，所以造成傳送路徑的浪費。例如，想像我們將 20 部相同電腦的輸出，多路傳送到一條傳輸線。使用同步 TDM，則該線路的速度至少必須是每條輸入線的 20 倍以上。不過，如果同時只有 10 台電腦在使用中會如何呢？那麼整條線的一半容量就被浪費了。

非同步分時多工，或稱**統計的** (statistical) TDM，就是被設計用來避免這樣的浪費。

就像同步 TDM 一樣，非同步 TDM 允許多條低速輸入線路可以被多路傳送到一條較高速的傳輸線。不過，和同步 TDM 不同的是，在非同步 TDM 中輸入線路的總速率可以比傳送路徑的容量還要高。在同步系統中，如果我們有 *n* 條輸入線路，每個訊框會包含至少 *n* 個固定的時間槽。在非同步系統中，如果我們有 *n* 條輸入線，每個訊框包含的時間槽不超過 m 個，而且 *m* 小於或等於 *n* (請參考圖 3.39)。以這樣的方式，非同步 TDM 可以用一個較低容量的連結，支援和同步 TDM 一樣多的輸入線路；或是給予相同的連結時，非同步 TDM 可以支援比同步 TDM 還要多的設備。

圖 3.39　非同步 TDM

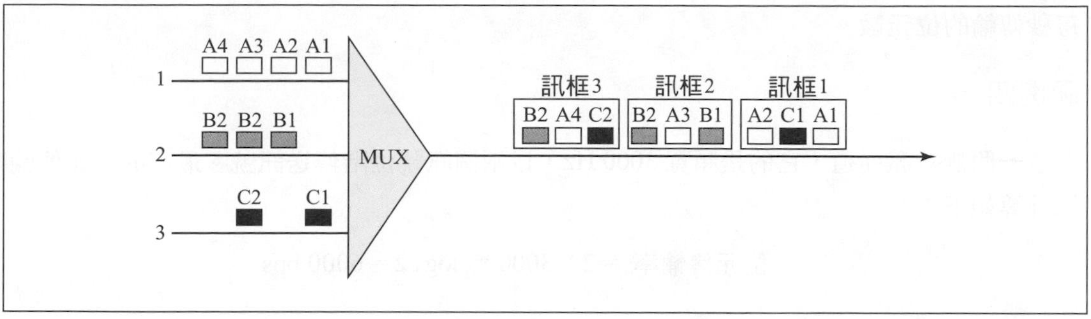

在一個非同步 TDM 訊框裡的時間槽數目 (m)，是依據在某個時間下，可以進行傳輸的輸入線路數目之統計分析。相較於事先分配，我們將每個時間槽配置給任何有資料要傳送的輸入線路。多工器檢查輸入線路，它會接收部分的資料直到訊框裝滿為止，然後再將訊框透過連結送出。如果沒有足夠的資料填滿訊框裡的時間槽，訊框只會傳送已裝滿的部分；因此整個連結的容量，可能不會每次都百分之百的被使用，但是，容許動態配置時間槽的能力，結合較低時間槽對輸入線路的比率，可以將浪費的程度和可能性大幅減低。

定址與額外的資訊　解多工器如何知道哪個時間槽是屬於哪條輸出線路？在同步 TDM 系統，時間槽裡面的資料屬於哪個設備，是由時間槽在訊框中的位置來指示。但是，在非同步 TDM 中，從某個設備送出的資料，可能在第一個訊框中佔用第一個時間槽，在下一個訊框中佔用第三個時間槽。因為沒有固定的位置關係，每個時間槽必須攜帶定址資訊，告訴解多工器如何定位該筆資料。這種定址只有用在本地端，它是由多工器附加上去，並且在解多工器讀到這些地址之後就加以丟棄。

在每個時間槽加上定址位元，會增加非同步系統的**額外資訊** (overhead)，並且在某種程度上限制了它的效率。為了限制這些影響，定址資訊通常只包含少量的位元，使用只將完整位址資訊附加在傳輸的第一個部分，以縮減的版本來識別接下來部分的方式，讓定址位元變得更短。

3.5　資料傳輸率 *Data Rate*

資料傳輸率是資料傳輸裡另一個重要的觀點。我們特別對**資料傳輸率** (data rate) 的上限有興趣，那就是特定傳輸介質的最大資料傳輸率。

我們有兩個理論的公式可以用來計算這個上限：一個是 Nyquist 所提出，用在無雜訊的通道，另一個是 Shannon 提出，用在有雜訊的通道。請注意，這兩個公式給的都是理論的上限，實際的資料傳輸率通常會遠低於這些公式計算出來的速率。

無雜訊通道：Nyquist 位元傳輸率

對於無雜訊通道而言，Nyquist **位元傳輸率** (Nyquist bit rate) 公式定義了理論上最高的位元傳輸率：

$$\text{位元傳輸率} = 2 * \text{頻寬} * \log_2 L$$

在這個公式裡，頻寬就是通道的頻寬，*L* 用來表示資料所使用的訊號位階數目，位元傳輸率是每秒傳輸的位元數。

範例四

考慮一個無雜訊通道，它的是頻寬 3000 Hz，以兩個訊號位階傳送訊號。最高的位元傳輸率可以計算如下：

$$位元傳輸率 = 2 * 3000 * \log_2 2 = 6000 \text{ bps}$$

範例五

考慮相同的無雜訊通道，以四個訊號位階傳送訊號（每個位階送出兩個位元）。最高位元傳輸率可以計算如下：

$$位元傳輸率 = 2 * 3000 * \log_2 4 = 12{,}000 \text{ bps}$$

雜訊通道：Shannon 容量

在現實中，我們不可能有無雜訊的通道；通道永遠是有雜訊的。1944 年，Claude Shannon 提出了一個公式，稱為 Shannon 容量公式，用來決定在雜訊通道上，理論的最高資料傳輸率：

$$容量 = 頻寬 * \log_2 (1 + SNR)$$

在這個公式裡，頻寬就是通道的頻寬，SNR 是**訊號對雜訊的比值** (signal-to-noise ratio)，容量則是通道的容量（每秒的位元數）。請注意，在 Shannon 公式裡沒有提到訊號的位階，也就是說，即使我們使用再多的位階，也不可能達到比通道容量還要高的資料傳輸率。換句話說，這個公式定義了通道的特性，而不是傳輸的方式。

範例六

考慮一個雜訊極高的通道，它的訊號雜訊比幾乎是零，換句話說，雜訊強的讓我們幾乎無法看到訊號。這個通道的容量可以計算如下：

$$C = B * \log_2 (1+S/N) = 3000 \log_2 (1 + 0) = B \log_2 (1) = 0$$

它的含意是，不管這個頻道的頻寬是多少，它的容量是零。換句話說，我們不能透過這個通道傳送任何資料。

範例七

我們可以計算一般電話線在理論上最高位元的傳輸率。電話線通常具有的頻寬是 3000Hz（300Hz 到 3300Hz）。它的訊號雜訊比通常是 3162。這個通道的容量可以計算如下：

$$C = B \log_2 (1 + S/N) = 3000 \log_2 (1 + 3162) = 3000 \log_2 (3163)$$

$$C = 3000 * 11.62 = 34860 \text{ bps}$$

這表示是說，電話線最高的位元傳輸率是 34.860 Kbps。如果想要傳送比這個值更快的位元傳輸率，我們應該增加通道頻寬或是改進訊號雜訊比。

3.6 關鍵名詞 Key Terms

振幅 (amplitude)

位元傳輸率 (bit rate)

振幅偏移調變 (amplitude shift keying, ASK)

每秒位元數 (bps)

類比 (analog)

區塊編碼 (block coding)

類比訊號 (analog signal)

載波 (carrier)

非週期訊號 (aperiodic signal)

複合訊號 (composite signal)

非同步 TDM (asynchronous TDM)

資料傳輸率 (data rate)

頻寬 (bandwidth)

直流成分 (DC component)

基頻傳輸 (baseband transmission)

差動式曼徹斯特編碼 (diffenential Manchester encoding)

鮑得率 (baud rate)

數位 (digital)

雙相編碼 (biphase coding)

數位訊號 (digital signal)

位元區間 (bit interval)

錯誤偵測 (error detection)

訊框 (frame)

相位 (phase)

訊框位元 (framing bit)

相位偏移調變 (phase shift keying, PSK)

頻率 (frequency)

極性編碼 (polar encoding)

頻率偏移調變 (frequency shift keying, FSK)

脈波編碼調變 (pulse code modulation, PCM)

分頻多工 (frequency-division multiplexing, FDM)

脈波率 (pulse rate)

頻域圖 (frequency domain plot)

正交振幅調變 (quadrature amplitude modulation, QAM)

保護頻帶 (guard band)

量化 (quantization)

線路編碼 (line coding)

歸零 (return to zero, RZ)

曼徹斯特編碼 (Manchester encoding)

取樣率 (sampling rate)

調變 (modulation)

自我同步 (self-synchronizing)

多工 (multiplexing Shannon)

Shannon 容量 (Shannon capacity)

不歸零 (non return to zero, NRZ)

訊號雜訊比值 (signal-to-noise, SNR)

不歸零，反向 (non return to zero, invert NRZ-I)

正弦波 (sine wave)

不歸零，位階 (non return to zero, level NRZ-L)

頻譜 (spectrum)

Nyquist 位元傳輸率 (Nyquist bit rate)

統計的 TDM (statistical TDM)

Nyquist 定理 (Nyquist theorem)

同步 TDM (synchronous, TDM)

開關鍵 (On-off keying, OOK)
時間槽 (time slot)
額外資訊 (overhead)
分時多工 (time-division multiplexing, TDM)
週期 (period)
時域圖 (time domain plot)
週期訊號 (periodic signal)
單極編碼 (unipolar encoding)

3.7 摘要 *Summary*

- 資料可以透過類比訊號（連續值）或數位訊號（離散值）來傳送。
- 數位訊號的位元區間是傳送一個位元需要的時間；位元傳輸率是每秒傳送的位元數
- 正弦波是週期性類比訊號中最基本的形式，它可以用振幅，頻率，相位被完整地描述出來。
- 訊號通常由許多正弦波組成，其中個別的波都具有不同的振幅，頻率，和相位。
- 時域圖或頻域圖可以用圖例的方式來說明訊號。
- 線路編碼是將二進制資訊轉換成數位訊號的程序，線路編碼機制可以分類成單極性，極性，和雙極性。
- 極性編碼機制包括：歸零 (RZ)、不歸零 (NRZ)、曼徹斯特、以及差動式曼徹斯特。
- 數位傳輸中的脈波，可包含一個或多個位元。
- 接收訊號的正確性會受到直流成分和自我同步機制的影響。
- 區塊編碼透過加入冗餘位元的方式，來改進線路編碼的效能。
- 脈波編碼調變 (PCM)，是一種透過數位傳輸介質來傳送連續資料的方法，它包含取樣和量化。
- 類比傳輸中，數位或類比訊號調變載波（高頻的類比訊號）訊號。
- 數位訊號用來調變載波的方式包括振幅偏移調變 (ASK)，頻率偏移調變 (FSK)，相位偏移調變 (PSK)，以及正交振幅調變 (QAM)。
- 多工是用來分割可用頻寬給多個使用者的方法。
- 分頻多工是一種被應用在連結頻寬（以 Hz 作單位）比傳輸訊號結合的頻寬還要高的類比程序。
- 分時多工 (TDM) 是一種被應用在傳輸介質頻寬（每秒位元數）比傳送－接收端所需要的頻寬還要高的類比程序。
- TDM 可以用同步 TDM 或非同步 TDM 來實現。
- Nyquist 位元傳輸率定義了在無雜訊的通道中，理論上最高的位元傳輸率，Shannon 容量定義在雜訊通道中，理論上最高的位元傳輸率。

3.8 練習題 *Practice Set*

選擇題

1. 50Hz 的頻率相當於一個________秒的周期。

a. 2

b. 0.2

c. 0.02

d. 0.002

2. 一個 50ns 的周期所對應的頻率為_________。

a. 2MHz

b. 20MHz

c. 200MHz

d. 20THz

3. 如果位元傳輸率是 4000bps，則位元區間是多少？

a. 0.25ms

b. 25ms

c. 0.25s

d. 25s

4. 如果位元區間是 0.2s，則位元傳輸率是多少？

a. 0.5bps

b. 5bps

c. 50bps

d. 50Kbps

5. 一個頻率 1Hz，位移 90 度的正弦波，在第_________秒有最小振幅。

a. 0

b. 0.25

c. 0.5

d. 1

6. 一個 90 度的相位移動等於移動一個周期的_________？

a. 四分之一

b. 二分之一

c. 四分之三

d. 三分之二

7. 一個複合訊號被分解為四個正弦波：100Hz、200Hz、220Hz、2KHz，此複合訊號的頻寬是多少？

a. 10Hz

b. 1.9KHz

c. 2KHz

d. 2.43KHz

8. 一個複合訊號被拆解成 20 個正弦波，其頻寬為 50MHz，最低頻率是 100 MHz，則最高頻率的元件為？

   a. 100MHz

   b. 50MHz

   c. 150MHz

   d. 2000MHz

9. 一個複合訊號拆解成 10 個正弦波，頻寬為 100MHz，最高頻的元件為多少？

   a. 10KHz

   b. 10Mhz

   c. 10Hz

   d. 條件不足

10. 一個 10Kbps 的位元傳輸率，它表示 10 秒內可送出_________個位元？

   a. 100,000

   b. 20,000

   c. 10,000

   d. 1000

11. 一個 10Kbps 的位元傳輸率，它表示 0.1 秒內可送出_________個位元？

   a. 100,000

   b. 20,000

   c. 10,000

   d. 1000

12. 某個訊號有兩個 10ms 脈衝區間的資料位階，它的位元傳輸率是多少？

   a. 10bps

   b. 100bps

   c. 1Kbps

   d. 1000bps

13. 一個訊號有四個 10ms 脈衝區間的資料位階，位元傳輸率是多少？

   a. 100bps

   b. 200bps

   c. 1Kbps

   d. 2Kbps

14. 單極性編碼有_________個信號位階？

   a. 1

   b. 2

c. 3

d. 4

15. NRZ-I 編碼有_________個信號位階？

a. 1

b. 2

c. 3

d. 4

16. NRZ-L 編碼有_________個信號位階？

a. 1

b. 2

c. 3

d. 4

17. RZ 編碼有_________個信號位階？

a. 1

b. 2

c. 3

d. 4

18. 曼徹斯特編碼有_________個信號位階？

a. 1

b. 2

c. 3

d. 4

19. 差動式曼徹斯特編碼有_________個信號位階？

a. 1

b. 2

c. 3

d. 4

20. 一個信號的頻率範圍是從 3KHz 到 7KHz，對 PCM 編碼來說，根據 Nyquist 定理，它最小的取樣頻率是多少？

a. 每秒 4000 次取樣

b. 每秒 6000 次取樣

c. 每秒 14,000 次取樣

d. 每秒 20,000 次取樣

21. 如同 PCM 編碼中的一個步驟，一個信號每秒取樣 200 萬次，原始訊號的最高頻率是多少？

a. 1MHz

b. 2MHz

c. 3MHz

d. 資料不足

22. 一個訊號的頻寬是 10MHz，根據 Nyquist 定理，PCM 編碼最小的取樣率是多少？

a. 每秒 5,000,000 次取樣

b. 每秒 10,000,000 次取樣

c. 每秒 20,000,000 次取樣

d. 資料不足

23. 一個訊號每秒取樣 100 次，每個取樣的區間是_________？

a. 0.01 秒

b. 1 秒

c. 100 秒

d. 0.001 秒

24. 一個訊號每秒取樣 8000 次，如果每個取樣中有八位元，則位元傳輸率是_________？

a. 8000bps

b. 4000bps

c. 8bps

d. 64,000bps

25. 三條輸入線路利用同步 TDM 進行多路傳送，一條線路有 5 個時間槽的資料，其他兩條各有兩個時間槽的資料，如果每個輸出訊框載送三個時間槽的資料，共有多少個訊框可以被傳送？

a. 3

b. 4

c. 5

d. 6

26. 四條輸入線路使用非同步 TDM 進行多路傳送，一條線有五個時間槽的資料，另一條有一個時間槽的資料，剩下兩條沒有資料要送，如果每個輸出訊框載送三個時間槽的資料，則可以傳送多少訊框？

a. 2

b. 3

c. 4

d. 5

27. 一個無雜訊通道的頻寬是 4000Hz，它傳送具有 32 位階的一個訊號，理論上最大的位元傳輸率是多少？

a. 6000bps

b. 4000bps

c. 32,000bps

d. 40,000bps

28. 利用 Shannon 公式來計算某個通道的資料傳輸率，如果容量等於頻寬 (C=B)，則_________。

a. 信號能量小於雜訊能量

b. 信號能量大於雜訊能量

c. 信號能量等於雜訊能量

d. 資料不足

習題

29. 根據下列的頻率，算出相對應的周期，請以秒、毫秒 (millisecond)、微秒 (microsecond)、奈秒 (nanosecond)、微微秒 (picosecond) 來表示。

a. 24Hz

b. 8MHz

c. 140KHz

d. 12THz

30. 根據下列週期算出相對應的頻率，請以 Hz, kHz, MHz, GHz 和 THz 來表示。

a. 5 μs

b. 12s

c. 220ns

d. 81ps

31. 下列的相位位移分別是多少？

a. 一個在時間 0 具有最大振幅的正弦波

b. 一個在四分之一周期之後有最大振幅的正弦波

c. 一個在四分之三周期之後有零振幅，然後遞增的正弦波

d. 一個在四分之一周期之後有最小振幅的正弦波

32. 請用角度表示相位移對應下列每個週期的延遲：

a. 一個周期

b. 二分之一周期

c. 四分之三周期

d. 三分之一周期

33. 請用周期表示延遲對應下列的每個角度：

a. 45

b. 90

c. 60

d. 360

34. 請畫出正弦波（只要一秒）的時域圖，它的最大振幅是 15V、頻率是 5、相位移是 270 度。

35. 在同一個時域圖上面畫出兩個正弦波，每個訊號的特性如下：

 a. 信號 A：振幅 40，頻率 9，相位移 0

 b. 信號 B：振幅 10，頻率 9，相位移 90

36. 一個訊號可被拆解成四個正弦波，它們的頻率分別是 0Hz、20Hz、50Hz、200Hz，此訊號的頻寬是多少？如果每個頻率的最大振幅都一樣，請畫出頻譜。

37. 一個頻寬為 2000Hz 的周期性複合信號，它是由兩個正弦波所組成，第一個的頻率是 100Hz、最大振幅是 20V，第二個的最大振幅是 5V，請畫出頻譜。

38. 要顯示一個正弦波如何改變它的相位，可以畫出一個具有相位移是 0 度之任意正弦波的兩個周期，接著再畫出兩個波形相同，相位移是 90 度的正弦波週期

39. 假設我們有一個正弦波稱為 A，請顯示 A 的負值，換句話說就是 –A 的信號，我們可以將負的訊號歸類成相位移嗎？那又是多少度的相位移？

40. 下面哪一種信號有較高的頻寬：每秒改變 100 次的信號或是每秒改變 200 次的信號？

41. 下列信號的位元傳輸率分別是多少？

 a. 一個信號的某個位元持續 0.001 秒

 b. 一個信號的某個位元持續 2ms

 c. 一個信號的 10 個位元持續 20 μs

 d. 一個信號的 1000 個位元持續 250ps

42. 下列信號的位元區間分別是多少？

 a. 位元傳輸率為 1000bps 的訊號

 b. 位元傳輸率為 200Kbps 的訊號

 c. 位元傳輸率為 5Mbps 的訊號

 d. 位元傳輸率為 1Gbps 的訊號

43. 一個裝置以 1000bps 的傳輸率送出資料。

 a. 它送出 10 個位元需要多久時間？

 b. 送出一個字元（8 位元）需要多久時間？

 c. 送出一個 100,000 字元的檔案需要多久時間？

44. 在圖 3.40 中，訊號的位元傳輸率是多少？

圖 3.40　習題 44

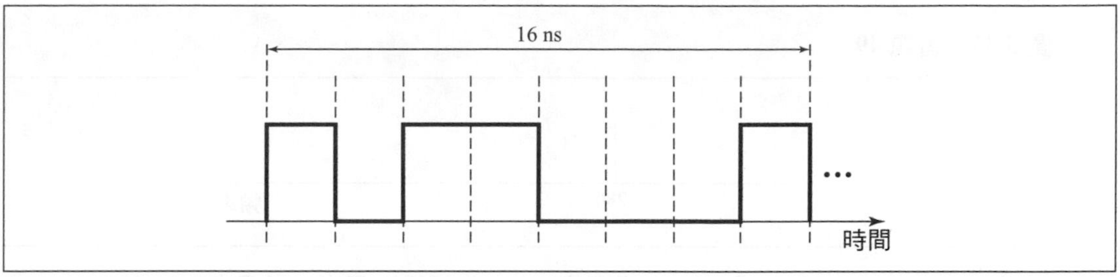

45. 在圖 3.41 中，信號的頻率是多少？

圖 3.41　習題 45

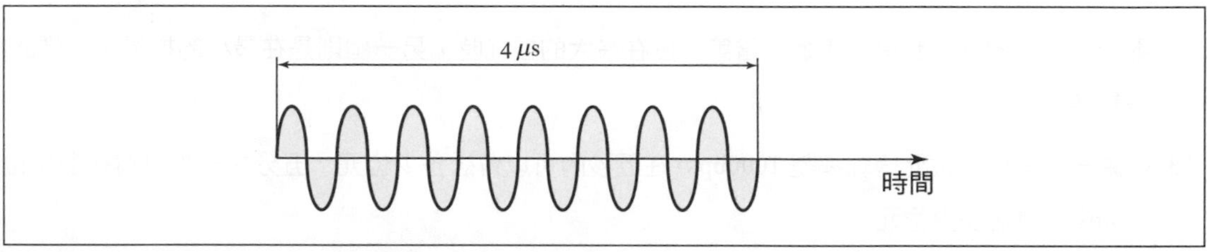

46. 請畫出圖 3.42 所顯示信號的時域表示（只要前百分之一秒）。

圖 3.42　習題 46

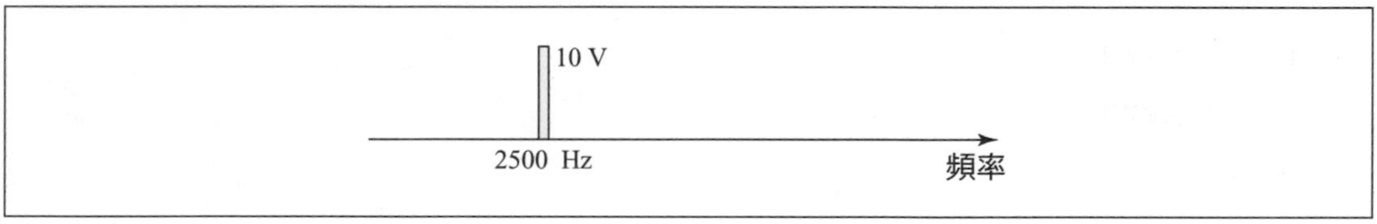

47. 請畫出圖 3.43 所顯示信號的頻域表示？

圖 3.43　習題 47

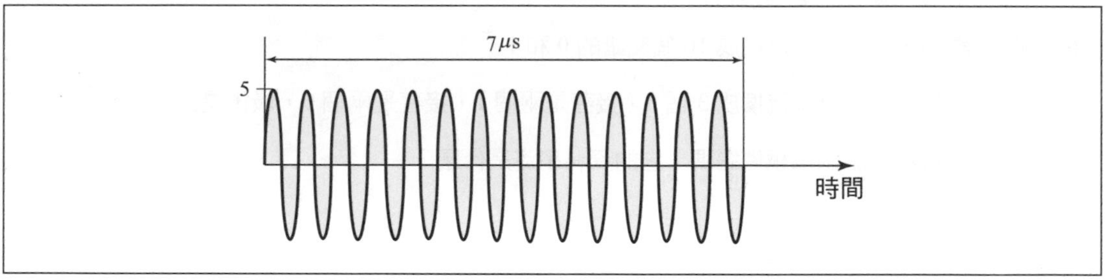

圖 3.44　習題 48

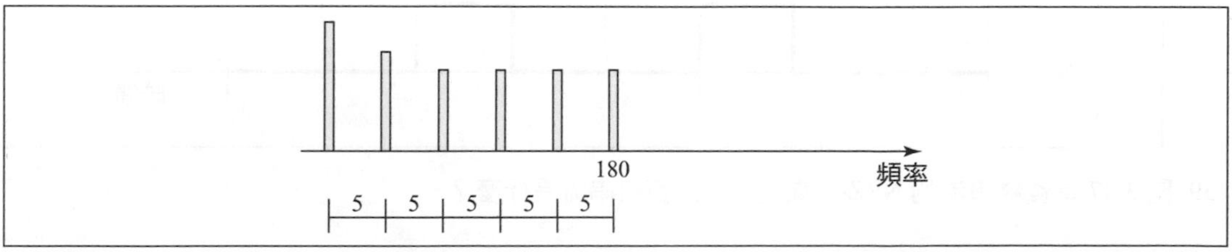

48. 圖 3.44 顯示的複合信號，它的頻寬是多少？

49. 圖 3.45 顯示信號的頻寬是多少？

圖 3.45　習題 49

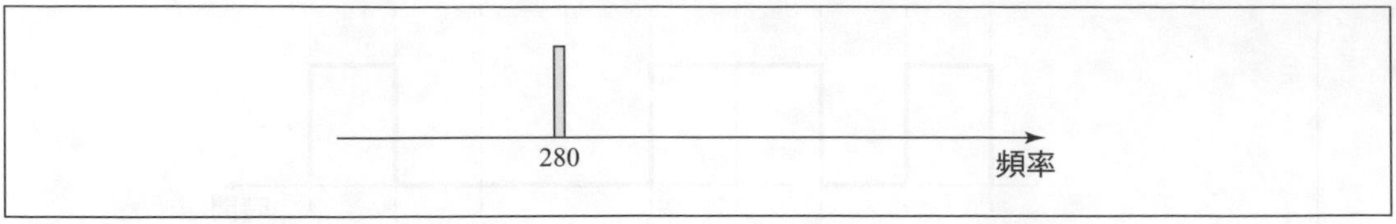

50. 一個複合信號包含從 10KHz 到 30KHz 的頻率，每個振幅都是 10 伏，請畫出它的頻譜。
51. 一個複合信號包含從 10KHz 到 30KHz 的頻率，最低頻的振幅是零，最大的振幅是 30V 並且發生在 20KHz，假設振幅是在最大值和最小值之間緩慢變化，請畫出它的頻譜。
52. 兩個信號有同樣的頻率。不過，當第一個在最大的振幅時，另一個則是在最小的振幅，它們的相位差是多少？
53. 如果一個信號的位元傳輸率是 1000bps，在五秒內可以傳送多少位元？五分之一秒可傳送多少位元？100ms 可傳送多少位元？
54. 設一個資料串流由 10 個 0 組成，使用下列編碼機制對此資料進行編碼，在每一種機制下，你可以發現多少種變化（直線）？
    a. 單極性
    b. 極性 NRZ-L
    c. 極性 NRZ-I
    d. RZ
    e. 曼徹斯特
    f. 差動式曼徹斯特
55. 重做習題 54，將資料串流換成 10 個 1。
56. 重做習題 54，將資料串流換成 10 個交錯的 0 和 1。
57. 重做習題 54，將資料串流換成 3 個 0，接著是兩個 1，接著是兩個 0，最後是三個 1。
58. 圖 3.46 是資料串流的單極性編碼，它的資料串流是什麼？

圖 3.46　習題 58

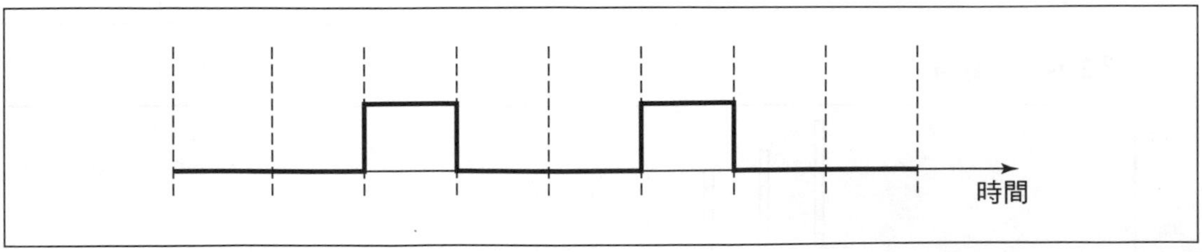

59. 圖 3.47 是資料串流的 NRZ-L 編碼，它的資料串流是什麼？

圖 3.47 習題 59

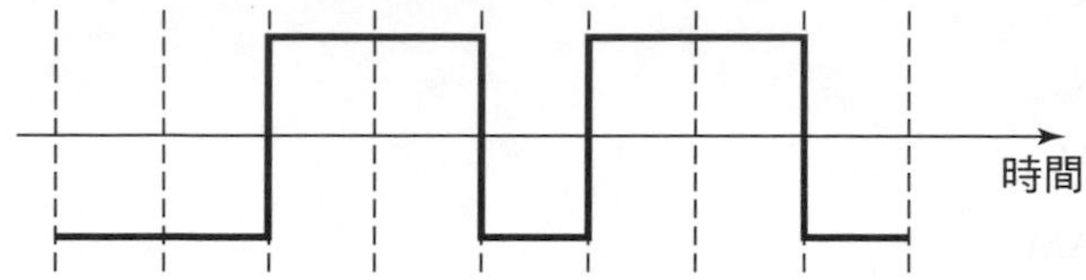

60. 圖 3.48 是資料串流的 RZ 編碼，它的資料串流是什麼？

圖 3.48 習題 60

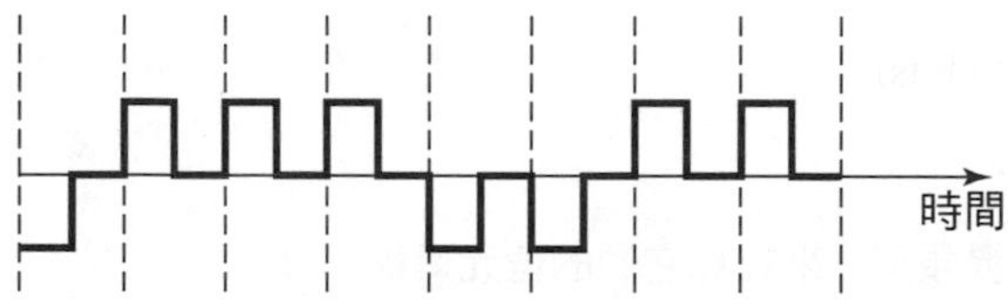

61. 圖 3.49 是資料串流的曼徹斯特編碼，它的資料串流是什麼？

圖 3.49 習題 61

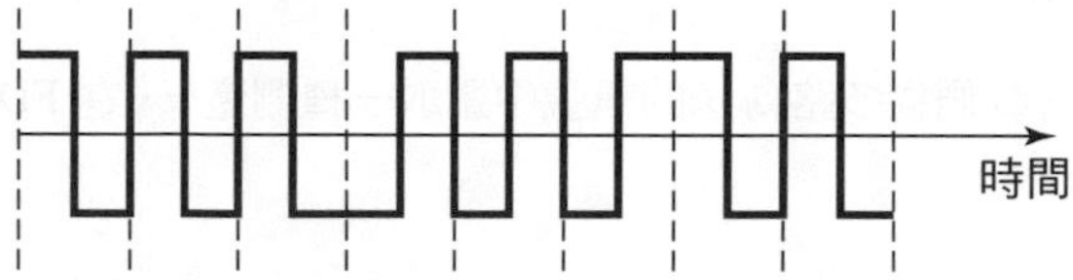

62. 重做習題 61，如果資料串流是差動式曼徹斯特編碼，其結果又是什麼？

63. 如果頻率的範圍是 1000 到 4000Hz，則 PCM 的取樣速率是多少？

64. 利用 Nyquist 定理去計算下列類比信號的取樣速率：

   a. 頻寬為 2000Hz 的類比信號

   b. 頻率從 2000 到 6000Hz 的類比信號

   c. 在時域表示圖上只有一條水平線的信號

   d. 在時域表示圖上只有一條垂直線的信號

65. 如果一個信號每秒取樣 8000 次，那麼取樣區間是多少？

66. 如果一個數位化信號的取樣區間是 125 μs，那麼取樣速率是多少？

67. 某個訊號被取樣。每個取樣代表四個位階的其中之一，需要多少個位元來表示一個取樣？如果取樣率是每秒 8000 次取樣，位元傳輸率是多少？

68. 根據下列所給的位元傳輸率和調變類型，來計算它們的鮑得率：

   a. 2000bps，FSK

   b. 4000bps，ASK

c. 6000bps，2-PSK

d. 6000bps，4-PSK

e. 6000bps，8-PSK

f. 4000bps，4-QAM

g. 6000bps，16-QAM

h. 36,000bps，64-QAM

69. 根據下列所給的位元傳輸率和位元組合方式，來計算它們的鮑得率：

a. 2000bps，dibits (2 bits)

b. 6000bps，tribits (3 bits)

c. 6000bps，quadbits (4 bits)

d. 6000bps，bit (1 bit)

70. 根據下列鮑得率和調變類型，來計算它們的位元傳輸率 ：

a. 1000 baud，FSK

b. 1000 baud，ASK

c. 1000 baud，2-PSK

d. 1000 baud，16-QAM

71. 四個訊號被多路傳送，我們從多路傳送的訊號中選取一種測量 n，在 FDM 中，n 代表什麼？在 TDM 中，n 又代表什麼？

72. 五個信號源用同步 TDM 進行多路傳送，每個來源每秒產生 100 個字元，假設它是以位元組方式進行交錯，而且每個訊框需要一個位元來作為同步之用，訊框的傳輸率是多少？路徑中的位元傳輸率是多少？

73. 在非同步 TDM 的情況，如何找出每個訊框中有多少個槽？

74. 根據下列資訊畫出顯示字元的同步 TDM 訊框，請注意，來源 3 沒有傳送訊息。

a. 來源 1 的訊息：T E G

b. 來源 2 的訊息：A

c. 來源 3 的訊息：

d. 來源 4 的訊息：E F I L

75. 重做上個問題，不過，假設使用非同步 TDM，而且每個訊框的長度是三個字元。

76. 圖 3.50 顯示一個多工器，如果這個槽只有 10 個位元（每個輸入各三個位元，加上一個訊框位元），請問輸出位元串流是什麼？輸出的位元傳輸率是多少？輸出線路的位元區間為何？每秒送出幾個槽？每個槽的區間為何？

圖 3.50 習題 76

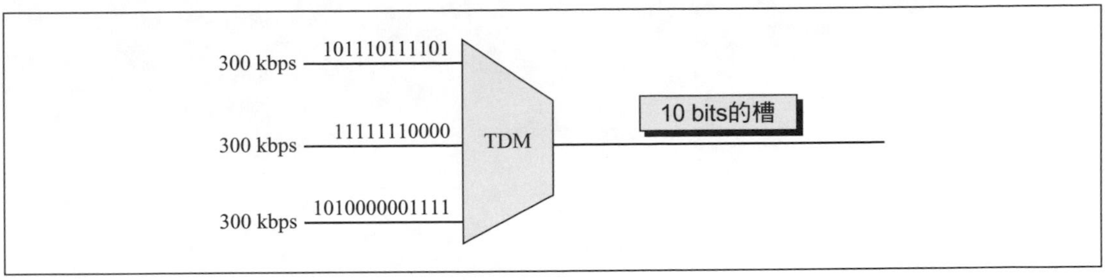

77. 圖 3.51 是一個解多工器，如果輸入槽的長度是 12 個位元長（忽略訊框位元），每個輸出線路的位元串流是什麼？每個輸出線路的位元傳輸率是多少？

圖 3.51 習題 77

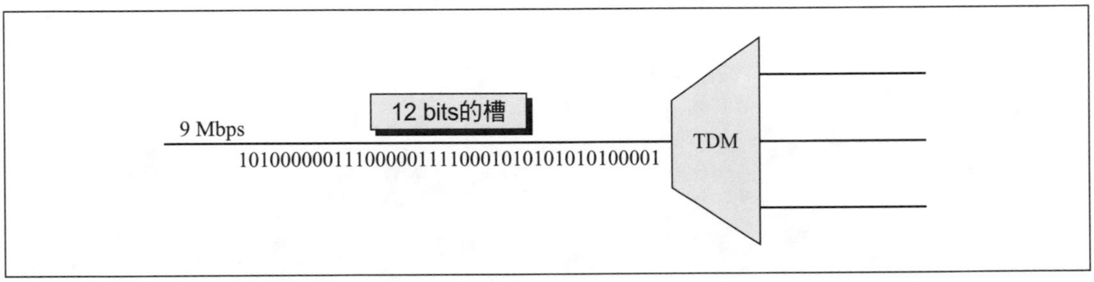

78. 圖 3.52 是一個反轉多工器，如果輸入資料的傳輸率是 15Mbps，每條線路的傳輸率是多少？我們可以用 T1 服務來支援這種要求嗎？請忽略訊框位元。

圖 3.52 習題 78

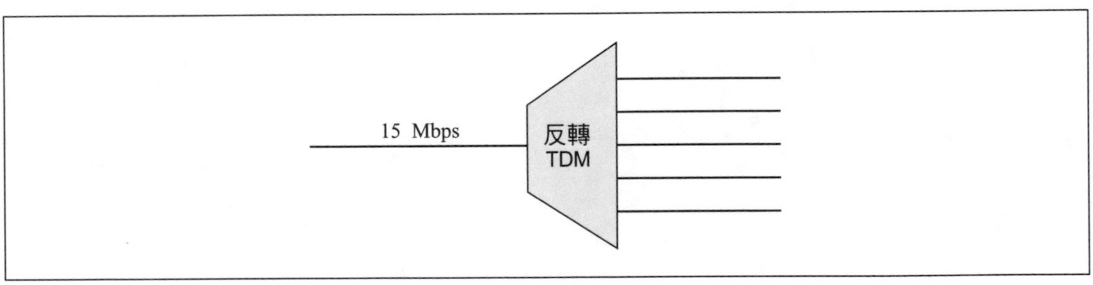

79. 圖 3.53 是一個統計式 TDM 多工器，如果所有的 10 條線路都傳送資料，那麼每條線路會減少的傳輸率為何？當容量全滿時，可承受多少工作站同時傳送資料？可忽略作為定址的額外位元。

圖 3.53 習題 79

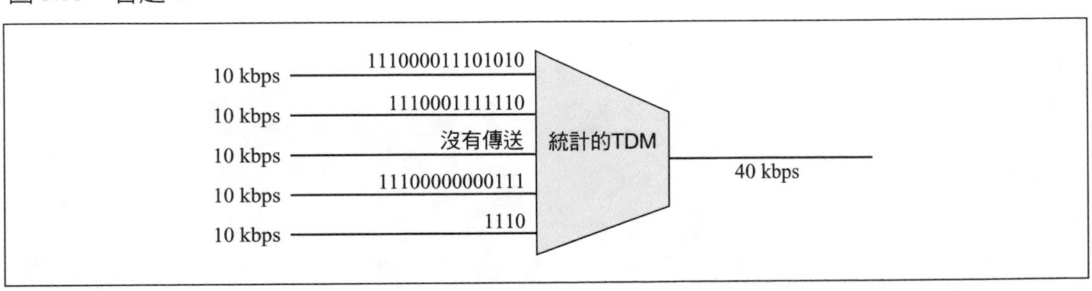

第 4 章

傳輸媒體

Transmission Media

電腦及其他電訊 (telecommunication) 裝置都是使用訊號 (signals) 來表示資料 (data)，這些訊號藉由電磁能的形式在各個裝置間傳送，而電磁訊號可以透過真空、大氣或其他的**傳輸媒體** (transmission media) 來傳遞。圖 4.1 顯示**電磁波頻譜** (electromagnetic)。

圖 **4.1** 電磁波頻譜

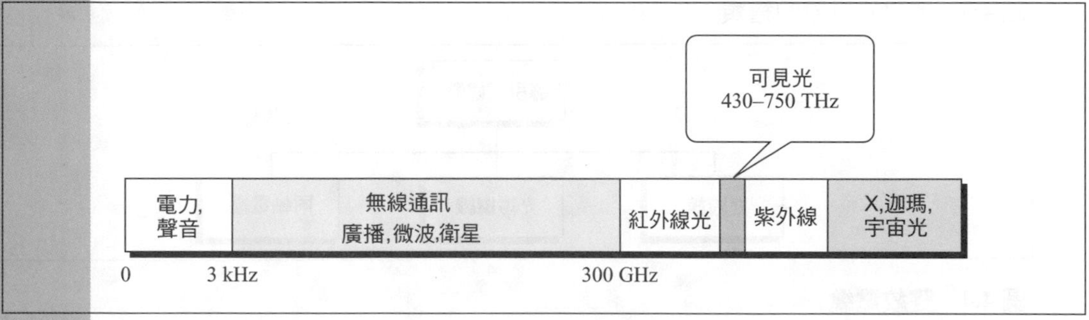

對於區域網路 (LAN) 而言，傳輸媒體主要可以分為兩種類別：導引式 (guided) 與非導引式 (unguided)（如圖 4.2）。

圖 **4.2** 傳輸媒體的分類

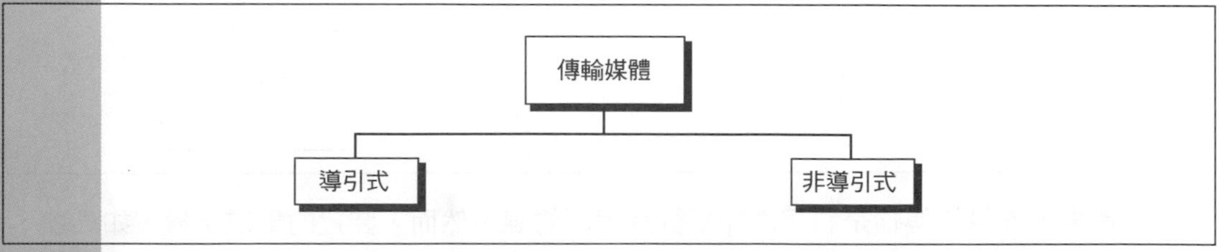

4.1 導引式媒體 Guided Media

導引式媒體 (Guided Media) 在兩個裝置間提供一個直接的傳輸管道 (conduit)，例如：雙絞線 (twisted-pair cable)、同軸電纜線 (coaxial cable) 及光纖纜線 (fiber-optic cable) （如圖 4.3）。訊號能在這些媒體間直接傳送，但同時也受限於媒體本身的物理特性。雙絞線和同軸電纜線使用金屬導體（銅），能讓訊號以電流的形式接收或是傳送；而光纖纜線則為玻璃或是塑膠纜線，使訊號以光的形式接收或傳送。

雙絞線 (twisted-pair cable)

雙絞線 (twisted-pair cable) 有下列兩種類型：遮蔽式 (shielded) 與非遮蔽式 (unshielded)。

非遮蔽式雙絞線 (Unshielded Twisted-Pair (UTP) Cable)

非遮蔽式雙絞線 (Unshielded twisted-pair (UTP) cable) 是現今最常見的電訊媒體。一個雙絞 (twisted pair) 包括兩個導體（通常是銅），並都有屬於自己顏色的塑膠絕緣體。這些塑膠絕緣體的顏色條紋是為了能夠方便辨識（如圖 4.4）。每種顏色都代表纜線中各個特定的導體，為了能在一大束纜線中分辨得出哪些線是屬於哪一個雙絞 (pair)，以及它們與其餘雙絞 (pairs) 之間的關係。

圖 4.3 導引式媒體的種類

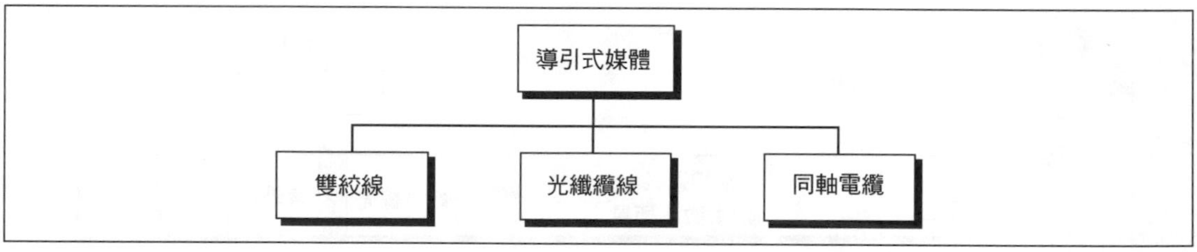

圖 4.4 雙絞電纜

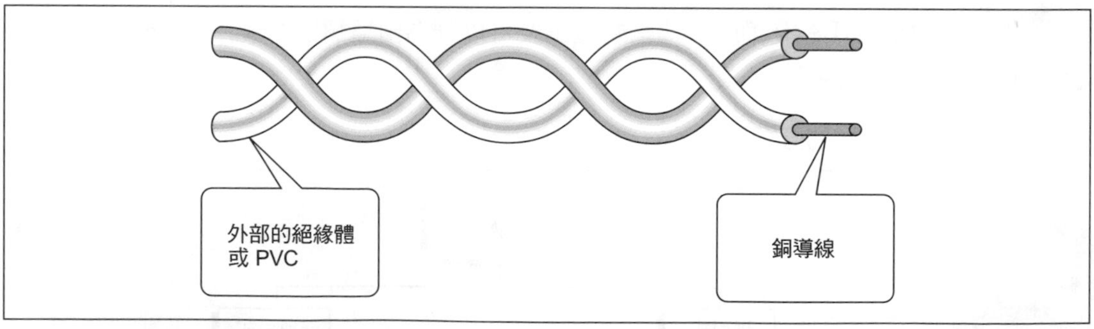

在過去，資料的傳輸是利用兩條平行且相同的線，然而，裝置的電磁干擾，如馬達，會對這些線路產生雜訊等。如果這兩條線是平行的，最接近雜訊源的線路比起遠離雜訊源的線路將受到更大的干擾，並產生較高的電壓，最後將導致承載的電壓不穩以及訊號的嚴重破壞。但是，如果兩條線相互纏繞並有一定的纏繞間格（每一英尺約 2 到 12 個纏繞），則每條線僅有一半的時間會較接近雜訊源，而另一半的時間則遠離雜訊源，而在兩條線上所累積的干擾也會因為纏繞而彼此相同。纏繞不能完全消除雜訊的影響，但卻能有效的減少雜訊的干擾。

非遮蔽式雙絞線的優點在於其價位及使用上的簡易。非遮蔽式雙絞線便宜、靈活且易於安裝。高級的非遮蔽式雙絞線常被用在許多區域網路的技術上，包括乙太網路 (Ethernet) 以及記號環 (token ring)。

電子工業協會 (EIA) 發展出一套標準，以區分非遮蔽式雙絞線的品質，它藉由纜線品質的好壞做為標準，1 為最低等級，5 為最高等級。每一個 EIA 所訂出的等級都只適合某些特定的用途，在其他方面就不一定能適用：

■**類別 1** 最基本的雙絞纜線，它之前使用於電話系統。這個層次的品質適用於聲音以及低速資料的傳送，不適用於其他較高速的資料傳輸。

■**類別 2** 次高級的標準，適用於聲音以及低於 4Mbps 的資料傳輸。

■**類別 3** 每英尺至少需要三個纏繞，以提供最高達到 10Mbps 的資料傳輸速率。目前此規格已成為大多數電話系統的標準。

■**類別 4** 不論在任何情況下，每英尺也必須至少有三個纏繞，以達到可能的最高傳輸率 16 Mbps。

■**類別 5** 使用於最高可達 100Mbps 的資料傳輸上。

遮蔽式雙絞線 (Shield Twisted-Pair (STP) Cable)

在**遮蔽式雙絞線** (Shield Twisted-Pair (STP) Cable) 的外部有金屬箔或網狀飾帶外皮用以包裹每一對絕緣體（如圖 4.5），這層金屬外皮能夠防止電磁雜訊的滲透，並能夠消除一個電路（或傳輸通道）加在另一個電路上所造成的干擾效應，即所謂的**串音** (crosstalk) 現象。當一條線路（它的動作類似接收天線）接收到一些由其他線路（它的動作類似傳送天線）傳送過來的訊號時，這種現象便會發生。在電話交談中，這種現象讓聽者除了聽見本身的談話之外，在背景還會聽到其他人的對談。遮蔽每一對雙絞線就可以抑制大部分的串音。

圖 4.5 遮蔽式雙絞線

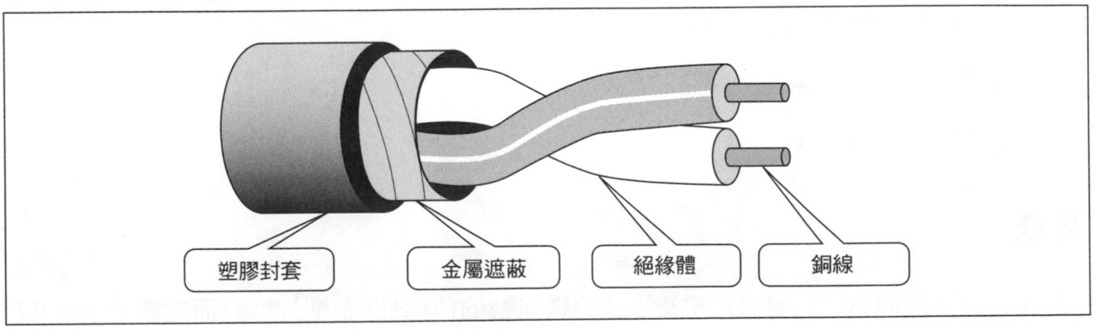

同軸電纜線

同軸電纜線 (Coaxial Cable) 能夠承載比雙絞線頻率範圍更廣的訊號，部分的原因是兩種媒體的構造完全不一樣。與其是雙絞線的兩條線，同軸電纜有固體或簍線（通常是銅）的中央核心導體，以絕緣護套包裹，接著是被金屬箔、鑲帶或是兩者的合成（通常也是銅）所圍繞著。外部覆蓋的金屬不僅提供外殼以阻絕雜訊，且第二層的導體也能和內部導體形成一個完整的電路。這個外部的導體也被一絕緣護套所圍繞，並且有塑膠外皮保護著整條纜線（請參考圖 4.6）。

圖 4.6 同軸電纜

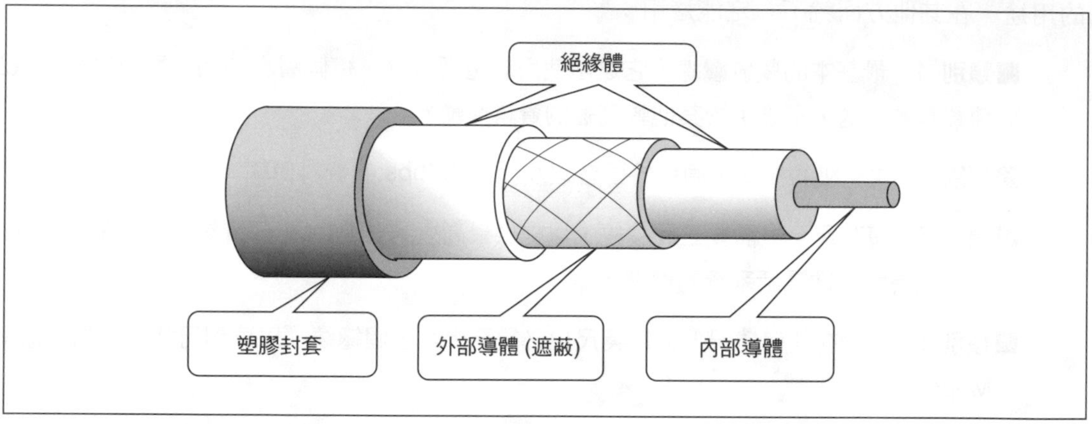

同軸電纜線的規格 (Coaxial Cable Standards)

不同的同軸電纜線的設計，是以它們的無線電體制 (RG) 等級作為分類的標準。每個 RG 的數字代表一組獨特的物理規格，包括內部導線的尺寸、內部絕緣體的類型與厚度、遮蔽 (shield) 的組織，以及外皮 (casing) 的大小和型態。

由 RG 等級定義的每一條纜線都能夠適應一種特殊的功能。以下是一些平時較為常見的類型（詳見第十章）：

- RG-8：用於粗線乙太網路
- RG-9：用於粗線乙太網路
- RG-11：用於粗線乙太網路
- RG-58：用於細線乙太網路
- RG-59：用於電視

光纖

到目前為止，我們已經討論過以電流形式傳送訊號的傳導性（金屬）纜線。而**光纖** (Optical Fiber) 則是由玻璃或是塑膠製成，並以光的形式傳送訊號。

光是一種電磁能量的形式，它在真空中的最高傳輸速率為 300,000 km / s（大約等於 186,000 mi / s）。光的傳輸速度取決於傳輸媒體的密度（密度越高，傳輸速率越低）。

折射與反射

當光線在同一個物質中行進時，其路徑為一直線。假設一束光線由某個物質瞬間進入另一個物質（密度可能較密或較鬆）時，它的速度會突然改變，造成光束改變行進方向，這種改變我們稱為**折射** (refraction)。

當一束光線由密度較低的介質到密度較高的介質時，它將會彎折而偏向垂直軸 (vertical axis)；而當光束由密度高的介質移動到密度低的介質時，它將會彎曲而遠離垂直軸。如果我們逐漸增加由垂直軸來測量的**入射角** (angle of incidence) 角度，則**折射角** (angle of refraction) 的角度也會隨著增加，換言之，它會逐漸遠離垂直軸而越來越接近水平軸。在此過程中某些點的改變，將導致入射角成為 90 度的折射，意即折射光束剛好會落在水平軸上，在此點的入射角我們稱為**臨界角** (critical angle)。

圖 4.7 折射與反射

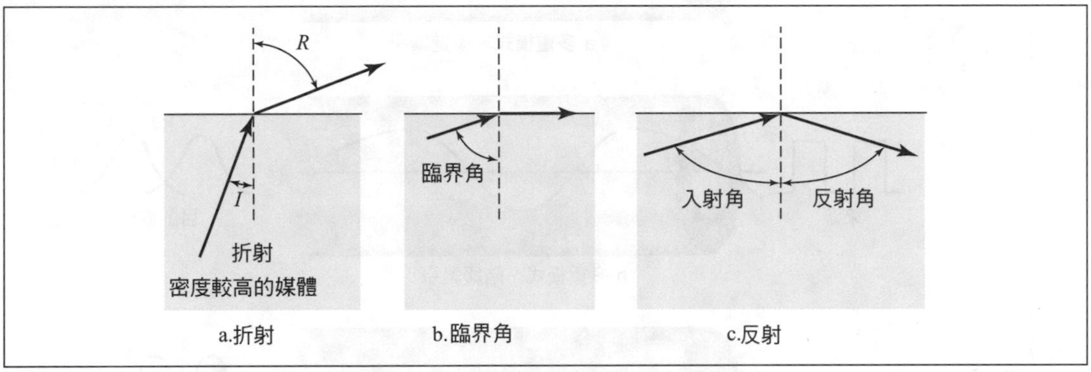

當入射的角度逐漸高於臨界角時，會產生一種稱為**反射** (reflection) 的新現象，此時光線完全不再進入密度較低的媒介裡面，在這種情況下，入射角永遠等於反射角。圖 4.7 顯示由折射到反射的變化。光纖科技利用反射現象的優點來控制光通過光纖通道。

光纖利用反射來導引光線通過通道。一個玻璃或塑膠的核心被另一個密度較低的玻璃或塑膠的**披覆層** (cladding) 所圍繞著，這兩種物質密度間的差異，必須讓光束以反射離開，而非以折射進入披覆層的方式通過核心，它並利用一連串可以代表 0 和 1 位元的開、關閃光，將訊息編碼在光束上。

傳播方式 (Propagation Modes)

目前的技術中，支援讓光在光通道 (optical channel) 傳輸的方式有兩種，每一種都需要不同物理特性的纖維：多重模式 (multimode) 與單一模式 (singlemode)。多重模式可分為兩種形式：步進索引 (step-index) 或階級索引 (graded-index)。圖 4.8 呈現這兩種方式。

多重模式 (multimode) 之所以稱為多重模式，是因為從某個光源中射出的許多光束，分別由不同的路徑在核心中行進著。光束會根據核心結構的不同，決定如何在纜線中移動。

在**多重模式、步進索引光纖** (step-index fiber) 的情況，核心的密度從中央到邊緣都保持不變。光束在密度固定的核心內呈直線行進，直到碰觸核心與披覆層的邊界為止。在邊界上，要到較低的密度時會有一個突然的改變，而讓光束的移動角度跟著改變。而步進索引指的就是這種突然的改變。這個模式對訊號會產生大量的失真。

第二種型態的纖維，稱為**多重模式、階級索引光纖** (multimode, graded-index fiber)，它能降低通過纜線訊號的失真。索引 (*index*) 這個術語在此處指的是折射的索引。因此，一條階級索引光纖會具有不同的密度，在核心中央的密度最高，之後密度逐漸遞減到最低的邊緣。

圖 **4.8** 傳輸模式

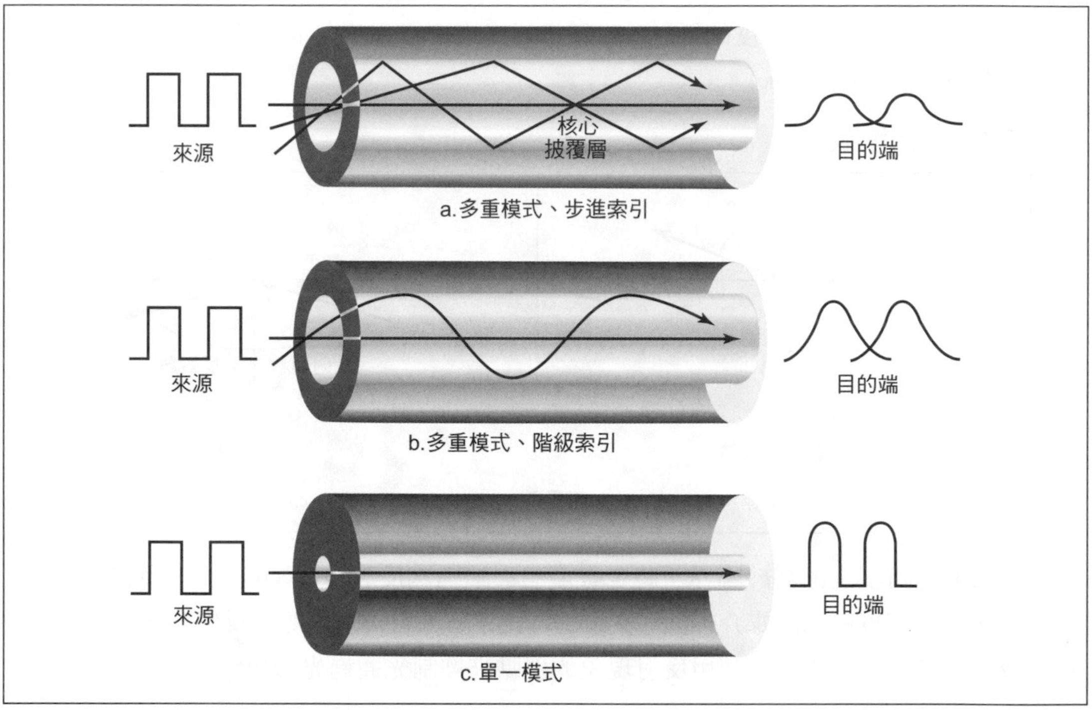

單一模式 (single mode) **單一模式纜線**使用步進索引纜線以及高度聚焦的光源，讓射出的光束被限制在很小範圍的角度內，所有的角度幾乎貼近水平。製造出的纜線直徑遠小於多重模式纜線的直徑，而且具有相當低的密度（折射的索引）。降低密度的結果，讓臨界角趨近於 90 度，使光束的傳播幾乎呈現水平。在這種情況下，不同光束的傳播幾乎都是相同的，所以傳播延遲可以被忽略。所有的光束幾乎同時抵達目的地，讓原本的訊號可以在無失真的情況下被重組。

光纖纜線尺寸 (Fiber Size)

光纖纜線是依照它的核心直徑對披覆層的直徑比值來定義，二者的單位都是微米 (micrometers)。常用的尺寸被顯示在表 4.1。其中最後一種尺寸只適用在單一模式中。

表 4.1 光纖種類

光纖類型	核心（微米）	披覆層（微米）
62.5 / 125	62.5	125
50 / 125	50	125
100 / 140	100	140
8.3 / 125	8.3	125

纜線的構造 (Cable composition)

圖 4.9 呈現出一個傳統光纖纜線的構造。披覆層圍繞著核心而形成纜線。在多數的情況下，緩衝層 (buffer layer) 會附蓋纜線以避免它接觸濕氣，最後，整條纜線會被包裹在外部的封套內。

圖 4.9 光纖結構

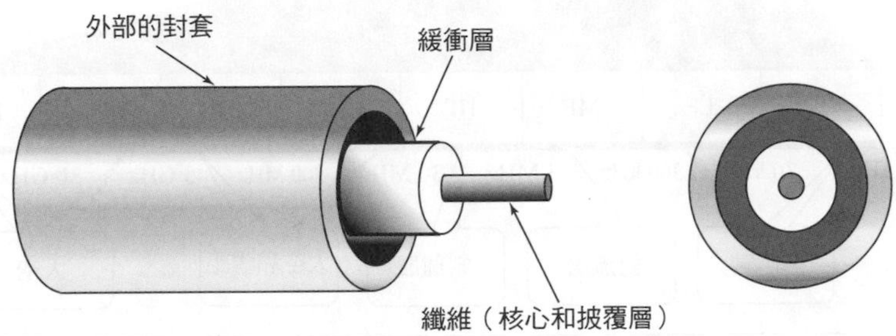

核心與披覆層都可利用玻璃或塑膠製成，但二者的密度一定要不一樣。除此之外，中間核心的材質必須非常純淨，而且在尺寸與外型上要相當均勻。即使只是在通道尺寸和外型上的微小差距，也會因物質間化學特性的不同，而改變反射的角度，並使訊號失真。某些應用程式可以處理一定數量的失真，而且它們的纜線能以較便宜的價格來製作，但是其他的規格就要依賴完整的一致性。

外層保護套（或護套）可使用不同的材質來製作，包括鐵氟龍外層、塑膠外層、纖維塑膠、金屬管和金屬網，每一種保護套的材質都有它的目的：塑膠重量較輕而且價格不貴，但是它不能提供結構足夠的強度，而且燃燒時會產生濃煙；金屬管能提供一定的強度，但是價格也較為昂貴；鐵氟龍重量較輕，並能在開放的空氣中使用，但是它的價格昂貴，以及無法增加纜線的強度。材質的選擇主要依據安裝纜線的位置而定。

4.2 非導引式媒體 *Unguided Media*

非導引式媒體 (Unguided media)，或稱無線通訊，並非使用物理的導體來傳送電磁波，而是藉由空氣或真空（在極少的某些狀況下使用水）來傳遞訊號，讓訊號能被任何能接收它們的裝置所接收。

電磁頻率的配置 (Radio Frequency Allocation)

在電磁波譜上被界定為無線電通訊的部分共分為八個分佈區，稱為頻帶 (bands)，每一個頻帶都是由政府機關所制訂。這些頻段分類為極低頻 (very low frequency, VLF) 到至高頻 (extremely high frequency, EHF)。圖 4.10 顯示這八個頻段及其簡寫 (acronym)。

圖 4.10　無線電通訊頻譜

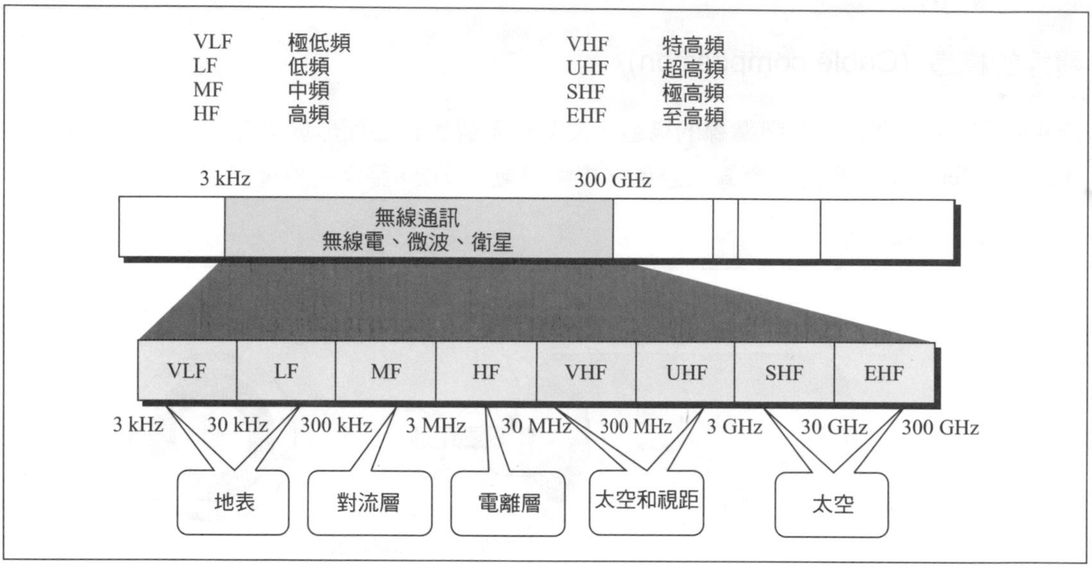

無線電波的傳播 (Propagation of Radio Waves)

各種傳播的方式 (types of propagation)

無線電波 (Radio Waves) 是利用五種不同的方式來進行傳輸，包括：地表 (surface)、對流層 (tropospheric)、電離層 (ionospheric)、視距 (line-of-sight) 和太空 (space)（如圖 4.11）。

無線電波在技術層面上需考慮的是，地球被大氣層中的兩層所圍繞著：對流層 (troposphere) 和電離層 (ionosphere)。**對流層** (troposhpere) 為大氣層的一部分，其分佈範圍由地球表面到大約 30 英哩高（在無線電的領域中，對流層包含另一個較高的層次，稱為同溫層），並含括了我們一般所認知的空氣。雲、風、溫度的變化及氣候的改變，通常都發生在對流層，噴射機也是飛行在這個範圍。而**電離層** (ionosphere) 則是屬於對流層與太空之間的部分，它處於我們所認知的大氣層之外，並且含有自由充電的電子性物體（因此才有這個稱呼）。

地表傳播 (Space propagation)　在**地表傳播中**，無線電波緊鄰著地球，通過大氣中最低的部分。在最低的頻率中，訊號從傳送端的天線隨著地球的弧度前進，並向四面八方發射。傳送的距離依據送出訊號的功率大小來決定：功率越大，則傳送的距離越遠。地表的傳播也能在海水中使用。

對流層的傳播 (Tropospheric Propagation)　**對流層的傳播**可以利用兩種方法達成，一種是訊號從天線以直線傳送的方式傳達到另一根天線（視距），或是利用廣播的方式，將訊號用某種角度傳送至對流層，然後對流層再將訊號反射回地球表面。第一種方法需要將傳送端和接收端的距離限制在視距範圍內，由於天線高度的關係，此距離會受限於地球的弧度；而第二種方法可以涵蓋較廣的距離。

圖 4.11 傳輸方式

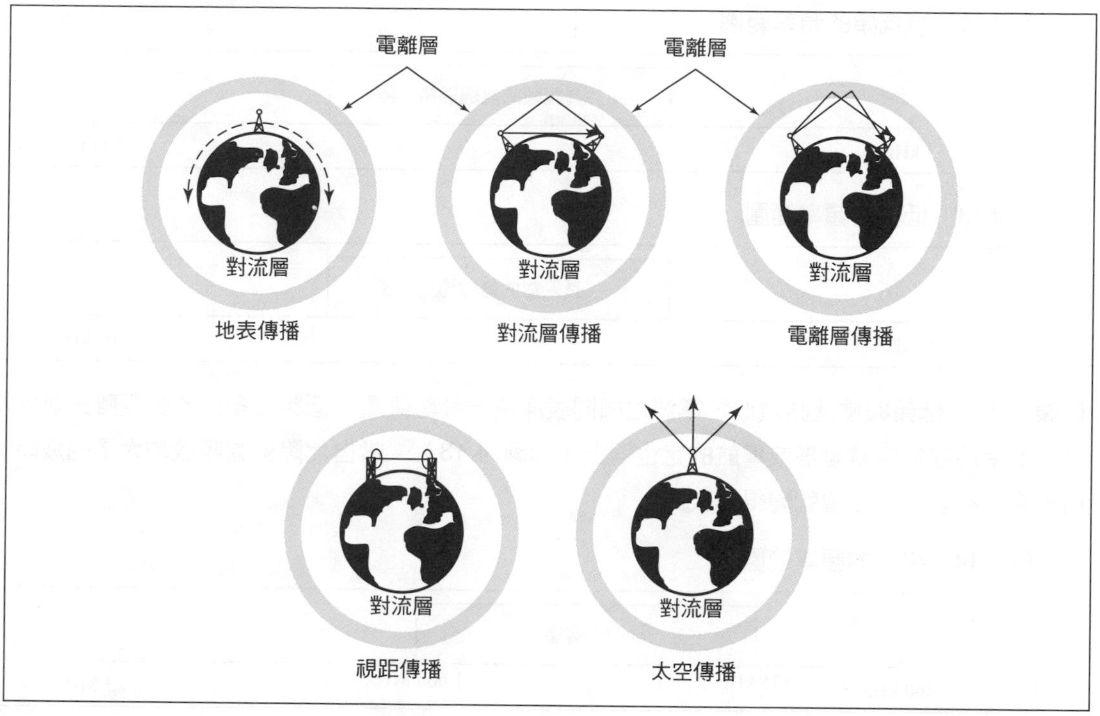

電離層的傳播 (ionospheric propagation) 在**電離層傳播**時，較高頻的無線電波向上發射到電離層，而它們會再反射回地面。對流層與電離層之間的密度差異讓無線電波的速度上升並改變方向，再彎折返回地球。這種方式能以較低功率的輸出便能達到遠距離的傳送。

視距傳播 (line-of-sight propagation) 在**視距傳播**中，非常高頻率的訊號以直線方向前進，直接由一根天線傳送到另一根天線上。天線必須具有方向性，要互相面對，而且兩根天線要夠高或雙方夠靠近，不會受到地球表面弧度的影響。視距傳播是有技巧的，因為無線電傳播無法完全對焦。電波向上、向下以及向前發射時，會反射離開地球表面，或是大氣層的某些部分。被反射的電波如果比直接傳送到接收端天線的波還要晚抵達時，就會破壞原本收到的訊號。

太空傳播 (space propagation) **太空傳播**利用衛星中繼來代替大氣層折射，軌道衛星收到了廣播信號後，再將此信號轉播回地球上的接收器。衛星傳輸基本上是使用中間媒介（衛星）的視距傳播。從地球到衛星的距離讓它成為極高增益的天線，並且大量增加了訊號可以涵蓋的距離。

特殊訊號的傳播 (Propagation of Specific Signals)

用在無線電傳輸的傳播類型，會依據訊號的頻率（速度）而有所不同。每一種頻率都適用於特定層次的大氣層，以及可適應該層之最有效率的傳送與接收技術。

極低頻 (Very low frequeney, VLF) **極低頻**電波會如表面波一般地傳播，它通常是穿越空氣，不過有時也會穿過海水。低頻波在傳輸時不能忍受太多的衰減，而且對於活動在低海拔的高層次大氣層雜訊（熱和電）很敏感。極低頻波大多被用來作為長距離的無線電導航與潛艇通信（如圖 4.12）。

圖 4.12 極低頻的頻率範圍

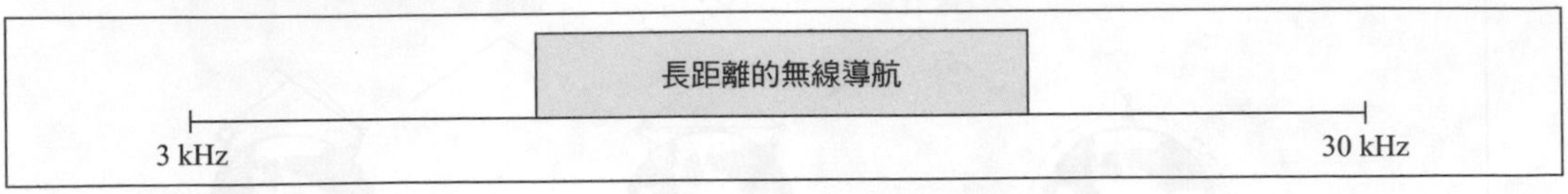

圖 4.13 低頻的頻率範圍

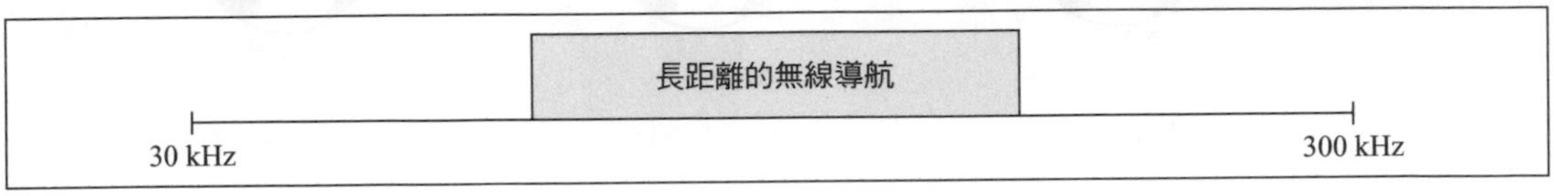

低頻 (LF) **低頻**與極低頻類似，電波也如同表面波一般地傳遞。低頻波多用於長距離的無線電導航，並使用在無線電燈塔或導航的定位器上（如圖 4.13）。當自然障礙物吸收較大量的波時，在白天發生的衰減的機會就變得比較大。

圖 4.14 中頻的頻率範圍

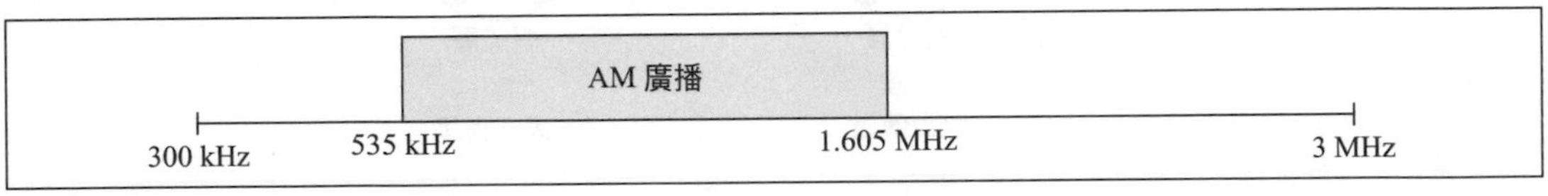

中頻 (MF) **中頻**信號在對流層傳播，而電離層會吸收這些頻率，因此它們可以被涵蓋的範圍，被反射訊號所需要的角度限制在對流層中，而不會進入電離層。白天中吸收的量會增加，但是多數的中頻傳播依靠視距天線，同時可增進控制及避免吸收的問題。中頻傳播的使用包括 AM 廣播、海運無線電、無線電位置的搜尋 (PDF) 以及緊急的頻率（如圖 4.14）。

圖 4.15 高頻的頻率範圍

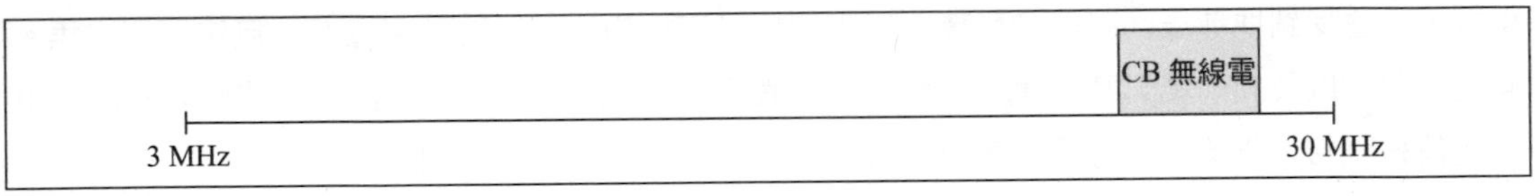

高頻 (HF) **高頻**信號使用電離層來傳播，這些頻率會移動到電離層中，而電離層的密度差別，會將它們反射回到地表。使用高頻信號的包括業餘者無線電（火腿無線電）、市民波段 (CB) 無線電、國際廣播、軍事通信、長距離飛機和輪船的通信、電話、電報和傳真（如圖 4.15）。

圖 4.16 特高頻的頻率範圍

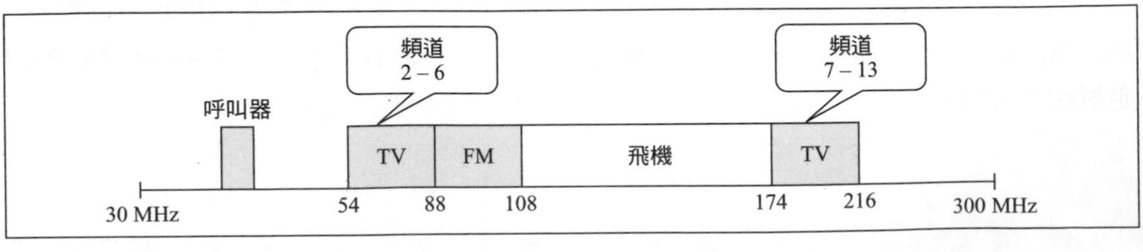

特高頻 (VHF) 多數的特高頻是利用視距傳播。使用特高頻的包括：VHF 電視、FM 廣播、飛機 AM 廣播和飛機導航協助（如圖 4.16）。

超高頻 (UHF) **超高頻**傳播必須使用視距傳播，UHF 電視、行動電話、細胞無線電、呼叫器和微波連線都是使用超高頻傳播（如圖 4.17）。請注意，微波通信由 1GHz 的超高頻帶開始，一直連續到極高頻 (SHF) 和至高頻 (EHF)。

圖 4.17 超高頻的頻率範圍

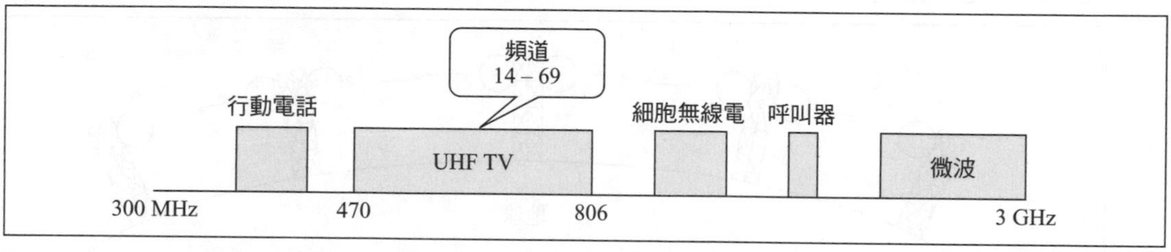

極高頻 (SHF) **極高頻**傳播大多使用視距傳播，某些則使用太空傳播，使用極高頻的包括陸地和衛星的微波，以及雷達通信（如圖 4.18）。

圖 4.18 極高頻的頻率範圍

至高頻 (EHF) **至高頻**波是使用太空來傳播，EHF 的使用主要是在科學方面，以及雷達、衛星及實驗通信（如圖 4.19）。

圖 4.19 至高頻的頻率範圍

地面微波 (Terrestrial Microwave)

微波 (Microwave) 不會隨著地球的曲率而改變，因此需要視距傳播和接收的設備。視距傳播可覆蓋的信號範圍大多取決於天線的高度：天線的高度越高，視距傳播的距離越遠。高度讓訊號能傳送的距離更遠，不會因地表曲度的影響而停止，並且讓訊號升高，越過許多地表的障礙物，例如容易造成通訊阻礙的矮山或較高的建築物。通常，我們會依序在小山坡或山上的高塔來安裝天線。

微波信號一次只能往一個方向傳播，意思是說，兩種頻率就能進行雙向的傳播，例如電話交談。**微波傳播** (microwave transmission) 會在某個方向保留一種頻率，而其他的頻率就會在剩下的方向進行傳輸。每種頻率都需要自己的傳輸器和接收器。目前，通常會將這兩種設備結合在一起，稱為收發機，它允許一根天線同時擔任收發訊號（頻率）的功能。

增益器 (Repeater)

為了增進**地表微波** (terrestrial microwave) 的服務距離，每根天線都會安裝一種增益器系統。由天線接收到的信號，可以轉變成發送的形式，並且傳送到下一根天線（如圖 4.20）。增益器之間所需要的距離，會隨著信號的頻率，以及這些天線所在的環境而有所不同。依據系統的差異，增益器可以用原始的頻率或是另一個新頻率，來廣播這個再產生的信號。

圖 4.20 地面微波

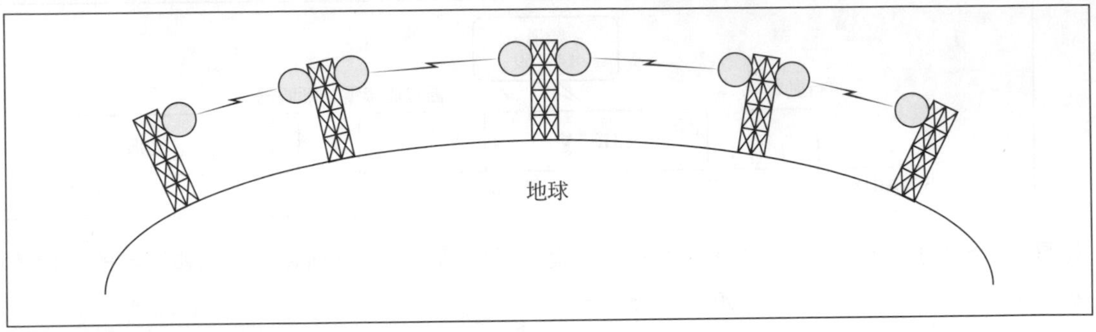

使用增益器的地面微波，提供了目前世界上電話系統的基礎。

衛星通訊 (Satellite Communication)

衛星通訊和視距微波傳輸非常類似，其中一個工作站就是繞著地球軌道的衛星。這與地面微波的原理相同，它利用衛星充當一個超級高的天線和增益器（如圖 4.21）。雖然衛星傳播的信號仍然必須以直線方式傳輸，但是因為地球曲率所產生的距離限制將會減少。透過這個方法，衛星將微波信號以單一彈跳的方式轉送，讓它可以橫越大陸和海洋。無論它距離多遠，衛星微波可以從地球上任何一點，到地球上任何一個位置提供傳輸的能力。這項優點讓地球尚未開發的部分擁有高品質的傳播，而不需要龐大的地面基礎建設投資。當然，衛星本身極為昂貴，但是相較於時間或頻率的租賃，可能就相對便宜多了。

圖 4.21 衛星通訊

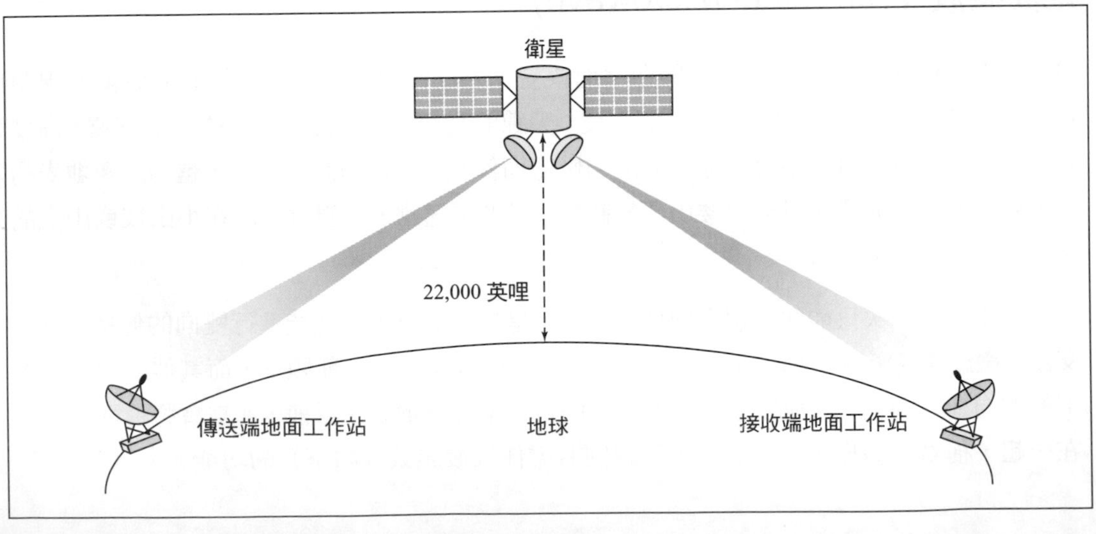

靜止軌道衛星 (Geosynchronous Satellites)

視距傳播需要傳送端與接收端的天線一直鎖定彼此的位置（某根天線必須看見另一根天線）。因為這種原因，移動速度比地球旋轉更快或更慢的衛星，只有在很短的時間才有用（正如一個停擺的時鐘，一天之中會有兩次正確時間）。為了確保持續的通信，這個衛星必須跟地球以相同的速度運動，因此它必須固定在某個點上，這種衛星被稱為靜止軌道衛星。

圖 4.22 在靜止軌道上的衛星

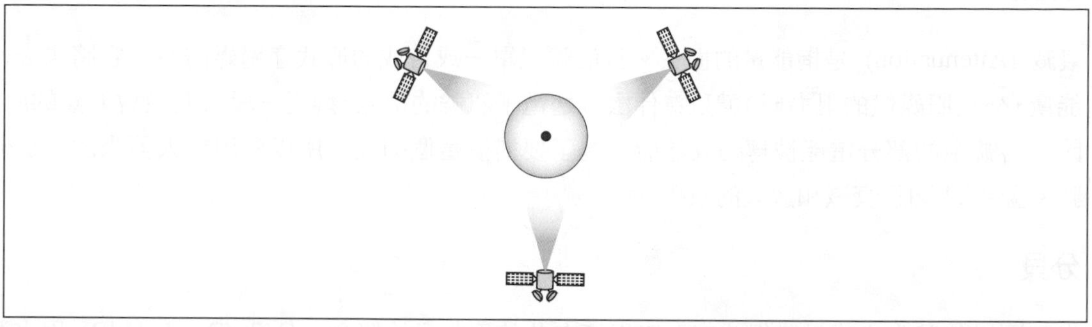

因為軌道速度是基於離行星的距離，所以只有一個軌道能夠成為靜止軌道。這個軌道位在赤道上方離地表約有 22,000 英里的高度。

但是，一個靜止軌道衛星並不能涵蓋整個地球。軌道的一個衛星和地面上龐大數目的工作站進行視距傳播，不過地球的曲率讓它上面的許多地方無法被衛星看到。所以至少需要三顆衛星等距地放置在**靜止軌道** (geosynchronous) 上，才能提供涵蓋全球的傳輸。圖 4.22 顯示這三個衛星。以北極為觀察點，這些衛星在圍繞赤道的靜止軌道上，彼此間隔 120 度。

表 4.2 衛星頻帶

頻帶	下傳	代客上鏈
C	3.7 到 4.2GHz	5.925 到 64.25GHz
Ku	11.7 到 12.2GHz	14 到 14.5GHz
Ka	17.7 到 21 GHz	27.5 到 31GHz

用於衛星通訊的頻帶 (Frequency Bands for Satellite Communication)

進行衛星微波通信時要保留的頻率會在 gigahertz (GHz) 的範圍中，每個衛星透過兩個不同的頻帶進行發送和接收的動作。地球到衛星的傳輸叫做代客**上鏈** (uplink)。衛星到地球的傳播稱為**下傳** (downlink)。表 4.2 顯示每一個範圍的頻率以及頻帶名稱。

圖 4.23 損失的種類

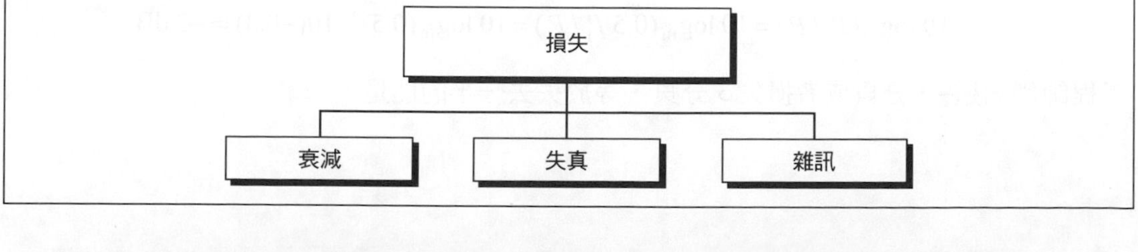

4.3 傳輸損失 *Transmission Impairment*

傳輸媒體並不完美。當信號透過媒體傳送時，這些不完整性將會產生損害。這表示說，位在媒體開始和結束端的訊號並不相同（傳送出去的訊號跟接收到的並不一樣）。通常會有三種類型的損失發生：衰減 (attenuation)、失真 (distortion) 和雜訊 (noise)（如圖 4.23）。

衰減

衰減 (Attenuation) 是指能量的損失。當信號以單一或合成的形式穿過媒體時，它將失去一些能量，來克服媒體的阻力，這就是為什麼載送電子訊號的電線，經過一段時間後會變熱的原因。因為信號中的部分電能被轉變成熱能。為了要補償這個損失，所以會用放大器來放大這個信號。圖 4.24 顯示衰減和放大的效果。

分貝

為了顯示信號失去或是獲得強度，工程師在此使用分貝的概念。**分貝** (Decibel dB) 用來測量兩個信號的相對強度，或是一個位在兩個不同點的信號之相對強度。請注意，如果訊號衰減，則分貝為負，如果訊號被增益，則分貝為正。

$$\text{dB} = 10\log_{10}(P_2/P_1)$$

在此算式中，P_1 和 P_2 代表訊號在點 1 和點 2 的訊號功率。

圖 4.24 衰減

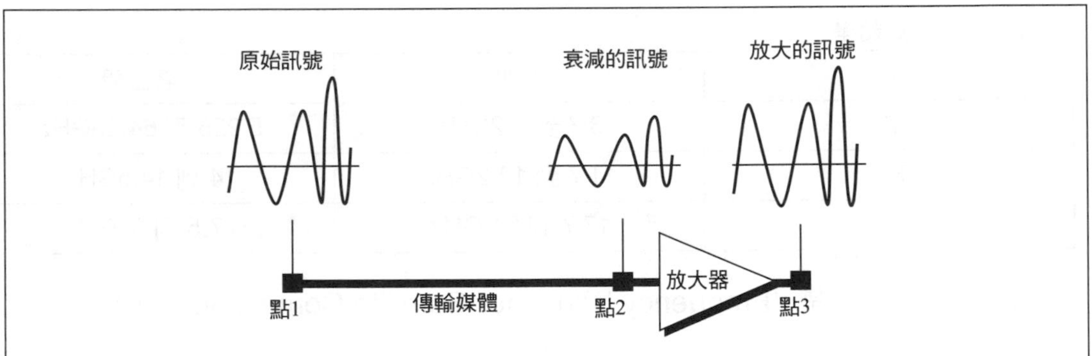

範例 1

想像一下當信號通過一個傳輸媒體，而且它的能量減少一半，這是指 $P_2 = 1/2\ P_1$。在此情況下，衰減（能量損失）可以計算如下：

$$10\log_{10}(P_2/P_1) = 10\log_{10}(0.5\,P_1/P_1) = 10\log_{10}(0.5) = 10(-0.3) = -3\ \text{dB}$$

工程師們知道 −3 分貝或者損失 3 分貝，等於失去一半的能量。

範例 2

想像一下當信號通過放大器時，它的其功率增加了十倍，這意味著 $P_2 = 10 \times P_1$。在這種情況下，放大（能量增加）的計算方式如下：

$$10 \log_{10}(P_2 / P_1) = 10 \log_{10}(10\, P_1 / P_1) = 10 \log_{10}(10) = 10(1) = 10 \text{ dB}$$

範例 3

工程師用分貝來測量信號強度變化的原因之一，就是當我們討論到多個點而不只是兩個點時（串級 cascading），分貝數字可以直接相加或相減。從圖 4.25 中可以得知，信號由點 1 到點 4 經過一個長距離的傳輸，該信號在到達點 2 以前便被衰減。在點 2 和點 3 之間信號被擴大了。再一次地，信號在點 3 和點 4 之間又被衰減。我們只要把每一組點之間所測得的 dB 值加起來，就能計算出訊號的總 dB 值。

圖 4.25　範例 3

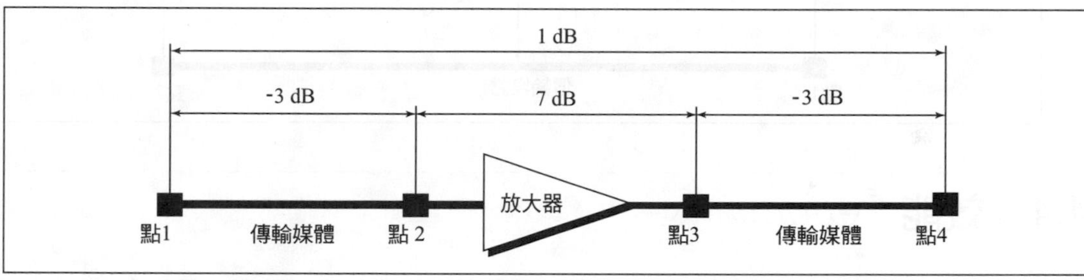

在這個情況下，分貝的計算如下：

$$\text{dB} = -3 + 7 - 3 = +1$$

這意味著訊號已經得到了能量。

失真

失真 (Distortion) 意味著信號改變它的形式或形狀。失真會發生在不同頻率組成的合成信號中。信號的每個組成元件在通過媒介時，都有自己的傳播速度（請見下一節），因此，它本身的延遲會抵達最終的目的地。圖 4.26 顯示失真在合成信號上所產生的效果。

圖 4.26　失真

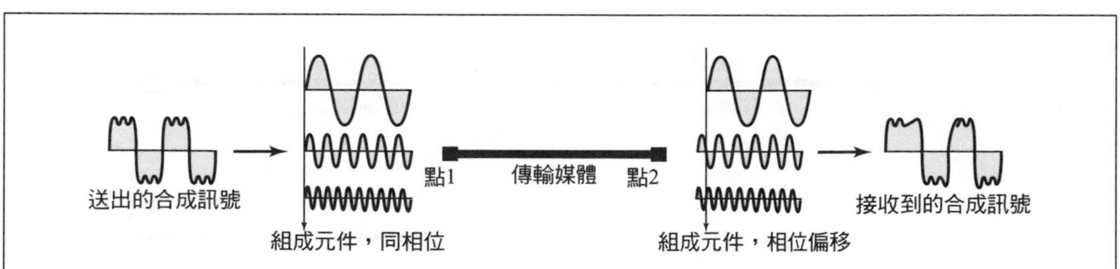

雜訊

雜訊 (Noise) 又是另一個問題。若干種類的雜訊例如熱雜訊，感應雜訊，串音 (crosstalk) 和脈衝的雜訊都可能會破壞信號。熱雜訊是線路上電子的隨機運動，這不是傳送端的原始訊號，而是線路額外產生的。感應的雜訊來自馬達和工具等來源。這些裝置充當發送端的天線，讓傳輸媒介充當接收天線。串音為一條線路對另一條線路所產生的效應。一條線路有如一個發送天線，而另一條線路有如接收天線。脈衝雜訊是一種能量線的長釘（一個在很短時間出現的高能量信號），它來自電源線、閃電等等。圖 4.27 顯示雜訊對信號的效應。

圖 **4.27** 雜訊

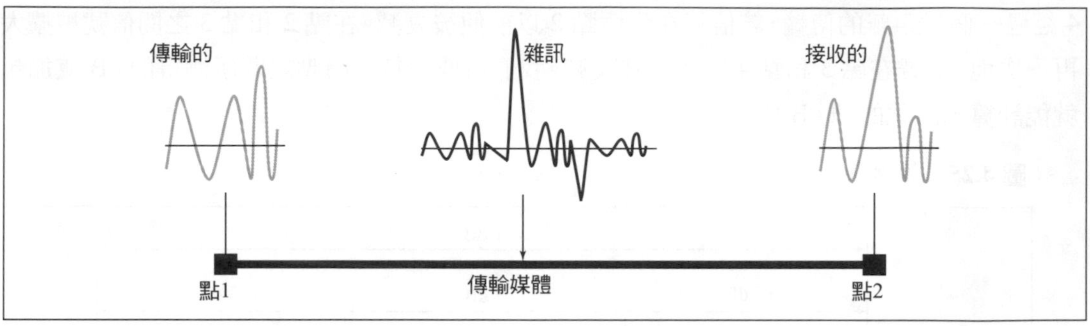

4.4 效能 *Performance*

傳輸媒體是資料傳播的通道。為了測量傳輸媒體的效能，我們可以使用三個概念來評斷：流通率、傳播速度和傳播的時間。

流通率

流通率 (Throughput) 是指測量資料能以多快的速度通過一個點。換句話說，如果我們取一面牆當作傳輸媒體中的任一點，流通率就是一秒鐘內能通過這面牆的位元數。圖 4.28 顯示流通率的概念。

圖 **4.28** 流通率

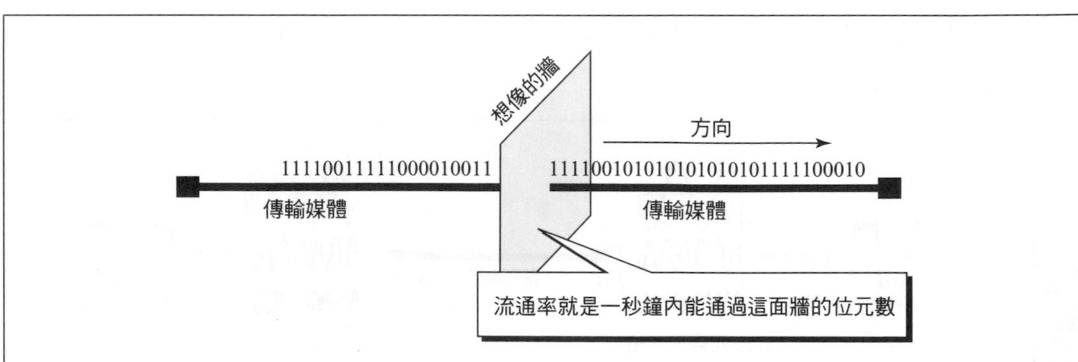

傳播速度

傳播速度 (Propagation Speed) 能測量出一個訊號或位元在一秒鐘內行經媒體的距離。電磁信號的傳播速度是依據媒體和信號的頻率而定。例如：在真空中，光以 3×10^8 m/s 的速度傳送。在同軸電纜中的傳送速度也是一樣。然而，頻率範圍在 MHz 到 GHz 間的同軸電纜和光纖中，這個速度接近 2×10^8 m/s。

圖 4.29 傳播速率

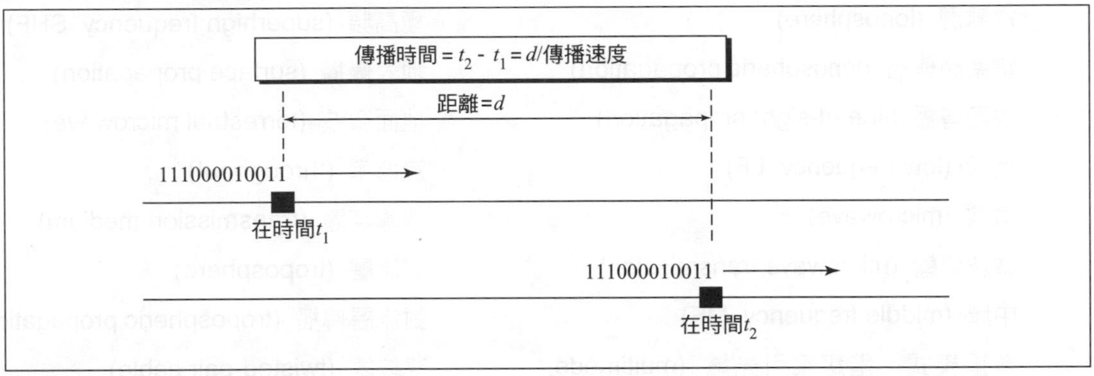

傳播時間

傳播時間 (Propagation time) 為測量信號（或位元）經由傳輸媒體中的某一點到另一點所需要的時間，傳播速度除以距離便能算出傳播時間。

$$傳播時間=距離 / 傳播速度$$

圖 4.29 顯示這個概念。

傳播時間通常會將單位正規化成公里 (km)。舉例來說，雙絞線的傳播時間被正規化成公里的單位後，結果如下：

$$傳播時間 = 1000\text{m}/(3\times10^8\text{m/s}) = 3.33\times10^{-6}\text{s/m} = 3.33\mu\text{s/km}$$

對同軸電纜和光纖而言，通常為

$$傳播時間 = 1000\text{m}/(2\times10^8\text{m/s}) = 5\times10^{-6}\text{s/m} = 5\mu\text{s/km}$$

4.5 關鍵名詞 *Key Terms*

入射角 (angle of incidence)

反射角 (angle of reflection)

折射角 (angle of refraction)

衰減 (attenuation)

披覆層 (cladding)

同軸電纜 (coaxial cable)

臨界角 (critical angle)

串音 (crosstalk)

分貝 (decibel (dB))

失真 (distortion)

下載 (downlink)

電磁波譜 (electromagnetic spectrum)

至高頻 (extremely high frequency, EHF)

靜止軌道 (geosynchronous orbit)

導引式媒體 (guided media)

高頻 (high frequency, HF)

電離層 (ionosphere)

電離層傳播 (ionospheric propagation)

視距傳播 (line-of-sight propagation)

低頻 (low frequency, LF)

微波 (microwave)

微波傳輸 (microwave transmission)

中頻 (middle frequency, MF)

多重模式，階級索引光纖 (multimode, graded-index fiber)

多重模式，步進索引光纖 (multimode, step-index fiber)

雜訊 (noise)

光纖 (optical fiber)

傳播速度 (propagation speed)

傳播時間 (propagation time)

無線電波 (radio wave)

反射 (reflection)

折射 (refraction)

遮蔽式雙絞線 (shielded twisted-pair (STP) cable)

單一模式光纖 (single-mode fiber)

太空傳播 (space propagation)

極高頻 (superhigh frequency, SHF)

地表傳播 (surface propagation)

地面微波 (terrestrial microwave)

流通率 (throughput)

傳輸媒體 (transmission medium)

對流層 (troposphere)

對流層傳播 (tropospheric propagation)

雙絞線 (twisted-pair cable)

超高頻 (ultrahigh frequency, UHF)

非導引式媒體 (unguided medium)

無遮蔽式雙絞線 (unshielded twisted-pair (UTP) cable)

代客上鏈 (uplink)

特高頻 (very high frequency, VHF)

極低頻 (very low frequency, VLF)

4.6 摘要 Summary

■我們能把區域網路的傳輸媒體分成兩個大類：導引式（提供裝置與裝置間的實體管路）和非導引式（沒有實體的管路）。

■區域網路最常見的導引式媒體是：雙絞線、同軸電纜線及光纖電纜。

■金屬電纜以電流形式傳導信號。

■光學纖維以光的形式傳導信號，並且而以反射的方式沿著內部核心傳播信號。

■在光學纖維中，光的傳播方法包括多重模式（階級式和步進式）和單一模式。

■無線電波可以用來傳輸訊號，這些電波使用非導引的媒體，而且通常透過空氣來傳播。

■規章的管理機構會劃分並定義出用來處理無線電通信的電磁光譜。

■無線電波的傳播取決於頻率，它們有以下五種傳播類型：

a. 地表傳播

b. 對流層傳播

c. 電離層傳播

d. 視距傳播

e. 太空傳播

- 極低頻和低頻使用地表傳播，這些電波隨著地球的地形外貌而流動。
- 中頻波在對流層的範圍內傳播，它藉由直接視距傳播或利用反射的方式，從傳送端送到接收端，或者以電離層當作它的上限。
- 高頻在傳送到電離層後，會再反射回對流層的接收端。
- 超高頻和特高頻波使用視距傳播；在傳送端和接收端之間必須要有一條明顯的路徑，在視距上不允許有高山或高聳的建築物存在。
- 特高頻、超高頻、極高頻和至高頻的波能夠被傳送到太空中，並且被衛星所接收。
- 地表微波利用視距傳播來進行資料傳送。
- 增益器是用來增加微波傳送的距離。
- 衛星通訊利用靜止軌道上的衛星來轉送訊號。擁有三顆擺放在適當位置的衛星系統，就可以涵蓋地球大部分的範圍。
- 在地球上，靜止軌道是在赤道上空大約 22,000 英里的地方。
- 最常見的區域網路非導引式媒體為空氣。
- 衰減、失真和雜訊都是傳播損失的形式。
- 傳輸媒體的效能是由測量流通率、傳播速度以及傳播時間來決定。

4.7 練習題 *Practice Set*

選擇題

1. 當一束光線通過兩個不同密度的媒體時，如果入射角大於臨界角，則________會發生。

   a. 反射

   b. 折射

   c. 共振

   d. 冗餘

2. 當一個折射角比入射角________，則表示光束是從密度大的媒體進入密度較小的媒體。

   a. 較大

   b. 較小

   c. 相等

   d. 以上皆非

3. 當一臨界角為 50 度，而入射角為 60 度時，那麼反射角為________度。

   a. 10

b. 50

c. 60

d. 110

4. 當一個折射角為 90 度，而入射角為 48 度時，那麼臨界角為_________度。

a. 42

b. 48

c. 90

d. 138

5. 當一折射角為 90 度，而且入射角為 50 度時，其臨界角必需大於_________度。

a. 50

b. 60

c. 70

d. 120

6. 在兩個不同點量測同一訊號。在第一點測量出的功率為 p_1，而第二點測量出的功率為 p_2，其分貝為 0dB，這意味著_________。

a. p_2 為零

b. p_2 和 p_1 相等

c. p_2 比 p_1 大很多

d. p_2 比 p_1 小很多

7. 傳播時間與距離成_________，和傳播速度成_________。

a. 反比；正比

b. 正比；反比

c. 反比；反比

d. 正比；正比

8. 一訊號通過某個傳輸媒體時，它的功率變成原訊號的十分之一，它的衰減為何？

a. -10dB

b. -1dB

c. 0dB

d. 10dB

9. 一訊號的功率在 A 點為 100 瓦，在 B 點為 70 瓦，它的衰減為_________dB。

a. -1.55

b. 1.55

c. -0.155

d. 0.155

10. 一訊號的功率在 A 點為 100 瓦，在 B 點為 500 瓦，它被放大了________dB。

a. 0.699

b. -0.699

c. -6.99

d. 6.99

11. 一訊號通過 5 個串級的放大器，每一個都有 10 dB 的增益，它的總增益為________dB。

a. 2

b. 5

c. 15

d. 50

12. 從 A 點到 B 點的總增益為 4dB。如果在 A 點時的原訊號功率為 100 瓦，那麼在 B 點的功率為________。

a. 2.51 瓦

b. 251 瓦

c. 39.8 瓦

d. 398 瓦

13. 資料以每 10 秒鐘 56,000 個位元的速度通過一個點，則流通率為________kbps。

a. 560,000

b. 56,000

c. 56

d. 5.6

14. 在 5 秒內，通過一點的資料量有 100,000 個位元，則流通率為________。

a. 500,000

b. 100,000

c. 50,000

d. 20,000

15. 假設流通率為 10kbps，那麼送出 2000 個位元需要多少時間？

a. 0.2 秒

b. 2 秒

c. 200 秒

d 2000 秒

16. 假設流通率為 0.65Mbps，那麼送出 5000 個位元需要多少時間？

a. 0.769 毫秒 (ms)

b. 7.69 毫秒

c. 76.9 毫秒

d. 769 毫秒

17. 光需要多少時間才能行經 100,000 公里？

a. 3 秒

b. 0.33 秒

c. 2 秒

d. 0.2 秒

18. 光從 A 點到 B 點花了 0.01 秒，那麼 A、B 兩地的距離為？

a. 3 公里

b. 30 公里

c. 300 公里

d. 3000 公里

19. 光需要多少時間才能通過 9 千 3 百萬英里？

a. 93 秒

b. 100 秒

c. 200 秒

d. 500 秒

20. 無線電傳播頻率的範圍由_________。

a. 3 kHz 到 300 kHz

b. 300 kHz 到 3 GHz

c. 3 kHz 到 300 GHz

d. 3 kHz 到 3000 GHz

21. 無線電通訊頻譜的劃分主要依據________。

a. 震幅

b. 頻率

c. 價錢和硬體

d. 傳輸媒體

22. 在________傳輸中，低頻無線電波會貼近地面。

a. 地表

b. 對流層

c. 電離層

d. 太空

23. 無線電傳輸中的傳播類型最主要是依據訊號的________。

a. 資料傳輸率

b. 頻率

c. 鮑得率

d. 功率

24. 極低頻傳播發生在________。

a. 對流層

b. 電離層

c. 太空

d. 以上皆是

25. 如果某顆衛星是靜止軌道衛星，那麼它繞行軌道一圈需要________。

a. 一小時

b. 24 小時

c. 一個月

d. 一年

26. 如果某顆衛星是靜止軌道衛星，那麼它到地球傳送端的距離為________。

a. 某個定值

b. 隨著一天的時間改變

c. 隨著軌道半徑而改變

d. 以上皆非

習題

27. 如果光速是 186,000 mi/s，而且一顆衛星是位在靜止軌道，那麼訊號從地球發射站到衛星需要多久的時間呢（微秒）？

28. 光束從一個媒體移動到另一個密度較小的媒體時，它的臨界角為 60 度。請畫出當入射角為以下度數時，光通過兩個媒體的路徑。

    a. 40 度

    b. 50 度

    c. 60 度

    d. 70 度

    e. 80 度

29. 一訊號由 A 點到 B 點。在 A 點時訊號功率為 100 瓦，在 B 點時訊號功率為 90 瓦，試問衰減為幾分貝？

30. 一訊號的衰減為–10 分貝。假設剛開始的功率為 5 瓦，那麼訊號最後的功率為何？

31. 一個訊號通過三個串級放大器，每一個都有 4 分貝的增益，則總增益為何？訊號被放大多少？

32. 如果資料以每 5 秒 100k 位元的速率通過一點，則其流通率為何？

33. 假設儀器和傳輸媒體之間連結的流通率為 5kbps，那麼這個儀器送出 100,000 個位元需多久時間？

34. 地球到月亮間的距離大約 400,000 公里，請問光由月球到地球需要花多久的時間？

35. 光線由太陽到地球大約需要花 8 分鐘的時間，那麼地球和太陽之間的距離為何？

36. 紅外線在真空中的波長為何？它比紅光的波長長或短？

37. 某個訊號在空中的波長為 1 μm，那麼波的前端在 5 個週期的時間內可以傳送多遠的距離？

38. 某條線路的訊號雜訊比為 1000，它的頻寬為 4000kHz，那麼此線路可以支持的最高傳輸速率為何？

39. 我們測量某條電話線的效能（頻寬為 4KHz）。當訊號為 10 伏特時，雜訊為 5 微伏特 (mV)，那麼這條電話線可支援的最高資料傳輸率為何？

第 5 章

錯誤偵測

Error Detection

網路必須能夠精確地把資料從一個裝置傳送到另一個裝置。一個系統若不能保證由某個裝置所接收到的資料，和另一個裝置發送的資料是相同的話，基本上這個系統是沒有用處的。資料在任何時間從來源端傳送給目的地時，他們可能會在傳輸過程中遭受破壞。事實上，部分資料在傳送的過程中被改變，比整個內容完整抵達的情況更容易發生。許多因素，包括線路的雜訊，都能改變或是刪除所給與的資料單元中一個或更多個資料位元。可靠的系統必須具有偵測並改正這種錯誤的機制。

5.1 錯誤的形式 *Types of Errors*

當電磁信號由一個點流動到另一個點時，它很容易遭受熱，磁，以及電子的其他形式之無法預測性干擾。這種干擾能夠改變信號的形狀或是時序。如果訊號載送二進位編碼的資料，這樣的變化可能改變資料的意義。圖 5.1 顯示兩種類型的錯誤。在**單一位元** (single-bit error) 的情況下，錯誤中把 0 換成 1 或者 1 換成 0。在**集體錯誤** (burst error) 的情況下，許多位元會被改變。例如，一個突發的 0.01 秒脈衝雜訊加在資料傳輸率為每秒 1200 位元的傳輸時，可能會改變資訊中 12 個位元的全部或某些部分。

圖 5.1　錯誤類型

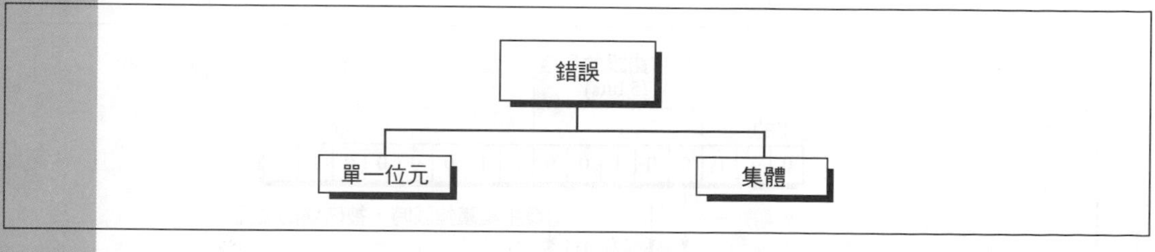

單一位元錯誤

單一位元錯誤 (*single-bit error*) 這個術語，意味著給定的資料單位（例如位元組、字元、資料單位、或者封包）中，只有某個位元從 1 被改變成 0，或是從 0 被改變成 1。圖 5.2 顯示某個單一位元錯誤對資料單位的影響。為了瞭解這種改變的衝擊，想像一下每組的八個位元是個 ASCII 字元，它的最後一個位元附加了 0。在本圖中，00000010（ASCII 的 STX）被送了出去，意思是文件的開始，但是卻收到了 00001010（ASCII 的 LF），它代表跳行 (line feed)。更多關於 ASCII 編碼的資訊，請參見附錄一。

圖 5.2　單一位元錯誤

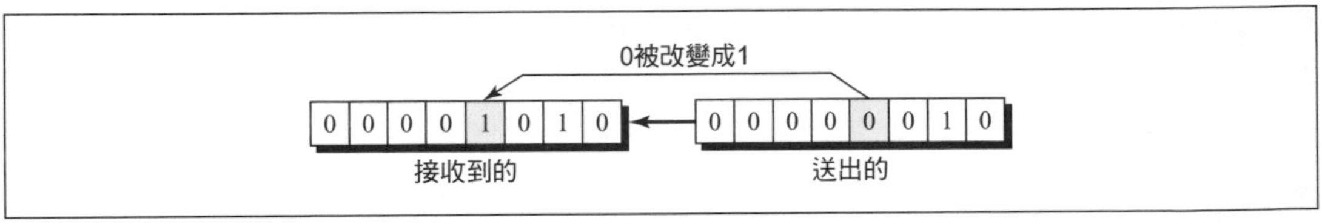

單一位元錯誤是**串列傳輸** (serial transmission) 中最不可能發生的錯誤類型。為了瞭解其中的原因，想像一個傳送者用 1Mbps 的傳輸率傳送資料。這表示說，每個位元只持續 1/1,000,000 秒或是 1 微秒（μs）。要發生一個單一位元錯誤，雜訊必須只有持續 1 微秒（μs），這非常少見；雜訊通常比這個值持續更長的時間。

然而，如果我們使用**並列傳輸** (parallel transmission) 來傳送資料，就有可能發生單一位元錯誤。例如，假如同時用八條線路來傳送一個 byte 的所有八個位元，而且其中某個線路是有雜訊的，那麼每個 byte 中就會有一個位元被破壞。例如，我們就想到電腦內部的並列傳輸，它發生在 CPU 和記憶體之間。

集體錯誤

集體錯誤 (*Burst Error*) 這個術語，它語意味著資料單位中二個或以上的位元，從 1 被改變成 0 或是從 0 被改變成 1。圖 5.3 顯示一個集體錯誤對資料單位的影響。在這種情況下，送出的是 0100010001000001，不過卻收到了 0101110101000001。請注意，集體錯誤不一定意味著錯誤會發生在連續的位元上。集體錯誤長度的測量，是從第一個發生錯誤的位元開始，到最後一個發生錯誤的位元為止。在這個區間的一些位元也許並未被破壞。

圖 5.3　長度為五的集體錯誤

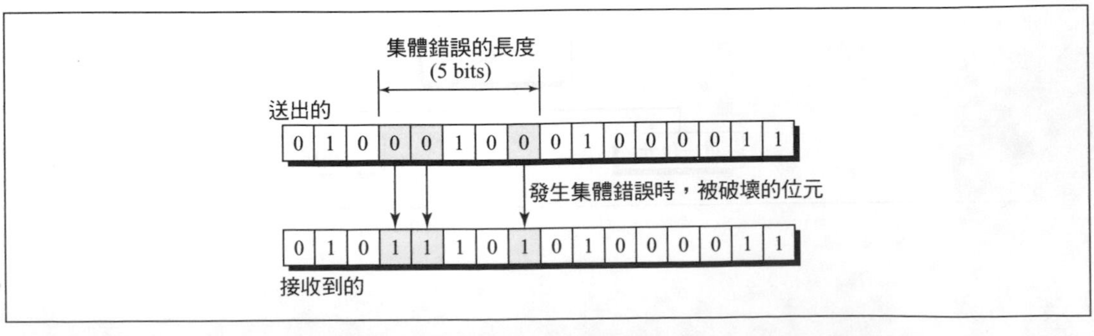

集體錯誤最可能發生在串列傳輸上。雜訊持續的時間通常比一個位元持續的時間更長，這表示當雜訊影響資料時，它會影響一整組的資料。被影響的位元數取決於資料傳輸率以及雜訊的持續時間。例如，假設我們以 1kbps 傳送資料，一個 1/100 秒的雜訊會影響十個位元；假設我們用 1Mbps 傳送資料，相同的雜訊會影響 10,000 個位元。

5.2 偵測 Detection

即使我們知道可能會發生什麼類型的錯誤，當我們看到一個錯誤的時候，是否能夠將它辨別出來？如果我們有一個準備傳送資料的拷貝可以拿來比較的話，當然就能夠辨別出來。但是，如果沒有原始資料的拷貝呢？那麼就無法知道我們接收到一個錯誤，直到將傳輸解碼之後才發現這是無意義的資料。一部機器若是用這種方法來檢查錯誤，那一定會很慢，成本很高而且是不可靠的結果。我們不需要一個系統將所有進入的東西加以解碼，然後才嘗試決定是否發送端在氣象統計的陣列當中，真正想要使用 glbrshnif 這個詞。我們需要的是一種簡單和完全客觀的機制。

冗餘

為了偵測一個錯誤，可以把一組較短的 bits 附加在每一筆資料單位的末端。這種技術叫作**冗餘** (redundancy)，因為這些額外的位元對資訊來說是多餘的；一旦傳輸的精確度被決定之後，它們就會被丟棄。

圖 5.4 冗餘

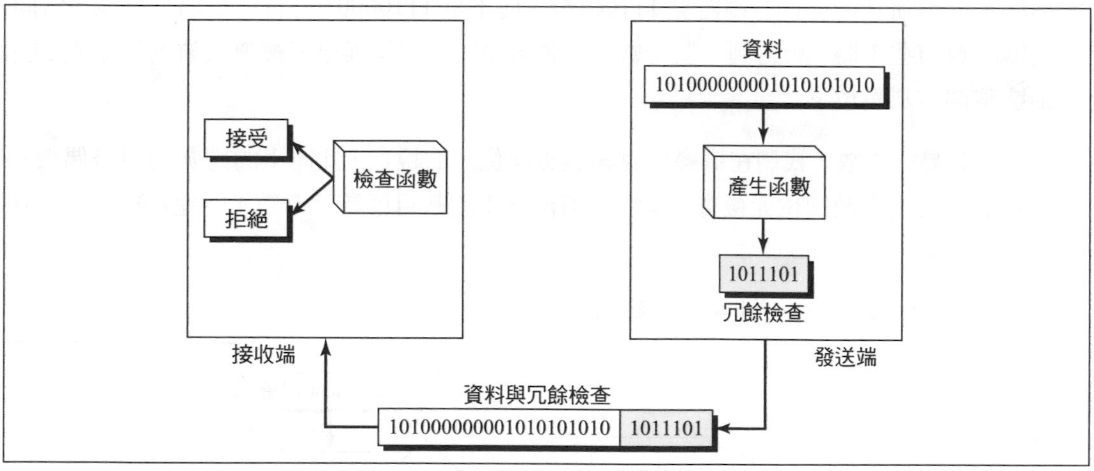

圖 5.5 偵測方法

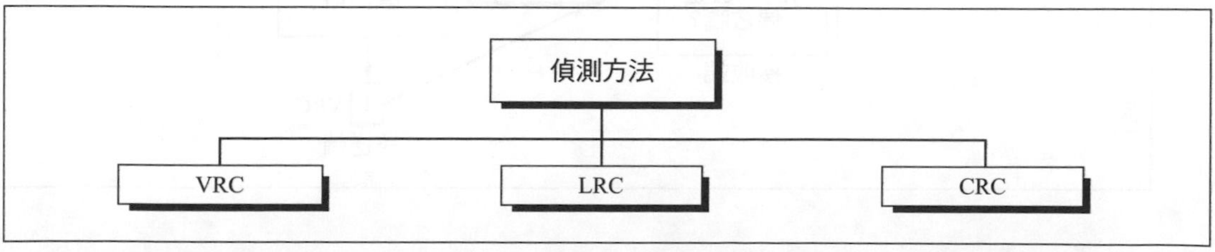

圖 5.4 展示了用多餘位元來檢查資料單位正確性的方法。一旦資料流被產生之後，它會通過一個分析裝置來進行分析，然後被加入已適當編碼過的冗餘檢查。這個資料單位，現在已經被擴大了幾個位元（在這個例子中，是七個位元），然後會透過連線傳輸到接收端。接收端將整個資料流送入一個檢查函數。如果收到的位元串流通過了這些檢查標準後，資料單位的資料部分就會被接受，而這些多餘的位元將被丟棄。

有三種類型的冗餘檢查被用於區域網路：垂直冗餘檢查 (vertical redundancy checkVRC)，縱向冗餘檢查 (longitudinal redundancy check, LRC)，和循環冗餘檢查 (cyclical redundancy check, CRC)（請參考圖 5.5）。

5.3 垂直冗餘檢查 Vertical Redundancy Check (VRC)

最常見且最便宜的錯誤偵測機制就是**垂直冗餘檢查** (Vertical Redundancy Check, VRC)，通常稱為**同位檢查** (parity check)。在這種技術中，多餘的一個位元，稱為**同位元** (parity bit)，被附加到每個資料單位，因此在該單位中 1 的總數（包括這個同位元）會變成偶數個。

假設我們想要傳送的二進制資料單位是 1100001 [ASCII (97)]；請參考圖 5.6。將 1 的個數加在一起所得到的數字是 3，它是個奇數。在傳送之前，我們將這個資料單位交給一個同位元產生器。同位元產生器計算 1 的個數，並且把同位位元（在本例的情況下為 1）附加給末端。1 的數字總和現在是四，它是個偶數。系統現在把這個擴充的單位透過連結網路來傳送。當它到達目的地時，接收端將所有的八個位元通過一個偶數同位數的檢查函數。如果接收端看見 11100001，它算出四個 1，是偶數，資料單位通過檢查。但是，如果資料單位在傳輸過程中已經損壞了怎麼辦？如果接收端看見 11100101，而不是 11100001 時會怎麼辦？那麼，當同位元檢測器計算這些 1 時，會得到一個奇數。接收端知道一個錯誤已經被導入資料的某處，因此將拒絕這整個資料單位。

為了簡易的緣故，我們在這邊只討論偶數同位元的檢查，此時 1 的總數必須是偶數。某些系統可能會使用奇數同位元檢查，在那種情況下 1 的數目應該是奇數。原理是相同的；但是計算偶數、奇數方式不同。

圖 5.6 偶數同位元垂直冗餘檢查觀念

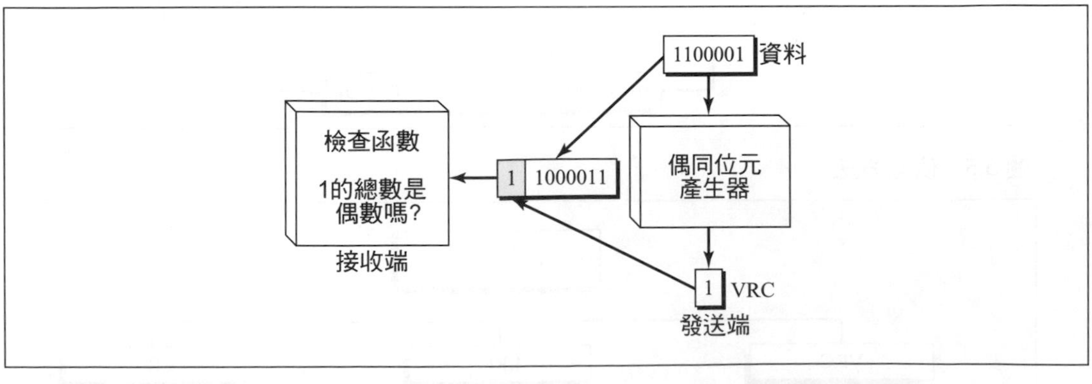

範例 1

假設發送端想要送“world”這個字。在 ASCII （參見附錄一）中，這五個字元被編碼成

<=== 1110111 1101111 1110010 1101100 1100100

w o r l d

開始的四個字元，每一個都有偶數的 1，所以同位位元是 0。但是，最後的字元 (“d”) 有三個 1（奇數），所以同位位元是 1，讓 1 的總數變成偶數。

<=== 01110111 01101111 01110010 01101100 11100100

範例 2

在之前的範例中，現在假設“world”這個字，在沒有遭受破壞的情況下被接收端收到了。

<=== 01110111 01101111 01110010 01101100 11100100

接收端計算每一個字元中的 1，並且得出偶數值 (6 , 6 , 4 , 4 , 4)。這個資料應該被接受。

範例 3

在之前的範例中，現在假設“world”這個字，由接收端收到了，但是在傳輸期間遭受破壞。

<=== 0111*1*111 01101111 01110*1*10 01101100 11100100

接收端計算每一個字元中的 1，並且得出偶數和奇數值 (7 , 6 , 5 , 4 , 4)。接收端知道這個資料已經遭受破壞，它會丟棄資料，並且要求重送。

效能 (Performance)

VRC 能夠偵測所有單一位元的錯誤。只要被改變的位元總數為奇數（1、3、5 等等），它也可以偵測集體錯誤。假設我們有一個偶數同位資料單元，其中包括同位元之所有 1 的總數為 6：1000111011。如果有任意三個位元被改變，產生的位元數為奇數，所以錯誤會被偵測出來：1*111*111011：9,*011*0111011：7, 1*1*00*0*1*0*011：5—都是奇數。VRC 偵測器所傳回的結果是 1，所以這個資料單位將被拒絕。這對於發生任何奇數個錯誤的情況都同樣成立。

不過，假設資料單位的兩個位元被改變：1*11*0111011：8,1*1*00*0*11011：6, 1000*0*1101*0*：4。在每種情況下，資料單位中 1 的數目仍然是偶數。儘管資料單位含有兩個錯誤，VRC 偵測器把它們加起來並回傳一個偶數。如果整個被改變的位元數是偶數，垂直冗餘檢查就無法偵測錯誤。如果在傳輸時有任何兩個位元被改變，這種改變會彼此抵銷，即使這個資料已經遭受破壞，資料單位仍然可以通過同位元的檢查。這對於發生任何偶數個錯誤的情況都同樣成立。

5.4　縱向冗餘檢查 Longitudinal Redundancy Check (LRC)

在**縱向冗餘檢查** (Longitudinal Redundancy Check, LRC) 中，一個區塊的位元被組織在一個列表（行和列）。舉例來說，與其傳送如圖 5.7 的 32 個位元區塊，我們在列表中將它們組織在列表中，產生四行 (row) 和八列 (column) 出來。此時我們針對每一列計算同位元，並且建立擁有八個位元的新行 (row)，它們是整個區塊的同位元。請注意，在第五行的第一個同位元，是依據所有的第一個位元計算出來的。第二個同位元，是依據所有的第二個位元計算出來的，依此類推。接著我們將八個同位元附加到原始資料，並且將它們送給接收端。

圖 5.7　縱向冗餘檢查

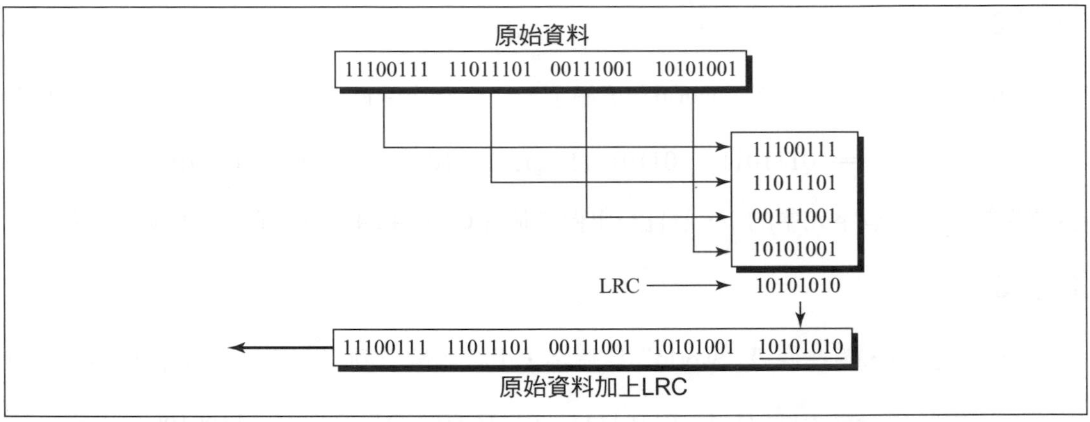

範例 4

假設下面的區塊被送出

<=== 10101001　00111001　11011101　11100111　10101010

(LRC)

不過，它碰上長度為 8 的突發性雜訊，而且某些位元被損毀

<=== 1010*0011*　*1000*1001　11011101　11100111　10101010

(LRC)

當接收端檢視 LRC 時，發現某些位元沒有遵守偶數同位元的規則，所以整個區塊會被丟棄（沒有符合的這些位元，被顯示為粗體）

<=== 1010*0011*　*1000*1001　11011101　11100111　**10101010**

(LRC)

效能 (Performance)

縱向冗餘檢查增加了偵測集體錯誤的可能性。正如我們在之前範例所顯示的，一個 *n* 位元的 LRC 可以輕易地偵測到 *n* 個位元的集體錯誤。然而，某種錯誤的樣式仍舊可以被排除在外。

如果一個資料單位中的兩個位元遭受破壞，在另一個資料位元完全相同的位置上，兩個位元也被破壞時，LRC 就不能找出錯誤。例如，假設兩個資料單位：11110000 和 11000011。如果他們的第一和最後一個位元都被改變，產生 *0*111000*1* 和 *0*100001*0* 的資料單位，這些錯誤就無法由 LRC 偵測出來。

5.5 循環冗餘檢查 Cyclic Redundancy Check (CRC)

第三種，同時也是最強大的冗餘檢查技術，就是**循環冗餘檢查** (Cyclic Redundancy Check, CRC)，它不像垂直冗餘檢查和縱向冗餘檢查是依據相加的機制，循環冗餘檢查主要是基於二進位的除法。在循環冗餘檢查中，與其將位元加在一起產生想要的同位元，它將一序列稱為 CRC 或 CRC **餘數** (CRC remainder) 的冗餘位元，附加到資料單位的尾端，因此所產生的資料單位剛好可以被另一個預先設定的二進位數整除。在接收端，接收到的資料單位再除上相同的數字。如果在這個步驟沒有產生餘數，此資料單位就被假設是完整無損，應該被接受。如果產生餘數，這就表示資料單位在傳輸中已經遭到損壞，因此應該被拒絕。

CRC 所使用的冗餘，是將資料單位除以預先定義的除數而得到的；餘數部分就是 CRC。為了正確起見，CRC 必須有兩個特性：它必須剛好比除數少一個位元，以及把它附加到資料位元的末端之後，所產生的位元序列恰好可以被除數整除。

CRC 錯誤檢查的理論和應用都是相當直接。唯一複雜的地方在於如何取得 CRC。為了理解這種程序，我們會先從概要性的介紹開始，再慢慢增加複雜度。圖 5.8 提供三個基本步驟的一個大綱。

首先將一串的 *n* 個 0 附加到資料單位後面。*n* 這個數字，比預先定義的除數少一個位元，所以除數是 *n*+1 個位元。

第二，新產生出來的增長資料單位，使用被稱為二進位除法的程序，除以除數。這種除法產生的餘數就是是 CRC。

第三，用第 2 步取得的 *n* 個位元 CRC，來取代原先附加在資料單位尾端 0。

圖 5.8　CRC 產生器和檢查器

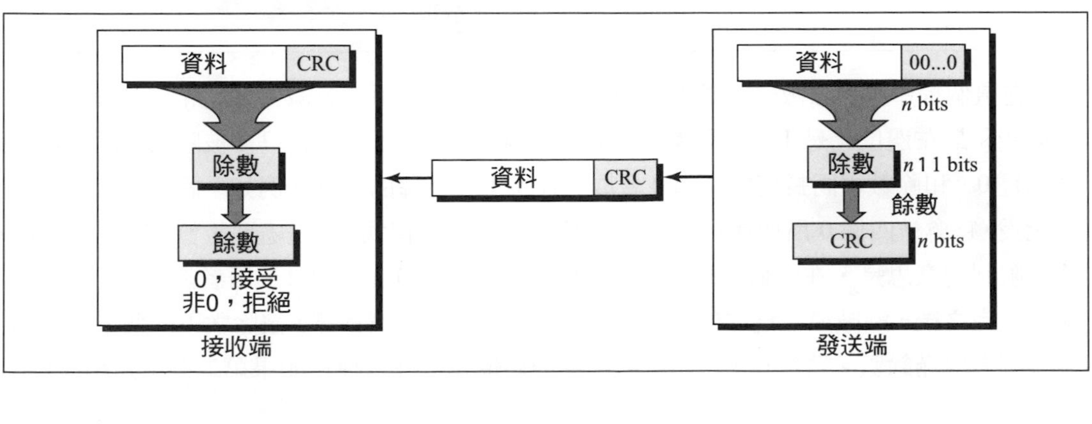

首先資料單位會先抵達接收端，接下來才是 CRC。接收端將整個字串視為一個單位，並且將它除以原先找出 CRC 餘數的相同除數。

如果資料串到達時沒有發生錯誤，CRC 的檢測器所產生的餘數為 0，讓資料單位通過。如果這個資料串在傳送過程中已經被改變，那麼這個除法會得到一個非零的餘數，所以不會讓資料通過。

循環冗餘檢查產生器 (CRC generator)

循環冗餘檢查產生器使用取 2 餘數 (modulo-2) 的除法。圖 5.9 展示這種程序。第一個步驟，用被除數的前四個位元減去除數的四個位元。在不影響被除數下一個較高位元的情況下，用被除數的位元減去相對應的除數位元。在我們的範例中，被除數的前四個位元，1001，減掉除數 1101，產生 100（餘數前面的 0 被拿掉了）。下一個未使用的位元從被除數拉下來，讓餘數的位元數目等於除數中位元的數目。因此，下一步是 1000-1101，它產生 101，依此類推。

圖 5.9 循環冗餘位元產生器中的二進位除法

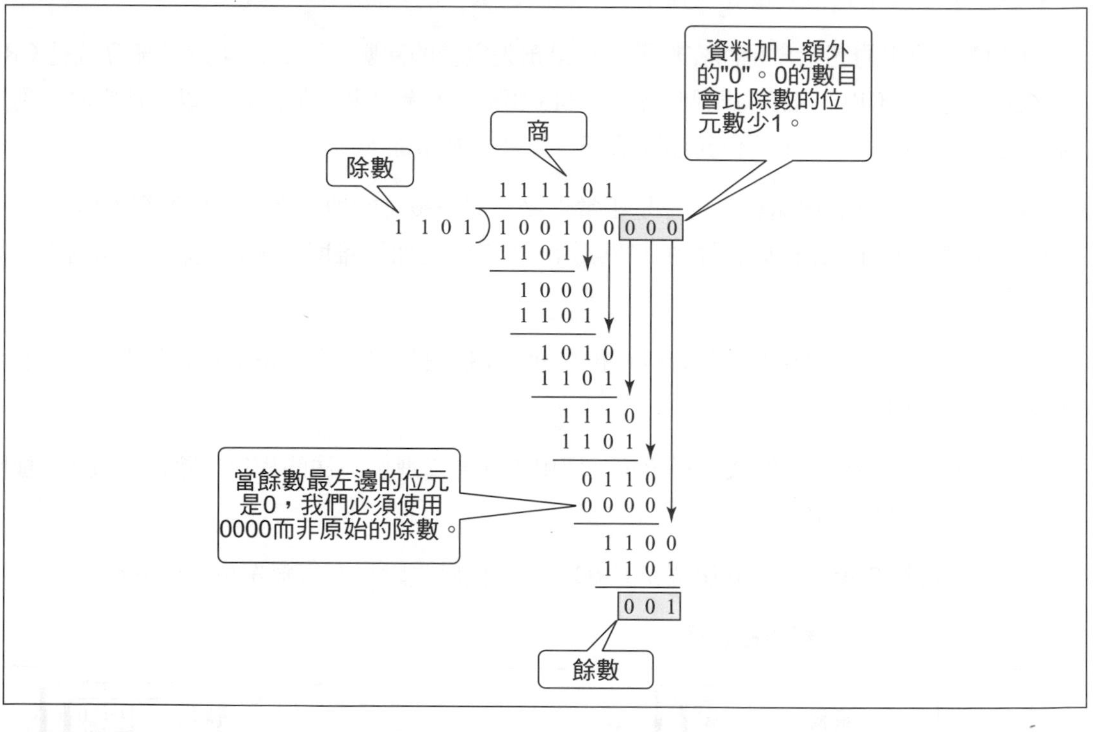

在這個程序中，除數一定從 1 開始；前一個被除數 / 餘數會減去與它相同長度的除數。除數只能和最左邊位元是 1 的被除數 / 餘數進行減法運算。任何時候只要被除數 / 餘數最左邊的位元是 0，和除數相同長度的一串 0 會取代程序中該步驟的除數。例如，假設一個除數有四個位元長，它會被四個 0 所取代（請記得，我們是處理位元樣式，不是處理數值；0000 不同於 0）。這種限制的意思是，在任何步驟，最左邊的減法將是 0-0 或是 1-1，兩者都等於 0。所以，在減法做完之後，餘數最左邊的位元一定是由 0 開始，它會被拿掉，被除數下一個未使用的位元被拉下來填滿餘數。請注意，只有餘數的第一個位元會被拿掉—如果第二個位元是 0，則被保留，下個步驟的被除數 / 餘數將由 0 開始。這個程序將會重複，直到所有的被除數都被使用為止。

循環冗餘檢查檢查器 (The CRC checker)

CRC 檢查器的作用就跟產生器一樣。在收到 CRC 附加過的資料之後，它同樣執行 modulo-2 的除法。如果餘數部分都是 0，那麼 CRC 會被丟棄，並接受這個資料；否則，收到的資料串流會被丟棄，然後資料被重傳。圖 5.10 展示接收端中相同的除法程序。我們假設沒有錯誤發生。因此餘數全都是 0，並且是接受這個資料。

圖 5.10　CRC 位元檢查器中的二進位除法

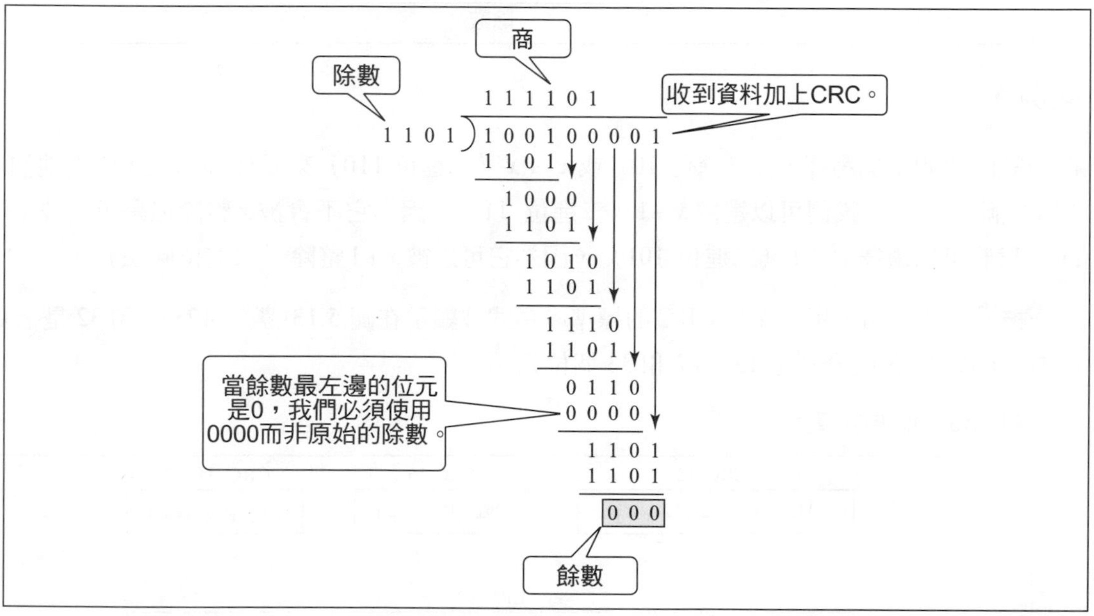

圖 5.11　多項式

$$x^7 + x^6 + x^4 + x^3 + x + 1$$

多項式

CRC 產生器（除數）通常不是被表示成一連串的 1 和 0，而是被表示成代數的**多項式** (Polynomials)（如圖 5.11）。多項式格式很有用的原因有兩個：它較簡短，並且能用數學方式來證明概念（已經超出本書的範圍）。

多項式對應它二進位表示法的關係被顯示在圖 5.12。

多項式的選擇應該至少要具有下面的屬性：

■它不能被 x 整除

■它應該要被 $(x+1)$ 整除

第一個條件，會保證長度等於多項式度數（乘冪）的所有集體錯誤可以被偵測出來。第二個條件，則是保證所有影響奇數個位元的集體錯誤可以被偵測出來。

圖 5.12 表示除數的多項式

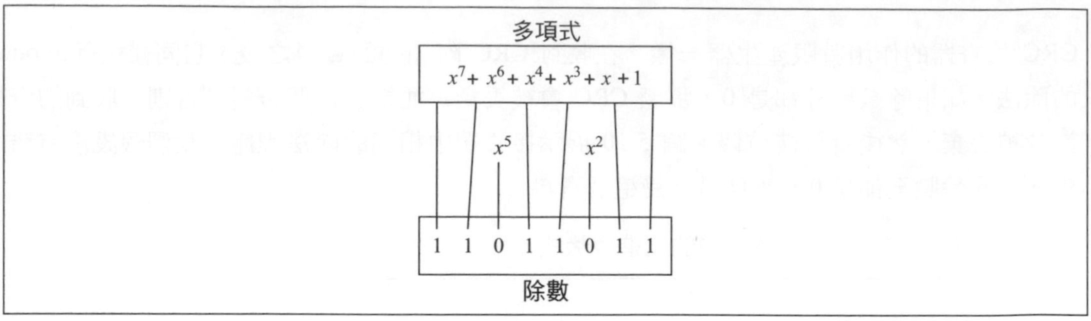

範例 4

很明顯的我們不能選擇 x（二進位 10）或 x^2+x（二進位 110）來當作多項式，因為他們可以被 x 整除。然而，我們可以選擇 $x+1$（二進位 11），因為它不會被 x 整除但是可以被 $x+1$ 整除。我們可以選擇 x^2+1（二進位 101），因為它可以被 $x+1$ 整除（二進位除法）。

被一般通用協定用來產生 CRC 的標準多項式被顯示在圖 5.13。數字 12、16 和 32 是指 CRC 餘數。CRC 除數則分別是 13、17 和 33 個位元。

圖 5.13 標準多項式

CRC-12
$x^{12}+x^{11}+x^3+x^2+x+1$

CRC-16
$x^{16}+x^{15}+x^2+1$

CRC- ITU-T
$x^{16}+x^{12}+x^5+1$

CRC-32
$x^{32}+x^{26}+x^{23}+x^{22}+x^{16}+x^{12}+x^{11}+x^{10}+x^8+x^7+x^5+x^4+x^2+x+1$

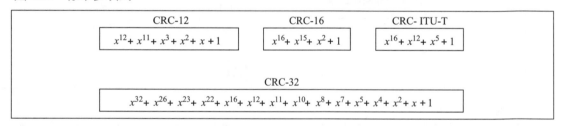

效能 (Performance)

CRC 是一種很有效的錯誤偵測的方法。如果根據之前提到的規則來選擇除數，

a. CRC 能夠偵測所有影響奇數個位元的集體錯誤。

b. CRC 能夠偵測長度小於或等於多項式度數的所有集體錯誤。

c. CRC 能夠偵測長度大於多項式度數，而且具有高機率之集體錯誤。

範例 5

CRC-12 ($x^{12}+x^{11}+x^3+x+1$)，它的乘冪是 12，它能偵測影響奇數個位元的所有集體錯誤，它能偵測長度小於或等於 12 的所有集體錯誤，以及偵測 99.97%的集體錯誤（長度等於或大於 12）。

應用

32 位元的 CRC 被用於乙太網路和記號環網路。請參考第 10 章和第 13 章，會有更詳細的描述。

5.6 錯誤修正 Error Correction

到目前為止，我們只描述如何偵測錯誤，而非修正錯誤。**錯誤修正** (Error Correction) 可以透過兩種方法來處理。第一，當發現錯誤時，接收端可以讓發送端重傳整個資料單位。第二種，接收端可以使用錯誤修正碼，自動地改正某些錯誤。

理論上來說，自動修改任何二進制編碼錯誤是可行的。然而，錯誤修正碼比錯誤偵測碼更複雜，而且需要更多的冗餘位元。需要修正多位元或是集體錯誤的位元數相當高，所以在大多數的情況下，這種做法相當沒有效率。因為這種原因，大多數的錯誤修正都局限於一，二，或者三個位元的錯誤。HAMMIN 碼就是一種相當流行的單一位元錯誤修正方式（請參考 Forouzan, *Data Communications and Networking*, 2nd ed., McGraw-Hill, 2001）。

5.7 關鍵名詞 Key Terms

集體錯誤 (burst error)

CRC 檢查器 (CRC checker)

CRC 產生器 (CRC generator)

CRC 餘數 (CRC remainder)

循環冗餘檢查 (cyclic redundancy check, CRC)

錯誤修正 (error correction)

縱向冗餘檢查 (longitudinal redundancy check, LRC)

並列傳輸 (parallel transmission)

同位位元 (parity bit)

同位元檢查 (parity check)

多項式 (polynomial)

冗餘 (redundancy)

串列傳輸 (serial transmission)

單一位元錯誤 (single-bit error)

垂直冗餘檢查 (vertical redundancy check, VRC)

5.8 摘要 Summary

- 錯誤可以被分類成分為單一位元（每個資料單位只有 1 個 bit 錯誤）或是集體（每個資料單位超過 1 個 bit 的錯誤）。
- 在區域網路中有三種冗餘檢查：垂直冗餘檢查 (vertical redundancy check, VRC)，縱向冗餘檢查 (longitudinal redundancy check, LRC)，和循環冗餘檢查 (cyclical redundancy check, CRC)
- 在垂直冗餘檢查中，一個多餘的位元（同位位元）被加到資料單位裡面。
- 垂直冗餘檢查只能偵測出所有奇數個數的錯誤；它不能偵測出任何偶數個數的錯誤。
- 在縱向冗餘檢查中，一個多餘的資料單位會加在 n 個資料單位的區塊後面。

■縱向冗餘檢查能夠檢查出所有的單一位元錯誤，以及位元被改變的總數為奇數的集體錯誤。

■循環冗餘檢查是功能最強的冗餘檢查技術，它是依據二進位的除法。

■在循環冗餘檢查中，產生器使用一個特定的除數，產生冗餘位元（CRC 餘數）來附加到資料後面。偵測器使用相同的除數來驗證收到的資料。

■循環冗餘檢查的除數用一個代數多項式來表示。

5.9 練習題 *Practice Set*

選擇題

1. 如果傳送 ASCII 字元 G 卻收到字元 D，請問這是什麼類型的錯誤？
   a. 單一位元
   b. 多位元
   c. 集體
   d. 可回復的
2. 如果傳送 ASCII 字元 H 卻收到 I，請問這是什麼類型的錯誤？
   a. 單一位元
   b. 多位元
   c. 集體
   d. 可回復的
3. 假如資料單位為 1010101010101010 而餘數為 1001，則接收端的被除數為何？
   a. 10101010101010100000
   b. 10101010101010101010
   c. 10101010101010101001
   d. 1010101010101010
4. 假如資料單位為 1010101010101010 而除數為 11，則傳送端的被除數為何？
   a. 101010101010101000
   b. 101010101010101001
   c. 101010101010101010
   d. 101010101010101011
5. 當在接收端的餘數為________時，表示循環冗餘檢查中沒有錯誤。
   a. 等於傳送端的餘數
   b. 全部為 0
   c. 全部為 1
   d. 等於除數
6. 一個區塊包含 10 個 8 位元的單位。我們計算縱向冗餘檢查 (LRC)。這個 LRC 有多少個位元？

a. 10

b. 8

c. 18

d. 80

7. 在循環冗餘檢查產生器中，進行除法的程序之前，_________會被附加到資料單位上。

   a. 0

   b. 1

   c. 一個多項式

   d. CRC 餘數

8. 在循環冗餘檢查產生器中，在進行除法的程序之後，_________會被附加到資料單位上。

   a. 0

   b. 1

   c. 一個多項式

   d. CRC 餘數

9. 在循環冗餘檢查器中，如果餘數為_________，則資料單位已被破壞。

   a. 一串的 0

   b. 一串的 1

   c. 0 和 1 交替的字串

   d. 非 0 的字串

10. 七個位元的 ASCII 字元 F 經過了一個偶數同位元的產生器。接收端收到 11000110 的資料，它會_________資料。

    a. 接受

    b. 退回

    c. 加上

    d. 以上皆非

11. 七個位元的 ASCII 字元 F 經過了一個偶數同位元的產生器。接收端收到 11000000 的資料，它會_________資料。

    a. 接受

    b. 退回

    c. 加上

    d. 以上皆非

12. 七個位元的 ASCII 字元 F 經過了一個偶數同位元的產生器。接收端收到 11000111 的資料，它會_________資料。

    a. 接受

b. 退回

c. 加上

d. 以上皆非

13. 多項式 x^3+x^2+1 不能當作循環冗餘檢查的除數，因為它_________。

a. 會被 x 整除

b. 會被 x^2 整除

c. 無法被 $(x+1)$ 除盡

d. 無法被 (x^2+1) 除盡

14. 多項式 x^3+x^2 不能當作循環冗餘檢查的除數，因為它_________。

a. 會被 x 整除

b. 會被 x^2 整除

c. 無法被 $(x+1)$ 除盡

d. 無法被 (x^2+1) 除盡

15. 多項式 $x^{15}+1$ 可以當作循環冗餘檢查的除數，因為它_________。

a. 無法被 x 整除

b. 會被 x^2 整除

c. 無法被 $(x+1)$ 除盡

d. a 和 c

16. 下列何者可以當成循環冗餘檢查的除數？

a. x^7+x

b. x^7+x+1

c. x^7+x^2

d. x^7+1

17. 5 ms 的集體錯誤雜訊在 56Kbps 的資料傳輸中，最多會影響_________個位元。

a. 112

b. 280

c. 28,000

d. 112,000

18. 5 ms 的集體錯誤雜訊在 4000 bps 的資料傳輸中，最多會影響_________個位元。

a. 20

b. 125

c. 160

d. 200

19. _________的集體錯誤雜訊在 1 Mbps 的資料傳輸中，最多會影響 1000 個位元。

a. 1 ms

b. 10ms

c. 100ms

d. 1 sec

20. ________的集體錯誤雜訊在 10 Mbps 的資料傳輸中，最多會影響 2000 個位元。

a. 0.2 μs

b. 2 μs

c. 0.02 μs

d. 0.2 ms

21. ASCII 字元 F 被傳送出去，不過在傳輸中遭受破壞。接收端並未偵測到錯誤。則收到的訊號樣式可能是？假設它是偶數同位元。

a. 11000110

b. 11001110

c. 11100110

d. 11001111

22. 2 個位元組 10101010 10001000 的縱向冗餘檢查為________。假設為偶數同位元。

a. 11011101

b. 00100010

c. 00010010

d. 10101010

23. 2 個位元組 00001111 11110000 的縱向冗餘檢查為________。假設為偶數同位元。

a. 01010101

b. 00000000

c. 11111111

d. 10101010

24. 除數為 1001 的序列 1010011111，它的 CRC 是________。

a. 010

b. 100

c. 110

d. 111

25. 除數為 1001 的序列 1010011110，它的 CRC 是________。

a. 010

b. 100

c. 110

d. 111

26. 假設 CRC 除數的長度是 33 個位元，那麼 CRC 的餘數為________個位元。

a. 34

b. 33

c. 32

d. 31

27. 有________個位元在具有十六次方的 CRC 除數中。

a. 18

b. 17

c. 16

d. 15

28. $x^{16}+x^{12}+x^{5}+1$ 對應的二進位值是________。

a. 1111

b. 10101010

c. 10001000000100000

d. 10001000000100001

29. $x^{15}+1$ 對應的二進位值是________。

a. 11

b. 11111

c. 1000000000000000

d. 1000000000000001

30. 一個系統在一個具有 4 個 8 位元單位的區塊上使用 LRC。這表示每一個區塊有________個冗餘位元被傳送。

a. 2

b. 4

c. 6

d. 8

31. 一個系統使用 VRC，偶數同位元。如果位元樣式是 1100111。________會被送到接收端。

a. 11100111

b. 01100111

c. 10100111

d. 01001110

32. 一個系統使用 VRC，奇數同位元。如果位元樣式是 0000000。________會被送到接收端。

a. 100000001

b. 10000001

c. 00000000

d. 10000000

習題

33. 在 2 ms 的集體錯誤雜訊中，如果資料傳輸率是以下的數值，造成最大的影響為何？

    a. 1500 bps？

    b. 12,000 bps？

    c. 96,000 bps？

34. 假設為偶數同位位元。請算出下列資料單位的同位元。

    a. 1001011

    b. 0001100

    c. 1000000

    d. 1110111

35. 接收端收到的資料樣式為 01101011。假設系統使用偶數同位元 VRC，這個樣式有錯誤嗎？

36. 找出下列區塊資料的縱向冗餘檢查 (LRC)。

    1001100101101111

37. 已知 10 位元的序列 1010011110，以及除數為 1011，請找出 CRC 並檢查你的答案。

38. 已知餘數為 111，一個資料單位 10110011 和一個除數 1001，請問此資料位元有錯誤嗎？

39. 使用偶數同位元計算下列資料樣式的 VRC 和 LRC。

    ← 0011101110011111111111 0000000

40. 傳送端送出 01110001；接收端收到 01000001。假設只有使用 VRC，那麼接收端是否可以檢查出錯誤？

41. 下列區塊使用偶數同位元 LRC。請問哪些位元有錯誤。

    ← 10010101010011111101000011011011

42. 某個系統在八個 Byte 的區塊中使用 LRC。那麼每個區塊有多少冗餘位元被傳送？有用的位元與全部傳送位元的比例為何？

43. 如果某個除數為 101101，CRC 的位元長度為何？

44. 請找出 x^8+x^3+x+1 的二進位對應值。

45. 請找出 100001110001 的多項式表示法。

第 6 章
區域網路的拓樸
LAN Topologies

6.1　介紹 Introduction

在我們討論 3 種區域網路 (LAN) 常用的拓樸之前，我們先定義**區域網路拓樸** (*LAN topology*) 這個名詞和討論訊框 (framing)，定址 (addressing) 的意義。

定義

區域網路拓樸 (*LAN topology*) 這個術語意指網路中各個節點（終端電腦或連結的裝置）之間的關係。兩個或多個裝置連結成一個**鏈結** (link)，兩個或更多的鏈結組成一個拓樸。一個網路的拓樸就是各個裝置（橋接器、增益器）和鏈結在幾何位置上的關係。

有三種基本的區域網路拓樸：匯流排拓樸 (bus)、環狀拓樸 (ring)、星狀拓樸 (star)，請參見圖 6.1。

圖 6.1　區域網路拓樸的分類

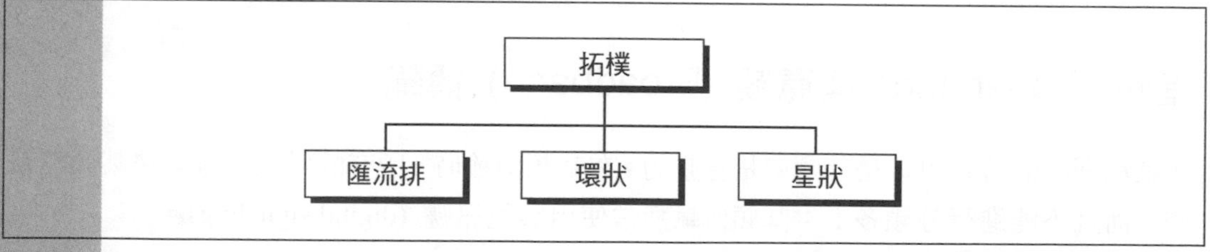

雖然有其他的拓樸可連結小型電腦和大型電腦，例如網狀拓樸 (mesh)，混合式拓樸 (hybrid)，因為這兩種在一般的區域網路中並不常用，所以本書並不會討論它們。

拓樸可以分為兩種：實體的 (physical) 和邏輯的 (logical)。在本章中，拓樸這個術語都是指實體的拓撲。而邏輯的拓樸則是指在工作站到工作站之間，由處理資料遞送軟體所看見的網路節點的關係。

訊框

為了控制資料的傳輸，剛剛提到的三種拓樸都會載送一個稱為**訊框** (frames) 的小單位資料，每個訊框包含了傳送的資料以及**標頭** (header) 或**標尾** (trailer)，也可能同時有標頭和標尾。頭標一般是包含了傳送者和接收者的實體位址（屬於資料連結層）。標頭（或標尾）也包含了控制的資訊，像是序列號碼 (sequence number) 或是用在錯誤偵測的冗餘訊息 (redundant information)。

定址

在三種拓樸中，定址的機制確保一個訊框可以送到一或多個目的地。每個工作站都會被指定唯一的位址。當某個工作站送出一個訊框，這個訊框包含了**來源位址** (source address) 和**目地的位址** (destination)。當工作站接收到訊框之後，它會檢查目的地位址是否符合三個位址之一：廣播位址 (broadcast)、單點位址 (unicast)、群播位址 (multicast)。

單點

單點 (unicast) 定址指的是一對一的通訊；一個工作站送出的訊框，只能被某個特定的工作站所接收。

群播

群播 (multicast) 定址指的是一對多的通訊；一個工作站送出的訊框，可以由某些選定數量的工作站所接收。一群工作站可以有一個相同的群播位址（跟它們的單點位址不同）。當一個工作站要送訊框給一群的工作站時，它使用群播位址來定義這個指定的群組。正常情況下，群播位址和單點位址的區別是差了一個位元樣式 (bit pattern)。

廣播

廣播 (broadcasting) 定址指的是「一對全部」的通訊；一個工作站送出的訊框會被所有的工作站收到。廣播可視為是群播的一種特例，此群組包含了所有的工作站。

基頻 (Baseband) 與寬頻 (Broadband) 傳輸

在區域網路的傳輸可以是基頻或是寬頻的。在基頻傳輸時，所有的媒體容量都被某個訊號所佔據，而且不能進行分頻多工；基頻傳輸通常使用數位訊號 (digital signaling)。

在**寬頻傳輸** (broadband transmission) 中，媒體的容量可以利用多工的方式分為多個頻道；寬頻傳輸通常使用類比訊號。

存取方式

大多數的時間，媒體都是由區域網路上面所有工作站所共享的，為了防止兩個以上的工作站同時使用媒體而產生衝突，就設計出不同的存取方式 (access method) 。每一種方式通常適用於某種特定的拓樸，我們會在第 8 章討論這些存取方式。

6.2 匯流排拓樸 Bus Topology

在**匯流排拓樸** (bus topology) 中，工作站（電腦、增益器、橋接器）連接到傳輸媒體（匯流排）的方式如圖 6.2 所示：

圖 **6.2** 匯流排拓樸

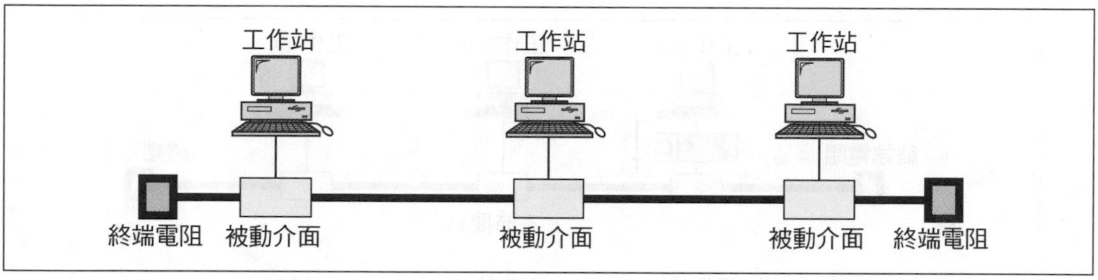

媒體介面

工作站和媒體的連接是透過一種**媒體介面** (Medium Interface)，這個介面可以是安裝在媒體上的外接硬體裝置，或是安裝在工作站內部的網路介面卡上。

外接和內部的介面對匯流排拓樸來說都是被動元件，也就是說它們並不會重覆（放大或再生）收到的訊息。它們只是讓訊號通往工作站，並且同時送往匯流排其餘的部分。這意味著訊號在匯流排傳送的過程中會慢慢的減弱。所以匯流排的長度有最大的限制，除非我們在每一段匯流排之間，另外加上增益器或是橋接器。關於增益器以及橋接器，我們會在第 17 章再討論。

多點連接 (Multipoint Connections)

在匯流排拓樸中，連接方式是**多點的** (multipoint)。所有的工作站共用同一個媒體。也就是說，從一個工作站傳出的訊息可以被其他所有的工作站收到。

定址

匯流排拓樸可以使用單點，廣播，群播等**定址** (addressing) 方式。收到訊框的工作站只要檢查訊框中目的地位址的內容即可。

如果目的地位址是單點位址，那它必須符合工作站的實體位址；否則這個封包會被丟棄。

如果目的地位址是群播位址，那麼工作站會檢查看看自己是否屬於那個群組。如果是，工作站就保留收到的訊框；否則就把訊框丟掉。

假如目的位址是廣播位址，那麼工作站會無條件地把訊框保留，因為廣播的對象就是給所有的工作站。

運作 (operation)

圖 6.3 顯示某個工作站傳送單點訊框給另一個工作站的機制。所有的工作站都會收到訊框，但是只有一個工作站會保留此訊框，其餘的會丟棄訊框。圖中顯示出一個要傳給 C 的訊框，被 B 接收到並且丟棄，C 接收到之後加以保留。

圖 6.3 匯流排拓樸的運作

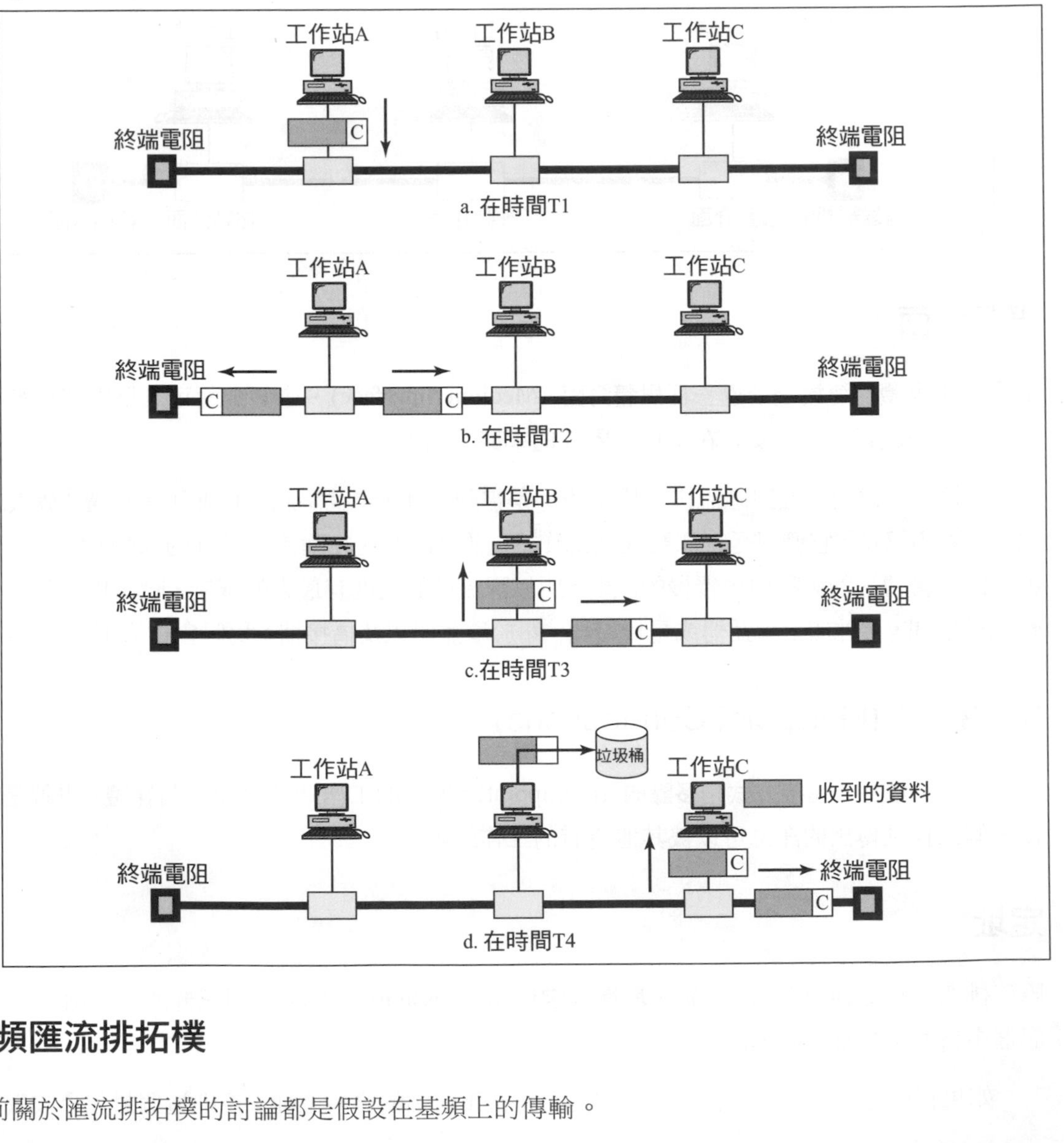

基頻匯流排拓樸

之前關於匯流排拓樸的討論都是假設在基頻上的傳輸。

雙向式傳輸 (Bidirectional transmission)

在基頻匯流排拓樸中，傳輸是**雙向的** (bidirectional)。匯流排可以由兩種方向發送訊框。當某個工作站送出訊框時，訊號會傳播到匯流排的兩個端點。圖 6.4 顯示雙向傳輸。

圖 6.4　雙向傳輸

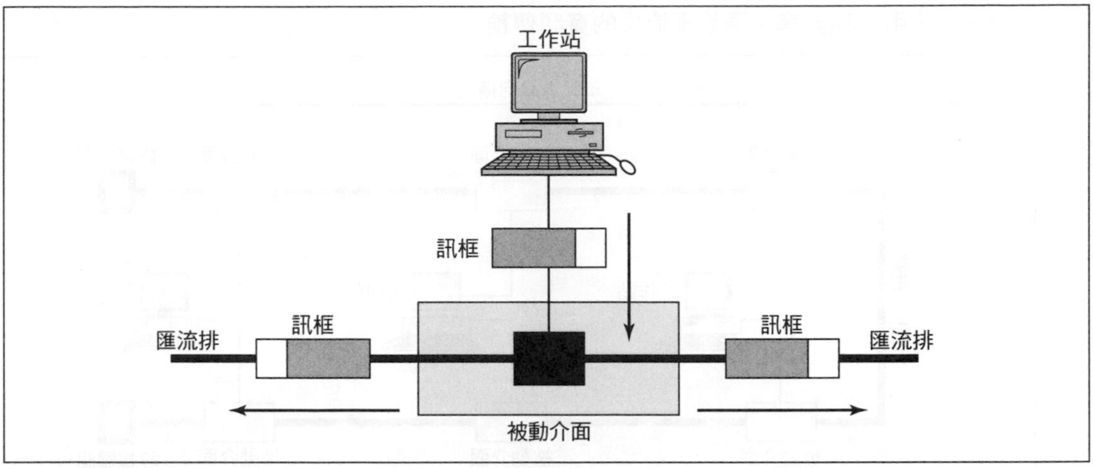

寬頻匯流排拓樸 (Broadband Bus Topology)

匯流排拓樸也可以使用寬頻的傳輸。寬頻匯流排傳輸的性質和基頻匯流排幾乎一樣。最主要的差異是在於它的傳輸方式是**單向的** (unidirectional)。

單向式傳輸 (Unidirectional transmission)

當某個工作站送出訊框，訊號只會朝一個方向前進。這意味著我們需要兩條相同頻率的匯流排，或是一條匯流排用兩種頻率。在第二種情況下，我們會在匯流排的末端用到一種轉換器，將該匯流排的頻率轉換成另一個匯流排的頻率。圖 6.5 顯示一條匯流排，兩種頻率的單向寬頻傳輸。圖 6.6 則是顯示一條匯流排，使用兩個相同頻率的單向寬頻傳輸。

圖 6.5　使用兩種頻率，一條匯流排的寬頻傳輸

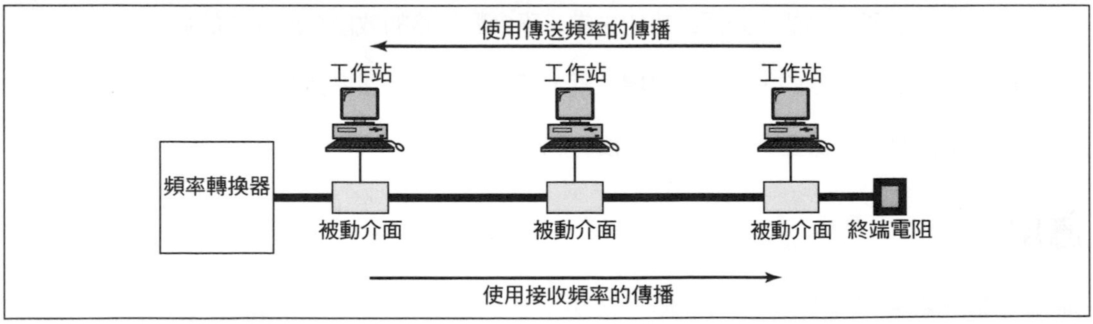

從匯流排移除訊框

因為在匯流排拓樸中的媒體介面會將訊號傳送給下一個介面，訊號強度不斷減弱，但是不會被移除。移除的動作是由匯流排兩端的**終端電阻** (terminator) 來完成。當訊框到達匯流排的末端，終端電阻會把訊框（訊號）從匯流排上移除。

圖 6.6　使用一種頻率，兩條匯流排的寬頻傳輸

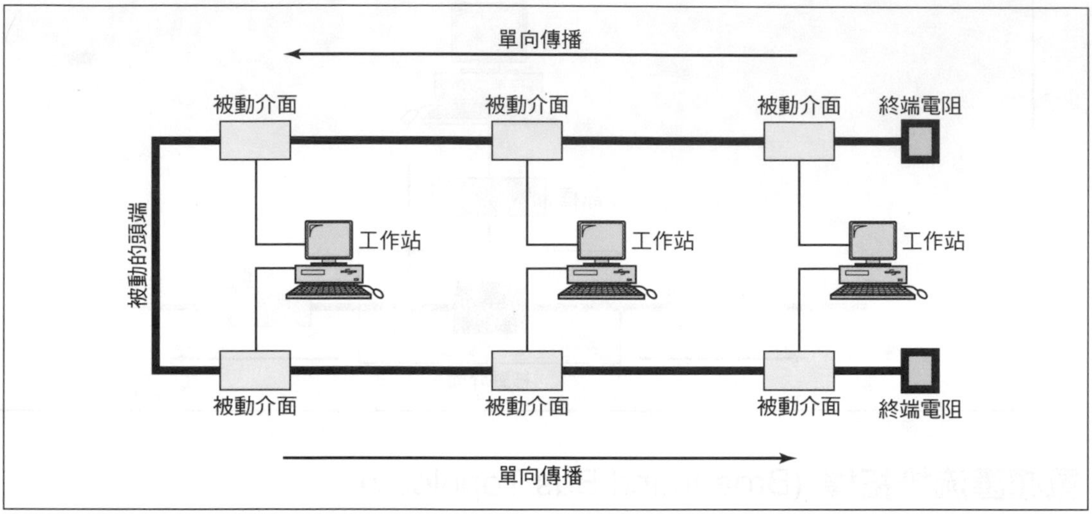

傳輸媒體

匯流排拓樸通常是使用同軸電纜。其他的傳輸媒體類型，有的需要昂貴的連接裝置，有的不切實際。

匯流排拓樸的特性

茲將匯流排拓樸的特性整理如下：

- 媒體的損壞會嚴重地影響整個網路。
- 因為介面是被動的，介面的功能失常，不會對網路的效能造成嚴重的損傷。
- 因為介面是被動的，除非使用增益器，線路的長度有個最長的限制。
- 傳播延遲和網路上工作站的數目沒有關係。

應用

匯流排拓樸在區域網路科技的早期發展史上佔有重要的地位。粗同軸電纜線乙太網路標準 (10Base5) 和細同軸電纜線乙太網路標準 (10Base2) 都使用過匯流排拓樸（參見第 10 章）。它也在記號匯流排 (Token Bus) 網路中派上用場（參見第 12 章）。在這種網路中，實體的拓樸是

匯流排拓樸，邏輯的拓樸是環狀拓樸。分散佇列式雙匯流排網路 (DQDB network) 則是使用雙匯流排拓樸 (dual bus topology)（請參見附錄 F）。

6.3 環狀拓樸 Ring Topology

在**環狀拓樸** (ring topology) 中，所有的工作站（電腦、橋接器等等）透過媒體介面和傳輸媒體（環）連接的方式如圖 6.7。

圖 6.7　環狀拓樸

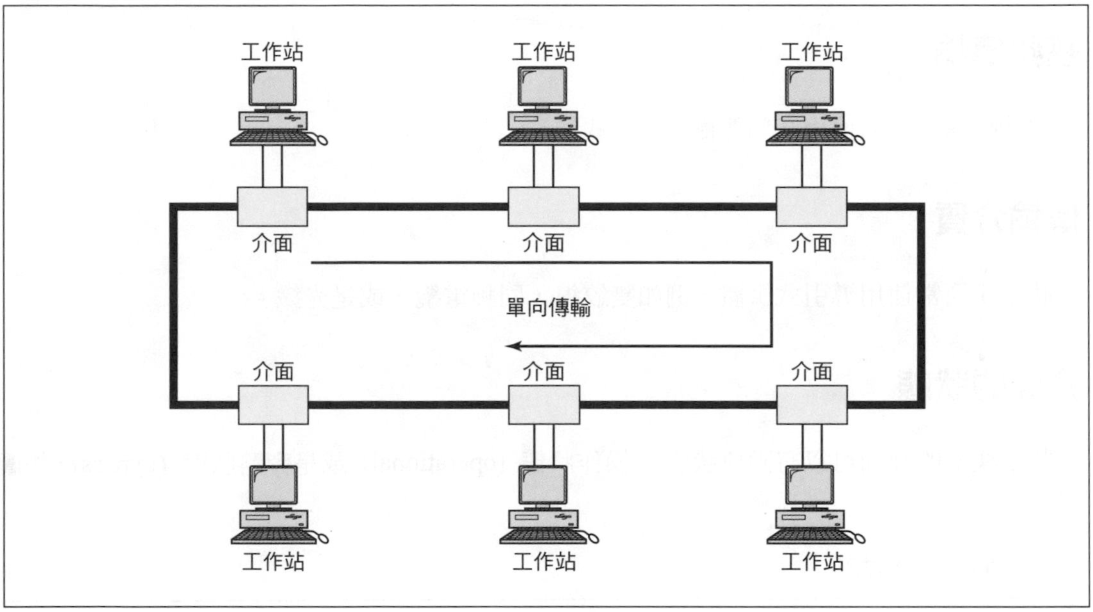

定址

環狀拓樸允許單點，群播，以及廣播定址。工作站會檢查收到的訊框中的目的地位址來得知定址方式。

假使目的地位址是單點，那它必須符合工作站的實體位址； 若符合，此封包會被複製並且送往環狀拓樸的下一個工作站；若不符合，那麼此封包會被直接送往下一個工作站而不會被複製下來。

如果設計的機制允許來源端（而不是目的端）可以移除訊框，那麼環狀拓樸可以處理群播和廣播定址的動作。

媒體介面

工作站和媒體的互動是經由媒體介面來達成，這個介面可以是安裝在媒體上的外接硬體裝置，或是安裝在工作站內部的網路介面卡上。外接和內部的介面對環狀拓樸來說都是主動元件，也就是說它們會重覆（再生）收到的訊息。

點對點連接

在環狀拓樸中，任何兩個媒體介面的連接都是**點對點** (point-to-point) 的。某個媒體介面的輸出端會用點對點的連線連接到下一個介面的輸入端。

單向式傳輸

在環狀拓樸中，傳輸是單向式的。訊號從一個介面到另一個介面，只會往單一方向傳播，也就是說，每個工作站都有一個前端（前一個工作站）和一個繼承者（下一個工作站）。

基頻傳輸

在環狀拓樸中，只使用基頻傳輸（數位式的）。

傳輸介質

環狀拓樸通常使用導引式媒體，例如雙絞線，同軸電纜，或是光纖。

介面的狀態

環狀拓樸中的介面可以有兩種狀態： 操作狀態 (operational) 或是旁路狀態 (bypass)，如圖 6.8 所示。

圖 6.8 介面狀態

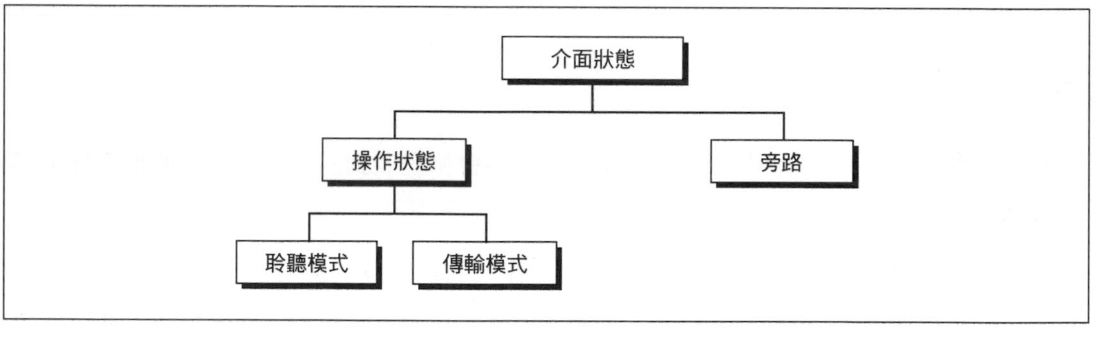

操作狀態 (Operational State)

當介面是在**操作** (operational) 狀態下，這個工作站屬於環狀拓樸的一部分。此種狀態下，介面不是在傳送模式 (Transmit Mode)，就是在聆聽模式 (Listen Mode)。

聆聽模式 處於此模式時，工作站沒有訊框要送，或是不允許送訊框（看使用何種協定而定）。在這種狀態下，由介面收到的訊框會被再生，然後經過一個位元的延遲之後再送出去（用一個位元來區別輸出和輸入）。

然而，工作站會收到一個複製的訊框。圖 6.9 表示在聆聽模式下的工作站和介面。

圖 6.9 聆聽模式

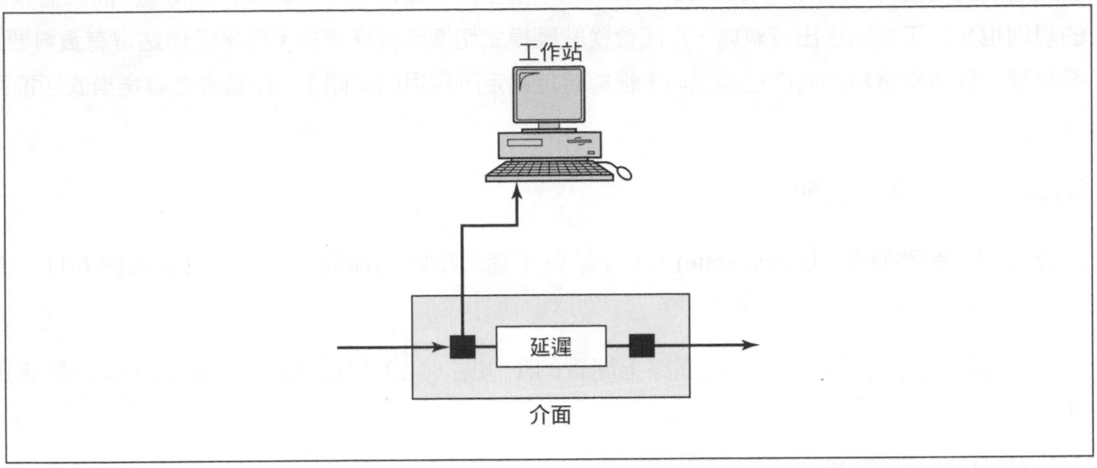

當介面處於聆聽模式下，會有兩種情況：

- **情況 1** 在第一種情況，連接到此介面的工作站並不是環繞訊框的目的地；也就是說，訊框的目的地位址並不是該工作站的實體位址。於是工作站會丟掉此訊框。不過，介面會再生同樣的訊框並送到環狀拓樸上。
- **情況 2** 在第二種情況，連到介面的工作站就是訊框的目的地；訊框的目的地位址就是該工作站的實體位址。介面會檢查訊框內容是否有錯誤，並將訊框中資料的部分送往工作站，同時複製訊框的每一個位元到輸出端，而且會改變其中的一些元位，來表示它已經檢查過這個訊框以及收到了一份資料的拷貝。

傳送模式 (Transmit Mode) 當介面處於傳送模式，表示工作站正傳送資料到環狀拓樸上。介面收進一串往內資料位元，將它們遞送到工作站上，並且會接收工作站要送到下一個介面的往外位元。如稍後可以看到的，工作站把收到的訊框丟棄，並且把新製造的訊框放到線上。圖 6.10 說明這個模式的運作。

圖 6.10 傳輸模式

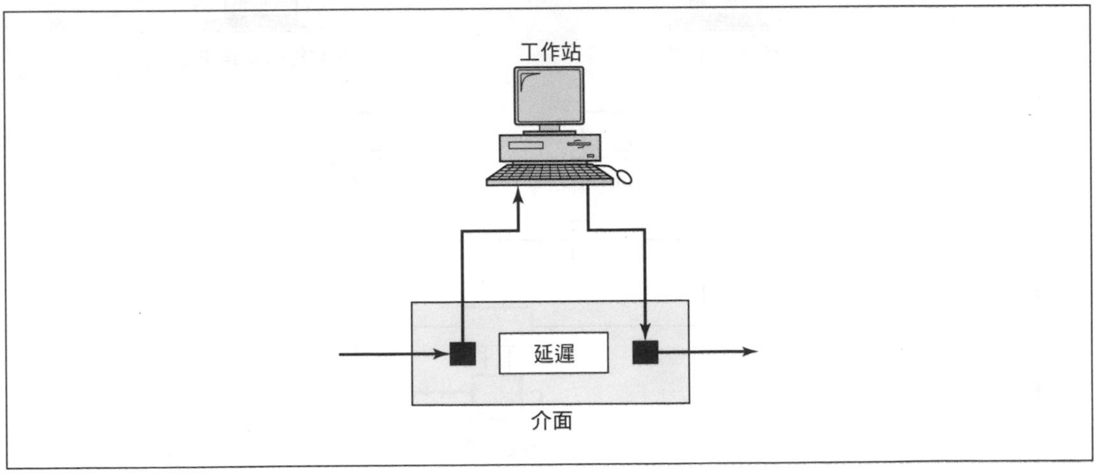

模式之間的切換 (Switching Between Modes) 當工作站被告知介面有資料要傳送，而且通訊協定的規則也允許工作站送出資料時，介面會從聆聽模式切換到傳送模式。如果工作站沒有資料要送，或是被允許傳送資料的時間已經逾時（根據特定協定所採用的策略），介面會從傳送模式切換回聆聽模式。

Bypass（旁路）狀態

當介面處於**旁路狀態** (bypass state)，工作站就不屬於環狀拓樸的一部分；它就如圖 6.11 一般，處於旁路的狀態。

旁路狀態可以用來移除環狀網路上閒置的工作站，此工作站可能已經關機，或是無法正常運作。

圖 6.11 旁路狀態

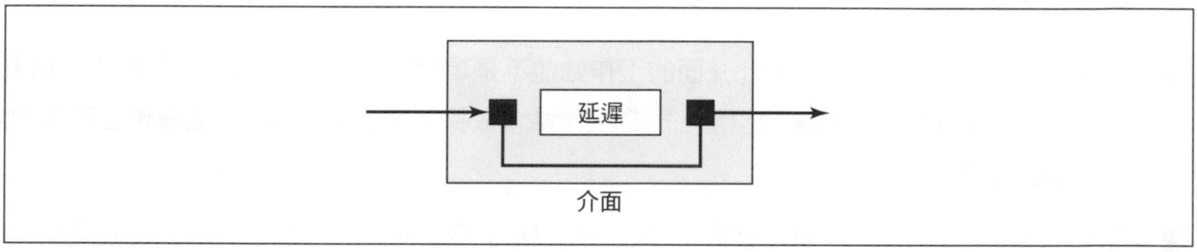

圖 6.12 由目的端移除

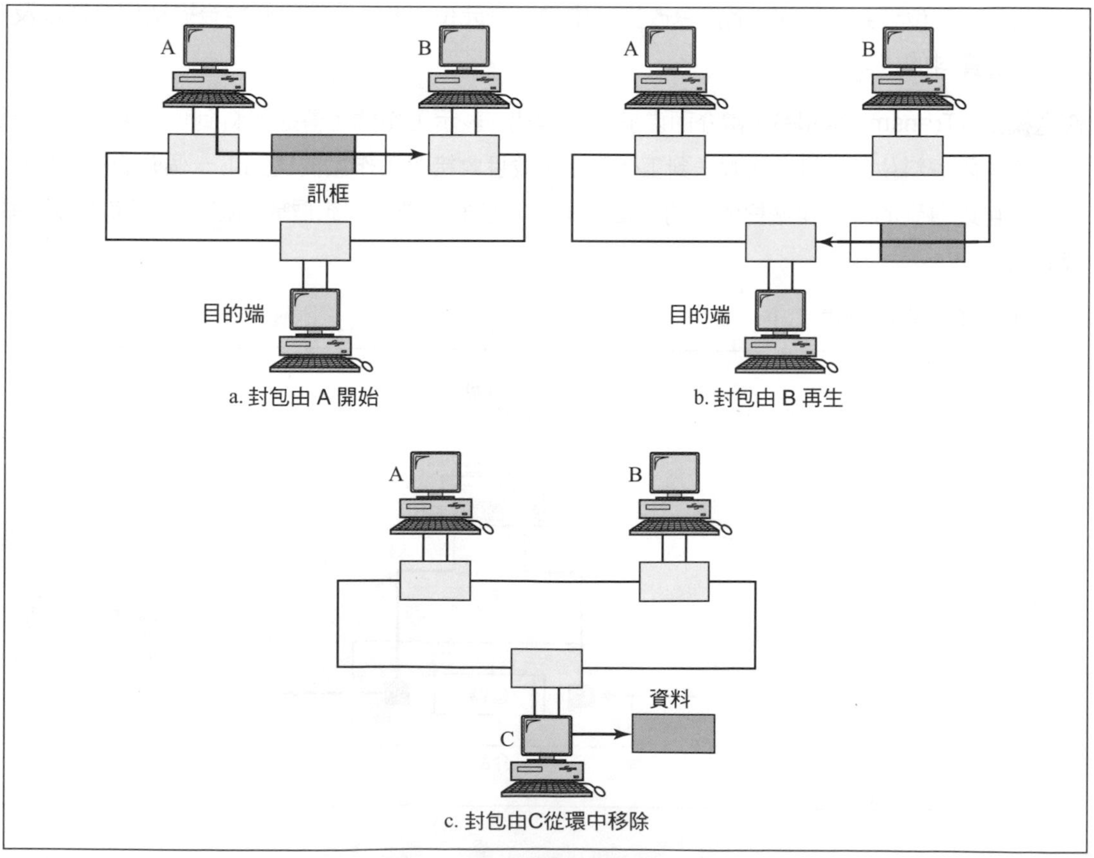

從環狀網路上移除訊框

移除訊框對環狀拓樸來說是個重要的課題。環狀網路不像匯流排有一個終端電阻可以移除訊框； 若不想個辦法，訊框會在環狀網路上一直繞個不停。由於每個介面會一直將訊號再生，所以訊號並不會消失。移除訊框的工作可以交給目的地端介面 (destination interface) 或是來源端介面 (source interface)。

由目的地端移除

其中一個策略是讓目的地端的介面把訊框（訊號）移除。然而，這樣做會有些缺點。首先，如果每次傳輸都需要確認 (Acknowledgment) 的動作，目的端就要傳送另一個訊框給原發送端。其次，如果第一個收到訊框的工作站就把訊框移除，可能就沒辦法進行群播和廣播的動作了（參見圖 6.12）。

由來源端移除

圖 6.13　由來源端移除

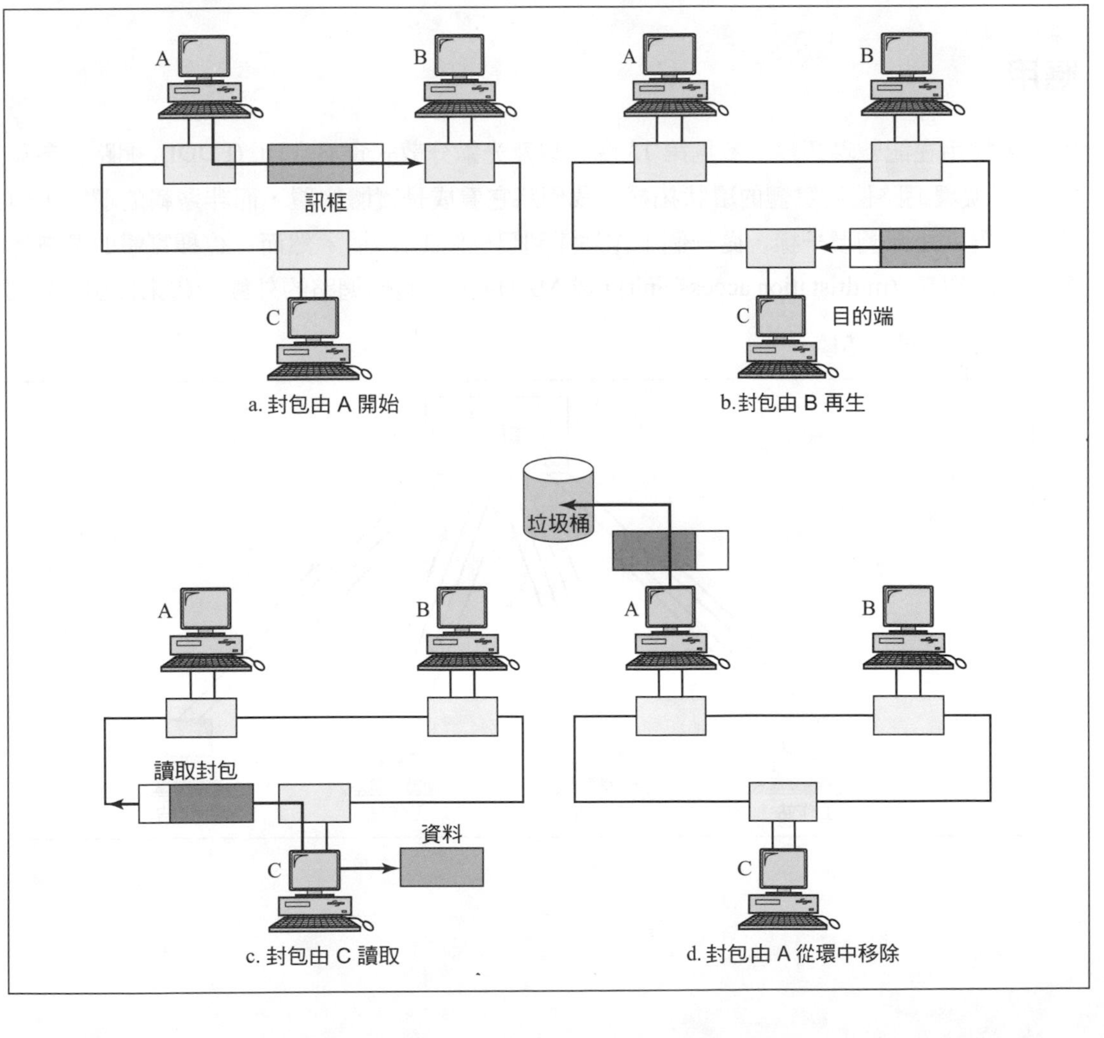

另一個較好的策略，是讓訊框傳送到目的端之後，再繞回來源端，然後由來源端進行移除訊框的動作。在這種情況下，繞回來的訊框可以當作確認（或負面確認 negative acknowledgment）的訊息。目的端的工作站可以改變訊框中的某些位元，作為收到訊框的正面確認 (positively acknowledge) 或負面確認 (negative acknowledgment)。因為目的端的工作站只能複製，而不會移除訊框，所以群播和廣播的動作也被簡化了。圖 6.13 說明這種情況。

環狀拓樸的特性

茲整理一些環狀拓樸的特性如下：

- 媒體的損壞，對網路的運作會有嚴重地影響。
- 因為介面是主動的裝置，所以它們的不正常運作，也會嚴重地影響網路的效能。
- 介面是主動的，所以網路沒有長度上的限制。
- 因為每個介面都會產生延遲，總傳播延遲會依據網路上的工作站數目而定。
- 此種網路可以使用包括光纖在內等多種媒體。

應用

環狀拓樸用在記號環拓樸（參見第 13 章）以及光纖分散式資料介面 (FDDI) 網路（參見附錄 G）。記號環網路使用實體的環狀拓樸（我們將它看成是實體的環，而非邏輯的環狀，因為線路的配置就是像圓環一樣，從一個工作站連到另一個工作站）。然而，這種實體的環被隱藏在多站存取單元 (multistation access unit)，或 MAU，所以整個網路的外觀看起來像個星狀拓樸。

圖 6.14　星狀拓樸

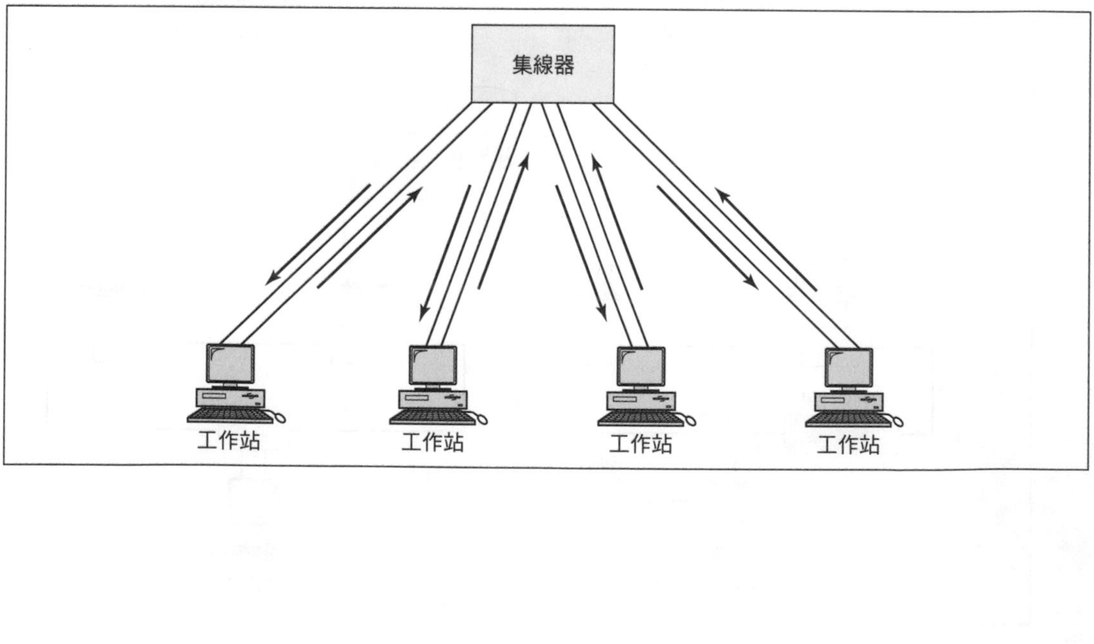

6.4 星狀拓樸 *Star Topology*

在**星狀拓樸** (star topology) 中，每個工作站被連接到中央節點，或集線器，它的連接方式如圖 6.14 所示：

媒體介面

有時候雖然並不明顯，不過星狀拓樸還是需要一個媒體介面來連接工作站和媒體。這種媒體介面可以包含在網路介面卡，也可以是工作站本身的一部分。

點對點連接

在星狀拓樸中，工作站和集線器的連接是點對點的。為了讓通訊可以進行全雙工 (full-duplex)，我們通常會在集線器和工作之間建立兩條連結，一條連結提供一個方向的通訊。

單向式傳播

星狀拓樸中，傳輸通常是單向的，因為集線器和工作站之間有兩條連結。

基頻或寬頻傳輸

星狀拓樸中，傳輸可以是基頻，也可以是寬頻的。基頻傳輸通常和導引式媒體一起使用，而寬頻傳輸大多使用非導引式媒體。

傳輸媒體

星狀拓樸可以使用導引式或非導引式的媒體。非遮蔽式雙絞線以及光纖都是常用的導引式媒體，若是無線區域網路，空氣就是傳輸媒體。

被動或主動式集線器

星狀拓樸中的集線器可以是主動或被動的。**被動集線器** (passive bub) 從輸入連結 (incoming link) 接收訊框，然後將它傳播到所有的輸出連結 (outgoing link)。**主動集線器** (active hub) 從輸入連結收到訊框，將它再生，然後再將它傳送到所有的輸出鏈結。

集線器或交換器 (switch)

星狀拓樸中，我們可以用交換器來取代集線器。交換器是一個能識別目的地位址的裝置。交換器從輸入連結收到訊框，找出它的目的地位址，並且將訊框繞送到適當的輸出連結。在這種情況下，只有目的端的工作站會收到訊框，其他的工作站就不會收到。

如果不使用交換器，網路的拓樸在實體上就像是星型的，但在邏輯上像是匯流排；也就是說，一個工作站送出的訊框會被所有的工作站收到。圖 6.15 顯示這種情況。

圖 **6.15** 在星狀網路使用集線器

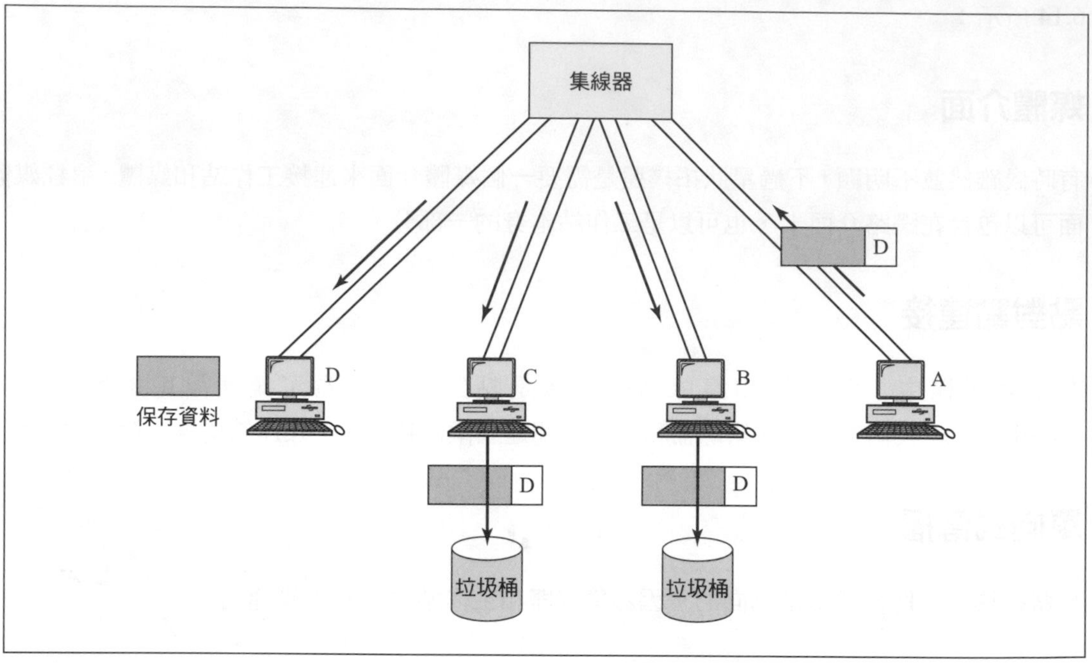

如果使用了交換器，那就只有被指定的工作站會收到訊框，如圖 6.16 所顯示的。

圖 **6.16** 在星狀網路使用交換器

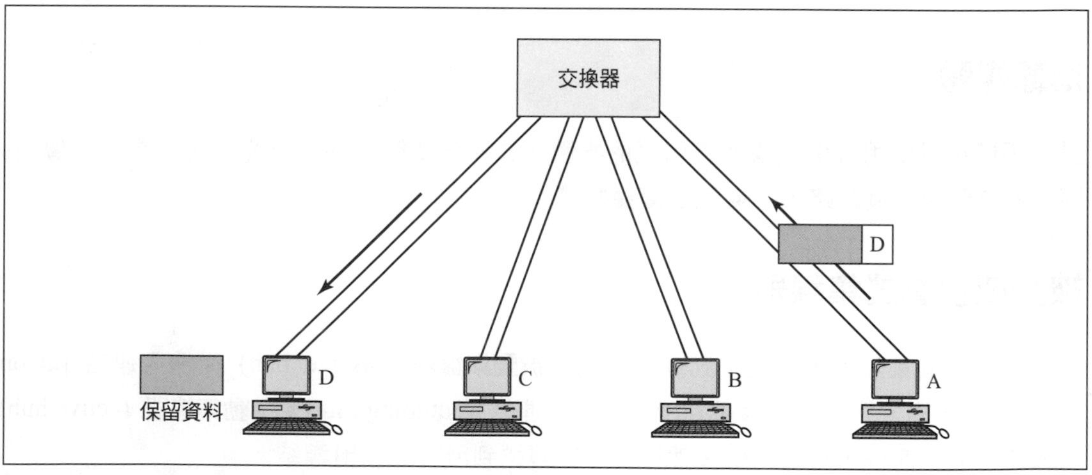

從網路移除訊框

在星狀拓樸中，當訊框被工作站接收時，訊框自動從系統中移除；也就是說，工作站將訊框拿掉了。

定址

如果星狀拓樸的網路使用集線器（而非交換器），它運作的情形就跟匯流排拓樸完全一樣，所有的工作站都會收到訊框，而丟棄或是保留訊框的決定機制，就像之前討論的匯流排拓樸。

如果一個星狀拓樸的網路使用交換器，情況就不同了。決定權在於交換器。如果位址是單點位址，交換器會把訊框送到指定的工作站。如果位址是群播的位址，訊框會被送到數個輸出連結。如果位址是廣播的位址，訊框就送到所有的輸出連結。

星狀拓樸的特性

以下將星狀拓樸的特性做個總結：

- 媒體的損壞，不會嚴重地影響網路。
- 某個工作站出問題，不會嚴重地減低網路效能。
- 這種網路可以使用多種導引式或非導引式的傳輸媒體。
- 使用星狀網路可以減低建置網路的成本，因為大多數的建築物已經裝設好雙絞線。星狀網路可以使用這些現成的線路。
- 如果集線器出了問題，將會對網路造成致命的影響。

應用

目前星狀拓樸具有最龐大的使用者。大多數乙太網路（雙絞線乙太網路標準、快速乙太網路、十億位元乙太網路）的實行都是使用星狀拓樸（請參考第 10 章和第 11 章）。非同步傳輸模式區域網路 (ATM LANs) 以及無線區域網路也是使用星狀網路（參看第 14 和 15 章）。

6.5 關鍵名詞 Key Terms

存取方式 (access method)
多點連結 (multipoint connection)
主動集線器 (active hub)
操作狀態 (operational state)
主動介面 (active interface)
被動集線器 (passive hub)
基頻傳輸 (baseband transmission)
被動介面 (passive interface)
雙向式傳輸 (bidirectional transmission)
點對點連結 (point-to-point connection)
寬頻傳輸 (broadband transmission)
環狀拓樸 (ring topology)
廣播位址 (broadcast address)
來源位址 (source address)
匯流排拓樸 (bus topology)
星狀拓樸 (star topology)
旁路狀態 (bypass state)
交換器 (switch)
目的地位址 (destination address)
終端電阻 (terminator)

訊框 (frame)
拓樸 (topology)
標頭 (header)
標尾 (trailer)
連結 (link)
傳輸模式 (transmit mode)
聆聽模式 (listen mode)
單點位址 (unicast address)
媒體介面 (medium interface)
單向式傳輸 (unidirectional transmission)
群播位址 (multicast address)

6.6 摘要 *Summary*

- 網路的拓樸指的是網路上各個連結和裝置，彼此在地理位置上表現出來的關係。
- 有三種基本的拓樸： 匯流排、環狀、和星狀拓樸。
- 訊框能攜帶單點，群播，或是廣播位址。
- 被動介面不會再生收到的訊號。
- 主動介面會再生收到的訊號。
- 匯流排拓樸包括一段傳輸媒體，而工作站是透過被動介面連上傳輸媒體。
- 寬頻匯流排拓樸的特色是單向式傳輸。
- 環狀拓樸包含一段傳輸媒體，工作站是透過主動介面連上傳輸媒體。
- 環狀拓樸的媒體介面可以處於操作狀態（聆聽或傳輸模式），或是旁路狀態。
- 在環狀拓樸中，目的地端介面或來源端介面都可以移除訊框。
- 星狀拓樸中，每個工作站都是透過一個介面（通常是網路介面卡）連到中央節點，或是集線器。
- 星狀拓樸中，如果我們不用集線器而改用交換器，那麼只有目的地工作站會收到訊框。
- 目前的區域網路是以星狀網路作為主流的技術。

6.7 練習題 *Practice Set*

複選題

1. 在區域網路上，十四台工作站中的其中十台收到了同樣的訊框，請問此目的地位址可能是________位址？
   a. 單點
   b. 群播
   c. 廣播
   d. 以上皆非。
2. ________可以決定在 LAN 上面哪一台工作站有權力使用媒體。
   a. 終端電阻
   b. 廣播位址

c. 存取方式

d. 拓樸

3. ________是指網路的鋪設方式。

a.「拓樸」

b.「存取方式」

c.「定址」

d.「格式」

4. 一對一的通訊牽涉到________定址。

a. 單點

b. 群播

c. 廣播

d. 以上皆非

5. 一對多的通訊牽涉到________定址。

a. 單點

b. 群播

c. 廣播

d. 以上皆非

6. 一對全部的通訊牽涉到________定址。

a. 單點

b. 群播

c. 廣播

d. 以上皆非

7. ________拓樸的特色是在媒體末端有個終端電阻。

a. 匯流排

b. 環狀

c. 星狀

d. 以上皆非

8. 在________拓樸上的媒體介面是被動的裝置，它可以在工作站的內部或外部。

a. 匯流排

b. 環狀

c. 星狀

d. b 和 c

9. 被動媒體介面裝置會________接收到的訊號。

a. 放大

b. 重覆

c. 放大以及重覆

d. 不放大也不重覆

10. 匯流排拓樸中，一個工作站傳出的訊息會被網路上_________收到。

a. 只有一台工作站

b. 一群指定的工作站

c. 所有的工作站

d. 以上皆非

11. 寬頻匯流排拓樸需要_________。

a. 單向式傳輸

b. 雙向式傳輸

c. 交換式傳輸

d. 以上皆非

12. 在單向式傳輸中，我們需要使用相同頻率的_________，或是使用兩種頻率的_________。

a. 一個匯流排；一個匯流排

b. 一個匯流排；兩個匯流排

c. 兩個匯流排；一個匯流排

d. 兩個匯流排；兩個匯流排

13. _________會用到頻率轉換器。

a. 基頻匯流排拓樸

b. 使用兩條匯流排的寬頻匯流排拓樸

c. 使用一條匯流排，兩種頻率的寬頻匯流排拓樸

d. b 和 c.

14. 在匯流排拓樸中，訊號是被_________移除。

a. 增益器

b. 被動介面

c. 集線器

d. 終端電阻

15. 在匯流排拓樸中，最常用的媒體是_________線。

a. 同軸電纜

b. 光纖

c. 非遮蔽式雙絞線

d. 遮蔽式雙絞線

16. 在環狀拓樸中，資料傳送的方向是_________。

a. 一個方向
b. 兩個方向
c. 三個方向
d. 四個方向

作業

17. 請定義在圖 6.17 中的網路是何種拓樸。

圖 6.17　習題 17

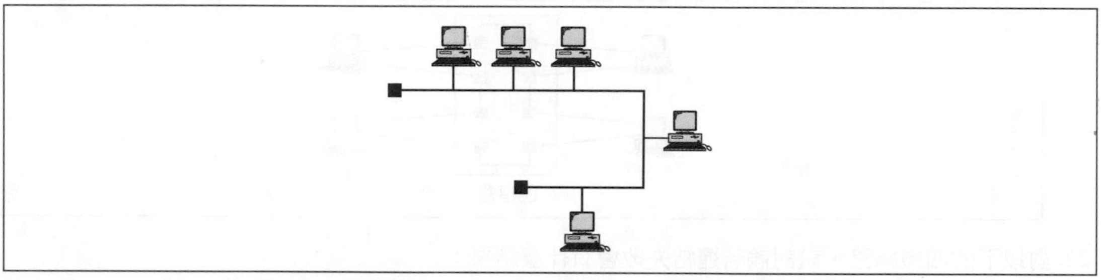

18. 請定義在圖 6.18 中的網路是何種拓樸。

圖 6.18　習題 18

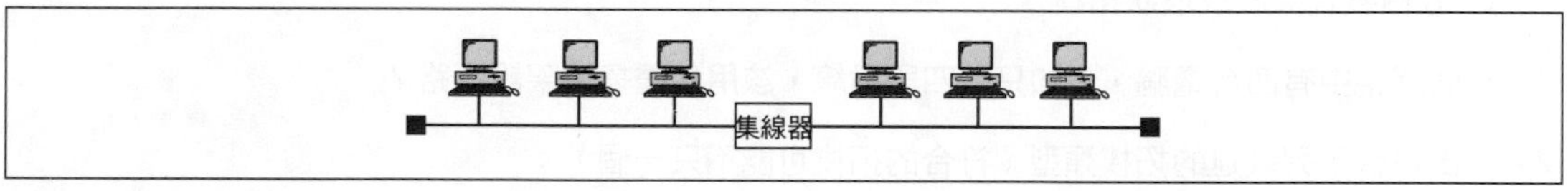

19. 請定義在圖 6.19 中的網路是何種拓樸。

圖 6.19　習題 19

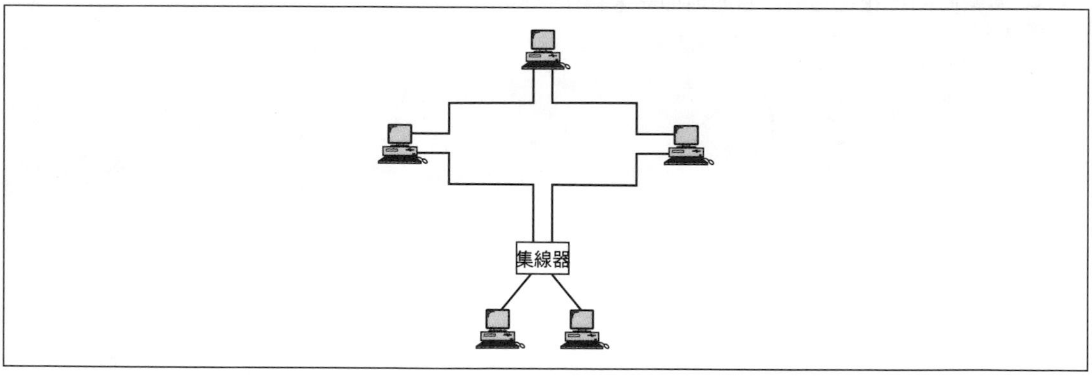

20. 請定義在圖 6.20 中的網路是何種拓樸。

圖 6.20　習題 20

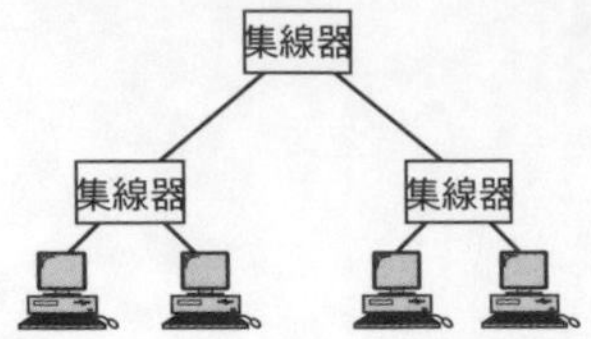

21. 請定義在圖 6.21 中的網路是何種拓樸。

圖 6.21　習題 21

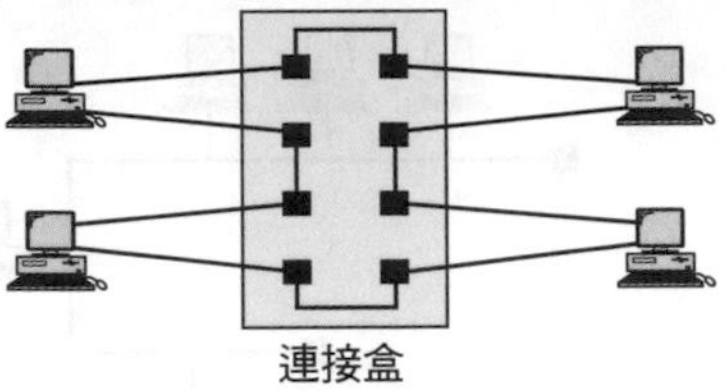

22. 對以下的四種網路，試討論若連結失敗會有什麼結果：
    a. 五個裝置擺設成星狀拓樸（「五個」並不包含集線器）
    b. 五個裝置擺設成匯流排拓樸
    c. 五個裝置擺設成環狀拓樸

23. 一個網路中有四台電腦，假如只有四段纜線，該用何種拓樸架設網路？

24. 寫出符合下列敘述的拓樸類型（符合的拓樸可能不只一個）：
    a. 新的裝置可以輕易地加到網路中
    b. 控制的動作由一個中央裝置負責
    c. 傳輸時間會花在透過非目的地節點來轉送資料

第 7 章

流量以及錯誤控制

Flow and Error Control

在第 3 章和第 4 章中，我們檢視了訊號通過各種媒體連結的傳輸，以及可以用在區域網路的媒體；在第 5 章，我們對於實體層的錯誤偵測進行討論；在第 6 章，我們談到如何運用不同的拓樸連結不同的系統。

除非我們有另一個裝置（在客戶端 / 伺服器通訊中的客戶端或伺服器，在對等通訊的其中一方，或是連線裝置）可以正確無誤地接收訊號，否則通過電纜傳輸的訊號只是無用的電流。傳輸時我們能將訊號放到電纜上，但是我們無法得知接收端是否已經準備好接收該訊號。在 OSI 模型的實體層，我們可以傳送訊號，但是這仍舊不能算是完整的通訊。

通訊至少需要兩個裝置一起運作，一個負責傳送，另一個負責接收，即使是基本的配置，也需要高度的協調，來完成清楚的交換行為，我們需要**流量** (flow) 和**錯誤控制** (error control)。流量控制定義了在某一時間能傳送多少資料；而錯誤控制定義的是錯誤如何能被修正。

通訊網路在連結層級（在連接到相同連線的兩個裝置之間）或是端點對端點（在發送者與接收者之間）的情況下，控制資料流量和錯誤。端點對端點的流量及錯誤控制是傳輸層的工作；連結層級的錯誤以及流量控制，屬於資料連結層的任務。

在本章中，我們會討論在資料連結層上面流量與錯誤控制的兩個概念，它們通常被實作成邏輯連結控制（Logic Link Control、LLC、屬於資料連結層）子層的一部分，這個實作對於連接到相同連結之兩個裝置的平穩性和可靠性是必要的。

7.1 流量控制 Flow Control

在大多數協定中，流量控制是一組程序，它告訴傳送端必須等待接收端的**確認** (acknowledgment ACK) 之後，才能送出的資料量。資料的流量不能超過接收端可以接收的限度。任何接收裝置在處理輸入資料的速度都有它的上限之外，還有限制的記憶體數量，這是用來儲存輸入資料的。接收端必須在超過這些上限前通知傳送端，告訴傳送端減少傳送訊框或是暫時停止傳送。輸入的資料要先經過確認及處理後才能使用，而處理的速率通常比傳輸的速率慢。因為這個原因，接收端都會有一個區塊的記憶裝置，稱為緩衝記憶體，它將收到卻來不及處理的資料先儲存起來。如果緩衝記憶體快要滿了，接收端就要告訴傳送端停止傳輸，直到它可以再接收為止。

有兩種方法可以控制通過通訊連結的資料流量：停止並等候 (stop-and-wait) 以及滑動視窗 (sliding window)，請參考圖 7.1。

圖 7.1　流量控制的類別

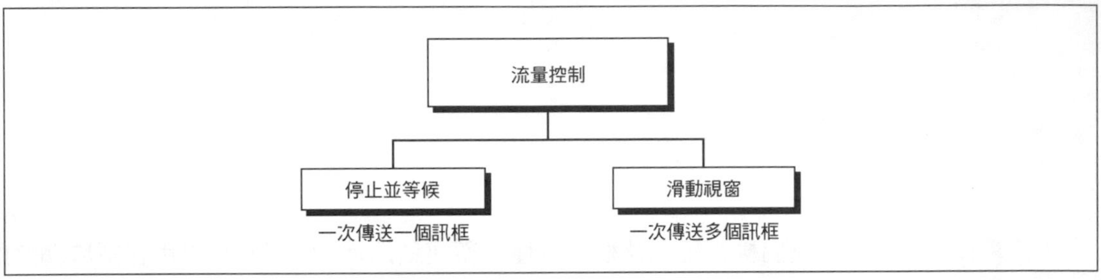

停止並等候

在**停止並等候** (stop-and-wait) 的流量控制方法，傳送端每送出一個訊框就要等對方的確認訊號（如圖 7.2），收到確認訊息之後，才會送出下一個訊框。這種傳送與等待交互的程序會一直重覆，直到傳送端送出一個傳輸結束 (EOT) 的訊框。「停止並等候」的程序就像一位嚴謹的主管下達命令給助理；主管說一句話，助理就回應一次“OK”，主管再說下一句，助理再回應一次“OK”，如此不斷地重覆。

圖 7.2　停止並等候

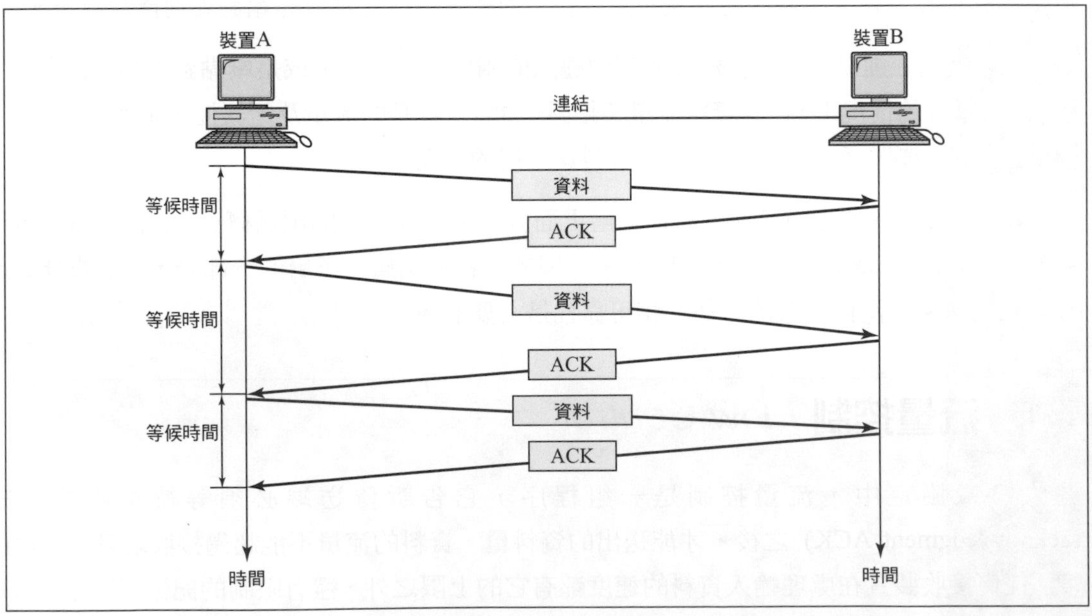

停止並等候的優點在於它的簡單性：每個訊框都要經過檢查及確認後才會送出下一個。它的缺點是效率不佳：停止並等候的速度太慢。每個訊框必須走過整個網路才能到達接收端，確認訊框又得走過整個網路返回發送端，才能送出下一個訊框。換句話說，每個訊框在線路上都是獨立的。每個傳送和確認的訊框，都會使用走完全程的完整時間。如果裝置之間的距離很長，整個傳輸時間中，就有很大的比例是浪費在等待接收端回傳確認的訊息上。

滑動視窗

在**滑動視窗** (sliding window) 的流量控制方法，傳送端在收到確認訊息之前就能傳送多個訊框。訊框可以緊接著前一個訊框送出，表示說這個連結一次能傳送多個訊框，而且更有效率地使用連結的容量。接收端只有確認某些訊框，它用一個確認 (ACK) 來表示收到多個資料訊框。

所謂**滑動視窗** (sliding window)，指的是傳送端和接收端各有一個想像的盒子，這個視窗可以在兩端保存訊框，並且提供收到確認訊息前，能夠傳送訊框數目的上限。訊框可以在任何一個時間點被確認，不需要等到視窗填滿；只要視窗沒有被填滿，就可以傳送訊框。為了追蹤哪一個訊框被接收或被傳送，滑動視窗提供一種依據視窗大小來辨識的機制。每個訊框給一個編號，它是 0 到 $n-1$ 的數字（除以 n 的餘數）。舉個例子，如果 $n=8$，則訊框的編號即為 0, 1, 2, 3, 4, 5, 6, 7, 0, 1, 2, 3, 4, 5, 6，7, 0, 1…，這個視窗的大小就是 $n-1$（在上述的例子中是 7）。換句話說，視窗無法涵蓋全部 8 個訊框，它只能涵蓋 $n-1$ 個訊框，原因會在本節的最後討論。

當接收端送出一個確認訊息，它便包含了下一個預期會收到的訊框編號。也就是說，要確認以編號 4 為結尾的一連串訊框，接收端會送出一個包含編號 5 的確認訊息。當傳送端看到 5 這個數字，就知道對方已經接收到編號 4 之前的訊框。

在收送兩端都能保存 $n-1$ 個訊框，所以在送出一個確認訊息之前，我們最多可以送出 $n-1$ 個訊框。圖 7.3 顯示出視窗和主緩衝記憶體之間的關係。

圖 7.3 滑動視窗

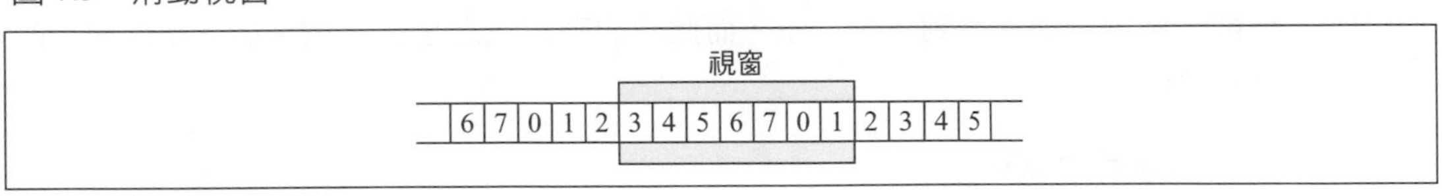

傳送端的視窗

在傳輸開始時，傳送端的視窗包含 $n-1$ 個訊框。隨著訊框的送出，視窗左邊的邊界會往內移，使得視窗縮小。假設有一個視窗的大小是 w，如果從上一次的確認訊息之後有 3 個訊框被傳送出去，那麼留在視窗裡的訊框個數就是 $w-3$。一旦有個確認訊息到達，視窗的大小就會擴增來允許送出多個新訊框，新增的數目就是已經被確認的訊框個數。圖 7.4 顯示出一個大小為 7 的視窗。

如圖 7.4，有個大小為 7 的視窗，如果訊框 0 到 4 被送出去，並且沒有收到任何確認訊息，此時傳送端的視窗包含兩個訊框（5 和 6）。現在假設收到 4 號的確認訊息，就知道有 4 個訊框

(0~3) 已到達接收端，那視窗會擴大並包含緩衝記憶體的下 4 個訊框，此時傳送端包含 6 個訊框 (5、6、7、0、1、2)。如果接收端收到的確認訊息是 2 號，那傳送端的視窗大小只會擴大兩個訊框，總共包含 4 個訊框。

圖 7.4　傳送端的滑動視窗

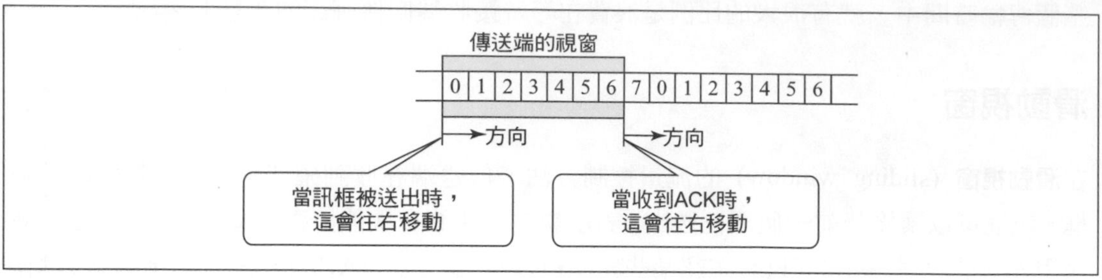

接收端視窗

在傳輸開始時，接收端視窗包含 $n-1$ 個訊框的空間（非 $n-1$ 個訊框）。當新的訊框進來時，接收端的視窗大小就會縮減，所以接收端視窗代表的不是收到的訊框數目，而是在送出下一個確認訊息前，還能接收的訊框個數。假設視窗的大小是 w，如果收到了 3 個訊框而沒有回覆任何的確認訊息，那視窗中空格的數目就是 $w-3$。每當送出一個確認訊息，視窗的空格數目便會增加，增加的個數就是確認的訊框個數，圖 7.5 顯示出一個大小為 7 的接收端視窗。在圖中，視窗含有 7 個訊框的空間，意思是送出一個確認訊息前，我們可以接收 7 個訊框。在第一個訊框到達後，接收端視窗會縮小一格，視窗的邊界從 0 移到 1，因為視窗縮小了一格，所以在送出確認訊息前，我們能接收的訊框個數剩下 6。如果訊框 0 到 3 號已經到達，卻沒有進行確認的動作，那麼視窗只會剩下 3 個訊框的空間。

每當確認訊息送出後，接收視窗會被擴充，來包含多個被確認的新訊框空格，新增的空格數，等於現在確認訊息的訊框編號減掉上一次確認訊息的訊框編號。在 7 個訊框的視窗中，如果前一個確認訊息是到 2 號訊框，而此次的確認訊息是到 5 號，那視窗增加的空格數就是 3 (5-2)。如果前一個確認訊息是到 3 號訊框，而此次的確認訊息是到 1 號，那麼視窗增加的空格數就是 6 (1+8-3)。

圖 7.5　接收端滑動視窗

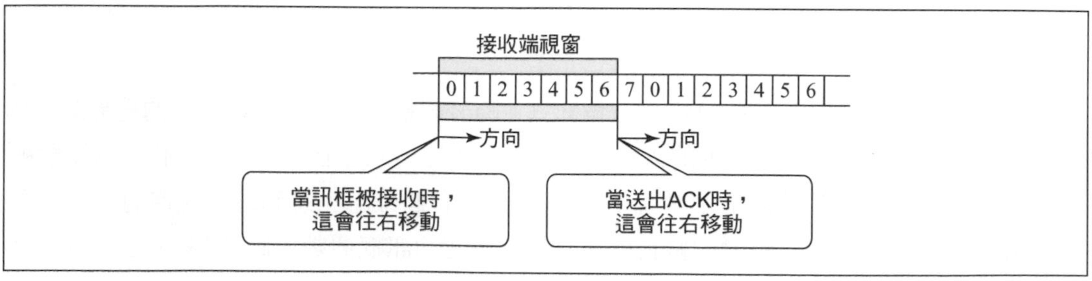

範例

圖 7.6 顯示出一個使用 7 個訊框滑動視窗作為流量控制的傳輸範例。在這個例子中，所有的訊框都毫無損傷地到達。就如我們在下一節會將看到的，假如在接受端訊框中發現錯誤，或是有任何的訊框在傳輸中遺失，過程將會更複雜。

傳輸開始時，傳送端和接收端都被完全擴充而有 7 個訊框(在傳送端有 7 個可傳送的訊框，在接收端有 7 個訊框的空格)。視窗內的訊框被編號成 0 到 7，而且是個更大資料緩衝記憶體的一小部分，在圖 7.6 中只顯示出 13 個。

圖 7.6 滑動視窗的範例

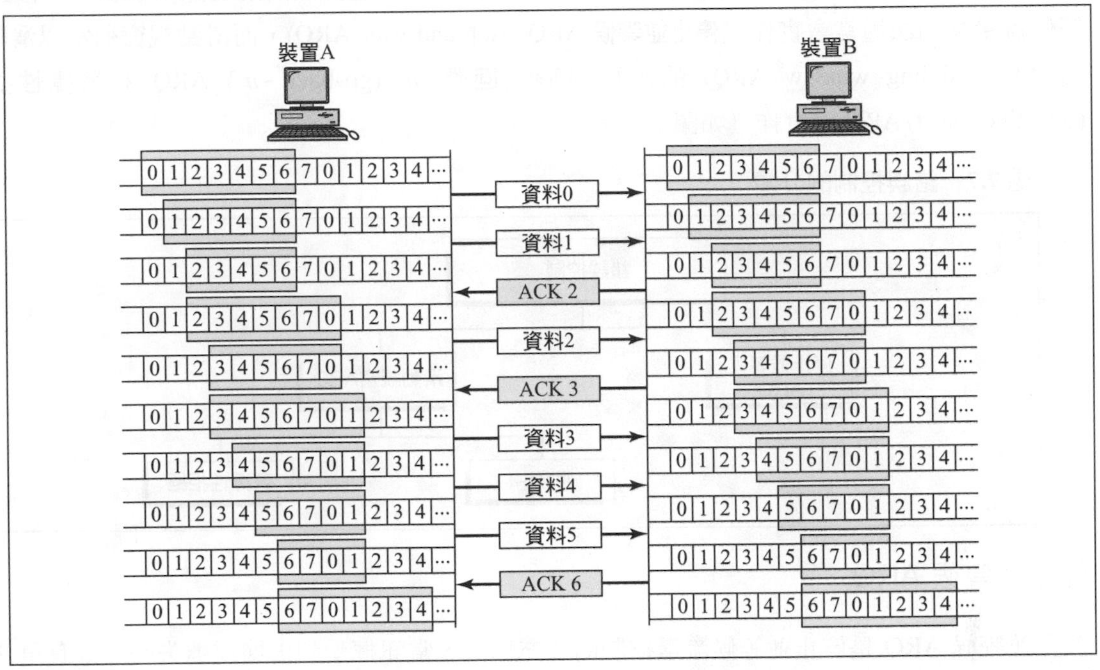

更多關於視窗大小的討論

在視窗滑動法這種流量控制下，視窗的大小比模（modulo，即 n）的範圍少 1，因此在確認接收到的訊框時，才不會有模稜兩可的情況。假設訊框的編號用 8 當作模（$n=8$），而視窗的大小也是 8，試想，如果送出 0 號訊框，回傳的 ACK 是 1 號，傳送端視窗擴增 1 格，接著送出訊框 1, 2, 3, 4, 5, 6, 7, 0，如果現在又收到 1 號的 ACK，我們就不確定這是前一個 ACK1 的重複（網路產生的重複），或是一個用來確認剛剛送出 8 個訊框的新 ACK。但如果視窗的大小是 7 而不是 8，上述的情況就不會發生了。

7.2 錯誤控制 *Error Control*

在資料連結層，*錯誤控制*主要是指錯誤偵測和重傳的方法。

自動請求重新傳送 (ARQ)

資料連結層簡單地實作了錯誤更正的功能：任何時候在交換時偵測到錯誤，就會傳回一個**負面確認** (negative acknowledgment, NAK)，而該訊框必須重傳，這個動作過程就稱為**自動請求重新傳送** (automatic repeat request, ARQ)。

某些時候訊框遭到雜訊的嚴重破壞，以致於接收端完全認不出來這是一個訊框。這種情況下，ARQ 就當做這個訊框遺失了。ARQ 的第二個功能是自動重傳遺失的訊框，也包括遺失的 ACK（確認訊息）訊框和 NAK 訊框（遺失是由傳送端偵測到的，而不是接收端）。

ARQ 錯誤控制法被實作在資料連結層，它可被視為流量控制的附屬品。事實上，停止並等候流量控制法通常會實作成**停止並等候** ARQ (stop-and-wait ARQ)，而滑動視窗通常以**滑動視窗** ARQ (sliding window ARQ) 的兩種變形：**回溯** $-n$ (go-back $-n$) ARQ 和**選擇性拒絕** (selective-reject) ARQ 來實作（如圖 7.7）。

圖 7.7 錯誤控制的分類

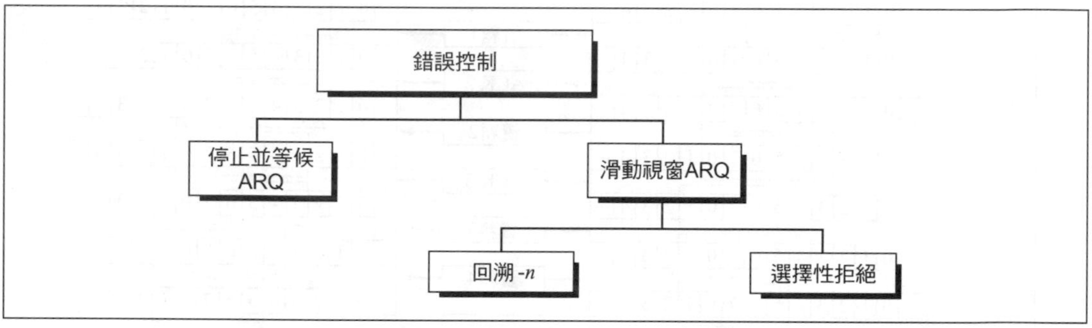

停止並等候 ARQ

停止並等候 ARQ 是停止並等候流量控制的擴充形式，當訊框受到破壞或遺失時，會有重傳的功能。為了重新傳送，我們增加了四項基本的流量控制機制：

- 發送的裝置會將最後傳送的訊框複製一份保留起來，直到收到該訊框的確認訊息為止，它保留一份複製，讓傳送端可以在訊框受到破壞或遺失時重傳，直到它們被正確地接收為止。
- 為了辨識訊框，資料訊框和 ACK 訊框交互地標號為 0 和 1。資料訊框 0 要以 ACK 訊框 1 來確認，表示說接收端收到了資料訊框 0，並且期待下一個是訊框 1。這種標號方法在網路產生複製訊號的情況下，也能辨識出不同的資料訊框（我們將在下面看到，這在確認訊息遺失時很重要）。
- 假如在資料訊框中發現錯誤，這意味著當傳輸已經遭到破壞時，就回傳一個 NAK 訊框。NAK 訊框並沒有加編號，它只是告訴傳送端必須重傳最後一個訊框。停止並等候 ARQ 會要求傳送端，必須等待接收到最後一個訊框的確認訊息後，它才會傳送下一個。當傳送端裝置收到一個 NAK，它會重送上一個確認訊息以後傳輸的訊框，不管它的編號為何。

■傳送端裝置會裝上一個計時器，如果期望的確認訊息在某個指定的時間內還未收到，傳送端就會假定訊框遺失並且重傳一次。

圖 7.8　停止並等候 ARQ，損壞的訊框

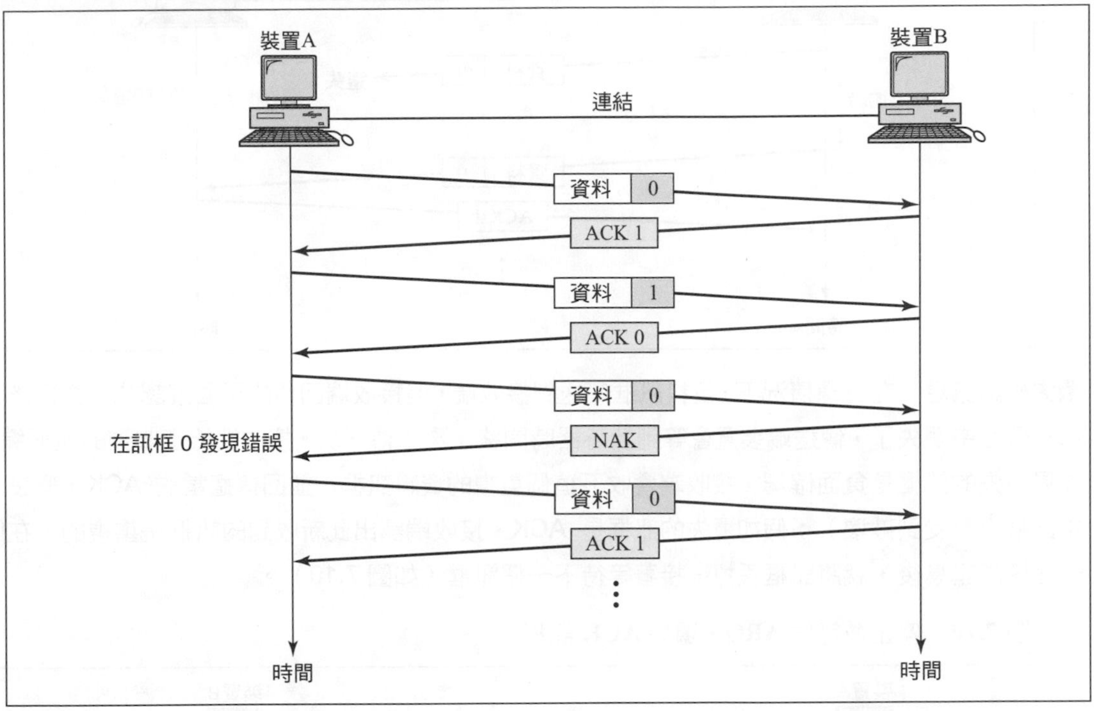

毀損的訊框

當接收端發現訊框中有錯誤，便會回傳一個 NAK 訊框，而傳送端就得重傳最後的那個訊框。以圖 7.8 為例，傳送端送出一個資料訊框：資料 0，接收端回傳一個 ACK1，意思是指資料 0 已經安全地到達，並且期望資料 1 要傳送過來；傳送端傳出下一個訊框：資料 1，它也安全到達，接收端也回傳 ACK 0；傳送端傳送它的下一個訊框：資料 0，此時接收端在資料 0 發現一個錯誤並傳回 NAK，傳送端重傳資料 0，這次資料正確地被接收，接著接收端回傳 ACK 1。

訊框遺失

在傳輸時，三種訊框都有可能會遺失。

資料訊框遺失　圖 7.9 顯示出當停止並等候 ARQ 遇到資料訊框遺失時是如何處理的。如之前所提到的，傳送端裝設了計時器，在每次傳送訊框時就開始計時，如果訊框沒有到達接收端，接收端不會進行確認的動作，不管是正面或負面確認。傳送端裝置會等待 ACK 與 NAK 等確認訊息，直到計時器的時間到了為止，此時它會再試一次。它重傳最後一個訊框，重新計時並等待接收端的確認訊息。

圖 7.9 停止並等候 **ARQ**，遺失資料訊框

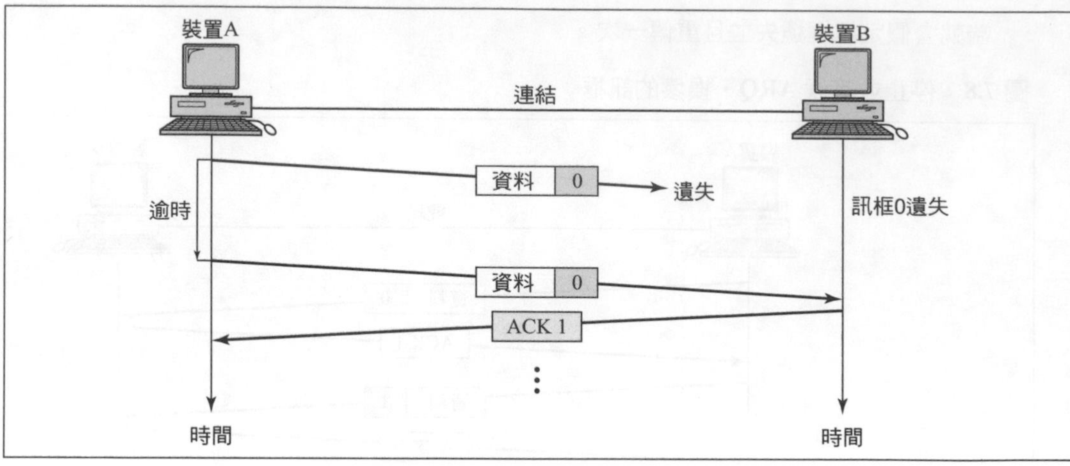

遺失確認訊息 在這種情況下，資料訊框傳送到接收端，但接收端回傳的正面確認或負面確認訊框卻在傳輸中遺失了，傳送端裝置會等到計時器時間終了再重傳一次。接收端檢查收到的訊框編號，如果遺失的訊框是負面確認，接收端會收下這個重複的資料訊框，並回傳適當的 ACK（假設傳輸中訊框沒有受到破壞）；假如遺失的訊框是 ACK，接收端認出此新收到的訊框是重複的，在回傳一個確認訊息後，就將訊框丟掉，接著等待下一個訊框（如圖 7.10）。

圖 7.10 停止並等候 **ARQ**，遺失 **ACK** 訊框

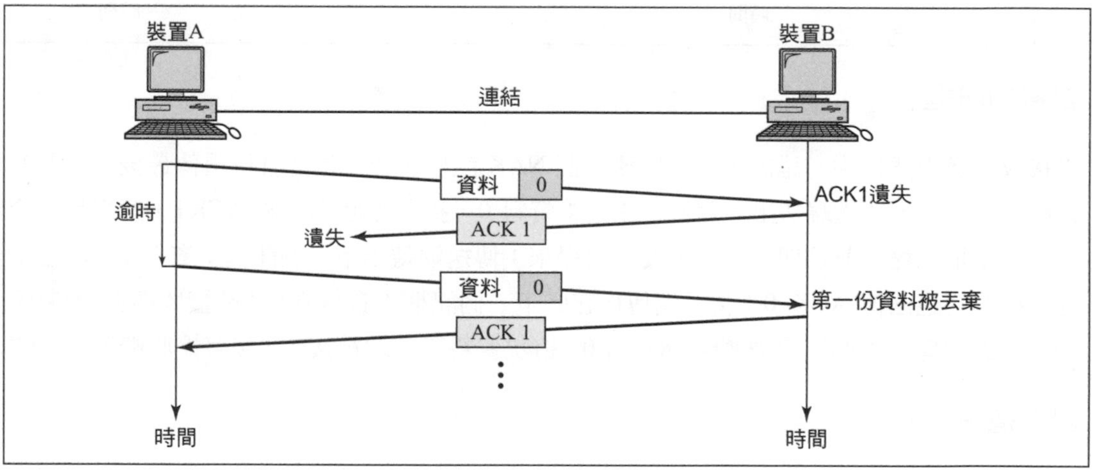

滑動視窗 ARQ

在連續傳輸的多種錯誤控制機制中，有兩種協定是最普遍的：回溯 $-n$ ARQ 以及選擇性拒絕 ARQ，這兩種都是依據滑動視窗流量控制的機制。要將滑動視窗擴充成可以重傳遺失或是損毀的訊框，基本的流程控制機制中要加上三個特性：

- 傳送裝置保留每一份訊框的複製，直到收到確認訊息為止。如果訊框 0 到 6 已經被傳送，而最後收到的是訊框 2 的確認訊息（期望下一個是 3），那麼傳送端會保留 3 到 6 的複製訊框，直到這些訊框安全到達接收端為止。

■除了 ACK 訊框之外，接收端多了一種選擇，如果收到的資料是損壞的，就回傳一個 NAK，NAK 訊框告訴傳送端重傳毀損的訊框。因為滑動視窗是一種連續的傳送機制（相對於停止並等候），所以 ACK 和 NAK 都必須加上編號來辨視。回想一下，ACK 是回傳下一個預期收到的編號，相對的，NAK 訊框回傳的編號，是錯誤訊框本身的編號。在兩種情況下，這個編號都是傳送端下一次要傳送的編號。請注意，正確收到的訊框不會逐一被確認，如果上一次的 ACK 是 3 號，現在又收到 ACK6，就表示訊框 3，4，5 都被接收到了。然而，每一個毀損的訊框都必須被確認，如果資料訊框 4 和 5 毀損了，就必須回傳 NAK4 和 NAK5，NAK4 會告訴傳送端在 4 號之前的資料訊框都已經正確地收到。

■滑動視窗 ARQ 和停止並等候 ARQ 一樣，在發送端也有一個計時器來處理確認訊息遺失的問題。在滑動視窗 ARQ 中，收到確認訊息之前，可以送出 $n-1$ 個訊框（視窗的大小）。如果有 $n-1$ 個訊框等待確認，傳送端的計時器則開始計數，在收到確認訊息之前不會再發送任何訊框。如果時間終了卻又沒有收到確認訊息，傳送端就假定訊框沒有送到，並依據不同的協定重送一個或全部的訊框。請注意，就像停止並等候 ARQ 一樣，傳送端是無法得知遺失的是資料、ACK 或是 NAK 確認訊息，重傳資料訊框可以補救兩種可能的情形：資料遺失或 NAK 遺失。如果遺失的是 ACK 訊框，那麼接收端會由訊框中的編號認出有重複的情形，並且將它丟掉。

回溯 $-n$ ARQ

在此種模式中，假如某訊框遺失或是毀損了，在上一個確認訊息之後的所有訊框都會重傳。

毀損的訊框　假如送出訊框 0, 1, 2, 3 但第一個收到的確認訊息是 NAK 3，這代表什麼呢？回想一下 NAK 代表兩種意涵：(1) 功用像是正面確認訊息，表示在損壞編號之前的訊框都已經正確收到，(2) 該編號訊框的負面確認訊息。如果第一個確認訊息是 NAK3，這表示訊框 0, 1, 2 都已經正確地傳到，只有訊框 3 需要重傳。

如果傳送出訊框 0 到 4 卻收到 NAK2，這又代表什麼呢？一旦接收端發現錯誤，它會停止接收隨後而來的訊框，直到毀損的訊框能被正確地重傳為止。在上述的情況，資料 2 已經毀損，所以它被丟棄，而不管是否有損傷，3 和 4 也會被丟棄。如 NAK2 所代表的，資料 0 和 1 已經被正確地接收下來，所以必須重傳的訊框有 2，3，4。

圖 7.11 有個例子，有六個訊框被傳送出去後才發現訊框 3 有錯誤，在此情況下會回傳一個 ACK3，它通知傳送端，訊框 0、1、2 已經正確地收到。在圖中，ACK3 在資料 3 到達之前送出，而且資料 3 被發現有錯，所以立刻回傳 NAK3，並且在訊框 4 和 5 傳送進來之後將它們丟掉。傳送端裝置從上一次確認訊息之後，開始重傳全部 3 個訊框 (3, 4, 5)，而這種程序會繼續進行下去；接收端丟掉訊框 4 和 5（以及之後任何的訊框），直到接收完整的資料 3。

遺失資料訊框　滑動視窗協定需將資料按順序傳送。假如在傳輸中因為雜訊的干擾，造成數個訊框遺失，那麼下一個抵達接收端的訊框就不會按照順序。接收端在檢查訊框上的編號時，會發現有幾個訊框被略過，並回傳第一個遺失訊框的 NAK。NAK 的目的並非表示訊框的遺失或毀損，只是指出該訊框需要重新傳送，傳送端裝置會重傳 NAK 所代表的訊框，以及在此遺失訊框之後傳送的任何訊框。

圖 7.11 回溯 $-n$ ，毀損的資料訊框

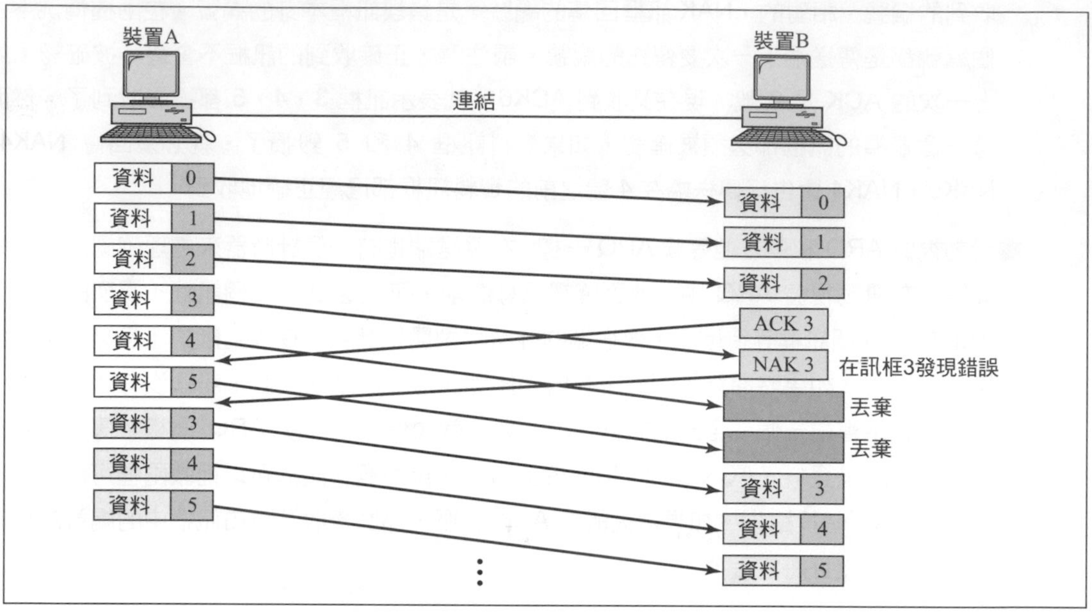

在圖 7.12 中，資料 0 和 1 正確地抵達，但資料 2 卻遺失了，下一個到達接收端的訊框為資料 3。接收端期望收到的是資料 2，因此把資料 3 視為錯誤訊框，它會丟掉資料 3 並且回傳 NAK2，表示說資料 0 和 1 已經被收到，但是資料 2 卻產生錯誤（在此是遺失了）。這個例子中，因為傳送端在收到 NAK2 之前就送出資料 4，資料 4 沒有按照順序到達接收端，所以它會被丟掉。一旦傳送端收到 NAK2，它將會重傳 2、3 和 4 這三個待傳的訊框。

圖 7.12 回溯 $-n$ ，遺失資料訊框

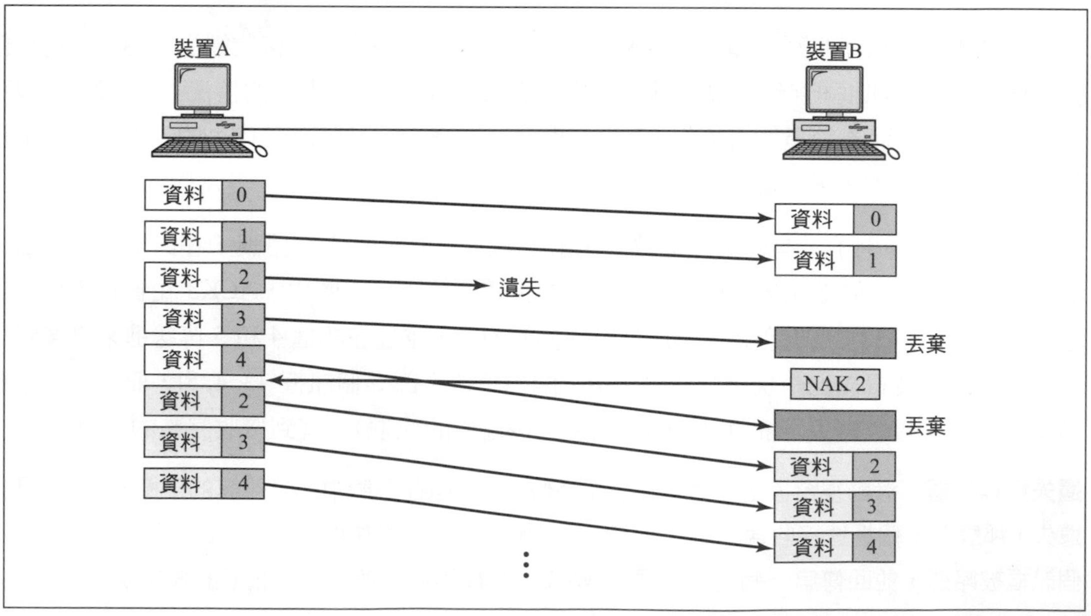

遺失確認訊息 傳送端並不預期會收到每一個訊框的確認訊息，它無法使用缺少的 ACK 序號來識別遺失的 ACK 或 NAK 訊框。不過，它會使用計時器。傳送端裝置在等待確認訊息之前，可以盡量送出多個訊框（個數就是視窗的大小），一旦到達上限或是沒有訊框可以傳送時，傳送端就必須等待；如果接收端送出的 ACK（或特別是 NAK）遺失了，傳送端就要永遠等待。為了防止這種情形，傳送端會裝設一個計時器，每當視窗的容量一滿便開始計數，如果在時限內沒有收到確認訊息，那麼傳送端就會重傳上一次 ACK 之後的所有訊框。

在圖 7.13 中，傳送端送出所有的訊框，並且等待已經在傳輸路徑中遺失的確認訊息。傳送端在等待一個指定的時間後，就會重送所有未經確認的訊框。接收端認出新到達的訊框與先前的有重複，於是送出另一個 ACK，並且把重複收到的資料丟棄。

圖 7.13 回溯 $-n$，遺失 ACK

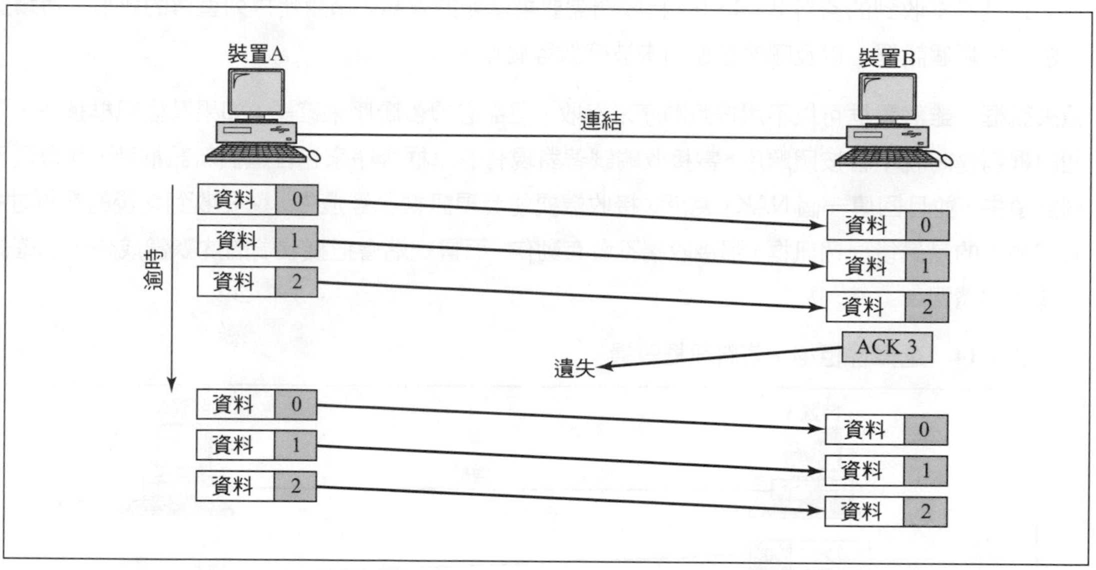

選擇性拒絕 ARQ

這種選擇性拒絕 ARQ 只會重送某些特定遺失或毀損的訊框，如果訊框在傳輸中毀損，接收端會回傳 NAK，而且訊框不需按照順序全部重送。接收端裝置要能排序它收到的訊框，並將重傳過來的訊框插入適當的位置。為了完成這項功能，選擇性拒絕 ARQ 和回溯 $-n$ ARQ 有下列幾點不同：

- 接收端裝置必須要有排序的功能來調整收到的訊框順序。它也要能夠儲存在 NAK 送出之後才收到的訊框，直到毀損的訊框被更換為止。
- 傳送端裝置必須包含一個搜尋的機制，讓它可以找出並選擇要被重送的那個訊框。
- 接收端要有一個緩衝記憶體，它會保留所有收到的訊框，直到所有重傳的訊框都已經排序，重複的訊框都被辨視出來並丟掉為止。
- 為了幫助選擇，ACK 的編號，就像 NAK 的編號一樣，必須指向收到（或遺失）的訊框，而非下一個期望收到的訊框。

■因為複雜度的關係，所以需要一個比回溯 $-n$ ARQ 還小的視窗，才能有效率地運作，我們建議的大小是小於或等於 (n+1) /2，而回溯 $-n$ ARQ 的視窗大小是 $n-1$。

毀損的訊框　圖 7.14 顯示出收到毀損訊框的情況。如圖所示，訊框 0 和 1 已經被收到，卻尚未確認；資料 2 到達並發現其中有錯誤，所以回傳 NAK 2。如同回溯 $-n$ 錯誤更正的機制中的 NAK 訊框，這裡的 NAK 意味著在此編號之前未確認的訊框都已經正確收到了，並且指出該編號的訊框有錯誤。在圖中，NAK 2 告知傳送端資料 0 和 1 已經收到，但資料 2 必須重傳。不過，和回溯 $-n$ 接收端不同的是，選擇性拒絕的接收端在等待錯誤被更正的時間裡，還可以繼續接收之後的訊框。不過，因為 ACK 的意思，不只表示該訊框成功地被接收，連它之前的所有訊框也被成功收到，在錯誤訊框之後收到的訊框不能被確認，必須等到毀損的訊框被重傳為止。在圖中，接收端在等待更正資料 2 的錯誤時，接收了資料 3, 4, 5，當新的資料 2 抵達後，可以回傳 ACK 5 來確認新收到的資料 2 以及原本收到的資料 3、4、5。接收端需要相當多的邏輯，來重新排列重傳的訊框，持續追蹤仍然缺少哪個訊框，以及哪些訊框尚未被確認等動作。

遺失訊框　雖然訊框可以不用按照順序來接收，但卻必須依順序來確認；如果某個訊框遺失，下一個訊框到達時就不會按照順序。當接收端試著對現有的訊框排序來包含這個新訊框時，就會發現訊框的遺失，並且回傳一個 NAK。當然，接收端要能發現訊框已經遺失，還要收到之後的訊框才行，假如遺失的是最後一個訊框，那接收端不會有動作，而傳送端會把接收端的沈默當成是一個確認訊息遺失的情況。

圖 7.14　選擇性拒絕，資料訊框毀損

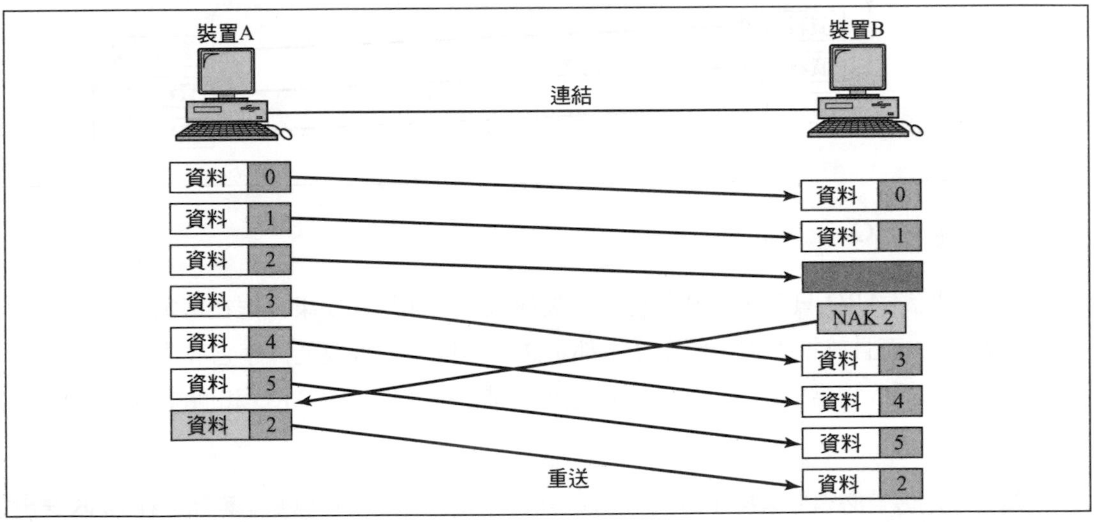

遺失確認訊息　對於遺失 ACK 及 NAK 訊框的情況，選擇性拒絕 ARQ 處理的方法和回溯 $-n$ ARQ 一樣。當傳送端裝置到達視窗容量的上限或傳輸的最後，它會啟動一個計時器。如果在時限內等不到確認訊息，便會重傳所有未經確認的訊框。在大多數的情況下，接收端會辨認出重複的訊框，並且丟棄它們。

7.3 關鍵名詞 Key Terms

確認訊息 (acknowledgment, ACK)

選擇性拒絕 ARQ (selective-reject-ARQ)

自動請求重新傳送 (automatic repeat request, ARQ)

滑動視窗 (sliding window)

錯誤控制 (error control)

滑動視窗 ARQ (sliding window ARQ)

流量控制 (flow control)

滑動視窗流量控制 (sliding window flow control)

回溯 −*n* ARQ (go-back −*n* ARQ)

停止並等候 ARQ (stop-and-wait ARQ)

負面確認 (negative acknowledgment, NAK)

停止並等候流量控制 (stop-and-wait flow control)

7.4 摘要 Summary

■流量控制是一套用來管理傳送端傳輸資料量的程序。

■停止並等候和滑動視窗是兩種流量控制的方法。

■停止並等候流量控制的方法，每個傳送的訊框都需要一個確認訊息。

■滑動視窗流量控制方法，一個確認訊息可以確認一或多個訊框。

■在資料連結層，「錯誤控制」這個術語主要是指錯誤偵測和更正的方法。

■自動請求重新傳送 (ARQ) 是位於連結層，用來重傳資料的機制。

■ARQ 錯誤控制是流量控制的附屬機制。

■ARQ 錯誤控制會處理毀損的訊框、遺失的資料訊框，以及遺失的確認訊息（ACK 和 NAK）。

■在停止並等候 ARQ 方法中，如果有訊框遺失或毀損，則該訊框會先被重傳，然後再傳送其他訊框。

■滑動視窗錯誤控制中兩種常用的機制為選擇性拒絕 ARQ 和回溯 −*n* ARQ。

■在回溯 −*n* ARQ 方法中，如果訊框遺失或毀損，在最後一次確認訊息之後的所有訊框都要重傳。

■在選擇性拒絕 ARQ 方法中，只有遺失或毀損的訊框才必須重傳。

7.5 練習題 Practice Set

選擇題

1. 在回溯 −*n* ARQ 中，如果訊框 4, 5, 6 已經被正確接收，則接收端應該回傳 ACK________給傳送端。

   a. 5

   b. 6

   c. 7

   d. 以上任一種

2. 一個大小為 $n-1$ 的滑動視窗（n 個連續的號碼），在一次的確認訊息之前最多可以有________個訊框。
   a. 0
   b. $n-1$
   c. n
   d. $n+1$
3. 在滑動視窗流量控制中（視窗大小為 7），ACK3 代表下一個期望收到的訊框是________。
   a. 2
   b. 3
   c. 4
   d. 8
4. 在停止並等候 ARQ 中，如果資料 1 有一個錯誤，接收端會傳送一個________訊框。
   a. NAK0
   b. NAK1
   c. NAK2
   d. NAK
5. 在________ARQ 的情況下，當收到 NAK 時，在上次確認訊息之後的所有訊框都要重傳。
   a. 停止並等候
   b. 回溯 $-n$
   c. 選擇性拒絕
   d. a 和 b
6. 在________ARQ 的情況下，當收到 NAK 時，只有遺失或毀損的訊框需要重傳。
   a. 停止並等候
   b. 回溯 $-n$
   c. 選擇性拒絕
   d. a 和 b
7. 計時器在________送出後會啟動。
   a. 訊框
   b. ACK
   c. NAK
   d. 以上全部
8. 在停止並等候流量控制中，如果傳送出 n 個訊框，則需要回傳________個確認訊息。
   a. n
   b. $2n$

c. $n-1$

d. $n+1$

9. 滑動視窗流量控制中，如果傳送出 *n* 個訊框，則需要回傳＿＿＿＿個確認訊息。

a. *n*

b. 小於 *n*

c. 大於 *n*

d. a 或 b

10. 某個滑動視窗協定使用大小為 63 的視窗，它需要＿＿＿＿個位元來定義序列的編號。

a. 5

b. 6

c. 7

d. 63

11. 某個滑動視窗協定如果有 4 個位元可以定義序列的編號，那麼最大的視窗大小為＿＿＿＿？

a. 4

b. 8

c. 15

d. 16

12. 以下的編號被用來當某個滑動視窗協定的編號：0、2、3、4、5、6、7，那麼此視窗的大小為＿＿＿＿。

a. 6

b. 7

c. 8

d. 9

13. 某個滑動視窗協定使用大小為 3 的視窗，那它的訊框的編號是＿＿＿＿。

a. 0, 1, 0, 1…

b. 0, 1, 2, 3, 4, 0, 1, 2, 3, 4, 0…

c. 0, 1, 2, 0, 1, 2, 0…

d. 0, 1, 2, 3, 0,…

14. A 電腦距離 B 電腦有 1860 英哩，使用停止並等候 ARQ 協定來做流量和錯誤控制。如果使用光速，那麼傳送一個訊框最短需要多少時間？

a. 1.0

b. 0.1s

c. 0.01s

d. 0.001s

15. 傳送端有一個大小為 255 的視窗，那麼在傳送一次的 ACK 之前，接收端最多可以接收________個訊框。

a. 254

b. 255

c. 256

d. 257

16. 在滑動視窗協定中，當________一個訊框時，視窗左邊邊界會向________移。

a. 接收，右

b. 傳送，右

c. 接收，左

d. 傳送，左

17. 在滑動視窗協定中，當________一個 ACK 時，視窗右邊邊界會向________移。

a. 接收，右

b. 傳送，右

c. 接收，左

d. 傳送，左

18. 在回溯 $-n$ ARQ 中，如果送出了訊框 10、11、12、13，而接收端拒絕了訊框 11，那麼訊框________要重傳。

a. 10, 11, 12, 13

b. 10, 11, 12

c. 11, 12, 13

d. 11

19. 在選擇性拒絕 ARQ 中，如果送出訊框 10、11、12、13，而接收端拒絕了訊框 11，那麼訊框________要重傳。

a. 10, 11, 12, 13

b. 10, 11, 12

c. 11, 12, 13

d. 11

20. 在停止並等候 ARQ 中，如果拒絕了資料 1，那麼接收端傳送了________訊框。

a. NAK

b. NAK0

c. NAK1

d. 以上任一種

21. 在停止並等候 ARQ 中，如果資料 1 被接受，那麼接收端會傳送________訊框。

a. ACK

b. ACK0

c. ACK1

d. 以上任一種

22. 在停止並等候 ARQ 中，當________時，需要重傳訊框。

a. 訊框毀損

b. ACK 遺失

c. 訊框遺失

d. 以上任一種

23. 在滑動視窗 ARQ 中，當________時，需要重傳訊框。

a. 訊框毀損

b. ACK 遺失

c. 訊框遺失

d. 以上任一種

24. 在________ARQ 中，假如送出訊框 10 到 31 而訊框 15 損壞了，只有訊框 15 需要重傳。

a. 停止並等候

b. 回溯 $-n$

c. 選擇性拒絕

d. A 和 C

25. 在________ARQ 中，假如送出訊框 10 到 31 而訊框 15 損壞了，則訊框 15 到 31 需要重傳。

a. 停止並等

b. 回溯 $-n$

c. 選擇性拒絕

d. A 和 C

習題

26. 某個系統使用回溯 $-n$ ARQ，請依照以下條件畫出傳送端和接收端的視窗。

a. 送出訊框 0； 訊框 0 被確認

b. 送出訊框 1，2；訊框 1，2 被確認

c. 送出訊框 3，4，5；收到 NAK4

d. 送出訊框 4，5，6，7；訊框 4 到 7 被確認。

27. 請用選擇性拒絕 ARQ 重做第 26 題。

28. NAK 訊框的編號對以下機制的意義為何？

a. 停止並等候 ARQ

b. 回溯 $-n$ ARQ

c. 選擇性拒絕 ARQ。

29. ACK 訊框中的編號對以下機制的意義為何？

a. 停止並等候 ARQ

b. 回溯 $-n$ ARQ

c. 選擇性拒絕 ARQ。

30. 回溯 $-n$ 滑動視窗系統中，傳送端收到 ACK 7，現在我們送出訊框 7, 0, 1, 2, 3。請討論收到下面幾種情況的意義。

a. ACK1

b. ACK4

c. ACK3

d. NAK1

e. NAK3

f. NAK7

31. 某個滑動視窗協定使用大小為 15 的視窗，試問需要幾個位元來定義序列的編號？

32. 某個滑動視窗協定使用 7 個位元來定義序列的編號，試問視窗的大小是多少？

33. 一台電腦使用大小為 7 的滑動視窗，請依序完成下面 20 個封包的編號。

0，1，2，3，4，5，6，………………

34. 一台電腦使用如下面的封包編號，那滑動視窗大小為多少？

0，1，2，3，4，5，6，7，8，9，10，11，12，13，14，15，0，1…………

35. 我們曾經提到停止並等候協定，其實就是視窗大小為 1 的滑動視窗協定，請説明圖 7.8 視窗的運作。

36. 請利用圖 7.9 回答第 35 題。

37. 請利用圖 7.10 回答第 35 題。

38. 請説明圖 7.11 傳送端視窗的運作，顯示出每次傳輸時視窗邊界的明確位置，假設視窗大小為 7。

39. 請利用圖 7.12 回答第 38 題。

40. 請利用圖 7.13 回答第 38 題。

41. A 電腦距離 B 電腦有 4000 公里，並且使用停止並等候 ARQ 協定來傳送封包給 B。試問如果 A 電腦送出一個封包後，收到回傳的確認訊息需要多少時間？使用光速當作傳播速度，並且假設接收端收到訊框和回傳確認訊息的間隔時間為 0。

42. 在第 41 題中，如果電腦 A 要送一個大小為 1000 位元組的封包需要多久時間？假設流通率 (throughput) 是 100,000Kbps。

43. 請利用第 41、42 題的結果，試問電腦 A 閒置的時間有多久？

44. 已知某個系統使用視窗大小為 255 的滑動視窗 ARQ，請根據這個條件重做第 42 題。

45. 在圖 7.15 中，請畫出傳送端送出封包 0 到 11，而且收到 ACK 8 之後的視窗。

46. 在圖 7.15 中，請畫出傳送端送出封包 0 到 11，而且收到 NAK 6 之後的視窗。

47. 在圖 7.15 中，傳送端送出封包 0 到 14，它未收到確認訊息，而且計時器也逾時，請畫出傳送端視窗。

48. 在圖 7.15 中，接收端傳送出 ACK6 和 ACK9，不過 ACK6 遺失了，請畫出傳送端視窗。

圖 7.15 習題 45、46、47、48

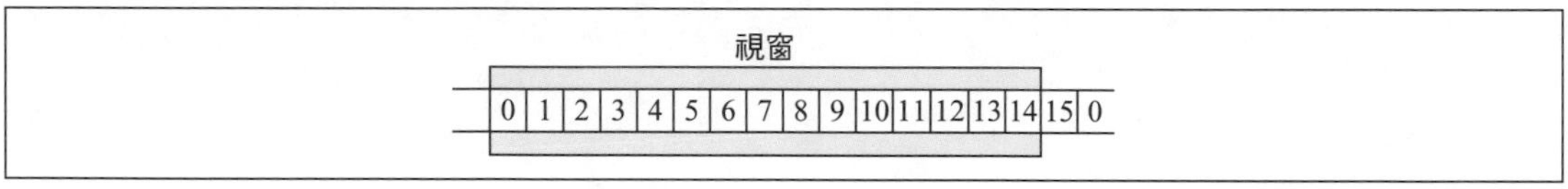

第 8 章

媒介存取方法

Medium Access Methods

在傳統的區域網路中，所有主機都連接在一個共享的傳輸媒介上（例如：電纜）。這種連接方式允許超過一台的工作站，同時嘗試媒介的存取，當二個以上的主機同時傳送資料時，就會產生碰撞的情況。

為了防止這種狀況，每種協定都有**媒介存取控制** (Medium Access Control, MAC) 方法。這些方法定義了當主機需要傳送訊框時，應該遵循的程序。使用規範的方法，可以確保在這些主機之中不會產生碰撞。

控制媒介的存取問題，類似在集會中的講話規則，不同的程序可以用來確保說話者的權利，以及確定兩個人不會在同一時間發言。

媒介存取方法可分成兩個大類：隨機存取和控制存取，如圖 8.1。

圖 **8.1** 媒介存取方法

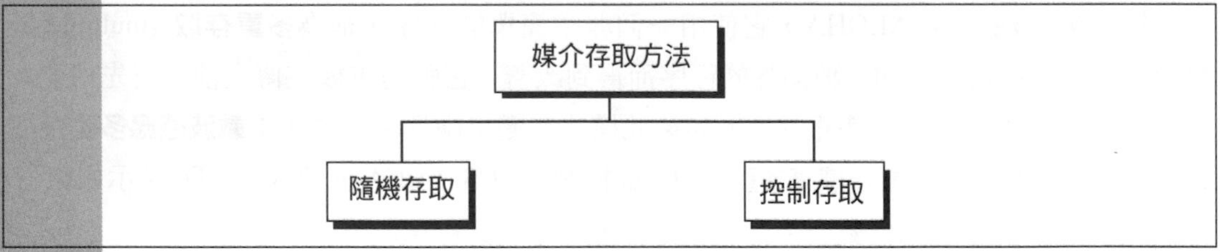

8.1 隨機存取 *Random Access*

在**隨機存取** (random access) 或**競爭** (contention) 的模式中，沒有任何主機可以凌駕於另一個主機之上，也沒有主機被指定管理其他的主機。沒有一部主機可以允許或阻止其他主機的資料傳送。在每個實體中，要傳送資料的主機會使用協定中定義的適當程序與媒介的關係（忙碌或閒置），決定是否要傳送。換句話說，當這台主機要傳送資料時，它必須遵循預先設定的程序，包括測試媒介的狀態。

「隨機存取」的命名是根據兩種特性。首先，主機傳送資料時並沒有排定的時間，傳輸是主機之間隨機的行為，這就是為什麼這些方法被稱為「隨機存取」的原因。再者，沒有規則可以規定主機下一步應該送出什麼，主機彼此間會相互競爭來存取媒介，這就是為什麼此種方法也稱為「競爭」的方法。

在隨機存取模式中，每個主機對媒介都有使用權利，不會被其他主機所控制。然而，如果有一台以上的主機試圖傳送，將發生存取碰撞 (conflict, collision) 的情形，訊框也會被毀損或遭到修改。為了避免存取碰撞，或是有此情況發生時得以解決，每一台主機都應該使用可以回答下面的問題的程序：

■這個主機什麼時候該存取媒介？

■假設媒介忙碌時，這個主機應該做些什麼？

■該主機應如何決定傳輸是否成功？

■如果發生存取衝突時，該部主機應該做些什麼？

圖 8.2 顯示出我們在本章將學習的隨機存取方法。

圖 8.2 隨機存取方法的演進

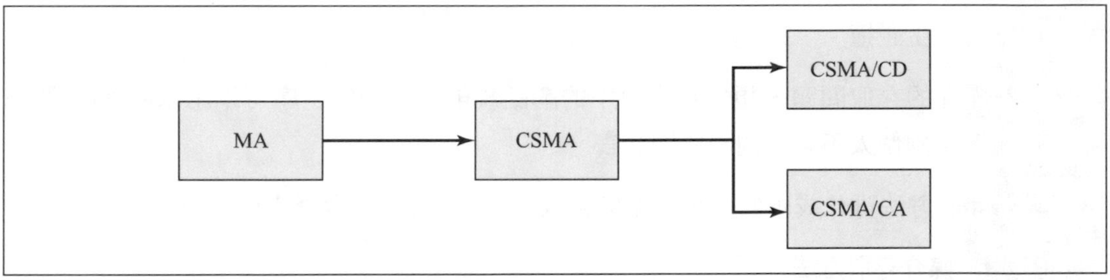

第一種方法稱為 ALOHA，它使用一個非常簡單的程序，稱為**多重存取** (multiple access, MA)。這種方法藉著增加一種額外的程序而得到改善，它強迫主機在傳送前，要先偵測媒介。這種方式被稱為載波感應多重存取。而後此模式演變出兩種平行方法：**載波感應多重存取 / 碰撞偵測** (CSMA/CD) 和**載波感應多重存取 / 碰撞避免** (CSMA/CA)。CSMA/CD 顯示如果偵測到出衝突時，主機應該如何處理；而 CSMA/CA 則是嘗試避免碰撞。

MA 或 ALOHA

ALOHA 是最早的隨機存取方法，它在 1970 年代初期發展於夏威夷大學，這個設計被使用在資料傳輸率為 9600 個位元 / 秒 (bps) 的無線區域網路上。

圖 8.3 顯示出隱藏在 ALOHA 網路背後的基本概念。基地台是中央控制站，如果主機必須將訊框傳送到另一台主機，它得先傳送到基地台，此基地台接收這個訊框並轉送到預定的目的

地。換句話說，這個基地台充當跳躍點 (hop)。上傳（從主機到這個基地台）使用的是載波頻率為 407MHZ 的寬頻調變；而下載傳輸（從基地台到任何主機）使用的載波頻率為 413MHZ。

圖 8.3　ALOHA 網路

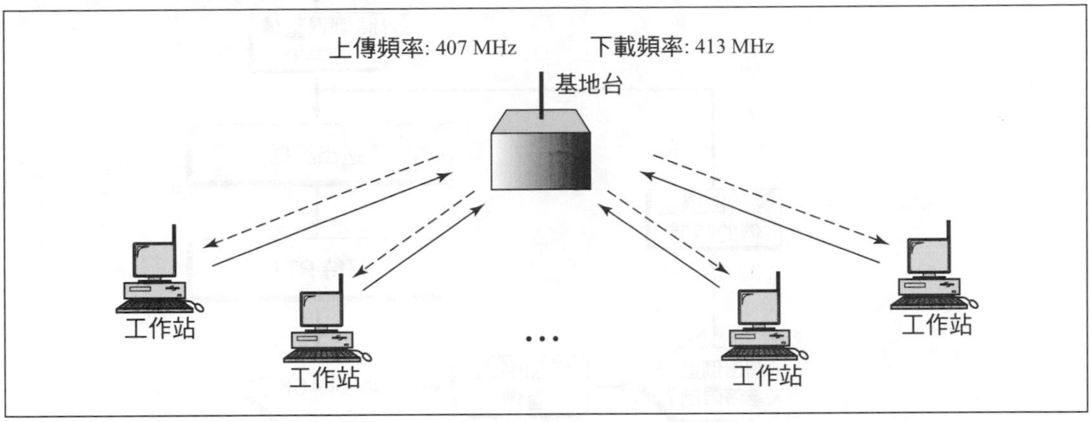

在這種配置中，很明顯地將產生潛在碰撞。主機間共享這個傳輸媒介（空氣）。當主機以 407MHZ 的頻率來傳送資料到基地台時，另一台主機可能也同時試圖傳送資料，來自兩個主機的資料產生碰撞，並且造成混亂。

ALOHA 協定很簡單，它是根據以下的規則：

- **多重存取** (Multiple Access)　當某台主機要傳送訊框時，只要它有訊框就能傳送（多重存取）。
- **無載波感應** (No Carrier Sense)　當某台主機意圖要傳送訊框時，它不用去檢查其他主機是否正在傳送訊框（不用去感應載波的頻率）。換句話說，這台主機不會對媒介的閒置與否進行確認。載波感應規則並沒有在這裡實行，因為主機之間可能相距甚遠，所以某部主機無法感應另一台主機是否正在傳送。
- **不對碰撞進行檢查** (No Checking for Collision)　即使在傳送之後，主機也不會聆聽媒介，來確認是否產生碰撞。這個檢查動作無法執行，是因為主機之間彼此相距甚遠，而且主機可能無法聽到其他兩台主機之間的碰撞。
- **確認** (acknowledgment)　在傳送訊框後，這台主機便開始等待確認訊息（明確或者是隱含的）。如果它在指定的期間內未收到確認，這個期間是最大傳播延遲的二倍，這意味著此訊框已經遺失，它會在一個隨機等待的時間之後，再次嘗試傳送此訊框。

純 ALOHA (Pure ALOHA)

目前，原始的 ALOHA 協定稱為**純 ALOHA** (pure ALOHA)，圖 8.4 顯示此協定的程序。當主機有訊框需要送出時，它就傳送出去，然後會等待一段時間，這段時間為二倍的最大傳播延遲。它接收到確認訊息，就表示傳輸成功。如果在這段期間未收到確認，這個主機將使用倒退重傳 (backoff) 策略（稍後會作解釋），並且再次送出這個封包。經過幾次嘗試之後，如果仍未收到確認，主機將會放棄傳送。

圖 8.4 純 ALOHA 協定的程序

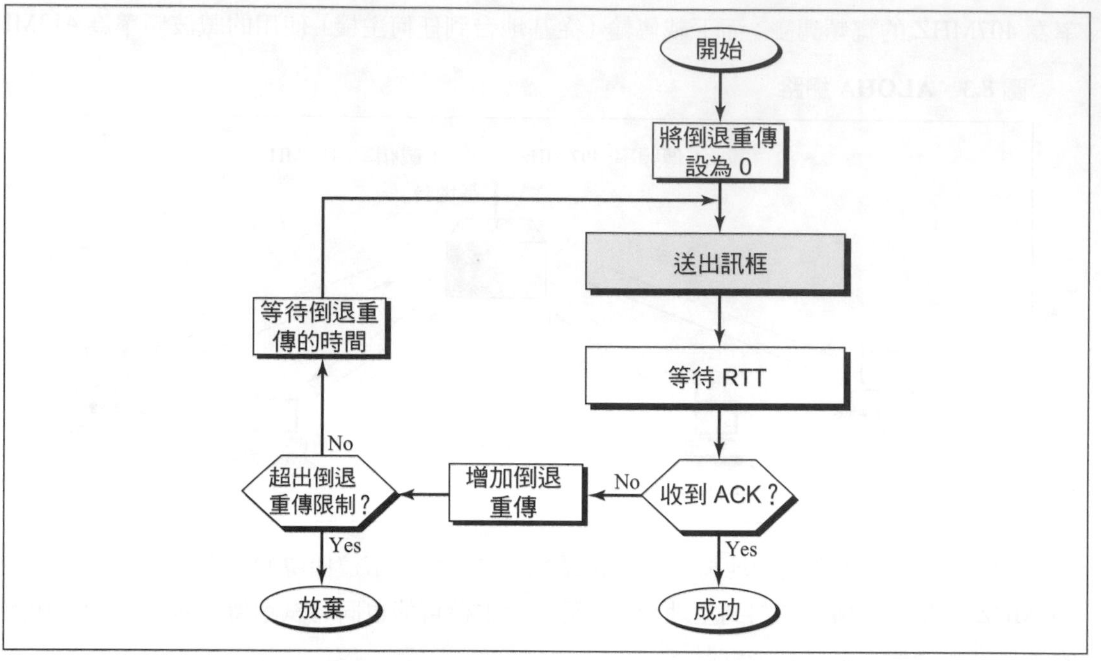

易受傷害時間 讓我們來尋找**易受傷害時間** (vulnerable) 的長度，在這段時間內有可能會產生碰撞，我們假設主機使用固定長度的訊框，每個訊框花費 T_{frame} 秒鐘來傳送。圖 8.5 顯示出主機 A 的易受傷害時間。

圖 8.5 純 ALOHA 協定的易受傷害時間

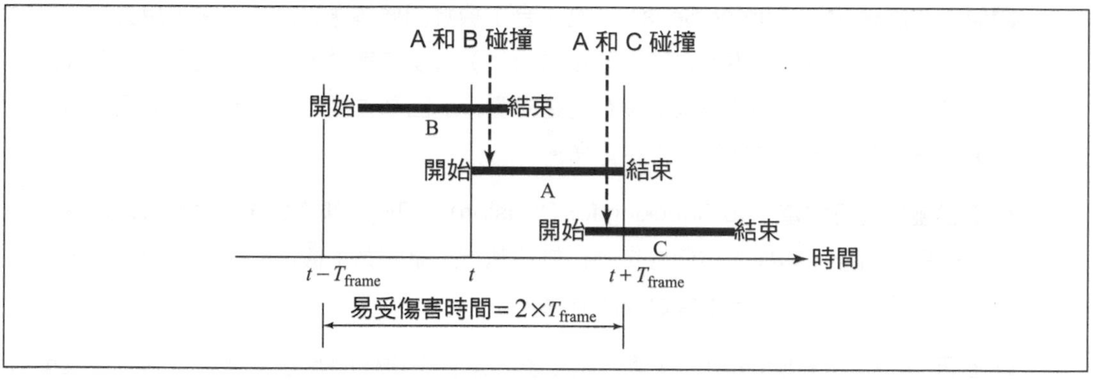

主機在時間 t 傳送一個訊框。現在假設主機 B 在時間 $t-T_{frame}$ 和 t 之間傳送了訊框，主機 A 到主機 B 之間傳送的訊框肯定會產生碰撞，B 訊框的結尾將會與 A 訊框的開頭相互碰撞。另一方面，想像主機 C 在 t 和 $t+T_{(frame)}$ 間傳送一個訊框，可以確定的是，主機 A 和 C 之間也會產生訊框的碰撞，C 訊框的開頭會與 A 訊框的結尾產生碰撞。

檢視圖 8.5，我們可以看到易受傷害時間，是純 ALOHA 的碰撞可能發生期間，它的長度為訊框傳輸時間的兩倍。

$$易受傷害時間 = 2 \times T_{frame}$$

時槽式 ALOHA (Slotted ALOHA)

純 ALOHA 的易受傷害時間是 2 倍的 T_{frame} ，這是因為沒有規則來定義主機何時能傳送訊框。某台主機可能在另一台主機開始傳送、或已經傳送部分訊框而尚未完成時，就傳送出少部分的資料。

圖 8.6　時槽式 ALOHA 協定的程序

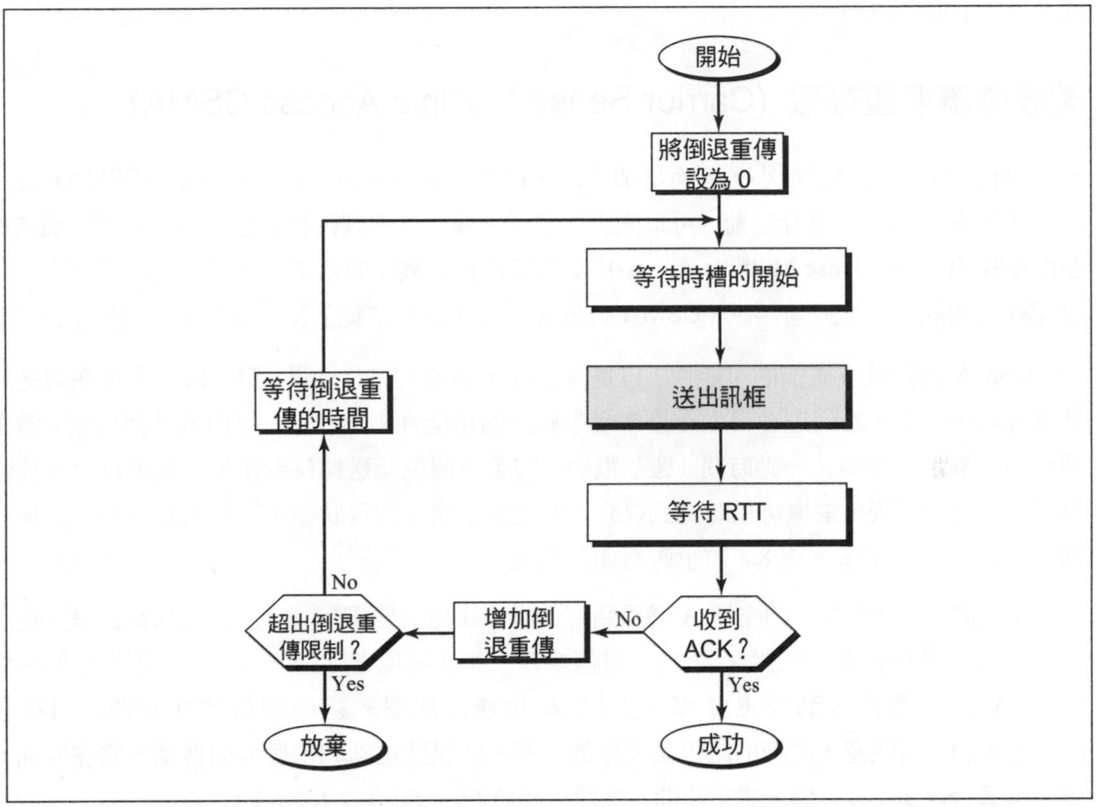

在**時槽式 ALOHA** (Slotted ALOHA)，我們把時間分成 T_{frame} 秒的槽，並且規定這個主機只能在時槽的開始傳送。圖 8.6 顯示出這種程序。

圖 8.7　ALOHA 協定的易受傷害時間

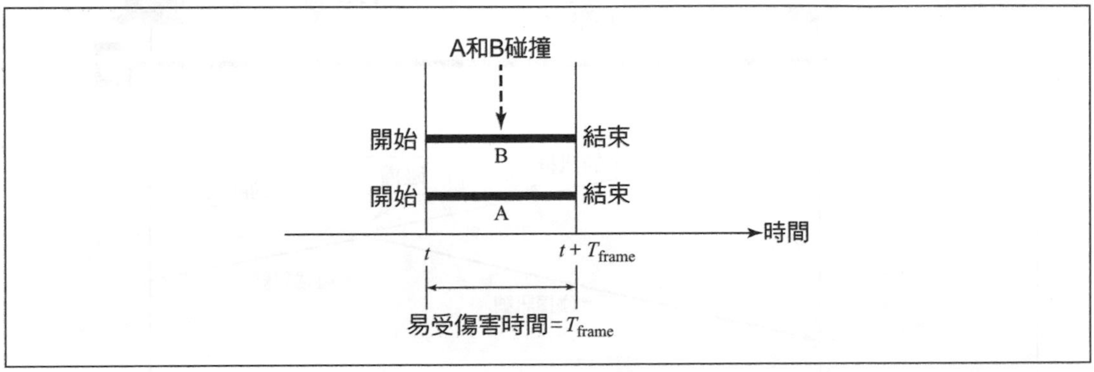

因為主機只有被允許在同步時間槽的開始傳送，一旦錯過這個時刻，主機就必須等到下一個時間槽的開始，這意味著在時間槽開頭就開始傳送的主機，已經結束框架的傳遞。當然，假設二台主機都嘗試在相同的時間槽開頭傳送資料，碰撞仍有可能發生。然而，易受傷害時間現在已經被減成原來的一半，等於 T_{frame}

$$易受傷害時間 = T_{\text{frame}}$$

圖 8.7 顯示這個情況。

載波感應多重存取 (Carrier Sense Multiple Access CSMA)

為了讓碰撞的機會減到最小，因而增加效能，所以發展出載波感應多重存取 (CSMA) 方法。假如主機在嘗試使用媒介之前，可以先去感應一下媒介，那麼碰撞的機會就能降低。**載波感應多重存取** (Carrier Sense Multiple Access) 要求每一台主機在傳送之前，都要先聆聽媒介（或者確認媒介的狀態）。換句話說，CSMA 是依據「傳送前先感覺」及「談話前先聆聽」的原則。

CSMA 能夠減少碰撞的可能性，但是無法完全避免。有人會問，假如每台主機在傳送訊框前都先聆聽媒介，為何還會發生碰撞？發生碰撞的可能性仍然存在，是由於傳播延遲。當主機傳送出訊框，它需要花一點時間（雖然很短）將第一個位元送達每台主機，並讓每台主機都能感覺到。換句話說，主機可以感覺到媒介，並發現它處於閒置狀態，只是因為另一台主機的傳播尚未到達此台主機。圖 8.8 顯示碰撞如何發生。

在時間 t_1，媒介左端的主機 A 感覺到這個媒介正處於閒置狀態，所以它傳送訊框。在時間 $t_2 (t_2 > t_1)$，媒介右端的主機 Z 感覺到這個媒介，並且發現它處於閒置狀態，因為這個時候，主機 A 的傳播尚未到達主機 Z，主機 Z 也送出訊框。這兩個信號在時間 t_3 相互碰撞 $(t_3 > t_2 > t_1)$。請注意，碰撞的結果是混亂的信號，此訊號也同朝兩個方向傳播。它在時間 t_4 到達主機 Z $(t_4 > t_3 > t_2 > t_1)$，並在時間 t_5 抵達主機 A $(t_5 > t_4 > t_3 > t_2 > t_1)$。

圖 8.8 CSMA 的碰撞

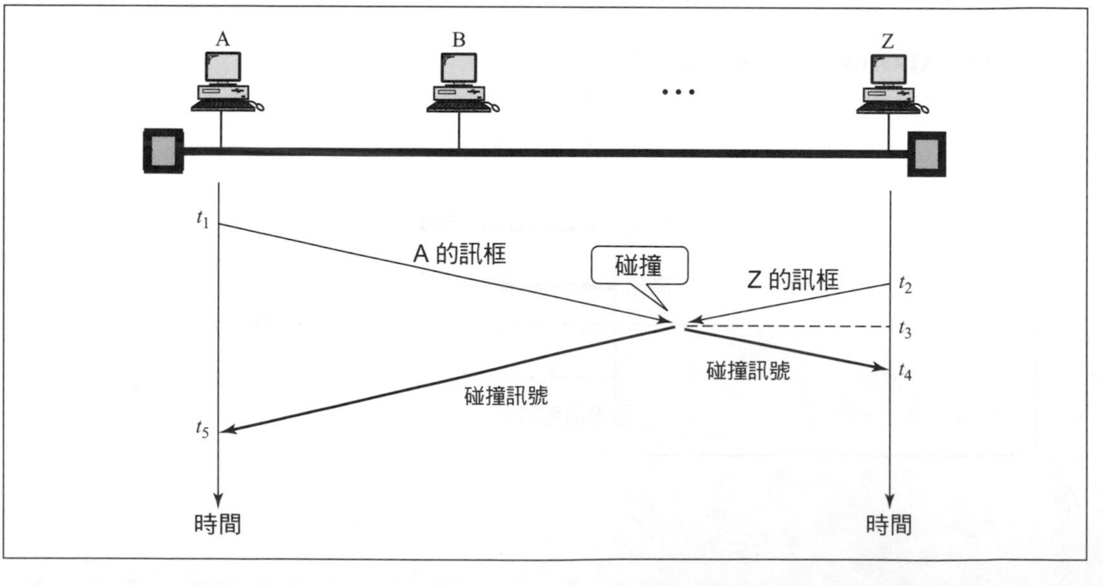

易受傷害時間　CSMA 的易受傷害時間是**傳播時間** (propagation time)，T_{prop}。這是信號從媒介的一個端點傳播到另一個端點所需要的時間。當某台主機傳送出訊框，而另一台主機也試圖在此段期間內傳遞訊框時，碰撞就會產生。但是，如果訊框的第一個位元已到達媒介的尾端，那麼每台主機都將感覺到這個位元，並且抑制送出訊框。

持續策略

持續策略 (persistent strategy)　定義出，當主機感覺到媒介，而且發現它正忙碌時，應該如何處理。兩個策略被引伸出來：不持續以及持續。

持續策略本身使用兩種模式，這些模式是以「當媒介處於閒置時，主機該怎麼做」為依據（如圖 8.9）。

圖 **8.9**　持續策略

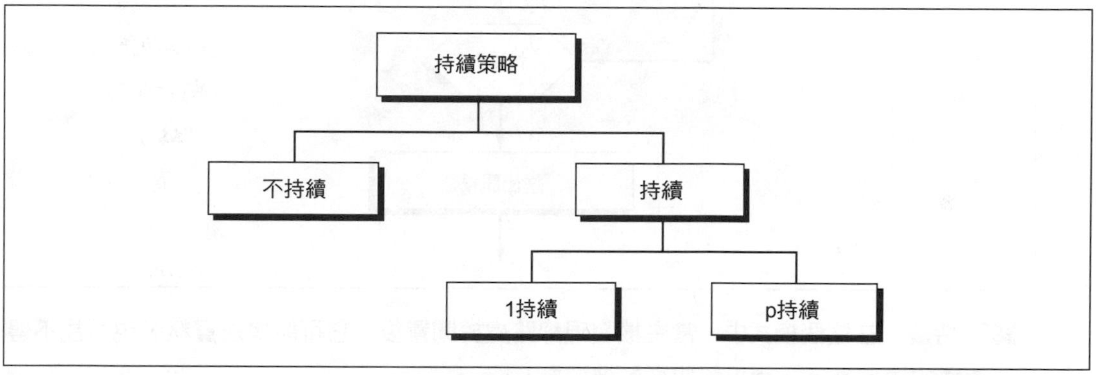

不持續　在**不持續** (nonpersistent approach) 的方式中，有訊框需要傳送的主機會去感應線路，如果線路處於閒置狀態，就立即將訊框送出；如果線路繁忙，那麼它在等待一段隨機時間後，再重新感應線路。不持續模式可減少碰撞的機會，因為有兩台以上的主機，在等待相同的隨機時間，並且同時再次傳送的情況比較少見。然而，這個方法降低了網路的效率，因為當許多主機需要傳送訊框時，媒介仍保持閒置狀態。圖 8.10 顯示不持續模式的流程。

圖 **8.10**　不持續方法

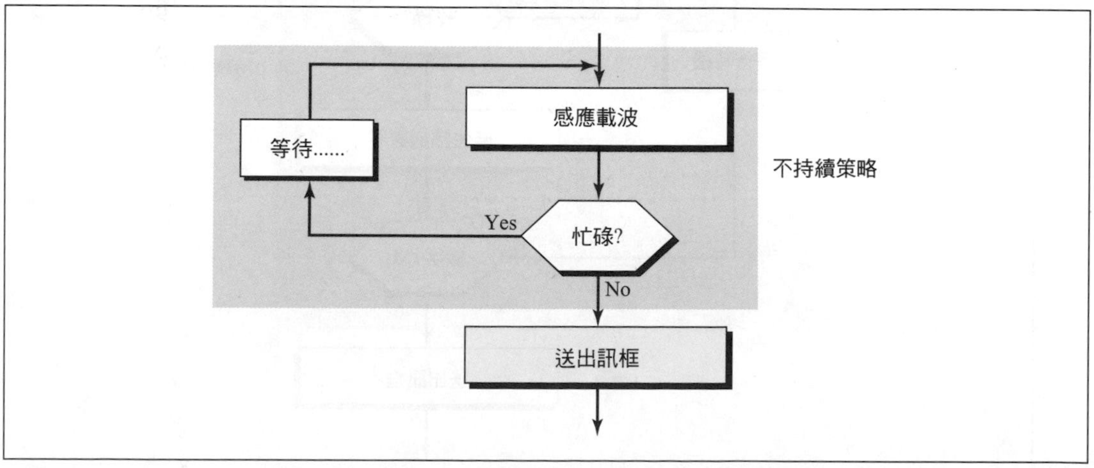

持續策略 在**持續策略** (persistent strategy) 中，主機會感應線路。如果線路處於閒置，它就立刻傳送訊框。這個模式有兩種方法：**1 持續** (1-persistent) 和 **P 持續** (p-persistent)。

- **1 持續** 在這個模式中，當主機發現線路處於閒置狀態後，它會立即傳送訊框（使用機率 1）。這個方法確實會增加碰撞的機會，因為兩台以上的主機可能都會發現線路處於閒置的狀態，並立即傳送它們的框架。我們將在第 10 章看到乙太網路使用此模式。圖 8.11 顯示這種策略。

圖 8.11 1 持續方法

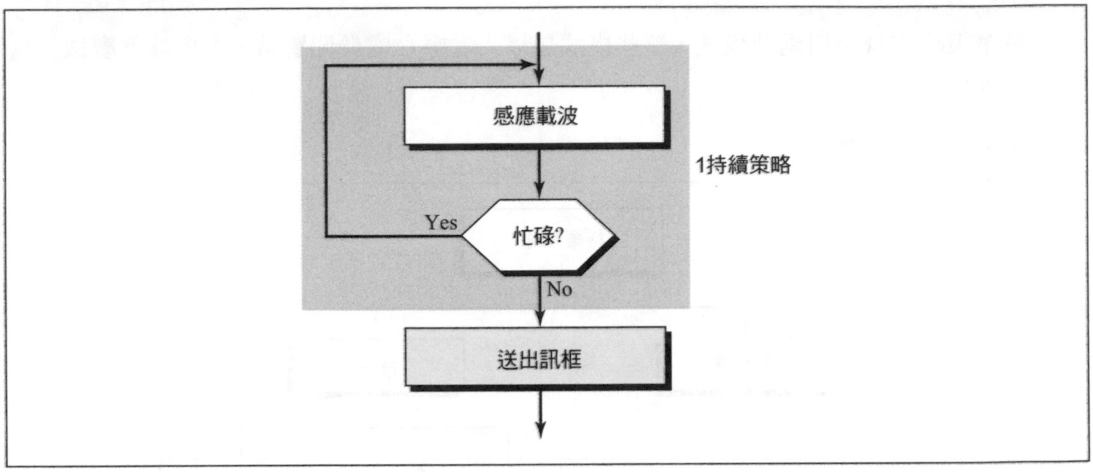

- **P 持續** 在這個模式中，當主機發現線路處於閒置後，它可能傳送資料，也可能不傳送。傳送的機率為 p ，而拒絕傳送的機率為 $1-p$ 。

圖 8.12 *p* 持續方法

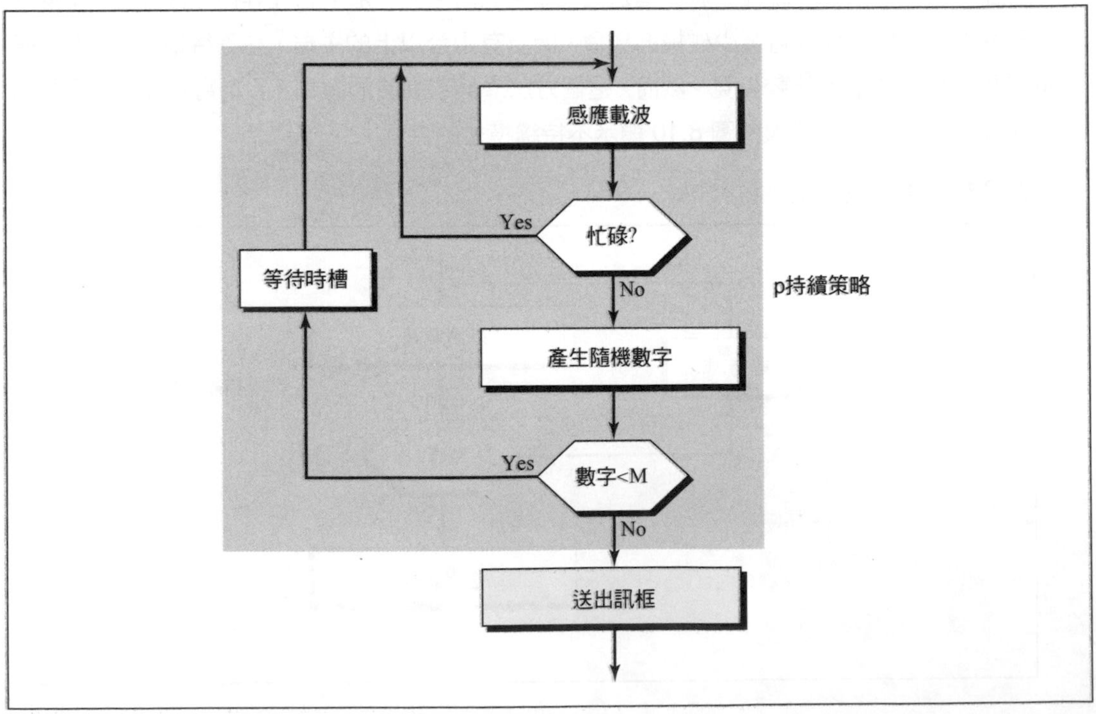

舉例來說，假如 p 為 0.2，意思是指每台主機在感覺媒介處於閒置後，傳送的機率是 0.2（時間的 20%），而拒絕傳送的機率是 0.8（時間的 80%）。這台主機產生 1 到 100 之間的隨機數字。如果隨機數字小於 20，主機將傳送訊框；否則主機會抑制訊框的傳達。後者的情況下，主機再次感應媒介之前，它會等待一個時間槽。p 持續的策略結合了另外兩種策略的優點，它減少了碰撞的機會並改進效率。圖 8.12 顯示這個策略。

CSMA/CD

假設發生碰撞，應該怎麼處理？針對這一點，CSMA 模式並未做出定義，這也是 CSMA 從未被實現的原因。載波感應多重存取 / 碰撞偵測 (Carrier sense multiple access with collision detection CSMA/CD) 增加了處理碰撞的程序。

在這個模式中，每台主機傳送一個訊框，然後它開始監控媒介，以確認傳輸是否成功。若傳輸成功，主機將結束工作；假如出現碰撞，它會再次傳送這個訊框。為了降低再次發生碰撞的可能性，主機應該等待一它應該**倒退重傳** (backoff)。問題是應該等待多久。合理來看，當第一次碰撞發生時，主機必須等待較短的時間，如果碰撞再次出現，主機應該多等一點時間，假如出現第三次，它應該等待更多時間，以此類推。

在指數**倒退重傳** (exponential backoff) 方法中，這個主機會等待 0 和 $2^N \times$（最長傳播時間）之間的時間，其中 N 是嘗試傳送的次數。換句話說，第一次它在 0 和 2 倍（最長傳播時間）之間等待，第二次在 0 和 $2^2 \times$（最長傳播時間）之間等待，以此類推。8.13 圖顯示 CSMA/CD 的程序。

圖 8.13 CSMA/CD 的程序

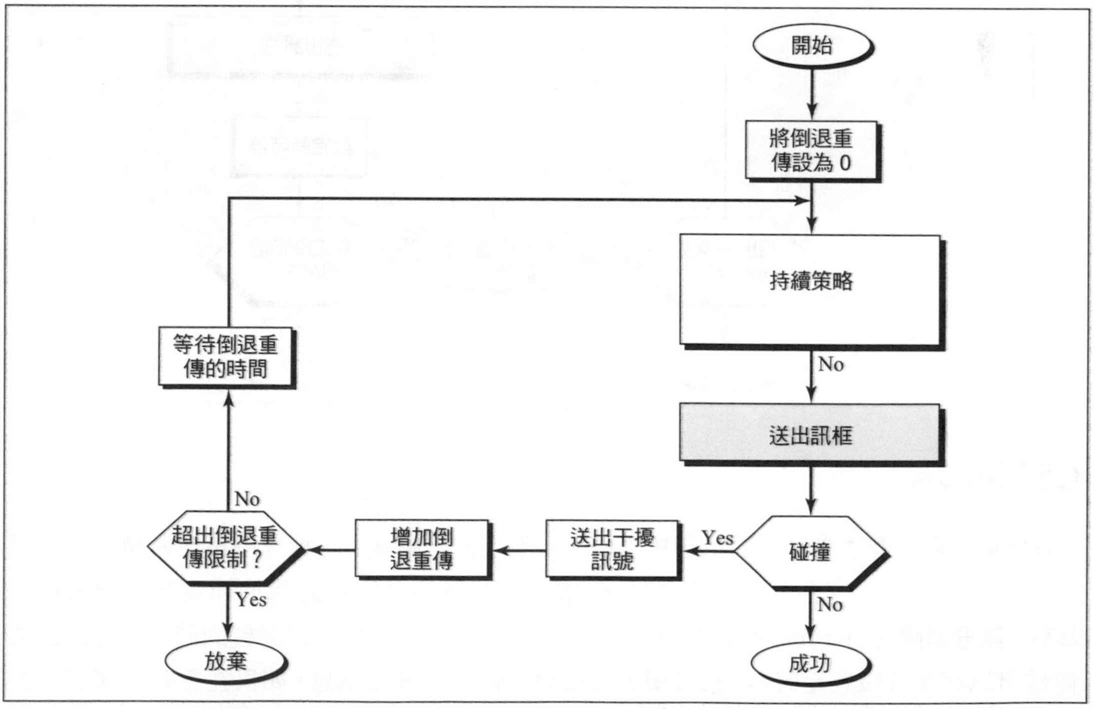

有訊框需要傳送的主機將倒退重傳參數 (N) 設為零，然後它使用其中一種持續策略來感覺線路。如果在傳送之後，整個訊框都已經傳送完成卻未發生碰撞，就是傳輸成功；不過，如果主機感覺到碰撞，它會送出一個干擾信號到線路上，將此狀況告知其他主機，並警告它們碰撞已經發生；所有主機應該放棄收到的部分訊框，此時這個主機將倒退重傳參數的值加 1。然後它會檢查倒退重傳的參數值是否已經超過極限（通常為 15）。如果這個數值已經超過極限，意思是這個主機已做過足夠的嘗試，並且應該放棄這個念頭，此台主機應該停止這個程序。

如果數值尚未超過極限，這個主機會依據倒退重傳參數的目前值，等待一個隨機的倒退重傳時間，然後再次感應線路。CSMA/CD 常用於傳統的乙太網路（第 10 章再討論）。

圖 8.14　CSMA/CA 的程序

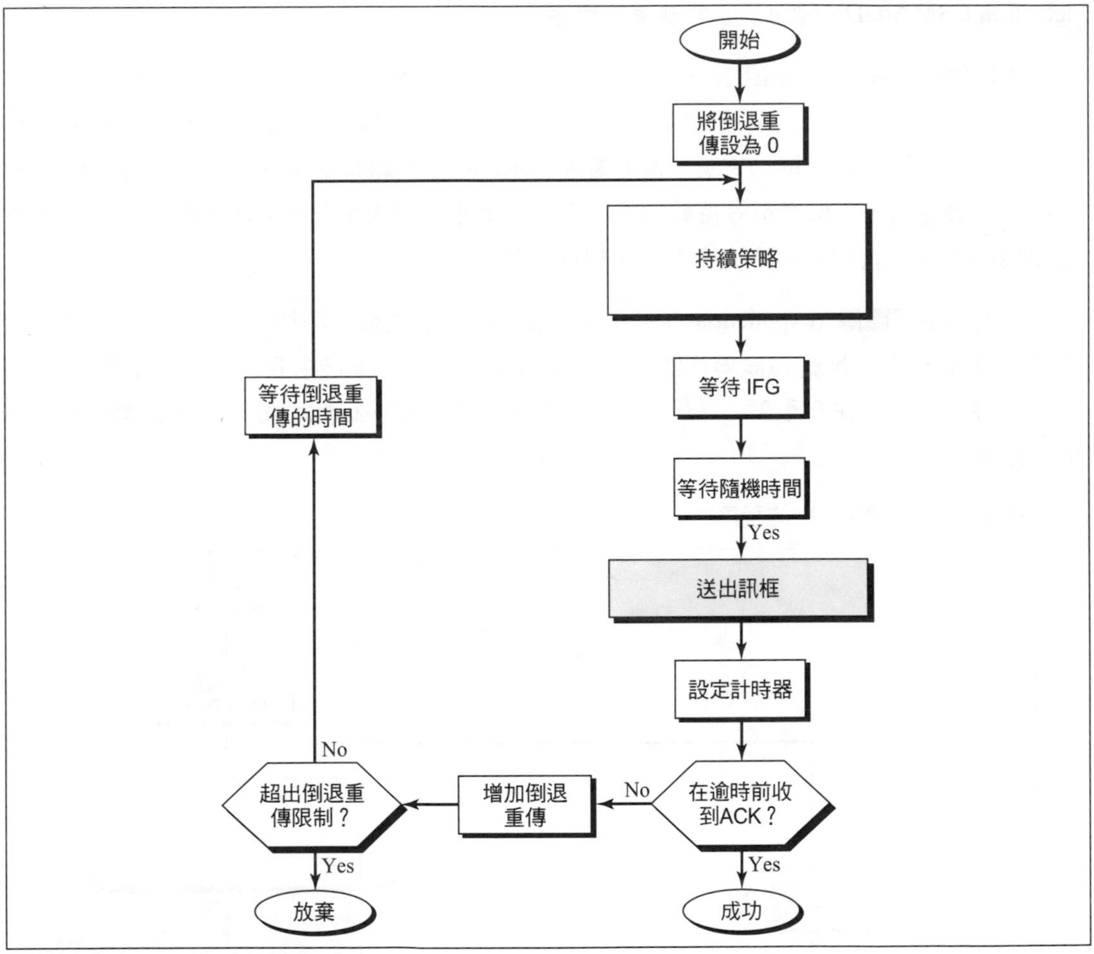

CSMA/CA

CSMA/CA 程序和先前所討論的程序不同，因為它沒有碰撞。這種程序可以避免碰撞，圖 8.14 顯示了這個程序。這台主機使用其中一種持續策略，當發現線路處於閒置狀態後，它會等待 **IFG**（**訊框間隔** (inter frame gap)）的時間，之後它繼續等待另一個隨機的時間。在此之後，它傳送出訊框並且設置定時器，接著便等待接收端傳來的確認訊息。如果在定時器期滿之前就收到確認，表示傳輸成功；如果這台主機未收到確認訊息，它知道必定在某處出了問題（訊框遺失或確認訊息遺失）。這個主機增加倒退重傳參數的值，等待倒退重傳所設的時間，並且再次感應線路。CSMA/CA 常用於無線區域網路（我們將在第 15 章討論）。

8.2 控制存取 Controlled Access

在**控制存取** (controlled access) 模式中，主機間相互詢問來決定哪一台主機有權利傳送，除非這台主機已由其他主機授權，否則該台主機無法傳送資料。

圖 8.15 記號傳遞網路

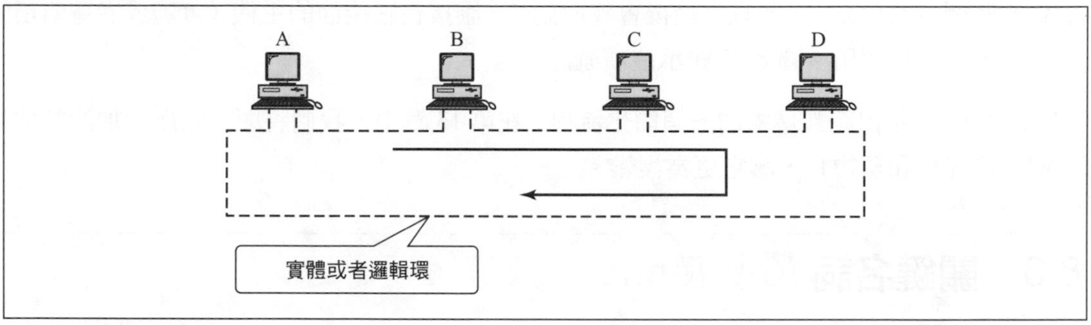

雖然有數個控制存取的模式，但是我們在本書中曾提到一個用於區域網路的方法：記號傳遞。

圖 8.16 記號傳遞程序

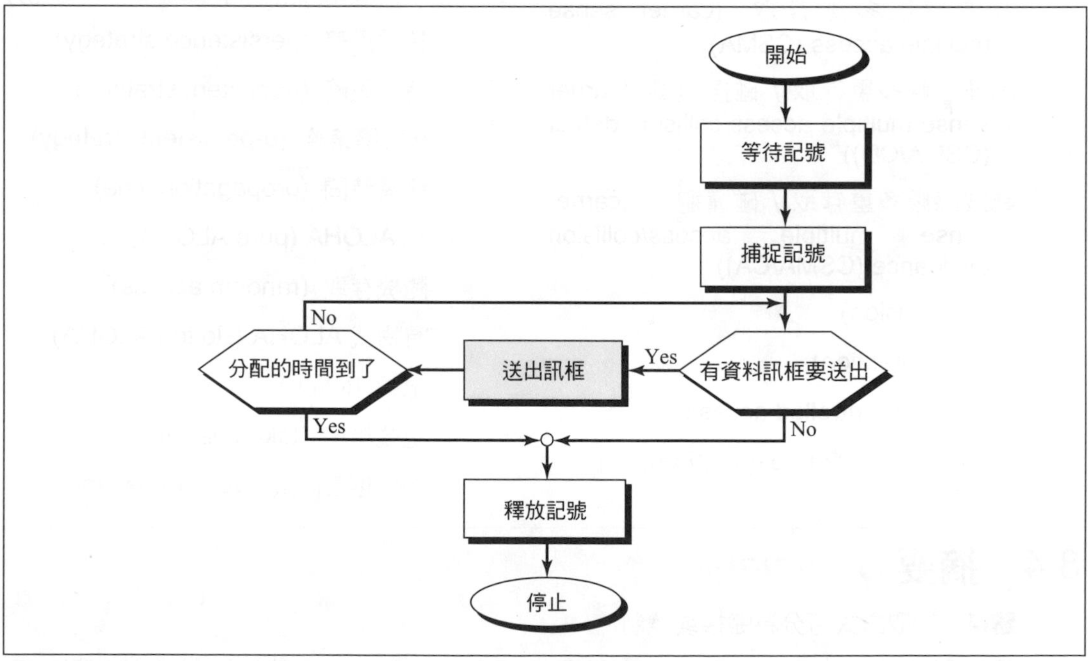

記號傳遞

在**記號傳遞** (token passing) 的模式中，主機在收到一個稱為**記號** (token) 的特殊訊框後，才被授權傳送資料。

在這個模式下，主機被安排在實體或邏輯環的周圍。在實體環的實現上（見第 13 章），每一台主機實際與它前方或後方的主機連接；在邏輯環的執行中（見第 12 章），主機邏輯地與它前方或後方的主機連接。在這兩種情況下，訊框來自前端的主機，並且往下一部主機傳送。

當未傳送任何資料時，一個記號繞著環轉圈圈。如果某部主機需要傳送資料，它要等待記號到來。這個主機捕獲到記號之後，可以傳送一個或更多的訊框（只要它有訊框要傳，或是分配到的時間沒有用光），並且它最後會釋放記號，讓接在它後面的主機（實體或者邏輯環的下一個主機）可以使用。圖 8.15 顯示這項概念。

圖 8.16 顯示出記號傳遞的一個簡化流程。在第 13 章中，我們將顯示它所增加的其他特性（例如優先權和預約），讓它更為複雜。

8.3 關鍵名詞 *Key Terms*

1 持續策略 (1-persistent strategy)
阿囉哈 (ALOHA)
倒退重傳 (backoff)
載波感應多重存取 (carrier sense multiple access (CSMA))
載波感應多重存取 / 碰撞偵測 (carrier sense multiple access/collision detect (CSMA/CD))
載波感應多重存取 / 碰撞避免 (carrier sense multiple access/collision avoidance (CSMA/CA))
碰撞 (collision)
競爭 (contention)
控制存取 (controlled access)
訊框間隔 (interframe gap (IFG))
媒介存取控制 (medium access control (MAC))
多重存取 (multiple access (MA))
不持續策略 (nonpersistent strategy)
持續策略 (persistence strategy)
持續策略 (persistent strategy)
p 持續策略 (p-persistent strategy)
傳播時間 (propagation time)
純 ALOHA (pure ALOHA)
隨機存取 (random access)
時槽式 ALOHA (slotted ALOHA)
記號 (token)
記號傳遞 (token passing)
易受傷害時間 (vulnerable time)

8.4 摘要 *Summary*

■媒介存取方式可分為隨機或控制。

■ALOHA 是一個隨機存取方法，特性為多重存取，沒有載波感應，沒有碰撞偵測和訊框的確認。

■碰撞可能發生的時間區間稱為易受傷害時間。

- ■載波感應多重存取 (CSMA) 模式中，主機將資料傳送到線路前，必須先聆聽媒介是否可以使用。
- ■在載波感應多重存取中，主機感覺媒介處在忙碌的狀態下，它會使用持續策略來進行下一步的操作。
- ■載波感應多重存取 / 碰撞偵測 (CSMA/CD) 是 CSMA 加上碰撞被偵測後所使用的程序。
- ■載波感應多重存取 / 碰撞避免 (CSMA/CA) 是 CSMA 加上避免碰撞的程序。
- ■記號傳遞是一種控制存取的方法。

8.5 練習題 *Practice Set*

選擇題

1. 最原始的隨機存取方法是_________。

   a. 純 ALOHA

   b. 時槽式 ALOHA

   c. CSMA

   d. 記號傳遞

2. 在_________隨機存取方法中，不會發生碰撞。

   a. ALOHA

   b. 載波感應多重存取 / 偵測碰撞

   c. 載波感應多重存取 / 避免碰撞

   d. 記號傳遞

3. 如果使用純 ALOHA 模式花了 25μs 來傳送訊框，那麼它的易受傷害時間是_________。

   a. 12.5μs

   b. 25μs

   c. 50μs

   d. 50ms

4. 易受傷害時間為 10μs，若使用純 ALOHA 則需使用多少時間來傳送訊框？

   a. 10μs

   b. 5μs

   c. 50μs

   d. 5ms

5. 在_________隨機存取方法中，易受傷害時間是訊框傳輸時間的兩倍？

   a. 純 ALOHA

   b. 時槽式 ALOHA

   c. CSMA/CD

d. CSMA/CA

6. 在________隨機存取方法中，易受傷害時間等於訊框傳輸的時間？

   a. 純 ALOHA

   b. 時槽式 ALOHA

   c. 載波感應多重存取 / 偵測碰撞

   d. 載波感應多重存取 / 避免碰撞

7. 在________隨機存取方法中，主機不會去感應媒介？

   a. ALOHA

   c. CSMA/CD

   d. CSMA/CA

   d. 乙太網路

8. 在________隨機存取方法中，易受傷害時間等於延遲傳播時間？

   a. 純 ALOHA

   b. 時槽式 ALOHA

   c. CSMA

   d. 記號傳遞

9. 訊框傳輸時間永遠________延遲傳播時間。

   a. 等於

   b. 大於

   c. 小於

   d. 以上皆非

10. 在 1 持續方法中，當主機發現閒置線路時，它________。

   a. 在傳送之前等待一段與延遲傳播時間等長的時間

   b. 在傳送之前等待一段與訊框傳輸時間等長的時間

   c. 在傳送之前等待一段與 $1-p$ 等長的時間

   d. 立即傳送

11. 在 p 持續方法中，當主機發現閒置線路時，它________。

   a. 在傳送之前等待一段與延遲傳播時間等長的時間

   b. 在傳送之前等待一段與訊框傳輸時間等長的時間

   c. 以機率 p 來傳送

   d. 立即傳送

12. 一個網路使用 CSMA 隨機存取方法，並具有 p 等於 0.24 的統計值，它所等待的時間比用 p 等於________來傳送的類似網路更長。

   a. 0.10

b. 0.15

c. 0.20

d. 0.40

13. 一個網路使用 CSMA 隨機存取方法，並具有 p 等於 0.25 的 CSAM 隨機存取方法，當存取閒置線路後，會有百分之_________的時間抑制資料的傳送。

a. 25

b. 50

c. 75

d. 100

14. 一個網路使用 CSMA 隨機存取方法，並具有 p 等於 0.25 的 CSAM 隨機存取方法，當存取閒置線路後，會有百分之_________的時間傳送資料。

a. 25

b. 50

c. 75

d. 100

15. 1 持續的方法可以被視為 p 持續方法中使用 p = _________的特例。

a. 0.1

b. 0.5

c. 1.0

d. 2.0

16. 在 CSMA/CD 隨機存取方法中，如果最大的延遲傳播時間為 100μs，而主機試圖傳送兩次都失敗，在下次傳送前，主機會將等待_________μs。

a. 50

b. 100

c. 200

d. 400

17. 在 CSMA/CD 隨機存取方法中，如果最大的延遲傳播時間為 100μs，而主機試圖傳送十次都失敗，在下次傳送前，主機將等待_________μs。

a. 1

b. 10

c. 1

d. 1032

18. _________是控制存取方法

a. 時槽式 ALOHA

b. 純 ALOHA

c. CSMA/CD

d. 記號傳遞

練習題

19. 在純 ALOHA 協定中，主機何時存取媒介？
20. 在純 ALOHA 協定中，如果媒介繁忙時，應該如何處理？
21. 在 ALOHA 協定中，主機如何認定這是個成功或失敗的傳輸？
22. 在純 ALOHA 協定中，如果發生存取衝突，主機應該如何因應？
23. 在時槽式 ALOHA 協定中，主機何時存取媒介？
24. 在時槽式 ALOHA 協定中，如果媒介繁忙時，應該如何處理？
25. 在時槽式 ALOHA 協定中，主機如何認定這是個成功或失敗的傳輸？
26. 在時槽式 ALOHA 協定中，如果發生存取衝突，主機應該如何因應？
27. 在載波感應多重存取 / 碰撞偵測 (CSMA/CD) 協定中，主機何時存取媒介？
28. 在 CSMA/CD 協定中，如果媒介繁忙時，應該如何處理？
29. 在 CSMA/CD 協定中，主機如何認定這是個成功或失敗的傳輸？
30. 在 CSMA/CD 協定中，如果發生存取衝突，主機應該如何因應？
31. 在載波感應多重存取 / 碰撞避免 (CSMA/CA) 協定中，主機何時存取媒介？
32. 在 CSMA/CA 協定中，如果媒介繁忙時，應該如何處理？
33. 在 CSMA/CA 協定中，主機如何認定這是個成功或失敗的傳輸？
34. 在 CSMA/CA 協定中，如果發生存取衝突，主機應該如何因應？
35. 在記號傳遞協定中，主機何時存取媒介？
36. 在記號傳遞協定中，如果媒介繁忙時，應該如何處理？
37. 在記號傳遞協定中，主機如何認定這是個成功或失敗的傳輸？
38. 在記號傳遞協定中，如果發生存取衝突，主機應該如何因應？
39. 根據這章討論的各種協定，使用“Yes”或“No”完成表 8.1。

表 8.1　習題 39

屬性	純 *ALOHA*	時槽式 *ALOHA*	*CSMA/CD*	*CSMA/CA*	記號傳遞
多重存取					
載波感應					
碰撞檢視					
確認					

第 9 章

邏輯連結控制

Logical Link Control (LLC)

在第二章，我們介紹過 IEEE 的 802 專案。我們當時解釋它可以再把資料連結層分成兩個子層：LLC 與 MAC。如圖 9.1 所示。

圖 9.1　IEEE 802 專案

在標準背後所衍生出來的新方法是建立子層，LLC 是位於資料連結層當中的一個子層，用來讓不同的 LAN 協定之間可以進行傳輸溝通。如果使用一樣的 LLC，LAN 就算使用不同的協定一樣可以連結一起。換句話說，共通的 LLC 層讓一些包括存取方法，編碼，訊號，傳輸媒介等等 LAN 的特定屬性，對上層協定而言都是透通的。

LLC 是 802 專案中的其中一部分 (802.2)。對於每一種在 MAC 定義的協定而言，它都是相同的。MAC 子層只提供一個虛擬而且不可靠的連結。LLC 可以增加這個連結的可靠度，這是藉由監督管理 MAC 層的訊框，直到這些資料抵達目的端以及確認訊號已經被接收為止。

一個網路可以選擇是否使用 LLC 所提供的服務。如果一個網路使用了比較高階層的協定服務（例如 TCP），那麼它或許不需要 LLC 的服務。然而，如果一個網路並沒有使用比較可靠的高階層協定，那麼它就需要使用 LLC 的服務。

另外一個 LLC 的應用就是多工。當一個工作站使用多種高階層協定，像是 IP 以及 IPX（在 Novel Netware 的網路層協定），就需要用到多工。LLC 可以從來源端的那些協定中取得一個資訊，然後將它送到目的端的一個適當協定。圖 9.2 顯示這種情況。

圖 9.2 使用 **LLC** 的多工

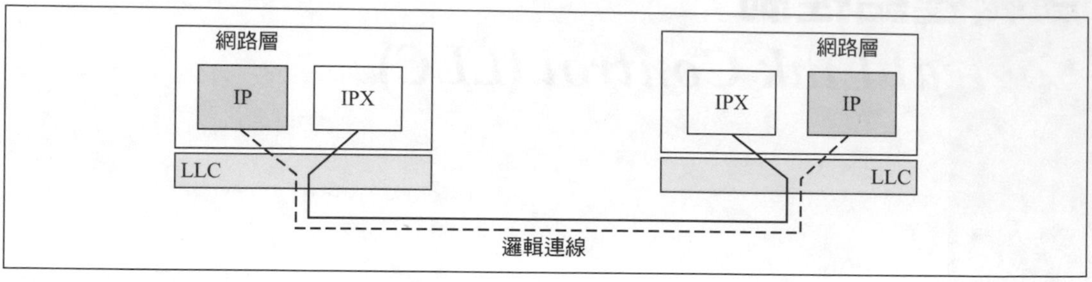

圖 9.3 服務的概念

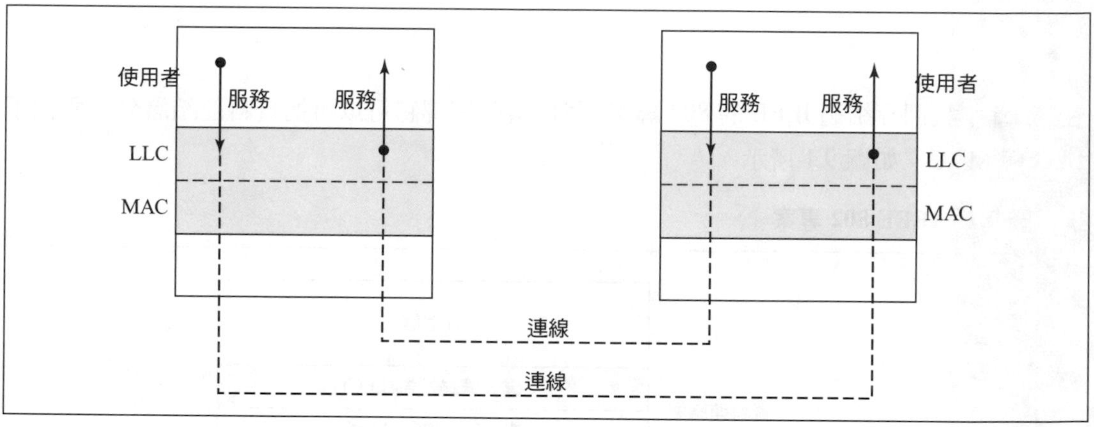

9.1 服務 *Services*

LLC 負責提供服務給 LAN 中的使用者。這裡的使用者是一個廣義的名詞。使用者可以是上層那些使用 LLC 服務的協定。不過，它通常是網路層。圖 9.3 顯示這樣的概念。

圖 9.4 **LLC** 服務的類型

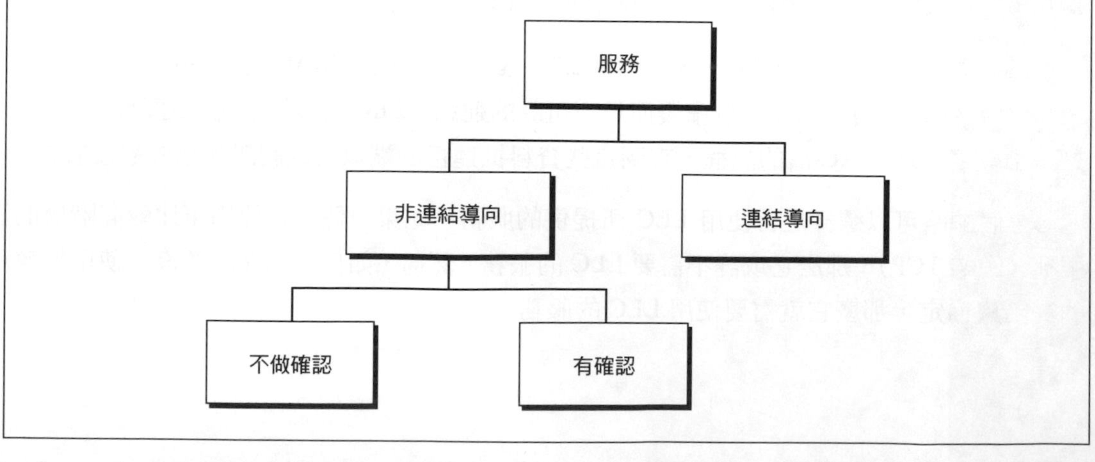

802 定義兩種類型的 LLC 層服務：**非連結導向** (connectionless) 以及**連結導向** (connection-oriented)。一個非連結導向的服務可以是**不做確認** (unacknowledged) 或是**確認的** (acknowledged)（請參考圖 9.4）。

表 9.1 顯示每一種類型服務所使用的基本指令列表（資訊交換）。

表 **9.1** 三種類型服務的基本指令

非連結導向基本指令	連結導向基本指令
不做確認連結導向 DL-UNITDATA.request DL-UNITDATA.indication 確認連結導向 DL-DATA-ACK.request DL-DATA-ACK.indication DL-DATA-ACK-STATUS.indication DL-REPLY.request DL-REPLY.indication DL-REPLY-STATUS.indication DL-REPLY-UPDATE.request DL-REPLY-UPDATE.indication	連結導向 DL-CONNECT.request DL-CONNECT.indication DL-CONNECT.response DL-CONNECT.confirm DL-DATA.request DL-DATA.indication DL-DISCONNECT.request DL-DISCONNECT.indication DL-DISCONNECT.response DL-DISCONNECT.confirm DL-RESET.request DL-RESET.indication DL-RESET.response DL-RESET.confirm DL-CONNECTION-FLOWCONTROL.request DL-CONNECTION-FLOWCONTROL.indication

不做確認非連結導向服務

在這類型服務中，使用者傳送一個資料單元，不會做任何的連結，也沒有期望有一個指示來確定資料是否已經被另一端的使用者接收。這裡有兩種基本的非連結導向服務，顯示在表 9.1。

圖 **9.5** 使用不做確認非連結導向基本指令的資料傳輸

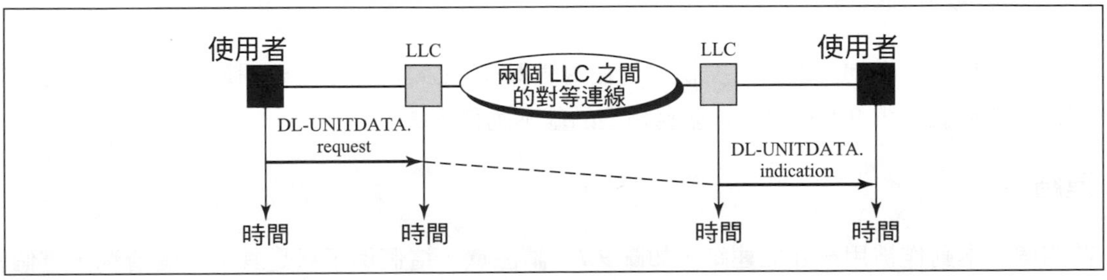

資料傳送

這裡唯一的服務類型就是資料傳送。兩種不做確認的基本動作，被用來傳送從使用者到本地工作站 LLC 的資料，以及從 LLC 到遠端工作站使用者的資料。請注意這個服務是單工的（simplex 單向的），而且沒有任何的連結或是確認。本地的使用者永遠不知道資料是否已經被遠端的使用者所接收。圖 9.5 顯示這些基本概念的使用。

圖 9.6 使用確認非連結導向基本指令的資料傳輸

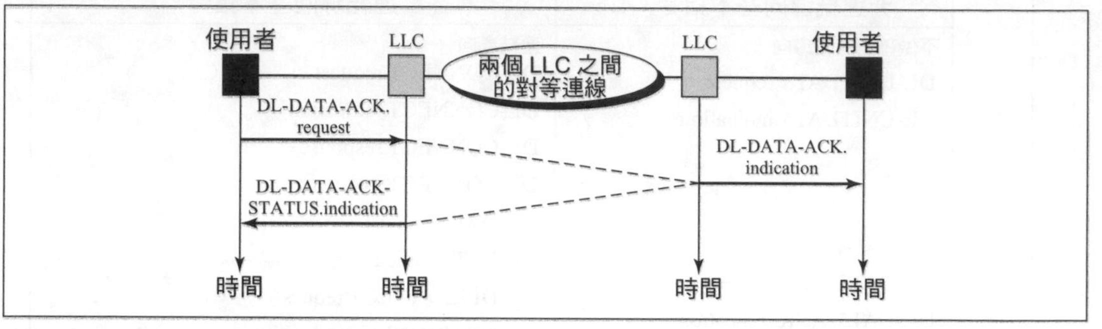

確認非連結導向的服務

這樣的服務同樣是非連結導向的。然而，傳送的使用者會透過確認來告知資料已經被接收端使用者所接收。這種類型有八個基本動作，顯示在表 9.1。

資料傳送

這種服務最重要的目的就是傳送資料。前三個基本動作 (DL-DATA-ACKs) 被用來確定資料的遞送，如圖 9.6。

輪詢與選擇

其他的基本動作被設計成**輪詢與選擇** (Polling and selecting)，不過，實際上現在已經很少使用這些動作。

連結導向的服務

這種服務是連結導向。在資料交換前，在兩個 LLC 之間要先建立一個連結，當資料傳送後，連結會被釋放。表 9.1 列出這樣服務類型的基本動作。

連結

前四個基本動作被用來建立連結，如圖 9.7。請注意，這個例子只是其中一個情況，這個例子包括一個連結被建立的步驟，它是成功連線的情況。其他像是來自本地端 LLC 以及遠端 LLC 的連結拒絕情況並沒有被顯示出來，我們把它留在後面當作練習。

圖 9.7 使用連結導向基本指令的連線

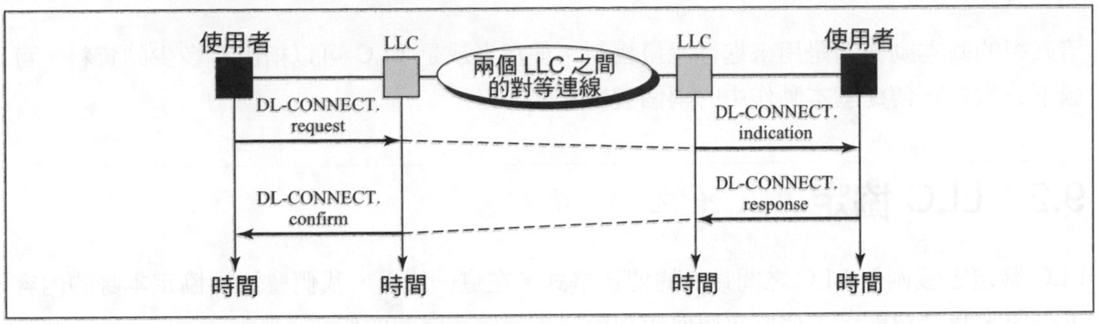

圖 9.8 使用連結導向基本指令的資料傳輸

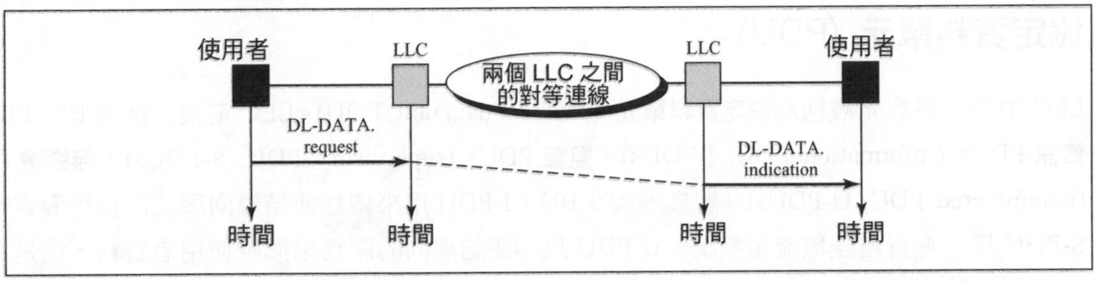

資料傳送

在連結建立步驟之後，資料可以使用如圖 9.8 所顯示的兩種基本動作來傳送。

中斷連結

第三組基本動作用來中斷連結，顯示在圖 9.9。請注意，這個中斷的動作可以在任何一端被啟動。特定的例子被保留當作習題。

圖 9.9 使用連結導向基本指令的中斷連結

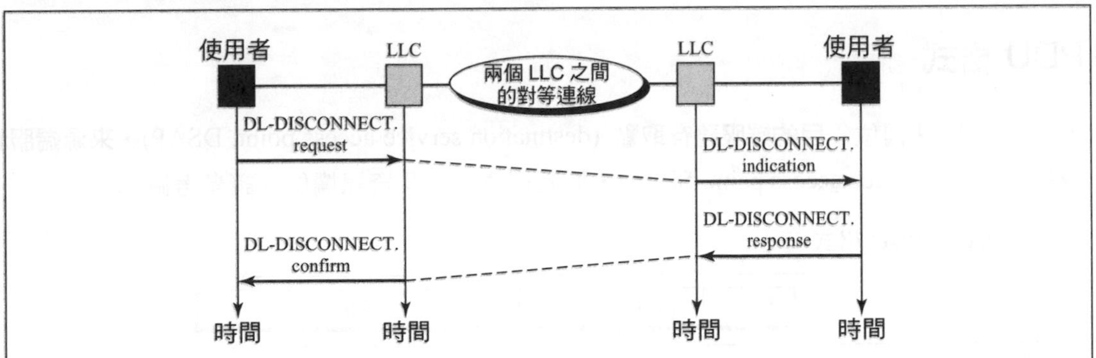

重新設定

第四組的基本動作則是用來重新設定連結。它主要發生在如果有使用者感覺這個連結有問題（例如同步）的時候。

流量控制

第五組的基本動作則是用來進行流量控制。使用者或是 LLC 可以指出有多少的資料，可以通過下一次資料傳送基本動作中的兩個實體之間。

9.2 LLC 協定 *LLC Protocol*

LLC 協定定義兩個 LLC 之間封包的傳送格式。在這一節中，我們會討論協定本身的內容。在下一節，我們會顯示這個協定如何用來連結前一節所定義的服務。

協定資料單元 (PDU)

LLC 中的資料單元被稱為**協定資料單元** (protocol data unit, PDU)。LLC 定義三種類型的 PDU：**資訊** PDUs (information PDU, I-PDUs)，**監督** PDUs (supervisory PDU, S-PDUs)，**無編號** PDU (unnumbered PDU, U-PDUs)（請參考圖 9.10）。I-PDU 用來傳送連結導向服務的使用者資料。S-PDU 用來進行錯誤與流量控制。U-PDU 以非連結導向的服務來攜帶使用者資料，或是以連結導向的方式攜帶管理資訊。

圖 9.10 PDU 類型

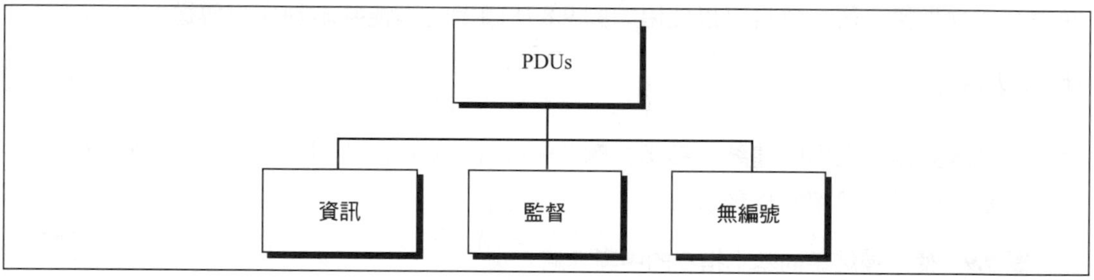

PDU 格式

PDU 包含四個欄位：**目的端服務存取點** (destination service access point, DSAP)，**來源端服務存取點** (source service access point, SSAP)，控制欄位，以及資訊欄位（請參考圖 9.11）。

圖 9.11 PDU 格式

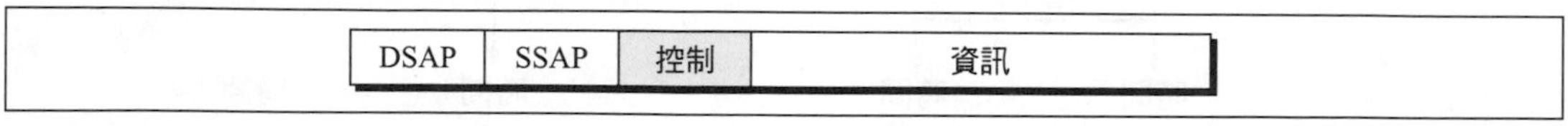

DSAP 與 SSAP

DSAP 及 SSAP 是種位址，被 LLC 用來識別協定在傳送以及接收端機器上的協定堆疊，這些機器則是產生以及使用資料。有兩個欄位允許 LLC 可以多路傳送高階的協定，如圖 9.2。例如，DSAP 以及 SSAP 可以包含 IPX 協定之預設編碼。DSAP 的第一個位元用來指出 PDU 是給獨立個體或是給群體。而 SSAP 的第一個位元則是代表是指令或是 PDU 的回應。

圖 9.12 PDU 格式

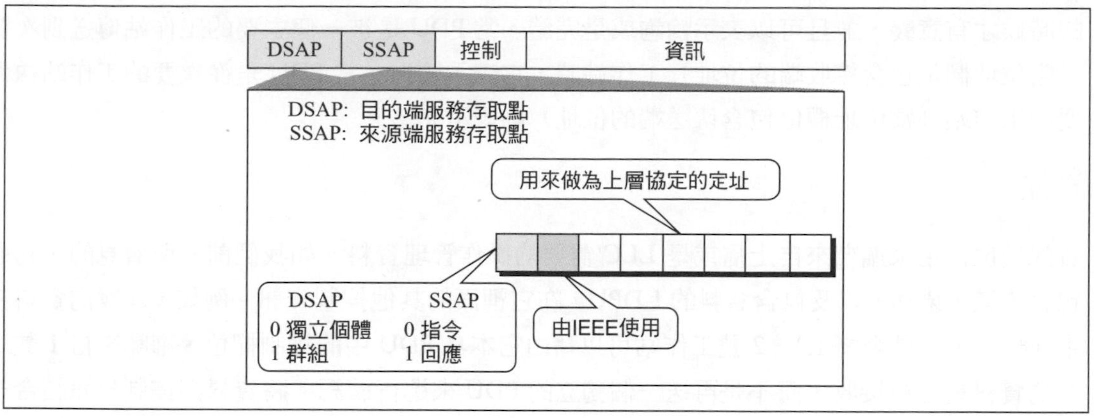

控制

控制欄位當中的第一個或是第二個位元定義 PDU 的類型。剩下的控制位元會依據 PDU 的類型而有所不同。

- 一個 I-DPU 還包括兩個 3 bit 的流量以及錯誤控制序列，叫做 N (S) 以及 N (R)，分別位於輪詢 / 完結 (poll/final P/F) 位元的兩側。N (S) 具體指出有多少 PDU 將被送出（它自己的識別數字）。N (R) 指出期望在雙向交換之後所得到的 PDU 數目。因此 N (R) 是一個確認的欄位。如果最後一個 PDU 是無錯誤的被接收，N (R) 的數字將是序列中的下一個 PDU。如果最後的 PDU 在接收時有錯誤，N (R) 的數字會是這個損壞 PDU 的編號，並且指出這裡需要重傳。
- S-PDU 的控制欄位包含 N (R) 但是沒有 N (S)。當接收端本身沒有資料要送的時候，S-PDU 被用來回傳 N (R)。否則，確認會包含在 I-DPU 的控制欄位中（如前面的敘述）。S-DPU 並沒有傳送資料，所以它不需要 N (S) 欄位來確認他們。S-PDU 在 P/F 之前的兩個位元，用來攜帶編碼的流量以及錯誤控制資訊，這些會在後面談到。
- U-PDU 沒有 N (S) 也沒有 N (R)。相對地，U-DPU 有兩個編碼欄位，一個是兩位元的，另一個是三個位元的，在 P/F 兩側。這些碼用來識別 U-DPU 的類型以及其功能（例如，建立交換的模式）。在 PDU 中所有三種控制欄位被顯示在在圖 9.13。

圖 9.13 控制欄位

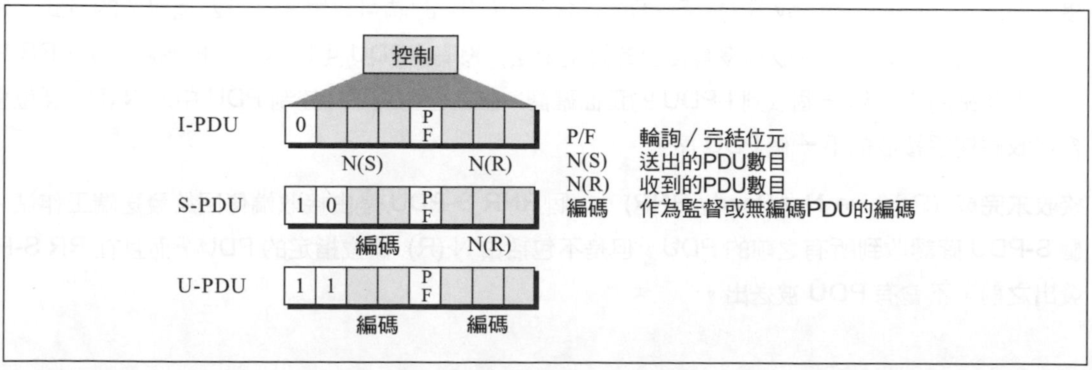

P/F 欄位，是一個單一位元的欄位，為的是達到成對的目的。只有當這個位元被設定為 1 的時候才有意義，並且可以表示輪詢或是完結。當 PDU 是被一個主要的工作站傳送到次要的（當位址欄位包含接收端的位址）工作站時，它表示輪詢。當 PDU 是從次要的工作站送到主要的工作站（當位址欄位包含傳送端的位址）則表示完結。

資訊

資訊欄位被用來攜帶來自上層或是 LLC 需要的操作管理資料。如我們前面所看見的，它通常包含流量，錯誤，以及包含資料的 I-DPU，在它裡面的其他控制資訊。例如，在雙向資料交換中（半雙工或是全雙工），2 號工作站可以藉由它本身 PDU 中的控制欄位，確認來自 1 號工作站的資料是否被接收，而不是再送一個獨立的 PDU 來進行確認。將資料與控制資訊結合一起傳送的方式，我們稱為**背負式回送**（或搭順風車 piggybacking）。我們會在本章稍後談到連結導向的服務時，再展示背負式回送的例子。

更多與 PDU 相關的東西

我們更深入地瞭解三種不同類型的 PDU

I-PDUs

在三種類型中，I-PDU 是最簡單易懂的。I-PDU 被設計用來傳輸使用者的資訊以及順風車方式的確認。基於這樣的理由，I-PDU 變化的範圍其實很小—所有的變化與不同都來自資料本身（內容與 CRC），以及 PDU 數目的識別，或是接收到 PDU 的確認（ACK 或 NAK）。

S-PDU

S-PDU 在控制欄位中又包含幾個子欄位。管理 PDU 被用來進行確認，流量控制，使用順風車的方式的錯誤控制，這種情況下，資訊被附加在 I-PDU 中不可行也不適當（當工作站本身沒有資料要傳送時，或需要傳送一個「命令」或「回應」而非「確認」時）。S-PDU 並沒有資訊欄位，可是每一個都會攜帶資訊到工作站。這些資訊是依據 S-PDU 的類型以及傳輸的內容。S-PDU 類型是由它的控制欄位中，P/F 之前的兩個位元編碼來決定。S-PDU 有三種類型：接收完成 (RR)，接收未完成 (RNR)，以及拒絕 (REJ)。

接收完成 (Receive Ready RR)　S-PDU 包含 RR (00) 的碼可以用來表示四種可能的方式，每一種都有不同的意義。當接收端沒有自己的資料要送（沒有 I-PDU 可以讓確認搭順風車），RR 讓接收端工作站用來回傳一個收到 I-PDU 的正面確認。在這種情況下，控制 PDU 中的 N (R) 欄位會包含接收端期望接收的下一個 PDU 序號。

接收未完成 (Receive Not Ready RNR)　一個 RNR S-PDU 是由接收端傳回給發送端工作站。這個 S-PDU 確認收到所有之前的 PDU，但是不包括由 N (R) 欄位指定的 PDU，而且在 RR S-PDU 發出之前，不會有 PDU 被送出。

拒絕 (Reject REJ) 第三種類型的 PDU 是拒絕 (REJ)。當接收端沒有使用搭順風車的方式來回應結果時，REJ 是由回溯 $-n$ ARQ 錯誤更正系統下的接收端傳回之負面確認。在 REJ 的 PDU 中，N (R) 欄位包含損壞的 PDU 數量，用來指出該 PDU 以及在它之後的所有 PDU 都必須重傳。

U-PDU

無編號的 PDU 是兩個裝置之間，用來交換使用者資訊或是管理以及控制資訊。然而，當使用 S-PDU 時，大多數由 U-PDU 所載送的信息是包含那些控制欄位的編碼。U-PDU 碼被分成兩個部分：一個兩位元的前置碼，被放置在 P/F 前面，另外一個是三位元的結尾被放置在 P/F 後面。這兩個總共五位元的分段欄位，可以用來建立共 32 種不同類型的 U-PDU。表 9.2 顯示這些無編碼 PDU 被用在 LLC 協定中的類型。

表 9.2 無編號 PDUs

PDU	用途
AC	確認非連結導向資訊
DISC	中斷連結
DM	中斷連結模式
FRMR	訊框拒絕
SABME	設定非同步平衡模式
TEST	迴路測試
UA	無編號確認
UI	無編號資訊
XID	交換 ID

我們會在下一節討論這些 PDU。

9.3 服務 / 協定的對應 *Service/Protocol Association*

目前我們已經學習有關 LLC 所提供的服務，以及攜帶 LLC 資料單元的協定。現在正是檢視它們之間關係的時候。

不做確認非連結導向的服務

這個服務用到三個 U-PDU：UI、XID、以及 TEST。圖 9.14 顯示使用 UI-PDU 基本動作的關係。其他兩個 PDU 類型則是用來交換 ID 以及作為迴圈測試，它們跟基本服務並沒有相關。

確認非連結導向的服務

這個服務只用到一個 U-PDU，也就是 AC。圖 9.15 顯示使用 AC PDU 基本動作的關係。一個本地的 LLC 送出一個 AC PDU，其序號為 0。遠端的 LLC 在確認接收後會送回一個 AC PDU，其序號為 1。這個服務所用到的序號就是 0 與 1。

圖 **9.14** 用在不做確認非連結導向服務的 **PDU**

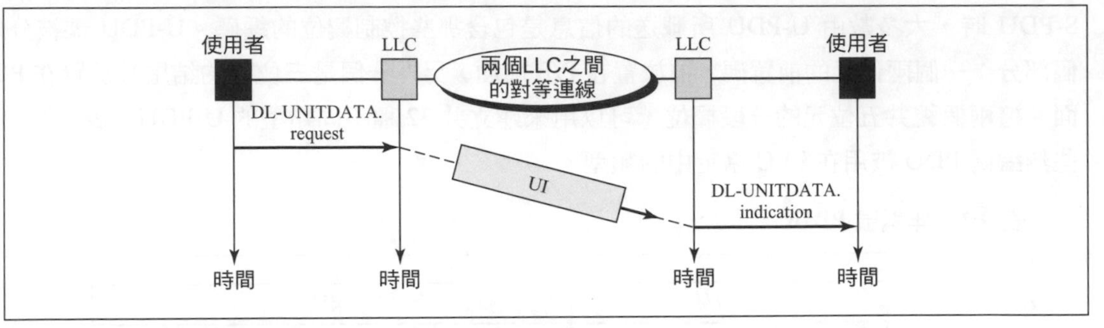

圖 **9.15** 用在確認非連結導向服務的 **PDU**

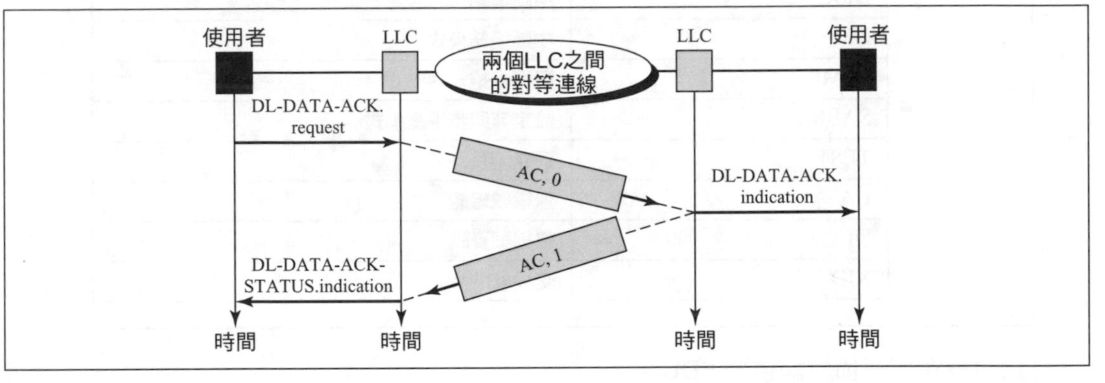

以連結為導向的服務

這個服務使用到三個形式的 PDU：I-PDU、S-PDU、U-PDU。

圖 **9.16** 用在連線建立的 **PDU**

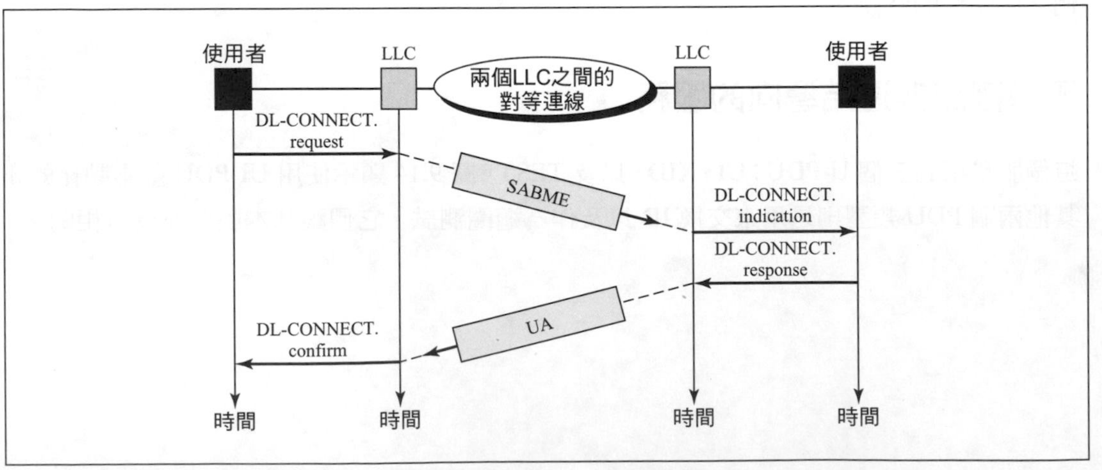

連結

圖 9.16 顯示如何建立一個連結。當本地的使用者要求一個連結的時候，會從 LLC 使用 DL-CONNECT.request。本地的 LLC 傳送出 SABME PDU 給遠端的 LLC。遠端的 LLC 利用 DL-CONNECT.indication 來通知遠端使用者。

如果遠端使用者同意這個連結，它會回應一個 DL-CONNECT.response。而遠端的 LLC 此時會送出一個 UA PDU 給本地的 LLC。最後，本地的 LLC 會利用 DL-CONNECT.confirm 來確認。

圖 9.17　用在資料傳輸的 PDU

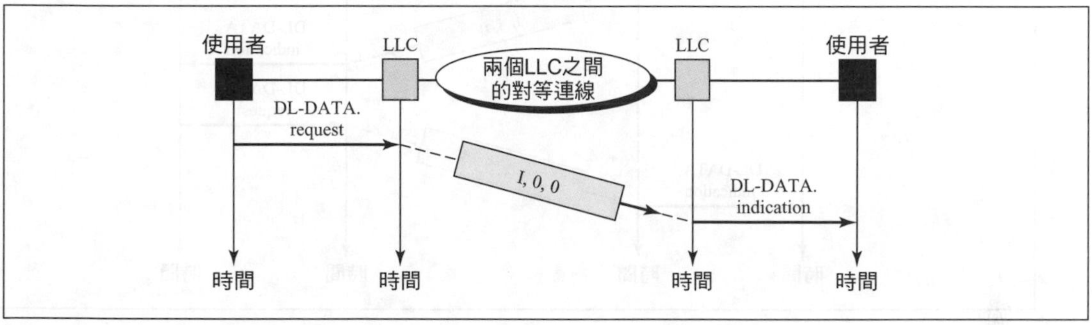

資料傳輸

圖 9.17 顯示如何傳輸資料。本地的使用者從 LLC 並且藉由 DL-DATA.request 來提出傳送資料需求。本地 LLC 會送出一個 I-DPU 給遠端的 LLC。遠端的 LLC 利用 DL-DATA.indication 通知使用者資料已經被接收。如果有更多的 PDU 被送出，那麼資料傳送會一直持續下去。同時，確認可以從遠端的 LLC 利用 S-DPU 被傳送出來。而遠端 LLC 如果也有資料要送的話，順風車的方式可以在這裡派上用場。

另外一個資料傳送的例子，讓我們顯示 I-PDU 如何能將資料與控制（以順風車的方式）結合一起。圖.18 顯示一個雙向通訊，兩邊的 LLC 都有 PDU 要傳送到對方。

本地的 LLC 送出一個 I-PDU 給遠端 LLC，而傳送的序號為 4（這個數字可以是隨機的），以及確認數字是 0。此時表示本地 LLC 並沒有接收到從遠端 LLC 送來的任何的 PDU。

當遠端 LLC 送來的 I-PDU 序號為 1，而且確認數字為 5，表示它確認接收到從本地 LLC 送來序號為 4 的 I-PDU（通常，確認數字會是接收到的 PDU 序號加 1）。

這被稱為順風車。因為遠端 LLC 可以送出一個 S-DPU，用來表示確認接收到從本地 LLC 送來的 I-DPU，以及它自己的 I-PDU；這兩個資訊搭著同一個 I-PDU 的便車。

中斷連結

圖 9.19 顯示如何中斷一個連結。本地的使用者要求中斷連結的時候，會由 LLC 使用 DL-DISCONNECT.request。本地 LLC 送出一個 DISC 給遠端 LLC。而遠端 LLC 則會利用 DL-DISCONNECT.indicate 來通知遠端使用者。最後遠端送出一個 UA 確認中斷連結。

圖 9.18 背負式回送 (piggybacking)

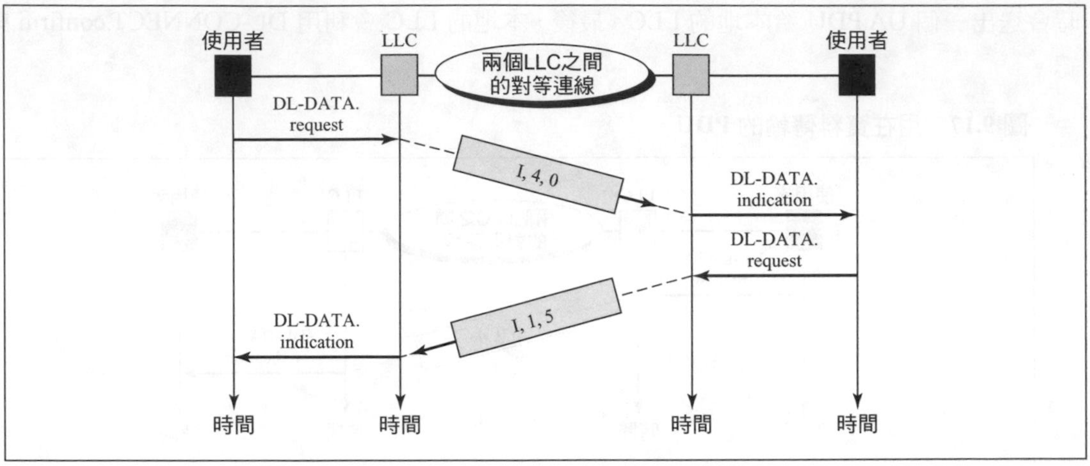

圖 9.19 用在中斷連結的 PDU

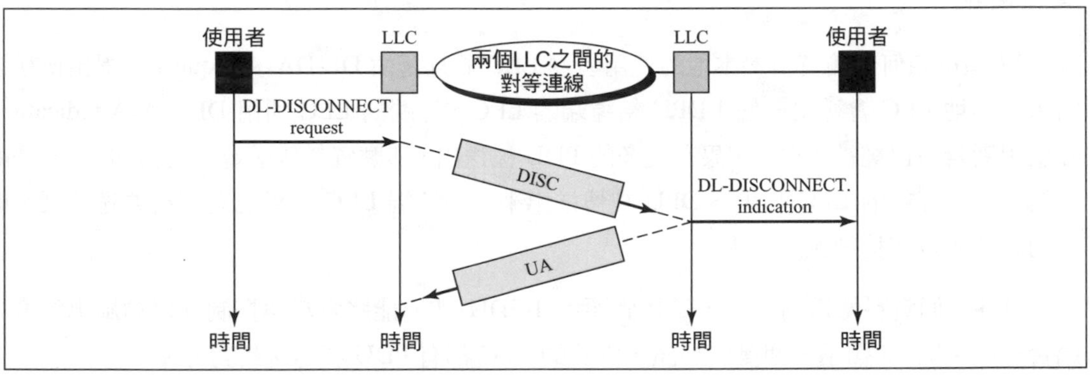

9.4 關鍵名詞 *Key Terms*

確認非連結導向服務 (acknowledged connectionless service)

輪詢 / 完結位元 (P/F 位元) (poll/final bit, P/F bit)

非連結導向服務 (connectionless service)

基本指令 (primitives)

連結導向服務 (connection-oriented service)

協定資料單元 (protocol data unit, PDU)

目的端服務存取點 (destination service access point, DSAP)

來源端服務存取點 (source service access point, SSAP)

資訊 PDU (information PDU, I-PDU)

監控 PDU (supervisory PDU, S-PDU)

N (S)

N (R)

背負式回送、順風車 (piggybacking)

無編號 PDU (unnumbered PDU, U-PDU)

不做確認非連結導向服務 (unacknowledged connectionless service)

9.5 摘要 Summary

- LLC (Logical Link Control) 子層允許不同的 LAN 協定之間可以進行傳輸溝通。
- LLC 可以提供非連結導向或連結導向服務。
- 非連結導向服務可以是確認或不做確認。
- 在不做確認非連結導向服務中，傳送端送出一個資料單元時，不用建立連結，也不期待收到接收端任何確認的資訊。
- 在確認非連結導向服務中，傳送端送出一個資料單元時，不用建立連結，但是會期待收到來自接收端有關傳輸的狀態。
- 連結導向服務包括三個層面：連結、資料傳送、取消連結。
- 在 LLC 層中的資料單元叫做協定資料單元 (PDU)。
- 一個資訊 PDU (I-PDU) 可以攜帶使用者資料，並且選擇是否要包括順風車確認。
- 一個監督 PDU (S-PDU) 攜帶流量和錯誤控制資訊。
- 一個無編號 PDU (U-PDU) 可以在非連結導向服務中攜帶資料，或是在連結導向服務中攜帶管理資訊。
- 一個不做確認非連結導向服務使用三種 U-PDU 類型的其中之一。
- 一個確認非連結導向服務，只使用一種 U-PDU 的一種類型。
- 連結導向服務使用三種類型的 PDU。

9.6 練習題 Practice Set

選擇題

1. IEEE 專案 802 將_________層分成兩個子層。

   a. 實體層

   b. 資料連結層

   c. 網路層

   d. 傳輸層

2. _________子層對於所有的 LAN 協定來説都是一樣的。

   a. LLC

   b. MAC

   c. 連結

   d. 乙太網路

3. 雖然由 LLC 提供服務的使用者，可以是任一個高層協定，但它通常是________層。
   a. 實體
   b. 資料連結
   c. 網路
   d. 應用
4. 在________服務中，沒有連結建立，且資料也不用確認。
   a. 不做確認非連結導向
   b. 不做確認連結導向
   c. 確認非連結導向
   d. 連結導向
5. 在________服務中，沒有建立連結，但是接收端要確認收到資料。
   a. 不做確認非連結導向
   b. 不做確認連結導向
   c. 確認非連結導向
   d. 連結導向
6. 在________服務中，資料傳輸前要先建立連結，之後要中斷連結。
   a. 不做確認非連結導向
   b. 不做確認連結導向
   c. 確認非連結導向
   d. 連結導向
7. 哪一種服務牽涉使用者資料的傳送？
   a.不做確認非連結導向
   b 確認非連結導向
   c 連結導向
   d 以上都是
8. 哪一種服務有重設連結？
   a. 不做確認非連結導向
   b. 確認非連結導向
   c. 連結導向
   d 以上都是
9. 哪一種服務有流量控制的功能？
   a. 不做確認非連結導向
   b. 確認非連結導向
   c. 連結導向

d. 以上都是

10. ________-PDU 在連結導向服務中攜帶使用者資料。

a. I

b. S

c. U

d. a 和 c

11. ________-PDU 在非連結導向服務中攜帶使用者資料。

a. I

b. S

c. U

d. a 和 c

12. ________-PDU 攜帶流量和錯誤資訊。

a. I

b. S

c. U

d. a 和 c

13. ________在接收端機器上識別協定堆疊。

a. SSAP

b. DSAP

c. LLC

d. IEEE

14. ________在傳送端端機器上識別協定堆疊。

a. SSAP

b. DSAP

c. LLC

d. IEEE

15. 如果 DSAP 是 0101010101，那麼 PDU 的目的地是________。

a. 所有工作站

b. 一群工作站

c. 一個工作站

d. 以上皆非

16. 如果 DSAP 是 11001100，那麼 PDU 的目的地是________。

a. 所有工作站

b. 一群工作站

c. 一個工作站

d. 以上皆非

17. 如果 SSAP 是 01011000，那麼此 PDU 是________。

a. 命令

b. 回應

c. 確認

d. 指示

18. 如果 SSAP 是 1010000，那麼此 PDU 是________。

a. 命令

b. 回應

c. 確認

d. 指示

19. ________-PDU 有一個兩位元編碼欄位和一個三位元編碼欄位。

a. I

b. S

c. U

d. 以上皆是

20. ________-PDU 有一個兩位元編碼欄位和一個三位元 N (R) 欄位。

a. I

b. S

c. U

d. 以上都是

21. ________-PDU 有一個 P/F 欄位。

a. I

b. S

c. U

d. 以上都是

22. ________-PDU 沒有編碼欄位。

a. I

b. S

c. U

d. 以上都是

23. 某個 PDU 的控制欄位是 11001000，此 PDU 的類型為何？

a. I

b. S

c. U

d.以上都是

24. 某個 PDU 的控制欄位是 10001000，此 PDU 的類型為何？

a. I

b. S

c. U

d. 以上都是

25. 某個 PDU 的控制欄位是 00001000，此 PDU 的類型為何？

a. I

b. S

c. U

d. 以上都是

26. 某個 PDU 的控制欄位是 01111011，下一個 PDU 期待的編號是多少？

a. 0

b. 3

c. 4

d. 9

27. 某個 PDU 的控制欄位是 11001000，此 PDU 的編號是？

a. 1

b. 2

c. 5

d. 6

28. 某個 PDU 的控制欄位是 10010011，下一個 PDU 期待的編號是多少？

a. 0

b. 3

c. 4

d. 9

29. 某個 PDU 的控制欄位是 11010001，下一個 PDU 期待的編號是多少？

a. 0

b. 3

c. 4

d. 沒有

30. 不做確認非連結導向服務使用_________-PDU。

a. 只有 S

b. 只有 U

c. S,U,I

d. U 和 S

31. 確認非連結導向服務使用_________-PDU。

a. 只有 S

b. 只有 I 的一種類型

c. 只有 U 的一種類型

d. S , U , I

32. 連結導向服務使用_________-PDU。

a. 只有 S

b. 只有 I

c. 只有 U

d. S, U , I

習題

33. 使用 DL-RESET 基本指令，在時序圖畫出一個使用者如何跟另一使用者重設一個連結。

34. 使用兩個 DL-CONNECTION-FLOWCONTROL 基本指令，顯示一個使用者如何定義他要送給其他人的資料量。

35. PDU 的控制欄位是 01000110，請回答下列問題。

a. 此 PDU 的類型為何？

b. PDU 的序號為何（用十進位表示）？

c. 確認編號為何？

d. 它是否為順風車 PDU？

36. PDU 的控制欄位是 10000110，請回答下列問題。

a. 此 PDU 的類型為何？

b. PDU 的序號為何（用十進位表示）？

c. 確認編號為何？

d. 它是否為順風車 PDU？

37. PDU 的控制欄位是 10000110，請回答下列問題。

a. 此 PDU 的類型為何？

b. PDU 的序號為何（用十進位表示）？

c. 確認編號為何？

d. 它是否為順風車 PDU？

38. 請顯示在圖 9.15 中 PDU 的控制欄位值。

39. 請顯示在圖 9.16 中 PDU 的控制欄位值。

40. 請顯示在圖 9.17 中 PDU 的控制欄位值。

41. 請顯示在圖 9.18 中 PDU 的控制欄位值。

42. 請顯示在圖 9.19 中 PDU 的控制欄位值。

43. 請顯示下列情況的時序圖：
   a. 本地 LLC 送 I-PDU 給遠端 LLC
   b. 遠端 LLC 收到 PDU, 但是損壞了
   c. 遠端 LLC 送 S-PDU 給本地端 LLC 並通知有損壞情況

44. 請顯示下列情況的時序圖：
   a. 本地 LLC 送 I-PDU 給遠端 LLC
   b. 遠端 LLC 收到此 PDU 並且是完好的，然而，遠端 LLC 正在忙碌而且無法接受更多 PDU，它送出一個 S-PDU 給本地 LLC 來告知此種情況。

第 10 章

乙太網路：10 Mbps

Ethernet : 10 Mbps

乙太網路 (Ethernet) 是最廣泛被使用的區域網路協定。這個協定是在 1973 年由 Xerox 設計，它的資料傳輸率是 10 Mbps，並且使用匯流排拓樸。不過，乙太網路也經過長時間的演進。之後，資料傳輸率為 100 Mbps 的快速乙太網路被提出來。目前，所有的組織都希望能移往十億位元 (Gigabits) 乙太網路 (1000 Mbps)。

在本章中，我們會討論 10 Mbps 乙太網路。下一章，我們將討論乙太網路在這四分之一世紀以來的演進，產生了 100 Mbps 及 1000 Mbps 的乙太網路。

雖然有多種乙太網路的實現方式，我們只討論最常見的：基頻以及 10 Mbps。

10.1 存取方式：CSMA/CD*Access Method : CSMA / CD*

IEEE 802.3 標準定義了 1 持續 (1-persistent) CSMA/CD 為第一代乙太網路的存取方式，如同我們在第 8 章所討論的。我們將一個有訊框要傳送的工作站，它在傳輸過程中會牽涉的步驟，重複在圖 10.1 再說明一次。

- 工作站將倒退重送 (backoff) 參數設定為 0。
- 工作站監測媒體，等待閒置頻道。
- 如果頻道是空閒的，工作站會等待一個**訊框間隔** (interframe gap, IFG) 時間，然後將該訊框送出。IFG 是傳送 96 個位元所需要的時間，對 10 Mbps 資料傳輸率而言，就是 9.6μs。如果頻道不是閒置的，工作站會持續監測頻道，直到它空閒為止（1 持續策略）。
- 頻道在傳送的期間會被監測。
- 如果在前 512 位元（我們稍後會討論這個數字的理由）感應到碰撞，傳輸會立刻中斷，並且送出一個特別的干擾訊號。干擾訊號為 32 個位元。

■工作站增加倒退重送參數。如果這個參數小於限制 (10)，工作站等待另一個倒退重送的時間之後才會再次感應頻道。

圖 10.1　10Mbps 乙太網路存取方法的程序

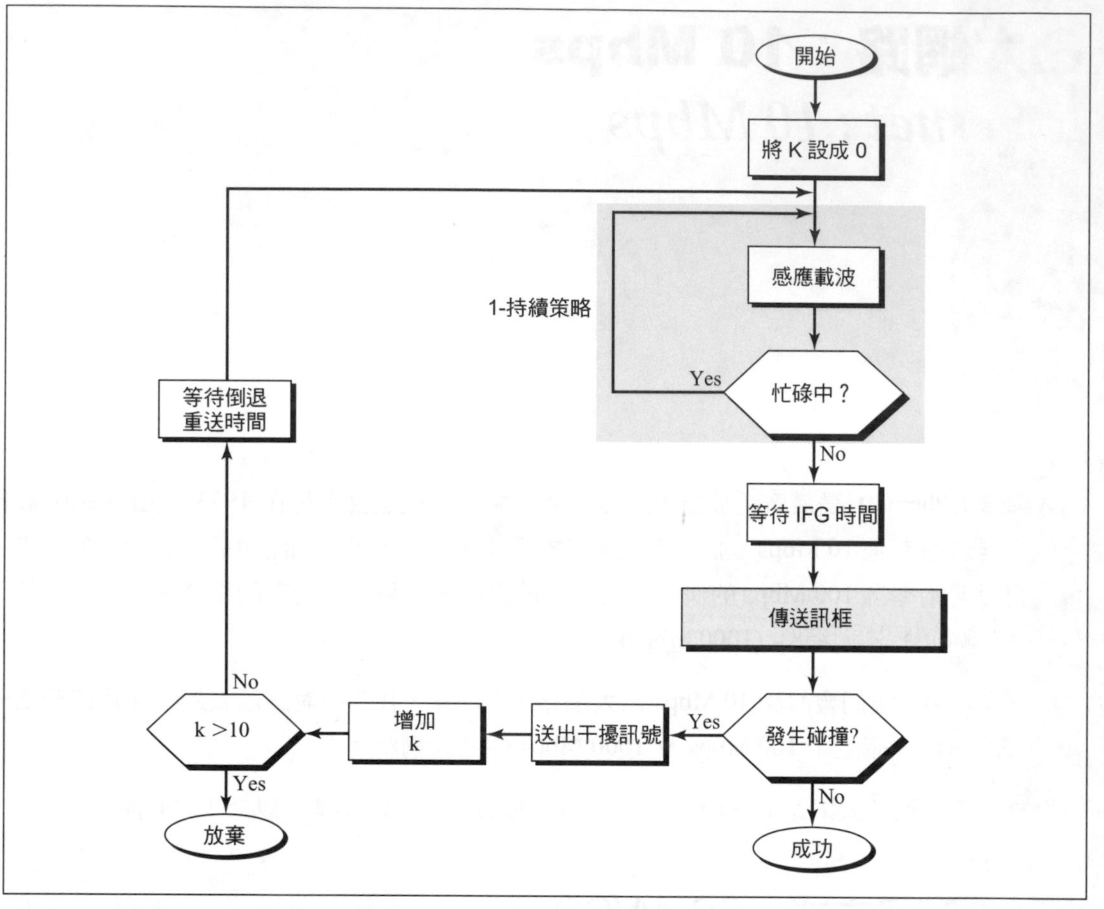

■倒退重送的時間是由下面公式決定

$$倒退重送時間 = r \times 槽時\ (\text{slot-time})$$

r 是一個介於 0 與 2^k-1 之間的隨機整數，k 是**倒退重送參數**（槽時會在後面定義）。倒退重送參數初始值為零，而且在每次碰撞之後增加。標準中定義了 k 的限制為 10。也就是說，如果工作站已經嘗試存取媒體 10 次還沒有成功，那麼工作站應該放棄並終止這個操作。在這樣的狀況下，可以由更上層協定來決定該怎麼做。

■雖然 CSMA/CD 標準容許 15 次重試，實際上，網路絕對不會重試超過 10 次。

範例

讓我們給一個範例來幫助更清楚的了解這個程序。想像有一個工作站感應到頻道是閒置的，工作站送出一個訊框，不過，現在它偵測到碰撞。它又再試了兩次，但是每次都偵測到碰撞。最後，它在第四次重試時成功了。如果槽時是 512 個位元 (51.2 μs)，那麼它的倒退重送為何？表 10.1 展示了每次重試的倒退重送時間。

表 **10.1** 倒退重送時間的範例

嘗試次數	k	$2^k - 1$	r (範圍)	倒退重送時間
1	1	1	0 到 1	0 或 51.2
2	2	3	0 到 3	0, 51.2, 102.4, 或 153.6
3	3	7	0 到 7	0, 51.2, 102.4, 153.6, 204.8, . . . , 358.4
4	N/A	N/A	N/A	N/A

1. 在第一次碰撞之後，$k=1$，所以 $2^k-1=1$。這表示說 r 是在 0 與 1 之間；也就是產生的隨機數字可以是 0 或 1。如果是 0，工作站不等待 ($0 \times 51.2 = 0\mu s$)。如果是 1，工作站要等待 51.2 μs ($1 \times 51.2 = 51.2\ \mu s$)。
2. 在第二次碰撞之後，$k=2$，所以 $2^k-1=3$。這表示說 r 是在 0 與 3 之間；也就是產生的隨機數字可以是 0、1、2、或 3。參考表 10.1 可找到對應的倒退重送時間。
3. 在第三次碰撞之後，$k=3$，所以 $2^k-1=7$。這表示說 r 是在 0 與 7 之間；也就是產生的隨機數字可以是 0、1、2、3、4、5、6 或 7。參考表 10.1 可找到對應的倒退重送時間。
4. 第四次沒有發生碰撞，所以工作站送出它的訊框。

10.2 協定層 Layers

圖 10.2 展示 10Mbps 乙太網路的協定層。

圖 **10.2** **10Mbps** 乙太網路的協定層

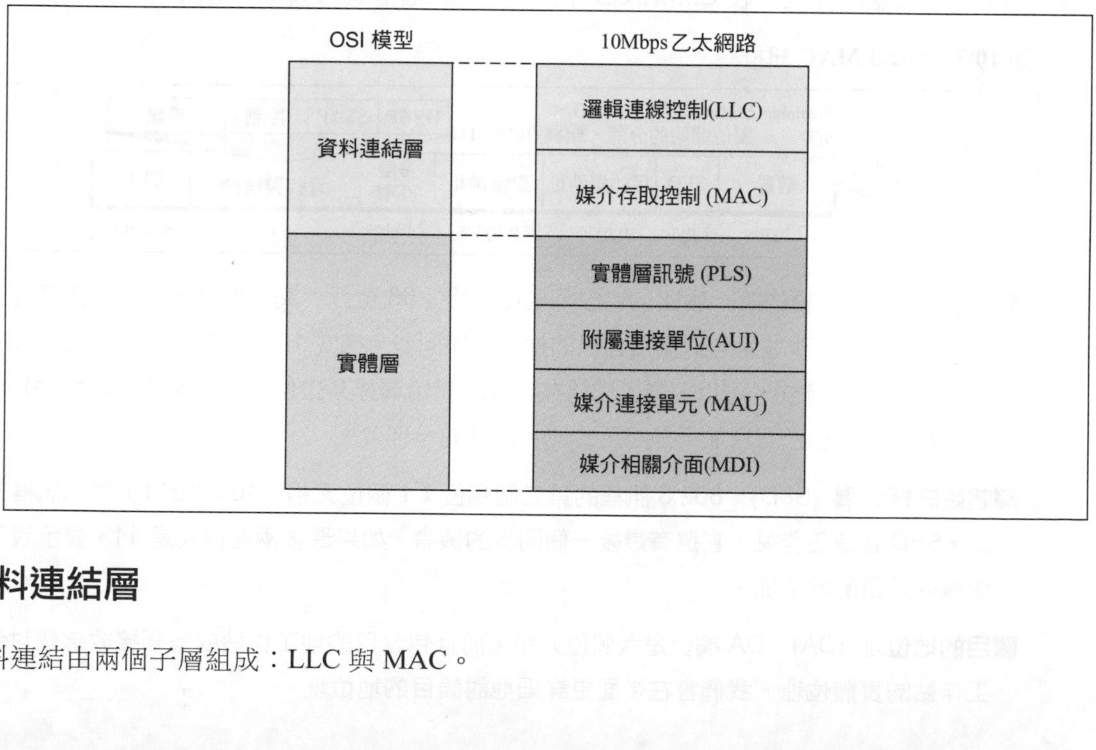

資料連結層

資料連結由兩個子層組成：LLC 與 MAC。

LLC

LLC 子層和第 9 章討論過的一樣。

MAC

我們會在下個小節討論 MAC 子層的細節。

實體層

實體層在傳統乙太網路是由四個部分組成：PLS、AUI、MAU 以及 MDI。我們會在實體層的小節討論各個子層。

10.3 MAC 子層 *MAC Sublayer*

MAC **子層** (MAC Sublayer) 負責 CSMA/CD 存取方式的操作，就如我們前面所討論的。MAC 子層也將來自 LLC 層收到的資料轉成訊框，並且傳送給 PLS 子層來進行編碼。在這一節中我們先討論訊框的格式。然後我們會談到跟包裝訊框有關的議題。

訊框

IEEE802.3 定義一種訊框包含七個欄位：前置、SFD、DA、SA、PDU 的長度 / 類型，802.2 訊框，以及 CRC。乙太網路沒有提供任何確認收到訊框的機制，讓它被稱為不可靠的媒體。確認必須在更高層被完成。在 CSMA/CD 中的 MAC 訊框格式如圖 10.3 所示。

圖 10.3 802.3 MAC 訊框

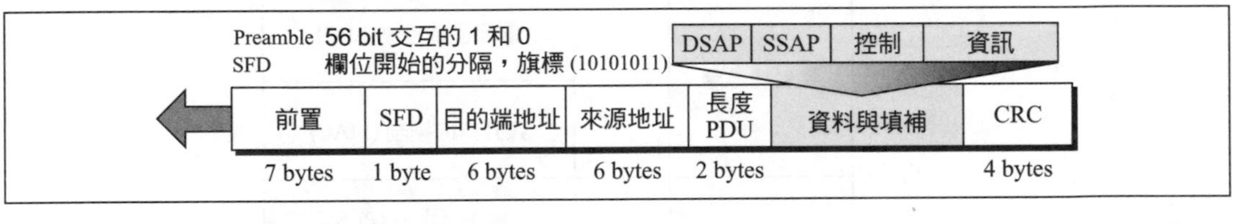

■**前置** 802.3 訊框的第一個欄位包含 7 個位元組（56 位元）交替的 0 和 1，它會警告接收系統有訊框到來，並且可以讓跟自己的輸入時序同步。樣式 1010101 只提供警告與時序脈衝。56 位元的樣式，可以容許工作站在訊框的開始漏掉某些位元。**前置** (Preamble) 實際上在實體層被加入而且並不是（正式地）訊框的一部分。

■**起始訊框分隔** (SFD) 802.3 訊框的第二個欄位（1 個位元組：10101011）表示訊框的開始。SFD 告訴工作站，它還有最後一個同步的機會。如果最後兩個位元是 11，表示說下一個欄就是目的地位址。

■**目的地位址** (DA) DA 欄位是六個位元組，而且包含目的地工作站或是要接收這個封包的工作站的實體位址。我們會在後面更詳細地討論目的地位址。

■**來源位址 (SA)**　SA 欄位也是 6 個位元組，並且包含傳送封包者的實體位址。我們會在後面更詳細地討論來源位址。

■**長度 / 類型**　這個欄位是定義長度或類型的欄位。如果這個欄位的值小於 1518，那麼它是一個長度欄位，並且會定義接下來的資料欄位長度。換句話說，如果這個欄位的值大於 1536，那麼它會定義被封裝在訊框中封包的 PDU 類型。

■**資料**　這一個欄位攜帶從更上層協定封裝的資料。它最小是 46 個位元組，最大為 1500 個位元組，我們將在後面看到。

■CRC　802.3 訊框的最後一欄包含錯誤偵測訊息，在這裡是 CRC-32。

定址

每個工作站在乙太網路之中（例如個人電腦、工作站、或印表機）都有它自己的**網路介面卡** (network interface card, NIC)。NIC 裝置在工作站內部，並且提供工作站 6 個位元組的實體位址。

十六進位表示法

乙太網路位址是 6 個位元組（48 位元），通常寫成十六進位表示法，使用連字號 (-) 來分隔各個位元組，如圖 10.4 所示。

圖 10.4　十六進位表示的乙太網路位址

07-01-02-01-2C-4B

位址傳輸

位址在線上被傳送的方式，和它們以十六進位表示法寫出的方式不同。傳輸是由左至右，一個位元組接著一個位元組；不過，對每個位元組來說，最小的位元先被傳送，然後才是最大的位元，圖 10.5 展示圖 10.4 所定義的位址如何被插入訊框中。

圖 10.5　傳送乙太網路位址

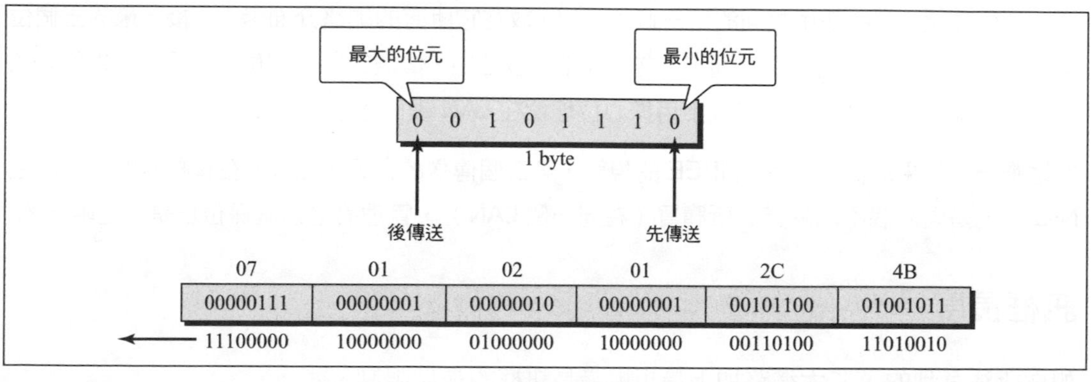

單點與群播位址

來源位址永遠是**單點位址** (unicast address) 一訊框只會來自一個工作站。不過，目的地位址可以是單點或**群播** (multicast)。圖 10.6 展示如何分辨單點位址與群播位址。

圖 10.6　單點與群播位址

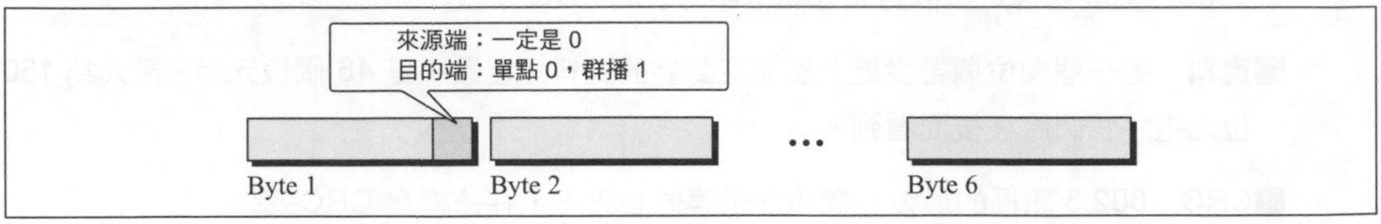

單點　單點目的地位址只會定義一個接收者；在傳送者與接收者之間的關係是一對一。如果傳輸的第一個位元是零，該位址就是一個單點位址。

群播　群播目的地位址定義了一群位址；傳送者與接收者之間的關係是一對多。如果傳送的第一個位元是 1，該位址是一個群播位址。廣播位址是群播位址的特例；接收者是網路中所有的工作站。目的端的廣播位址有 48 個 1。

全球與本地端的唯一位址

位址應該是唯一的才有用。然而，一個乙太網路位址可以是**全球** (globally) 或**本地端唯一** (locally unique)。圖 10.7 展示如何分辨這兩者。

圖 10.7　全球與本地唯一位址

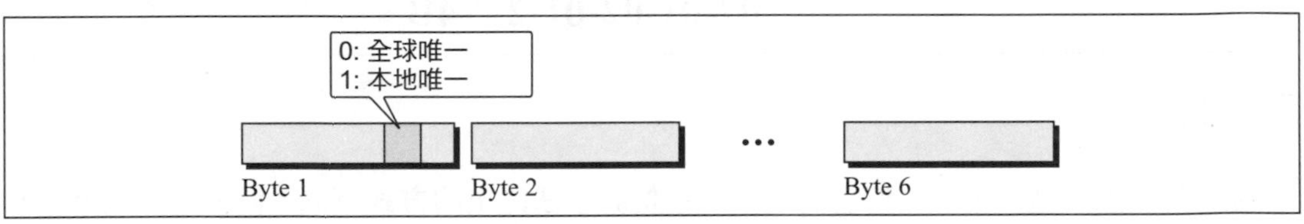

全球唯一　如果一個位址是全球唯一的，它對 LAN 也是唯一的。如果所有的製造廠商都同意遵循同樣的規範，這才能被實現。要定義全球唯一位址，IEEE 將前三個位元組指定為廠商區塊碼，第二組的三個位元組為廠商特定的識別碼。換句話說，廠商（製造商）從 IEEE 接收一個唯一碼作為前三個位元組。廠商使用相同的這三個位元組，放在它所有的網路介面卡上。接下來的三個位元組可以識別每一張賣出的網路介面卡。在全球唯一位址中，傳送的第二個位元為零。如果所有的 NIC 都使用全球唯一位址，管理者就不用擔心位址會在 LAN 裡面重複。

本地唯一　如果廠商沒有遵循 IEEE 的規範，第二個傳送的位元就是 1。在這種狀況下，因為兩張 NIC 可能是向兩個不同的廠商所購買（在同一個 LAN），管理者必須確保位址是本地唯一的。

訊框長度

如你所注意到的，乙太網路加上最短與最長訊框的長度限制。

最短長度

最短長度限制是為了讓 CSMA/CD 正確操作所必須的。如果在實體層將一個訊框傳送出去之前發生碰撞，它應該被聽到。如果在實體層偵測到碰撞之前整個訊框已經送出去那就太晚了。MAC 層已經放棄這個訊框，並且認為這個訊框沒有遇到碰撞的送達目的地。較短的訊框會更快的被送出；如果訊框長度越短這種情況會變的越糟糕。因此標準會對每個 10 Mbps 乙太網路 LAN 定義最短的訊框長度。

這個訊框需要花 51.2 μs 來被傳送，並且使用 10 Mbps 容量（資料傳輸率）來對應 512 位元，如下所示：

$$\text{最小訊框時間} = 51.2\ \mu s$$

$$\text{最短訊框長度} = 51.2\ \mu s \times 10\ \text{Mbps} = 512\ \text{bits}$$

因此乙太網路訊框必須要有最短長度 512 位元或 64 個位元組。然而，這個長度的一部分是標頭與標尾。如果我們有 18 個位元組的標頭與標尾（6 個位元組的來源位址，6 個位元組的目的地端位址，2 個位元組長度 / 類型，以及 4 個位元組 FCS），那麼從上層傳來的最短資料長度就是 64-18= 46 個位元組。如果上層封包小於 46 個位元組，填補位元會被加入，讓資料欄位成為 46 個位元組。圖 10.8 展示加上填補位元的最短長度訊框。

注意前置與 SFD 在這個計算裡並不被考慮，因為這兩個欄位是在實體層被加上的，而不是 MAC 子層。

圖 10.8 最短長度

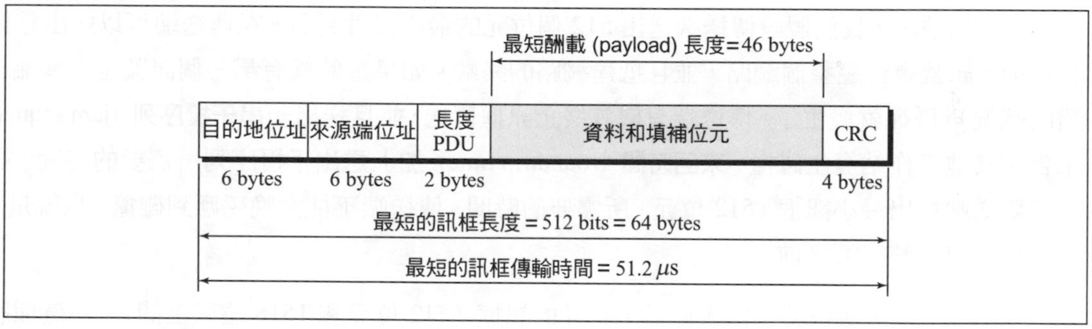

最大長度

標準中定義了一個訊框（不包含前置與 SFD 欄）的最大長度為 1518 位元組。如果我們減掉 18 位元組的標頭與標尾，酬載的最大長度是 1500 個位元組。我們提出兩個歷史的理由來限制它的長度。第一，當乙太網路被設計出來時，記憶體是非常昂貴的；最大長度的限制可以減少緩衝區的大小。第二，最大長度限制能避免一個工作站壟斷（造成其他有資料要送的工作站無法使用）共用媒體的存取。圖 10.9 展示這個限制。

圖 10.9　最大長度

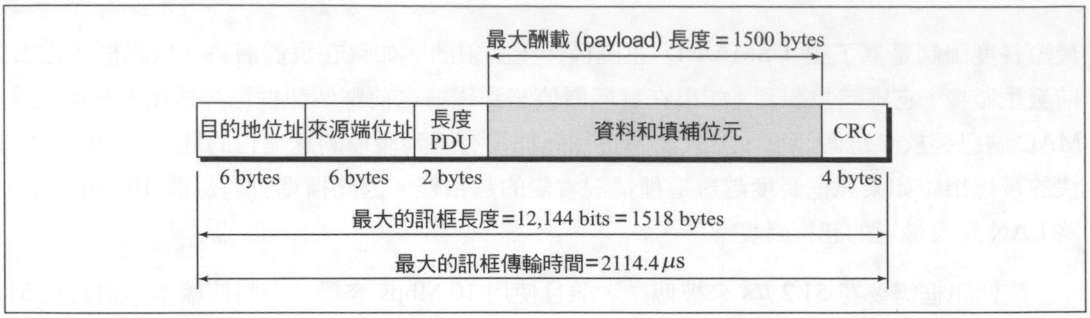

槽時

在乙太網路中，一個訊框從最大長度網路的某一端到另一端所需要的來回時間，加上送出干擾序列的時間稱為**槽時** (slot time)。

槽時=來回時間+傳送干擾序列所需要的時間

乙太網路中的槽時是以位元來定義。這是一個工作站傳送 512 個位元所需要的時間。這表示說，實際的槽時決定於資料傳輸率；對傳統 10Mbps 乙太網路而言是 51.2 μs 。

槽時與碰撞

選擇 512 位元槽時並不令人意外。這是為了 CSMA/CD 的正常運作。要了解這種情形，我們考慮兩個情況。

第一個情況，我們假設傳送端送出 512 個位元的最小尺寸封包。在傳送端可以送出整個封包之前，訊號會行經整個網路，並且抵達網路的終端。如果這時候有另一個訊號也在終端（最糟的狀況），碰撞就發生了。傳送端有機會終止訊框傳送，並且送出一串**干擾序列** (jam sequence) 來告知其他工作站發生碰撞。**來回時間** (roundtrip time) 加上送出干擾序列所需要的時間，必須小於傳送端送出最小訊框（512 位元）所需要的時間。傳送端不能太晚感應到碰撞；也就是說，要在它送出完整訊框之前。

第二個情況，傳送端送出大於最小尺寸的訊框（512 位元和 1518 位元之間）。在這種狀況下，如果工作站已經送出前 512 位元卻沒有感應到碰撞，那麼保證在這個訊框傳輸期間絕對不會發生碰撞。理由是訊號已經在槽時的一半之前到達網路的另一端。如果所有的工作站都遵循 CSMA/CD 協定，它們早就感應出有訊號（載波）出現在線上，所以不會送出訊號。如果它們在槽時的一半屆滿之前送出訊號，碰撞便會發生，而且傳送端會感應到碰撞。換句話說，碰撞只可能在槽時的前半段發生，而且如果真的發生了，傳送端可以在一個槽時的區間感應出來。這表示說，在傳送端送出前 512 位元之後，就能保證在這個訊框傳輸期間絕對不會發生碰撞。這個媒體屬於傳送端，並且不會有其他工作站使用它。換句話說，傳送端只需要在前 512 個位元的期間感應碰撞。

當然，如果有任何一個工作站不遵循 CSMA/CD 協定的話，所有的假設都不成立。在這種情況下，不會有碰撞，我們將有一個損壞的工作站需要去處理。

槽時與最大網路長度

當然，槽時與最大網路長度（碰撞網域）之間有一個關係。它取決於訊號在特定媒體中的傳播速度。在大多數的傳輸媒體中，訊號傳播速度為 2×10^8 m/s（是空氣傳播速率的三分之二）。在傳統的乙太網路中，我們可以計算

$$\text{最大長度} = \text{傳播速度} \times \text{槽時}/2$$

$$\text{最大長度} = (2 \times 10^8) \times (51.2 \times 10^{-6}/2) = 5120\text{m}$$

當然，我們需要考慮增益器，介面，與傳送干擾序列的延遲。這些延遲大大地縮短了原有的長度。事實上，傳統乙太網路的最大長度設定為 2500m，只有上述理論計算值的百分之 48 而已。

最大長度=2500 m

10.4 實體層 *Physical Layer*

圖 10.10 展示 10 Mbps 乙太網路的實體層。

圖 10.10 實體層

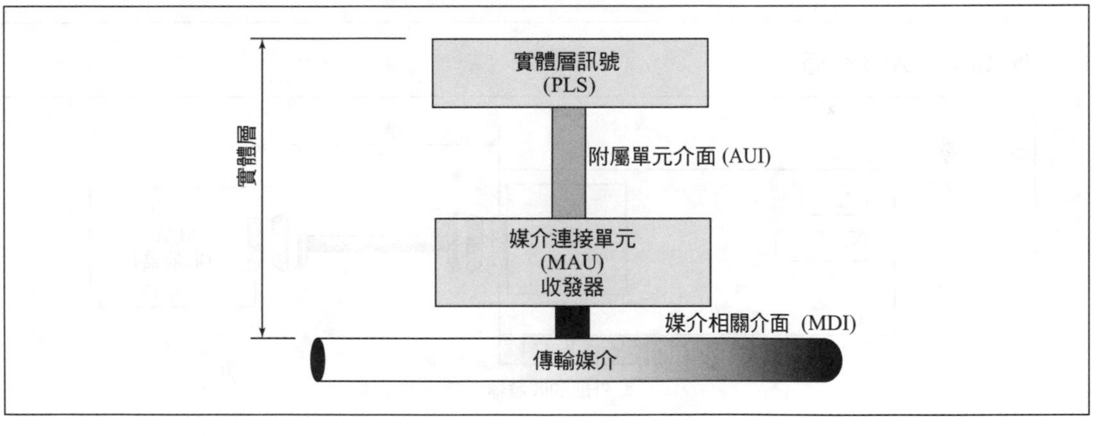

實體層由四個子層組成：PLS、AUI、MAU 以及 MDI。PLS 子層在實作上都是一樣的。AUI 子層可能或可能不會在某些實際做法中出現。MAU 與 MDI 對各種媒體類型來說都是特定的。

在這一節裡，我們簡短的討論這幾個子層。在下一節中，我們會看到如何在各種特定的實作上定義 MAU 和 MDI。

PLS

PLS **子層** (PLS sublayer) 將資料編碼與解碼。10Mbps 乙太網路使用曼徹斯特編碼，資料傳輸率為 10Mbps。請注意，10Mbps 資料傳輸率的曼徹斯特編碼需要 20Mbauds 的頻寬。圖 10.11 展示 PLS 子層的功能。

AUI

附屬單元介面 (attachment unit interface, AUI) 是定義 PLS 與 MAU 之間介面的規格。AUI 被發展用來在 PLS 與 MAU 之間建造一個**媒體獨立介面** (*medium independent interface*)。這個介面設計給最早期的乙太網路實作，它使用粗同軸電纜。它的整體概念是，如果未來我們希望連接 PLS 子層到不同的 MAU（使用不同媒體），我們不需要改變 PLS。圖 10.12 展示 AUI 介面。

圖 10.11 PLS

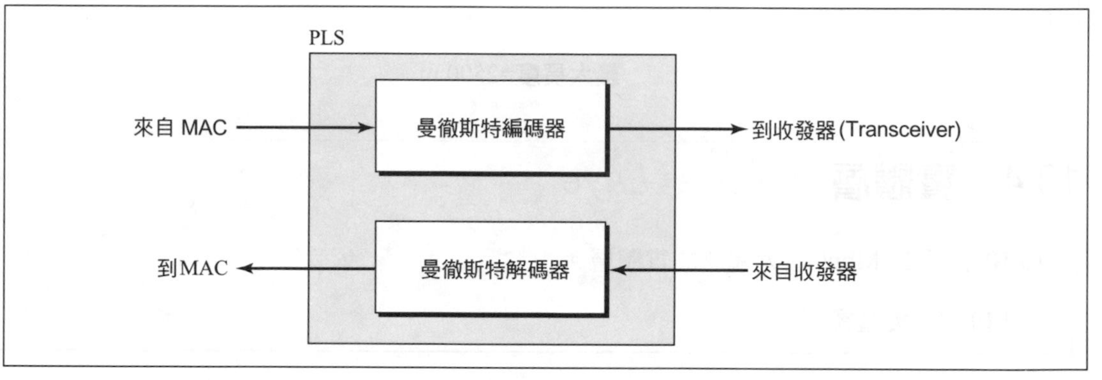

圖 10.12 AUI 介面

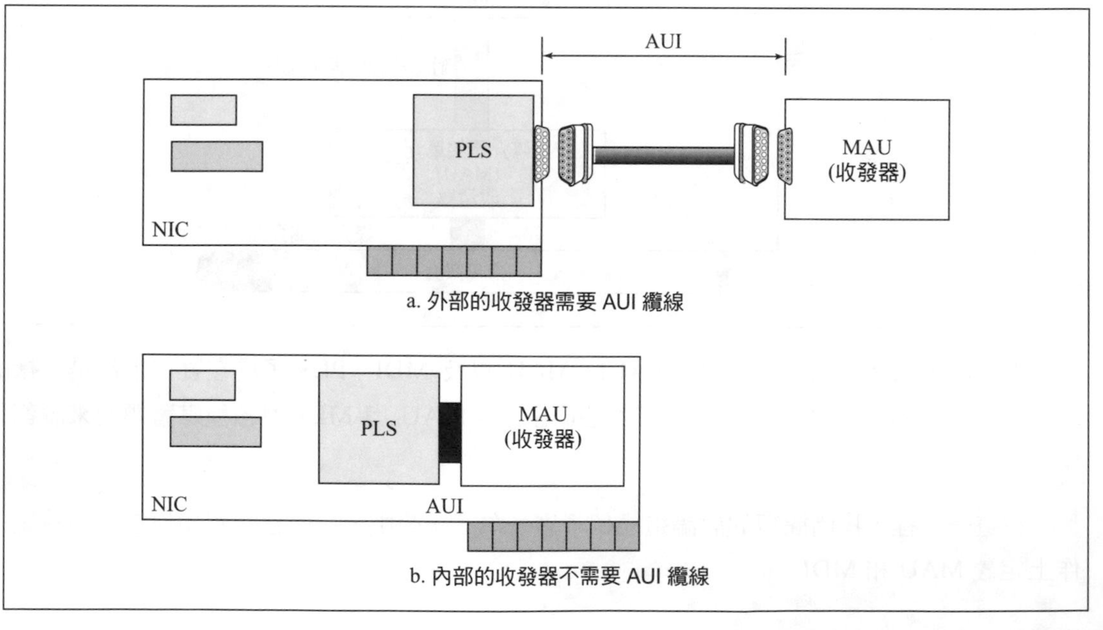

AUI 訊號

AUI 定義四種訊號類型。每一種訊號被攜帶在一對雙絞線上（請參考圖 10.13）。

傳送資料　這個訊號攜帶從介面卡到使用曼徹斯特編碼收發器的資料。電壓變化範圍從+0.7 到 -0.7V。

接收資料　這個訊號攜帶從收發器到使用曼徹斯特編碼介面卡的資料。電壓變化範圍從+0.7 到 -0.7V。

發生碰撞　當碰撞在線上發生時，這個訊號會由收發器送到介面。

電源　供給收發器的電源由介面卡提供。電源是直流 12V。

圖 10.13　AUI 訊號

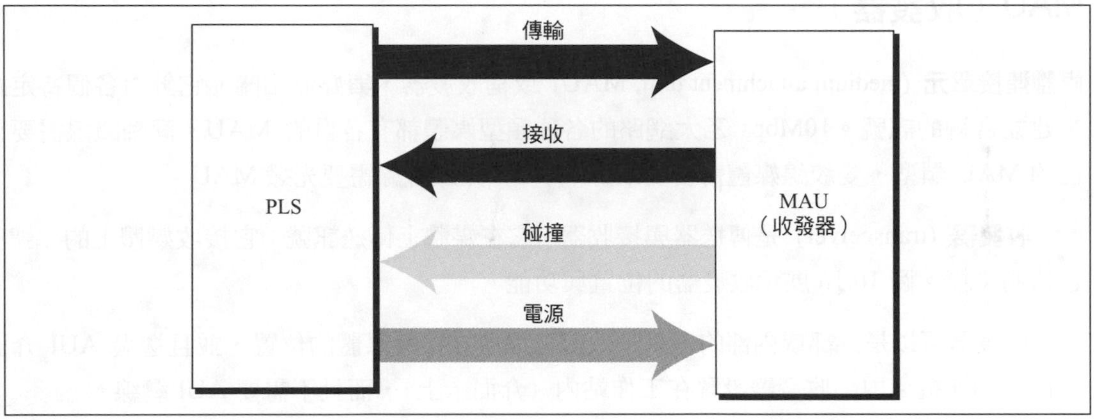

AUI 連接器

AUI 連接器是一個 15 根針的 D 型連接器，如圖 10.14 所示。

圖 10.14　AUI 連接器

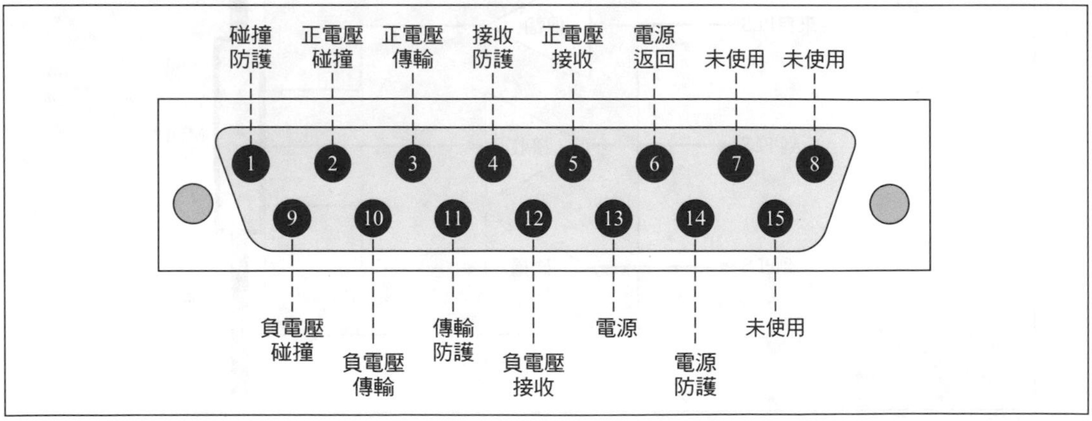

針腳可以分類為四組：傳送，接收，碰撞，以及電源。各種類別有三個針腳（一個正、一個負、還有一個防護）。剩下的三個針腳沒有用到。這些未使用的接腳稱為控制輸出針腳，並且原本被設計從乙太網路介面到收發器傳送可選擇的控制訊號，但是從來沒有被實作出來。

圖 10.15　AUI 纜線

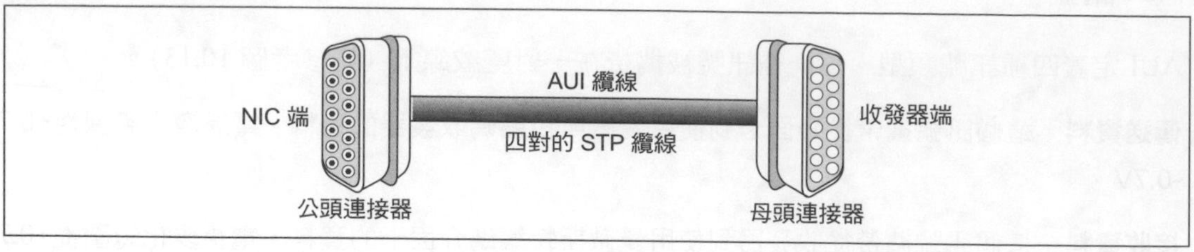

AUI 纜線

AUI 纜線 (AUI cable) 包含四條雙絞線，用來載送 NIC 與收發器之間的訊號。AUI 纜線配置 15 根針的公接頭（介面端）以及 15 根針的母接頭（收發器端），如圖 10.15 所示。

MAU（收發器）

媒體連接單元 (medium attachment unit, MAU) 或稱收發器，與媒體相關。它針對各個特定媒體來建立合適的訊號。10Mbps 乙太網路的各種類型媒體都有各自的 MAU。同軸纜線需要它自己的 MAU 類型，雙絞線媒體需要雙絞線 MAU，光纖纜線需要光纖 MAU。

收發器 (transceiver) 是傳送器與接收器。它在媒體上傳送訊號；它接收媒體上的訊號；它也偵測碰撞。圖 10.16 展示收發器的位置與功能。

收發器可以是外部或內部的。外部收發器設置在接近媒體的位置，並且透過 AUI 介面與工作站相連接。內部收發器設置在工作站內（介面卡上），而且不需要 AUI 纜線。

圖 10.16　MAU（收發器）

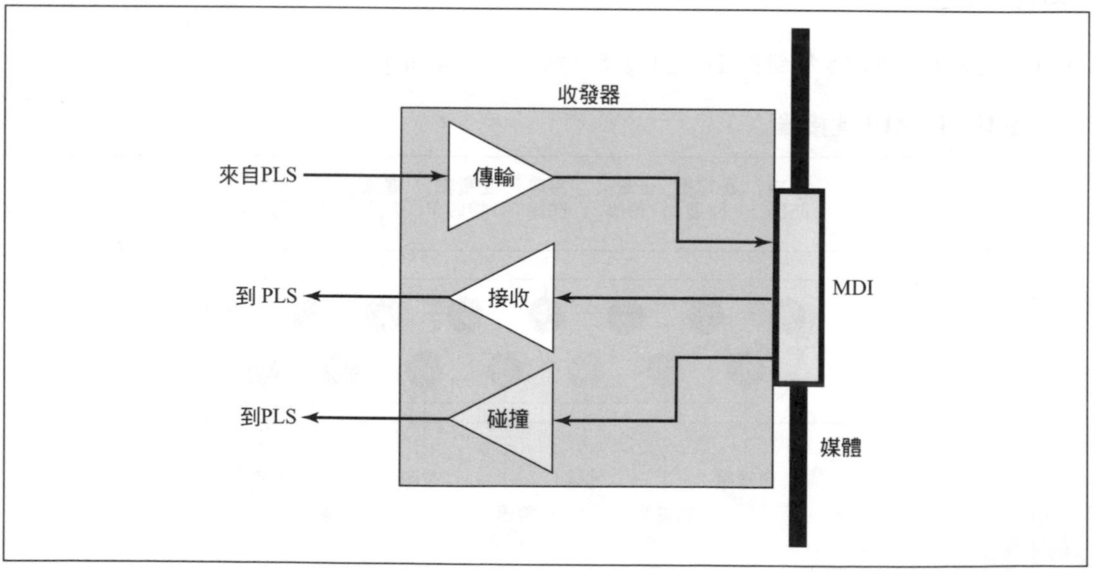

MDI

要連接收發器（內部或外部）到媒體，我們需要**媒體相關介面** (medium dependent interface, MDI)。MDI 只是將收發器連接到媒體的一種硬體。對於外部收發器，它可以是分接頭或 T 型連接器。對於內部收發器，它可以是插座。

10.5 實作 *Implementation*

IEEE 標準為基頻（數位）10Mbps 乙太網路定義四種不同實作方式，如圖 10.17 所示。我們將分別討論各個實作。

圖 10.17　10Mbps 基頻乙太網路分類。

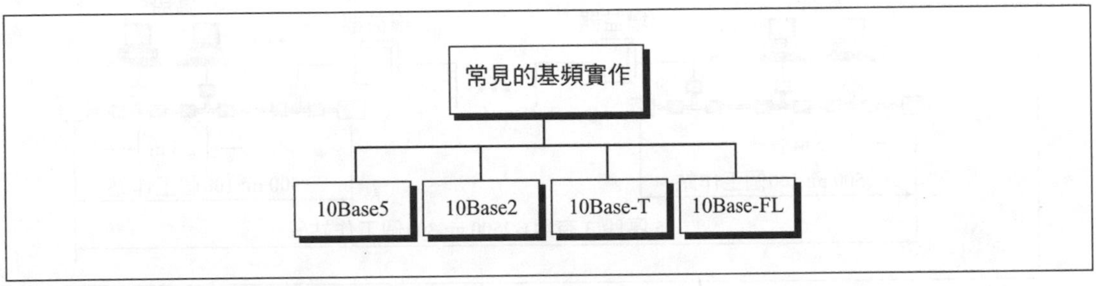

10Base5：粗線乙太網路

第一種定義在 IEEE802.3 標準中的實體標準稱為 10Base5，**粗線乙太網路** (thick Ethernet)，或稱粗型乙太網路。這個暱稱來自纜線的尺寸，它幾乎和花園裡的水管差不多大小，並且僵直不容易用手彎曲。10Base5 是第一個乙太網路的規格。

圖 10.18　使用 **10Base5** 連接工作站與媒體

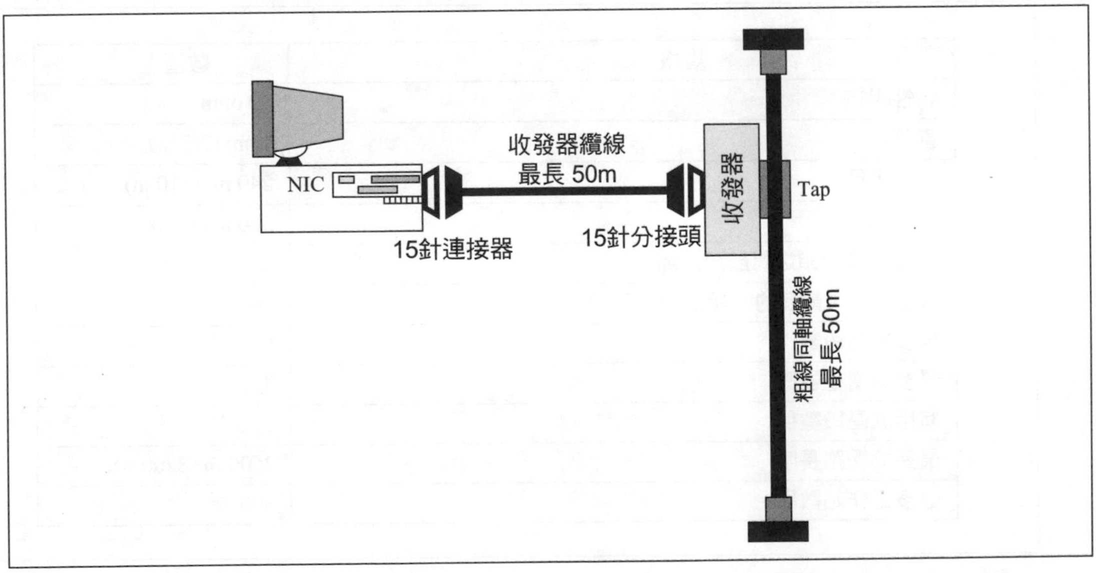

拓樸

10Base5 使用匯流排拓樸，並以外部收發器，經由分接頭連接到粗同軸纜線。圖 10.18 展示工作站如何和媒體連接。

區段

10Base5 LAN 最大可以有五個**區段** (segments)，各區段最長 500 m。不過，只有三個區段可以被用來連接工作站到媒體，另外兩個區段只可以用來連接遠端增益器。請注意，它最大數量的工作站是 300 個，三個有用區段各 100 個工作站（請參考圖 10.19）。

圖 10.19　10 Base5 區段

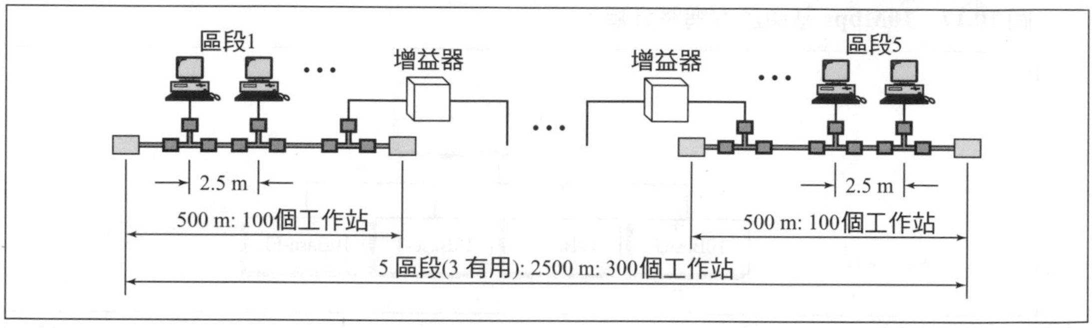

媒體與連接器

IEEE 定義四個部分來建立粗同軸區段：粗同軸纜線，N 型同軸連接器，N 型筒狀連接器，以及 N 型終端電阻。

粗同軸纜線　10Base5 粗同軸纜線規格如表 10.2 所示。

表 **10.2**　粗同軸纜線規格

規格	數值
特性阻抗	50 ohm
直徑	1 cm (2/5 in)
彎曲半徑	240 mm (10 in)
區段長度	500 m (1640 ft)
收發器分接頭之間最短距離	2.5 m (8.2 ft)
每個區段中最多的收發器連接頭數	100
最多的區段數	5
最多的增益器數	4
有用的區段數目	3
最長的網路長度	2500 m (8200 ft)
最多工作站數目	300

N 型同軸連接器　**N 型同軸連接器** (N-type coaxial connector) 是公接頭。在每個區段的末端，或區段分段需要經由筒狀連接器連接另一個分段時也需要它。

N 型筒狀連接器　**N 型筒狀連接器** (N-type barrels) 用來將區段的兩個分段連在一起。如果我們不希望（為了除錯的理由）有 500 m 長的區段，我們就需要筒狀連接器。筒狀連接器在兩端都有母接頭來連接兩個公接頭。

N 型終端電阻　10Base5 乙太網路各區段的尾端都需要 50 歐姆 N 型終端電阻。終端電阻吸收區段末端的訊號以避免訊號反射。終端電阻有母接頭，並且被連接在纜線末端的公接頭。有兩種類型的終端電阻。較簡單的只是連接在纜線的末端。另一種有螺帽和墊圈的終端電阻，可容許纜線經由接地架與接地引線來接地。

10Base2：細線乙太網路

IEEE802.3 標準中定義的第二個實體標準稱為 10Base2，**細線乙太網路** (thin Ethernet)，或稱**細型乙太網路**。

拓樸

10 Base2 使用內部收發器的匯流排拓樸，或是經由外部收發器的點對點連接。圖 10.20 展示兩個工作站和媒體的連接。請注意，如果工作站使用內部收發器就不需要 AUI 纜線。如果工作站缺少收發器，就可以使用外部收發器來結合 AUI。

圖 10.20　使用 **10Base2** 連接工作站到媒體

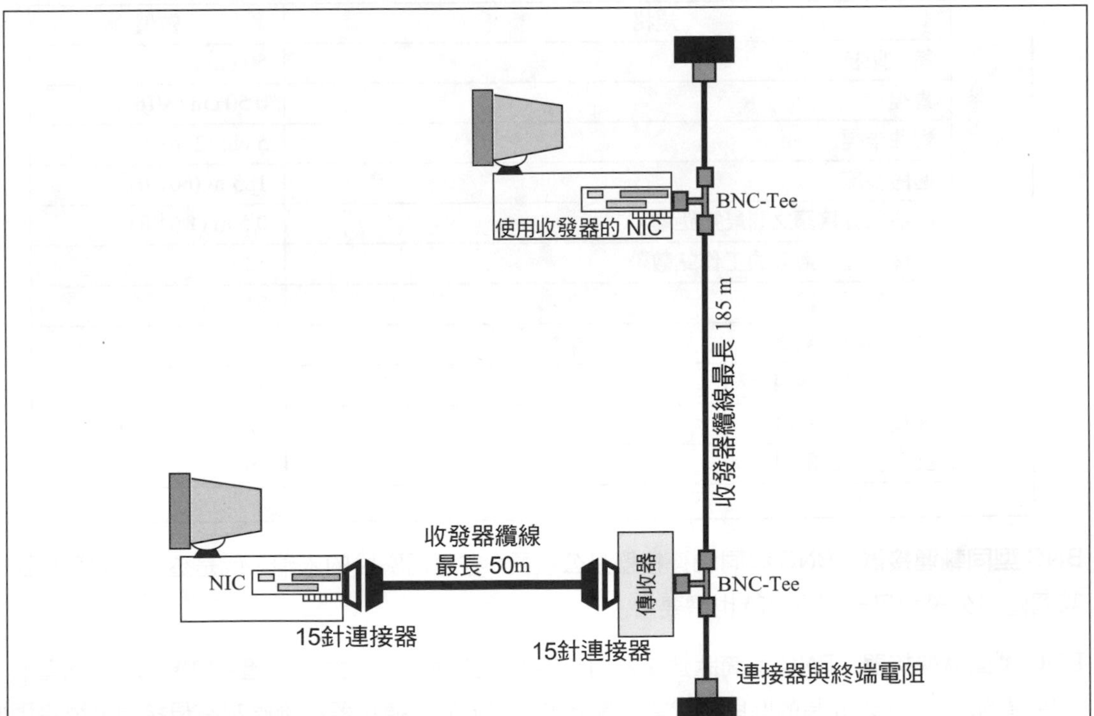

區段

10 Base2 的 LAN 最大可以有五個區段，每個區段最長 185m。不過，只有三個區段可以被用來連接工作站到媒體，另外兩個區段只可以用來連接遠端增益器。請注意，最大數量的工作站是 96，三個有用區段，每個各 32 個工作站（請參考圖 10.21）。

圖 10.21 10Base2 區段

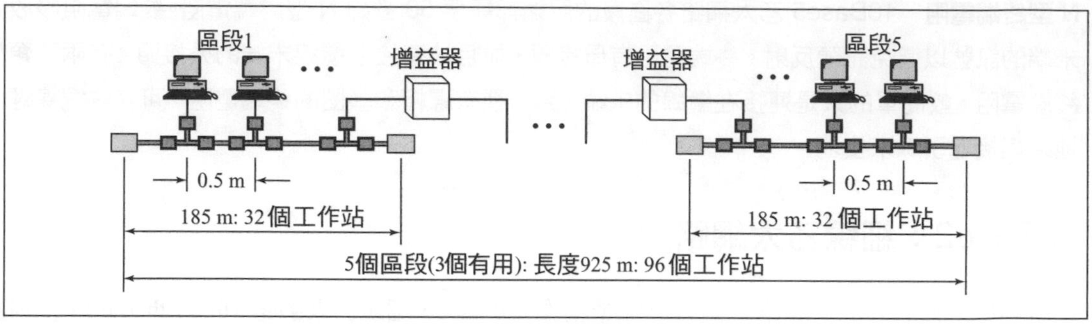

媒體與連接器

IEEE 定義五種元件來建立細同軸的區段：細同軸纜線，BNC 型同軸連接器，BNC 型筒狀連接器，BNC 型終端電阻，以及 BNC 型 T 連接器。

細同軸纜線　10 Base2 細同軸纜線規格如表 10.3 所示。

表 **10.3**　細同軸纜線規格

規格	數值
特性阻抗	50 ohm
直徑	0.50 cm (3/16 in)
彎曲半徑	5 cm (2 in)
區段長度	185 m (607 ft)
收發器分接頭之間最短距離	0.5 m (1.64 ft)
每個區段中最多的工作站數	32
最多的區段數	5
最多的增益器數	4
有用的區段數目	3
最長的網路長度	925 m (3024 ft)
最多工作站數目	96

BNC 型同軸連接器　BNC 型同軸連接器是公接頭。在每個區段的末端，或是透過筒狀連接器連接某個區段分段和另一個分段時也需要它。

BNC 型筒狀連接器　BNC 型筒狀連接器用來將區段的兩個分段連在一起。如果我們不希望有（為了除錯的理由）185m 長的區段，就需要筒狀連接器。筒狀連接器在兩端都有母接頭來連接兩個公接頭。

BNC 型終端電阻　10Base2 乙太網路各區段的尾端都需要 50 歐姆的 **BNC 型終端電阻** (BNC-type terminator)。終端電阻在區段末端吸收訊號以避免訊號反射。終端電阻有母接頭，並且被附接在纜線末端的公接頭。有兩種類型的終端電阻。較簡單的只是連接在纜線的末端。另一種有螺帽和墊圈的終端電阻，可以容許纜線經由接地架與接地引線來接地。

BNC 型 T 連接器　**BNC 型 T 連接器** (BNC-tee connector) 用來將媒體連接到外部收發器或 NIC。這個類型是母接頭－公接頭－母接頭（母接頭端是連接纜線，公接頭端連接收發器）。

10Base-T：雙絞線乙太網路

第三個標準稱為 10Base-T，雙絞線乙太網路。

實體層與構成元件

10Base-T 使用實體的星狀拓樸（邏輯拓樸還是匯流排）。工作站使用內部或外部收發器來連接集線器。當使用內部收發器時，不需要 AUI 纜線。介面卡直接和媒體連接器連接。當使用外部收發器時，收發器和介面透過 AUI 纜線連接。收發器再連接到集線器，如圖 10.22 所示。

圖 10.22　使用 **10Base-T** 連接工作站到媒體

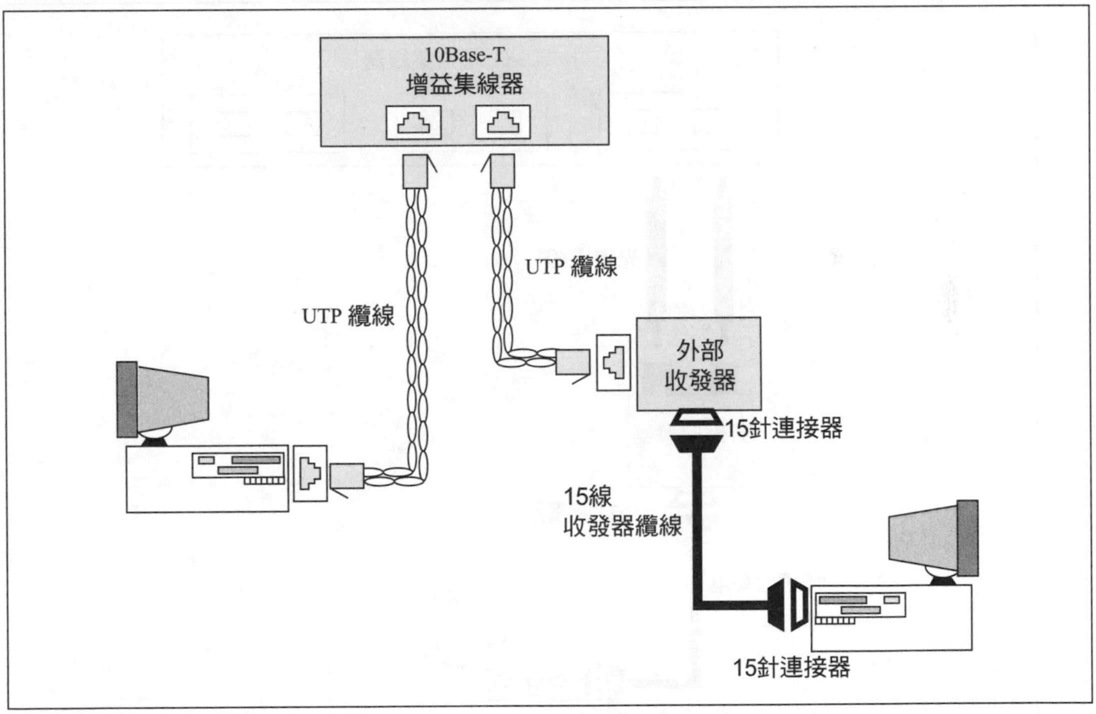

媒體與連接器

IEEE 對於雙絞線乙太網路定義兩種元件：雙絞線纜線與 RJ-45 連接器。

雙絞線纜線　10Base-T 雙絞線纜線的規格如表 10.4 所示。

表 10.4　雙絞線纜線規格

規格	數值
區段長度	100 m (328 ft)
區段中最大的工作站數	2

RJ-45 連接器　RJ-45 連接器是 8 針腳的 RJ-45 插座以及插頭（母接頭與公接頭）連接器。

10Base-FL：光纖連結乙太網路

雖然有許多種光纖 10Mbps 乙太網路被定義，廠商實作了一種稱為 10Base-FL 或稱為**光纖連結乙太網路** (fiber link)。

實體層以及主要元件

10Base-FL 使用星狀拓樸連接工作站到集線器。這個標準通常在實作上使用稱為光纖 MAU 的外部收發器。工作站經由 AUI 纜線連接到外部收發器。收發器使用兩對光纖纜線連接到集線器，如圖 10.23 所示。

圖 10.23　使用 10Base-FL 連接工作站到媒體

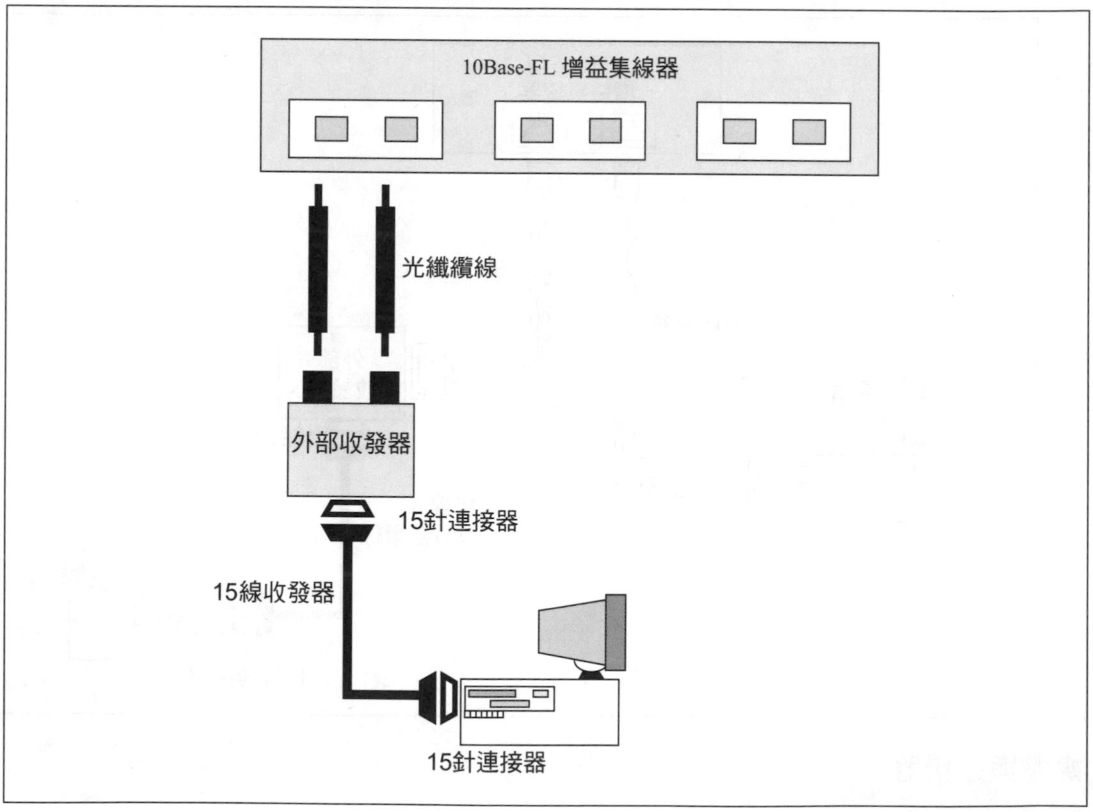

表 10.5 顯示這種實作的規格。

媒體與連接器

IEEE 定義 10Base-FL 乙太網路需要的兩個元件：光纖纜線以及 ST 連接器。

光纖纜線 針對 10Base-FL 定義的光纖纜線是多重模式階級索引光纖纜線，它擁有 62.5 μm 的核心以及 125 μm 電鍍。

ST 連接器 標準中定義一種 ST 連接器，它是普通的光纖媒體類型。

表 **10.5 10Base-FL** 規格

規格	數值
雙向性	全雙工
實體拓樸	星狀
媒體	光纖62.5/125 μm
最長距離	2000 m (6561 ft)

10.6 關鍵名詞 *Key Terms*

10Base2

10Base5

10Base-T

10Base-FL

附屬單元介面 (attachment unit interface, AUI)

AUI cable

倒退重送參數 (backoff factor)

BNC 型 T 連接器 (BNC-tee connector)

BNC 型筒狀連接器 (BNC-type barrel)

BNC 型同軸連接器 (BNC-type coaxial connector)

BNC 型終端電阻 (BNC-type terminator)

碰撞 (Collision)

目的地位址 (destination address, DA)

乙太網路 (Ethernet)

光纖連結乙太網路 (fiber link Ethernet)

全球唯一位址 (globally unique address)

十六進位表示法 (hexadecimal notation)

訊框間隔 (interframe gap, IFG)

干擾序列 (jam sequence)

本地唯一位址 (locally unique address)

媒體存取控制子層 (medium access control (MAC) sublayer)

媒體連線單元 (medium attachment unit, MAU)

媒體相關介面 (medium dependent interface, MDI)

群播位址 (multicast address)

網路介面卡 (network interface card, NIC)

N 型筒狀連接器 (N-type barrel connector)

N 型同軸連接器 (N-type coaxial connector)

N 型終端電阻 (N-type terminator)

實體層訊號子層 (physical layer signaling (PLS) sublayer)

前置 (preamble)

RJ-45 連接器 (RJ-45 connector)

來回時間 (round trip time)

區段 (segment)

槽時 (slot time)

來源位址 (source address, SA)

起始訊框分隔 (start frame delimiter, SFD)

粗線乙太網路 (thick Ethernet)

細線乙太網路 (thin Ethernet)
收發器 (transceiver)
雙絞線乙太網路 (twisted-pair Ethernet)
單點位址 (unicast address)
廠商 (vendor)

10.7 摘要 *Summary*

- 乙太網路是區域網路中使用最廣泛的協定。
- IEEE 802.3 標準定義 1 持續 CSMA/CD 作為第一代 10 Mbps 乙太網路的存取方法。
- 乙太網路的資料連結層包括 LLC 子層以及 MAC 子層。
- MAC 子層負責 CSMA/CD 存取方法的運作。
- 每個在乙太網路上的工作站都有唯一的 48 bit 地址，被燒錄在它的網路介面卡(NIC)。
- 10Mbps 乙太網路的最短訊框長度是 64 bytes；最長為 1518 bytes。
- 10Mbps 乙太網路的槽時為 51.2 μs。最長的網路為 2500 m。
- 10Mbps 乙太網路的實體層包含四個子層：網路層訊號 (physical layer signaling, PLS) 子層，附屬單元介面 (attachment unit interface, AUI) 子層，媒介連接單元 (medium attachment unit, MAU) 子層，以及媒介相關 (medium dependent interface, MDI)子層。
- 常見的 10-Mbps 乙太網路的基頻實做為 10Base5（粗乙太網路）、10Base2（細乙太網路）、10Base-T（雙絞線乙太網路）、以及 10Base-FL（光纖連線乙太網路）。
- 10Base5 的乙太網路實做，使用粗同軸電纜，並且可以處理最多 300 台工作站。
- 10Base2 的乙太網路實做，使用細同軸電纜，並且可以處理最多 96 台工作站。
- 10Base-T 的乙太網路實做，使用可以將工作站連接到集線器上面埠口的雙絞線。
- 10Base-FL 的乙太網路實做使用光纖纜線。

10.8 練習題 *Practice Set*

選擇題

1. 在倒退重送公式中，如果 k 是 5，那麼 r 是個介於 0 和________之間的整數。
   a. 5
   b. 31
   c. 32
   d. 33

2. 在倒退重送公式中，如果 k 是________，那麼 r 是個介於 0 和 63 之間的整數。
   a. 64
   b. 63
   c. 6
   d. 5

3. 使用倒退重送公式，如果 r 是 11，而且槽時為 10μs，那麼倒退重送的時間為________μs。

a. 10

b. 100

c. 110

d. 1100

4. 使用倒退重送公式，如果槽時為 10μs，而且最大的 k 是 10，那麼最大的倒退重送時間為________μs。

a. 10

b. 100

c. 1023

d. 10230

5. 使用倒退重送公式，如果槽時為 10μs，而且最大的 k 是 10，那麼最小的倒退重送時間為________μs。

a. 0

b. 100

c. 1023

d. 10230

6. 以下乙太網路地址的對等十六進制值為何：01011010

00010001 01010101 00011000 101010101 00001111

a. 5A-88-AA-18-55-F0

b. 5A-81-BA-81-AA-0F

c. 5A-18-5A-18-55-0F

d. 5A-11-55-18-AA-0F

7. 以下乙太網路地址 1A-2B-3C-4D-5E-6F 被展開成二進位的值為何？

a. 00011010 00101011 00111100 01001101 01011110 01101111

b. 01011000 11010100 00111100 10110010 01111010 11110110

c. 01011000 11010100 00111100 10110010 01111010 11110010

d. 01011000 01010100 00111100 10110010 01111010 11110110

8. 如果某個乙太網路目的端地址為 07-01-02-03-04-05，那麼它是________地址。

a. 單點

b. 群播

c. 廣播

d. 以上皆是

9. 如果某個乙太網路目的端地址為 08-07-06-05-44-33，那麼它是________地址。

a. 單點

b. 群播

c. 廣播

d. 以上皆是

10. 下列何者不是乙太網路來源端地址？

a. 8A-7B-6C-DE-10-00

b. EE-AA-C1-23-45-32

c. 46-56-21-1A-DE-F4

d. 8B-32-21-21-4D-34

11. 下列何者不是乙太網路單點目的端地址？

a. 43-7B-6C-DE-10-00

b. 44-AA-C1-23-45-32

c. 46-56-21-1A-DE-F4

d. 48-32-21-21-4D-34

12. 下列何者不是乙太網路群播目的端地址？

a. B7-7B-6C-DE-10-00

b. 7B-AA-C1-23-45-32

c. 7C-56-21-1A-DE-F4

d. 83-32-21-21-4D-34

13. 下列何者是全域的唯一地址？

a. 13-B7-7B-6C-DE-10

b. A1-7B-AA-C1-23-45

c. AB-7C-56-21-1A-DE

d. 3E-83-32-21-21-4D

習題

14. 一個乙太網路訊框的平均長度為何？

15. 什麼是最短的乙太網路訊框中，有用資料跟整個封包的比值？

如果是最長的訊框，它的比值為何？平均比值為何？

16. 為什麼你會認為乙太網路訊框應該有最短的資料長度？

17. 想像一下某條 10 Base5 纜線的長度為 2500 公尺，如果細同軸電纜的傳播速度為 200,000,000 m/s，那麼一個位元從網路的開始到結尾進行傳輸時，要花多少時間？可以忽略設備中的傳播延遲。

18. 使用習題 17 的資料，找出它要感應碰撞的最長時間。最遭的情況會發生在資料從纜線的某個端點開始傳送，而碰撞發生在另一個端點。請記得訊號需要來回傳送。

19. 10Base5 的資料傳輸率為 10 Mbps。如果它要建立一個最短的訊框，需要花多少的時間？請顯示計算過程。

20. 使用習題 17 和 18 的資料，要讓碰撞偵測的工作順利進行，請找出最短的乙太網路訊框長度。

21. 進行五次嘗試時，r 的範圍為何？

22. 如果槽時為 51.2 μs，而且 r 選自中間的範圍，進行五次嘗試時的倒退重送時間為何？

23. 使用 r 的平均值以及 51.2μs 的槽時，請畫出十次嘗試後，倒退重送時間數值的圖形。

24. 使用 r 的上限值，重做習題 23。

25. 使用 r 的下限值，重做習題 23。在這種情況下，它所代表的意義為何？

26. 請顯示以下的乙太網路地址如何一個位元一個位元的轉換：

    05-03-10-10-2B-4C

27. 某個乙太網路 MAC 子層從 LLC 子層接收到 42 bytes 的資料。在此資料中需要加入多少的填補的 (padding) bytes？

28. 某個乙太網路 MAC 子層從 LLC 子層接收到 1510 bytes 的資料。這個資料可以被封裝成一個訊框嗎？如果不能，需要傳送多少個訊框？

    每個訊框的資料長度為何？

29. 某部工作站傳送包含 1400 bytes 資料的訊框。這部工作站何時能確定沒有碰撞發生？

30. 請完成表 10.6。

表 **10.6** 習題 **30**

特性	*10Base5*	*10Base2*	*10Base-T*	*10Base-FL*
纜線類型				
收發器類型				
需要纜線終端電阻				

31. 請完成表 10.7。

表 **10.7** 習題 **31**

特性	*10Base5*	*10Base2*
區段個數		
有用的區段數		
區段長度		
每個區段的工作站數		
總長度		
工作站總數		
工作站之間的距離		

第 11 章

乙太網路演進：快速與十億位元乙太網路

Ethernet Evolution : Fast and Gigabit Ethernet

乙太網路是一種持續演進的技術，現今的乙太網路已經和最初的設計相距甚遠。在本章中我們先解釋在這些演進背後的想法，然後討論兩種特殊的乙太網路技術：快速乙太網路 (Fast Ethernet)（資料傳輸率為 100 Mbps）以及十億位元乙太網路 (Gigabit Ethernet)（資料傳輸率為 1000 Mbps）。

11.1 橋接式乙太網路 *Bridged Ethernet*

演進的第一步是將區域網路以橋接器 (bridges) 分隔。橋接器對乙太區域網路提供兩種效果：提高頻寬以及隔開碰撞網域。

提高頻寬

在非橋接式乙太網路中，總容量 (10Mbps) 是由所有要傳送訊框的工作站共同分享，各工作站分享網路的頻寬。如果只有一個工作站要傳送訊框，全部的容量 (10Mbps) 都將給它使用。但是，如果超過一個工作站需要使用這個網路，那麼容量要由這些工作站共同使用。舉例來說，如果兩個工作站都有大量的訊框要傳送，它們可能是交替的使用。當一個工作站在傳送的時候，另一個就不能傳送。我們可以說，平均而言，兩個工作站各以 5Mbps 的速率在傳送，圖 11.1 顯示這個情形。

在第 17 章會介紹的橋接器就可以改善這個狀況。橋接器把網路分割成兩個或多個區段，各區段的頻寬獨立。例如在圖 11.2 中，某個有十二台工作站的網路被分割為兩個各六台工作站的區段，每個區段的容量都是 10Mbps。現在各個區段的 10Mbps 容量只被六台工作站（實際上是七個，因為在各區段中，橋接器就像一個工作站），而非十二個工作站所共享。在一個負荷很重的網路中，假設傳輸不經過橋接器，每個工作站在理論上只分到 10/6Mbps 而不是 10/12 Mbps 的容量。

很明顯地，如果我們更進一步的分割這個網路，各個區段就能獲得更多的頻寬。舉例來說，如果我們用一個四埠橋接器，每個工作站可以分到 10/3Mbps，比在非橋接式網路中多了四倍。

圖 11.1　分享頻寬

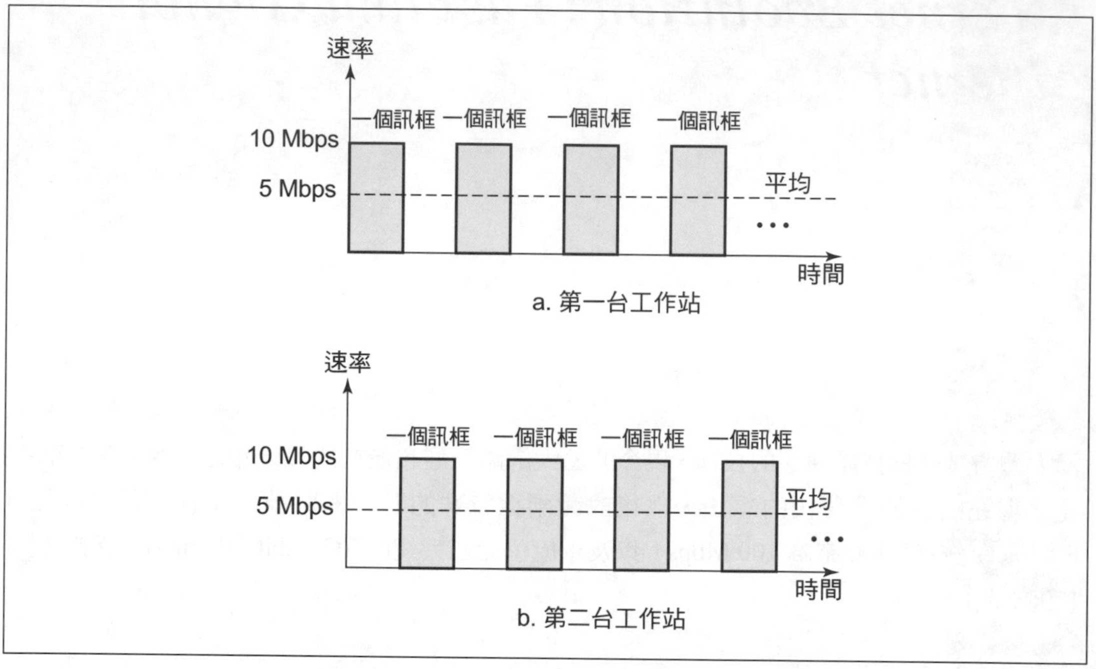

圖 11.2　不使用／使用橋接器的網路

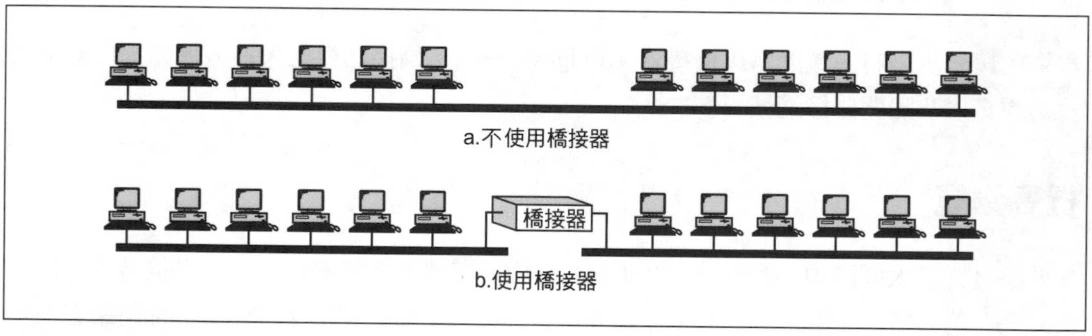

分隔碰撞網域

橋接器的另一個好處是分隔**碰撞網域** (collision domain)。圖 11.3 顯示非橋接式網路和橋接式網路的碰撞網域，我們可以看到碰撞網域變得比較小，而且碰撞機率也減到非常低。非橋接式網路有十二個工作站要彼此競爭存取媒介，橋接式網路只有三個工作站要競爭存取媒介。

圖 **11.3**　非橋接式網路與橋接式網路的碰撞網域

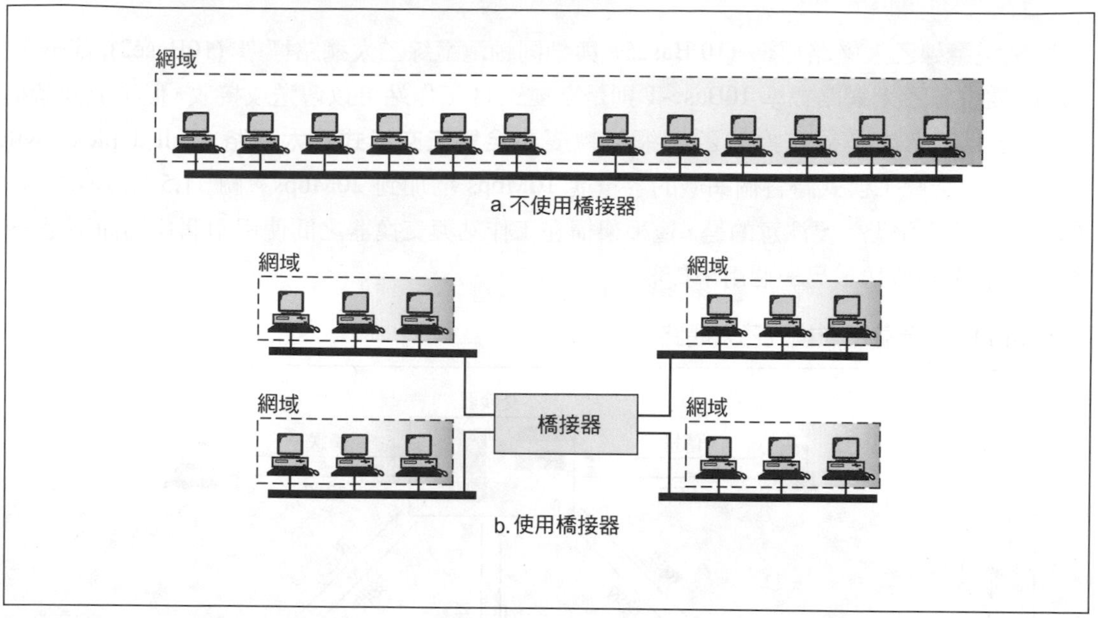

11.2 交換式乙太網路 *Switched Ethernet*

橋接式區域網路的概念可以延伸成為交換式區域網路。相較於分隔兩到四個區段，如果有 N 個工作站的區域網路，為什麼不把它分隔為 N 個區段呢？換句話說，如果我們可以用多埠橋接器，為什麼不用 N 埠的交換器？如此一來，頻寬就只被個別工作站與交換器共享（各 5Mbps）。除此之外，碰撞網域也被分隔成 N 個網域。

第二層的**交換器** (switch) 就是 N 埠橋接器加上更複雜精密的技術，讓它容許更快的封包處理速度。從橋接式乙太網路演進到**交換式乙太網路** (switched Ethernet)，我們將會看到，它是轉變為更快速乙太網路型態的重要步驟。圖 11.4 顯示交換式乙太網路。

圖 **11.4**　交換式乙太網路

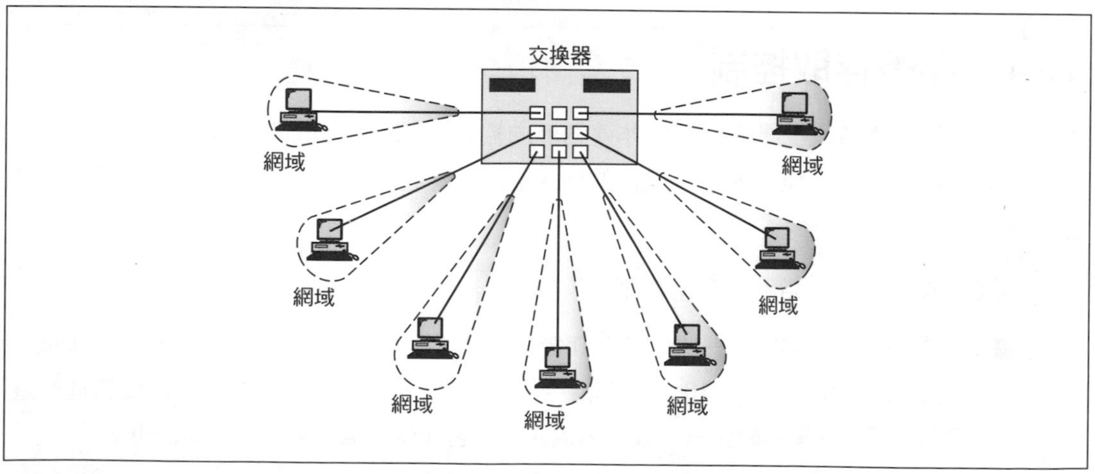

11.3　全雙工乙太網路 *Full-Duplex Ethernet*

粗同軸電纜線乙太網路標準 (10 Base5) 與細同軸電纜線乙太網路標準 (10Base2) 都是半雙工傳輸(雙絞線乙太網路標準 10Base-T 則是全雙工)；工作站可以傳送或接收，但不能同時進行。演進的第二步便是從交換式乙太網路轉變為**全雙工交換式乙太網路** (full-duplex switched ethernet)。全雙工模式將各個網域的容量從 10Mbps 增加到 20Mbps。圖 11.5 顯示全雙工模式的交換式乙太網路。要注意的是，這種架構在工作站與交換器之間使用兩個連結而不是一個連結：一個用來傳送，另一個用來接收。

圖 11.5　全雙工交換式乙太網路

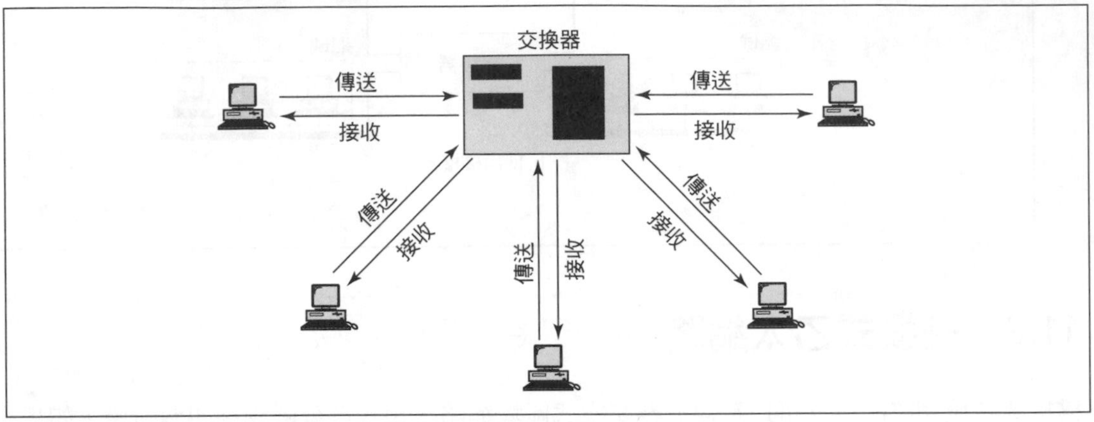

不需要載波感應多重存取 / 碰撞偵測 (CSMA/CD)

全雙工交換式乙太網路中，我們不需要 CSMA/CD 的存取方式。在交換式全雙工乙太網路，每個工作站藉由兩個分開的連結與交換器連接，工作站和交換器可以獨立地傳送與接收，不需要考慮碰撞的問題。每個連結都是工作站和交換器之間點對點的專用路徑。所以不再需要感應載波，也不需要偵測碰撞，媒體存取控制 (MAC) 的工作變得簡單很多。MAC 子層的載波感應和碰撞偵測的功能就可以被拿掉。

11.4　媒體存取控制 *Mac Control*

傳統乙太網路在 MAC 子層的設計為非連結導向協定，它沒有明確的流量控制或錯誤控制來告知傳送端，訊框是否已經正確的到達目的地。當接收端收到訊框時，並不會回傳正面或負面的確認。

傳統乙太網路的「錯誤」有兩種來源：

- 訊框在傳送途中損毀；一些位元從 0 變為 1 或從 1 變為 0。這種錯誤的機率非常低。位元錯誤率 (BER) 通常在 10^{-10} 的範圍。但是，如果發生了，接收端會檢查訊框檢查序列 (FCS)，然後捨棄這個訊框。較高的協定層會告知傳送端，需要重傳該訊框。

■訊框因為碰撞而遺失。傳送端利用碰撞偵測協定就可以偵測到這個狀況，並重傳這個訊框。

在全雙工交換式乙太網路，「錯誤」也有兩種來源：

■訊框在傳輸過程中毀損，這情況跟在傳統乙太網路中是一樣的。

■因為交換器緩衝記憶體已經滿了，交換器除了捨棄這個訊框外，沒有別的選擇時而導致訊框遺失。不過，在這裡沒有 CSMA/CD 的機制來告知傳送端封包遺失。

這說明了在全雙工交換式乙太網路中需要額外的確認。

新的子層

在全雙工交換式乙太網路中，為了要提供流量控制與錯誤控制，稱為 **MAC 控制** (MAC control) 的新子層，被加進邏輯連結控制層 (LLC) 與媒體存取控制層 (MAC) 中。換句話說，如圖 11.6 所示，資料連結層現在被分為三個子層：邏輯連結控制層 (LLC)、MAC 控制 (MAC control) 以及媒體存取控制層 (MAC)。MAC 控制是種選擇性的子層，也就是說，它是留給製造商來完成的。

圖 11.6　MAC 控制層

MAC 控制子層可以在較高層傳來的資料封包中間，加入特別的 MAC 控制封包，來提供流量與錯誤控制。MAC 控制封包使用跟資料封包一樣的方式，被封裝在一個 MAC 訊框裡。然而，為了效率的理由，一個帶著 MAC 控制的封包應該具有最短的長度，也就是 MAC 控制封包的長度，應該小於或等於 46 個位元組。圖 11.7 展示將 MAC 控制封包封裝在一個 MAC 訊框裡。

圖 11.7　將 MAC 控制封包封裝在 MAC 訊框

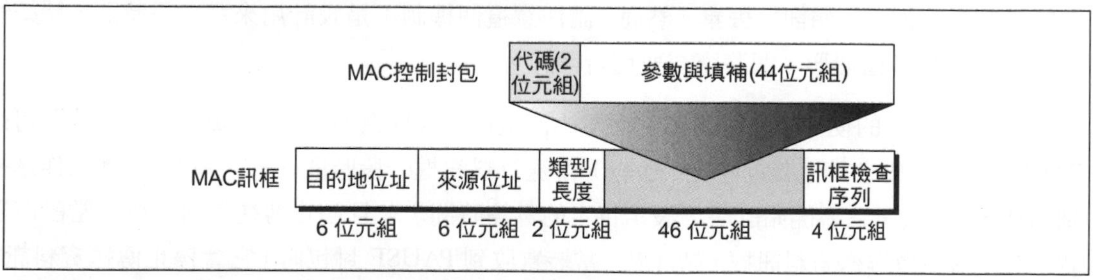

攜帶 MAC 控制封包的 MAC 訊框欄位說明如下：

■**目的地位址**　攜帶 MAC 控制封包的 MAC 訊框，它的接收端是連結另外一端的裝置（不是資料訊框的最終目的地）。目的地位址是一個特別的群播位址 01-08-c2-00-00-01。群播位址因為三種理由被選擇擔任這些用途。第一，傳送端不需要知道在連結另外一端裝置的位址。第二，這個特別的群播位址會被所有的橋接器和交換器擋住，因此這種訊息不會穿過連結的邊界。第三，這是一個可以被具有 MAC 控制子層的工作站所辨識，而且被未使用 MAC 控制的工作站所忽略的位址。

■**來源端位址** 來源端位址是送出這個 MAC 控制封包裝置的位址。

■**類型 / 長度** 因為這裡的酬載 (payload) 長度是固定的（46 個位元組），這個欄位是用來定義類型。它的值是 8806_{16}，用來區別 MAC 控制封包和資料封包。

■**酬載** (payload) 這個欄位包含真正的 MAC 控制封包。它的長度永遠是最短的（46 位元組）。

■**訊框檢查序列** (FCS) 它和 4 位元組的 CRC 錯誤偵測欄位相似。

圖 11.8 展示資料與 MAC 控制訊框如何在離開與到達時被安插進來。

圖 **11.8** **MAC** 控制訊框的插入

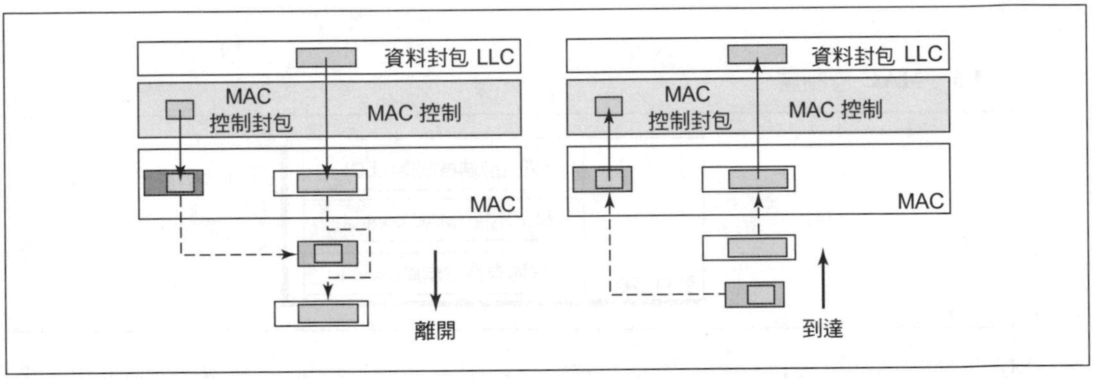

暫停封包

目前 MAC 控制子層只定義了一種封包，稱為**暫停封包** (PAUSE packet)。PAUSE 封包在兩部以全雙工連線的裝置之間減緩訊框的流量。如果到達任何一個裝置（交換器或工作站）的訊框超載，而且緩衝記憶體已經滿了，它會送出 PAUSE 封包，要求另一個裝置減速。這可以避免在暫時超載狀況下，將訊框丟棄。然而，請注意這個機制不是設計用來避免長時間，持續性的壅塞；如果是這種情形，網路應該要重新設計。

PAUSE 封包的使用，提供了非常簡單的流量控制（稱為停一開始 stop-start）。裝置可以用 PAUSE 封包，要求其他裝置停止（暫停）傳送資料訊框一段時間（暫停區間）。當工作站接收到 PAUSE 封包，它會開始計時，設定特定的暫停時間，並且停止傳送資料訊框。當計時器逾時，工作站恢復傳送資料訊框。請注意，當裝置收到 PAUSE 封包時，它會停止傳送資料訊框，但不表示這個裝置不能傳送 PAUSE 訊框（攜帶 PAUSE 封包的訊框）。這個裝置可能需要傳送 PAUSE 訊框來要求其他裝置，在另一個方向停止傳送資料訊框（全雙工操作）。

一個裝置可能送出數個 PAUSE 封包。如此一來，PAUSE 封包可以消除先前 PAUSE 封包的效果。舉例來說，如果一個 PAUSE 封包定義了 t_1 秒的暫停時間，而下一個 PAUSE 封包定義了 t_2 秒的暫停時間，其他裝置應該取消設定 t_1 秒的計時器，並重設新的計時器為 t_2 秒。特別是當裝置發現不再有壅塞時，可以送出暫停時間為 0 的 PAUSE 封包。這表示說，其他裝置就可以立刻開始傳送資料訊框。

格式

圖 11.9 展示 PAUSE 封包的**格式** (format)。

圖 11.9　PAUSE 封包的格式

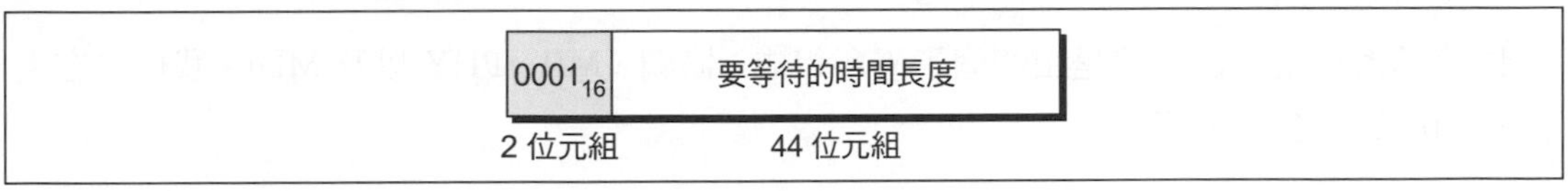

- **代碼**　代碼數值為 0001_{16}，是 2 個位元組的欄位。
- **參數**　唯一定義的參數就是暫停時間。它定義了傳送端在送出下一個資料訊框前應該暫停多久。然而，這個欄位保存的是一個倍數值，它應該乘上時間槽（512 個位元的區間），才能定義真正的暫停時間。

11.5　快速乙太網路 *Fast Ethernet*

更高資料傳輸率的需求導致了**快速乙太網路** (Fast Ethernet) (100Mbps) 協定的設計。在接下來的幾個小節裡，我們會討論這個技術的原理。圖 11.10 展示 100Mbps 乙太網路的協定層。

圖 11.10　快速乙太網路的協定層

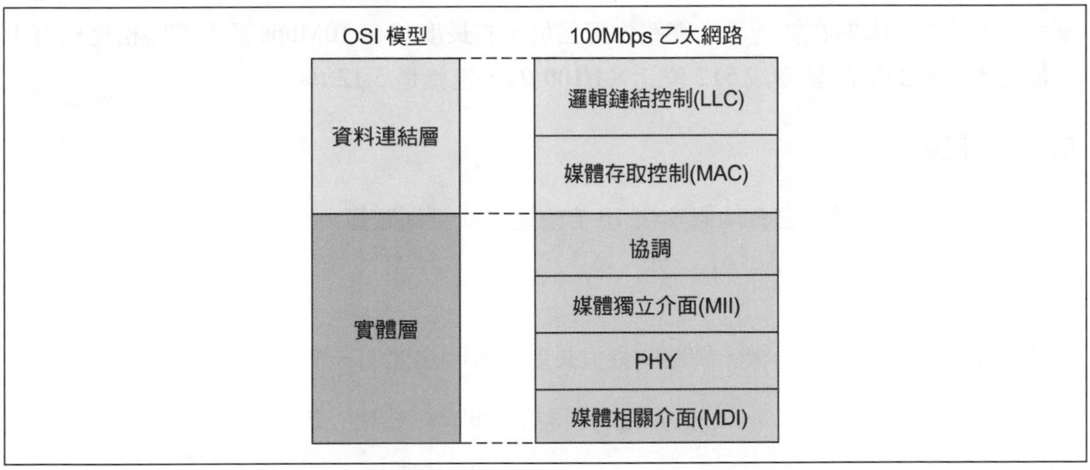

資料連結層

LLC

LLC 子層和第 9 章所討論的一樣。

MAC

我們會在下面的部分討論 MAC 子層的細節。

實體層

在快速乙太網路的實體層是由四個子層所組成：協調、MII、PHY 以及 MDI。我們會在實體層的小節中討論各個子層。

11.6 快速乙太網路 MAC 子層 *Fast Ethernet Mac Sublayer*

從 10Mbps 到 100Mbps 乙太網路的演進，主要的概念是保持 MAC 子層不動。存取方式是一樣的 (CSMA/CD)。當然，在全雙工快速乙太網路中不需要 CSMA/CD。然而，在實作上我們保留 CSMA/CD 向下相容傳統的乙太網路。訊框格式，最短與最大訊框長度以及位址分配方面，10Mbps 和 100Mbps 乙太網路都是一樣的。唯一的改變是，槽時 (slot time)（以秒為單位）和網路的最大長度（碰撞網域）。

槽時

以位元 (bit) 來表示的快速乙太網路**槽時** (slot time)，依然保持 512 位元，以避免改變最短訊框長度。然而，因為在快速乙太網路中每個位元的長度和在 10Mbps 乙太網路相比只有 1/10，快速乙太網路的槽時就變成 512 位元×1/100 μs，也就是 5.12 μs。

槽時與碰撞

槽時減小，也就是說，它會比原本快 10 倍的速度偵測到碰撞。

槽時與最大網路長度

就跟 10 Mbps 乙太網路一樣，網路的最大長度和槽時之間有一個關係

$$\text{最大長度} = \text{傳播速度} \times \text{槽時} / 2$$

$$\text{最大長度} = (2\times10^{8})\times\frac{5.12\times10^{-6}}{2} = 512 \text{ 公尺}$$

當然我們應該考慮增益器、介面以及傳送干擾序列所需要的時間等等所產生的延遲。這表示說，長度大大的被縮短了。實際上，在快速乙太網路中的網路最大長度小於 250 公尺，也就是只有百分之 48 的理論值大小。

$$\text{最大長度} = 250 \text{ 公尺}$$

自動協商

加入快速乙太網路的新特色是**自動協商** (auto negotiation)。它容許工作站或集線器一個範圍的能力。自動協商允許兩個裝置協商操作的模式或資料傳輸率。特別是為了下面幾個目的而設計：

- 容許不相容裝置互相連結。例如一個最大容量為 10Mbps 的裝置可以和設計為 100Mbps（不過，可以工作在較低速率）的裝置互相溝通。
- 容許裝置擁有多種能力。
- 容許工作站檢查集線器的能力。

自動協商機制

自動協商協定是基於數個規則：

- 在點對點連結兩端相連的兩個裝置，可以協商它們的能力。協商只包含連結而不是整個網路。實際上，協商只有在工作站與集線器或兩個集線器之間才被容許。
- 協商只發生在連結起始的期間。
- 協商使用個別的訊框格式以及訊號系統。
- 連結兩端的各個裝置向其他裝置發佈它的能力。
- 是依據共同的能力來做決定。
- 定義階層式的共同能力來協助決定。

範例

圖 11.11 展示工作站與集線器協商的範例。工作站發佈它的兩種能力：半雙工模式以及 10Mbps 資料傳輸率。集線器發佈它的兩種能力：半雙工模式以及 100Mbps 資料傳輸率。它們共同分母就是半雙工模式和 10Mbps 資料傳輸率。

圖 11.11　自動協商範例

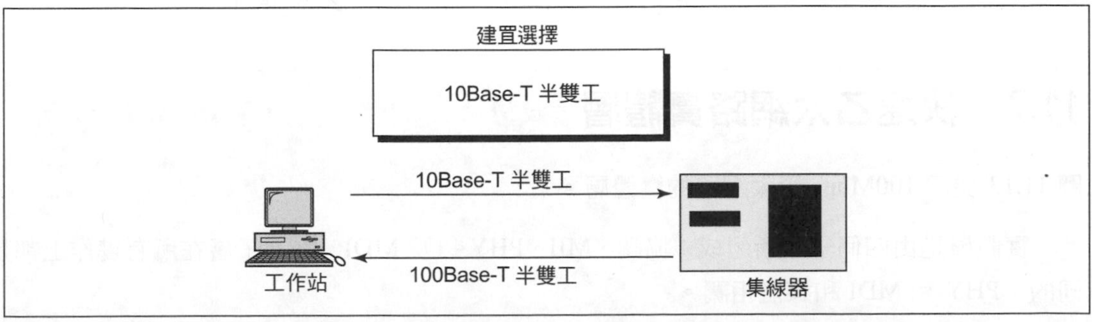

訊息格式

發佈的格式是 16 位元訊息，如圖 11.12 所示。

圖 **11.12** 自動協商訊息格式

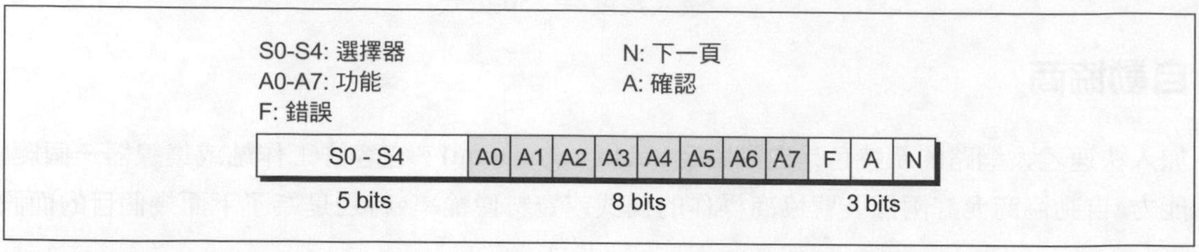

接下來是各欄位的敘述。

■**選擇器欄位** 這五個位元的欄位定義區域網路技術的類型。這個訊息被設計可以用在任何區域網路；乙太網路的代碼是 10000。

■**技術功能欄位** 這是 8 位元的欄位，每位元定義不同技術的支援。裝置藉著設定一個或多個這些位元來發佈它的能力。各位元所表示的技術展示於表 11.1。

表 **11.1** 技術能力

位元	支援的技術
0	10Base-T
1	10Base-T 全雙工
2	100Base-TX
3	100Base-T 全雙工
4	100Base-T4
5	暫停操作
6	保留
7	保留

■**遠端錯誤位元** 1 個位元的欄位，當設定時，表示錯誤發生。

■**確認** 1 個位元的欄位，當設定時，表示訊息已經成功地被接收。

■**下一頁位元** 1 個位元的欄位，當設定時，表示還會有其他訊息（稱為下一頁）。下一個訊息可以被定義，例如，發生錯誤的理由或一些將來可能需要的訊息。

11.7 快速乙太網路實體層 *Fast Ethernet Physical Layer*

圖 11.13 展示 100Mbps 乙太網路的實體層。

實體層是由四個子層所組成：協調、MII、PHY 以及 MDI。協調子層在所有實作上都是相同的。PHY 和 MDI 和媒體相關。

圖 11.13 快速乙太網路實體層

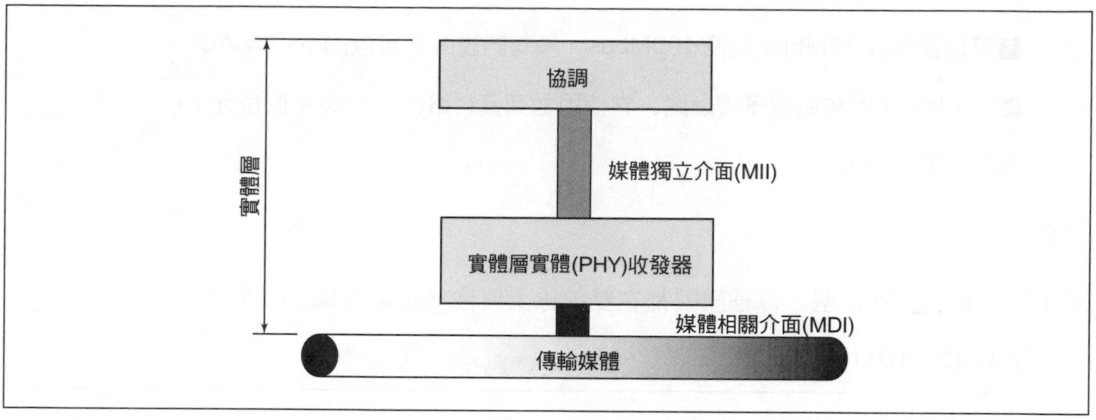

在這一節裡，我們簡短地討論這些子層。下一節中，我們會定義各個特定實作的 MII、PHY 以及 MDI。

協調

在快速乙太網路中**協調子層** (reconciliation sublayer) 替換了 10Mbps 裡的 PLS 子層。原本由 PLS 執行的編碼與解碼工作移到 PHY 子層（收發器），因為在快速乙太網路中編碼是與媒體相關的。協調子層負責任何之前遺留下來的，特別是以 4 位元格式（少量的資料 nibble）傳遞資料給 MII，我們稍後將會看到。

MII

在快速乙太網路設計，AUI 被**媒體獨立介面** (medium independent interface, MII) 所取代。MII 是種改良過的介面，可以用在 10Mbps 以及 100Mbps 的資料傳輸率。圖 11.14 展示 MII 介面。

圖 11.14 MII

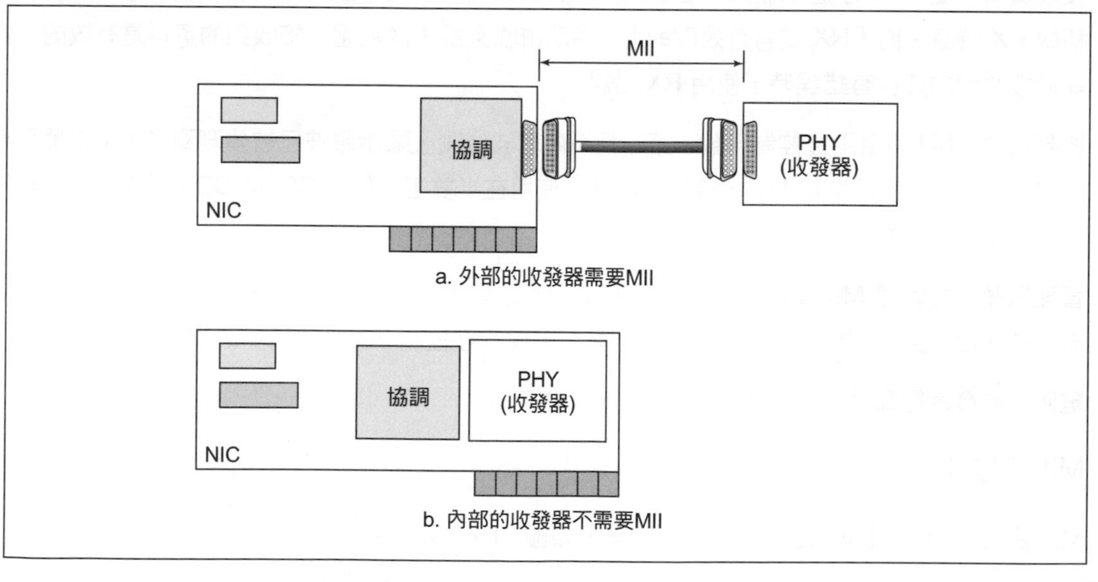

我們將 MII 的特性摘要如下：

- 可以操作在 10Mbps 以及 100Mbps。換句話說，它可以向下相容 AUI。
- 在 PHY 子層和協調子層之間，它使用並列資料路徑（一次 4 個位元）。
- 加入管理功能。

MII 訊號

MII 定義五種訊號類型。每種訊號都在雙絞線上傳輸（請參考圖 11.15）。

圖 11.15 MII 中的訊號

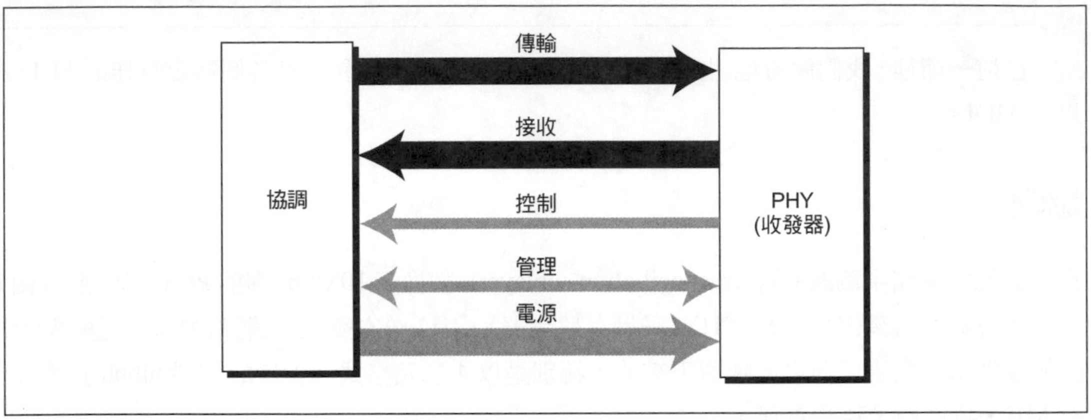

傳送資料 將資料從協調子層送到 PHY 子層是同時進行，一次 4 個位元，並使用四條線（稱為 TX 資料）。另一條線稱為 TX 時脈，傳送時脈訊號讓 PHY（收發器）和協調子層同步。因為各條線上的資料率為 25Mbps，時脈也運作在 25MHz。第六條線稱為 TX 啟動，它送出啟動訊號來告知 PHY（收發器），正要送出資料訊號。第七條線稱做 TX 錯誤，被實作在 MII，但不會被工作站所使用；相反地，當接收到的資料發生錯誤時，它會被用在增益器所使用。

接收資料 從 PHY 子層到協調子層也使用同樣數目的線。這些並列資料線路稱為 RX 資料，時脈稱做 RX 時脈，而「RX 資料有效(Valid)」顯示由收發器（從媒體）接收到的資料是有效的。當從媒體接收到的資料有錯誤時，使用 RX 錯誤。

控制訊號 MII 使用兩種控制訊號。第一種稱做載波偵測，顯示載波已被偵測到了。第二種稱為碰撞偵測，顯示碰撞已被偵測到。這兩種訊號只使用在半雙工（使用 CSMA/CD）操作模式。全雙工操作是不需要它的。

管理訊號 要管理 MII 操作，一序列的訊號（稱為管理控制 I/O）在 PHY 子層和協調子層之間雙向的被送出。另一個訊號（稱為管理控制時脈）與管理控制 I/O 訊號同步。

電源 收發器電源是由介面卡提供，它是 5V DC。

MII 連接器

MII 連接器是一個 40 根接腳，D 連接器，如圖 11.16 所示。

圖 **11.16 MII** 連接器

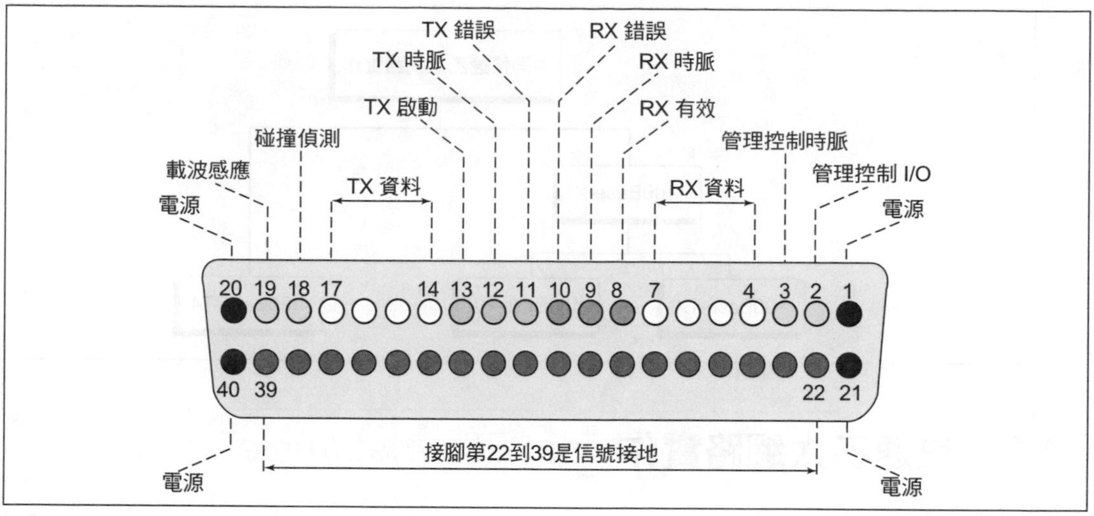

MII 纜線

MII 纜線包含 20 條雙絞線，在乙太網路介面和收發器之間攜帶訊號。MII 纜線配置 40 根接腳的公接頭（在 NIC 端），以及 40 根接腳的母接頭（在收發器端），如圖 11.17 所示。

圖 **11.17 MII** 纜線

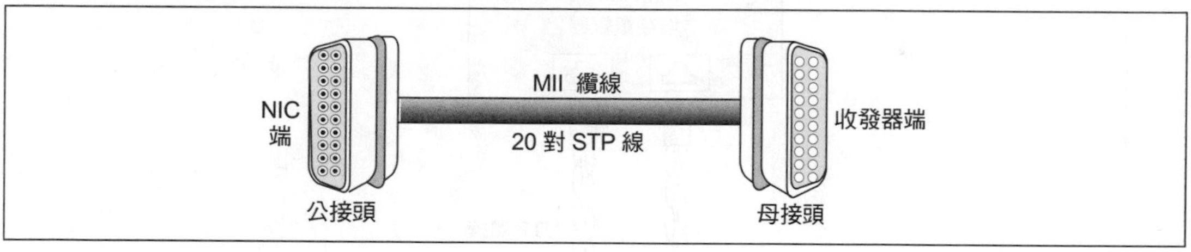

PHY（收發器）

在快速乙太網路中收發器稱為 **PHY 子層** (PHY sublayer)。除了原本在 10 Mbps 乙太網路提到的能力之外，快速乙太網路的收發器也要負責編碼與解碼。這種功能是從 PLS 層移到 PHY 子層。收發器可以是外部或內部的。外部收發器被安裝在接近媒體的地方，並經由 MII 纜線連接到工作站。內部收發器安裝在工作站內（在介面卡上），而且不需要 MII 纜線。因為收發器是媒體相關的，我們會在實作段落的討論中，談到收發器針對各種實作的設計。

MDI

要將收發器（內部或外部）連接到媒體，我們需要**媒體相關介面** (medium dependent interface, MDI)。MDI 只是特定實作的一種硬體。

圖 11.18 快速乙太網路實作

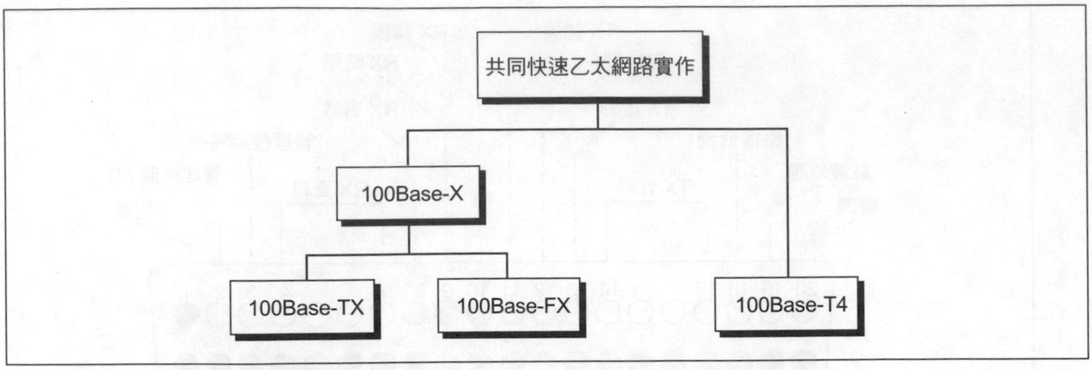

11.8 快速乙太網路實作 *Fast Ethernet Implementation*

快速乙太網路可以分類為雙線或四線的做法。雙線作法稱為 100Base-X，它可以是雙絞線 (100Base-TX) 或光纖纜線 (100Base-FX)。四線作法只被設計用在雙絞線 (100Base-T4)。換句話說，我們有三種做法：100Base-TX、100Base-FX 以及 100Base-T4 如圖 11.18 所示。

圖 11.19 **100Base-TX** 實作

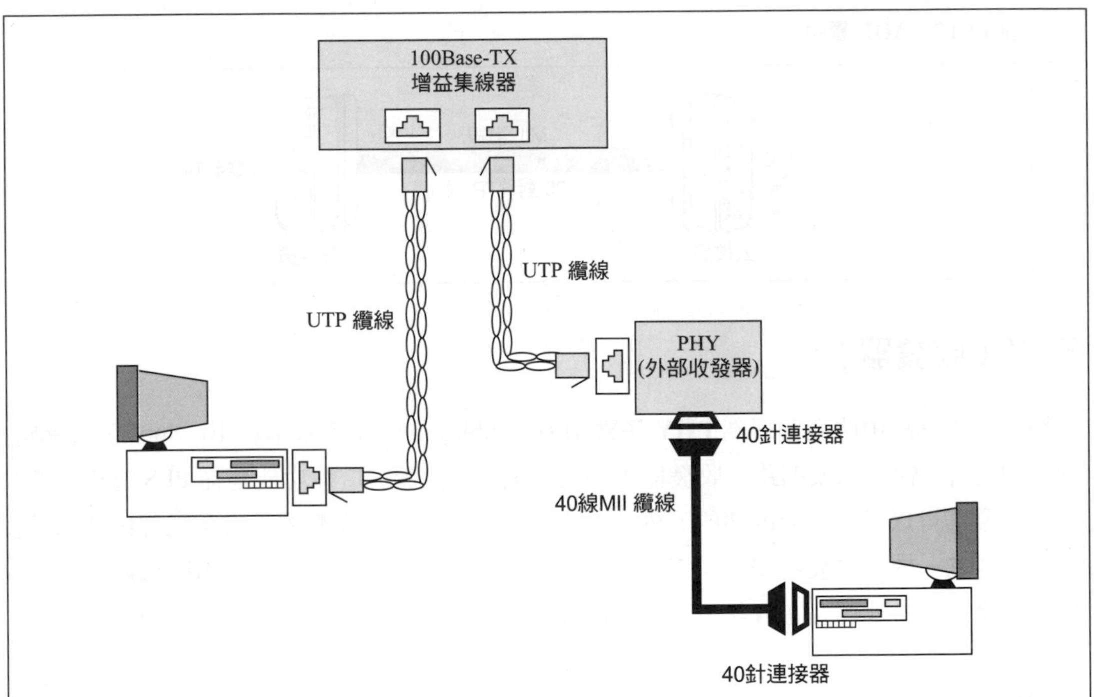

100Base-TX

100Base-TX 在實體星狀拓撲上使用兩對雙絞線（類型 5 UTP 或 STP）。它的邏輯拓撲是星狀半雙工模式（需要 CSMA/CD）或是匯流排拓撲（不需要 CSMA/CD)）。它在實作上容許外部收發器（使用 MII 纜線）或是內部收發器。圖 11.19 展示一個工作站使用上述的選擇連結到集線器及媒體。

收發器

在快速乙太網路中，收發器負責傳送、偵測碰撞以及資料編碼 / 解碼。

編碼與解碼 要達到 100Mbps 的資料傳輸率，編碼（與解碼）是以兩個步驟來實作，如圖 11.20 所示。

要保持同步，編碼器先執行區塊編碼。從 NIC 接收到的四個並列位元，如第 3 章討論的，以 4B/5B 編碼成 5 個串列位元，這需要 125MHz 的頻寬 (125Mbps)。

圖 11.20 100Base-TX 中的編碼與解碼

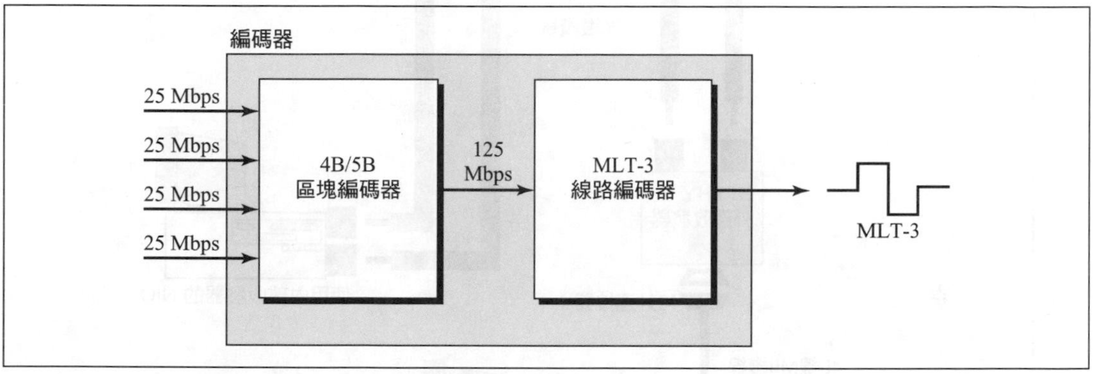

資料在 125Mbps 的速率，接著使用**三階多線傳輸** (three levels, multilane transmission, MLT-3) 的方式編碼為訊號。它和第 3 章討論過的 NRZ-I（不歸零，反相）非常相似，但它使用三個訊號位階（+1、0、和-1）。訊號位元 1 的開頭從一個位階轉換到下一個位階，在位元 0 的開頭則沒有轉換。圖 11.21 展示一個 MLT-3 訊號的範例。

圖 11.21 MLT-3 訊號

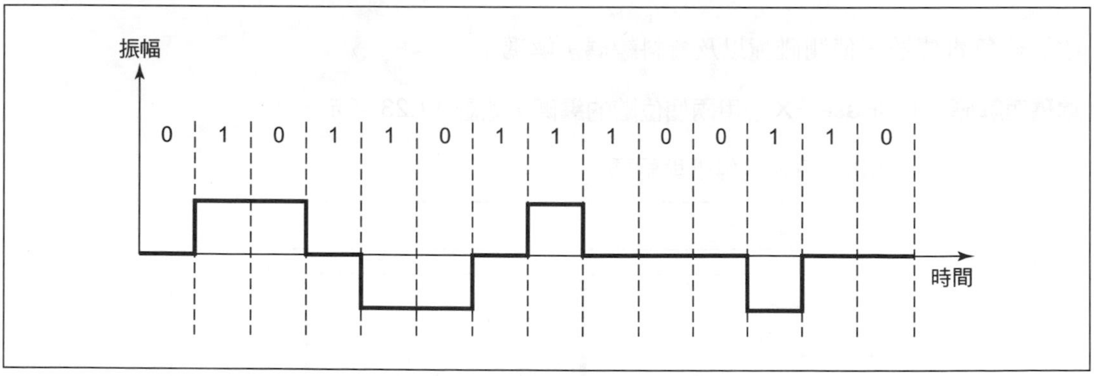

100Base-FX

100Base-FX 在實體星狀拓撲中使用兩對光纖纜線。它的邏輯拓撲在 100Base-TX 實作中討論過，可以是星狀或匯流排。這種實作容許外部收發器（有 MII 纜線）或內部收發器。圖 11.22 展示一個工作站使用上述的選擇連結到集線器及媒體。

圖 11.22 100Base-FX 實作

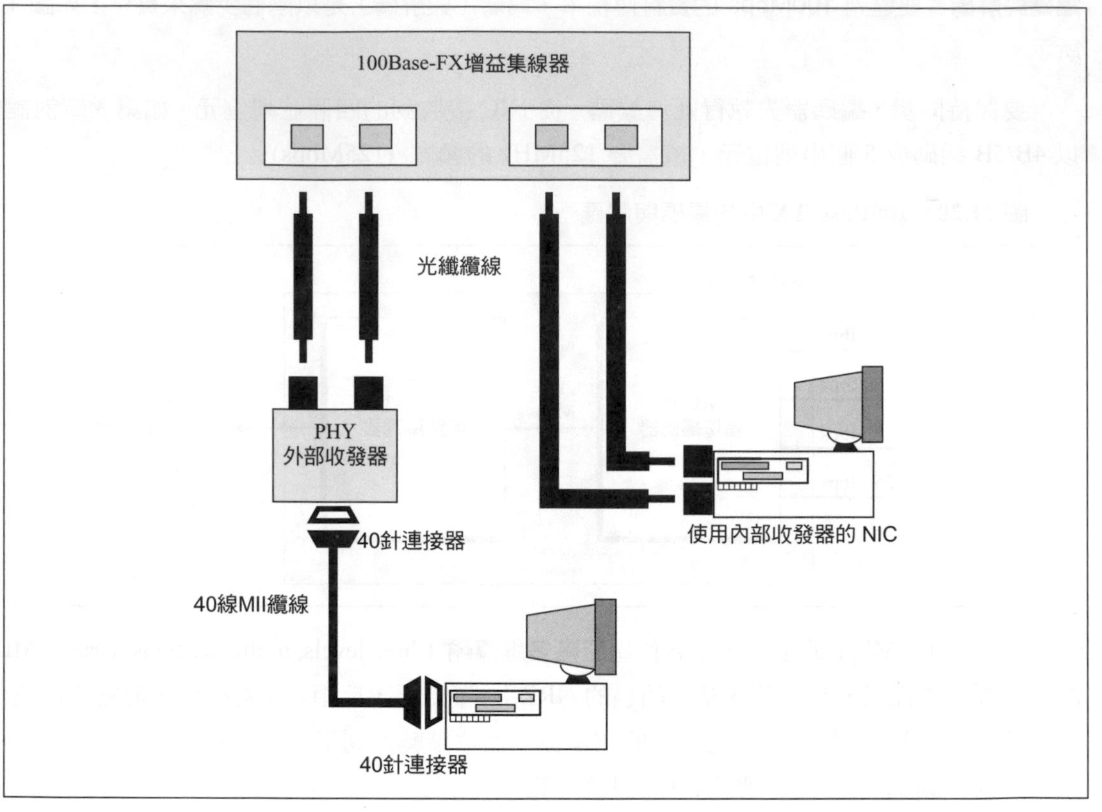

收發器

收發器負責傳送、偵測碰撞以及資料編碼 / 解碼。

編碼與解碼 100Base-FX 使用兩個位階的編碼，如圖 11.23 所示。

圖 11.23 100Base-TX 的編碼與解碼

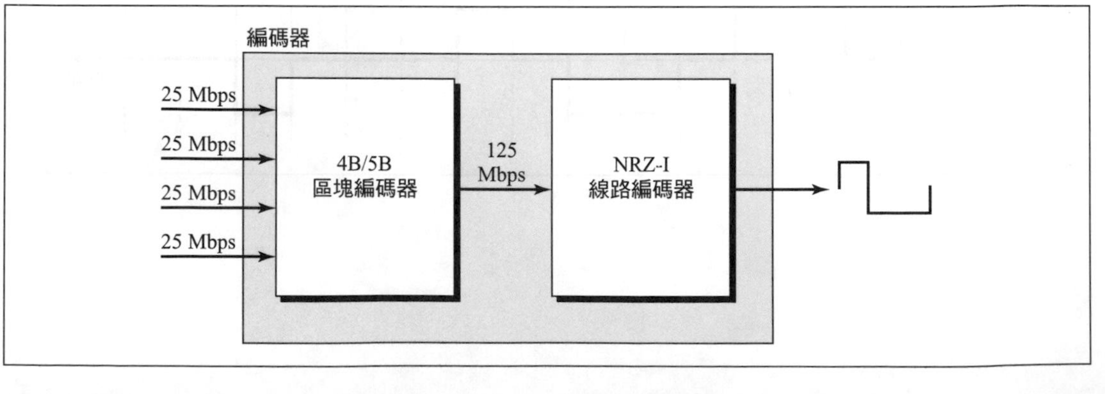

為保持同步，編碼器先執行區塊編碼。從 NIC 收到的四個並列位元，如第 3 章討論的，以 4B/5B 編碼為 5 個串列位元。這需要 125MHz 的頻寬 (125Mbps)。

資料在 125Mbps 速率接著使用 NRZ-I 編碼機制編碼為訊號，訊號在位元 1 轉換，如圖 11.24 所示。

100Base-T4

100Base-TX 網路可以提供 100Mbps 的資料傳輸率，但是它需要使用類別 5 UTP 或 STP 纜線。這對於已經佈置語音等級雙絞線(類別 3)的大樓來說，沒有什麼經濟效益。一種稱為 100Base-T4 的新標準被設計使用類別 3 或更高的 UTP。這個做法使用四對 UTP 來傳輸 100Mbps。圖 11.25 展示工作站在 100Base-T4 網路的連接。

圖 11.24 NRZ-I 編碼

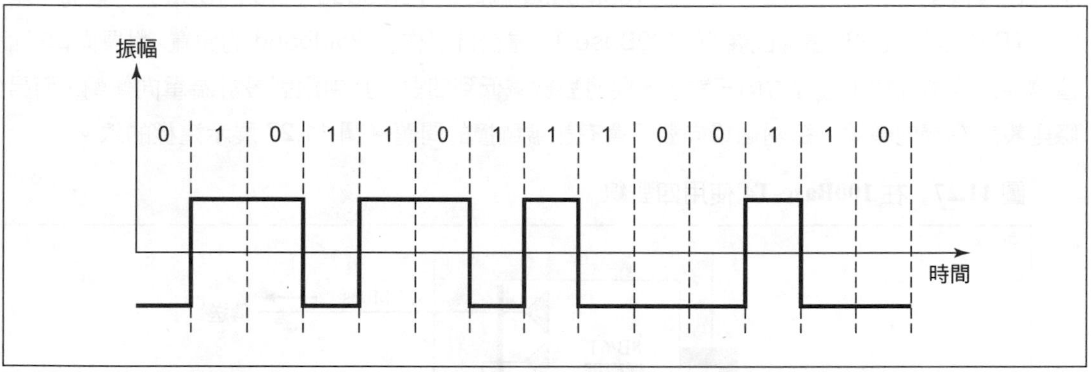

圖 11.25 100Base-T4 實作

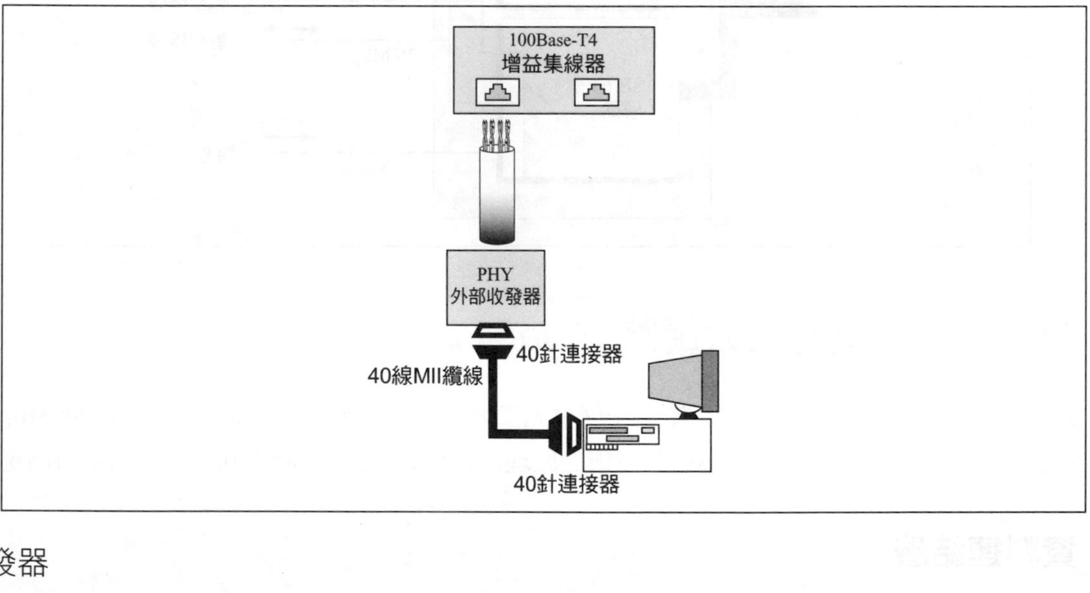

收發器

當收發器使用在 100Base-T4 時，和其他實作相似，而編碼與解碼則更加複雜。

編碼與解碼 為了保持同步並同時減低頻寬，它使用一種稱為 8B/6T（八個二進位 / 六個三進位）的三階線路編碼。這表示說，每個 8 位元區塊資料被編碼成一個三位元訊號單位（使用三位階，+1、0 以及-1V）。8 位元代碼可以表示 256 種可能性其中之一 (2^8)；6 符號的三進位訊號可以表示 729 種可能性之一 (3^6)。意思就是其中某些代碼沒有用到。編碼可以被設計來保持同步與透通性。附錄 K 展示完整的 8B/6T 編碼數值列表。圖 11.26 展示一個 8B/6T 編碼的範例。

圖 11.26 8B/6T 編碼範例

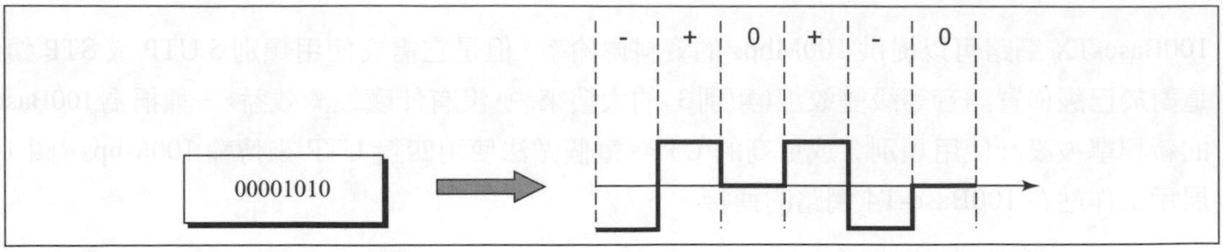

用四條線傳輸 8B/6T 編碼將頻寬從 100Mbaud 減低為 75Mbaud（8/6 的比率）。然而，語音等級 UTP 還是無法處理這樣的頻寬。100Base-T4 是設計操作在 25Mbaud 的頻寬。對單向傳輸而言，這需要六條纜線對（每個方向三對）。要將對數減低到四對，其中兩對設計為單向傳輸，而另外兩條則設計為雙向傳輸。這兩個單向對不會有訊號碰撞的問題。圖 11.27 展示這樣的線。

圖 11.27 在 100Base-T4 使用四對線

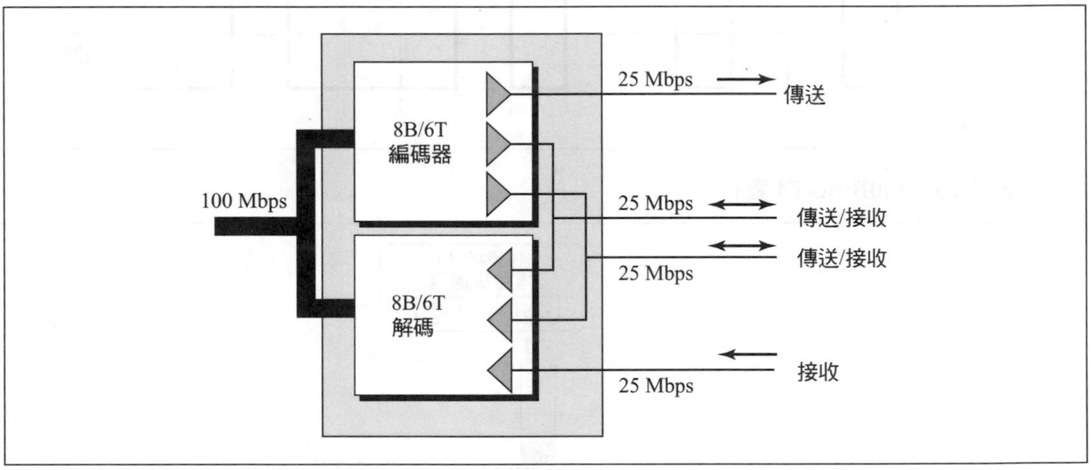

11.9 十億位元乙太網路 *Gigabit Ethernet*

近來對於更高速率的要求，因而產生十億位元乙太網路 (gigabit Ethernet) 協定 (1000Mbps)。在接下來幾個小節，我們會討論這個技術的原理。圖 11.28 展示 1000Mbps 乙太網路的協定層。

資料連結層

LLC

LLC 子層和第 9 章討論的一樣。

MAC

我們在下面的段落會討論 MAC 子層的細節。

圖 11.28　十億位元乙太網路的協定層

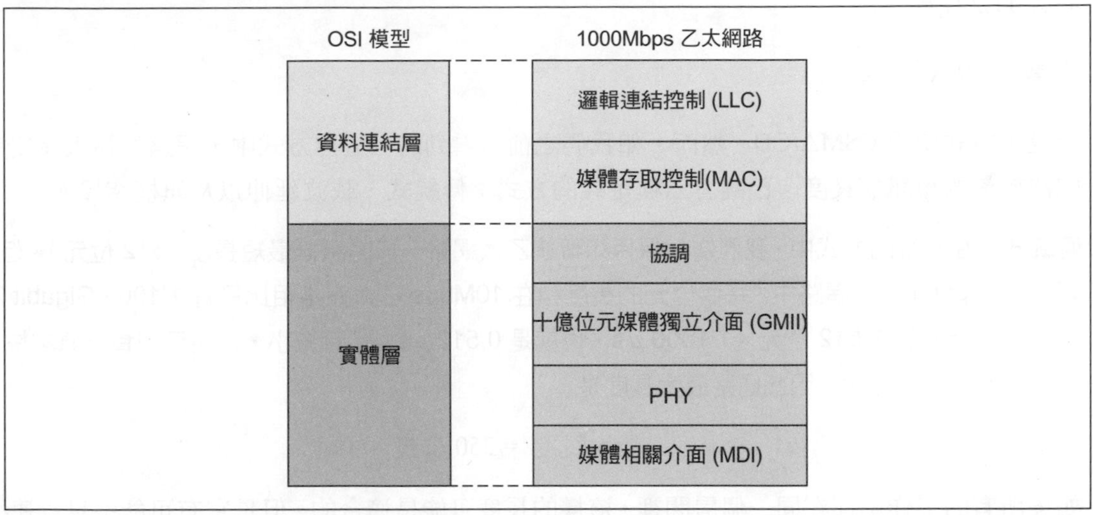

實體層

在快速乙太網路的實體層是由四個子層所組成：協調、GMII、PHY 以及 MDI。我們會在實體層的小節討論各個子層。

11.10　十億位元乙太網路 MAC 子層

Gigabit Ethernet Mac Sublayer

乙太網路演進主要的概念是保持 MAC 子層不被更動。然而，當傳送 1Gbps 速率時，設計者發現一些改變是必要的。在這一節中，我們會學習 MAC 子層所經歷的改變形貌。

圖 11.29　Gigabit 乙太網路的兩種媒體存取方式

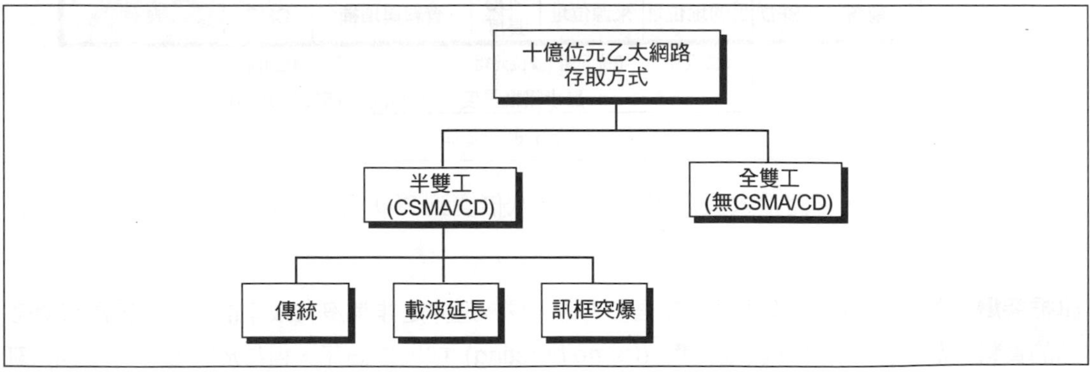

存取方式

Gigabit 乙太網路用兩種不同的方式進行媒體存取：使用 CSMA/CD 的半雙工模式，或是不需要 CSMA/CD 的全雙工模式。即使半雙工模式並非經常使用，我們仍然會學習這兩種方式（參考圖 11.29）。

半雙工 MAC

半雙工方式使用 CSMA/CD。然而，如我們之前所看到的，這種方式中，網路的最大長度完全取決於最的短訊框長度。已經有三種定義的方式：傳統式、載波延伸以及訊框突爆。

傳統式　在傳統的方式中，我們依然保持如傳統乙太網路一樣的訊框最短長度（512 位元）。但是，因為在 Gigabit 乙太網路中，每個位元的長度和在 10Mbps 乙太網路相比只有 1/100，Gigabit 乙太網路的槽時就變成 512 位元×1/1000 μs，也就是 0.512 μs。槽時減小，也表示說會比原本快 100 倍的速度偵測到碰撞。因此網路最大長度是

$$\text{最大長度} = 250 \text{ 公尺}$$

如果所有的工作站都在同一個房間裡，這樣的長度可能是適合的，但是它有可能不足以連結一個辦公室裡的所有工作站。

載波延伸　要容許較長的網路，我們讓訊框最短長度增加。**載波延伸** (carrier extension) 方式定義最短的訊框長度為 512 位元組（4096 位元）。這表示說最短的長度變為八倍長。這種方式強制工作站對任何不足 4096 位元的訊框加入延伸位元（填補）。圖 11.30 展示一個使用載波延伸方式的訊框。

圖 11.30　使用載波延伸方式的訊框

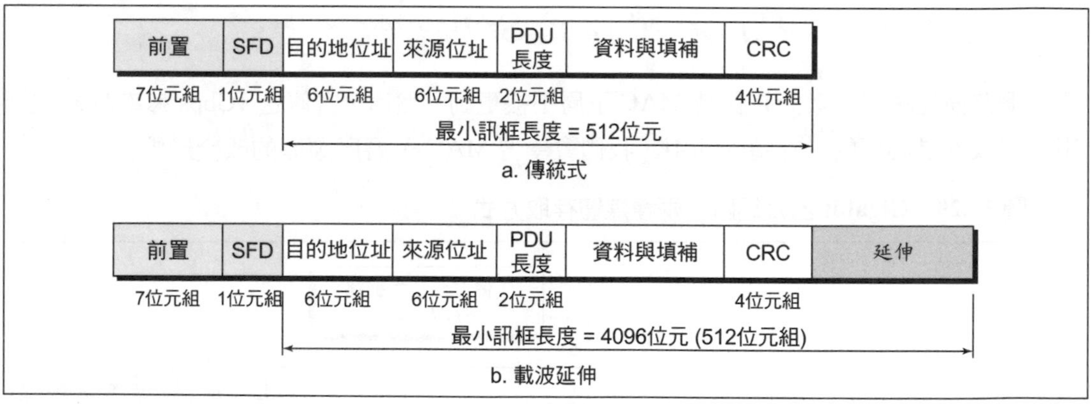

以這樣的方式，網路最大長度可以增加為八倍變到 200 公尺。這容許了從集線器到工作站有 200 公尺的長度。

訊框突爆　如果我們有一串簡短的訊框要傳送，載波延伸是非常沒有效率的；各個訊框都攜帶了冗餘的資料。為了提高效率，**訊框突爆** (frame bursting) 就被提出了。相較於在每個訊框加入延伸，我們改成一次送出多個訊框的方式。然而，要使多個訊框看起來像一個訊框，我們在訊框與訊框之間加上填補位元（如載波延伸方式中所用的方法）使得頻道不會閒置。換句話說，這個方式會使其

他工作站認為，有一個非常大的訊框正在被傳送。其他想傳送資料的工作站，會在每個訊框結束之後查看閒置頻道的 IFG 時期。當填補位元在這段期間被傳送時，這些工作站就會誤認這個訊框傳輸尚未結束，並且抑制存取媒體的行為。

圖 11.31 展示這個概念。工作站先只傳送一個訊框加上延伸。因為訊框是 512 個位元組的長度，網路最大長度就取決於這個訊框。如果在傳送這個訊框的期間發生碰撞，工作站會傳送干擾訊號並遵循等待重送的機制。如果沒有碰撞發生，工作站會送出剩下的訊框，這就稱為突爆訊框。突爆訊框的長度，不包括最後一個訊框的長度，最長為 8192 位元組（65536 個位元）。

圖 11.31 突爆訊框的方式

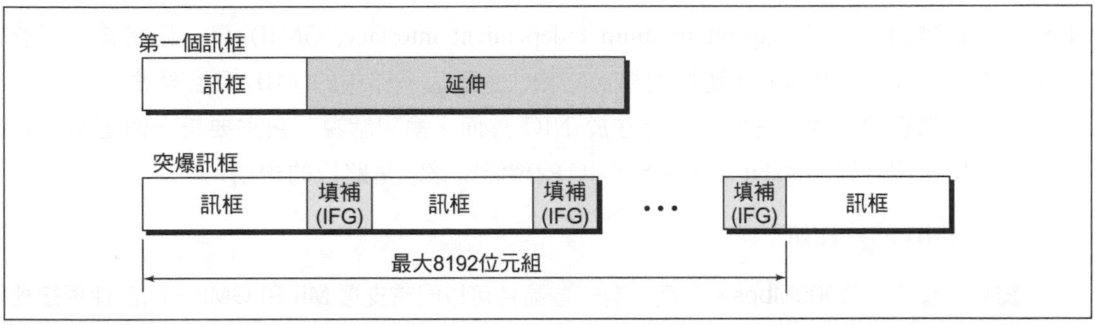

全雙工 MAC

在全雙工的方式中，沒有必要遵循最短長度的準則。如我們之前討論的，這種方式不需要使用 CSMA/CD。幾乎所有的 Gigabit 乙太網路都是使用全雙工的方式。

11.11 十億位元乙太網路實體層

Gigabit Ethernet Physical Layer

圖 11.32 展示 Gigabit 乙太網路的實體層。

圖 11.32 Gigabit 乙太網路的實體層

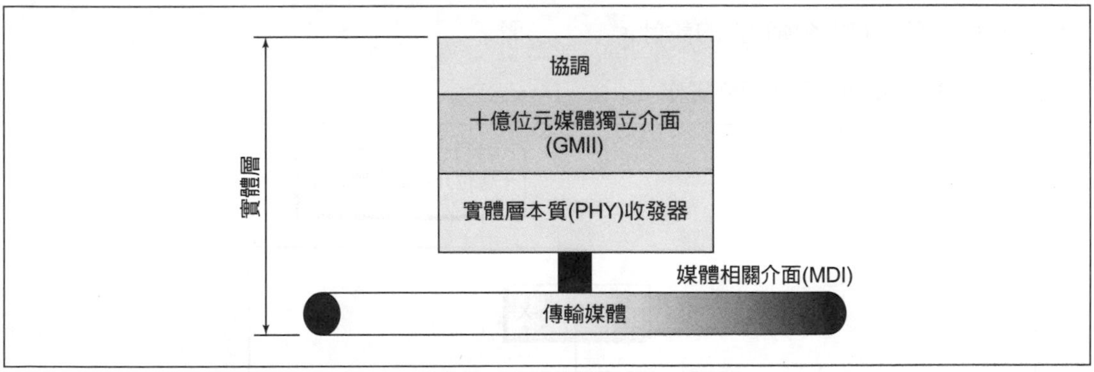

實體層是由四個子層所組成：協調、GMII、PHY 以及 MDI。協調子層在所有實作上是相同的。PHY、MDI 和媒體相關。在這一節裡我們簡短地討論這些子層。下一節我們會定義每個特定實作之 GMII、PHY 以及 MDI。

協調

協調 (Reconciliation) 子層負責傳送 8 位元並列資料，經由 GMII 介面到 PHY 子層。

GMII

十億位元媒體獨立介面 (gigabit medium independent interface, GMII) 是一個定義協調子層如何和 PHY 子層（收發器）相連的規格。它和快速乙太網路中的 MII 相互對應。然而，GMII 不是一個外部實體元件，它並不是存在於 NIC 外面。換句話說，它主要是一個邏輯而非實體的介面，是一個針對 Gigabit 乙太網路 NIC 的積體電路或電路板的規格。

一些 GMII 的特性如下：

- 只能操作在 1000Mbps。然而，有一些晶片可以同時支援 MII 和 GMII。因此使用這種晶片的工作站，可以操作在 10、100 及 1000Mbps。
- GMII 規範了 PHY 子層和收發器之間使用並列資料的路徑（一次 8 個位元）。
- 加入管理功能。
- 沒有 GMII 纜線。
- 沒有 GMII 連接器。

收發器 (PHY)

如同在快速乙太網路中，收發器是媒體相關，而且也要負責編碼與解碼。不過，Gigabit 乙太網路的收發器只可以是內部的，因為沒有設計外部的 GMII 來提供連接。我們會在實作的段落，討論收發器針對各種實作的設計。

圖 11.33 Gigabit 乙太網路實作

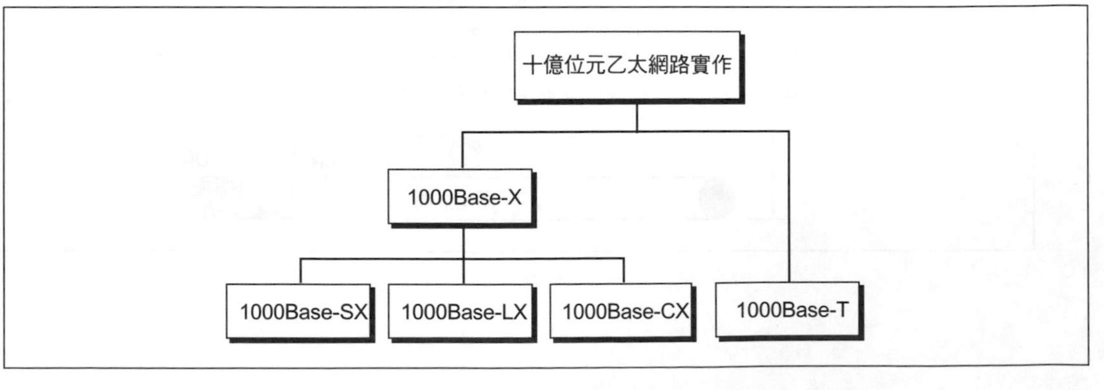

MDI

如同在快速乙太網路中，MDI 將收發器連接到媒體。對 Gigabit 乙太網路而言，只有 RJ-45 和光纖連接器被定義。

11.12 十億位元乙太網路實作 *Gigabit Ethernet Implementation*

Gigabit 乙太網路可以分類為雙線或四線的實作。雙線實作稱為 1000Base-X，可以使用**短波光纖** (1000Base-SX)、**長波光纖** (1000Base-LX) 或**短銅跳線** (1000Base-CX)。四線版本使用**雙絞線** (100Base-LX)。換句話說，我們有四種做法，如圖 11.33 所示。

1000Base-X

1000Base-SX 和 1000Base-LX 都是使用兩條光纖纜線。它們之間唯一的差別在於前者使用短波雷射而後者使用長波雷射。如前所述，所有的實作方式都用內部收發器的設計，所以沒有外部 GMII 纜線或連接器。圖 11.34 展示工作站到集線器的連接。

1000Base-CX 實作是採用 STP 纜線的設計，但它從未被實作完成。

圖 11.34 1000Base-X 實作

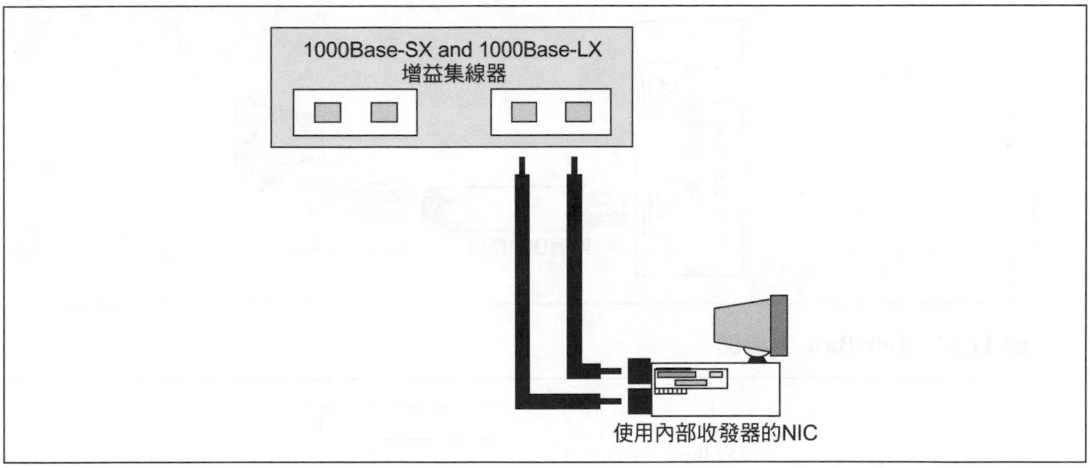

收發器

Gigabit 乙太網路中的收發器是內部的。它的功能是編碼 / 解碼、傳送、接收以及碰撞偵測（如果適用）。

編碼 要達到 1000Mbps 的資料傳輸率、編碼（與解碼）要在兩個步驟完成，如圖 11.35 所示。

為保持同步，編碼器先執行區塊編碼。從 NIC 收到的八個並列位元，以 8B/10B 編碼為 10 個串列位元。這需要 1.25GHz 的頻寬 (1.25Gbps)。

1.25Gbps 速率的資料接著使用 NRZ 編碼被編碼成訊號，如第 3 章所討論的。

圖 11.35　1000Base-X 的編碼

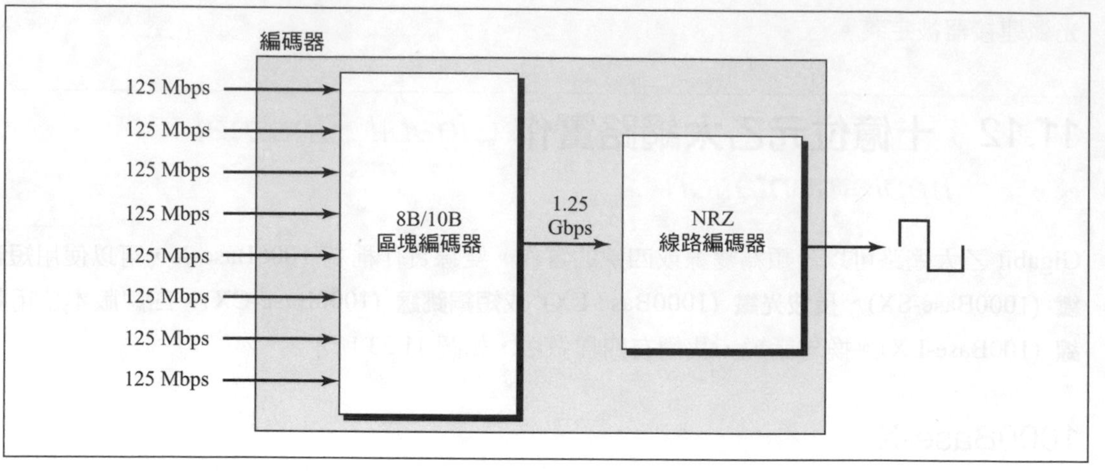

1000Base-T

為了使用類別 5 的 UTP，所以設計出 1000Base-T。四條雙絞線達成 1Gbps 的傳輸速率。圖 11.36 展示以這個方式將工作站連接到媒體。

圖 11.36　1000Base-T 實作

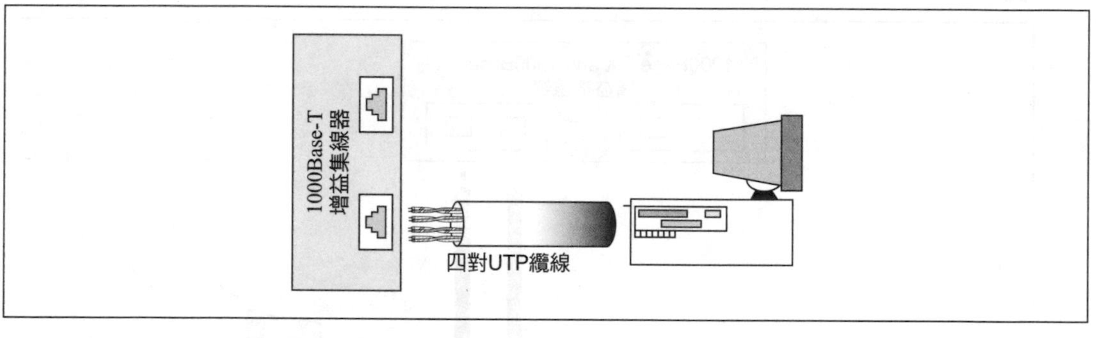

圖 11.37　1000Base-T 編碼

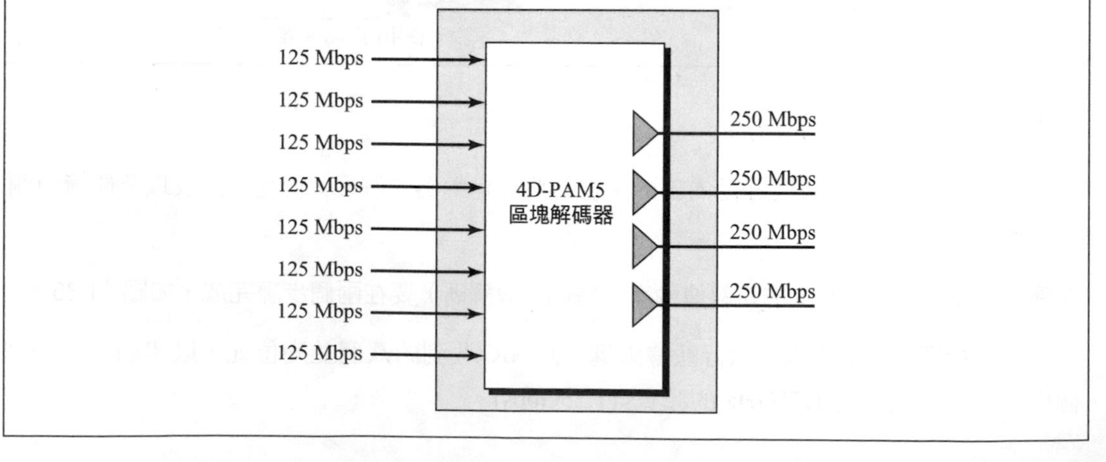

收發器

要在四對 UTP 上傳送 1.25Gbps，1000Base-T 使用一種稱為 **4D-PAM5**（4 維 5 階脈波振幅調變）的編碼機制。每個編碼使用 5 階的 PAM 進行調變。這個技術非常複雜而且超出本書的範圍。圖 11.37 展示整體概念。

11.13 關鍵名詞 Key Terms

1000Base-CX

1000Base-LX

1000Base-SX

1000Base-T

1000Base-X

100Base-FX

100Base-T4

100Base-TX

100Base-X

4 維 5 階脈波振幅調變 (4-dimensional,5-level pulse amplitude modulation, 4D-PAM5)

自動協商 (auto negotiation)

橋接器 (bridges)

載波延伸 (carrier extension)

碰撞網域 (collision domain)

快速乙太網路 (Fast Ethernet)

訊框突爆 (frame bursting)

全雙工交換式乙太網路 (full-duplex switched Ethernet)

十億位元乙太網路 (Gigabit Ethernet)

十億位元媒體獨立介面 (GMII) Gigabit medium independent interface

半雙工方式 (half-duplex approach)

MAC 控制子層 (MAC control sublayer)

媒體相關介面 (medium dependent interface, MDI)

媒體獨立介面 (medium independent interface, MII)

暫停封包 (PAUSE packet)

協調子層 (reconciliation sublayer)

槽時 (slot time)

交換器 (switch)

交換式乙太網路 (switched Ethernet)

三位階多線傳輸 (three levels, multiline transmission, MLT-3)

11.14 摘要 Summary

- 橋接器可以在乙太網路中提高頻寬與分隔碰撞網域。
- 交換器可以允許乙太網路 LAN 上面的每台工作站，本身就擁有這個網路上的所有容量。
- 全雙工模式將每個網域的容量變成兩倍，而且拿掉了 CSMA/CD 存取方法的需求。
- MAC 控制子層在全雙工交換式乙太網路的環境下，提供流量與錯誤控制。
- PAUSE 封包在兩部以全雙工連線的裝置之間減緩訊框的流量。
- 快速乙太網路的資料傳輸率為 100 Mbps，它最長的長度為 250 m。
- 在快速乙太網路中，自動協商的功能可以讓兩台裝置協調運作的模式或資料傳輸率。
- 快速乙太網路的協調子層負責將資料以 4 bit 格式傳給 MII。

■快速乙太網路 MII 是種可以使用 10-和 100Mbps 介面的介面。

■快速乙太網路 PHY 子層負責編碼與解碼。

■快速乙太網路常見的實行方法是 100Base-TX（兩對雙絞線纜線），100Base-FX（兩對光纖纜線），以及 100Base-T4（四對語音等級，或是更高的雙絞線纜線）。

■Gigabit 乙太網路的資料傳輸率為 1000 Mbps。

■Gigabit 乙太網路的存取方法，包括使用傳統 CSMA/CD 的半雙工模式。（並不常見），載波延伸（最短的訊框長度會增加），訊框突爆（填補資料會加在訊框之間），以及全雙工（最常用的方法）。

■Gigabit 乙太網路協調子層負責透過 GMII 介面送出 8 bit 並列資料給 PHY 子層。

■Gigabit 乙太網路的 GMII 定義了協調子層如何連到 PHY 子層。

■Gigabit 乙太網路 PHY 子層負責編碼與解碼。

■常見的 Gigabit 乙太網路實現方法是 1000Base-SX（兩條光纖與一個短波雷射光源），100Base-LX（兩條光纖與一個長波雷射光源），以及 100Base-T（四條雙絞線）。

11.15 練習題 *Practice Set*

選擇題

1. 如果每台工作站的有效平均資料傳輸率為 2 Mbps，一個 10 台工作站的乙太網路 LAN 使用_________埠橋接器。

   a. 1

   b. 2

   c. 5

   d. 10

2. 如果每台工作站的有效平均資料傳輸率為 1.125 Mbps，一個_________台工作站的乙太網路 LAN 使用 4 埠橋接器。

   a. 32

   b. 40

   c. 80

   d. 160

3. 某個乙太網路 LAN 有四十台工作站。一個 10 埠橋接器用來分割此 LAN。每台工作站的有效平均資料傳輸率為何？

   a. 1.0 Mbps

   b. 2.0 Mbps

   c. 2.5 Mbps

   d. 5.0 Mbps

4. 乙太網路 10 Base2 實現方法的有效平均資料傳輸率為何？假設在最長的區段中有最多數目的工作站。

   a. 0.3 Mbps

   b. 1.0 Mbps

   c. 3.0 Mbps

   d. 10.0 Mbps

5. 乙太網路 10Base5 實現方法的有效平均資料傳輸率為何？假設在最長的區段中有最多數目的工作站。

   a. 0.01 Mbps

   b. 0.1 Mbps

   c. 1.0 Mbps

   d. 10.0 Mbps

6. 某個 80 台工作站的傳統乙太網路被分割成四個碰撞網域。這表示說，最多________工作站在任何一個時間裡要競爭媒介。

   a. 320

   b. 80

   c. 76

   d. 20

7. MAC 控制封包是________bytes。

   a. 一定是 44

   b. 一定是 46

   c. 有時候大於 46

   d. 有時候小於 46

8. 4B/5B 區塊編碼的效能為何？

   a. 20%

   b. 40%

   c. 60%

   d. 80%

9. 半雙工 Gigabit 乙太網路的最大長度為________m。

   a. 25

   b. 250

   c. 2500

   d. 25,000

10. 快速乙太網路的最大長度為________m。

    a. 25

b. 250

c. 2500

d. 25,000

11. 傳統 10 Mbps 乙太網路的最大長度為_________m。

a. 25

b. 250

c. 2500

d. 25,000

12. 哪一種 Gigabit 乙太網路存取方式需要 CSMA/CD？

a. 傳統的

b. 載波延伸 (carrier extension)

c. 訊框突爆 (frame bursting)

d. 以上皆是

13. 在使用載波延伸 Gigabit 乙太網路的訊框中載送 46 bytes 資料的效能為何？

a. 96%

b. 50%

c. 12%

d. 8%

14. 在半雙工 Gigabit 乙太網路的訊框中載送 46 bytes 資料的效能為何？

a. 97%

b. 70%

c. 56%

d. 12%

15. 半雙工 Gigabit 乙太網路的最大長度為_________m。

a. 10

b. 25

c. 50

d. 100

16. 在使用載波延伸 Gigabit 乙太網路環境下，最大的長度為_________m。

a. 10

b. 25

c. 50

d. 200

17. 下列何者為四線 Gigabit 乙太網路實行方法？

a. 1000Base-SX

b. 1000Base-LX

c. 1000Base-CX

d. 1000Base-T

18. 8B/10B 編碼的效率為何？

a. 20%

b. 40%

c. 60%

d. 80%

習題

19. 請使用 NRZ-I 將下列二進位樣式進行編碼。

1001110101010101

20. 請使用 8B/6T 將下列二進位樣式進行編碼。

1001110101010101

21. 請展示負責 100Base-T4 通訊模式的自動協商訊息格式。

22. 請展示負責 100Base-TX 通訊模式的自動協商訊息格式。

23. 請使用表 11.2 來比較快速和 Gigabit 乙太網路的實體子層。

表 **11.2** 習題 **23**

子層	快速乙太網路	乙太網路
協調		
MII		
GII		
PHY		
MDI		

24. 請使用表 11.3 來比較不同快速乙太網路的實行方式。

表 **11.3** 習題 **24**

實行方式	媒介	編碼方式
100Base-TX		
100Base-FX		
100Base-T4		

25. 請使用表 11.4 來比較不同 Gigabit 乙太網路的實行方式。

表 11.4　習題 25

實行方式	媒介	編碼方式
1000Base-SX		
1000Base-LX		
1000Base-CX		
1000Base-T		

26. 請比較快速乙太網路和 Gigabit 乙太網路的 MAC 子層，並且解釋為什麼在 Gigabit 乙太網路中不需要 MAC 控制的部分。

第 12 章

記號匯流排

Token Bus

區域網路在工廠自動化及程序控制上有一種很直接的應用，就是利用電腦（節點）來控制製造程序。在這一類的應用中，以最短延遲時間來做即時處理是必要的，而處理必須與沿著生產線運動的物體以相同的速度進行。乙太網路 (IEEE 802.3) 對於這種目的並不是適合的協定，因為無法預知它碰撞的次數，而且把資料從控制中心送到生產線周圍的電腦時，它的延遲並非一個固定值。記號環（見第 13 章）也不是個合適的協定，因為生產線類似匯流排拓樸，卻不像環狀拓樸。記號匯流排(IEEE 802.4) 結合了乙太網路和記號環的特性，它結合乙太網路的實體建置（匯流排拓樸）及記號環的無碰撞特點（可預知的延遲）。記號匯流排是種實體匯流排，卻運作在使用記號的邏輯環。

12.1 實體與邏輯拓樸 *Physical Versus Logical Toplogy*

在這種協定中，網路的**實體拓樸** (physical topology) 為匯流排（或為樹狀），而**邏輯拓樸** (logical topology) 為環狀。

形成邏輯環的基礎在於主機的實體（MAC 層）位址是以**下降的順序** (descending order) 排列。換句話說，每台主機都會認為位址比它低的主機為**下一台主機** (next station)，而位址比它高的主機為**前一台主機** (previous station)。為了形成一個環，具有最低位址的主機會將最高位址的主機當作它的下一台主機，具有最高位址的主機會將最低位址的主機當作它的前一台主機。

舉例來說，如果主機位址是 112、90、70、45 和 20（以下降的順序排列），主機 70 將主機 45 視為下一台主機，並把主機 90 視為上一台主機；主機 20（最低的）將主機 112 看作下一台主機，而主機 112 把主機 20 視為前一台主機。圖 12.1 顯示出在記號匯流排網路中，一個實體匯流排和它相對應的邏輯環。

圖 12.1 記號匯流排網路

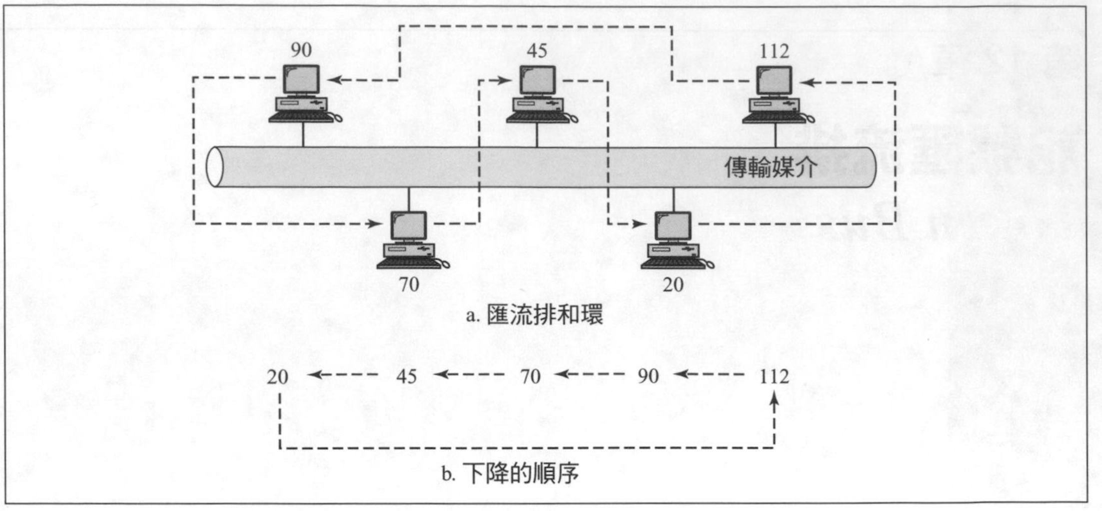

圖 12.2 記號匯流排網路中的記號傳遞

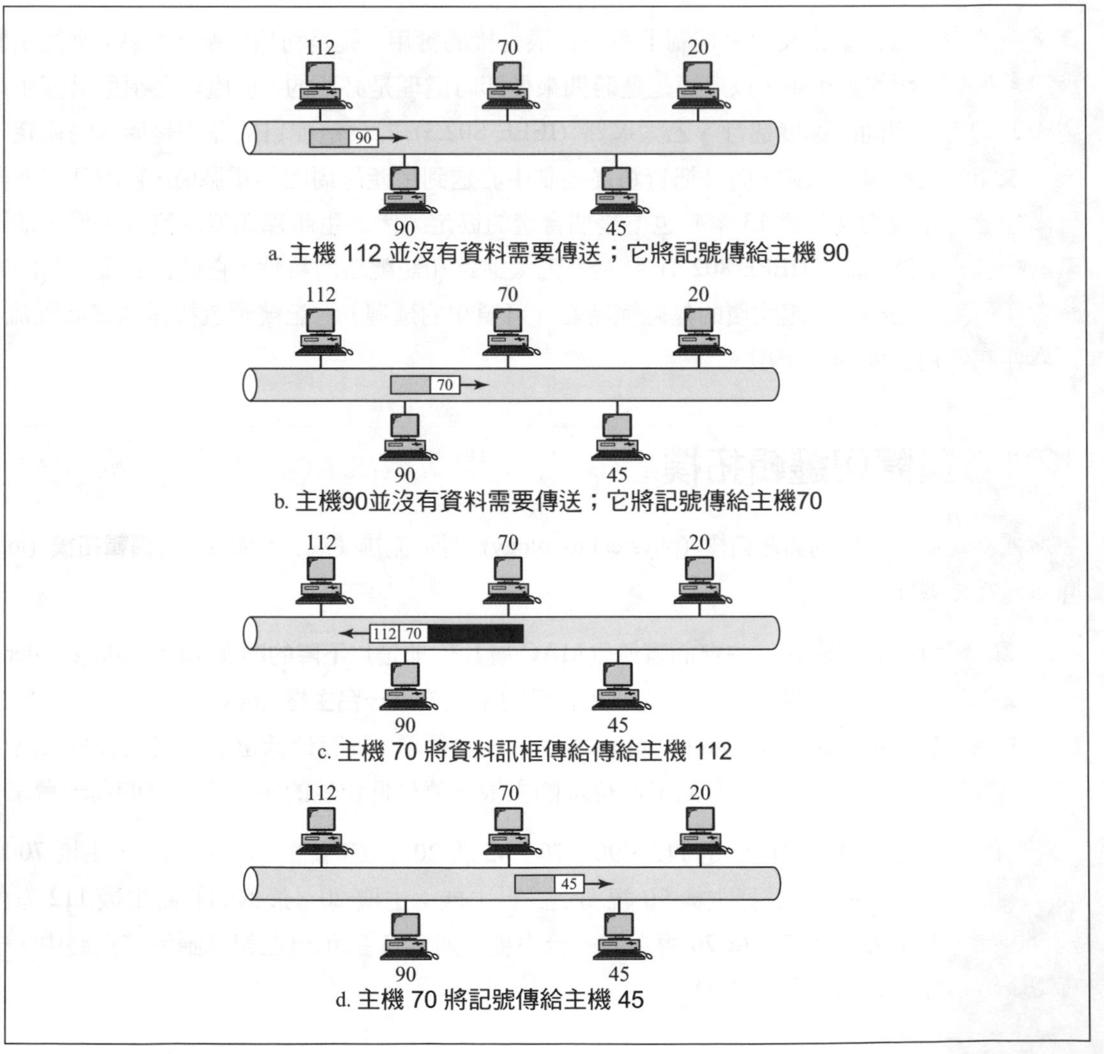

12.2 記號傳遞 *Token Passing*

為了控制分享媒介的存取，一種小型記號訊框，在邏輯環中從主機到主機之間進行循環移動。假使主機需要傳遞資料訊框，它將記號捉住並且傳送它的資料訊框。然而，為了防止任何一台主機壟斷媒介，此協定會定義出一個規定的時間，讓每一台主機都能持有記號，我們將於稍後看見。在送出所有訊框，或在時間屆滿以後（不論哪一種先達成），這台主機將釋放記號給下一台主機（在邏輯環上）。

記號匯流排 (token bus) 網路中的記號，包含邏輯環中下一台主機的位址，因為在匯流排上主機都將被實體地組織起來，而且所有的主機都會收到記號。下一台主機位址會定義出在邏輯環中，哪一台主機有權利保存記號，並且可以送出它的資料訊框。

圖 12.2 說明了記號匯流排網路的運作步驟。

1. 首先，主機 112 有此記號。它並沒有資料需要傳送，於是它將記號傳遞給邏輯環中的下一台主機 90。
2. 主機 90 並沒有資料需要傳送，於是它將記號傳給邏輯環中的下一台主機 70。
3. 主機 70 有資料訊框要傳送給主機 112，它保留此記號並且傳送資料訊框。
4. 此時主機 70 釋放記號，並且送給邏輯環上的下一台主機 45。
5. 這項程序就在這些主機當中持續運行。

12.3 服務等級 *Service Classes*

雖然在記號匯流排協定中沒有主機的優先系統，但是卻有資料的**服務等級** (service classes)。每一台主機都能把它的資料分類成四個等級：0、2、4 和 6，等級 0 為最低的優先順序，而等級 6 為最高。

圖 12.3 服務等級所使用的佇列

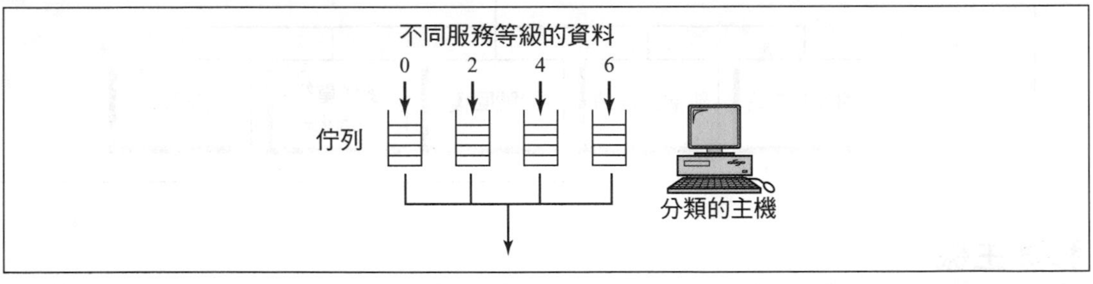

某部主機不需分類它的資料，表示所有的資料都屬於等級 6。不過，假如主機想要使用分類，它應該有四個佇列 (queue)，每個等級各有一個。當資料從上層傳送到 MAC 層時，每一個封包都會儲存於相對應的佇列中，並依據我們稍後會討論的程序送出。圖 12.3 說明主機和它的相關的佇列。

計時器

為了處理不同的等級，記號匯流排定義出四種計時器：THT、TRT4、TRT2、和 TRT0。

- **THT** 當**記號保存計時器** (token holding timer) 被設為最大值時，主機可傳送等級 6 的資料。請注意，此計時器對於所有主機都設相同的值，也就是說，在每個記號循環中，每台主機能傳送一個與 THT 相等的訊框。如果在邏輯環中有 *N* 台主機，用來傳送等級 6 資料的所有頻寬為 *N* × THT。當主機收到記號時，無論這個記號在何時到達，此台主機都被允許在 THT 時間截止前傳送等級 6 的資料。
- **TRT4、TRT2 和 TRT0** 當**記號旋轉計時器** (token rotation timer) 被設為最大值時，相當於記號進行繞環一圈並加上傳送等級 4、2 與 0 資料的時間，例如 TRT4 被設定為 20 μs，而記號轉一圈的時間為 18 μs，這主機如果有資料要傳送時，傳送等級 4 資料的時間等於 20-18 = 2 (μs)。

12.4 環的管理 *Ring Management*

整個記號匯流排協定依賴邏輯環的維持和記號的控制，假如主機意圖參與或離開此環，這個系統應該確保邏輯環的存活。邏輯環起始的運作必須確定主機間形成一個環，最後，假使遺失了記號或建立起更多記號，就應該設有監控流程。對環管理而言，記號匯流排使用七種特殊的訊框：**記號** (*token*)、**要求記號**(*claim-token*)、**設定繼承者** (*set-successor*)、**徵求繼承者 1** (*solicit-successor-1*)、**徵求繼承者 2** (*solicit-successor-2*)、**解決競爭** (*resolve-contention*) 和**跟隨誰** (*who-follows*)。我們將在稍後的小節中展示出這些控制訊框的形式，並討論這些控制訊框如何來管理環。圖 12.4 顯示用在環管理程序的不同類型。

圖 12.4 環的管理

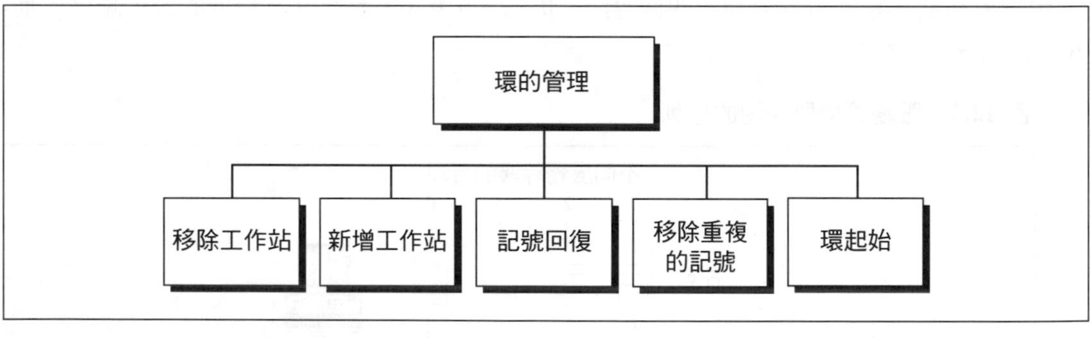

移除主機

在記號匯流排中，當主機離開環的時候，它的前一台主機會受到通知而繞過它，以形成另一個邏輯環。例如，想像一個記號匯流排網路中有五台主機 A、B、C、D、E。如果 C 離開此環，它的前一部主機 B，應該要知道如何再建立一個邏輯環。

在此說明兩個例子。主機可能會自願地離開此環，或者在非預期的情況下離開此環（例如：發生故障）。

自願離開　舉例來說，若主機 C 要自願地離開環，則流程如下：

1. 主機 C 必須等到接收了來自前一台主機（主機 B）的記號。
2. 主機 C 送出一個「**設定繼承者** (*set-successor*)」訊框給主機 B，以確認主機 D 是主機 B 的繼承者。
3. 主機 B 更新紀錄，並設定主機 D 為其繼承者。
4. 主機 C 傳送記號給 D。
5. 主機 C 即可離開此環。

非預期離開　舉例而言，若主機 C 非預期地（例如，因為發生故障）離開此環，情況就會有所不同。主機 C 無法通知主機 B 發生此問題；必須由主機 B 自己發現。當主機 B 傳送記號給主機 C 時，將發生以下步驟：

1. 主機 B 先聆聽此匯流排上的活動。如果主機 C 運作正常，那麼主機 C 可以傳送資料到目的地或傳送記號給下一台主機。在這兩種情況下，由於此實體拓樸為一匯流排，所以每台主機都可感應訊號；如果主機 B 感應到這個活動，就表示主機 C 正常運作，以下流程便不會進行。
2. 如果主機 C 並未如以上正常運作的話，主機 B 就無法感應到匯流排上的任何活動，主機 B 必須再等一段預先定義的「回應視窗時間」，如果仍然沒有任何訊息，主機 B 會再傳送一次記號，以確定沒有傳輸問題。
3. 假如主機 B 在第二次的回應視窗時間仍未聽到任何活動，主機 B 會假設主機 C 發生故障，此時主機 B 必須去搜尋主機 C 的繼承者，這時候主機 B 就會傳送一個帶有主機 C 位址的「**跟隨誰** (*who-follows*)」控制訊框。
4. 失誤主機 C 的繼承者主機 D 會回應一個「**設定繼承者** (*set-successor*)」訊框，並將自己設定為主機 B 的繼承者。
5. 主機 B 此時會更新紀錄，並且設定主機 D 為其繼承者。
6. 主機 B 送出記號給主機 D。

增加主機

已經處於環中的每一台主機，都必須經由週期性的測試，提供機會給需要加入環的任何一台主機。請注意，工作站不能把自己加入環中，它必須等待徵求。在環中增加主機時會出現兩種情況。

狀況一

這是使用已經在環內的工作站位址範圍來加入工作站的程序。

1. 掌握記號的主機會送出一個**徵求繼承者** (*solicit-successor*) 的訊框，來徵求想要加入此環的主機，這個訊框包含了傳送端（掌握記號的主機）與其繼承者的位址。

2. 擁有記號的主機建立一個回應視窗，並且將它設定為傳輸延遲時間的兩倍，位址位在傳送端與它的繼承者位址之間的主機若想要加入此環，可以用**設定繼承者** (*set-successor*) 訊框來回應此「**徵求繼承者** (*solicit-successor*)」訊框。

3. 如果徵求（掌握記號）的主機在回應視窗時間內未收到回應，它會關掉視窗，並且傳送記號給環內的下一個繼承者。

4. 如果徵求（掌握記號）的主機在回應視窗時間內收到回應（「設定繼承者」訊框），它將會設定回應的主機為它的繼承者，並傳送記號給新加入的主機。新加入的主機會設置它的前任者（提出徵求的主機）和它的繼任者（提出徵求主機的前任繼承者），並且成為環的一部分。

5. 假如有一個以上的回應，就會有碰撞產生，而且回應也會被弄混。擁有記號的主機會傳送一個「**解決競爭** (*resolve-contention*)」訊框，並等待四倍的回應視窗時間。

6. 每一台主機都會根據表 12.1 中顯示的位址前兩個位元 (first two bits)，對一個回應視窗中的「**解決競爭** (*resolve-contention*)」訊框作出回應。例如，一個位址以 01 開始的主機在第二個視窗時間中回應（至少等待一個回應視窗時間）。當然，當主機在特定回應視窗中送出回應時，另一些主機就會聽到它，並且抑制送出它們自己的回應。

表 **12.1** 對「解決競爭」訊框的回應

前兩個位元	回應視窗	等待時間
00	1	無
01	2	一倍回應視窗時間
10	3	二倍回應視窗時間
11	4	三倍回應視窗時間

7. 假如在相同的回應視窗中，有二台或二台以上的主機使用相同的開始兩位元 (first two bits) 嘗試做出回應，則碰撞將再次產生。此時徵求的主機就會另外送出一個「**解決競爭** (*resolve-contention*)」訊框。這次，只有跟第二個碰撞有關連的主機才會回應（依據它們位址中的次兩個位元）。

8. 每一次再往下的兩個位元如果還有碰撞，步驟 7 就會重複。很明顯地，沒有兩台主機會有相同的位址，意思是到了最後，某部主機將依照此順序加入此環。

狀況二

如果主機的位址，超出了已經在環中的主機位址範圍，那麼之前的程序就無法工作。在這種情況下，這部主機會等待從最低位址主機傳送過來的徵求。

1. 當環中最低位址的主機成為記號的掌握者時，它將傳送「**徵求繼承者 2** (*solicit-successor-2*)」的訊框，並定義自己的位址和環中的最大位址。在這種情況下，位址比徵求主機更小或是比最大位址主機更大的主機將對此徵求作出回應。
2. 剩下的流程如同狀況一。

記號回復

下面有幾個情況，是處於環中沒有記號在循環。當首度建立起環時，第一種情況便會發生；當持有記號並且將記號拿起來的主機發生失敗時，第二種情況便會產生；而當記號遭到破壞並且被接收的主機丟棄時，第三種情況發生。在這些情況下，應該重新產生一個記號，並放置在環上。記號匯流排使用以下的記號回復程序：

1. 當主機的記號回復計時器屆滿（每台主機都有一個記號回復計時器），而且主機在線上無法感覺到有任何活動時，它便知道記號已經遺失。
2. 這台主機送出「**要求記號** (*claim-token*)」訊框來表明它想要產生一個新記號。不過，有可能超過一台以上的定時器會在同一時間屆滿，而且所有對應的主機都想成為此記號的要求者。為了解決這種競爭，每一台主機都會將「**要求記號** (*claim-token*)」訊框的資料欄位填入數值，它等於 0、2、4 或 6 乘以時間槽長度，長度則是取決於主機實體位址的前兩個位元，見表 12.2。

表 **12.2**　「要求記號」訊框欄位的填充

前兩個位元	長度
00	0X時槽
01	2X時槽
10	4X時槽
11	6X時槽

3. 送出「**要求記號** (*claim-token*)」訊框的主機都會持續聆聽匯流排。如果它感覺到某個訊框比它送出的訊框更長，它便會放棄這項要求。送出最長訊框的主機有責任產出一個記號。
4. 如果兩台以上的主機送出相同長度的訊框（他們位址的開始兩位元是相同的），碰撞將會在第三、四個位元（次兩個位元）繼續發生。
5. 如果仍然有衝突，碰撞會繼續在第五、六位元發生，以此類推。

很明顯的，沒有兩台主機會有相同的位址位元（位址在每個網路中都是唯一的），某台主機最後會以記號的要求者出現。

移除多餘記號

如果握有記號的主機偵測到匯流排上有活動，它知道某些其他的主機也握有記號。偵測到這種狀況的主機，就會丟棄此記號，然後轉換呈聆聽的狀態。

環初始動作

在初始時，每一個主機都只知道自己的位址；它沒有任何額外的資訊，它不知道那個主機是它的前一台主機，以及是下一個。此外，當環沒有記號。需要一個環初始化程序。然而，與其使用一個新程序，它是使用一種結合之前兩種討論過的流程。

1. 當主機開動時，類似失去記號的情況。每個主機都會送出記號**回復訊框** (*token-recovery*) 來競爭記號的使用。贏得競爭的主機成為這個記號的持有者。我們可以說環已經形成，但是只有一台主機。這個記號持有者的主機，現在就能用主機增加流程來加入其餘的主機。
2. 握有記號的主機開始向環中新增下一台主機，但是，當它使用**徵求繼承者訊框** (*solicit-successor*) 時，它把自己定義為前任者和繼承者主機。這就是情況二增加主機的程序。
3. 在找到繼承者以後，會把記號傳給那台主機，而且程序繼續下去直到所有主機被加入為止。

12.5 協定層 Layers

IEEE 802.4 定義了記號匯流排的邏輯連結控制 (LLC) 和媒介存取控制 (MAC) 子層，以及實體層，如圖 12.5。

圖 12.5 記號匯流排協定層

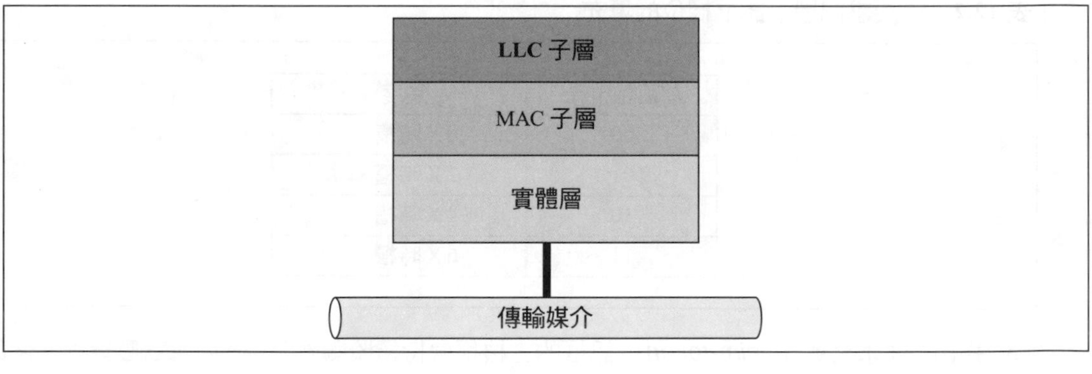

LLC 子層和 IEEE 802 LAN 定義的相同。我們在此只會討論 MAC 子層和實體層。

12.6 媒介存取控制子層 *Mac Sublayer*

存取方法

媒介存取控制子層跟前幾章節所討論的方式相同，它在實體匯流排拓樸上使用記號傳遞的存取方式。

訊框格式

圖 12.6 顯示出媒介存取控制子層的一般訊框格式。

圖 12.6 記號匯流排訊框

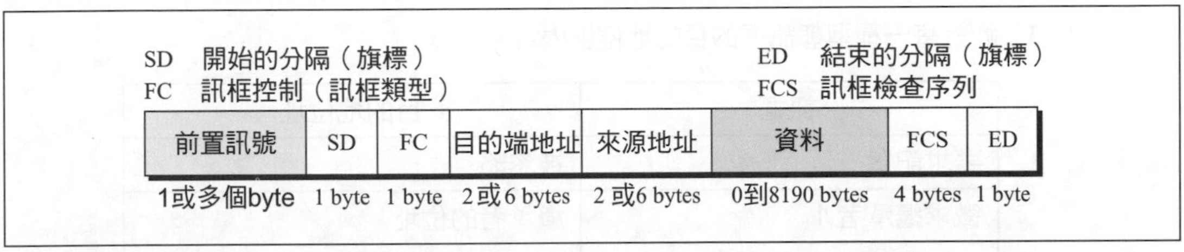

■**前置** (Preamble) 前置欄位包含了一或多個預先定義樣式的位元組 (octet,byte)，讓發送器和接收器進行同步。前置實際上由實體層加進來，而且不會被視為 MAC 訊框的一部分。

■**開始的分隔符號** (start delimiter, SD) SD 有一個位元組的長度，用來提醒接收端訊框的到達，如同旗標的功能。圖 12.7 顯示 SD 的格式，是由 0 到 N 個位元所組成，這 N 個位元不是正規的位元 1 編碼，實體層將這些位元編碼，讓它們可以在資料欄位中保持透通性。如此一來，出現在資料欄位的 SD，便不會被視為新訊框的開始。N 個位元實際的編碼會依據實體層的編碼機制，我們稍後將簡短討論它。

圖 12.7 SD 欄位

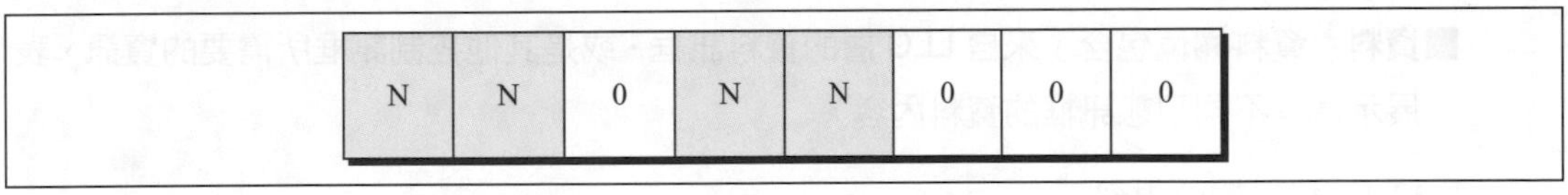

■**訊框控制** (FC) FC 的長度是一個位元組，而且定義訊框型態，若前兩個位元為 00，那麼這是 MAC 型態的訊框，若為 01，則是從 LLC 子層來的資料訊框，若為 10，則此訊框包含了來自其他協定的資料。MAC 訊框有以下幾類：**要求記號** (*claim-token*)、**徵求繼承者 1** (*solicit-successor 1*)、**徵求繼承者 2** (*solicit-successor-2*)、**跟隨誰** (*who-follows*)、**解決競爭** (*resolve-contention*)、**記號** (token)、**設定繼承者** (*set-successor*) 等訊框，圖 12.8 顯示它的格式。

■**目的地位址** (DA) DA 的第 2 到 6 個位元組包含了此訊框下一個目的地的實體位址，目的地位址也許是，也許不是正確的遵照訊框型態，我們稍後就會看到，表 12.3 針對不同型態訊框展示目的地位址內容的欄位。

圖 12.8　FC 欄位格式

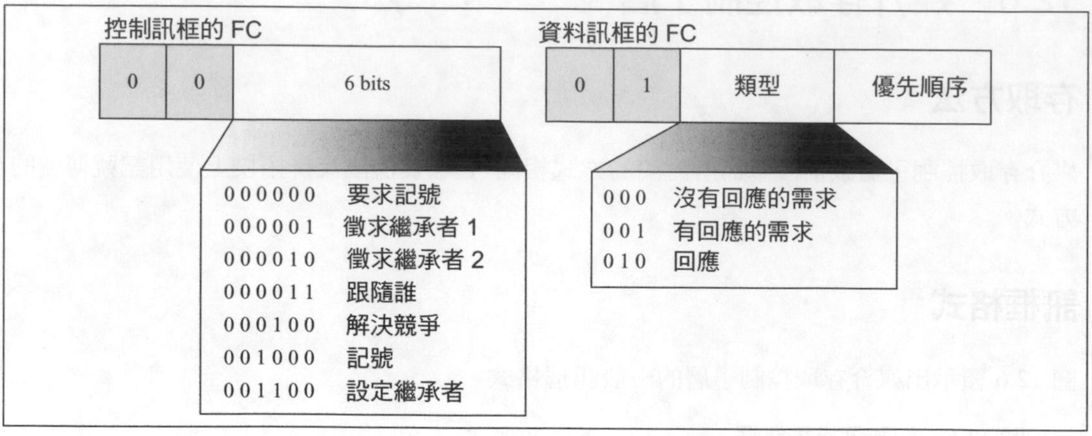

表 12.3　針對每一種型態訊框的目的地位址內容

訊框	目的地位址
要求記號	被忽略
徵求繼承者 1	繼承者的位址
徵求繼承者 2	繼承者的位址
跟隨誰	被忽略
解決競爭	被忽略
記號	繼承者的位址
設定繼承者	送出徵求繼承者訊框主機的位址
資料	資料接收端的位址

■**來源端位址**（SA）　SA 也是 2 到 6 個位元組長度，並包含了傳送端主機的實體位址，**來源端位址會出現在**所有型態的訊框中。

■**資料**　資料欄位包含了來自 LLC 層的資料訊框，或是其他控制訊框所需要的資訊，表 12.4 展示這些不同型態訊框的資料內容。

表 12.4　資料欄位內容

訊框	資料
要求記號	訊框的長度
徵求繼承者 1	缺
徵求繼承者 2	缺
跟隨誰	缺
解決競爭	缺
記號	缺

訊框	資料
設定繼承者	新繼承者的位址
資料	來自 LLC 層的資料

■**訊框控制序列 (FCS)** FCS 欄位有 4 個位元組長，並且包含了 CRC-32 錯誤偵測序列。

■**結束分隔符號 (end delimiter, ED)** ED 欄位是一個位元組長，用來警告接收端訊框的結束。它也是旗標的功能。圖 12.9 顯示 ED 欄位的格式。此欄位包含 1 到 *N* 個非資料的位元，這 *N* 個位元不是正規的位元 0 編碼，實體層將這些位元編碼，讓它們可以在資料欄位中保持透通性。最後一個位元用來表示是否仍有訊框待傳。因為 *N* 個位元的特殊編碼，在資料中出現的 ED 位元就不會被看成是訊框的結束。*N* 個位元實際的編碼會依據實體層的編碼機制，我們稍後將簡短討論它。

圖 12.9 ED 欄位

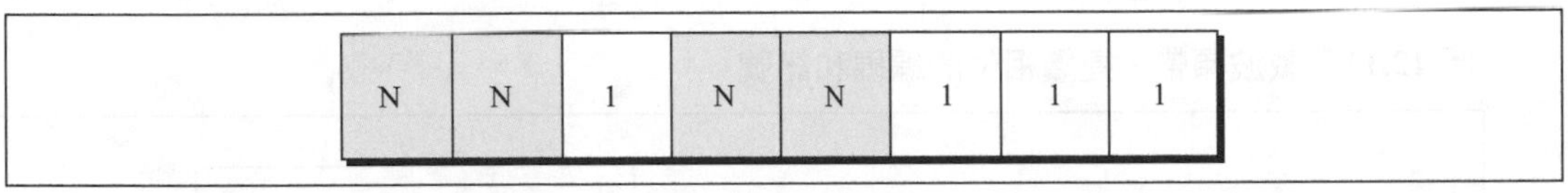

12.7 實體層 *Physical Layer*

IEEE 802.4 定義了實體層中的 4 種規格，如同圖 12.10。

圖 12.10 實體層規格

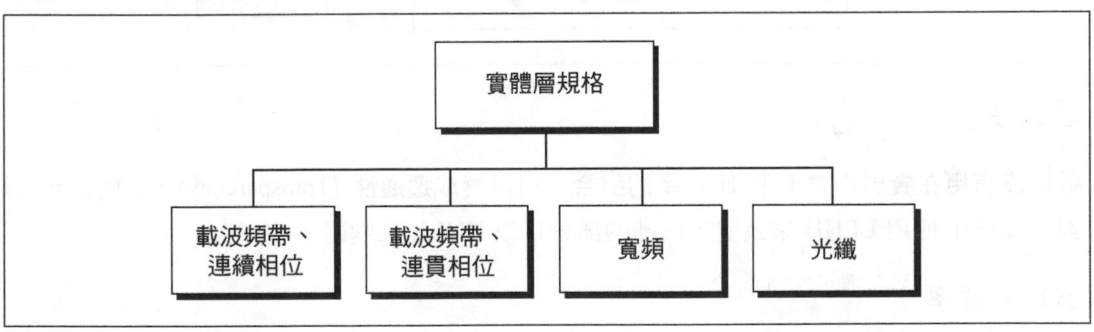

載波頻帶、連續相位

載波頻帶 (carrier band)、**連續相位** (phase continuous) 規格是根據載波頻帶**調變技術** (modulation) 所訂定的。類比調變不使用多工技術，而且佔用媒介的所有容量。表 12.5 展示這些規格參數：

表 12.5 載波頻帶、連續相位的參數

參數	值
編碼方式	曼徹斯特
調變	FSK (3.75 和 6.25 MHz)

參數	值
資料傳輸率	1 Mbps
拓樸	雙向匯流排
媒介	同軸電纜（75 歐姆）
媒體介面	T 連接器和最長 35 cm 的連接纜線

信號

在此規格中，資料是採用**曼徹斯特編碼** (Manchester encoding) 方式，這種訊號再以頻率移鍵調變 (FSK) 方式調變。調變時採用兩種頻率：3.75MHz（L 表示低頻）和 6.25MHz（H 表示高頻），不同於傳統 FSK 調變是根據位元的值，一次只使用一種頻率，此法是利用連續的頻率範圍。位元 0 是用從 H 到 L 範圍的頻率來調變，而位元 1 使用從 L 到 H 範圍的頻率來調變（如圖 12.11）。

圖 12.11 載波頻帶、連續相位的編碼和訊號

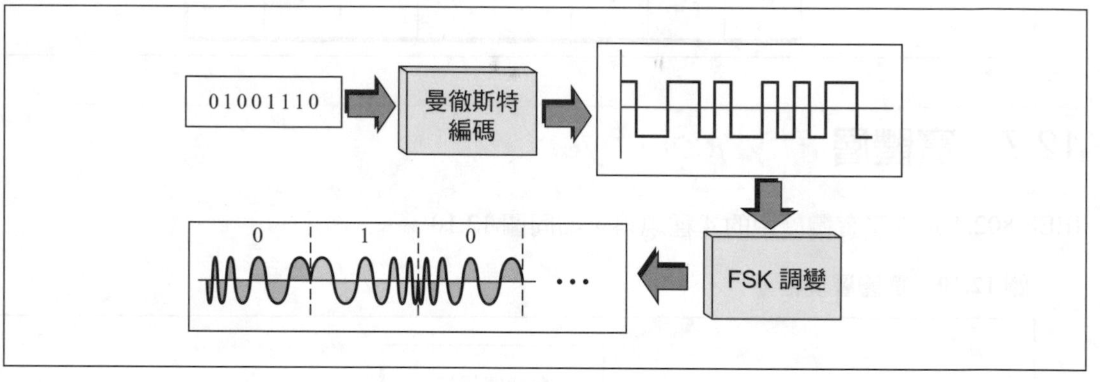

透通性

透過沒有用在資料中之 L 和 H 頻率的組合，可以達成**透通性** (Transparency)。*N* 個位元可以成對地 (NN) 使用 LLHH 來調變，填補的部分是以 HHLL 來編碼。

資料傳輸率

這種規格被設計用在 1Mbps 的資料傳輸率。

拓樸

這種規格使用雙向匯流排拓樸。

媒介

媒體使用 75 歐姆的同軸電纜。

介面

同軸電纜藉著 T 連接器，透過非常短的連接纜線來連接主機。

載波頻帶、連貫相位

載波頻帶 (carrier band)、**連貫相位** (phase coherent) 規格也是根據載波頻帶**調變技術** (modulation) 所訂定的。類比調變不採用多工技術，而且使用媒介的所有容量。表 12.6 展示這些規格參數：

表 12.6 載波頻帶、連貫相位的參數

參數	值
編碼方式	曼徹斯特
調變	FSK (5/10 和 10/20)
資料傳輸率	5 和 10Mbps
拓樸	雙向匯流排
媒介	同軸電纜（75 歐姆）
媒體介面	分接頭

編碼與信號

在這種規格中，資料首先採用**曼徹斯特編碼**方式，訊號接著以 FSK 調變方式來調變。調變是以兩種個別的頻率對曼徹斯特信號進行調變。位元 1 是以相當於資料傳輸率的 5 或 10Mz 的 (L) 頻率來調變，位元 0 是以相當於兩倍資料傳輸率的 10 或 20Mz 的 (H) 頻率來調變(如圖 12.12)。

圖 12.12 載波頻帶、連貫相位的編碼和訊號

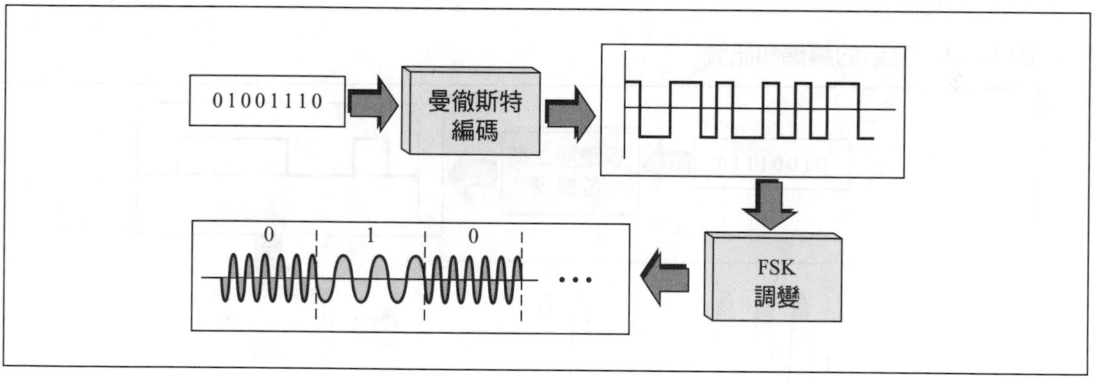

透通性

透過低和高頻率的組合就可以達成透通性。NN 對可以被編碼成 H 頻率的一半週期，另一半週期使用 L 頻率，接著再使用 H 頻率的一半週期。

資料傳輸率

這種規格被設計用在兩種傳輸率：5Mbps 和 10Mbps。

拓樸

這種規格使用雙向匯流排拓樸。

媒介

媒體使用 75 歐姆的同軸電纜。

介面

同軸電纜藉著分接頭，透過可達 300 公尺連接電纜連接到主機。

寬頻

寬頻 (broadband) 規格定義了利用多工技術的寬頻傳輸，表 12.7 顯示這種規格參數。

表 12.7 寬頻的參數

參數	值
編碼方式	曼徹斯特
調變	ASK/PSK
資料傳輸率	1.5, 10Mbps
頻寬	1.5MHz, 5 MHz, 12MHz
拓樸	雙向匯流排
媒介	同軸電纜（75 歐姆）
媒體介面	分接頭

圖 12.13 寬頻的編碼和訊號

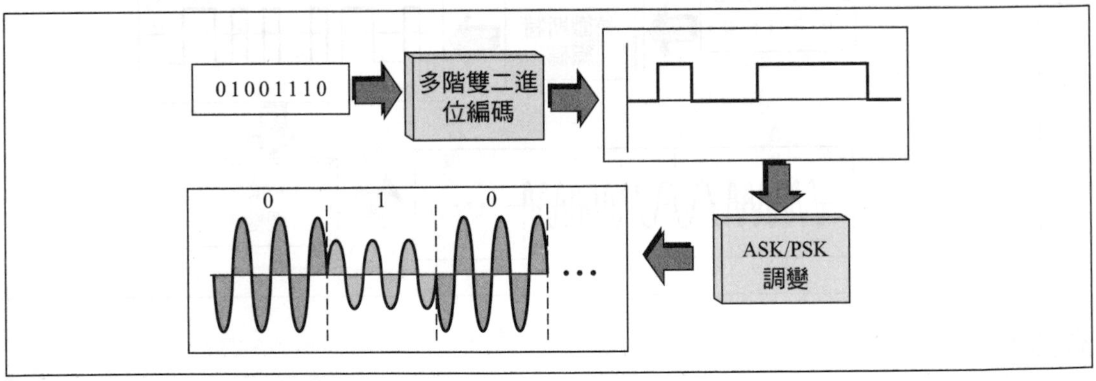

編碼與信號

在規格中，資料是採用多階雙二進位編碼方式，這種編碼有三階，分別是 0、2、4，位元 0 是以信號值 0 來編碼，位元 1 則是以信號值為 4（2 被使用在非資料的位元）來編碼。編碼過的資料再採用 ASK/PSK 的編碼組合來調變（如圖 12.13）。

透通性

透通性的建立是透過使用第 3 階編碼，2 來表示 *N* 個位元。

資料傳輸率

這種規格被設計用在三種傳輸率：1、5 或 10Mbps 的傳輸速度。

拓樸

這種規格建議使用有頻率轉換器的單向匯流排拓樸。雙重匯流排也可被接受。

媒介

媒介是 75 歐姆同軸電纜。

介面

同軸電纜藉著分接頭，透過連接纜線來連接主機。

光纖

光纖 (optical fiber) 規格定義了利用多工技術的寬頻傳輸，表 12.8 顯示出規格中的參數。

表 12.8　寬頻的參數

參數	值
編碼方式	曼徹斯特
調變	ASK (on/off)
資料傳輸率	5, 10, 20, Mbps
頻寬	10MHz, 20MHz, 40MHz
拓樸	星狀
媒介	光纖

圖 12.14　光纖的編碼和訊號

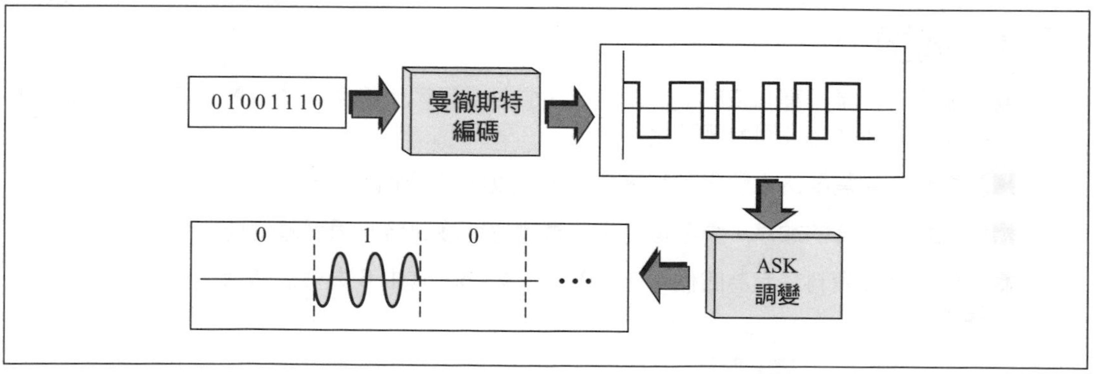

編碼與信號

在這種規格中，資料先採用曼徹斯特編碼方式編碼，編碼過的訊號然後再以 ASK 方式調變。位元 1 以高振幅表示，位元 0 以零振幅表示（如圖 12.14）。

透通性

透通性的建立是透過使用第 3 階編碼，2 來表示 N 個位元。

資料傳輸率

這種規格被設計用在三種傳輸率：5、10 或 20 Mbps 的傳輸率。

拓樸

這種規格建議使用具有主動或被動集線器的星狀拓樸。

媒介

媒介是光纖電纜。

12.8 關鍵名詞 *Key Terms*

寬頻 (broadband)

載波頻帶，連貫相位 (carrier band，phase coherent)

載波頻帶，連續相位 (carrier band，phase continuous)

下降順序 (descending order)

邏輯拓樸 (logical topology)

曼徹斯特編碼 (Manchester encoding)

調變 (Modulation)

下一台主機 (next station)

光纖 (optical fiber)

實體拓樸 (physical topology)

前一台主機 (previous station)

服務等級 (service class)

記號匯流排 (Token Bus)

記號保存計時器 (token holding timer, THT)

記號旋轉計時器 (token rotation timer, TRT)

透通性 (transparency)

12.9 摘要 *Summary*

■記號匯流排是一種 IEEE 制定的協定，它結合了乙太網路中的實體架構（匯流排拓樸）和記號環的無碰撞（可預測延遲）特性。

■製造程序中需要的自動化和程序控制，可以使用記號匯流排網路。

■記號會以下降的順序，繞著環從某個實體位址移到另一個實體位址。

■主機可將其資料設定為四個等級：0、2、4、6，其中 6 為最高等級。由計時器來控制這些等級。

- 環的管理是透過七種特殊的訊框。這些訊框用來處理主機移除、加入主機、記號回復、多餘記號的移除和環初始化。
- 記號匯流排協定是作用於資料連結層（邏輯連結控制子層 (LLC) 和媒介存取控制 (MAC) 子層）和實體層。
- MAC 子層負責記號傳遞的方式。
- IEEE 802.4 定義了四種實體層的規格，分別是：連續相位的載波頻帶、連貫相位的載波頻帶、寬頻以及光纖。
- 在連續相位的載波頻帶中，0 和 1 分別由它本身特定的連續頻率範圍來代表。
- 在連貫相位的載波頻帶中，0 和 1 分別由它本身特定的頻率來代表。
- 在寬頻中，0 和 1 具有相同頻率但振幅不同。
- 在光纖中，零振幅代表位元 0，而單一頻率代表位元 1。

12.10 練習題 *Practice Set*

選擇題

1. 記號匯流排網路中有五個主機，它們的位址由上而下為 80、60、40、20、10，主機 10 將主機_________視為下一台主機？
   a. 80
   b. 60
   c. 40
   d. 10
2. 記號匯流排網路中有五個主機，它們的位址由上而下為 80、60、40、20、10，主機 10 將主機_________視為上一台主機？
   a. 80
   b. 60
   c. 40
   d. 20
3. 記號匯流排網路中有五個主機，它們的位址由上而下為 80、60、40、20、10，記號會從主機 80 送到主機_________？
   a. 80
   b. 60
   c. 40
   d. 10
4. 記號匯流排網路中有五個主機，它們的位址由上而下為 80、60、40、20、10，記號會從主機_________送到主機 80？
   a. 80

b. 60

c. 40

d. 10

5. 記號匯流排網路中有五個主機，它們的位址由上而下為 80、60、40、20、10，主機 60 傳送資料訊框給主機 80，下一個收到記號的主機為________？

a. 80

b. 60

c. 40

d. 10

6. 記號匯流排網路中有五個主機，其位址由上而下為 80、60、40、20、10，主機 60 目前握有記號，只有主機 10 有記號要送，此時記號會從主機 60 送到主機________？

a. 80

b. 60

c. 40

d. 10

7. 如果 TRT4 設為 10 微秒 (μs)，而記號循環的時間要 9 微秒 (μs)，則主機傳送第四級的資料需要花多少時間？

a. 1μs

b. 2μs

c. 3μs

d. 4μs

8. 記號在記號匯流排網路中循環，轉一圈要花 20 μs，傳送等級 0 的資料被分配 4 μs，請問 TRT0 為多少？

a. 16μs

b. 20μs

c. 24μs

d. 25μs

9. 記號匯流排網路中有五個主機，它們的位址由上而下為 80、60、40、20、10，主機 80 自願離開此環，它會傳送「設定繼承者」訊框給主機________？

a. 60

b. 40

c. 20

d. 10

10. 記號匯流排網路中有五個主機，它們的位址由上而下為 80、60、40、20、10，主機 80 自願離開此環，它會命名主機________成為主機________的繼承者？

a. 60；80

b. 80；60

c. 10；60

d. 60；10

11. 記號匯流排網路中有五個主機，它們的位址由上而下為 80、60、40、20、10，主機 40 無預期地故障，主機_________會傳送「跟隨誰 (who-follows)」訊框？

a. 80

b. 60

c. 40

d. 20

12. 記號匯流排網路中有五個主機，它們的位址由上而下為 80、60、40、20、10，主機 40 無預期地故障，其他的主機都正常運作，哪個主機會傳送「設定繼承者」訊框來回應「跟隨誰」訊框？

a. 80

b. 60

c. 40

d. 20

13. 4 個主機 A、B、C、D 回應「徵求繼承者 1」訊框，主機 A 的前八個位址的位元為 10100010，主機 B 的前八個位址的位元為 10100101，主機 C 的前八個位址的位元為 10100001，主機 D 的前八個位址的位元為 10100100，哪台主機會首先被加到記號匯流排中？

a. A

b. B

c. C

d. D

14. 4 個主機 A、B、C、D 回應徵求繼承者一訊框，主機 A 的前八個位址的位元為 10100010，主機 B 的前八個位址的位元為 10100101，主機 C 的前八個位址的位元為 10100001，主機 D 的前八個位址的位元為 10100100，在第一台主機被加到記號匯流排前，會先傳送幾個「解決競爭」訊框？

a. 3

b. 4

c. 5

d. 6

15. 記號匯流排網路中有五個主機，它們的位址由上而下為 80、60、40、20、10，現有一位址為 90 的主機欲加入此記號匯流排，請問哪個主機會傳送「徵求繼承者 2」訊框？

a. 10

b. 40

c. 60

d. 80

16. 4 個主機 A、B、C、D 想要產生一新記號，主機 A 的前八個位址的位元為 10100010，主機 B 的前八個位址的位元為 10100101，主機 C 的前八個位址的位元為 10100001，主機 D 的前八個位址的位元為 10100100，最後會由哪個主機產生記號？

a. A

b. B

c. C

d. D

17. 哪一個控制訊框會牽涉移除多餘記號？

a. 移除記號

b. 記號

c. 清除記號

d. 以上皆非

18. 記號匯流排訊框中的 FC 欄位為 00000001，目的地位址欄包含＿＿＿＿＿的位址？

a. 上一台主機

b. 下一台主機

c. 資料接收者

d. 資料傳送者

19. 位址為 45 的主機欲加入記號匯流排網路，在此匯流排上的主機位址為 10、20、40、60、80，哪個主機會從它的「徵求繼承者 1」訊框得到回應？

a. 80

b. 60

c. 40

d. 20

20. 「設定繼承者」訊框被用在 ＿＿＿＿＿？

a. 移除主機

b. 增加主機

c. 環初始化

d. 以上皆是

21. 在記號匯流排網路中，有三台主機的起始狀況，哪個主機是匯流排上的第一個主機？

a. 最高位址的主機

b. 中間位址的主機

c. 最低位址的主機

d. 題目資訊不夠無法決定

22. 「要求記號」訊框被用在_________？

a. 移除多餘的記號

b. 記號回復

c. 環初始化

d. b 和 c

23. 哪個訊框用來移除多餘訊框？

a. 要求記號

b. 記號

c. 跟隨誰

d. 以上皆非

24. 「跟隨誰」訊框被用在_________？

a. 移除多餘的記號

b. 記號回復

c. 環初始化

d. 以上皆是

25. 哪個記號匯流排的實體層規格會將零振幅編碼為 0？

a. 載波頻帶，相位連續

b. 載波頻帶，相位連貫

c. 寬頻

d. 光纖

26. 哪個記號匯流排的實體層規格會將一個範圍的頻率編碼為 0？

a. 載波頻帶，相位連續

b. 載波頻帶，相位連貫

c. 寬頻

d. 光纖

27. 哪個記號匯流排的實體層規格，位元 0 表示的頻率為位元 1 的兩倍？

a. 載波頻帶，相位連續

b. 載波頻帶，相位連貫

c. 寬頻

d. 光纖

習題

28. 畫出如圖 12.15 記號匯流排的邏輯環。

圖 12.15 習題 28

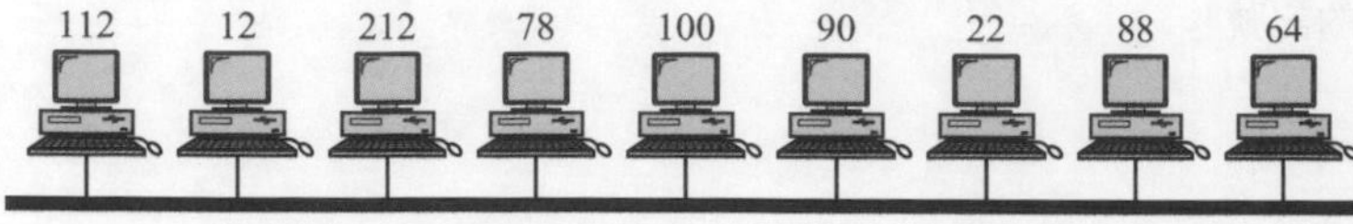

29. 某部主機的計時器設定如下：

TRT4=30μs，TRT2=26 μs，TRT0=20 μs

如果記號轉一圈要 16 μs，每個等級（4,2,和 0）分別有多少資料會被傳送？假設此主機在佇列中有相等於 6 μs 的等級 4 資料，8 μs 的等級 2 資料，4 μs 的等級 0 資料。

30. 如果主機沒有等級 4 的資料要傳送，請重做第 29 題。

31. 如果主機沒有等級 2 或 4 的資料要傳送，請重做第 29 題。

32. 請以圖來顯示「要求記號」訊框的內容，請在位元層級畫出 SD、FC 和 ED 欄位。請以 16 進位來顯示位址欄位，並只顯示資料欄位的型態即可。忽略 FCS 欄，請用以下位址（以 16 進位表示）來作答：

傳送主機：0214561A2B11

接收主機：031621721011

繼承主機：0214561A2E11

要求主機：0114561A2C11

33. 如果是「徵求繼承者 1」訊框，請重做 32 題。

34. 如果是「跟隨誰」訊框，請重做 32 題。

35. 如果是「徵求繼承者 2」訊框，請重做 32 題。

36. 如果是「解決競爭」訊框，請重做 32 題。

37. 如果是「記號」訊框，請重做 32 題。

38. 如果是「設定繼承者」訊框，請重做 32 題。

39. 如果是「資料」訊框，請重做 32 題。

表 12.9 習題 40

參數	連續相位	連貫相位	寬頻	光纖
資料傳輸率				
調變				
編碼方式				
拓樸				
媒介				
媒體介面				

40. 請利用表 12.9，比較各種不同的記號匯流排的實行方式。

第 13 章
記號環
Token Ring

記號環 (Token Ring) 是一個定義在 IEEE 專案 802.5 的協定。如第 8 章所述，它使用記號傳遞的方法來存取資料。

之前的章節有提到，傳統乙太網路使用的存取機制（CSMA/CD 載波感應多重存取 / 碰撞偵測）並不是絕對有效，有可能會產生碰撞。工作站可能要試好幾次才能成功地把資料送到連結上面。這些不必要的嘗試在訊號流量 (Traffic) 太繁重的情況下，可能會造成不可預測的延遲。我們不可能預知會產生多少碰撞，或是有多個工作站同時想使用同一個連結 (link) 時，所產生的延遲時間。

記號環就是設計解決這種不確定性的方法，它藉著要求工作站以輪流的方式來傳送資料。每個工作站只能在輪到時才可以傳送資料，一次也只能送出一個訊框。這種安排大家輪流傳送的機制稱為**記號傳遞** (token passing)。**記號** (token) 只是一個繞著環，從一個工作站傳到另一個工作站的簡單訊框，工作站只有在它拿到「記號」時才能傳資料。

記號環允許每個工作站一輪只傳送一個訊框

目前，資料量在 100 和 1000 Mbps，而且使用全雙工模式的乙太網路（沒有碰撞），並不適合用記號環建置新的網路架構。但是已經有大量的記號環在服役中，它們都需要維護。

13.1 存取機制：記號傳遞 *Access Method : Token Passing*

記號傳遞的機制如圖 13.1 所示，當網路沒人使用時，一個 3 位元組的「記號」就繞著網路走，「記號」從一個工作站傳到另一個工作站，直到遇上有資料要傳的工作站。該工作站會握住「記號」並送出一個**資料訊框** (data frame)。

圖 13.1　記號傳遞

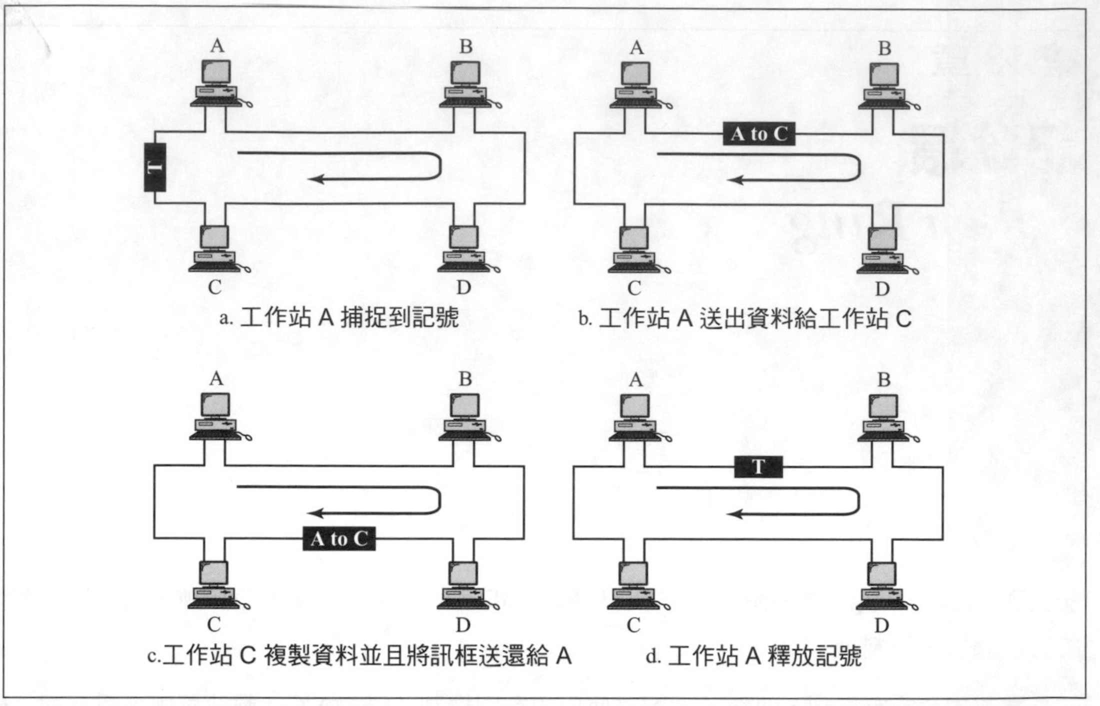

這個資料訊框會繼續繞著環走一圈，收到的工作站會再生該訊號。每個中間的工作站會檢查目的地位址，並且發現這個訊框是傳給其他工作站的，接著他就把訊框傳給下一台工作站。當被指定的工作站收到訊框之後，認出目的位元元址與自己的一樣，接著就複製訊息，檢查有無錯誤，並且改變訊框最後一個位元組的 4 個位元，來表示訊框已送達目的地，同時也被複製下來。這個封包會繼續繞完環狀網路直到回到當初傳送的工作站為止。

圖 13.2　協定層

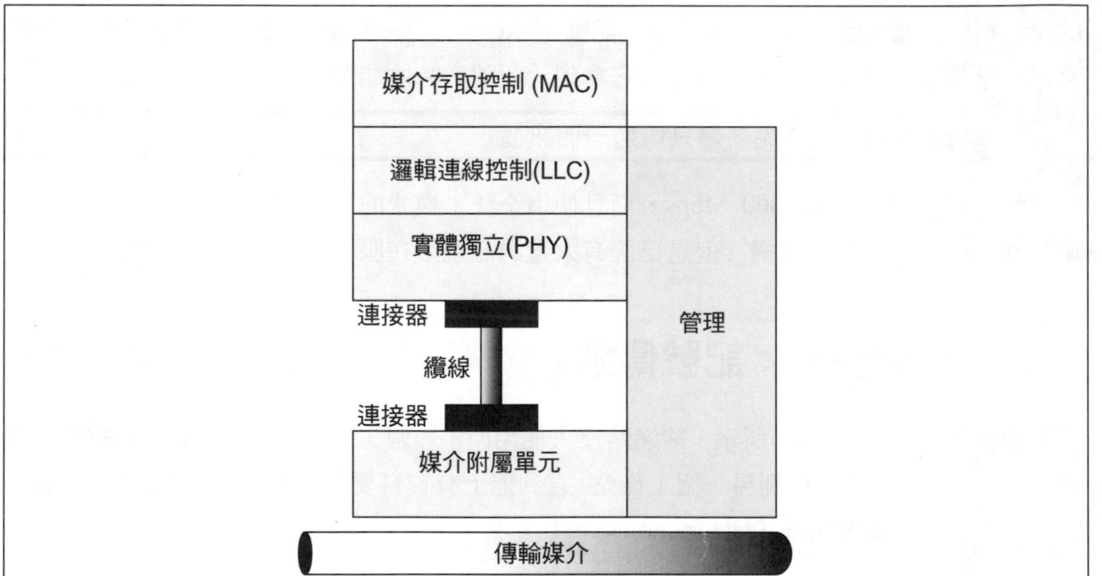

發送者收到後會發現自己的位址就是來源端位址。於是將資料訊框丟棄，並且把「記號」釋放回網路上。如果資料訊框最後一個位元組的 4 個位元沒有改變，那它就得在下次拿到「記號」時重送一次相同的資料。

13.2 協定層 Layers

圖 13.2 顯示記號環網路的協定層，LLC（邏輯連結控制）子層已經在第 9 章介紹過了。接著我們來談談其他的子層。

13.3 媒體存取控制子層 Medium Access Control, MAC SUBLAYER

MAC 子層負責記號傳遞和預約的操作。它的另一項工作是負責產生並傳送訊框到實體層。

訊框格式

記號環定義了三個種類的訊框：資料、記號和終止 (abort)。

資料訊框

在記號環中，**資料訊框** (Data Frame) 是三種類型中唯一可以載送 PDU，而且也是某個特定目的端的位元元址（它並非環中不受限制的地址）。圖 13.3 顯示資料訊框的格式。

圖 13.3 料訊框

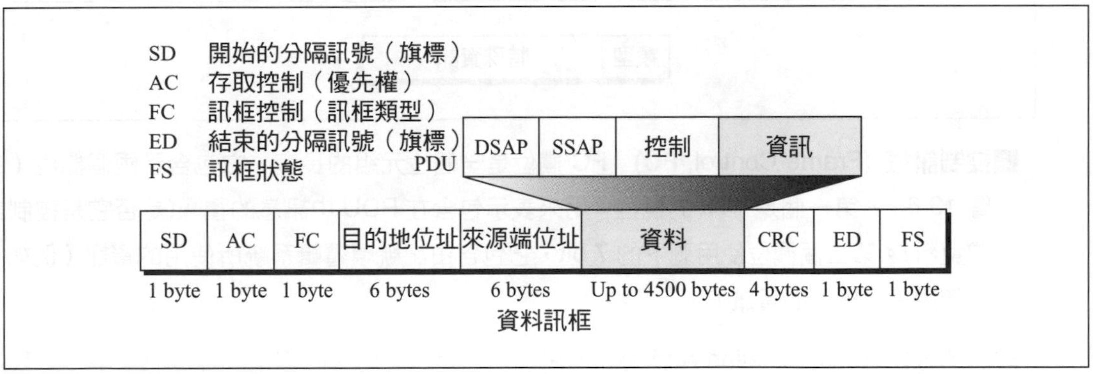

接著說明每一個欄位的功用：

- **開始的分隔訊號** (Start Delimiter, SD) 資料訊框的第一個欄位，它有一個位元組的長度，用來通知接收端的工作站有訊框到了，同時也讓接收端能同步它的擷取時序。這相當於 HDLC 中的旗標欄位，圖 13.4 顯示一個 SD 的格式。J 和 K 的入侵 (J,K violation) 是在實體層產生的，而且被包含在每個 SD 裡面，以確保資料欄的通透性。

圖 13.4 D 欄位

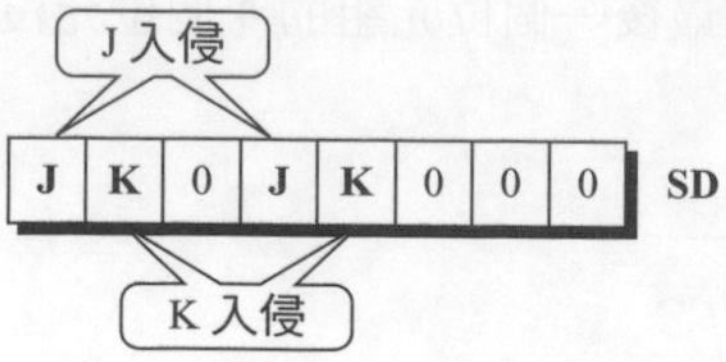

用這種方法，在資料欄位中出現的位元樣式，就不會被誤認為是另一個訊框的開頭。這些入侵 (violations) 可藉由在位元區間改變編碼樣式來產生。如您所記得的，在差動式曼徹斯特編碼 (differential Manchester encoding) 中，每個位元可以有兩種轉變：一種是在訊號開頭，而另一種是在中間。在 J 入侵中，這兩種都被取消了，在 K 入侵中，中間的轉變被取消了。

■**存取控制** (Access Control, AC) AC **欄位** (AC field) 的長度是一個位元組，它包含了四個子欄位（參考圖 13.5）。前三個位元是優先權欄位，第四個位元叫做記號位元，用來表示這個訊框是資料訊框，而不是記號或終止訊框。記號位元之後接著監控位元，最後的三個位元是預約欄位，如果工作站想要預約環狀網路的使用權時就可以用。

圖 13.5 AC 欄位

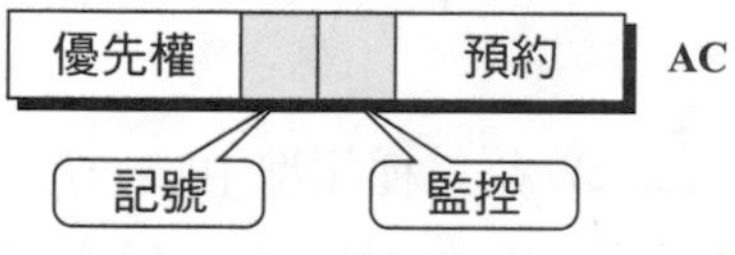

圖 13.6 FC 欄位

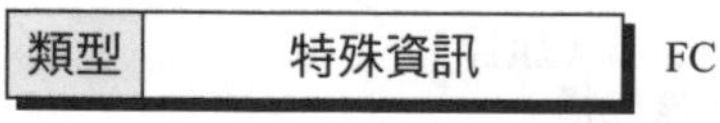

■**控制訊框** (Frame Control, FC) FC 欄位是一個位元組的長度，它包含了兩個欄位（參見圖 13.6）。第一個是 1 bit 的欄位，用來表示包含在 PDU 中訊息的種類(是否它是控制訊息或資料)。第二個欄位使用剩下的 7 bit，它包含由記號環邏輯系統所使用的資訊（例如，如何使用 AC 欄位的資訊）。

■**目的地位址** (Destination Address, DA) 這個六位元組長的欄位，存放訊框下一個目的地的實體位址。

■**來源端位址** (Source Address, SA) 這個六位元組長的欄位，存放訊框發送者的實體位址。

■**資料** (DATA) 這個欄位有 4500 個位元組的長度，專門用來放置 PDU。一個記號環的訊框裡面，沒有 PDU 長度或是種類欄位。

■**CRC** CRC 欄位有四個位元組的長度，存放 CRC-32 的錯誤偵測序列。

■**結束分隔訊號** (end delimiter, ED) ED 是第二個旗標欄位，長度為一個位元組，用來表示資料和控制訊息的結束。就像 SD 一樣，它是在實體層被更改，來包含 J 和 K 入侵，這些入侵可以確保資料欄位中的位元序列，不會被接收端誤認成 ED（參見 13.7 圖）。

圖 13.7 ED 欄位

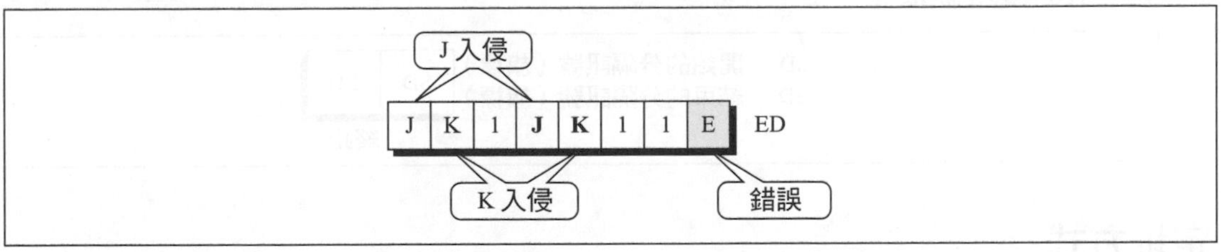

■**訊框狀態** (Frame Status, FS)。訊框的最後一個位元組是 FS 欄位。接收端藉著設定這個欄位來表示該訊框已經被讀取，或是被監測者設定，來表示該訊框已經繞環狀網路一圈。這個欄位並非前幾章提過的確認訊息 (Acknowledgement)，但是它能告訴發送端，該訊框已被接收端複製下來，所以現在可以丟棄。圖 13.8 顯示 FS 欄位的格式。如大家所看到的，它包含 2 個 1 位元的訊息：「位址已辨識」和「訊框已複製」。這些位元出現在欄位的開端，並且在第五和第六個位元重複。這樣的重複是為了避免錯誤發生，也是必要的，因為這個欄位包含一些在訊框離開了發送端之後才插入的資訊，所以這些資訊並未使用 CRC 進行錯誤偵測。

圖 13.8 FS 欄位

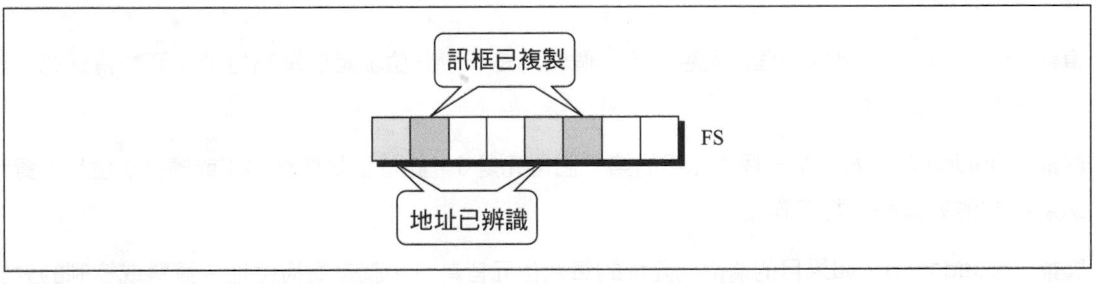

記號訊框

因為記號是一個用來預約的訊框，所以**記號訊框** (Token Frame) 只有三個欄位：SD、AC 和 ED。SD 表示一個訊框的到來；AC 表示此訊框是一個記號，並且包含優先權欄位和預約欄位；ED 表示一個訊框的結束。圖 13.9 是一個記號的格式：

圖 13.9 記號訊框

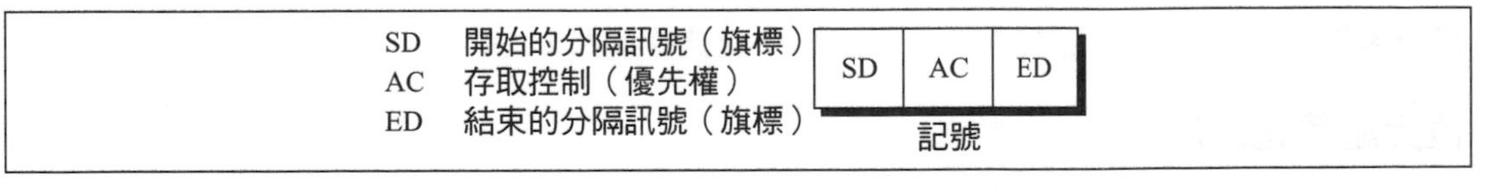

終止訊框

終止訊框 (Abort Frame) 沒有攜帶任何資訊，只有開始訊號和結束的分隔訊號。它可以由發送端發出來停止傳輸(不管任何理由)，或是由監測者發出，來清除線上的舊傳輸(參見圖 13.10)。

圖 13.10 終止訊框

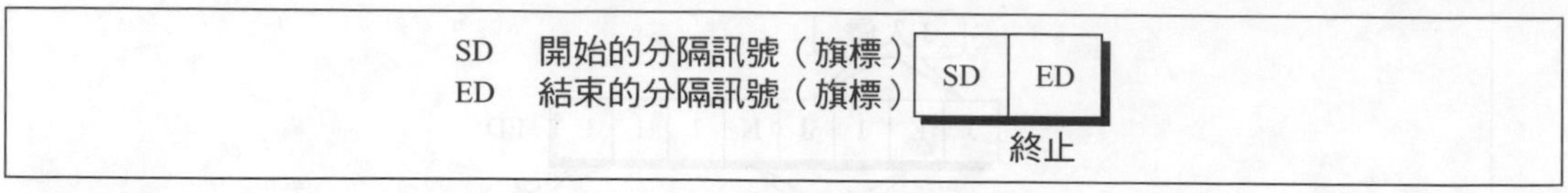

定址方式

記號環上的每個資料訊框都有兩個位址：來源端位元元址和目的端位元元址。兩者都可以是 2 個位元組或 6 個位元組的長度，目前的記號環大部分都用 6 位元組為長度。

來源端位址

就像在乙太網路一樣，來源端位址可以是本地的 (local) 或是全域的 (global)。

目的端位元元址

如同在乙太網路，目的端位元元址可以是單點、群播或是廣播。第一個位元組的第一個位元定義了位址的種類。

單點 (Unicast) 如果第一個位元組的第一個位元是 0，此位址是個單點位址；資料傳送或控制的對象只有一個工作站。

群播 (Multicast) 如果第一個位元組的第一個位元是 1，此位址是個群播（或廣播）位址；資料傳送或控制的對像是一群工作站。

廣播 (broadcast) 如果目的端位元元址的每個位元皆為 1，就是廣播位址，資料或控制的對像是所有的工作站。

13.4 實體層 *Physical Layer*

位元及位元組傳送順序

接下來顯示一個位元及位元組，如何被送到記號環網路。

位元組傳送順序

記號環，就像乙太網路一樣，訊框或記號最左邊的位元組先被送出。

位元傳送順序

記號環，跟乙太網路不同，是先送出每個位元組的最大位元 (most significant bit, MSB)。

實作

記號環

記號環的環路，包含了一長串由 150 歐姆，遮蔽式雙絞線的段落來連接每個工作站到它的鄰接工作站（如圖 13.11）。一個工作站的輸出埠連接到下一個工作站的輸入埠，產生出一個單向傳輸的環。最後一台工作站的輸出埠接到第一台工作站的輸入埠，來完成環狀的連接。訊框會一個接一個的傳過每台工作站，每到一台工作站它就被該工作站所檢查，再生訊號，然後送往下一台工作站。

圖 13.11 記號環

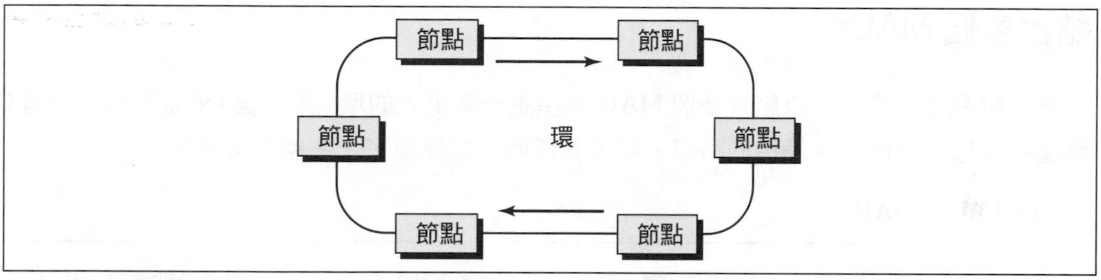

交換器 (Switch)

如圖 13.11 所示，環狀網路的建置，有一個潛在的問題：只要有一台工作站無法運作，整個網路的交通就癱瘓了。為瞭解決這個問題，我們將每個工作站連到一台自動交換器。這台交換器可以讓線路繞過一台不能運作的工作站。當工作站當掉時，交換器將工作站排除於環之外。當工作站修復後，網路卡 (NIC) 會送出一個訊號，告訴交換器把工作站再加回環裡面（見圖 13.12）。

每台工作站的網路卡有一對輸入 / 輸出埠結合成的一個 9 根腳連接頭。用一條九線的電纜將網路卡連接到交換器。電纜中的四條線是用來傳輸資料，另外五條是用來控制交換器（加入或排除工作站）。

多站存取單元 (multistation access unit, MAU)

為了實用的目的，我們將單獨的自動交換器組合成一種稱為**多站存取單元** (multistation access unit, MAU) 的集線器；請參考圖 13.13。一個 MAU 可以支援 8 個工作站。乍看之下，這個系統是個以 MAU 為中心的星狀拓樸，但實際上它是個環狀的。

圖 13.12 記號環交換器

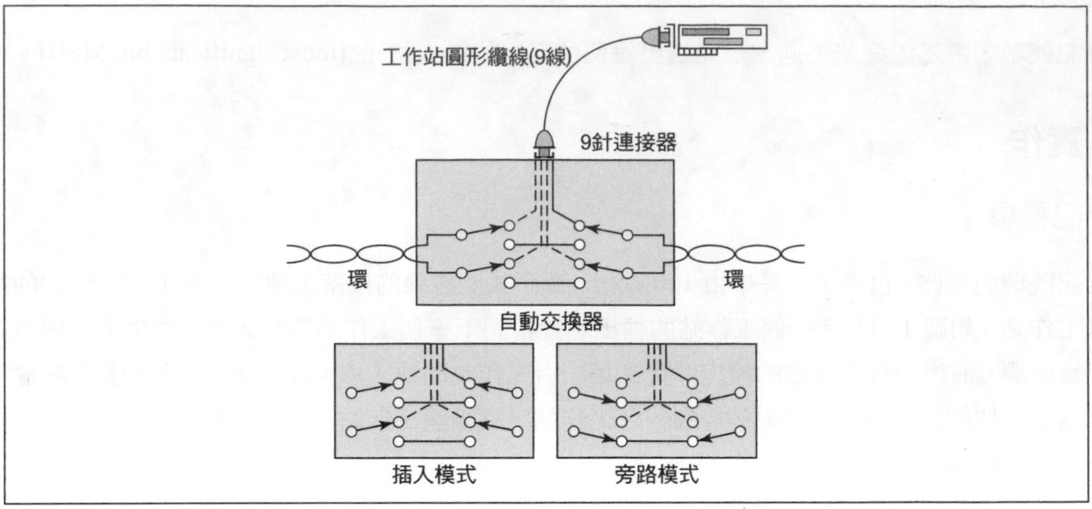

結合多個 MAUs

如圖 3.14 所示，我們可以結合多個 MAU 來產生一個更大的環。第一個 IN 埠和最後一個 OUT 埠連在一起，提供一條備用的路徑，如果有任何一條線壞了，網路仍可運作。

圖 13.13 MAU

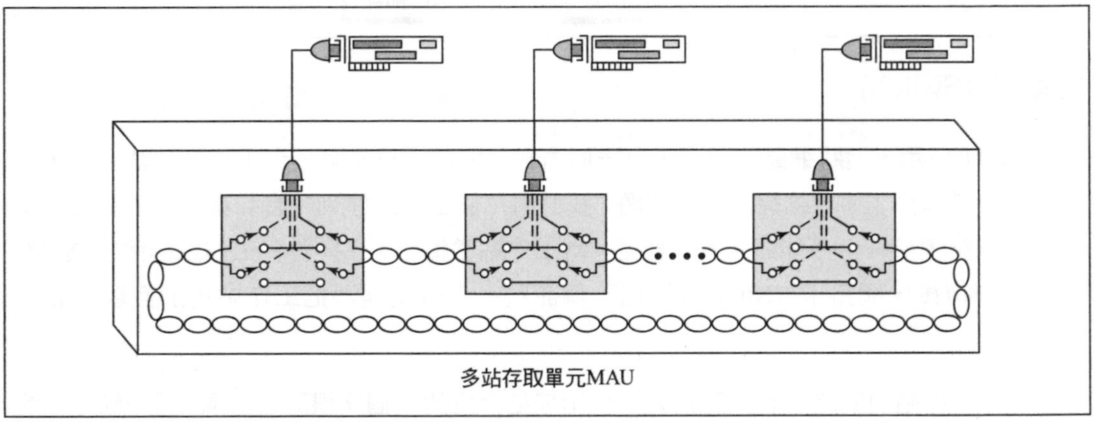

編碼

記號環使用差動式曼徹斯特編碼 (differential manchester encoding)，將資料轉換成訊號或是反向的轉換。為了達到通透性，我們在某些訊號序列上使用編碼入侵 (code violations)。

電纜

記號環將遮蔽式或非遮蔽式雙絞線定義成傳輸的媒介。非遮蔽式雙絞線 (UTP) 的資料傳輸量可以達到 4Mbps；遮蔽式雙絞線 (STP) 的資料傳輸量可以是 4Mbps 或 16Mbps。

圖 **13.14** 將多個 **MAUs** 連接在一起

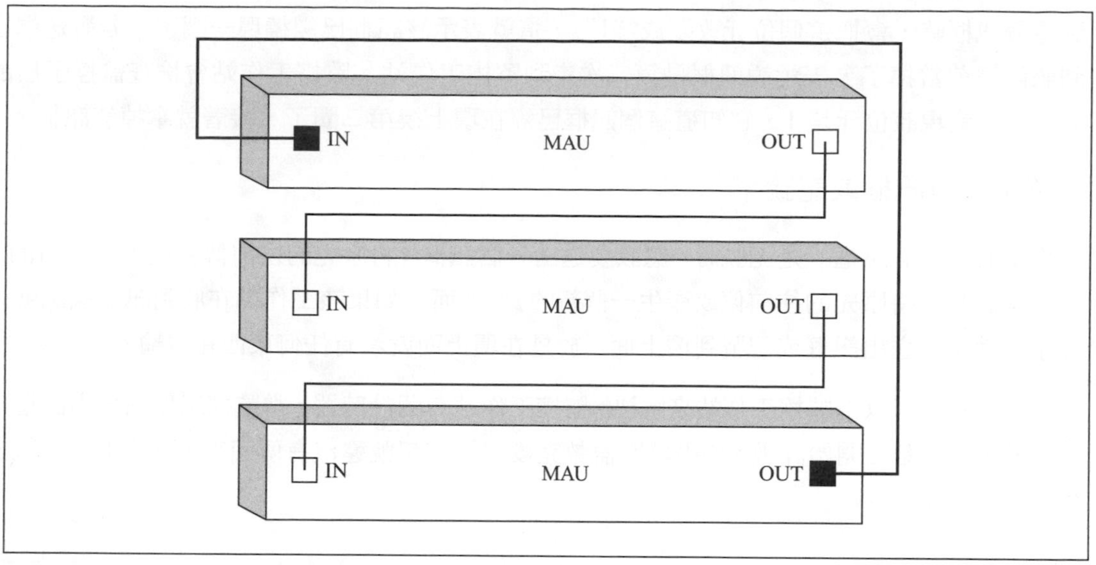

工作站

記號環設定工作站數量的上限是 STP 環可以有 250 台，UTP 可以有 72 台。兩台工作站之間的距離並沒有指定。

增益器

在記號環中，每台工作站介面的功用就像是**增益器** (repeater)。每個介面接收訊號後，接著會再生該訊號。

13.5 環狀網路的管理 *Ring Management*

環狀的運作非常細緻，許多問題可能會發生在環狀網路，我們將在這裡提一些來討論。

訊框受損

訊框在傳送中可能會受到雜訊的幹擾。目的端的工作站要負責告知發送端這樣的錯誤。發送端必須重送訊框。

錯誤的訊框

訊框可能出錯（被遺棄的訊框 orphan frame）。被遺棄的訊框會一直不斷地在環狀網路上繞圈子。發生的原因是當發送端在送出訊框後，訊框未繞回來之前發送端就當掉了。連接該工作站和 MAU 的交換器會自動將線路繞過此工作站，於是訊框就繼續在環上繞圈子。其他的工作站都不能清除這個訊框，因為這是原始發送端的工作。

要避免這個問題，發送端先儲存一個“0”位元在 AC 欄位的監控子層。當監控工作站收到這個訊框時，會把這個位元改變成“1”，這就表示該訊框已經繞環一圈了。若發送端在收到該訊框前當掉了，表示說訊框是第二次走到監控工作站。監控工作站會檢查監控子層的位元，並且發現該位元是 1，它知道這個訊框已經在環上繞第二圈了，接著就拿掉該訊框。

網路上沒有訊框或記號

工作站收到一個訊框或是記號時。應該要送出一個訊框（將原先的往前傳或產生一個新的）或是一個記號（將原先的往前傳或產生一個新的）。然而，如果該工作站在收到訊框或記號後當掉了，就不會送出訊框或記號到環上面。於是在環上面就沒有任何東西在傳輸。

這個問題可以由監控工作站來解決。監控工作站有個計時器。當監控工作站送出訊框或是記號時，計時器便開始計數。如果計時器數完後訊框或記號還沒有傳回來，監控工作站就會產生一個新的記號。

13.6　優先權和預約等級 *Priority and Reservation Levels*

802.5 標準中定義了記號環網路的優先權機制（選擇性的，也可以不使用）。如果不考慮優先權，每台工作站有同等的機會來傳送資料，順序就依照它們連到環狀網路的次序。當工作站收到它自己送出的訊框，並且將它丟棄時，記號就會傳給下一個工作站。如果使用可選擇的優先權機制，就能改變每台工作站存取網路的平等機會。我們可以對不同的工作站設定不同的優先權順序。用這種方法，擁有高優先權的工作站（例如連續傳送即時資料的工作站）就可以較早取得記號。然而，我們要注意一點，雖然使用優先權可以讓少數工作站傳送即時資料，它同時也讓其他多數（或全部）的工作站不能使用即時的傳輸處理。

當使用優先權機制時，記號傳遞及存取的方法需依賴工作站能夠公平地取得記號。在這一節中，我們定義優先權和預約的等級，我們定義三種類別的等級：工作站優先權等級、目前優先權等級、以及目前預約等級。

工作站優先權等級

每個工作站分別被指定一個從 0 到 7 之間的等級（0 最低，7 最高）。**工作站優先權等級** (station priority level) 是由網管來定義的，而且變成工作站的一部分。我們用 *StPr* 來代表這種等級。

目前優先權等級

在任何時刻，環狀路會操作在一個特定的優先權等級，我們稱為**目前優先權等級** (current priority level)。我們用 *CurPr* 的簡寫來代表這種等級。

目前預約等級

目前預約等級 (current reservation level) 會顯示工作站最後做出的預約等級。當資料訊框或是記號繞著環運行時，有資料要傳的工作站會做出預約的動作（如果該工作站的優先權等級高於目前預約等級）。用這種方法，工作站可以蓋過優先權等級比自己低的預約。我們使用 *CurRv* 來代表這個等級。

AC 欄位

每個在環上繞行的資料訊框或是記號都包含一個 8 位元的欄位。這個欄位內含 2 種子欄位，分別叫作「優先權」及「預約」，分別都是 3 位元的長度。優先權子欄位內的值，就是目前優先權等級；預約子欄位存放目前預約等級的值。圖 13.15 顯示 AC 欄位的內容。

圖 13.15　AC 欄位

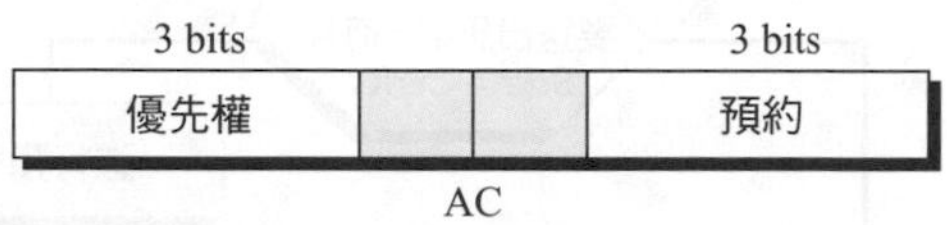

13.7　優先權機制的實作 *Implementing Priorities*

要實作一個優先權的系統，首先工作站會偵測媒體，尋找是否有資料訊框或是記號。如果找到資料訊框，工作站會依循一個事先設定好的程式；如果是找到記號，工作站會依循另一個不同的程式。為了簡化複雜的處理程式，我們假設每個工作站在得到許可時，只會送出一個訊框。實際上，工作站應該是分配到一個時槽，而且在時槽結束前，可以送出一或多個訊框。我們在這個小節中定義的程式，可以簡單地修改成符合這種情形。

一個資料訊框到達

如果是資料訊框到達，工作站會檢查該訊框的發送者。這個訊框是由別的工作站或是它自己（繞一圈回來了）送出的？工作站用它自己的位址來比對訊框的來源端位址，結果會有兩種。

情況 1：發送者是別的工作站

在這種情況下，工作站所收到的資料訊框是由別的工作站發出的（來源端位址和自己的位址不一樣），圖 13.16 顯示這種情況的程式。

1. 如果該工作站是目的端位元元址（目的端位元元址和該工作站位址吻合），資料會被複製下來，並且改變一些位元來表示兩件事：這筆資料已經複製下來，而且資料當中沒有發生錯誤。

2. 如果該工作站有資料要送，而且自己的優先權等級比目前預約等級還高（在 AC 欄位中可以找到），它會做預約的動作，把自己的優先權等級存到 AC 欄位中的預約子欄位。換句換說，該工作站改變了目前預約等級，我們將會簡短地討論預約的程式。
3. 工作站送出這個收到的訊框。

圖 13.16 由另一台工作站送出資料訊框的程式

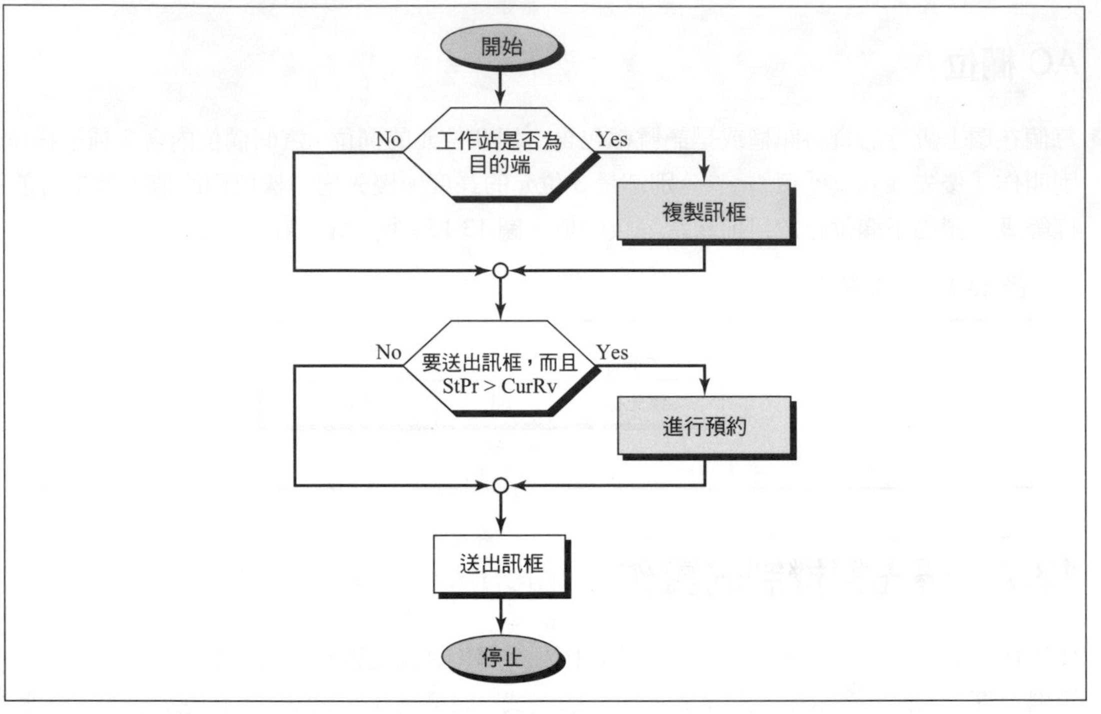

狀況 2：資料訊框是由自己發出的

在這種情況下，工作站收到的資料訊框是由自己發出的（繞一圈回來了），圖 13.17 顯示這種情況下的步驟：

1. 工作站移除此訊框。
2. 工作站比較目前預約等級和目前優先權等級。
   a. 若目前預約等級比目前優先權等級大，這表示某個優先權等級比目前優先權等級高的工作站，已經做了預約。這個工作站就會把目前優先權等級提高為目前預約等級（我們將會看到這是如何做到的），所以下一輪只有那個預約者能使用記號。但是，如果這樣做，這個工作站就要負責記住，是它自己把優先權等級提高了（此工作站變成了「負責的工作站」）。也就是此工作站稍後還必須降低優先權；否則，如果優先權只是一直增加，優先權較低的工作站就永遠沒機會傳出資料了
   b. 如果目前預約等級比目前優先權等級低或是兩者相等，就表示我們要給優先權比較低或相等的工作站傳資料的機會。這意味著目前優先權等級該降低，但只有負責的工作站可以調整（之

前升高目前優先權等級的工作站）。所以，如果此工作站就是負責的工作站，它就會將優先權降低，待會兒會顯示降低優先權的步驟。

3. 此工作站送出記號。

圖 13.17 由工作站本身送出資料訊框的程式

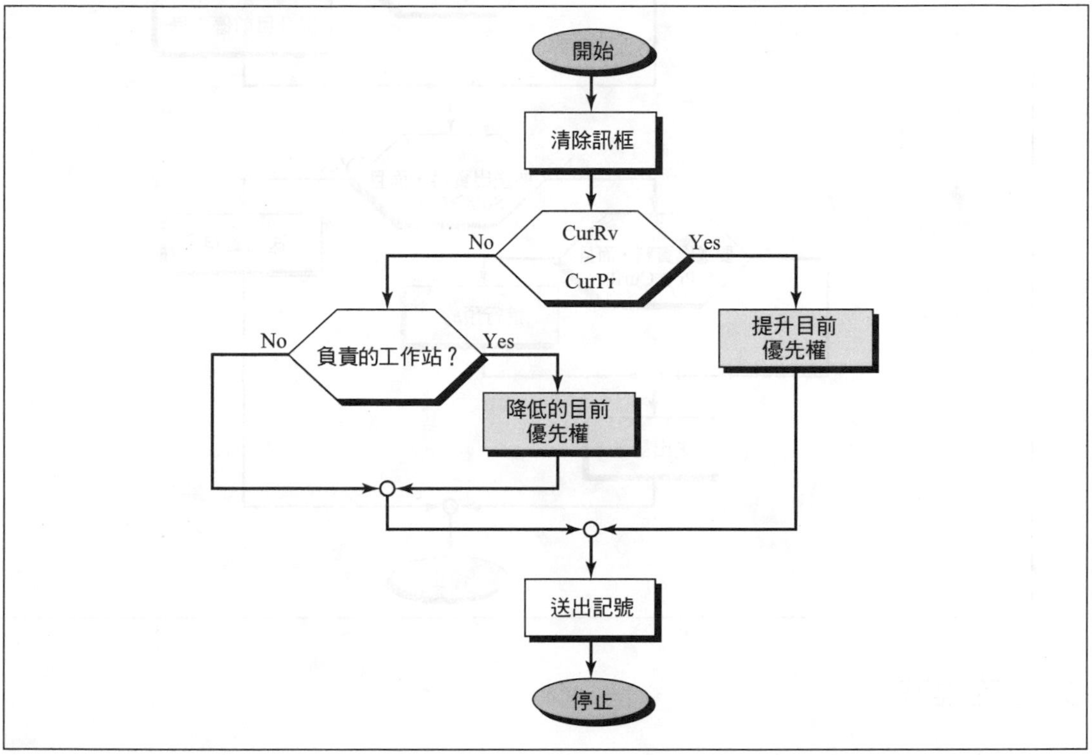

記號到達

當工作站收到一個記號時，工作站會依循圖 13.18 的程式做動作。

1. 如果此工作站是負責的工作站，它會把目前優先權提高（我們很快就會討論這種程式）。
2. 接著工作站進行其中一個動作：
   a. 如果此工作站有資料要傳，而且它本身優先權也比目前的優先權高，就把資料傳出去。
   b. 如果此工作站沒有資料要傳。
      i. 如果它本身的優先權比目前的預約等級高，就做預約的動作。
      ii. 送出記號

圖 13.18 記號抵達的程式

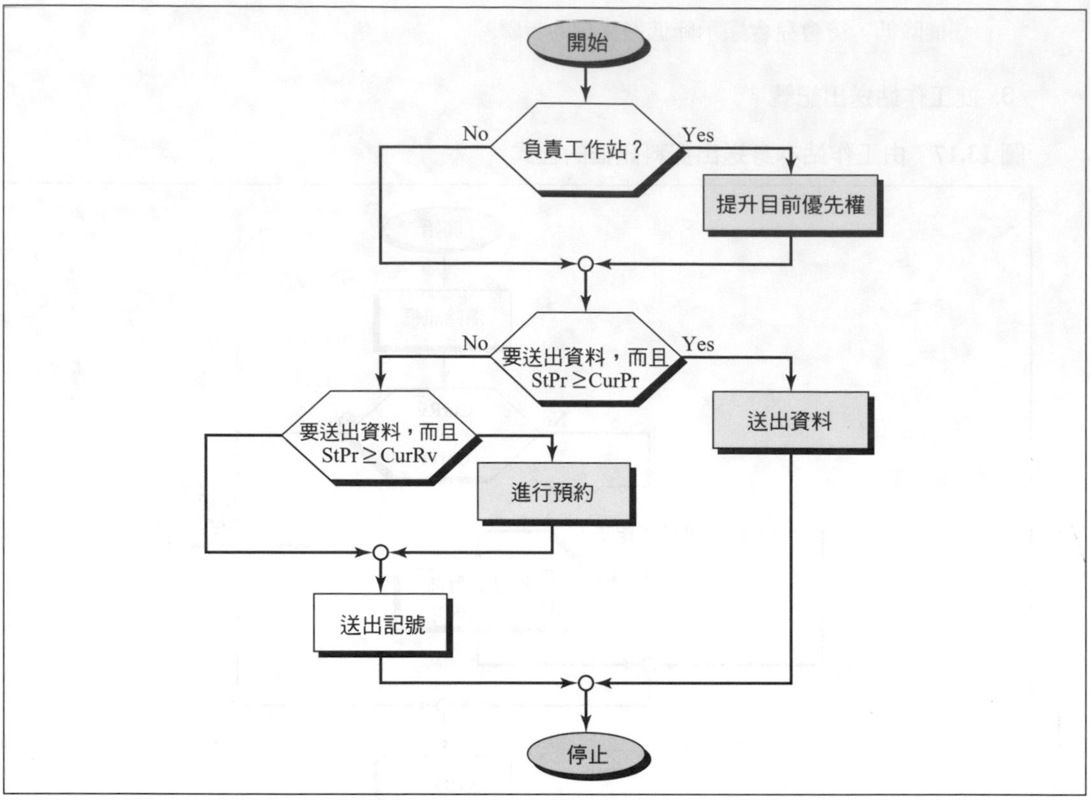

其他的程式

在預約的過程中會牽涉到五個程式。

進行預約

要進行預約，工作站把目前預約等級改變成本身的優先權等級。只要將工作站本身的優先權，複製到接收的訊框或記號之 AC 欄位的預約子欄位內即可做到。

重置目前預約等級

重置目前預約等級就是將等級歸零。

提高目前優先權等級

要升高目前優先權等級，工作站要進行下列步驟（參看圖 13.19）：

1. 工作站把目前優先權等級改變成目前預約等級。
2. 工作站將目前預約等級歸零。
3. 工作站變成負責工作站，並且要追蹤兩個優先權等級：舊的優先權等級（在改變之前的）以及目前優先權等級（改變之後的）。此工作站使用兩個堆疊來完成此追蹤：舊優先權堆疊和現在優先權堆疊。工作站把舊的優先權等級儲存於舊優先權堆疊；目前的優先權等級儲存於目前優先權堆疊。

圖 13.19 提升目前優先權等級

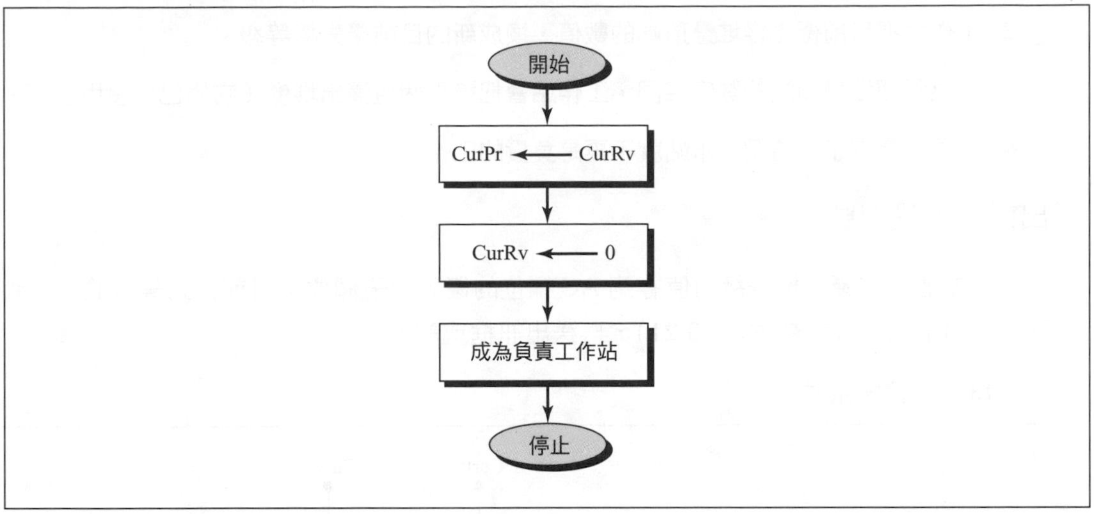

圖 13.20 降低目前優先權等級

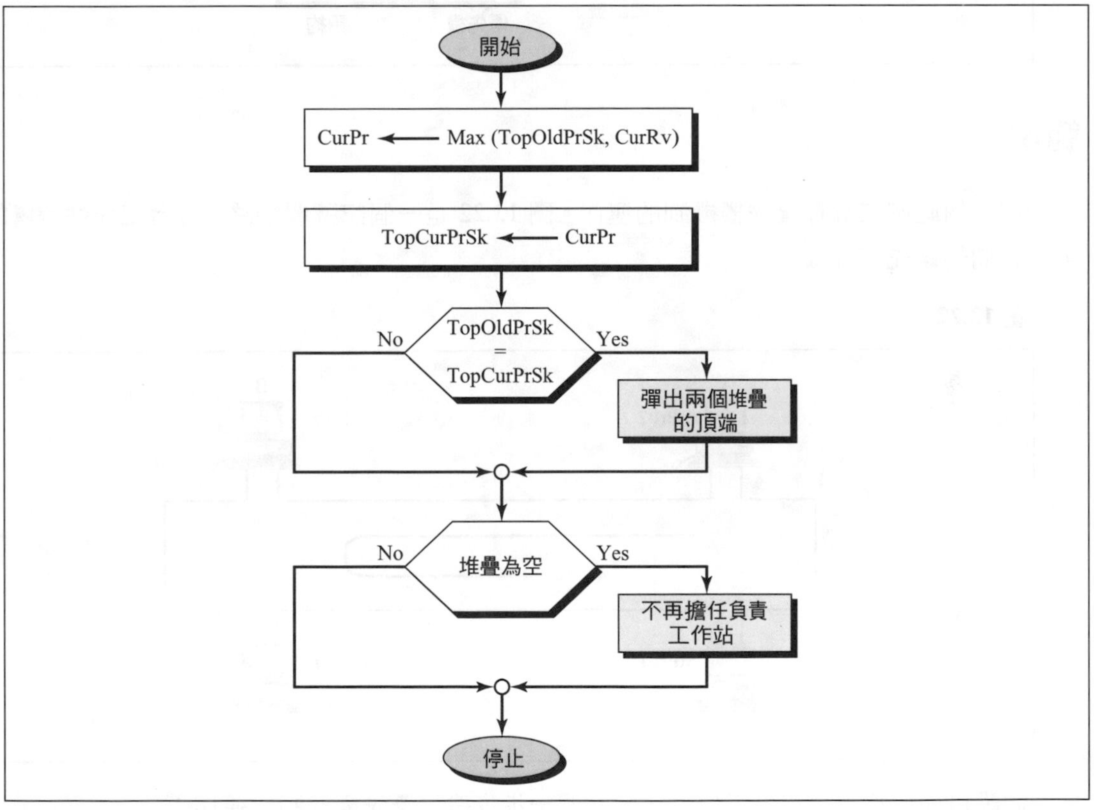

降低目前優先權等級

只有負責的工作站可以降低目前優先權等級（請看圖 13.20）。

工作站遵循以下步驟：

1. 工作站把目前優先權等級改變成舊的優先權等級，或是目前預約等級，看這兩者哪個比較高。理由是，因為有較高優先權的工作站就會做預約。
2. 工作站把目前優先權堆疊頂端的數值，換成新的目前優先權等級。
3. 如果兩個堆疊頂端的數值相同，工作站會把這兩個值彈出堆疊（它們已經沒用了）。
4. 如果堆疊空了，這個工作站就不再是負責的工作站。

送出訊框或是記號

工作站會先把目前優先權等級的值存到 AC 欄位的優先權子欄位；目前預約等級的值存到 AC 欄位的預約子欄位（請參看圖 13.21），再送出訊框或記號。

圖 13.21　傳送訊框

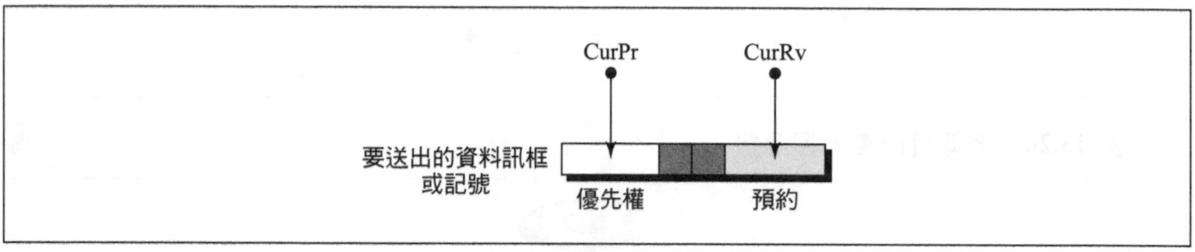

範例

我們用一個範例來解釋優先權機制的運作。圖 13.22 是一個記號環網路，每台工作站旁邊的數字是它們的優先權等級。

圖 13.22

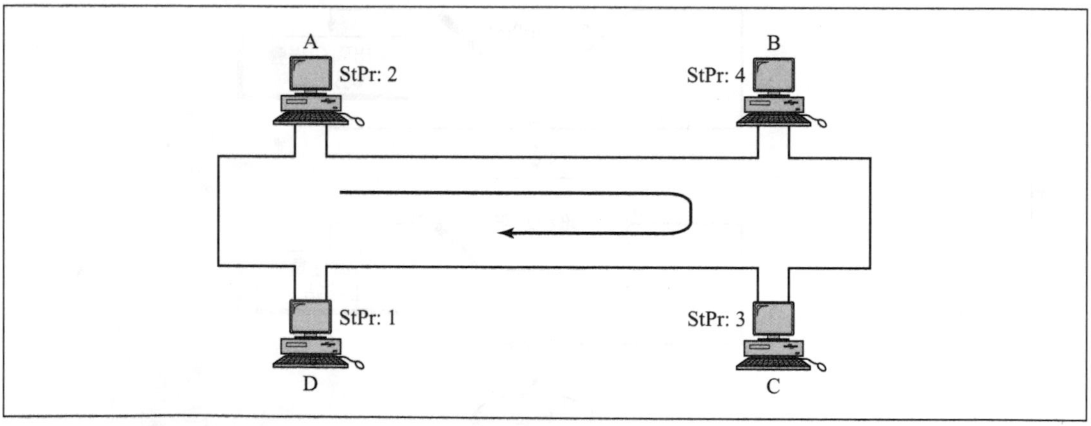

假設目前還沒有負責的工作站，讓我們一步步追蹤優先權機制的運作：

步驟 1

工作站 A 有個資料要送給工作站 C，現在收到具有 CurPr=1 以及 CurRv=0 的記號。根據圖 13.18，A 拿到記號，接著將資料訊框給 C。**目前這個資料訊框的 CurPr=1, CurRv=0**（圖 13.21）。

步驟 2

工作站 B 有個資料要送給 A，它收到 A 要傳送給 C 的訊框。依據圖 13.16，B 的 StPr 比這個訊框的 CurPr 還大。B 進行預約，然後把訊框傳給 C。**目前這個資料訊框的 CurPr=1, CurRv=4**。

步驟 3

工作站 C 有個資料要送給 D，它收到 A 送給自己的資料訊框。根據圖 13.16，C 會把資料複製起來，再把訊框傳出去。**目前這個資料訊框的 CurPr=1, CurRv=4**。

步驟 4

工作站 D 沒有資料要傳送，它收到 A 送給 C 資料訊框。根據圖 13.16，D 會把資料複製下來，再把訊框傳出去。**目前這個資料訊框仍就是 CurPr=1, CurRv=4**。

步驟 5

工作站 A 收到自己發出的資料訊框。依據圖 13.17，此工作站會把訊框清除掉。A 接著會提高目前優先權等級（參看圖 13.19），A 就變成了負責的工作站。**A 現在將記號釋放，並且記號被傳送給 B，它的 CurPr=4, CurRv=0**。

步驟 6

工作站 B 有資料要傳給 A，B 收到記號之後，根據圖 13.18 的步驟，B 的 StPr (4)和 CurPr (4)一樣，所以 B 拿到了記號，並送出一個資料訊框。**目前這個資料訊框的 CurPr=0, CurRv=0**。

步驟 7

工作站 C 有資料要給 D，現在 C 收到資料訊框。根據圖 13.16，工作站 C 改變目前預約等級然後把訊框傳給 D。**目前這個資料訊框的 CurPr=0, CurRv=3**。

步驟 8

工作站 D 現在沒有資料要傳，直接把訊框送到工作站 A。**目前這個資料訊框的 CurPr=0, CurRv=3**。

步驟 9

工作站 A 仍有資料要傳給 C，現在收到 B 給自己的訊框。它複製資料之後，把訊框往下傳給 B。**目前這個資料訊框仍舊是 CurPr=0, CurRv=3**。

步驟 10

工作站 B 仍有資料要傳給 A，收到自己傳出的訊框。B 把訊框清除掉，依據圖 13.17，B 會把目前優先權等級提高然後送出記號。**這個記號的 CurPr=3, CurRv=0。B 現在成為負責的工作站。**

接下來的步驟

我們將接下來的步驟留給讀者當作練習。

13.8 關鍵名詞 Key Terms

終止訊框 (abort Frame)

被遺棄的訊框 (orphan frame)

存取控制欄位 (access control (AC) field)

記號訊框 (token frame)

資料訊框 (data Frame)

記號傳遞 (token passing)

錯誤訊框 (errant Frame)

記號環 (Token Ring)

多站存取單元 (multistation access unit (MAU))

工作站優先權等級 (station priority (StPr) level)

目前優先權等級 (current priority (CurPr) level)

13.9 總結 Summary

- 記號環是個定義在 IEEE 專案 802.5 的通訊協定。
- 在記號環網路中，一個稱為「記號」，長度為 3 個位元組的訊框，會在環上從一個工作站傳到下一個工作站，直到某個有資料要傳的工作站抓住該記號為止。
- 網路管管理員會對每台工作站設定一個優先權等級。
- 目前優先權 (CurPr)，是目前正在傳送資料的工作站之優先權等級。
- 目前預約 (CurRv) 等級，是最後進行預約之工作站的預約數值。
- 在預約的過程中會牽涉到以下程式：預約、重置目前預約等級、提高目前優先權等級、降低目前優先權等級。
- 記號環協定的特定的功能被定義在資料連結層和實體層。
- MAC 子層負責記號傳遞以及預約的運作。
- 記號環上每台工作站都連到一台交換器，此交換器可以將線路繞過不能運作的工作站。
- 交換器被組合成一個稱為多站存取單元 (MAU) 的集線器。
- 記號環網路中可能出現的問題有：訊框受損、錯誤的訊框、以及訊框遺失。

13.10 練習題 Practice Set

選擇題

1. 在記號環網路中，記號會在網路上環繞直到________。
   a. 某個工作站認出這個位址是它的
   b. 某個工作站抓住記號
   c. 工作站的優先權等級變為 0
   d. AC 欄位是 1001001
2. ________等級是網路管理員指定給網路上每台工作站的值。
   a. 工作站優先權
   b. 目前優先權
   c. 目前預約
   d. 工作站預約
3. ______等級是目前使用環狀網路的工作站之優先權等級。
   a. 工作站優先權
   b. 目前優先權
   c. 目前預約
   d. 工作站預約
4. ________等級是最後一個做預約動作的工作站的值。
   a. 工作站優先權
   b. 目前優先權
   c. 目前預約
   d. 工作站預約
5. 有三個工作站在記號環上，工作站 A 的工作站優先權等級是 2；B 的工作站優先權等級是 3；工作站 C 的工作站優先權等級是 4；目前優先權等級是 4；請問哪一個工作站在使用這個環狀網路？
   a. A
   b. B
   c. C
   d. 以上任一個
6. 有三個工作站在記號環上，工作站 A 的工作站優先權等級是 2；B 的工作站優先權等級是 3；工作站 C 的工作站優先權等級是 4；目前預約等級是 3；請問哪一個工作站可以做預約？
   a. A
   b. B
   c. C

d. 以上任一個

7. 有三個工作站在記號環上，工作站 A 的工作站優先權等級是 2；B 的工作站優先權等級是 3；工作站 C 的工作站優先權等級是 4；目前預約等級是 2；請問哪一個工作站在使用這個環狀網路？

a. A

b. B

c. C

d. B 或 C

8. 當訊框回到原始發送的工作站，如果_________，此工作站可以提升目前優先權等級。

a. CurRv > CurPr

b. CurRv >StPr

c. CurPr> CurRv

d. 此工作站是負責的工作站

9. 當訊框回到原始發送的工作站，如果_________，此工作站可以降低目前優先權等級。

a. CurRv ≤ CurPr

b. 此工作站是負責的工作站而且 CurRv>StPr

c. CurPr < CurRv

d. a 和 b

10. 當訊框到達目的地工作站之後，該工作站會_________。

a. 複製訊框

b. 做預約

c. 改變優先權等級

d. 釋放記號

11. 當訊框到達某個工作站，如果該工作站有訊框要送出以及_________，此工作站可以做預約。

a. 它的 StPr > CurPr

b. CurPr >StPr

c. CurPr> CurRv

d. 它的 StPr > CurRv

12. 當一個工作站收到它之前送出的訊框，在此工作站_________等級之後，它可以變成負責的工作站。

a. 提升 CurPr

b. 提升 CurRv

c. 降低 CurPr

d. 降低 StPr

13. 當訊框到達目的地工作站，如果_________，CurPr 會降低。

a. 此工作站是負責的工作站。

b. CurRv > CurPr

c. CurPr > CurRv

d. a 和 b

14. 當_________，記號會被釋放出來。

a. 訊框到達一個工作站

b. 訊框回到來源工作站

c. 訊框到達目的工作站

d. 某個工作站變成負責的工作站

15. 當_________，記號環的 CruPr 會改變。

a. 訊框到達一個工作站

b. 訊框回到來源工作站

c. 訊框到達目的工作站

d. 某個工作站變成負責的工作站

16. 有三個工作站在記號環上。工作站 A 的工作站優先權等級是 2；B 的工作站優先權等級是 3；工作站 C 的工作站優先權等級是 4；目前預約等級是 3；在 C 做了預約之後，預約欄位內的值應該是_________。

a. 2

b. 3

c. 4

d. 以上任一個

17. 當記號到達負責的工作站，此工作站可以_________。

a. 改變 StPr

b. 改變 CurPr

c. 改變 CurRv

d. 以上任一個

18. 當記號到達，而且此工作站有資料要傳送，如果_________，那麼該工作站可以送出資料。

a. CurRv > CurPr

b. CurPr > CurRv

c. 它的 StPr > CurRv

d. 它的 StPr > CurPr

19. 當記號到達，而且此工作站有資料要傳送，如果_________，那麼該工作站可以做預約。

a. CurRv > CurPr

b. CurPr > CurRv

c. 它的 StPr > CurRv

d. 它的 StPr > CurPr

20. 當某個工作站改變 CurPr 等級時，則 CurRv 會被設成_________。

a. 0

b. CurPr

c. StPr

d. StRv

21. 有三個工作站 A、B、C 在記號環上，而且 A 是負責的工作站，哪一個工作站可以做預約。

a. A

b. B

c. C

d. 以上任一個

22. 有三個工作站 A、B、C 在記號環上，而且 A 是負責的工作站。哪一個工作站可以改變目前優先權等級？

a. A

b. B

c. C

d. 以上任一個

23. 當某工作站提升了 CurPr，新的 CurPr 為_________。

a. StRv 等級

b. CurPr 等級

c. 前一次的 CurPr 等級

d. 0

24. 以下何者可能會發生在記號環的工作站上？

a. 檢查目的位元元址

b. 再生收到的訊框

c. 把訊框傳到下一個工作站

d. 以上皆是

25. 根據記號環的協定，當訊框到達目的地工作站之後，_________。

a. 訊息會被複製

b. 改變封包中的四個位元

c. 訊息會從環中被移除，而由記號來取代

d. a 和 b

26. 根據記號環的協定，當有個資料訊框在環上繞圈的時候，記號_________。

a. 在接收的工作站上

b. 在發送的工作站上

c. 在環上繞圈

d. 以上皆非

習題

27. 記號環中最短長度的資料訊框有幾個 bit？最大長度的資料訊框有幾個 bit？

28. 最短長度的記號環訊框中，用來傳送資料的比例有多少？最大長度的比率又是多少？平均的比率是多少？

29. 如果環狀網路的長度是 1000m。若雙絞線的傳播速度是光速 (300,000,000m/s) 的 60%，請問繞環一周需要多久的時間？

30. 在一個 16 Mbps 的記號環網路中，記號的長度是 3 個位元組。請問工作站產生一個記號需要多久時間？

31. 為了讓記號環正常工作，在整個訊框完整產生之前，第一個位元不能回到工作站。既然一個記號有 3 個位元組長，環的最短距離需要多長，才能該網路正常運作？請參考使用第 29 和 30 題的結果。

32. 請按照表 13.1，比較乙太網路和記號環的異同。

表 13.1 習題 32

功能	乙太網路	記號環
前置		
SFD		
SD		
AC		
FC		
目的端地址		
來源端地址		
資料長度		
CRC		
ED		
FS		

33. 請繼續本章中所學的優先權機制範例，完成該範例之後的 10 個步驟。

第 14 章

ATM 區域網路
ATM LANs

非同步傳輸模式 (Asynchronous Transfer Mode, ATM) 是由 ATM 論壇所制定，並被 ITU-T 所採用的細胞中繼協定。ATM 主要是用在廣域網路 (ATM WAN)；然而這項技術也可適用在區域網路 (ATM LAN)。我們會在附錄 E 討論 ATM 的技術。這一章裡，這項技術被應用在區域網路。

這項技術所擁有的高資料傳輸率（155 及 622Mbps），吸引了尋求更高速率區域網路設計者們的注意。除此之外，ATM 技術有許多使它成為理想區域網路的優勢：

- ATM 技術支援在兩個終端用戶之間多種形式的連結，它支援永久以及暫時性的連結。
- ATM 技術支援多種不同應用頻寬的多媒體連結，它能保證提供幾個 Mbps 的頻寬給即時影音使用，也可以提供非尖峰時段的文字傳輸。
- 在一個組織裡，它們可以輕易且適宜地升級成 ATM 區域網路。

14.1 ATM 區域網路架構 *ATM Lan Architecture*

目前，我們有兩種方式可以將 ATM 技術整合到 LAN 的架構中：建立一個**純 ATM LAN**，或是使用**傳統的 ATM LAN**。圖 14.1 顯示這些架構。

純 ATM 架構

在純 ATM 區域網路，ATM **交換器** (ATM switch) 被用來連接區域網路裡面的工作站，如同在交換式乙太網路所使用的方式，圖 14.2 說明這個狀況。

以這樣的方式，工作站可以使用兩種標準的 ATM 技術速率（155 及 652Mbps）來交換資料。不過，工作站會使用**虛擬通道識別碼** (virtual path identifier, VPI) 以及**虛擬連結識別碼** (virtual connection identifier, VCI)，而非來源及目的地位址。

圖 14.1　ATM 區域網路

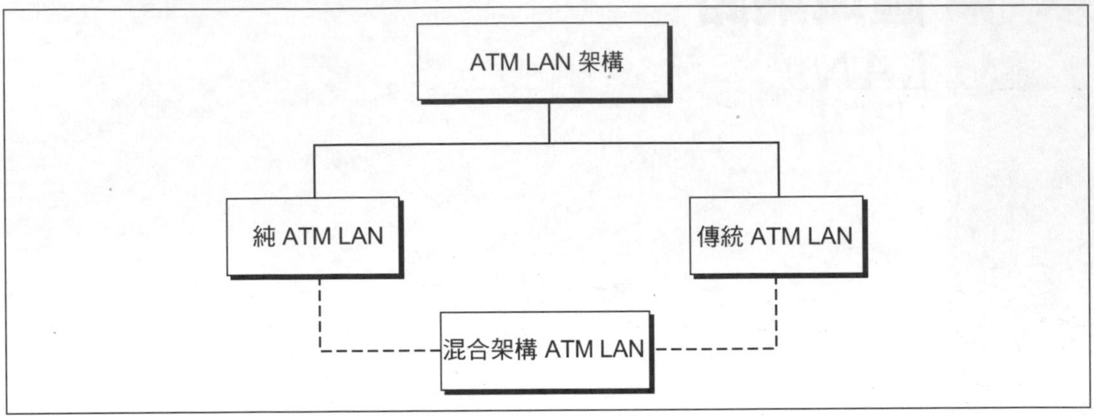

圖 14.2　純 ATM 區域網路

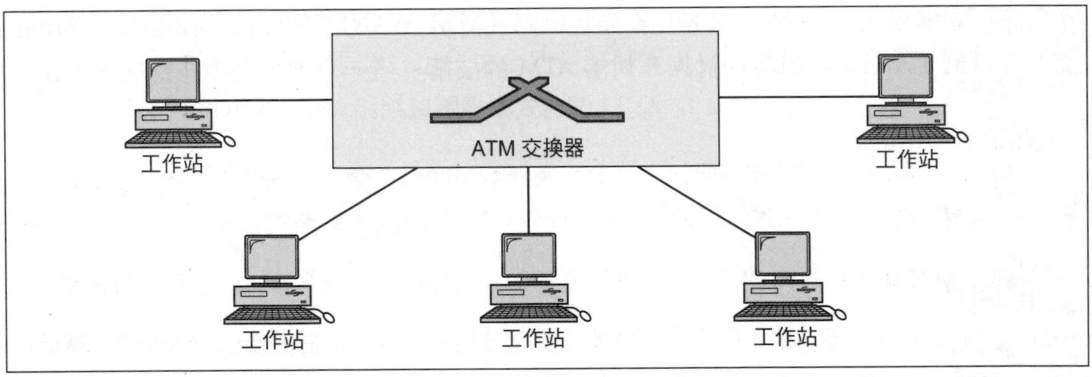

這個方式有一個主要的缺點，就是系統需要重新建立，因此現存的區域網路不能升級為純 ATM 區域網路。

傳統區域網路架構

第二種方式是以 ATM 技術為骨幹來連接傳統區域網路，圖 14.3 展示這個架構。

這樣的方式中，同一個 LAN 裡的工作站可以用傳統區域網路（乙太網路、記號環...等等）。但是當兩個不同區域網路的工作站要交換資料時，它們可以經過一個轉換設備來改變它們的訊框格式。這種方式的優點是，來自許多區域網路的輸出，可以用多工的方式結合成一個高資料傳輸率的輸入給 ATM 交換器。我們會看到這裡還有一些議題需要先被解決。

圖 14.3　傳統 ATM 區域網路

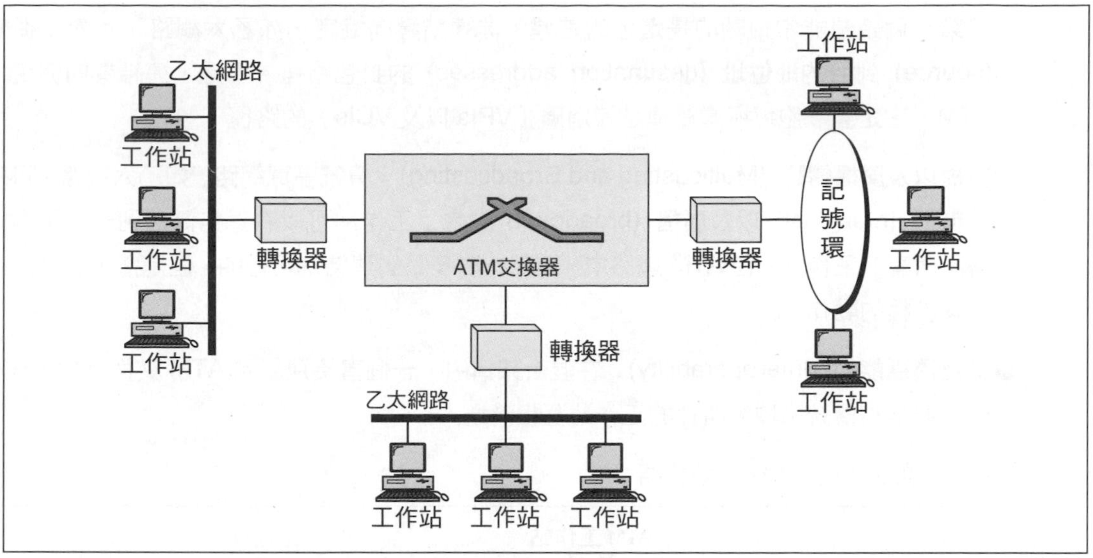

混合式架構

也許最好的解決方式，就是將前面兩種架構混合在一起，意思是保持現存的區域網路，同時也容許新工作站直接連結到 ATM 交換器。**混合式架構區域網路** (mixed architecture LAN) 可以藉著將越來越多的工作站直接連結到交換器，讓系統從傳統區域網路慢慢轉變為 ATM 區域網路，圖 14.4 展示這樣的架構。

某個特定區域網路裡的工作站，可以用該特定區域網路的格式與資料傳輸率來交換資料，而直接連結到 ATM 交換器的工作站，則可以使用 ATM 訊框來交換資料。然而，問題是，一個傳統區域網路裡的工作站，要如何和直接連結到 ATM 交換器的工作站互相溝通。在後面的小節中會看到這個問題如何被解決。

14.2　區域網路模擬 *LAN Emulation, LANE*

表面上看來，在區域網路使用 ATM 技術似乎非常自然。然而，這只有在表面上是相似的；還有許多問題需要解決，我們摘要如下：

- **非連結導向相較於連結導向** (Connectionless vs. Connection-oriented)　傳統區域網路如乙太網路，屬於**非連結導向協定** (connectionless protocols)。只要封包已經準備好要傳送，工作站就會傳送資料封包給另一個工作站。這裡並沒有**連結建立** (connection establishment) 或是**連結終止** (connection termination) 的階段。換句話說，ATM 卻是**連結導向的協定** (connection-oriented)；工作站要傳送細胞給其他工作站必須先建立連結，而且在所有細胞都傳送完畢之後還要終止連結。

- **實體位址相較於虛擬連結識別碼** (Physical Addresses vs. Virtual Connection Identifiers) 和第一個議題非常相關的是定址的差異。非連結導向協定，如乙太網路，定義了從**來源** (source) 到**目的地位址** (destination addresses) 的封包路徑。不過，連結導向協定，如 ATM，它定義細胞經過虛擬連結識別碼（VPIs 以及 VCIs）的路徑。
- **群播以及廣播傳遞** (Multicasting and Broadcasting) 傳統區域網路，如乙太網路，可以同時**群播** (multicast) 以及**廣播** (broadcast) 封包；工作站可以將封包傳送到一群工作站或傳給所有的工作站。在 ATM 網路中，雖然一對多點的連結是可行的，但是卻不容易進行群播或廣播的動作。
- **交互溝通能力** (Interoperability) 在混合架構中，一個直接連結到 ATM 交換器的工作站，應該要能和傳統區域網路裡的工作站互相溝通。

圖 14.4 混合架構 ATM 區域網路

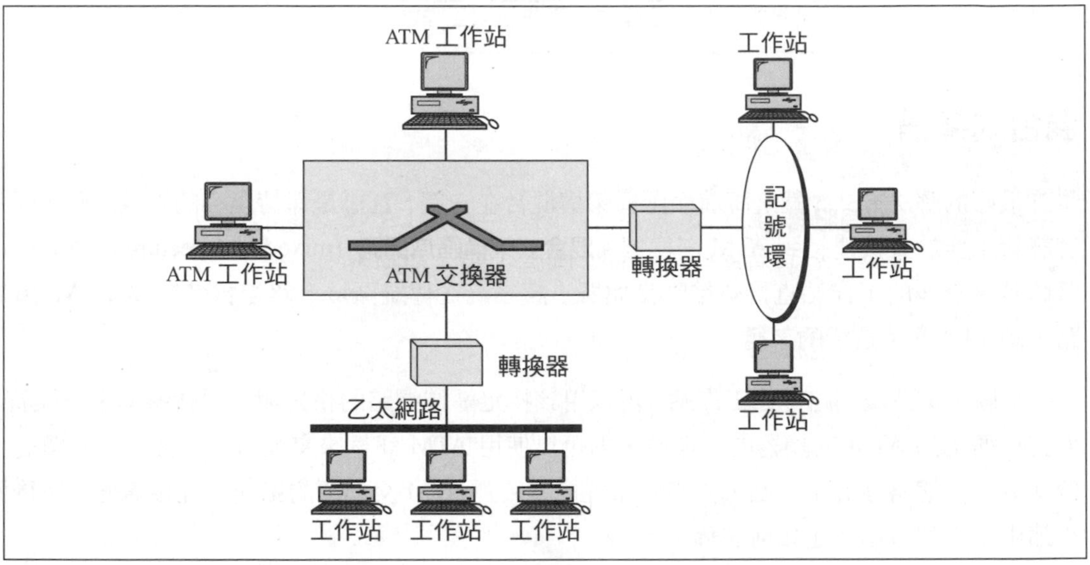

一種稱為**區域網路模擬** (local area network emulation, LANE) 的方式解決了上面提到的問題，而且容許混合架構的工作站之間可以彼此溝通。這個方式使用模擬機制。工作站可以使用非連結導向服務來模擬連結導向服務。工作站使用來源與目的地位址來進行起始連結，並且使用 VPI 和 VCI 定址。這個方式容許工作站使用單點、群播、以及廣播位址。最後，這個方式在傳送訊框到交換器之前，將使用傳統格式的訊框轉換為 ATM 細胞。

14.3 客戶端－伺服器模式 *Client-Server Model*

LANE 被設計為**客戶端 / 伺服器模式** (client/server model) 來處理前述的四個問題，這個協定使用一種客戶端以及三種伺服器，如圖 14.5 所示。

圖 14.5 **LANE** 的客戶端與伺服器

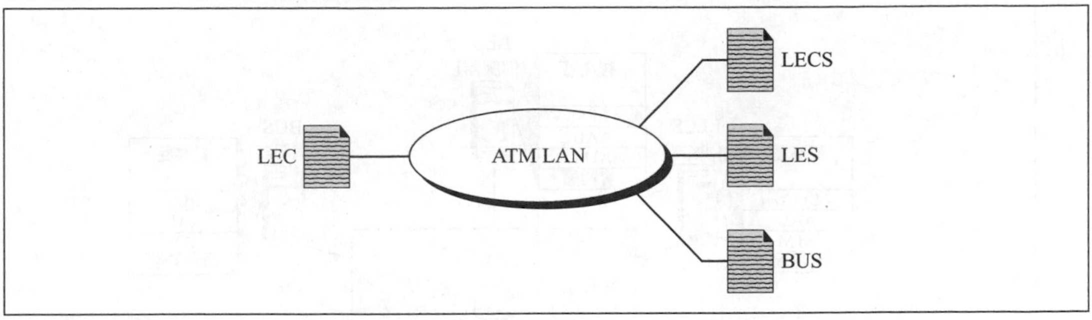

區域網路模擬客戶端 (LEC)

所有 ATM 工作站都有**區域網路模擬客戶端** (LAN emulation client, LEC) 軟體被安裝在三種 ATM 協定之上，上層協定不會感覺到 ATM 技術的存在。這些協定將它們的要求傳送到 LEC 來進行區域網路服務，例如，非連結導向傳遞使用 MAC 單點、群播、或廣播位址。LEC 只是解釋這些要求並將結果送到伺服器。

區域網路模擬建置伺服器 (LECS)

區域網路模擬建置伺服器 (LECS) 被用來起始客戶端與 LANE 之間的連結。這個伺服器永遠會等待接收起始連結，它具有系統內所有客戶端公眾的 ATM 位址。

區域網路模擬伺服器 (LES)

區域網路模擬伺服器軟體安裝在 LES 伺服器。當工作站接收到使用實體位址的訊框要傳送給其他工作站時，LEC 將傳送特定的訊框到 LES 伺服器。伺服器會在來源與目的地工作站之間建立一個虛擬電路。來源工作站便可以使用這個虛擬電路（以及對應的識別碼）來傳送訊框到目的地。

廣播 / 未知伺服器 (BUS)

群播以及廣播需要使用**廣播 / 未知伺服器** (BUS)。如果工作站需要傳送訊框到一群工作站或是所有工作站，這個訊框會先送到 BUS 伺服器，伺服器有固定的虛擬連結可以連到每個工作站。此伺服器會建立收到訊框的副本，並且將這些副本送給一群工作站或所有工作站，來模仿群播或廣播的程序。這個伺服器也可以用單點的方式傳遞訊框給每一個工作站。在這種情況下，目的地位址是未知的。有時候它比由 LES 伺服器獲取連接識別碼要來得更有效率。

圖 14.6 展示混合架構 ATM 區域網路的客戶端與伺服器。

在圖中，三種伺服器連接到 ATM 交換器（它們實際上可以是交換器的一部分），我們同時也展示兩種客戶端。工作站 A 與 B，被設計來傳送與接收 LANE 的通訊，它們是直接連結到 ATM 交換器。工作站 C、D、E、F、G 與 H，在傳統舊式區域網路中都是經過轉換器連結到交換器。這些轉換器擔任 LEC 客戶端，並且代表它們連結的工作站進行通訊。

圖 14.6　使用 LANE 的混合架構 ATM 區域網路

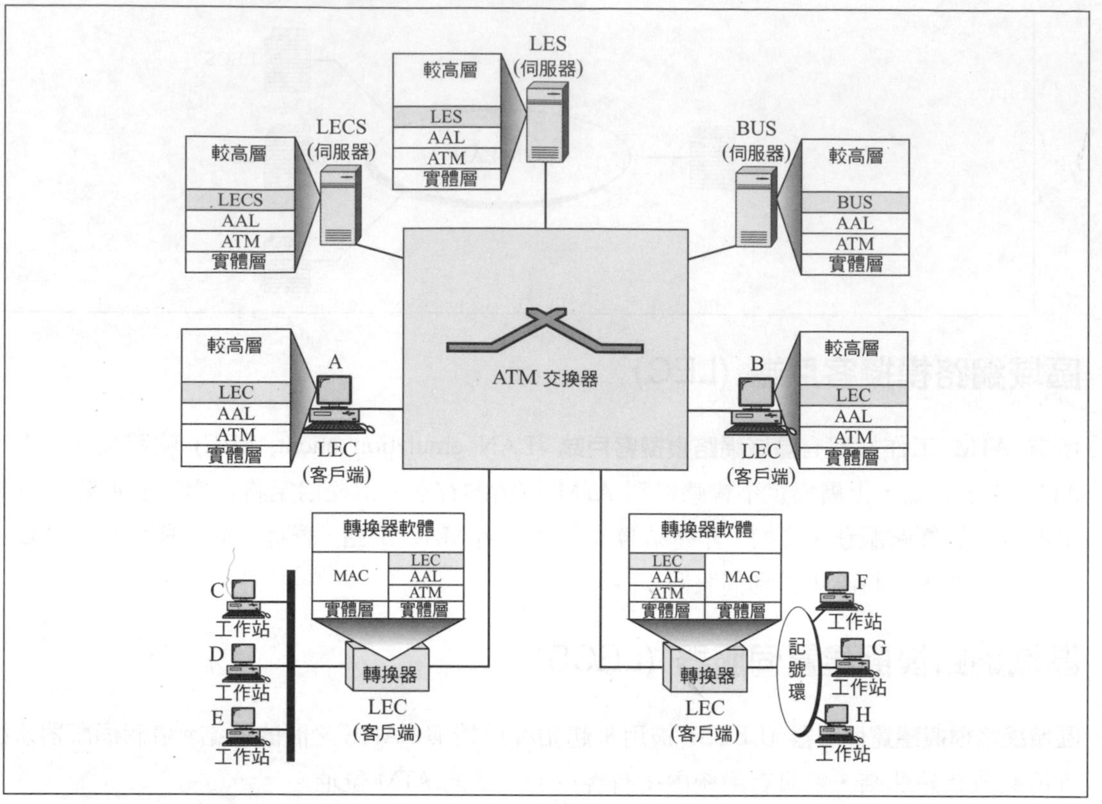

14.4　LANE 操作 *LANE Operation*

LANE 操作通常會經過五個步驟，如圖 14.7 所示。

圖 14.7　LANE 操作的步驟

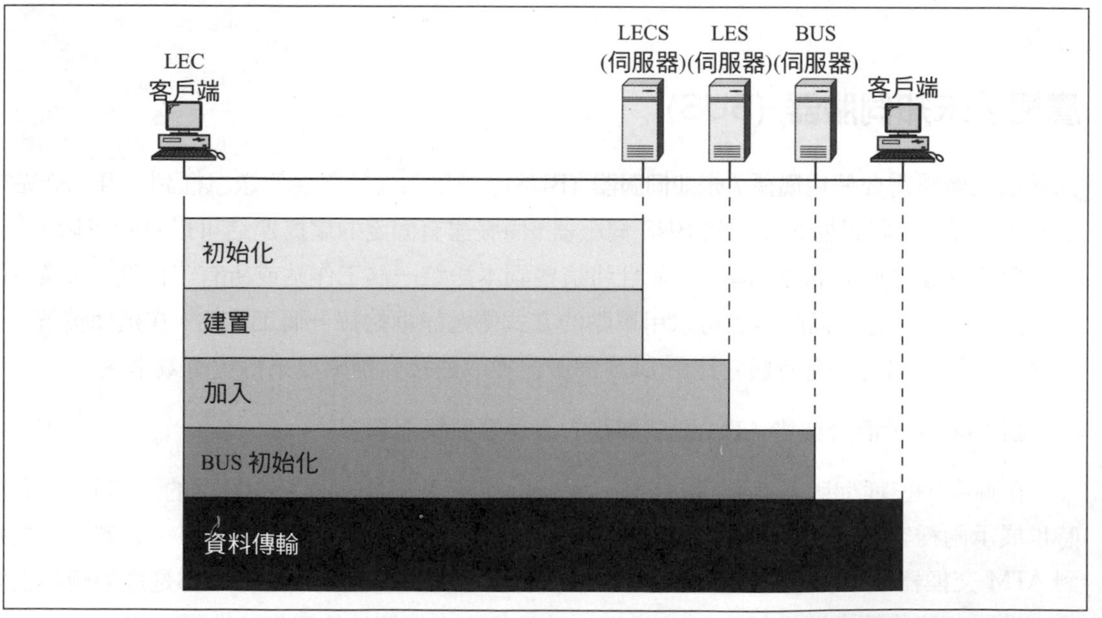

初始化

第一個步驟是初始化，LEC 客戶端需要和 LECS 伺服器接觸，這需要公眾的 ATM 位址來定義一個 LECS 伺服器。

建置

當客戶端連結到 LECS 伺服器之後，這個伺服器將一個 LES 伺服器指定給客戶端，並且傳送伺服器的 ATM 位址給客戶端。在這個階段，LEC 也提供有關的 MAC 層資訊給它所連結的特定區域網路。

加入

現在客戶端 LEC 可以連結到指定的 LES。LEC 傳送要求到 LES，它被接受之後連結也被建立了；LEC 客戶端現在是 LANE 的一部分。

BUS 初始化

如果接收者的 MAC 位址對於傳送者是未知的（目的地是直接連結到交換器的工作站），或傳送端想使用群播或廣播位址，它要求連結到 BUS 伺服器，LES 伺服器可以提供 BUS 伺服器的 ATM 位址給客戶端，單點位址則會忽略這個步驟。

資料傳輸

在這個階段，兩個客戶端之間可以開始資料傳輸。連接到傳統區域網路的工作站將 MAC 訊框傳送到轉換器。轉換器擔任 LEC 客戶端，它把要送到另一個轉換器，或是直接連結到 ATM 交換器的工作站之 LANE 資料訊框，傳送到 ATM 交換器。

圖 14.8　LANE 訊框格式

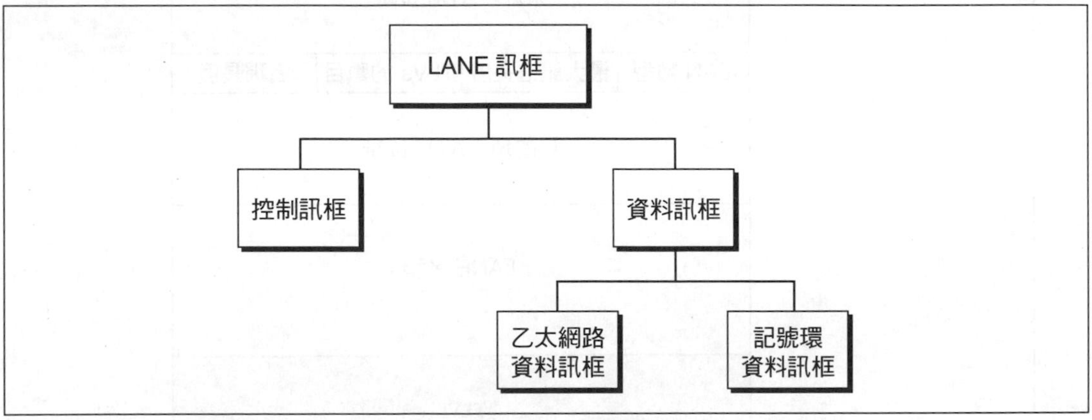

未知位址

如果目的地工作站是一個 LANE 工作站，而非連結到區域網路的工作站，就不一定會有 MAC 位址。在這種情形下，要傳遞的資料會被傳送到 BUS 伺服器。

群播與廣播位址

如果客戶端要傳送使用群播或廣播位址的訊框，這個訊框也會被傳遞到 BUS 伺服器進行傳送。

14.5 訊框格式 *Frame Format*

有兩種形式的 LANE 訊框：資料與控制訊框，如圖 14.8 所示。

控制訊框

雖然 ATM 需要許多控制訊框來建立兩個工作站之間的連結，ATM 論壇定義了一般的控制訊框，如圖 14.9。藉由改變 Op-Code 值，我們可以有許多不同類型的控制訊框。控制訊框可以是要求或是回應，要求由客戶端送出，回應則由伺服器送出。

圖 14.9 LANE 控制訊框

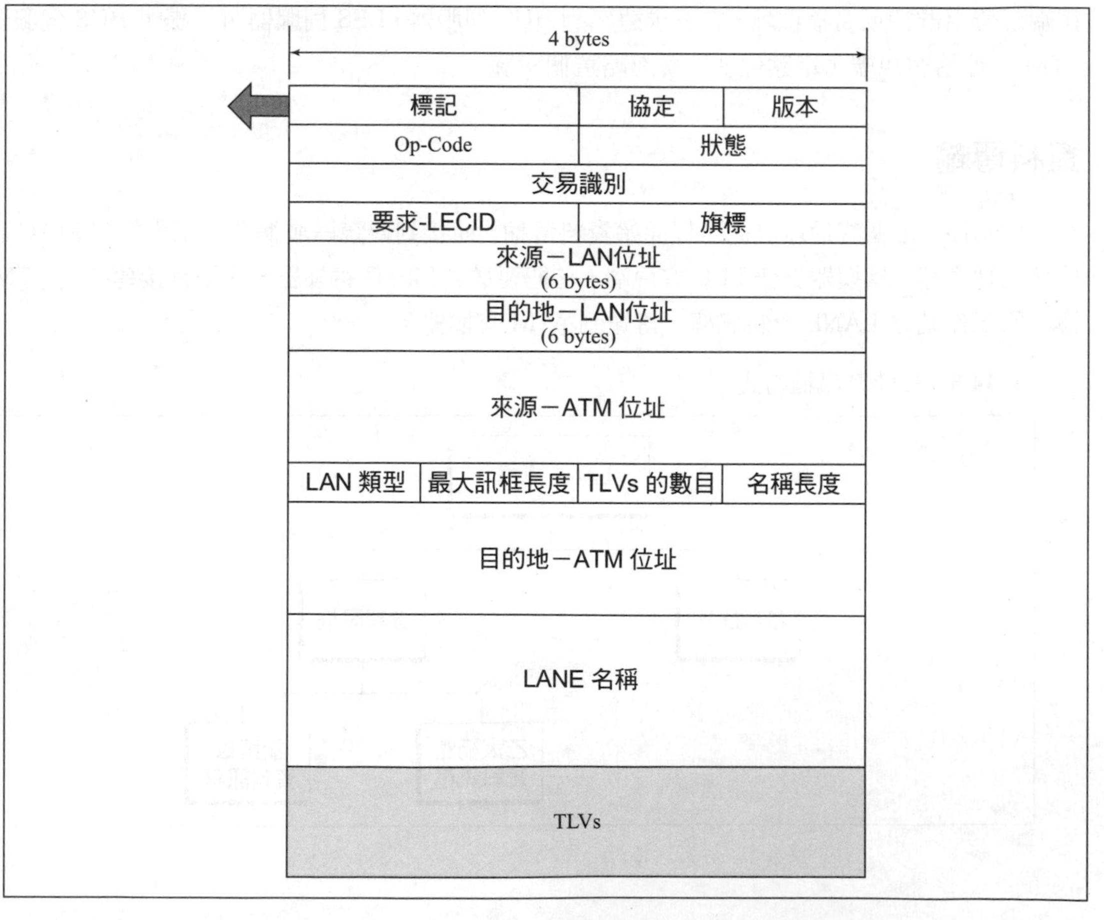

這個一般訊框的每個欄位描述如下：

標記 (Marker) 這是 2 個位元組的欄位，數值 $FF00_{16}$ 表示它是個控制訊框。

協定 (Protocol) 這是 1 個位元組欄位，值 01_{16} 定義 ATM LANE 協定。

版本 (Version) 這是 1 個位元組欄位，顯示這個協定的版本，目前版本為 1（值為 01_{16}）。

Op-Code ATM 區域網路使用不同類型的控制訊框，這是 2 個位元組欄位，定義該控制訊框的用途。

狀態 (Status) 這是 2 個位元組欄位，在要求控制訊框中是被忽略的，而在回應控制訊框中，它定義要求訊框的狀態（定義可能的錯誤）。

交易識別 (Transaction ID) 這是 4 個位元組欄位，它將要求關聯到回應。客戶端在這個欄位插入一個隨機產生的數字當作「要求訊框」的識別，伺服器在它的回應中複製這個值來符合特定的要求。

要求 LECID (Request LECID) 在 ATM LANE，每個 LEC 都有識別號碼；它的值被定義在這個欄位。

旗標 (Flags) 這個欄位被保留作為定義旗標之用。

來源－區域網路位址 (Source-LAN address) 此 6 個位元組欄位定義來源端工作站的區域網路位址（乙太網路或記號環）。

目的地－區域網路位址 (Target-LAN address) 此 6 個位元組欄位定義目的端工作站的區域網路位址（乙太網路或記號環）。

來源－**ATM** 位址 (Source-ATM address) 此欄位定義來源端 ATM 位址。

區域網路類型 (LAN type) 這是 1 個位元組欄位，用來定義區域網路類型（乙太網路或記號環）。

最大訊框長度 (Max frame size) 這是 1 個位元組欄位，用來定義最大訊框長度。

TLVs 數目 (Number of TLVs) 它定義 TLVs（請參考下文）的數目。

LANE 名稱長度 (LANE name size) 它定義 LANE 名稱的長度，以位元組為單位。

目的－**ATM** 位址 (Target-ATM address) 此欄位定義目的端 ATM 位址。

LANE 名稱 (LANE name) 這個欄位定義指定給 LANE 的名稱。

TLVs ATM LANE 容許選擇性參數加在各控制訊框的尾端，這個欄位包含參數。每個參數有三個子欄位：識別、長度、值。

資料訊框

ATM 論壇目前定義兩種用在 LANE 的資料訊框：LANE 乙太網路以及 LANE 記號環訊框。資料訊框被用來在兩個客戶端或客戶端到 BUS 伺服器之間交換資料；當 MAC 位址未知、使用群播或廣播位址時，客戶端傳送資料訊框到 BUS 伺服器。

LANE 乙太網路訊框

圖 14.10 顯示 LANE 乙太網路訊框的格式，這個訊框由連接到乙太網路的工作站送出（乙太網路經過轉換器連接到 ATM 交換器）。

這個訊框的格式跟乙太網路訊框一樣，除了兩個例外：

- 2 個位元組的 LANE 標頭欄位被加入，來定義 ATM 網路的客戶端。
- 為了更高的效率而將 FCS (CRC)拿掉，這個欄位在高可靠度 ATM 網路是不需要的。

圖 14.10 LANE 乙太網路訊框

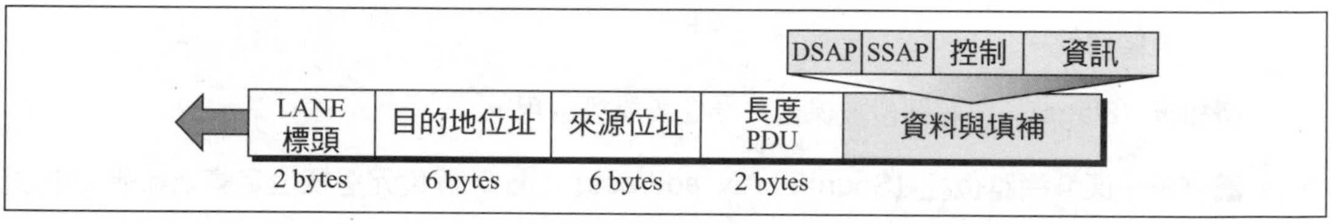

LANE 記號環訊框

圖 14.11 顯示 LANE 記號環訊框的格式，這個訊框由連接到記號環網路的工作站送出（記號環網路經過轉換器連接到 ATM 交換器）。

圖 14.11 LANE 記號環訊框

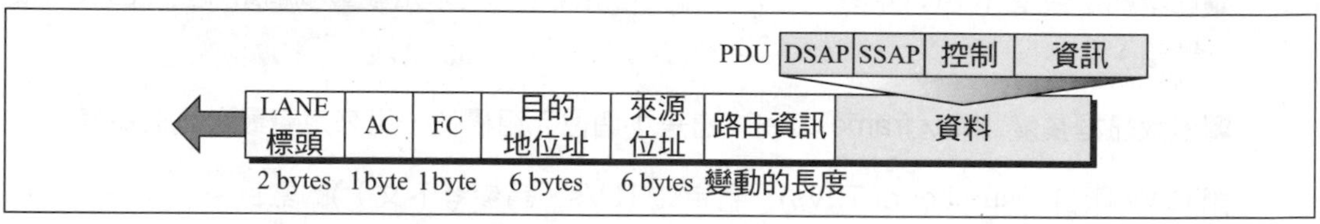

這個訊框的格式與記號環網路訊框相同，除了三個例外：

- 2 個位元組 LANE 標頭欄位被加入，來定義 ATM 網路的客戶端。
- CRC、ED、FS 欄位都因為要增加更高的效率而被拿掉。
- 路由資訊欄位被加入，用來指引轉換器（路由器或橋接器）的繞送動作。

14.6 關鍵名詞 *Key Terms*

非同步傳輸模式 (Asynchronous Transfer Mode, ATM)

ATM 交換器 (ATM switch)

廣播 / 未知伺服器 (broadcast/unknown server, BUS)

廣播 (broadcasting)

客戶端一伺服器模式 (client-server model)

連結建立 (connection establishment)

連結終止 (connection termination)

非連結導向協定 (connectionless protocol)

連結導向協定 (connection-oriented protocol)

目的地位址 (destination address)

區域網路模擬 (local area network emulation, LANE)

區域網路模擬客戶端 (LAN emulation client, LEC)

區域網路模擬建置伺服器 (LAN emulation configuration server, LECS)

區域網路模擬伺服器 (LAN emulation server, LES)

傳統的 ATM LAN (legacy ATM LAN)

混合架構區域網路 (mixed architecture LAN)

群播 (multicasting)

純 ATM 區域網路 (pure ATM LAN)

來源位址 (source address)

虛擬連結識別碼 (virtual connection identifier, VCI)

虛擬路徑識別碼 (virtual path identifier, VPI)

14.7 摘要 *Summary*

- ATM 技術可以被使用在 LAN (ATM LAN) 的環境中。
- 在純 ATM LAN 的環境中，使用 ATM 交換器來連接工作站。
- 在傳統的 ATM LAN 環境中，連接傳統 LANs 的骨幹是使用 ATM 技術。
- 混合架構的 ATM LAN 結合了純 ATM LAN 以及傳統 ATM LAN。
- 在 LANs 的環境下使用 ATM 技術，所牽涉的問題包括非連結導向與連結導向協定，定址方式，群播和廣播遞送，以及相互操作的考量。
- 區域網路模擬 (Local area network emulation LANE) 是種客戶端 / 伺服器模式，它允許在 LAN 的環境中使用 ATM 技術。
- LANE 軟體包括 LAN 模擬客戶端 (LECS)、LAN 模擬建置伺服器 (LECS)、LAN 模擬伺服器(LES) 以及廣播 / 未知 (BUS) 伺服器模組。
- 在 LANE 操作的步驟包括初始化、建置、加入、BUS 初始化，以及資料傳輸。
- LANE 訊框被分類成控制訊框或資料訊框。

14.8 練習題 *Practice Set*

選擇題

1. 在________ATM LAN 的環境中，工作站都被連接到 ATM 交換器。

   a. 純

   b. 傳統

   c. 混合模式

d. 以上皆是

2. 一個乙太網路的 LAN 不能被整合到________ATM LAN。

   a. 純

   b. 傳統

   c. 混合模式

   d. 以上皆是

3. 一個________ATM LAN 可以有乙太網路 LANs 和記號環 LANs 連結到 ATM 交換器。

   a. 純

   b. 傳統

   c. 混合模式

   d. 以上皆是

4. 在________ATM LAN 的環境中，一部 ATM 交換器充當連結傳統 LAN 的骨幹。

   a. 純

   b. 傳統

   c. 混合模式

   d. 以上皆是

5. 一個________ATM LAN 可以讓傳統的 LANs 以及工作站直接連結到 ATM 交換器。

   a. 純

   b. 傳統

   c. 混合模式

   d. 以上皆是

6. 在________ATM LAN 的環境中，某台在乙太網路上的工作站需要________跟記號環 LAN 來交換資料。

   a. 增益器

   b. 集線器

   c. 計時器

   d. 轉換器

7. 在混合架構 ATM LAN 的環境中，轉換器位於 ATM 交換器與________之間。

   a. 工作站

   b. 傳統 LAN

   c. 伺服器

   d. 以上皆是

8. 在混合架構 ATM LAN 的環境中，________可以直接連結到 ATM 交換器。

   a. ATM 工作站

b. 記號環網路

c. 乙太網路

d. 以上皆是

9. _________軟體被安裝在客戶端機器上。

a. LEC

b. LECS

c. LES

d. BUS

10. _________軟體被安裝在伺服器機器上。

a. LECS

b. LES

c. BUS

d. 以上皆是

11. 當發送端想要使用群播或廣播地址來傳送封包時，它發出與_________伺服器連結的請求。

a. LECS

b. LES

c. BUS

d. LEC

12. _________伺服器將 LES 伺服器指定給客戶端。

a. LEC

b. LECS

c. BUS

d. 以上皆非

13. 一個 LEC 客戶端需要公眾的 ATM 位址來定義某部_________伺服器。

a. LECS

b. BUS

c. LES

d. 以上皆非

14. LECS 伺服器指定_________伺服器給客戶端。

a. BUS

b. LES

c. LEC

d. 以上皆是

15. 在混合架構 ATM LAN 的環境中，________伺服器可以遞送資料給一台連結 LAN 的工作站，此工作站沒有 MAC 位址。

a. BUS

b. LES

c. LEC

d. LECS

16. 如果 LEC 客戶端使用廣播地址來傳送訊框，此訊框被交給________來進行遞送。

a. BUS

b. LES

c. LEC

d. LECS

17. 以下何種標記欄位值用來表示控制訊框？

a. 00FF

b. 0F0F

c. F0F0

d. FF00

18. 以下何種協定欄位值用來定義 ATM LANE 協定？

a. 01

b. 10

c. 00

d. 11

19. ________欄位是關於回應的需求。

a. op-code

b. 交易 ID

c. 要求 LECID

d. TLV

20. ________欄位包含加在每個控制訊框尾端的可選擇參數。

a. op-code

b. 交易 ID

c. 要求 LECID

d. TLV

21. 在 LANE 乙太網路訊框以及 LANE 記號環訊框中，________欄位會被丟棄來增加效率。

a. FCS

b. ED

c. FS

d. DSAP

22. 在 LANE 乙太網路訊框以及 LANE 記號環訊框中，一個 2 byte 的________標頭欄位可以識別 LANE 的客戶端。

a. LANE

b. LEC

c. LECS

d. BUS

23. 在 LANE________的訊框中，路由資訊欄位在繞送過程中導引轉換器。

a. 記號環

b. 乙太網路

c. LEC

d. a 和 b

習題

24. 請將本章的 LANE 乙太網路訊框與第十章的乙太網路訊框進行比較和對比。

25. 請將本章的 LANE 記號環訊框與第十三章的記號環訊框進行比較和對比。

26. 為什麼你會認為沒有 LANE 記號匯流排訊框？

27. 假設訊框被用在客戶端與 LECS 伺服器之間的初始化步驟，請畫出控制訊框並且填入每個欄位的值（盡你所能）。

28. 假設訊框被用在客戶端與 LECS 伺服器之間的建置步驟，請畫出控制訊框並且填入每個欄位的值（盡你所能）。此訊框為 LECS 伺服器回應習題 27 中的初始化請求。

29. 假設訊框被用在客戶端與 LES 伺服器之間的加入步驟，請畫出控制訊框並且填入每個欄位的值（盡你所能）。此訊框是在習題 28 之建置步驟以後送出的。

30. 假設訊框被用在客戶端與 BUS 伺服器之間的匯流排建置步驟，請畫出控制訊框並且填入每個欄位的值（盡你所能）。此客戶端想要連結 LANE 工作站。

31. 請重做習題 30，如果客戶端想要廣播訊息。

第 15 章

無線區域網路
Wireless LANs

無線通信是成長最快速的技術之一。對於移動裝置的需求，相對地也導致無線的廣域和區域網路需要。

在本章中，我們會先討論**無線傳輸** (wireless transmission) 技術的基本概念，接著才會談到美國電機和電子工程師協會 (IEEE) 專案 802.11，它是一項直接論述無線區域網路技術的協定。

15.1 無線傳輸 *Wireless Transmission*

無線裝置傳輸會使用下面兩種型態的訊號：射頻波或紅外線波，如圖 15.1 所示。

圖 **15.1** 無線傳輸

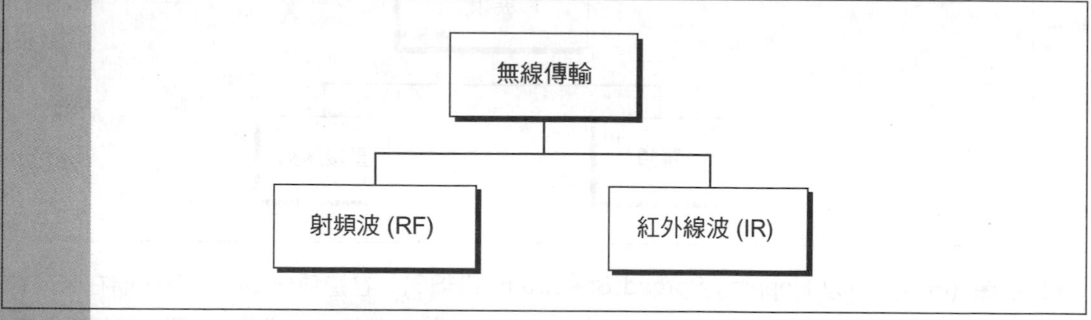

射頻

射頻 (RF) 訊號的頻率範圍由 1 到 20G 赫茲 (Hz)，它可以被用在無線區域網路中，工作站之間的資料傳輸。射頻訊號使用兩種技術：**窄頻** (narrowband) 或**展頻** (spread spectrum)。

窄頻

這個技術使用微波頻率。由於不同網路之間的干擾，窄頻在區域網路中的應用相當有限，而且需要從聯邦通信委員會 (FCC) 那裡取得許可。

圖 15.2　展頻

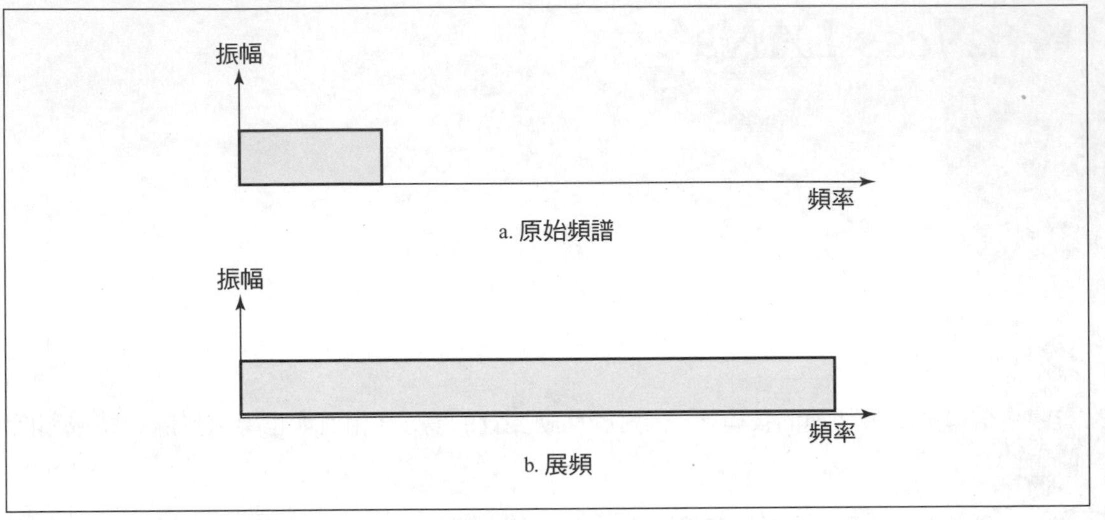

展頻

這個技術需要的頻寬是原本訊號頻寬的整數倍，如圖 15.2。

這種技術可以用兩種方法中的一種來達成：**跳頻** (frequency hopping) 和**直接序列** (direct sequence)，如圖 15.3。

圖 15.3　展頻方法

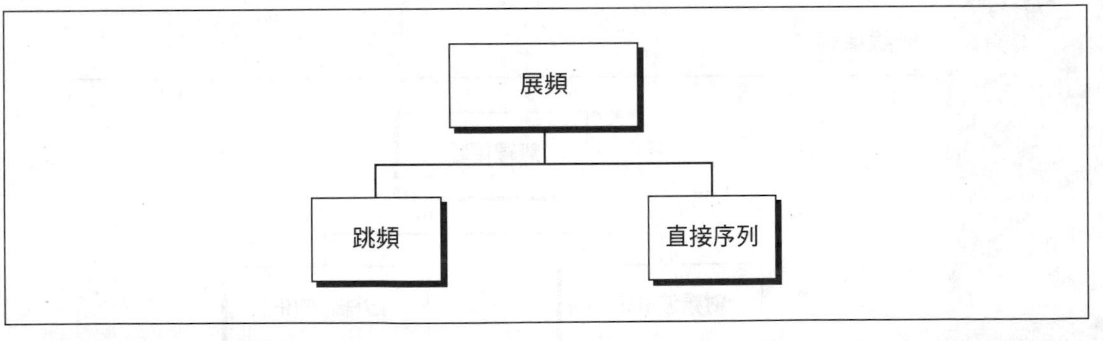

跳頻展頻 (Frequency Hopping Spread Spectrum, FHSS)　在這種機制中，發送端在某段很短時間裡用一個載波頻率來傳送，然後在相同的時間段落跳到另一個載波頻率，相同的時間段再次跳到另一個載波，依此類推。在 N 個跳躍後，重複相同的週期。

如果原始信號的頻譜（頻寬）為 B，傳輸所配置的頻譜為 $N \times B$，其中 N 為發送端在每一次週期的跳躍次數。例如，在圖 15.4，頻寬為 B，FHSS=10Mbps 以及 $N = 5$。

在我們的例子中，傳輸只需要 0.01GHz 或者 10MHz，但是，系統用 0.05GHz 來展開頻譜。

頻譜展開是為了防止入侵者獲得資訊。發送端和接收端就這些配置的頻帶序列取得一致。在圖 15.4 中，第一個位元（或者一群位元）被送到頻帶 1（在 2.01 和 2.02GHz 之間），第二個位元（或者一群位元）被送到頻帶 2（2.03 到 2.04GHz），依此類推。入侵者如果將頻率調到 2.01 和 2.02 之間的頻率，可能會收到第一個位元，但是，在第二位元的間隔期間，不會在這個頻帶中收到任何東西。

圖 15.4　跳頻展頻 (FHSS)

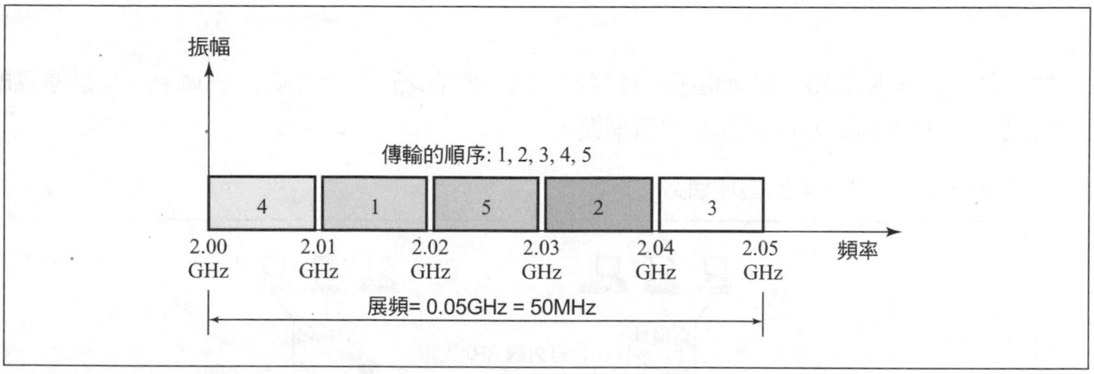

直接序列展頻 (DSSS)　在這種機制中，會用一個稱為片碼 (chip code) 的一串位元來代替由發送端傳送的每一位元，然而，為了避免緩衝的動作，需要傳送一個原始位元的時間，應該跟傳送一個 chip code 的時間相同。它意味著，傳送 chip code 的資料傳輸率，應該是 N（N 為每一個 chip code 中的位元數目）乘上原始位元流的資料傳輸率。例如，如果發送端在 1Mbps 的速率產生這個原始位元流，而且 chip code 為 6 個位元長，傳輸 chip code 的資料傳輸率應該是 $1 \times 6 = 6$ Mbps。圖 15.5 展示 DSSS 的想法。

圖 15.5　直接序列展頻 (DSSS)

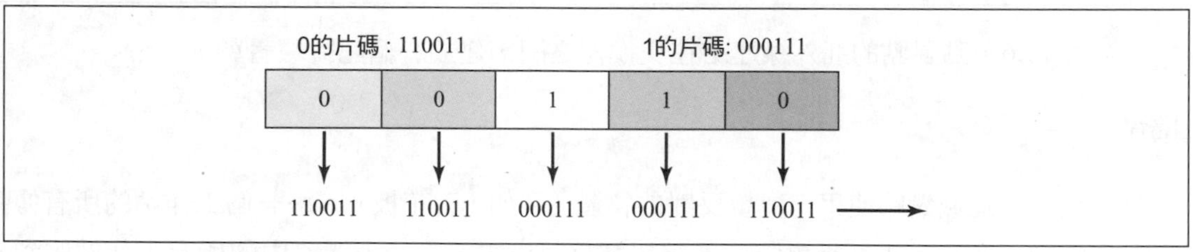

很明顯的，需要傳送這些片碼的頻寬，比傳送原始位元流的頻寬大 N 倍。如果原始位元流需要 B Hz，這些片碼需要 $N \times B$ Hz，同樣的概念也應用在 FHSS。

紅外線傳輸

另一種代替區域網路的方法就是使用**紅外線波** (infrared waves)，紅外線的波長為 800 到 900 nm（奈米）。紅外線傳輸在某些方面優於無線電頻率傳輸：

- 紅外線比較安全，因為它不能穿過不透明的物體，如牆壁。
- 紅外線不受一些像無線電傳輸或微波爐等類型的電磁干擾。
- 紅外線有較大的頻寬，它允許更高的資料傳輸率。

然而，紅外線也有一些缺點。

■由於紅外線的限制範圍，它不合適移動的裝置。

■紅外線無法經由不透明物體（例如牆）來傳播。

■天氣條件（雨、霧、煙霧、和灰塵）會嚴重（嚴格）地影響紅外傳輸的表現。

有兩種形式的紅外線區域網路：**點對點** (point-to-point) 和**擴散** (diffused)。

點對點

點對點紅外線區域網路可以讓電腦、橋接器、或交換器之間進行點對點的聯結。它最常見的運用就是如圖 15.6 所顯示的無線記號環網路。

圖 15.6 紅外線點對點區域網路

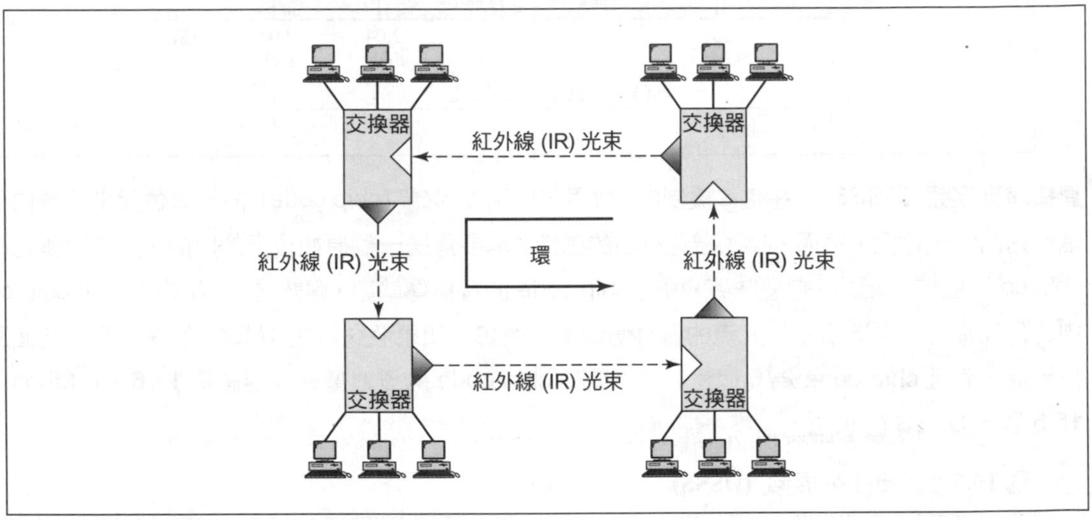

如圖 15.6，點對點的紅外線連結在交換器之間，建立一個記號環骨幹。

擴散

擴散的紅外線區域網路使用一種會反射的物體（例如，天花板）。每一個工作站的所有傳輸器將對焦指向天花板。天花板會將紅外線訊號反射出去，它能由網路中的所有工作站收到。圖 15.7 顯示它的架構。

圖 15.7 擴散紅外線區域網路

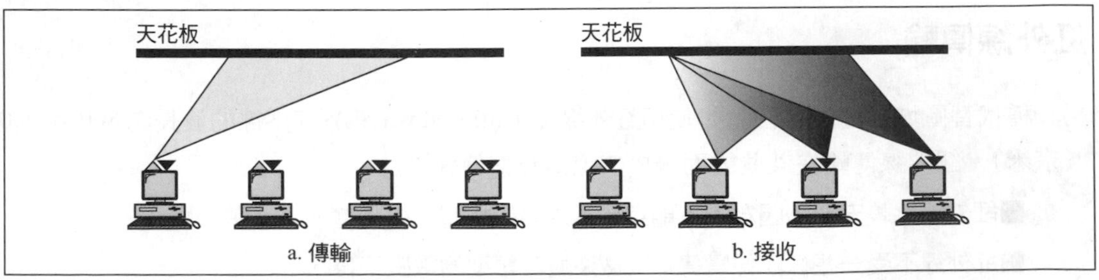

15.2 ISM 頻帶 *ISM Frequency Band*

在 1985 年，聯邦通信委員會（FCC）對於未被授權的裝置，修改了無線電波頻譜的規定。這些修正授權無線區域網路可以運作在工業、科學、和醫學 (ISM) 的頻帶。如果設備運作在 1 瓦特 (w) 功率，這些頻帶的使用就不需要得到 FCC 的許可。圖 15.8 展示 ISM 頻帶。

圖 15.8 ISM 頻帶

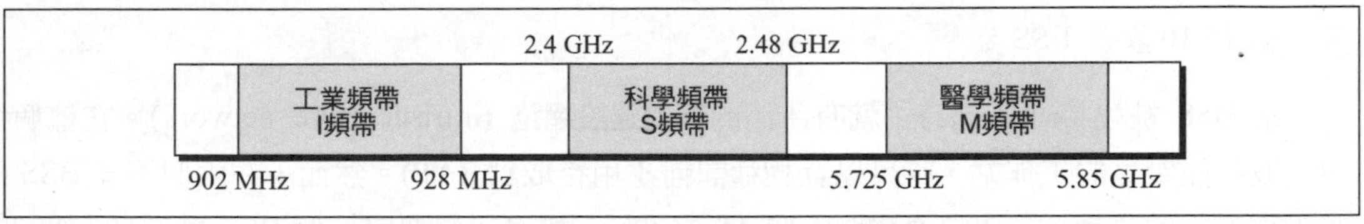

請注意，902MHz 頻帶和 5.725GHz 頻帶僅能在美國國內使用；2.4GHz 的頻帶則是在全球都可使用。

15.3 結構 *Architecture*

此處對於無線區域網路的討論只局限於 IEEE 802.11 的標準。這種標準定義兩個不同的服務：基本服務集 (BSS) 和擴充服務集 (ESS)。

基本服務集 (BSS)

IEEE 802.11 將**基本服務集** (basic service set, BSS) 定義為在無限區域網路中的建構區塊。基本服務集由靜止或是移動的無線工作站，和一個被稱為存取點 (AP) 的適當中心基地台所組成，圖 15.9 顯示這個標準中的一組設備。

圖 15.9 基本服務集

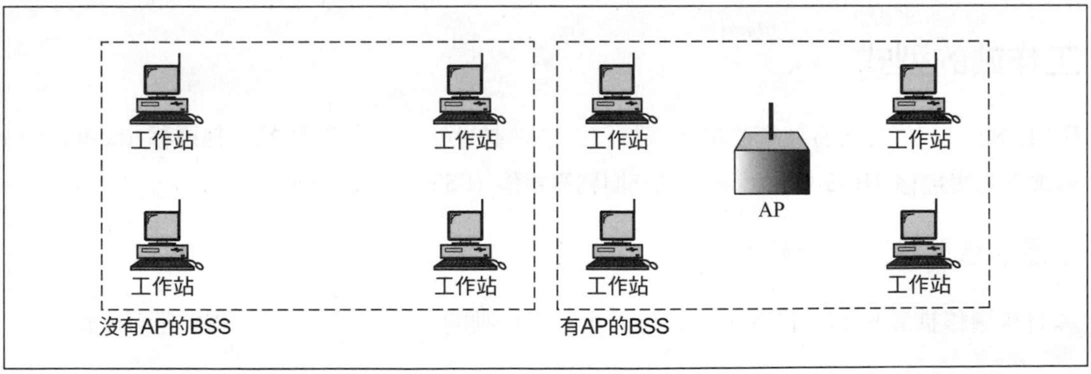

沒有存取點 (AP) 的 BSS 是種獨立的網路，它沒辦法傳送資料到其他的 BSS，所以它被稱為**隨意架構** (*ad hoc architecture*)。

擴充服務集 (ESS)

擴充服務集 (extended service set, ESS) 由兩個或多個有 AP 的基本服務集所組成。在這種情況下，基本服務集會透過一個**分發系統** (*distribution*) 而連結，這種系統通常為有線區域網路。分發系統連接 BSS 裡面的存取點。IEEE 802.11 並沒有限制分發系統，它可以是任何的 IEEE LAN，例如，乙太網路或記號環。請注意，擴充服務集使用兩種類型的工作站：移動和靜止，移動工作站是 BSS 裡面一般的工作站。靜止工作站是 AP 工作站，它是有線區域網路的一部分。圖 15.10 顯示 ESS。

當 BSS 被連接在一起時，就有所謂的**基礎建設網路** (infrastructure network)。在這個網路中，彼此能看見的工作站，就可以互相通訊而不用存取點 (AP)。然而，在兩個不同 BSS 的兩個工作站之間的通信，通常會透過兩個 AP 來進行。如果我們把每一個 BSS 看作是一個細胞，將每個 AP 當作是一個基地台，這想法類似於通信在細胞網路一樣。請注意，移動工作站能夠同時屬於多個 BSS。

圖 15.10 擴充服務集

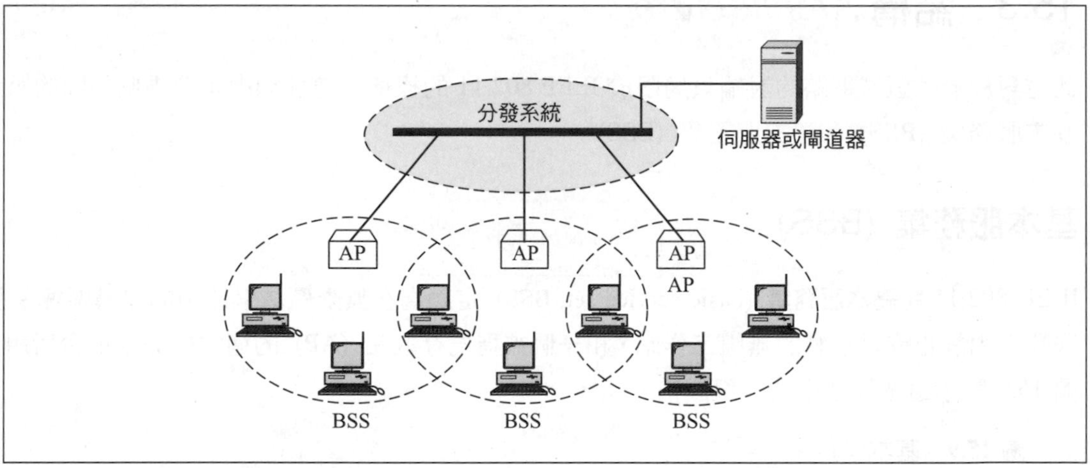

工作站的型式

IEEE 802.11 在無線區域網路中，根據它們的機動性定義三種工作站：**無遷移** (no-transition)、**基本服務集遷移** (BSS-transition)、**擴充服務集遷移** (ESS-transition)。

無遷移機動性

具有無遷移機動性的工作站、可以是靜止（不移動的）、或只在一個 BSS 裡面移動。

基本服務集遷移機動性

具有基本服務集遷移機動性的工作站，可以由一個 BSS 移到另一個 BSS，不過，這些移動被限制在一個 ESS 內。

擴充服務集遷移機動性

具有擴充服務集遷移機動性的工作站，可以由一個 ESS 移到另一個 ESS。不過，當一部工作站由一個 ESS 移到另一個 ESS 時，802.11 並不保證通訊可以持續。

15.4 媒體存取控制層 *MAC Layer*

IEEE 802.11 定義兩種子層：分發協調功能 (DCF)、點協調功能 (PCF)，它們的分層關係被展示於圖 15.11。

分發協調功能 (DCF)

基本存取方法被稱為**分發協調功能** (distributed coordination function, DCF)。這是一種競爭的方法，其中工作站們會彼此競爭來存取通道。每個工作站和存取點都需要實現分發協調功能 (DCF)。在隨意 (ad hoc) 的網路中，唯一的存取方法就是 DCF。在基礎建設網路中，DCF 必須被實現，而點協調功能 (PCF) 可選擇是否要被實現。

圖 15.11 在 **802.11** 中的協定層

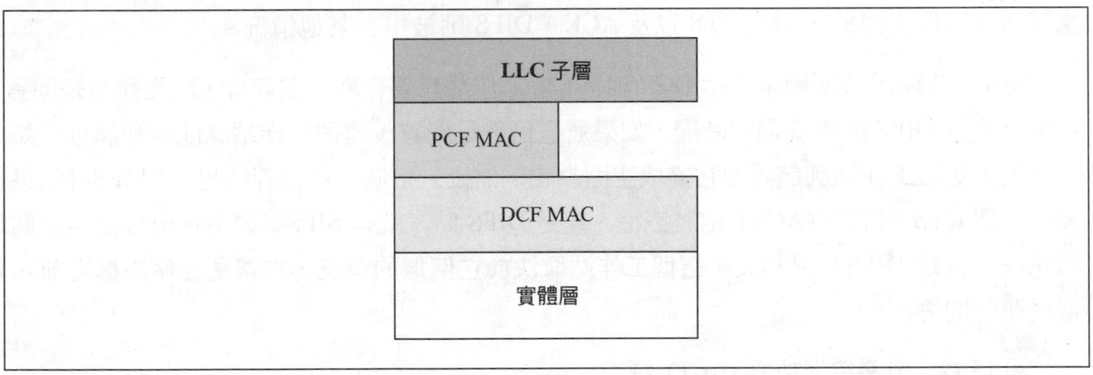

DCF 是依據第 8 章所討論的載波感測多重存取 / 碰撞避免 (CSMA/CA)。然而，我們只會在這裡討論一些額外的特性。

交握

在任何裝置將訊框傳送給另一個裝置之前，有兩個控制訊框會在這兩端進行交換；它也通知其他準備要傳輸的工作站。這個過程稱為**交握** (hand shaking)：

1. 工作站 A 送出稱為**要求傳送** (*Request to Send, RTS*) 的控制訊框到工作站 B。在這個訊框上會顯示資料交換的持續時間。
2. 工作站 B 使用**清除傳送** (*Clear to Send, CTS*) 的控制訊框作出回應。這個訊框也包含資料交換的持續時間，它由 RTS 的訊框複製而來。透過這種方法，任何聽到 CTS 的工作站，將會持續抑制發送，而抑制的時間長短如 CTS 訊框上所設定的區間。當然，聽到 RTS，而非 CTS 訊框的工作站，可能因為離工作站 B 的距離不夠近，因此沒有被包括在這個程序裡；它仍然能夠進行傳輸。

3. 在收到 CTS 訊框後，工作站可以傳送它的資料訊框。

4. 工作站 B 送出稱為**確認** (*Acknowledgment, ACK*) 的控制訊框來回應已接收到資料。所有工作站都會抑制存取媒介（空氣），直到他們確定已經收到這個訊框為止。

在這個程序中有幾點需要澄清：

- 二個以上的工作站可能嘗試同時送出 RTS 訊框，這些控制訊框可能會碰撞。然而，因為沒有碰撞偵測的機制，如果發送端還沒有收到來自接收端的 CTS 訊框，發送端就假設有碰撞發生。
- 如果工作站在一個預定的時間內收不到 CTS 訊框，它會認為發生某些狀況。接著它倒退回去等一段隨機時間，然後再次嘗試。

訊框間隔

要控制存取，分發協調功能 (DCF) 定義了兩種**訊框間隔** (interframe spaces, IFSs)：**短訊框間隔** (short interframe space, SIFS) 和**分發協調功能訊框間隔** (DCF interframe space, DIFS)。SIFS 被用來用作為高優先訊框，例如 CTS 以及 ACK，DIFS 則被用在其他情況。

圖 15.12 顯示時間圖來表示 DCF 競爭。當工作站想要存取一個媒介，而且通道是閒置時，它應該等待 DIFS 訊框間隔的時間，如果通道仍然是閒置，這個工作站就能夠送訊框。如果媒介繁忙，這個工作站應該等到它變成空閒為止。然後，這個工作站等待另一個 IFS（如果它想要送一個 CTS、確認 (ACK) 信號訊框、或是 DIFS 時，就是 SIFS；如果它要傳輸另一個類型的訊框，就是 DIFS）。然後，這個工作站取決於它倒退的情況，在傳送這個訊框之前，先等待幾個時間槽。

圖 15.12　分發協調功能 **(DCF)** 圖

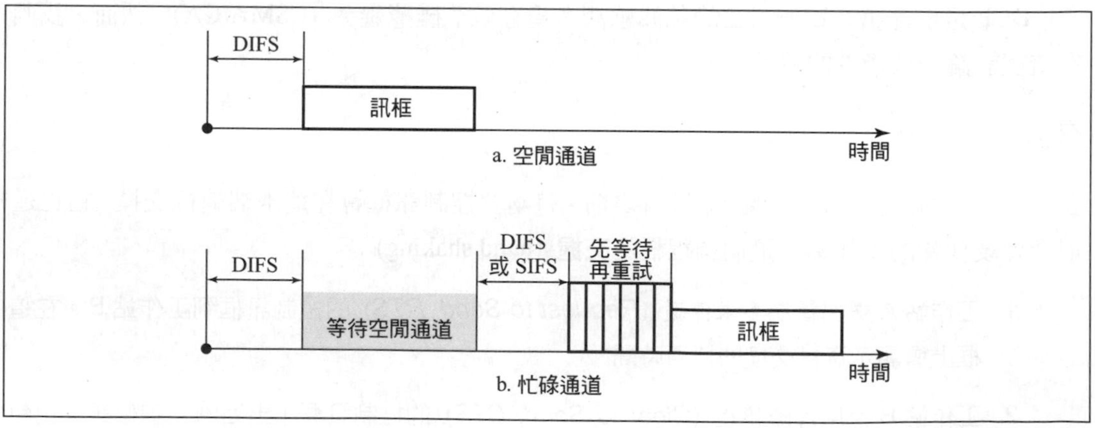

網路配置向量 (Network Allocation Vector)

當工作站傳送 RTS 訊框時，其中會包括它需要佔有這個通道的持續時間。被這個傳輸影響的工作站會建立稱為**網路分配向量** (network allocation vector, NAV) 的計時器，它可以顯示出在這些工作站要經過多少時間才允許檢查閒置的通道。每一次當工作站存取系統和傳送 RTS 訊框時，其他工作站應該啟動它們的網路分配向量 (NAV)。換句話說，每個工作站在感應實體媒介是否處於閒置狀態前，首先要檢查它的 NAV 是否已經逾時。圖 15.13 展示 NAV 的概念。

切割

無線傳輸的訊框在長度上需要加以限制，因為無線傳輸比有線的傳輸更容易導致錯誤。當發生錯誤的可能性比較高的時候，最好使用短訊框而非長訊框，讓資料重傳的數量減到最少。IEEE 802.11 協定中定義了切割門檻參數。如果訊框的長度超過這個參數值，訊框就會被切開。

圖 15.13　網路分配向量 (NAV)

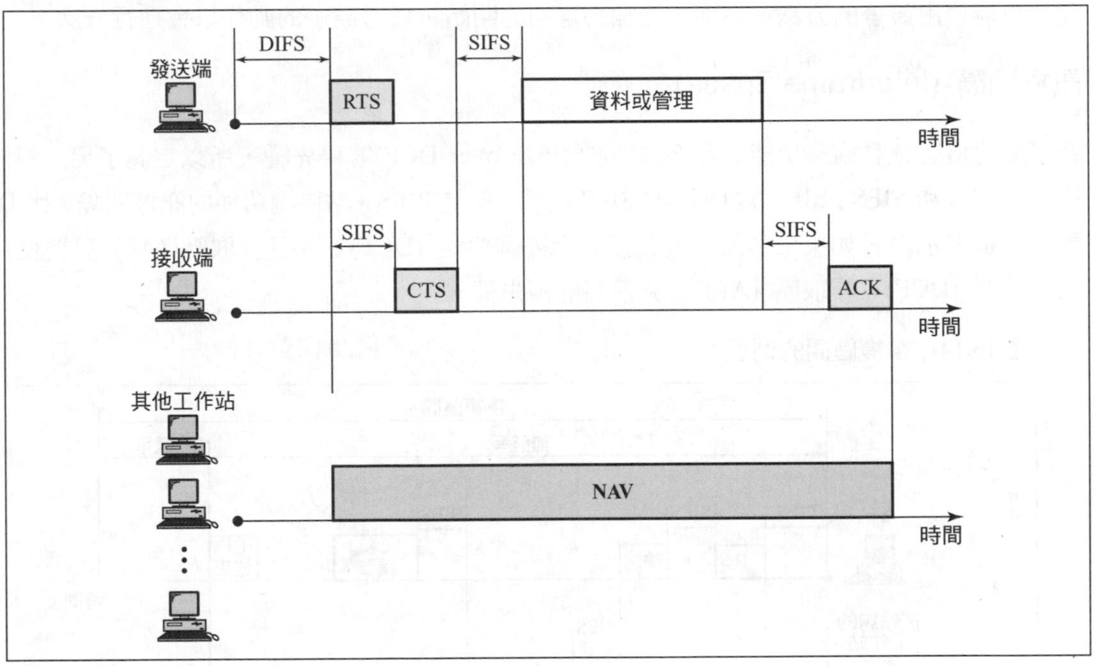

流量與錯誤控制

分發協調功能 (DCF)除了原本的 LLC 層錯誤控制機制以外，還在 MAC 層使用一種錯誤控制機制。當工作站收到資料或管理的訊框時，它還需要傳送確認 (ACK) 信號訊框。此處沒有 NAK（否定確認訊框）。這表示說，訊框如果遭受破壞，接收端只會沈默地放棄這個訊框。如果定時器數完而且還沒有收到任何確認時，發送端使用定時器來重送訊框。在遺失訊框或確認的情況下，也能使用這個定時器。為了防止收到重複的訊框，資料和管理的訊框也包括序號和確認編號。

點協調功能 (Point coordination function)

點協調功能 (Point coordination function, PCF) 是一個可選擇的存取方法，它能在基礎網路（不是在隨意 (ad hoc) 網路）中被實行。它在分發協調功能 (DCF) 最上層被實行，並且大部分被用在對時間敏感的傳輸上。

集中的輪詢

PCF 使用集中式，自由競爭輪詢 (polling) 的存取方法。這種軟體稱為**點協調器** (point coordinator, PC)，它被安裝在存取點 (AP) 裡面，來執行工作站（有被諮詢的能力）輪詢的工作。這些工作站一個接一個被諮詢，並且把他們所有的任何資料傳送到 AP。

透過分發協調功能的點協調功能 (PCF over DCF)

點協調功能 (PCF) 被安裝在分發協調功能 (DCF) 之上。它意味著 PCF 在開始一個輪詢週期前，也能使用競爭的方法。然而，在輪詢週期的開始，通道競爭的動作只會進行一次。

訊框間隔 (Interframe Space)

為了給「透過分發協調功能的點協調功能 (PCF over DCF)」優先權，所以定義了另一組訊框空間：PIFS 和 SIFS。SIFS 與 DCF 的 SIFS 相同，但是 PIFS（點協調功能的訊框間隔）比 DIFS 更短。這表示說，如果工作站只要使用分發協調功能 (DCF)，而且存取點 (AP) 只要使用點協調功能 (DCF)，存取點 (AP) 得到最高的優先權。

圖 15.14 重複區間的例子

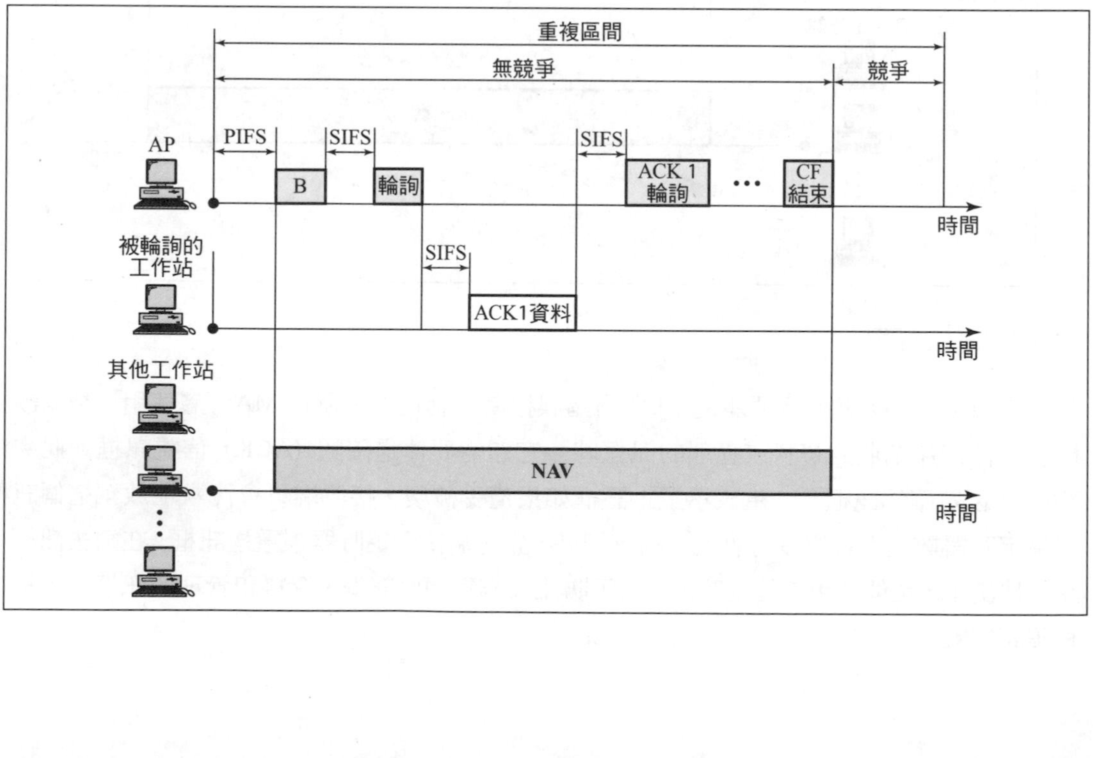

重複區間

因為「透過分發協調功能的點協調功能 (PCF over DCF)」的優先權機制，所以只有使用 DCF 的工作站，可能會得不到媒體的使用權。為了防止這種問題，因此設計出重複的區間，來涵蓋無競爭 (PCF) 和以競爭為基礎 (DCF) 的兩種交通流量。

重複區間 (repetition interval) 會連續不斷地重複，它以一種稱為**信號訊框** (beacon frame) 的特定控制訊框開始。當這些工作站聽到信號訊框時，它們為重複間隔內的無競爭時段之持續時間，啟動它們自己的網路分配向量 (NAV)。

在重複間隔期間，PC（點控制器）可以傳送輪詢訊框、接收資料、送出確認 (ACK) 信號、接收 ACK、或者以上的任意組合（802.11 使用背負式回送 piggybacking）。在無競爭時期的結尾，點控制器傳送 CF end（無競爭結束）訊框，來允許這些以競爭基礎的工作站使用媒體。圖 15.14 展示重複間隔的一個例子。

訊框格式

媒體存取控制 (MAC) 層包含九個欄位，如圖 15.5。

圖 **15.15** 訊框格式

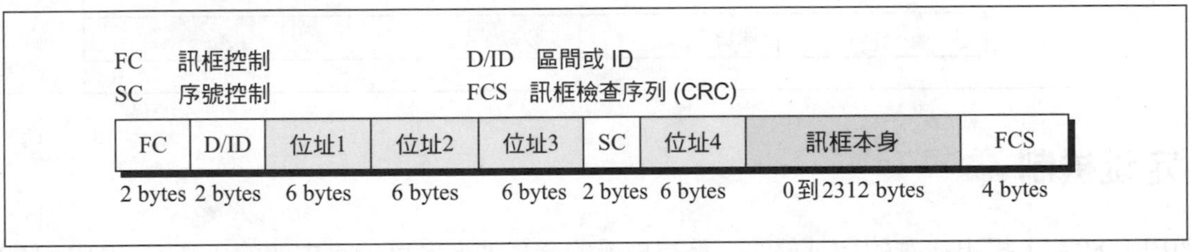

■**訊框控制** (Frame control, FC) 訊框控制欄位有兩個位元組，它定義訊框和一些控制資訊的類型，圖 15.16 顯示它的格式。

圖 **15.16** 訊框控制欄位

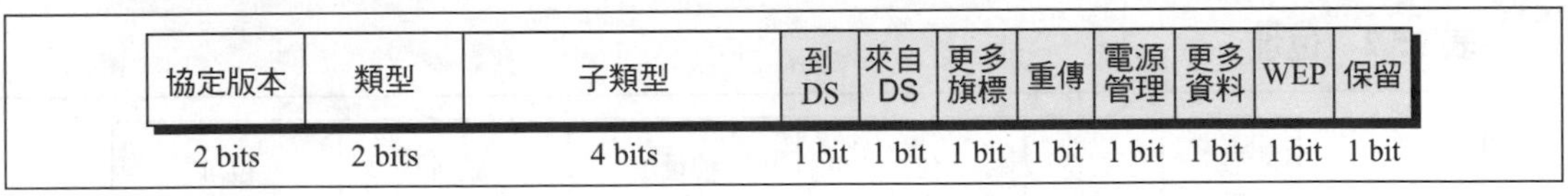

表 15.1 說明其中的子欄位。我們將在本章稍後討論每個訊框類型。

■**D/ID** 除了一個以外的所有訊框類型中，這個欄位定義用來設定網路存取向量值 (NAV) 的傳輸持續時間。如果是在控制訊框中，這個欄位定義訊框的 ID。

■**位址** (Address) 有四個位址欄位，每個為 6 個位元組長。每一個位址欄位的意義，會依據「來自 DS」或「到 DS」子欄位的值而不同，稍後將會討論。

■**序列控制** (Sequence control) 這個欄位定義用於流量控制的訊框序號。

■**訊框本身**（Frame boby） 這個欄位的長度，可能介於 0 到 2312 個位元組之間，它含有依據類型，以及定義在 FC 欄位之子類型資訊。

■**訊框檢查序列**（FCS） 訊框檢查序列欄位有四個位元組長，並且包括 CRC-32 的錯誤偵測序列。

表 **15.1** 訊框控制欄位裡的子欄位

欄位	說明
協定版本	目前的版本為 0
類型	定義訊框本身所載送的資訊類型：管理 (00)，控制 (01)，或資料 (10)
子類型	定義每種類型的子類型（請參考表15.3）
到DS	之後才會定義
來自DS	之後才會定義
更多旗標	當設成1，表示更多切割
重傳	當設成1，表示重傳訊框
電源管理	當設成1，表示工作站處於電源管理模式
更多資料	當設成 1，表示工作站有更多資料要傳送
WEP	線路對等隱私，當設成1，表示有實現加密
Rsvd	保留

定址機制

IEEE 802.11 提出複雜的定址機制。繁複枝節的產生，來自可能有中間的工作站 (AP)。這裡有四種情況，這是由 FC 欄位的兩種旗標值：「**來自** DS (*From DS*)」以及「**到** DS (*To DS*)」所定義。每一種旗標都可能是 0 或是 1，因而定義四種不同的情況。在 MAC 訊框中四種位址的解釋（位址 1 到位址 4），會依據表 15.2 中所顯示的這些旗標值。

表 **15.2** 位址

到 *DS*	來自 *DS*	位址 *1*	位址 *2*	位址 *3*	位址 *4*
0	0	目的端工作站	來源端工作站	BSS ID	不適用
0	1	目的端工作站	傳送端 AP	來源端工作站	不適用
1	0	接收端 AP	來源端工作站	目的端工作站	不適用
1	1	接收端 AP	傳送端 AP	目的端工作站	來源端工作站

請注意：位址 1 一定是下一個裝置的位址，位址 2 一定是前一個裝置的位址。如果它沒有被位址 1 所定義，位址 3 是最後目的端工作站的位址，如果位址沒有跟位址 2 一樣，位址 4 是原始來源端工作站的位址。

情況一

在這種情況下，**到 DS** (*To DS*) 和**來自** DS (*From DS*) 都等於 0，它意味著訊框不是去一個分發系統 (To DS = 0)，也不是來自一個分發系統 (From DS = 0)，這個訊框從基本服務集 (BSS) 的某個工作站到另一個工作站，中間沒有經過分發系統。確認 (ACK) 信號訊框應該被送到原始發送端，這些位址如圖 15.17 所顯示。

圖 15.17　位址機制：情況一

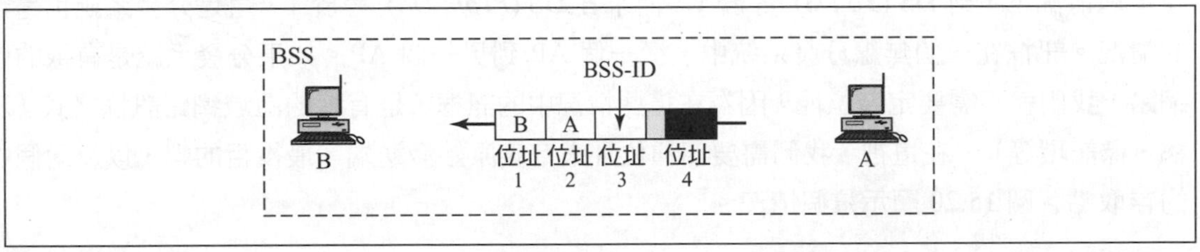

情況二

在這種情況下，**到 DS** (*To DS*) 等於 0，而**來自** DS (*From DS*) 等於 1，它意味著訊框來自一個分發系統 (From DS = 1)。這個訊框來自 AP，以及要去一個工作站。確認 (ACK) 信號訊框應該被送到 AP，位址被顯示在圖 15.18。

圖 15.18　位址機制：情況二

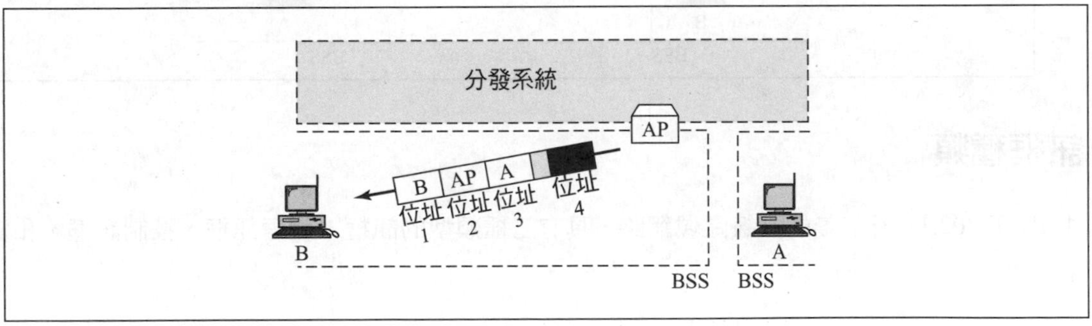

請注意，位址 3 應該包含訊框的原始發送端（在另外的 BSS）。

情況三

在這種情況下，**到 DS** (*To DS*) 等於 1，而**來自** DS (*From DS*) 等於 0。它意味著訊框要去一個分發系統 (*To DS* =1)。訊框來自某個工作站，而且要到存取點 (AP) 去，確認 (ACK) 信號訊框應該被送到原始工作站。位址被顯示在圖 15.19。請注意，位址 3 應該包含訊框的最後目的端（在另外的 BSS）。

圖 **15.19** 位址機制：情況三

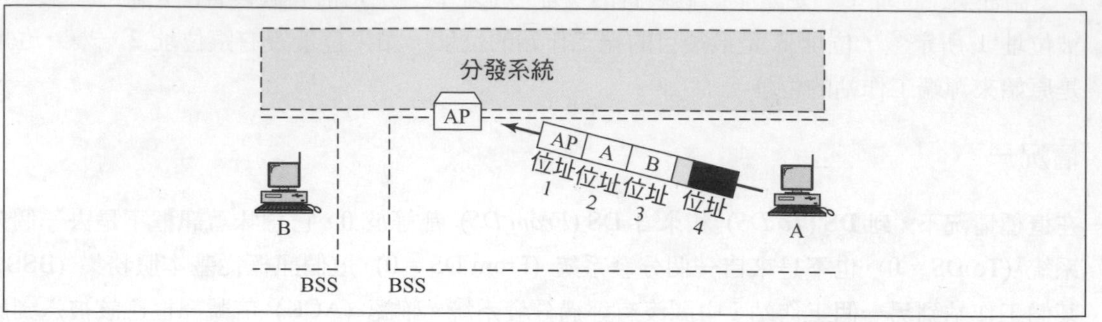

情況四

在這種情況下，**到 DS** (*To DS*) 等於 1，而**來自** DS (*From DS*) 等於 1，這是分發系統也是無線的情況。訊框在一個無線分發系統中，從一個 AP 到另一個 AP。如果分發系統是有線的區域網路，我們就不需要定義位址，因為在這些情況中的訊框，是有線的區域網路訊框格式（乙太網、標記環等）。在這裡，我們需要四種位址來定義原始發送端、最後目的端、以及兩個中間的存取點。圖 15.20 顯示這個情況。

圖 **15.20** 位址機制：情況四

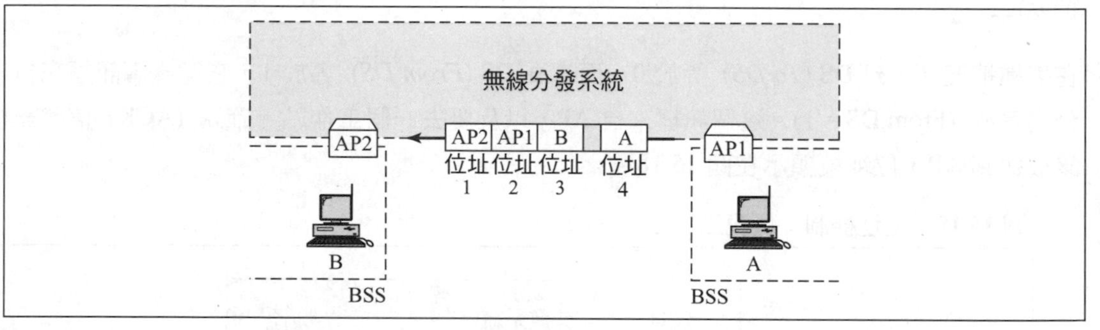

訊框種類

由 IEEE 802.11 所定義的無線區域網路，具有三種類型的訊框：管理訊框、控制訊框、和資料的訊框。

管理訊框

管理訊框被用來在工作站和存取點之間進行初始通信。對於管理訊框而言，類型欄位的值為 00；表 15.3 中展示這些子類型欄位的值。

表 **15.3** 管理訊框中子欄位的值

子類型	意義
0000	要求聯繫
0001	回應聯繫

子類型	意義
0010	重新聯繫請求
0011	重新聯繫回應
0100	探索請求
0101	探索回應
1000	信號
1001	發佈交通指示對照圖 (ATIM)
1010	中斷聯繫
1011	認證
1100	終止認證

管理訊框可以被用來進行工作站聯繫、工作站中斷聯繫和同步。

聯繫 (Association) 為了讓它自己與存取點聯繫，工作站執行下面這些動作：

1 .這個工作站送出**探索要求** (*probe request*) 訊框。

2 .在可到達範圍內所有的存取點 (AP) 以**探索回應** (*probe response*) 訊框來**回覆**。

3 .此工作站選擇其中一個 AP 並且傳送**聯繫要求** (*association request*) 訊框。

4 .該 AP 使用**聯繫回應** (*association response*) 訊框作出回應。

信號 (Beaconing) AP 可以定期地掃描工作站，來找出是否有任何工作站需要聯繫。在這種情況下，可以透過三個步驟建立聯繫。

1. AP 傳送**信號** (beacon) 訊框。
2. 想要與那個 AP 聯繫的工作站會傳送聯繫要求訊框。
3. AP 以聯繫回應訊框作出回應。

重新聯繫 (Reassociation) 如果工作站移動到新的基本服務集 (BSS)，它自己會重新聯繫到新的 AP。這不是聯繫，而是**重新聯繫** (reassociation) 的情況。因為新的 AP 應該知道這個新工作站的位址，並且通知舊的 AP，表示這個工作站已經沒有跟它聯繫。以下展示重新聯繫的步驟：

1. 這個工作站傳送**重新聯繫要求** (*reassociation request*) 訊框。
2. 存取點以**重新聯繫回應** (*reassociation response*) 訊框作出回應。

中斷聯繫 (Disassociation) 如果工作站或是 AP 想要終止聯繫，它會送出**中斷聯繫** (disassociation) 訊框。

安全通訊 (Secure Communication) 如果任何一端（工作站或是 AP）想要建立與另一端（工作站或是 AP）的安全通信，它會傳送一個或更多個**認證** (authentication) 訊框（依據安全實現的類型而有所不同）。當兩端不再需要安全通信時，任何一端可以送出**終止認證** (*deauthentication*) 訊框來結束安全通信。

警告其他工作站 (Alerting Other Stations) 當某個工作站幫其他工作站緩衝數個訊框時，它可以傳送**發佈交通指示訊息** (announcement traffic indication message, ATIM) 訊框，來提醒其他工作站準備接收訊框。

控制訊框

控制訊框被用來存取通道和確認的訊框。如果是控制訊框，類型欄位的值為 01；子類型欄位的值被顯示在表 15.4。

表 **15.4** 控制訊框中子欄位的值

子類型	意義
1010	省電 (PS) 輪詢
1011	要求傳送 (RTS)
1100	清除傳送 (CTS)
1101	確認 (ACK)
1110	無競爭 (CF) 結束
1111	結束+ CF 確認

圖 15.21 顯示控制訊框的種類。

圖 **15.21** 控制訊框的種類

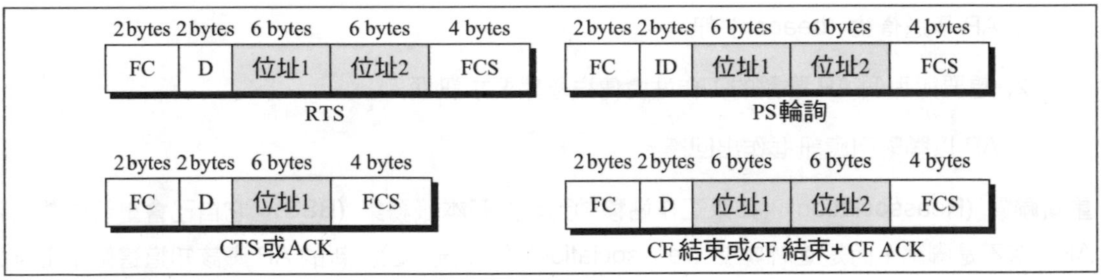

如我們之前所看見的，*RTS* 和 *CTS* 的訊框被用在載波感應多重存取 / 碰撞避免 (CSMA/CA)，*ACK* 訊框確保接收端已經收到這個訊框。*PS* **輪詢會**更新網路分配向量 (NAV)。**無競爭結束** (*CF End*) 訊框表示一個競爭時期的結尾，*CF End* + *CF ACK* 訊框，會確認收到 CF End 訊框，並且宣佈一個新的 CF End。

資料訊框

資料訊框被用來載送資料和控制資訊。如果是資料訊框，類型欄位的值為 10；子類型欄位的值被顯示在表 15.5。

表 15.5 資料訊框中子欄位的值

子類型	意義
0000	資料
0001	資料+CF ACK
0010	資料+CF 輪詢
0011	資料+CF Ack +CF 輪詢
0100	空（非資料）
0101	CF ACK
0110	CF 輪詢
0111	CF ACK+CF 輪詢

15.5 實體層 *Physical Layer*

IEEE 802.11 針對實體層定義了三種規格，如圖 15.22 所示。

跳頻展頻

這種規格使用跳頻展頻 (FHSS)，並具有 1 或 2Mbps 的資料傳輸率。

圖 15.22 實體層規格

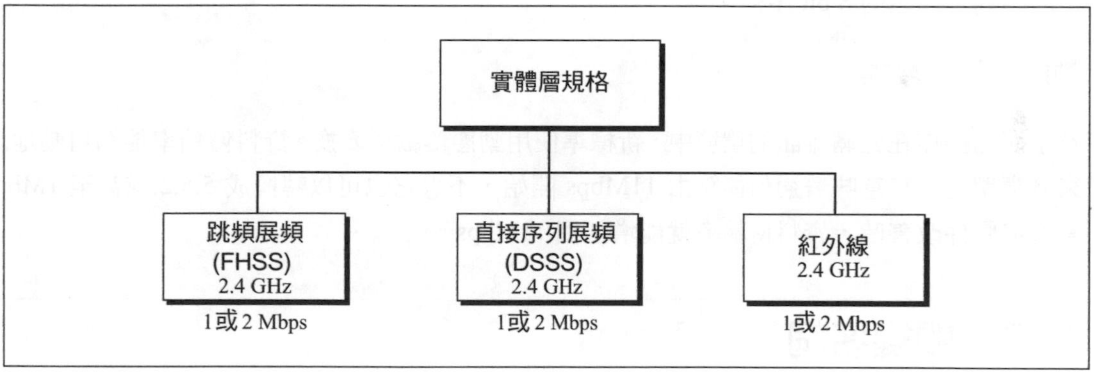

直接序列展頻

這種規格使用直接序列展頻 (DSSS)，並且以 11 個位元當作片碼 (chip code)。被允許的資料傳輸率為 1 或是 2Mbps。1Mbps 的實行使用二進位相位偏移調變 (BPSK)。2Mbps 的實行使用正交相位偏移調變 (QPSK)。

紅外線

這種規格使用擴散紅外線 (diffused infrared)。

15.6 高資料傳輸率標準 High Data Rate Standard

低資料傳輸率的原始 IEEE 802.11 標準（1 和 2Mbps）阻礙了區域網路的實行。1999 年 IEEE 修正原始的標準，並實現 5.5 和 11Mbps 的無線區域網路。這種高資料傳輸率的標準被稱為 IEEE 802.11b。其中以 11Mbps 的資料傳輸率特別吸引人，因為它最接近傳統乙太網中的資料傳輸率（10Mbps）。

新的實體層

IEEE 802.11b 使用與原始標準相同的 LLC 和 MAC 層，它的唯一改變在實體層。

直接序列展頻 (DSSS)

新標準選擇的信號系統為 DSSS。跳頻展頻 (FHSS) 不能支援如此高的速率，因為它需要的頻寬會違反 FCC 為無線區域網路所配置的頻寬。這表示說，使用新標準的無線區域網路，可以跟低傳輸率 DSSS 區域網路一起運作，卻不能跟 FHSS 區域網路運作。

編碼

為了協調 5.5 和 11Mbps 的資料傳輸率，新標準建議一種編碼技術，稱為**補數碼調變** (complementary code keying, CCK)。在這種技術中，4 bit（針對 5.5Mbps）或 8 bit（針對 11Mbps）會被編碼成一個 CCK 符號。它意味著每秒送 1.375 百萬個符號 (Msps)。每個符號使用 64 種不同序列之列表的 8 bit 序列。

動態傳輸率變換

為了能夠操作在充滿雜訊的環境中，新標準使用動態傳輸率變換。資料傳輸率能夠自動地調整來適應環境。它意味著通信能夠由 11Mbps 開始，不過它也可以轉換成 5.5,2,或甚至 1Mbps。當環境條件改善時，資料傳輸率就能增加到 11Mbps。

15.7 關鍵名詞 Key Terms

公佈交通指示信息 (announcement traffic indication message, ATIM)

基本服務集 (basic service set, BSS)

信號訊框 (beacon frame)

基本服務集轉換遷移 (BSS-transition mobility)

補數編碼調變 (complementary code keying, CCK)

分發協調功能訊框間隔 (DCF interframe space, DIFS)

擴散傳輸 (diffused transmission)

直接序列展頻 (direct sequence spread spectrum, DSSS)

終止聯繫 (disassociation)

分發協調功能 (distributed coordination function, DCF)

延伸服務集遷移 (ESS-transition mobility)

延伸服務集 (extended service set, ESS)

跳頻展頻 (frequency hopping spread spectrum, FHSS)

交握 (hand shaking)

紅外線波 (infrared waves)

訊框間隔 (interframe space, IFS)

窄頻 (narrowband)

網路配置向量 (network allocation vector, NAV)

無轉換遷移 (no-transition mobility)

點協調功能 (point coordination function, PCF)

點協調器 (point coordinator, PC)

點對點傳輸 (point-to-point transmission)

射頻訊號 (radio frequency (RF) signals)

重新聯繫 (reassociation)

重複區間 (repetition interval)

短訊框間隔 (short interframe space, SIFS)

射頻頻譜 (spread spectrum)

無線傳輸 (wireless transmission)

15.8 摘要 Summary

■無線裝置能夠使用射頻波或紅外線波來傳輸。

■射頻信號通常使用跳頻展頻技術或直接序列展頻技術來進行傳輸。

■紅外線區域網路被分類成點對點或散佈傳播。

■無線區域網路的 IEEE 802.11 標準定義了兩種服務：基本服務集 (BSS) 和擴充服務集 (ESS)。ESS 由二個或以上的 BSS 組成；每一個 BSS 都必須有一個存取點 (AP)。

■無線區域網路有兩個 MAC 的子層，分發協調功能 (DCF) 子層和點協調功能 (PCF) 子層。

■DCF 是基本存取方法。DCF 的特點包括，交握、控制訊框、訊框間隔 (IFS)、網路分發向量 (NAV)、切割、流量和錯誤控制。

■PCF 是一種可選擇的存取方法，它被實行在 DCF 頂端，而且大多數被用作時間敏感性的傳輸。PCF 特點包括中央輪詢、訊框間隔、和重複的區間。

■MAC 層訊框有九個欄位，定址機制可以包括四種位址。

■無線區域網路使用管理訊框、控制訊框、和資料訊框。

■IEEE 802.11 標準，指定 5.5 Mbps 和 11Mbps 的資料傳輸率。

15.9 練習題 Practice Set

選擇題

1. 使用跳頻展頻 (FHSS) 的無線區域網路，它每個週期跳了十次。如果原始信號的頻寬是 10MHz，展頻頻譜為_________MHz。

   a. 10

   b. 100

c. 1,000

d. 10,000

2. 使用跳頻展頻 (FHSS) 的無線區域網路，它每個週期跳了十次。如果原始信號的頻寬是 10MHz，而且 2GHz 是它的最低頻率，那麼系統的最高頻率是_________GHz。

a. 1.0

b. 2.0

c. 2.1

d. 3.0

3. 跳頻展頻 (FHSS) 無線區域網路具有 1GHz 的展頻頻譜。原始信號的頻寬是 250MHz，那麼每週期有_________次跳躍。

a. 1

b. 2

c. 3

d. 4

4. 使用直接序列展頻 (DSSS) 的無線區域網路採用 8 位元的片碼，如果原來需要 10 MHz 的頻寬，那麼需要_________MHz 來傳送資料。

a. 2

b. 8

c. 20

d. 80

5. 使用直接序列展頻 (DSSS) 的無線區域網路採用_________位元的片碼，需要 320MHz 來傳送資料，而且原始訊號需要 10MHz 的頻寬。

a. 2

b. 8

c. 16

d. 32

6. 使用直接序列展頻 (DSSS) 的無線區域網路採用 4 位元的片碼，如果傳送資料需要 10 MHz，那麼原始訊號需要_________MHz 頻寬。

a. 2.5

b. 20

c. 25

d. 40

7. 在一個延伸服務集中，_________是可以移動的。

a. 存取點

b. 伺服器

c. 基本服務集

d. 以上皆是

8. 在一個延伸服務集中，_________是有線區域網路的一部分。

a. 存取點

b. 伺服器

c. 基本服務集

d. 以上皆是

9. 一個具備_________的工作站，可以從一個基本服務集，移到另一個基本服務集。

a. 無遷移

b. 基本服務集遷移

c. 延伸服務集遷移

d. b 和 c

10. 一個具備_________的工作站，可以從一個延伸服務集，移到另一個延伸服務集。

a. 無遷移

b. 基本服務集遷移

c. 延伸服務集遷移

d. b 和 c

11. 一個具備_________的工作站，可以靜止不動，或是只在一個基本服務集裡面移動。

a. 無遷移

b. 基本服務集遷移

c. 延伸服務集遷移

d. a 和 b

12. 一個_________訊框通常會在一個 CTS 訊框之前。

a. 分發協調功能訊框間隔 (DIFS)

b. 短訊框間隔 (SIFS)

c. RTS

d. 以上皆是

13. 一個_________訊框通常會在一個 RTS 訊框之前。

a. 分發協調功能訊框間隔 (DIFS)

b. 短訊框間隔 (SIFS)

c. RTS

d. 以上皆是

14. 網路分配向量 (NAV) 通常比_________的時間長。

a. RTS

b.CTS

c. SIFS

d. 以上皆是

15. 用於無線傳輸的紅外線波，長度通常介於_________和_________nm（奈米）之間。

a. 500; 1000

b. 400; 600

c. 700; 800

d. 800; 900

16. 無線傳輸比有線傳輸容易產生_________錯誤。

a. 較多

b. 較少

c. 一半

d. 以上皆非

17. 下列哪一個是 IEEE 802.11 MAC 層所定義的子層？

a. LLC

b. 點協調功能 (PCF)

c. 分發協調功能 (DCF)

d. b 和 c

18. 何者為 IEEE 802.11 定義之無線區域網路的基本存取方法？

a. LLC

b. 分發協調功能 (DCF)

c. 點協調功能 (PCF)

d. BFD

19. IEEE 802.11 定義的無線區域網路基本存取方法主要是根據？

a. 載波感應多重存取 (CSMA)

b. 載波感應多重存取 / 碰撞偵測 (CSMA/CD)

c. 載波感應多重存取 / 碰撞避免 (CSMA/CA)

d. 記號傳遞

習題

20. 使用表 15.6，比較，和對照 802.11 中所定義的工作站三種遷移性類型。

表 **15.6** 習題 **20**

遷移性類型	在 **BSS** 裡面移動	在 **BSS** 之間移動	在 **ESS** 之間移動
無遷移			
BSS 遷移			
ESS 遷移			

21. 比較並對照 CSMA/CD 和 CSMA/CA。

22. 比較並對照分發協調功能 (BCF) 和點協調功能 (DCF)。

23. 利用表 15.7 來比較，並對照 802.3 和 802.11。

表 **15.7** 習題 **20**

欄位	**802.3** 欄位長度	**802.11** 欄位長度
目的端位址		
來源端位址		
位址 1		
位址 2		
位址 3		
位址 4		
FC		
D/ID		
SC		
PDU 長度		
資料與填補		
訊框本身		
FCS(CRC)		

24. 請用時間線圖來表示在工作站聯繫裡的四個步驟。

25. 請用時間線圖來表示在工作站中斷聯繫裡的三個步驟。

26. 請用時間線圖來顯示在工作站重新聯繫裡的兩個步驟。

第 16 章

區域網路效能分析

LAN Performance

本章將簡要地討論相當理論和深入的題目，區域網路的分析和效能。如果不是一本專門討論網路分析的書，對於不同區域網路效能的分析，可能需要透過數個章節才能徹底的介紹。此外，還必須要有機率理論、排隊理論、和隨機過程方面的背景。

本書不會專注於探討這些主題；而只是簡介兩種網路存取方法：載波感應多重存取 / 碰撞偵測 (CSMA/CD) 和記號環 (Token Ring) 的問題和分析。這可以給有興趣的讀者一個概念性的導引。

16.1 參數 *Parameters*

在討論區域網路的效能前，我們先定義一些參數。

最大媒體長度

我們定義 L_{medium}（以公尺計）當作媒體的**最大媒體長度** (maximum medium length)，這是資料訊框實際傳輸時所行經的最大實體長度。在匯流排拓樸中，這是匯流排的長度。在星狀拓撲中，這是指兩個最遠工作站之間的最大長度。在環狀拓撲中，這是環的長度。圖 16.1 顯示這三個情況。

媒體傳播速率

參數 V 定義了在媒體中表示資料之電磁信號的**媒體傳播速率** (medium propagation)。電磁信號處於真空中是以光速傳播（3×10^8 m/s）。在空氣中傳播速度會比這個值小一點，纜線中的傳播速度又比這個值小很多。我們假設在纜線中是以 2×10^8 m/s 的數率來傳播信號。

最大傳輸延遲

與前面兩個參數有關的參數為**最大傳播延遲** (maximum propagation delay)，D，它被定義為：讓訊框的第一位元傳遞到媒體的最大長度時，所需要的時間（以秒為單位）。傳播延遲被定義為，媒體最大長度與媒體傳播速率的比值。

$$D = \frac{L_{\text{medium}}}{V}$$

容量

LAN 的**容量** (capacity)，C，是每秒能夠傳送的位元數目。表 16.1 顯示常見的 LAN 容量。

圖 **16.1** 最大媒體長度

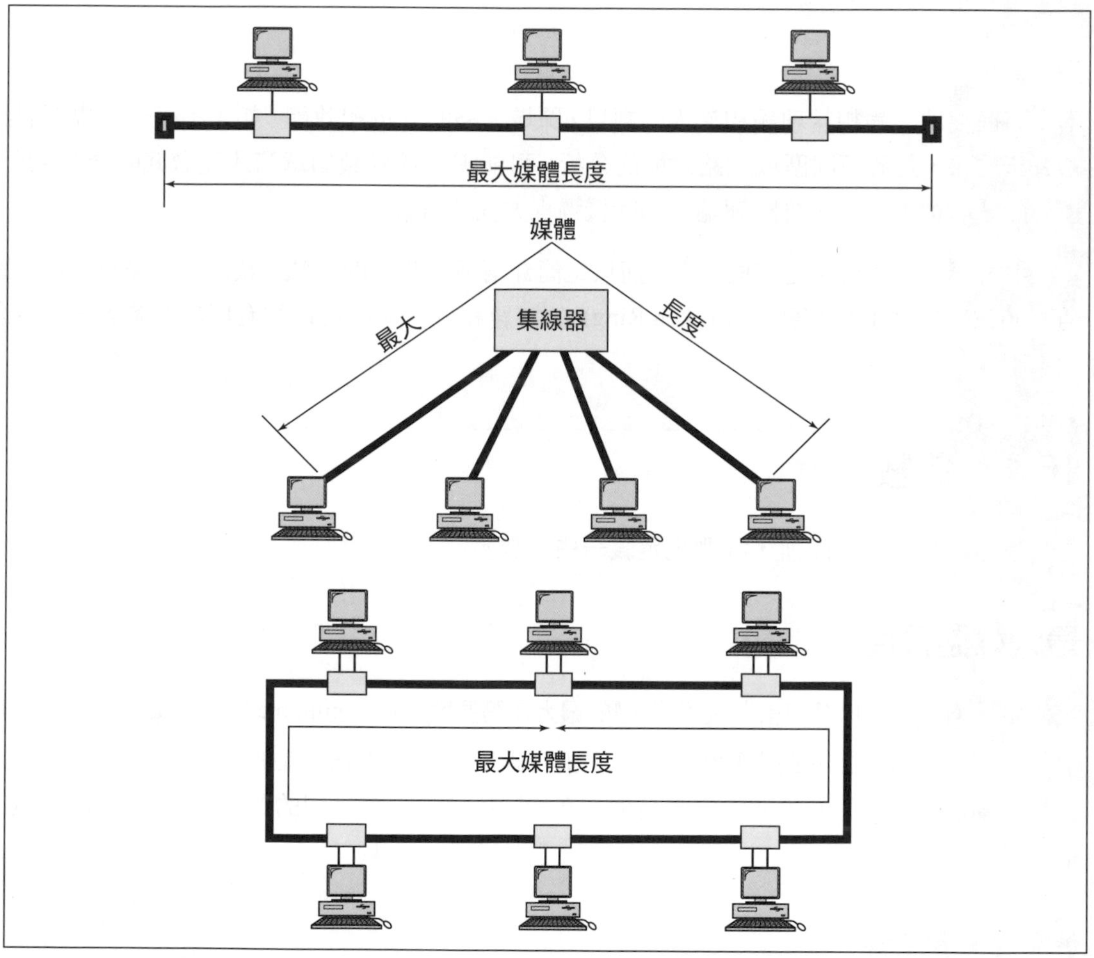

表 **16.1** 網路的容量

LAN	容量
傳統乙太網路	10Mbps

LAN	容量
快速乙太網	100Mbps
G 乙太網	1Gbps
記號環	4 或 16Mbps
FDDI	100Mbps

以位元為單位的平均訊框長度

雖然工作站能夠傳送變動長度的訊框，但是我們可以將**訊框長度** (frame length) $L_{\text{framce-bit}}$ （以位元為單位）定義為訊框中包括額外位元（標頭與標尾）的位元平均數目。

平均訊框傳輸時間

與訊框長度有關的參數是訊框的**平均訊框傳輸時間** (average frmae transmision) T_{frame} （以秒為單位），這個參數可以使用訊框長度和網路的容量來進行計算：

$$T_{\text{framce}} = \frac{L_{\text{frame-bit}}}{C}$$

媒體的位元長度

一個很有用的參數，$L_{\text{medium-bit}}$ 。它是媒體以位元為單位的最大長度。這個參數定義媒體能夠保存的位元數。為了計算它的值，我們首先找出讓位元從媒體的一端傳播到另一端所需的時間。這是傳播延遲，D，如前面所定義的。

$$D = L_{\text{medium}} / V$$

然而，在相同的時間區間，其他位元也可以離開這個工作站並且填滿媒體。在這段期間內有多少位元會在媒體上？答案是 $D \times C$ ，媒體的位元長度可以計算如下：

$$L_{\text{Medium-bit}} = C \times D = C \times \frac{L_{\text{medium}}}{V} = \frac{C}{V} \times L_{\text{medium}}$$

這個有用的參數定義了以位元為單位的媒體長度，因此，我們可以將媒體的長度與訊框的長度做比較。

“a” 參數

計算區域網路的效能通常是依據“**a**” **參數**來計算，它是最大傳播延遲（D）與平均訊框傳輸時間 T_{frame} 的比值：

$$a = \frac{\text{最大傳播延遲}}{\text{平均傳輸時間}} = \frac{D}{T_{\text{framce}}}$$

在討論這個參數的重要性前，先來看看我們是否能將它定義在其他的項目：

$$a=\frac{D}{T_{\text{frame}}}=\frac{\dfrac{L_{\text{medium}}}{V}}{\dfrac{L_{\text{frmae-bit}}}{C}}=C\times\frac{\dfrac{L_{\text{medium}}}{V}}{L_{\text{frmae-bit}}}$$

不過，第一個項目為以位元為單位的媒體長度，所以：

$$a=\frac{L_{\text{medium-bit}}}{L_{\text{frame-bit}}}$$

換句話說，這個參數定義了在媒體上同時可以載送多少訊框。我們可以分成三種情況：$a>1$，$a=1$，和 $a<1$。

請注意：a 的值與網路容量成正比。100Mbps 容量的網路會比 10Mbps 容量的網路有更高的 a 值。

$a>1$ 的情況 (Case $a>1$)

如果 $a>1$，它意味著媒體長度（以位元為單位）比訊框的長度更大（以位元為單位）。換句話說，數個訊框可以同時佔據媒體來進行傳輸。圖 16.2 顯示當 $a=10$ 時，媒體的長度是訊框長度的 10 倍，可能有十個訊框正在傳送中。

圖 16.2 $a>1$ 的情況

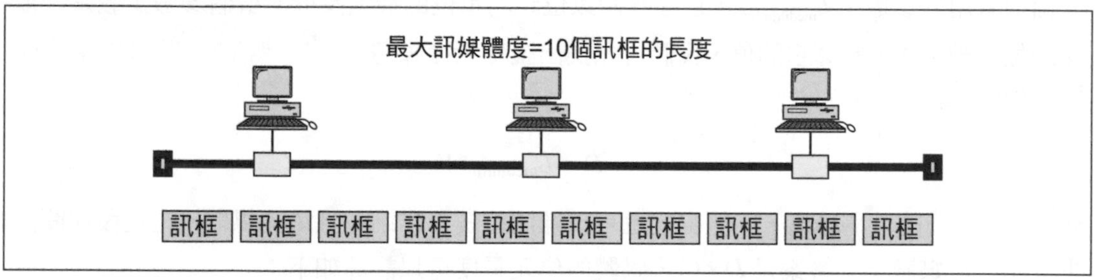

在這種情況下，第一個訊框到達媒體的末端前，這個工作站可以傳送一些訊框。

圖 16.3 $a=1$ 的情況

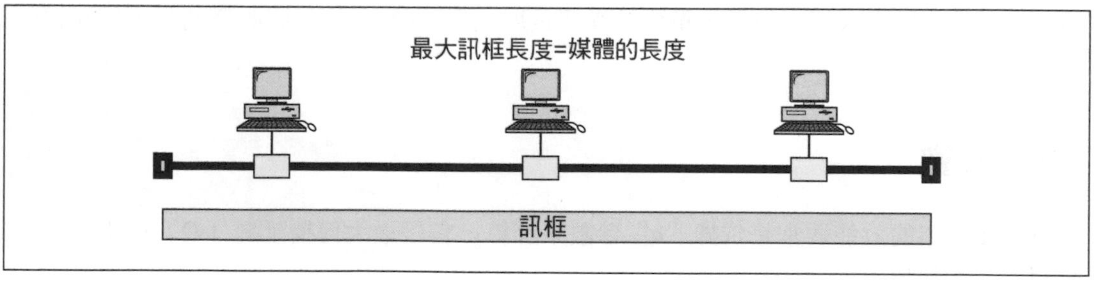

$a=1$的情況

如果$a=1$，它意思是指媒體的長度（以位元為單位）與訊框的長度相同（以位元為單位）。換句話說，只有一個訊框可以被傳送中。圖 16.3 展示這種情況。

$a<1$的情況

如果$a<1$，它意味著媒體的長度（以位元為單位）短於訊框的長度（以位元為單位）。換句話說，即使只有一個訊框也無法塞入媒體中。圖 16.4 展示這種情況。

圖 **16.4** $a<1$的情況

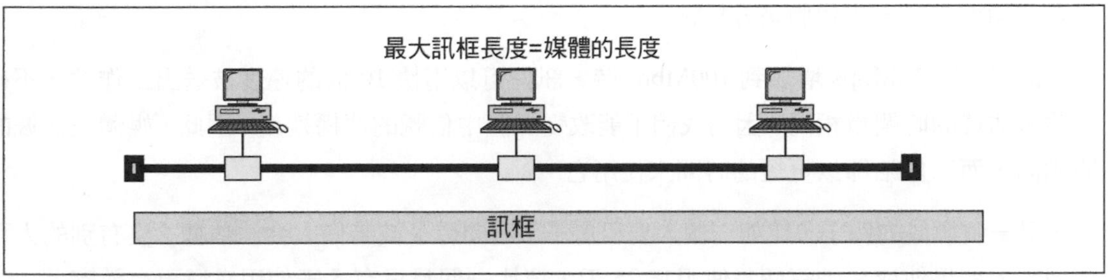

在這種情況下，在工作站傳送完整訊框之前，訊框的第一位元會到達媒體的末端。

16.2 效率 Efficiency

區域網路的效率 (effciency of a LAN)，μ，被定義為傳送資料的工作站所使用的時間，以及被此工作站（而其他工作站無法使用）所佔據的媒體（直接或者間接地）時間的比值。

$$\mu=\frac{\text{送出資料之工作站所使用的時間}}{\text{媒體被佔據的時間}}$$

請注意，只有當網路處在重負載時才有意義。因為，如果有一個活躍的工作站，那麼傳送資料的工作站所使用的時間，與媒體被此工作站所佔據的時間相同，所產生的效率為百分之百。

範例 1

想像一下某個匯流排拓樸區域網路，它的每個工作站被允許傳送固定長度的訊框。然而，其他工作站不能傳送資料，直到此訊框到達目的端為止，此區域網路的效率為何？

解答

在最壞的情況下，來源和目的端分別位在匯流排的兩端：

$$\text{工作站用來傳送資料的時間}=T_{\text{frame}}$$

$$\text{媒體被佔用的時間}=T_{\text{frame}}+D$$

$$\mu = \frac{T_{\text{frame}}}{T_{\text{frame}} + D}$$

因此，對於這個區域網路而言，效率為訊框傳輸時間跟傳播時間加上訊框傳輸時間的比值。讓我們看看，是否能依照之前定義的其他參數定義來表達效率：

$$\mu = \frac{T_{\text{frame}}}{T_{\text{frame}} + D} = \frac{1}{1 + \dfrac{D}{T_{\text{frame}}}} = \frac{1}{1 + a}$$

這表示說，當 a 增加時效率會減少，反之亦然。我們只知道 a 的值與網路的容量成正比。所以在區域網路中，如果增加容量會減少效率。例如，如果容量從 10Mbps 增加為 100Mbps，效率就會明顯地減少，讓我們來分析它。

當容量從 10Mbps 增加到 100Mbps 時，訊框可以用快 10 倍的速度被送出工作站。不過，媒體被佔據的時間量相同，因為我們不能改變媒體中信號的傳播速度。因此，媒體被佔據的時間相同，而工作站卻以更短的時間來使用它。

舉一個類似的例子，比如一個人要租房子，這間房子被某個人合法佔據；沒有別的人可以使用它。如果他或是她每個月使用它 25 天，這比一個月只有 5 天使用它還更有效率。

範例 2

使用下面的資訊，來計算在範例 1 之區域網路的效率數值：

媒體長度：1000 公尺

容量：10Mbps

傳輸速率：2×10^8 公尺 / 秒

訊框長度：1000 位元

解答

我們以位元為單位來計算媒體長度，然後算出 a 的值，還有效率值：

$$L_{\text{medium-bit}} = \frac{C}{V} L_{\text{medium}} = 50 \quad \text{bits}$$

$$a = \frac{L_{\text{medium-bit}}}{L_{\text{frame-bit}}} = \frac{50 \quad \text{bits}}{1000 \quad \text{bits}} = 0.05$$

$$\mu = \frac{1}{1 + a} = \frac{1}{1 + 0.05} = 95\%$$

請注意，此效率非常高，因為相較於訊框的長度，媒體的長度非常小。網路被佔據的時間，大多花費在將此訊框送出工作站。花在傳播的時間可以忽視。

範例 3

讓我們來計算一個相同區域網路的效率，而它使用的容量為 100Mbps。

媒體長度：1000 公尺

容量：100Mbps

傳輸速率：2×10^8 公尺 / 秒

訊框長度：1000 位元

解答

我們以位元為單位來計算媒體長度，然後算出 a 的值，還有效率值：

$$L_{\text{medium-bit}} = \frac{C}{V} L_{\text{medium}} = 500 \quad \text{bits}$$

$$a = \frac{L_{\text{medium-bit}}}{L_{\text{frame-bit}}} = \frac{500 \quad \text{bits}}{1000 \quad \text{bits}} = 0.5$$

$$\mu = \frac{1}{1+a} = \frac{1}{1+0.5} = 66\%$$

請注意，效率明顯下降，因為將此訊框送出這個工作站的時間，有一半用在讓位元從來源端送到目的端。

16.3 「載波感應多重存取 / 碰撞偵測」的效率 Efficiency of CSMA/CD

讓我們來找出 CSMA/CD 的效率。在這個存取方法中，工作站傳送訊框，不過，由於可能會發生碰撞而無法保證成功傳輸。我們建議使用機率的方法來計算 CSMA/CD 的效率。

我們定義區域網路的效率為傳送訊框所花費的時間，和為了這種目的佔據媒體的時間之比值。在 CSMA/CD 中，媒體被佔據的時間定義為，此工作站首次嘗試傳送訊框，到目的端收到這個訊框的時間。因為失敗訊框的重送所浪費的時間，應該在計算時被考慮進去。因此，整個問題是，找出工作站在沒有碰撞下，成功送一個訊框的平均時間有多長。

CSMA/CD 的分析很複雜，需考慮在協定中定義的所有規則。我們會使用一個簡化的模式，並將分析架構在這種模式上。而結果卻很接近真實情況。

簡化模式

為了這種分析，我們使用 CSMA/CD 的一個簡化模型。我們強制這些工作站使用時間槽。每個工作站必須遵循以下的程序：

1. 工作站必須等待下一個時間槽的開始。
2. 工作站必需聆聽線路。
3. 如果線路是空閒的，那麼工作站可以傳送訊框。
4. 如果工作站在時間槽的剩餘時間中發現碰撞，它會回到步驟一。

我們可以確定工作站能夠在下一次時間槽開始前聽到碰撞。我們設定時間槽 T_S，它的值至少為傳輸延遲 D 的兩倍。考慮在最壞的情況下，其中在線路某一端的工作站送出訊框。信號在 D 秒鐘之後到達另一個端的工作站。如果在信號到達目的端之前，接收的工作站聆聽線路（它的時間槽比 D 秒鐘更早一點開始），它認為線路是空閒的，並且送出資料，碰撞就發生了。不過，碰撞花了另一個 D 秒鐘到達第一個工作站。因此，時間槽必須是傳播延遲時間的兩倍，才能保證第一部工作站聽到這個碰撞。我們可以說

$$T_s = 2 \times D$$

成功的機率

讓我們計算工作站在沒有碰撞的情況下，成功找到一個時間槽的機率，假設有 n 個工作站，以及某個工作站在一個給定的槽中，有訊框要送出的可能性是 p。機率的算法如附錄 J 所示。

$$P_{\text{success}} = n \times p \times (1-p)^{n-1}$$

然而，這個公式會依據網路不同而有所不同。為了找出成功的機率，我們需要工作站的數目，和每個工作站都有訊框要傳送的機率。假設每個工作站都有相同的機率，$p=1/n$，它也讓機率達到最大值：

$$P_{\text{success}} = n \times \frac{1}{n} \times \left[1-\frac{1}{n}\right]^{n-1} = \left[1-\frac{1}{n}\right]^{n-1}$$

$$P_{\text{sccuess}} = \left[1-\frac{1}{n}\right]^{n-1}$$

讓我們針對一些網路來計算機率。

範例 4

當有三個工作站時，請計算發現一個成功時間槽的機率。

解答

我們用 3 來置換上面公式的 n：

$$P_{\text{success}} = \left[1-\frac{1}{n}\right]^{n-1} = \left[1-\frac{1}{3}\right]^{2} = 0.44 \text{ 或 } 44\%$$

範例 5

當有十個工作站時，請計算發現一個成功時間槽的機率。

解答

我們用 10 來置換上面公式的 n：

$$P_{\text{success}} = \left[1-\frac{1}{n}\right]^{n-1} = \left[1-\frac{1}{10}\right]^{9} = 0.39 \text{ 或 } 39\%$$

範例 6

當有一千個工作站時，請計算發現一個成功時間槽的機率。

解答

我們用 1000 來置換上面公式的 n：

$$P_{\text{success}} = \left[1-\frac{1}{n}\right]^{n-1} = \left[1-\frac{1}{1000}\right]^{999} = 0.368 \text{ 或 } 36.8\%$$

範例 7

當有一萬個工作站時，請計算發現一個成功時間槽的機率。

解答

我們用 10,000 來置換上面公式的 n：

$$P_{\text{success}} = \left[1-\frac{1}{n}\right]^{n-1} = \left[1-\frac{1}{10000}\right]^{9999} = 0.3679 \text{ 或 } 36.79\%$$

我們可以看到當工作站的數目由 1000 增加到 10000 時，成功的機率少量的減少。因此，當 n 趨近於無限大時，這個值的極限為 $1/e$（幾乎為 0.36）。可以說這個機率的最低極限為 $1/e$ 或 36%：

$$P_{\text{sucess}} \to \frac{1}{e} \quad \text{當} \quad n \to \text{無限大}$$

這表示說，在這種模式下，每個工作站至少可以得到一次成功傳送時間槽的機率為 36%。

成功的時間槽

計算 P_{success} 並不能得到這種模式的效率，我們必須找出當工作站得到一個成功的時間槽之前，平均會通過多少時間槽。這種計算非常直接：當一個時間槽的機率為 P_{success}，那麼平均而言，成功的時間槽為$1/P_{\text{success}}$ 個槽。舉例來說，當 P_{success} 為 0.25 時，第四個時間槽（1/0.25 等於 4）就是成功的時間槽。

這告訴我們，一個工作站在得到成功的時間槽之前，需要通過時間槽 N_{slots} 的數目為：

$$N_{\text{slots}} = \frac{1}{P_{\text{success}}} - 1 = \frac{1}{\frac{1}{e}} - 1 = e - 1 = 2.72 - 1 = 1.71$$

這意味著，平均而言，工作站必須等待 1.71 個時間槽通過，才能在下一個時間槽的開始來傳送它的訊框。

圖 16.5　在得到一個成功的時間槽之前，平均失敗的時間槽數

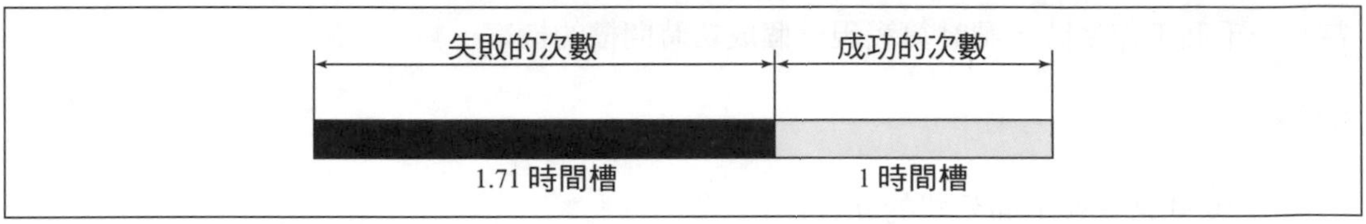

理論上的效率

現在可以來計算這個模式在理論上的效率：

$$\mu = \frac{\text{送出資料之工作站所使用的時間}}{\text{媒體被佔據的時間}}$$

此處媒體忙碌的時間，就是 N_{slots} 通過的時間加上送出一個訊框所需的時間：

$$\mu = \frac{T_{\text{frame}}}{T_{\text{frame}} + N_{\text{slots}} \times 2 \times D}$$

$$\mu = \frac{1}{1 + \frac{1.7 \times 2 \times D}{T_{\text{frame}}}}$$

$$\mu = \frac{1}{1 + 3.4 \times a}$$

將這個效率跟範例 1 的假設網路效率做比較，CSMA/CD 的效率低很多。

範例 8

讓我們用下面的資訊來計算某個實際 CSMA/CD 的效率。

媒體長度：2500 公尺

容量：10Mbps

傳輸速率：2×10^8 公尺 / 秒

訊框長度：1000 位元

解答

以位元為單位來計算媒體長度，然後算出 a 的值，還有效率值：

$$L_{\text{medium-bit}} = \frac{C}{V} L_{\text{medium}} = 125 \quad \text{bits}$$

$$a = \frac{L_{\text{medium-bit}}}{L_{\text{frame-bit}}} = \frac{125 \quad \text{bits}}{1000 \quad \text{bits}} = 0.125$$

$$\mu = \frac{1}{1+a} = \frac{1}{1+0.34\times 0.125} = 0.70 \text{ 或 } 70\%$$

實際的效率

CSMA/CD 網路的效率實際被量測出來，而且比我們的理論值小。

$$\mu = \frac{1}{1+5\times a}$$

範例 9

讓我們重新計算上面範例中，傳統 CSMA/CD 區域網路的效率。

解答

我們使用實際的公式

$$\mu = \frac{1}{1+5\times a} = \frac{1}{1+5\times 0.2} = 0.50 \text{ 或 } 50\%$$

16.4 記號環的效率 Efficiency of Token Ring

讓我們找出記號環網路的效率。在這種模型中，我們假設每個工作站都有資料要傳送，當工作站收到一個記號時，此工作站保持記號並且傳送它的資料。在送出一個訊框以後，這個工作站釋放記號，所以下一個工作站才能有機會傳送。這是一個非常簡化的模型。如在第 13 章所示，這種記號環更加複雜。再一次，我們使用的效率公式為

$$\mu = \frac{\text{送出資料之工作站所使用的時間}}{\text{媒體被佔據的時間}}$$

但是，第二個項目在這裡更加複雜，媒體佔據時間是傳送訊框所需時間，加上收到返回之第一個位元的時間（還記得在記號傳遞機制中，傳送的工作站會收到它所發出的訊框），傳送記號的時間，以及記號到達下一工作站的時間。我們假設有 n 個工作站，所以效率為

$$\mu = \frac{T_{\text{frame}}}{T_{\text{frame}} + D + T_{\text{token}} + \dfrac{D}{n}}$$

然而，相較於訊框的長度，記號的長度非常小（24 位元），所以相對於 T_{frame}，就可以忽略 T_{token}，而公式變為

$$\mu = \frac{T_{\text{frame}}}{T_{\text{frame}} + D + \frac{D}{n}}$$

大部分的記號環網路中，在釋放記號之前，工作站不需要等待，直到它收到返回資料的最後一個位元為止。在它傳送訊框的最後一個位元之後，就會釋放記號。在分母中的第二個項目 (D) 沒有用到，所以可以被忽略。因此產生

$$\mu = \frac{T_{frame}}{T_{frame} + \frac{D}{n}}$$

$$\mu = \frac{1}{1 + \frac{a}{n}}$$

將記號環區域網路的效率和 CSMA/CD 區域網路的效率做比較。在記號環區域網路中，a 除以 n。在 CSMA/CD 區域網路中，a 被乘以 5，記號環傳輸有非常高的效率（接近 100%），CSMA/CD 區域網路具有非常低的效率（大多數的情況下，約 30 至 40%，請注意，這個效率低於範例 9 所計算的效率）。

範例 10

讓我們用下面的資訊來計算記號環網路的效率。

媒體長度：2500 公尺

工作站的數量：100

容量：16Mbps

傳輸速率：2×10^8 公尺 / 秒

訊框長度：16000 位元（或 2000 個位元組）

解答

我們以位元為單位來計算媒體長度，然後算出 a 的值，還有效率值：

$$L_{\text{medium-bit}} = \frac{C}{V} L_{\text{medium}} = 200 \text{ bits}$$

$$a = \frac{L_{\text{medium-bit}}}{L_{\text{frame-bit}}} = \frac{200 \quad \text{bits}}{16000 \quad \text{bits}} = 0.0125$$

$$\mu = \frac{1}{1 + \frac{0.0125}{100}} = 99.99\%$$

這非常接近 100%。

16.5 關鍵名詞 Key Terms

a 參數 (*a* parameter)
容量 (capacity)
區域網路的效能 (efficiency of a LAN)
訊框長度 (frame length)
平均訊框傳輸時間 (average frame transmission time)
最大媒體長度 (maximum medium length)
最大傳輸延遲 (maximum propagation delay)
最大傳輸速率 (medium propagation speed)

16.6 摘要 Summary

- 最大媒體長度是資料訊框在區域網路內，實際傳輸可以行經的最大距離（以公尺為單位）。
- 媒體傳播速率為，電磁波訊號在某個特定媒體中，每秒所能傳送的公尺數。
- 最大傳輸延遲為，訊框的第一個位元通過最大媒體長度所需的時間（以秒為單位）。
- 區域網路的容量為，一個工作站每秒能夠傳送的位元數。
- 平均訊框長度為，一個訊框中的平均位元數。
- 平均訊框傳輸時間為，平均訊框長度除以容量。
- 媒體的位元長度為，一個媒體所能保存的最大位元數。
- *a* 參數為最大傳輸延遲與平均訊框傳輸時間的比值。
- 區域網路的效率為，工作站傳送資料所用的時間與媒體被這個工作站佔據時間的比值。
- 一區域網路使用 CSMA/CD，能夠成功發現一個時間槽的機率為 0.36。
- 一個記號環區域網路的效率非常接近 100%，某個使用 CSMA/CD 的網路，其效率為 30% 到 40%。

16.7 練習題 Practice Set

選擇題

1. ________是一個資料訊框在區域網路的典型傳輸上，以公尺為單位，所能傳輸的最大距離。
   a. 最大傳播延遲
   b. 最大傳輸速率
   c. 最大媒體長度
   d. 平均訊框長度

2. _________為電磁訊號能夠在某個特定媒體內，以每秒幾公尺的速率進行傳輸。

a. 最大傳播延遲

b. 最大傳輸速率

c. 最大媒體長度

d. 平均訊框長度

3. _________為以秒為單位，傳送訊框中第一個位元，通過最大媒體長度時所需的時間。

a. 最大傳播延遲

b. 最大傳輸速率

c. 最大媒體長度

d. 平均訊框長度

4. 區域網路的_________，為一個工作站每秒所能傳送的位元數。

a. 最大媒體長度

b. 平均訊框長度

c. 容量

d. 最大傳播延遲

5. _________為一個訊框中平均的位元數。

a. 最大傳播延遲

b. 最大傳輸速率

c. 最大媒體長度

d. 平均訊框長度

6. 平均訊框傳輸時間，為平均訊框長度除以_________。

a. 媒體的位元長度

b. 平均訊框長度

c. 容量

d. 最大媒體長度

7. 一個在區域網路上使用 CSMA/CD 的工作站，當它在沒有碰撞的情況下，成功發現一個時間槽的機率為_________。

a. 0.99

b. 0.50

c. 0.36

d. 0.25

8. 一個乙太區域網路的平均訊框長度為 1500 位元組。如果容量為每秒 10Mbps，那麼平均訊框傳輸時間為_________秒。

a. 1.2×10^{-4}

b. 12×10^{-4}

c. 1.5×10^{-4}

d. 15×10^{-4}

9. 如果某個在乙太區域網路的訊號以每秒 2×10^{8} m/s 的速率傳輸，而且媒體最大長度為 200 公尺，那麼最大傳播延遲為________秒。

a. 400×10^{-8}

b. 400×10^{8}

c. 100×10^{-8}

d. 100×10^{8}

10. 如果某個乙太區域網路的最大傳播延遲為 10^{-6} 秒，而且傳輸速率為每秒 2×10^{8} m/s，那麼媒體的長度為________公尺。

a. 2×10^{14}

b. 2×10^{3}

c. 2×10^{2}

d. 2×10^{-2}

11. 某個乙太區域網路的媒體長度為 500 公尺，容量為 10Mbps，傳輸速率為每秒 2×10^{8} 公尺，如果一個訊框的長度為 1000 位元。那麼以位元為單位的媒體長度為何？

a. 100 位元

b. 75 位元

c. 50 位元

d. 25 位元

12. 某個乙太區域網路的媒體長度為 500 公尺，容量為 10Mbps，傳輸速率為每秒 2×10^{8} 公尺，如果一個訊框的長度為 1000 位元，則“a”參數的值為何？

a. 0.125

b. 0.025

c. 0.010

d. 0.0025

13. 某個乙太區域網路的媒體長度為 500 公尺，容量為 10Mbps，傳輸速率為每秒 2×10^{8} 公尺，如果一個訊框的長度為 1000 位元，它的理論效率為何？

a. 100%

b. 99%

c. 98%

d. 97%

14. 如果某個乙太區域網路的媒體長度為 500 位元，且 *a* 參數的值為 1，那麼訊框的長度為________位元。

 a. 1000

 b. 2500

 c. 5000

 d. 10,000

15. 某個有 450 個工作站的乙太區域網路，其中一個工作站成功找到一個時間槽的機率為________。

 a. 0.037

 b. 0.367

 c. 0.368

 d. 0.369

16. 區域網路的效率被定義為，一個工作站用來傳送資料的時間，________這個工作站佔據媒體的時間。

 a. 加上

 b. 減去

 c. 除以

 d. 乘上

17. 當 *a* 參數的值為 0.9 時，某個乙太區域網路的理論效率為何？

 a. 0.25

 b. 0.50

 c. 0.75

 d. 0.90

18. 對某個擁有理論效率為 50%的乙太區域網路而言，它的 *a* 參數值為何？

 a. 0.123

 b. 0.294

 c. 0.459

 d. 0.461

19. 當 *a* 參數的值為 0.9 時，一個乙太區域網路的實際效率為何？

 a. 0.118

 b. 0.182

 c. 0.364

 d. 0.482

20. 對某個擁有實際效率為 50 %的乙太區域網路而言，它的 *a* 參數值為何？

 a. 0.02

 b. 0.10

d. 0.15

e. 0.20

習題

21. 一個 10 Base5 的乙太網路有 250 公尺的匯流排。請計算這個網路的下列參數：

 a. 最大媒體長度

 b. 最大傳播速率

 c. 最大傳播延遲

 d. 容量

 e. 平均訊框位元長度

 f. 平均訊框傳輸時間

 g. 訊框的位元長度

 h. *a* 參數的值

22. 重做習題 21，其中媒體改成 10BaseT，介於兩個工作站和集線器之間的最大長度為 100 公尺。

23. 重做習題 21，其中媒體改成記號環，而環的長度為 1000 公尺。

24. 在一個網路中，平均訊框長度為 800 個位元；平均網路長度為 4000 位元。那麼有多少訊框可以同時在該網路上傳送？*a* 參數的值為何？

25. 在一個網路中，如果工作站傳送一個資料要花 $50\mu s$ ，網路被佔據的時間為 $70\mu s$ 。此網路的效率為何？

26. 在一個網路中，若 *a* 參數的值為 4，那麼有多少訊框可以同時在該網路上傳送？

27. 一個網路的效率被定義為 $\mu = 1/(a)$ ，當我們將網路的最大長度變成原來的兩倍時，效率會變為？當我們將訊框長度變大兩倍時，效率將變為？

28. 請重做習題 27，如果 $\mu = a$ 。

29. 有 100 個工作站的區域網路，而且使用 CSMA/CD 機制，它成功的機率為何？

30. 有 100 個工作站的區域網路，而且使用 CSMA/CD 機制，在某台工作站得到成功的槽之前，會通過幾個時間槽？

31. 有 100 個工作站，而且使用 CSMA/CD 機制的區域網路，其理論效率為何？它的真實效率為何？

32. 有 100 個工作站的記號環，它的理論效率為何？

第 17 章

區域網路連線

Connecting LANs

兩個以上的裝置，因為要分享資料或是資源而進行的連結，就可以構成一個網路。要將網路結合在一起，通常會比單純地將纜線插上集線器來的複雜。區域網路通常需要涵蓋的範圍，比媒介可以有效處理的距離還要長。因為工作站數量太大而無法有效地遞送訊框，或是管理網路，所以必須將網路加以分割。在第一種情況下，稱為增益器或是再生器的裝置，會被放置在網路中，來增加涵蓋的距離。第二個情況，稱為橋接器的裝置，則被用來處理網路交通流量。

當兩個或以上的分隔網路，因為交換資料或資源的目的必須連結時，它們變成一個互連網 (internet)。連結數個區域網路成為互連網時，需要一些稱為路由器或是閘道器的額外設備。這些設備被設計用來克服相互連接所碰到的障礙，而不會干擾網路的獨立功能。

互連網是指個別網路的相互連結。為了建立互連網，我們需要稱為路由器或是閘道器的**互連網** (internetworking) 設備。

圖 **17.1** 連線裝置

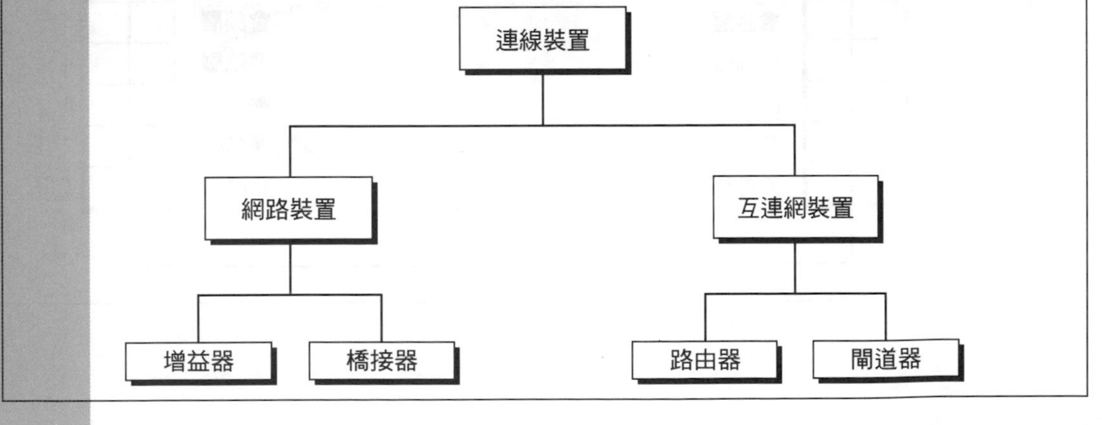

請注意：不要把**互連網** (*internet*，小寫的 *i*) 與**網際網路** (*Internet*，大寫的 *I*) 混淆了。互連網是指網路互相連結的一般名詞，而網際網路則是指特定的全球互連網。

互連網 (internet) 與網際網路 (Internet) 是不一樣的。

如同上面所提的，網路與互連網設備被區分為四種：增益器、橋接器、路由器、閘道器（如圖 17.1）。

圖 17.2 連線裝置與 OSI 模型

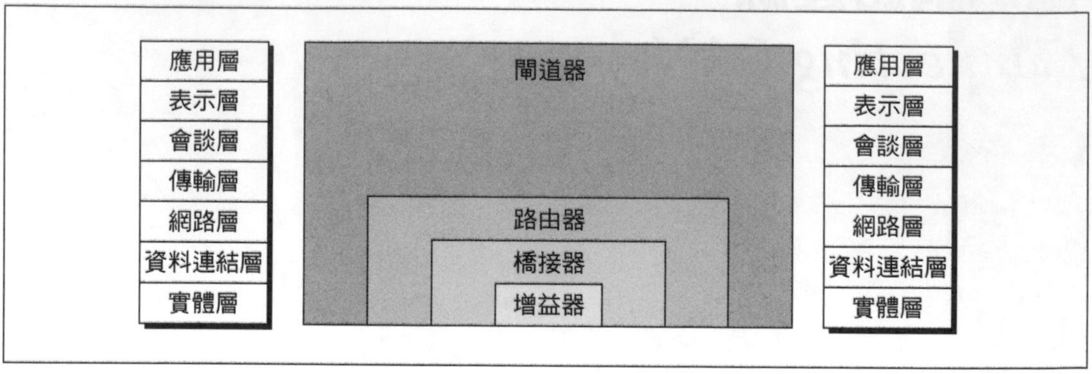

這四種裝置類型的每一種，都會與 OSI 模型中不同層的協定互相溝通。增益器只能接受訊號的電子元件部分，因此它只能在實體層工作。橋接器利用定址協定，而且可以影響單個區域網路的流量控制，它們大部分是在資料連結層工作。路由器提供兩個分隔區域網路的連結，而且大部分是在網路層工作。最後，閘道器會提供轉換設備給不相容的區域網路，或是不同的應用程式，它運作在所有的協定層。這些互連網設備，每個都會運作在它們最常工作的那一層，以及那層以下的所有協定層（如圖 17.2）。

圖 17.3 在 OSI 模型中的增益器

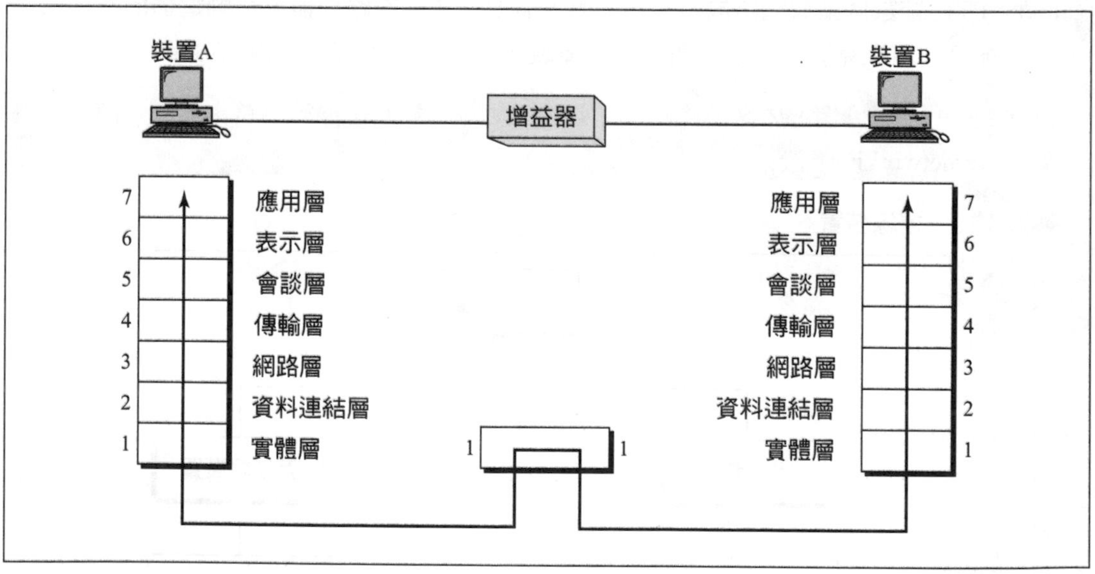

17.1 增益器 *Repeaters*

增益器 (Repeaters)(或是再生器)是一種電子裝置,只能在 OSI 模型的實體層工作(如圖 17.3)。網路中攜帶資訊的訊號,只能在某個特定的距離內傳送,超過這個距離就會因為衰減而影響資料的完整性。增益器被安裝在線路上,它會收到這個太弱或是毀損的訊號,將它再生成原來的位元樣式,並且把修復的訊號重新送回線路中。

增益器只能讓我們延長網路中實體層的長度。增益器不能以任何方式改變網路的任何功能(如圖 17.4)。在圖 17.4 中,兩個藉由增益器連接的工作站,事實上是一個網路。如果工作站 A 送出一個訊框給工作站 B,所有的工作站(包括 C、D)都會接收到這個訊框,就跟沒有增益器的情況一樣。增益器並沒有能力讓訊框只往左邊而不往右邊傳送(如果它的目的地是往左邊),唯一不同的是,有了增益器之後,C、D 可以接收到更真實的訊框。

圖 17.4 增益器

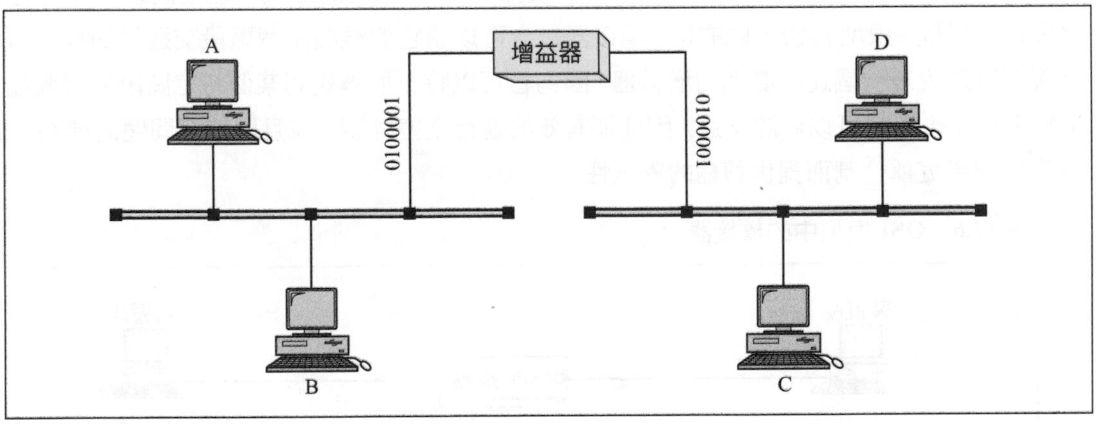

增益器並非放大器

這裡將會比較增益器與放大器的不同,不過,這種比較並不是很精確。放大器並不能區分訊號與雜訊,放大器會放大收到的任何訊號。增益器不會放大訊號,而是將它再生。當它接收到一個衰弱或是毀損的訊號時,會根據原來的訊號強度,將它重新產生。

增益器是一種再生器,而不是放大器。

在連結中放置增益器的位置非常重要,增益器必須被放置在訊號因為雜訊改變它的任何位元而跟原來意義有所不同之前。一個小雜訊只會影響位元的電壓位準精確值,並不會完全改變位元的本質(圖 17.5)。不過,如果受損的位元經過更長的距離傳送時,那麼累積的雜訊就會完全地改變它所代表的含意。在這個時候,造成原來的電壓無法還原,只能靠重送來更正錯誤。增益器可以置放在線路上,當訊號的清晰度喪失時,它仍舊可以讀取訊號並且決定它應有的電壓,然後以它們原有的形式重新複製出來。

圖 17.5 增益器的功能

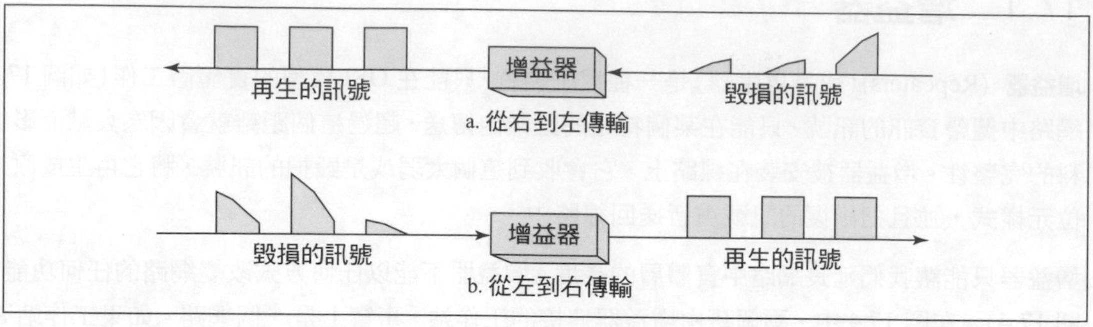

17.2 橋接器 Bridges

橋接器 (bridges) 在 OSI 模型中是工作在實體層與資料連結層（請參考圖 17.6），橋接器將大型網路分割成很多小區段（請參考圖 17.7）。它們可以用相同的形式，在兩個原本分割的網路之間轉送訊框。跟增益器不同的是，橋接器包含可以讓它們維護兩個區段交通量的控制邏輯。橋接器可以說是一個比較聰明的增益器，因為它可以將訊框轉送到某個特定區段的接收端。在這種情況下，它們可以過濾交通，因此能有效的進行壅塞控制，並且隔離有問題的連結。橋接器也能透過這種分割而提供傳輸的安全性。

圖 17.6 OSI 模型中的橋接器

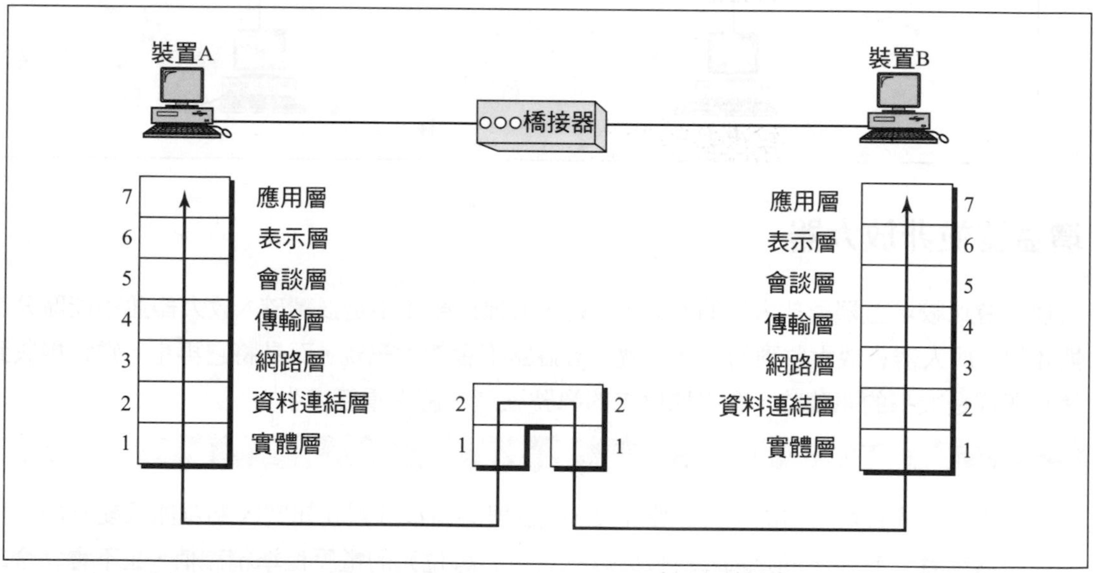

橋接器不能以任何方式修改封包的架構與內容，因此只能用在使用相同協定的區段。

一個橋接器運作在資料連結層，讓它可以擷取實體層所有工作站的位址。當訊框進入一個橋接器時，橋接器不只能再生它，還會檢查目的地位址，然後只將複製的新訊框送到該位址所屬的區段。當橋接器遇到一個封包時，會去讀取訊框中的位址，然後比對表中所有區段中的工作站，如果發現有符合的地址，它會找出地址所屬的區段，並且只將封包轉送到那個區段。

圖 17.7　橋接器

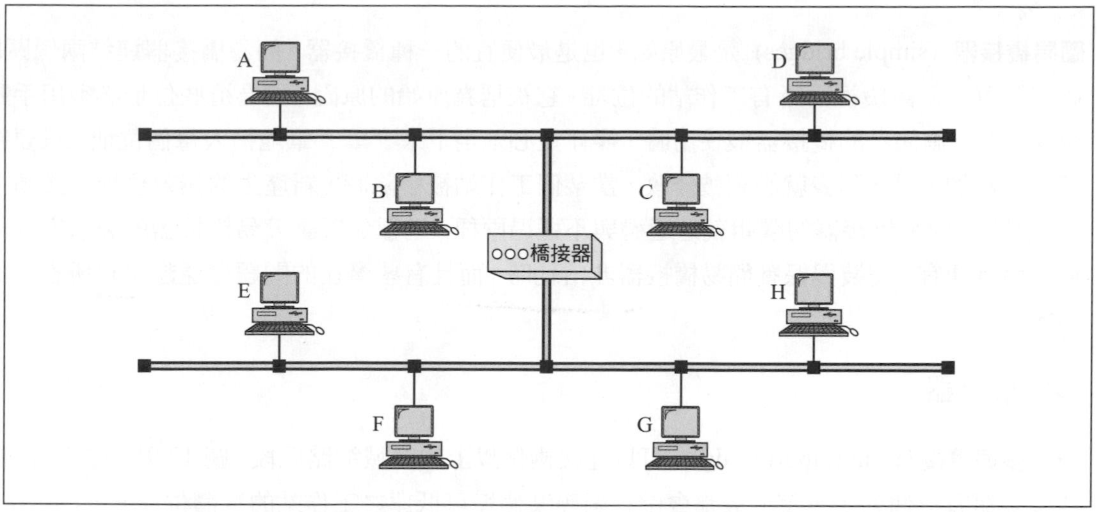

例如，圖 17.8a 顯示兩個由橋接器連接起來的區段。一個由工作站 A 送出，位址標記為送往工作站 D 的封包抵達橋接器時，由於工作站 A 與 D 是同屬一個區段，因此封包會被阻隔，無法通過下面的橋接器。相對地，封包被直接轉送到上方的區段而由工作站 D 所接收。

在圖 17.8b，一個由工作站 A 所產生的封包，要被送往工作站 G，橋接器允許它通過，並且將它往下轉送到下方的區段，而它在那裡會由工作站 G 所接收。

圖 17.8　橋接器的功能

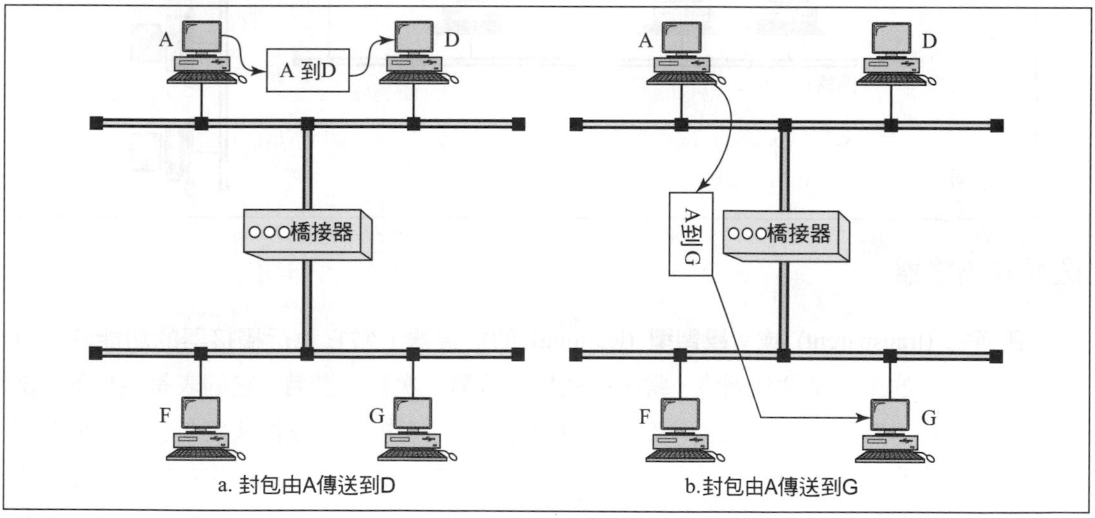

橋接器的種類

為了選擇該送往哪一個區段，橋接器必須事先建立一個查詢列表，記錄所有跟它連結之工作站的實體位址。這個列表也會指出工作站所屬的區段。

簡易橋接器

簡易橋接器 (simple bridges) 是最原始，也是最便宜的一種橋接器。簡易橋接器連結兩個區段，並記錄每一個區段裡面所有工作站的位址。它被稱為原始的原因，因為這些位址必須用手動去輸入。當一個簡易的橋接器被使用時，操作員必須坐下來一筆一筆地輸入每個位址。只要新的工作站被加入時，列表就必須被修改，當某個工作站被移除時，新產生的無效位址也必須被刪除。因此，簡易橋接器的邏輯就是通過與不通過兩種，這種建置讓簡易橋接器的製造方式非常直接而且便宜。安裝與保養簡易橋接器非常耗時，而且有些潛在的問題會遠超過它所省下的成本。

多埠橋接器

一台**多埠橋接器** (multiport bridge) 可以連接兩個以上的區域網路區段 (圖 17.9)。在這個圖中，該橋接器有三個列表，每個表都會儲存對應某個埠可抵達之工作站的實體位址。

圖 17.9　多埠橋接器

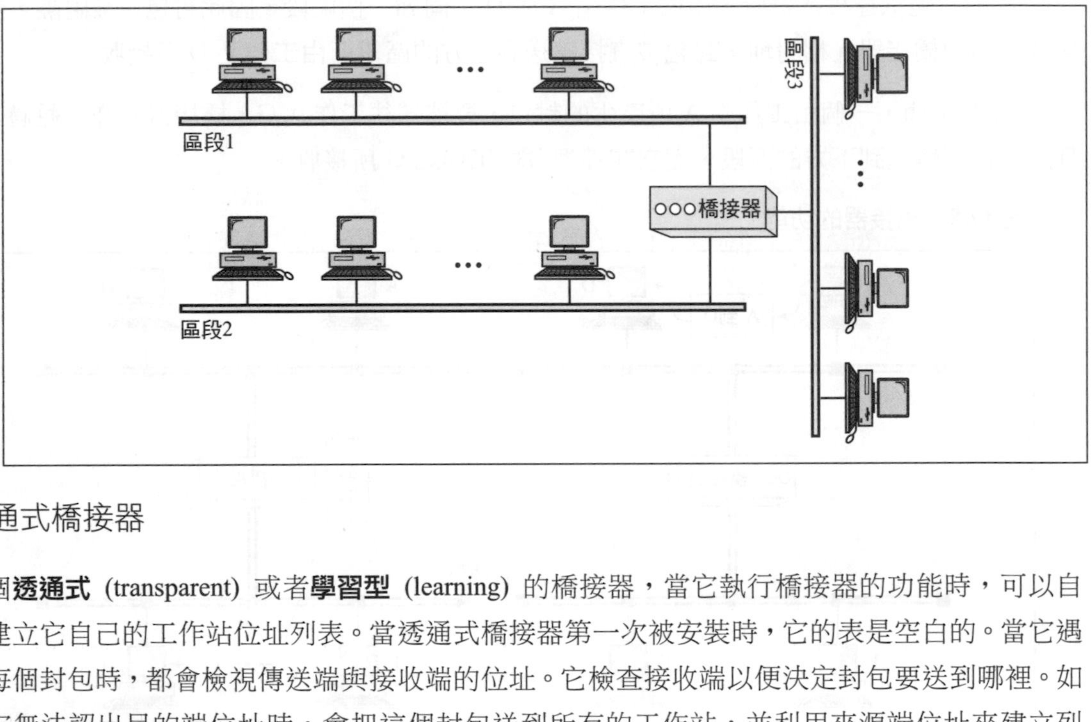

透通式橋接器

一個**透通式** (transparent) 或者**學習型** (learning) 的橋接器，當它執行橋接器的功能時，可以自行建立它自己的工作站位址列表。當透通式橋接器第一次被安裝時，它的表是空白的。當它遇到每個封包時，都會檢視傳送端與接收端的位址。它檢查接收端以便決定封包要送到哪裡。如果它無法認出目的端位址時，會把這個封包送到所有的工作站，並利用來源端位址來建立列表。當它讀取來源端位址之後，它就知道封包是從哪一端來的，並且將該位址與封包所屬的區段製作關連性列表。例如，假設圖 17.8 的橋接器是透通式橋接器，那麼當工作站 A 送出封包到工作站 G 時，橋接器會學習到，來自 A 的封包，也是來自上面的區段，所以工作站 A 是位於上層區段。現在，只要橋接器遇到封包的位址被設定成送往 A 時，它就知道該往上面區段轉送。

當每個工作站送出第一個封包時，橋接器會學習得知每一個工作站所屬的區段，最後，它會有所有工作站位址的列表，以及它們對應的區段。這些會被儲存在它的記憶體中。

即使列表已經建立完成，這個動作還會一直持續，也就是說這個列表會自動更新。假設一個在工作站 A 的人與一個在工作站 G 的人進行交易，且他們各自攜帶了自己的電腦（包括網路卡），突然，兩部工作站在記憶體中所儲存的區段位置都是錯誤的。但是，由於橋接器會不斷地檢查所接收到的封包來源位址，它會注意到來自 A 的封包，現在是由下面的區段所送出，而由 G 送出的封包，是從上面的區段所送出，並且依此來更新它的列表內容。

擴充樹演算法 (spanning tree algorithm) 橋接器通常會以冗餘的數量來安裝，這表示說，兩個 LAN 區段可能被一個以上的橋接器所連結。如果橋接器是透通式橋接器，它們可能就建立了一個迴圈，這表示封包會不斷地在迴圈中打轉，從一個區段到另一個區段，然後再回到第一個區段。為了避免這樣的情況，現在的橋接器都使用一種稱為**擴充樹演算法** (spanning tree algorithm) 的機制。附錄 C 討論這種情況以及擴充樹演算法。

來源路由 (source routing) 另一個解決由橋接器連接之 LAN 區段的迴圈問題，可以使用**來源路由** (source routing)。在這方法中，來源端的封包會在它們抵達目的地之前，指定該經過的橋接器以及區段。

以橋接器連結不同的區域網路

理論上，一個橋接器可以連結在資料連結層使用不同協定的區域網路。例如連接乙太網路以及記號環的 LAN。然而，有許多問題必須被考慮進來，我們將部分內容簡述如下：

- **訊框格式** (frame format) 不同的區域網路所送出的訊框格式會不同（請比較乙太網路訊框以及記號環訊框）。
- **酬載大小** (payload size) 資料可以被封裝在訊框中的長度，會隨不同協定而有所不同（請比較乙太網路訊框以及記號環訊框的最大酬載長度）。
- **資料傳輸率** (data rate) 不同的協定使用不同的資料傳輸率（乙太網路使用 10Mbps，而記號環使用 16Mbps 的資料傳輸率），橋接器應該緩衝這些訊框，來補償這些差異。
- **位址的位元順序** (address bit order) 不同區域網路的位址**位元順序**也不相同。例如，當橋接器是將乙太網路的區域網路連結到記號環的區域網路時，它會把位址的位元組反向。
- **其他問題** (other issues) 還有一些其他的問題有待解決，像是確認、碰撞、優先權，這些可能屬於某個區域網路協定的問題，而其他協定可能不會有。

不過，目前已經有一些橋接器可以處理上面所有的問題，而且可以連接某種區域網路類型到另外一種。

17.3 路由器 *Routers*

增益器跟橋接器都是簡單的硬體裝置，它們可以執行一些特定的工作。**路由器** (routers) 則是更複雜的設備。它們可以存取網路層的位址，並且包含相關軟體，讓路由器根據這些位址，針對某個傳輸，在眾多路徑中選擇最佳路徑。路由器運作在 OSI 模型中的實體層、資料連結層、網路層（如圖 17.10）。

路由器會在數個相互連結的網路之間傳遞封包，它們將封包從某個網路繞送到互連網中許多可能的目的端網路。圖 17.11 顯示一個可能的互連網，它有五個網路。一個從某個網路上工作站送出的封包，在它被送往鄰近網路的工作站之前，會先進入連結這兩個網路的路由器，然後路由器再將封包轉送到目的端的網路。如果傳送端與接收端網路之間沒有直接連接的路由器時，傳送端的路由器會透過它所連接的其中一個網路，往下一個朝向目的端的路由器傳送封包。該路由器繼續往路徑中的下一個路由器傳送封包，直到抵達最後的目的端網路為止。

圖 17.10 OSI 模型中的路由器

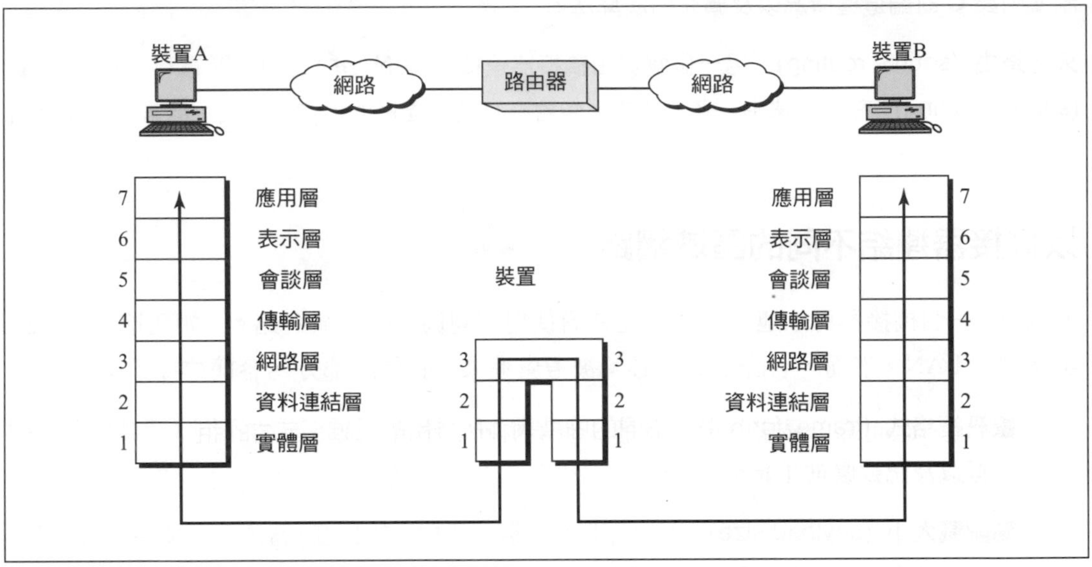

圖 17.11 互連網中的路由器

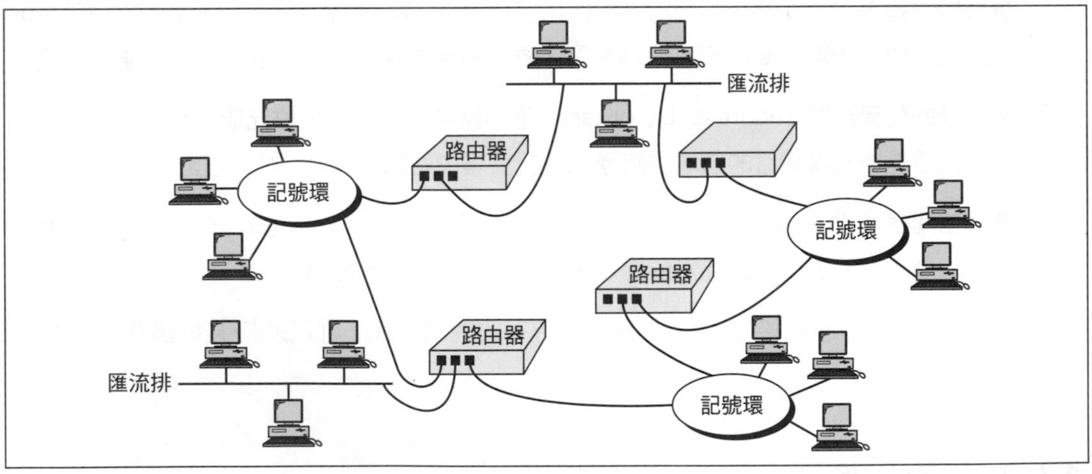

路由器的動作有點像是網路上的工作站，但也不完全是。工作站只是網路中的某個成員，路由器則擁有兩個或以上的網路位址，並且可以連結兩個或以上的網路。它們最簡單的功能，就是接收某個網路傳送過來的封包，並且將它傳送到下一個連接的網路。不過，當路由器不屬於收到封包所指定之節點位址所在的網路時，該路由器就能決定它所連接的網路中，哪一個是封包的下一個轉送點。路由器一旦確定封包該傳送的最佳路徑時，會將封包透過最適當的網路交給另一部路由器。路由器藉由檢查目的端位址來決定封包的最佳傳送路徑（如果該網路是鄰近網路的話），或是跨過鄰近網路到達所選路徑中的下一台路由器。

路由（繞送）的概念

如我們之前所看到的，路由器的功能是將封包透過相容網路的互連網送出去。例如，當我們想把一個封包從網路 A 透過路由器（網路）B 送到網路 C。不過，通常在來源端與目的端之間，會有數條可能的路徑。例如，封包可以經過路由器 D 而不經過路由器 B，或者是直接從 A 到 C。只要有多種選擇時，路由器就要決定選擇哪一條路徑。

最低成本的繞送

但是它會選擇哪一條路徑呢？**最低成本繞送** (least-cost routing) 是依據效率來決定：哪一條可用的路徑是最便宜的，或是以網路的術語來說，就是最短路徑。每一條連結都被指定一個值，特定路徑長度等於組成連結值的總和。本書所謂**最短** (*shortest*) 的這個術語，可以指協定（依據不同協定會有所不同）中的兩樣東西。在某些協定中，「最短」表示路徑中所需要的最少中繼器或是跳躍點(hop)數目。例如，一個由 A 到 D 的直接連結，可能被視為比 A-B-C-D 還要短，即使後者所涵蓋的真實距離可能與前者相同或是更短。在其他的情況下，最短可能指的是最快、最便宜、最可靠、最安全，或者是其他某些特定連結（或是連結的組合）所需求的條件。通常，最短會包含數個上述的條件。

在繞送的情況下，**最短** (*shortest*) 這個術語可以指一些因素的集合，像是最短距離、最便宜、最快速、或是最可靠等等。

當「最短」指的是路徑中最少的中繼器數目時，它被稱為**跳躍點計數路由** (hop-count routing)，此時，每一個連結被視為相同的長度並且給予一個值 1。相同的連結值讓跳躍次數路由變得非常簡單：一個跳躍點的路徑會等於 1，兩個則是 2，以此類推。路徑只有在連結不通時才需要更新。在這種情況下，連結值會變成無限大，並且會找到替代的連結。跳躍次數演算法通常會限制某個路由器對於路徑的認知在 15 個跳躍點以內。但是對於一些特殊需求的傳輸（例如軍事用途需要高度安全的線路），也可以客製化特定的**跳躍點計數演算法**。在這樣的情況下，某些連結值會被設成 1，而其他可能有較高的值而被避開。Novell、AppleTalk、OSI 和 TCP/IP 都使用跳躍點次數來當作路由演算法的基礎。

其他的協定在指定連結的值之前，也會提出許多關於連結功能的許多條件。這些條件包括速度、傳輸壅塞程度、以及傳輸媒介（電話線或是衛星傳輸）。當特定連結的所有相關因素被組合之後，這個代表連結的值，或是長度的數值就被指定出來。此數值表示效能的評估，而不是實體距離的長度，因此，它被稱為連結的象徵（符號）長度。

我們可以將所有可能影響這個連結的因素組合成一個數值，然後把這個值稱為連結的符號（象徵）長度。

在某些協定中，網路的每一條連結會根據它對於這個網路的重要性被指定一個長度。如果兩個路由器之間的連結是半雙工或是全雙工（雙向的交通），那麼連線在某個方向的長度，會跟另外一個方向的長度不一樣。訊號所通過的實體長度是相同的，但是，其他因素像是傳輸負載或是纜線品質可能會不一樣。就跟跳躍計數路由的情況一樣，最佳路徑的決定還是依據最短的距離，它是把某個指定路徑中，所有連結長度全部加起來而計算出來。在跳躍點路由中，三個跳躍點路徑的總長度是 3，會被視為比兩個跳躍點路徑還要長。當不同連結被指定不同的長度時，三個跳躍點連結的總長度，可能會比兩個跳躍點的長度要短。

非調整型與調整型路由

路由可被分類成非調整型或調整型。

非調整型路由 (nonadaptive routing)　在某些路由協定中，一旦當往目的端的路徑被選定後，路由器會沿著這一個路徑傳送所有的封包到目的端。換句話說，路由的決定不是依據網路的狀況，或是拓樸所作出的。

調整型路由 (adaptive routing)　其他的路由協定則是使用一種稱為調整型路由的技術，其中每個路由器會針對不同的封包做出新的路由決定（即使這些封包屬於同一個傳輸），來反映網路條件以及拓樸的改變。假設有一個由網路 A 到網路 D 的傳輸，路由器根據當時最有效率的路徑，可能會透過網路 B 傳送第一個封包，透過網路 C 傳送第二個封包，然後由網路 Q 傳送第三個封包。

封包生命週期

當路由器決定了路徑之後，會將封包傳送到路徑中的下一台路由器，然後就把這個動作忘記。不過，下一台路由器可能會使用相同的路徑，或是選擇另一條較短的路徑，並且繼續往那個方向把封包轉送到下一台路由器。這種傳遞的功能讓路由器可以包含最小的邏輯，讓需要包含在訊框裡面的控制訊息保持最少的數量，以及允許依據每條連結最新狀況來進行路徑調整。它同時也產生了讓封包在不會結束的迴圈內被困住可行性，或是讓封包從一個路由器被轉送到下一個路由器，在它們之間傳來傳去，而不會真正抵達目的端。

迴圈跟彈來彈去的情況可能會發生在路由器更新它的路由表時，接著在接收端路由器尚未更新它的列表之前，就依據新的路徑轉送封包。例如，A 認為到達 C 最短的路徑是經過 B，並且依據這種假設來轉送封包。在 B 接收到封包之前，它學習到對 C 的連結已經中斷。B 更新它的列表，並且發現從它到 C 的最短路徑是經由 A。但是 A 還沒有收到 B-C 之間的連結訊息，所以仍舊相信到 C 最佳的路徑是經過 B，所以封包被傳遞到 B，然後 B 又將它轉送給 A，以此類推。這類的問題通常較易發生在使用距離向量演算法的系統，而不常發生在連結狀態演算法（前者傳送更新封包的頻率比後者還要高）。

迴圈跟彈來彈去的情況所產生的問題，並不是封包遺失（傳送端與接收端的資料連結功能，回報訊框遺失並且替換一個新的訊框）的最主要原因。問題是處理無窮迴圈封包的過程，會使用網路資源，並且增加網路的壅塞。產生迴圈的封包必須被識別出來並且加以丟棄，來恢復整個連結的正常傳輸。

解決這個問題的方法，是加入**封包生命週期** (packet lifetime) 欄位。當封包被產生時，每個封包會被指定一個生命週期的值，它通常是這個封包被視為遺失或是丟棄之前，所允許經過的跳躍點計數。每個路由器在封包經過時，會把封包的生命週期值減 1，當生命週期的值變成 0 時，它就被丟棄。

17.4 閘道器 Gateways

閘道器 (Gateways) 通常運作在 OSI 的七個協定層（如圖 17.12）。閘道器是一種協定的轉換器。閘道器可以接收某種協定（如 Apple Talk）格式的封包，並且在轉送之前，將它轉換成另外一種協定的格式（如 TCP/IP）。

圖 17.12　OSI 模型中的閘道器

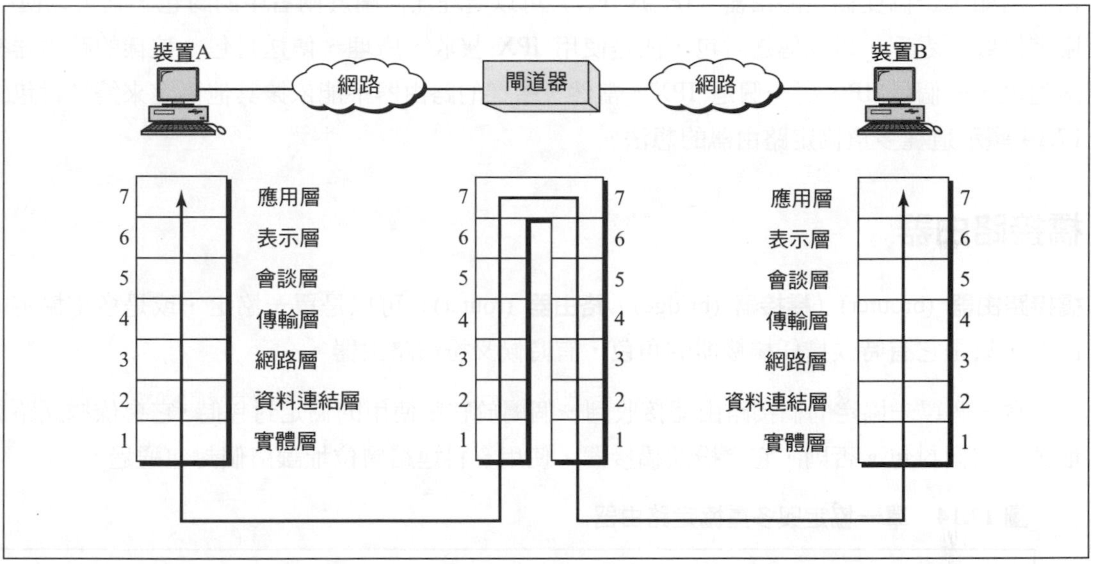

閘道器通常是安裝在路由器裡面的軟體。閘道器知道每一個跟路由器連結網路所使用的協定，因此可以將某一種格式轉換成另外一種。在某些情況下，閘道器只需要修改封包的標頭與標尾。但是在其他的情況下，閘道器可能還需要判斷資料的傳輸率、大小、以及格式等等，圖 17.13 顯示一個連結 SNA 網路 (IBM) 與 NetWare 網路 (Novell) 的閘道器。

圖 17.13　閘道器

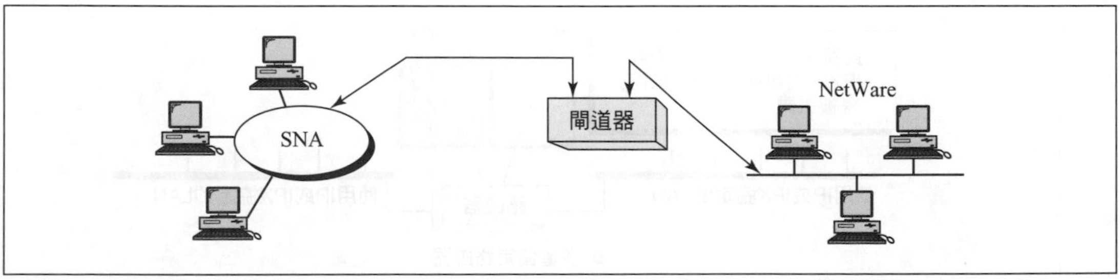

17.5 其他裝置 Other Devices

在這一節中，我們會簡略的討論其他連結網路的裝置。

多重協定路由器

在網路層，傳統的路由器預設是單一協定的裝置。換句話說，如果兩個區域網路要藉由這樣的路由器連結，它們必須使用相同的協定。例如，它們必須都是使用 IP（網際網路的網路層協定），或是都使用 IPX（Novell 的網路層協定）。其中的理由，是因為路由器裡面的列表必須使用相同的位址格式。

然而，**多重協定路由器** (multiprotocol routers) 被設計用來處理屬於兩個以上不同協定的封包。例如，一個雙協定路由器（IP 跟 IPX）可以處理任何屬於兩者中的封包，它可以使用 IP 協定接收、處理、以及傳送封包，或是使用 IPX 接收、處理、傳送封包。這樣的路由器有兩個列表，一個是 IP，另一個是 IPX。當然，這樣的路由器不能依據其他協定來繞送封包。圖 17.14 顯示這種多重協定路由器的想法。

橋接路由器

橋接路由器 (brouter)（**橋接器** (bridge) / **路由器** (router)）可以是單一協定，或是多重協定的路由器，只是它有時候擔任橋接器的角色，有時候又扮演路由器。

當一個單一協定的橋接路由器接收到一個屬於它所使用的協定封包時，它會依據網路層位址繞送這個封包。否則，它會扮演橋接器，使用資料連結層位址讓這個封包通過。

圖 17.14 單一協定與多重協定路由器

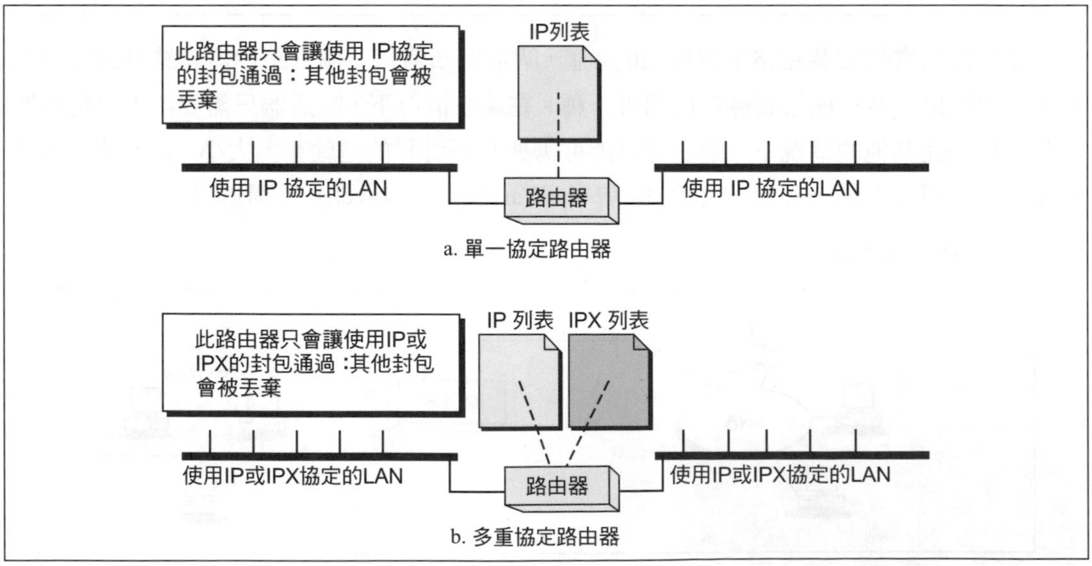

當一個多重協定橋接路由器收到屬於它本身所使用的某個協定封包時，它會依據網路層位址繞送這個封包，否則，它會扮演橋接器的角色，只是根據資料連結層位址，讓這個封包通過（如圖 17.15）。

圖 17.15 橋接路由器

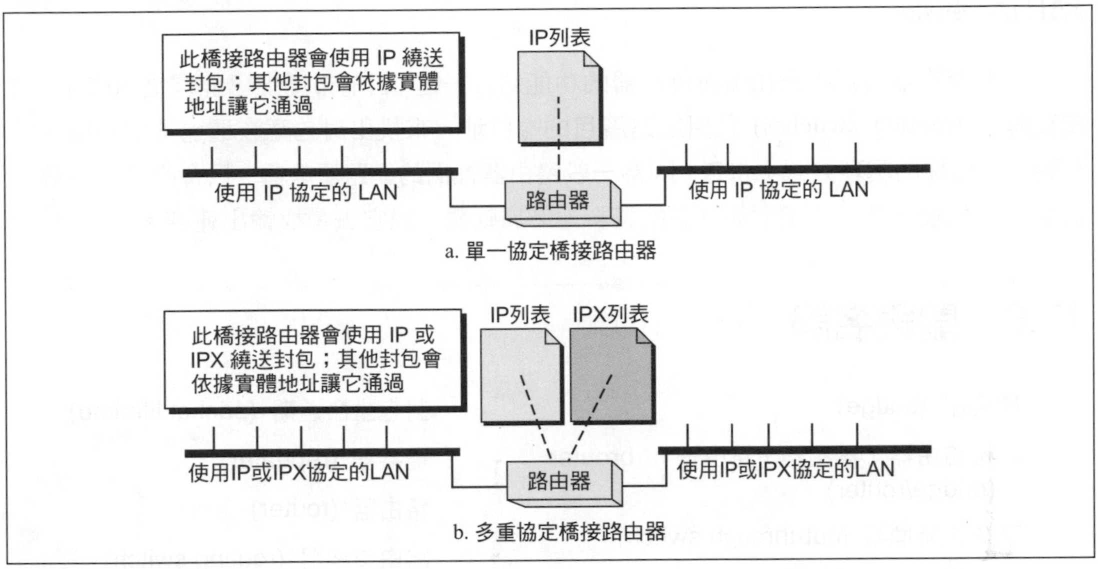

交換器

傳統上，交換器是一個功能更強大的橋接器裝置。如我們在第 8 章所看到的，交換器可以扮演多埠橋接器的角色，連結區域網路中不同的裝置或區段。交換器通常會給它所連結的每個連結（網路）一個緩衝記憶體。當它接收到封包時，可以將封包儲存在接收端連結的緩衝記憶體內，並且檢查它的位址（有時候使用 CRC）來找出它的送出連結。如果它的送出連結可被使用（沒有碰撞的機會），交換器會將訊框送到這個特定的連結。

圖 17.16 交換器

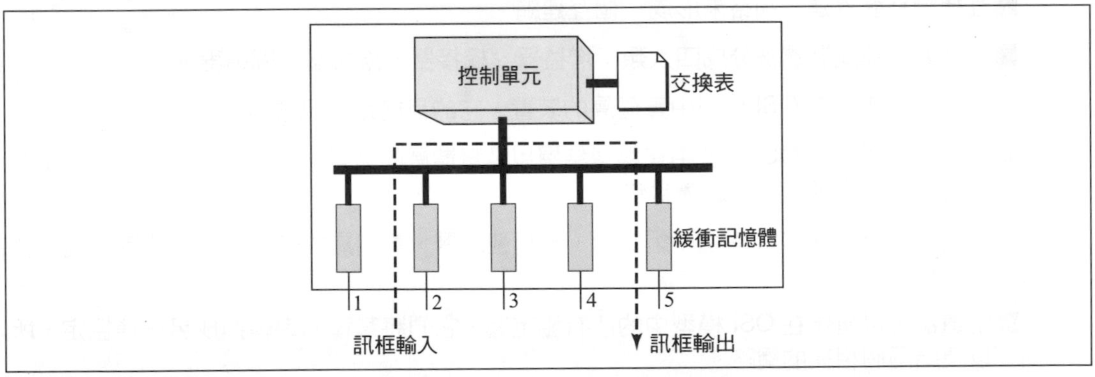

交換器的設計是根據兩種不同的策略（構造）：**儲存並轉送** (store-and-forward) 以及**穿透式** (cut-through)。一個儲存並轉送交換器將接收到的訊框儲存在輸入緩衝記憶體，直到整個封包抵達為止。換句話説，穿透式交換器則是在目的端位址被接收之後，將封包轉送到輸出緩衝記憶體。圖 17.16 顯示交換器的概念。某個訊框抵達埠 2，並且被儲存在緩衝記憶體中。CPU 跟控制單元使用訊框中的訊息，並諮詢交換器裡面的列表來找出輸出埠。訊框接著透過埠 5 傳送出去。

路由交換器

新一代的交換器可以把路由器與橋接器的功能結合一起，目前市場上已經有這種產品。這些**路由交換器** (routing switches) 使用網路層目的端位址，來找出封包應該透過那個輸出連結來進行轉送。這樣的處理方式更快速，因為一般路由器裡面的網路層軟體，只會尋找下一個工作站的網路層位址，然後將這個訊息丟給資料連結層軟體，讓它去尋找輸出連結。

17.6 關鍵名詞 Key Terms

橋接器 (bridge)

橋接路由器（橋接器 / 路由器） brouter (bridge/router)

穿透式交換器 (cut-through switch)

閘道器 (gateway)

跳躍點計數路由 (hop-count routing)

互連網裝置 (internetworking devices)

最低成本路由 (least-cost routing)

多埠橋接器 (multiport bridge)

多重協定路由器 (multiprotocol router)

封包生命週期 (packet lifetime)

增益器 (repeater)

路由器 (router)

路由交換器 (routing switch)

簡易型橋接器 (simple bridge)

來源繞送 (source routing)

擴充樹演算法 (spanning tree algorithm)

停止並轉送交換器 (store-and-forward switch)

透通式橋接器 (transparent bridge)

17.7 摘要 Summary

- 互連網路裝置連結網路來形成一個互連網。
- 網路與互連網裝置被分成四大類：增益器、橋接器、路由器、閘道器。
- 增益器是運作在 OSI 模型中實體層的裝置，它的目的是將訊號再生。
- 橋接器是運作在 OSI 模型中資料連結層以及實體層的裝置。它們可以擷取工作站的位址，並且在網路中轉送或是過濾封包。
- 路由器是運作在 OSI 模型中網路層、資料連結層、實體層的裝置。它們決定封包所要經過的路徑。
- 閘道器可以運作在 OSI 模型中的所有協定層，它們將某種協定轉換成另一種協定，所以可以連結兩個相異的網路。
- 其他用來連結網路的裝置，包括多重協定路由器、橋接路由器、交換器、路由交換器等等。

17.8 練習題 *Practice Set*

選擇題

1. 下列哪一個不是互連網的裝置？
   a. 橋接器
   b. 閘道器
   c. 路由器
   d. 全部都是互連網的裝置
2. 下列哪一種裝置在 OSI 模型中使用最多的協定層？
   a. 橋接器
   b. 增益器
   c. 路由器
   d. 閘道器
3. 橋接器利用封包的_________去比對它位址列表中的資訊，藉此進行轉送或是過濾封包的工作？
   a. 第二層之來源端位址
   b. 來源端節點的實體位址
   c. 第二層之目的端位址
   d. 第三層之目的端位址
4. 一個簡易橋接器做了下列哪些事？
   a. 過濾資料封包
   b. 轉送資料封包
   c. 擴充區域網路
   d. 以上皆是
5. 下列哪些是屬於橋接器的類型？
   a. 簡易、複雜、通透
   b. 簡易、通透、多埠
   c. 堅毅、複雜、多埠
   d. 擴充、縮小、中止
6. 下列哪些是閘道器可以處理的？
   a. 協定之間的轉換
   b. 封包大小調整
   c. 資料封裝
   d. a 與 b
7. 閘道器是在 OSI 中哪一層作用？

a. 底下三層
b. 上面四層
c. 所有七層
d. 除了實體層之外的所有層

8. 增益器作用在第_________層？
   a. 實體
   b. 資料連結
   c. 網路
   d. a 與 b

9. 橋接器作用在第_________層？
   a. 實體
   b. 資料連結
   c. 網路
   d. a 與 b

10. 增益器將衰減以及損壞的資料_________？
   a. 放大
   b. 再生
   c. 重新取樣
   d. 重新路由

11. 橋接器擷取相同網路內工作站的_________位址？
   a. 實體
   b. 網路
   c. 服務存取點
   d. 以上皆是

12. 何種橋接器必須靠手動建立表格？
   a. 簡易
   b. 透通
   c. 多埠
   d. b 與 c

13. 何種橋接器可以藉由封包位址的資訊建立，並且更新它的列表？
   a. 簡易
   b. 透通
   c. a 與 b
   d. 以上皆非

14. 路由器運作在＿＿＿＿＿層？
   a. 實體與資料連結
   b. 實體、資料連結、網路
   c. 資料連結與網路
   d. 網路與傳輸

練習

15. 假設一個橋接器被用來連結兩個 802.5（記號環）的區域網路（如圖 17.17），一個在左邊網路的工作站送出一個訊框到右邊網路的工作站。橋接器扮演左邊網路工作站的角色，右邊也是擔任工作站。如果此橋接器向右邊轉送一份訊框之後，它是否該藉由設定「位址已辨識」，以及「訊框已複製」的位元來聲明自己已經接收到該訊框，並且向左邊網路的下一個工作站送出訊框，還是應該忽略這個問題，並且像是訊框遺失般的運作？

圖 17.17　習題 15

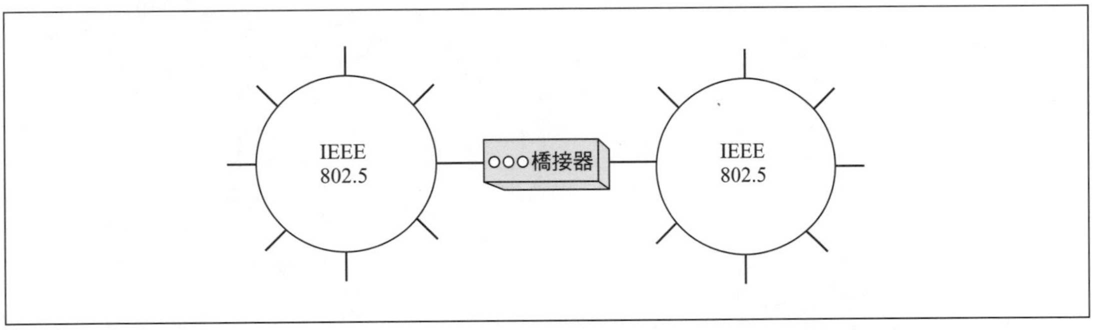

16. 如果是連結兩個 802.3（乙太網路）的 LAN，是否會發生第 15 題所提到的問題？
17. 如果是連結 802.3（乙太網路）與 802.5（記號環）兩個區域網路，是否會發生第 15 題所提到的問題？
18. 假設橋接器被用來連結 802.3（乙太網路）與 802.5（記號環）兩個區域網路（如圖 17.18），如果橋接器從乙太網路轉送一個訊框到記號環，請回答下列問題：

圖 17.18　習題 18

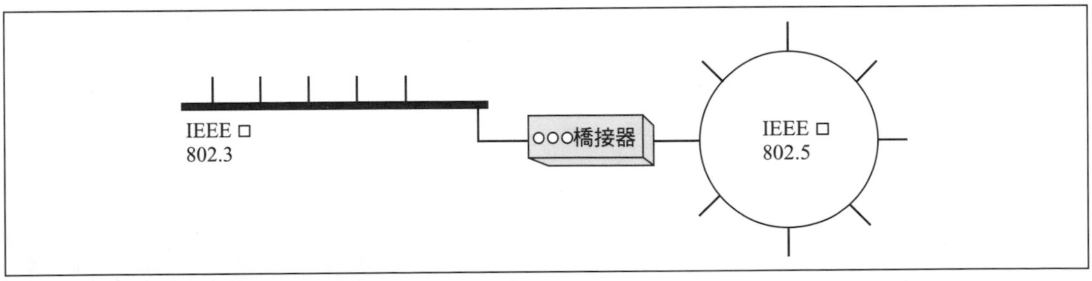

   a. 橋接器是否需要重新格式化訊框？
   b. 橋接器是否需要重新計算 CRC 欄位的值？
   c. 位元排序是否需要被反向？

d. 記號環的優先權位元如何被設定？

19. 重做第 18 題，如果改成訊框從記號環送往乙太網路。

20. 在第 19 題中，假設記號環以 16Mbps 傳送，而乙太網路以 10Mbps 傳送。橋接器需要一個緩衝記憶體來儲存這些資訊，讓它可以用較低的速率來傳送。如果緩衝記憶體已經溢載時，會有什麼情形發生？

21. 如果橋接器從乙太網路送出資料到記號環網路，橋接器是如何處理碰撞的情況？

22. 如果橋接器從記號環網路送出資料到乙太網路，橋接器是如何處理碰撞的情況？

第 18 章

TCP/IP
TCP/IP

傳輸控制協定 / 互連網協定 (Transmission Control Protocol/Internetworking Protocol, TCP/IP) 是一組**協定**或是**協定套件**，它定義所有的傳輸如何在網際網路中進行交換。它是以最常見的兩種協定去命名，TCP/IP 已經使用多年，而且在全球性的等級中，展現出它的效率。

18.1 TCP/IP 概述 *Overview of TCP/IP*

在 1969 年，美國國防部的一個部門**高等研究計劃署** (advanced research project agency, ARPA)，提供資金援助一項計畫。ARPA 在電腦間藉由點對點的專線，建立一個分封交換式網路，稱為**高等研究計劃署網路** (advanced research project agency network, ARPANET)，它提供早期一些對於網路研究的基礎。這些由 ARPA 所建立，用來規範電腦間如何透過網路通訊的協定後來演變成 TCP/IP。

隨著網路逐漸發展，變成包含其他類型的連線與裝置時，ARPA 改良 TCP/IP 而讓它逐漸適應新技術的需求。受到 TCP/IP 逐漸成長的影響，ARPANET 的範圍也漸漸擴張，直到現在變成互連網的骨幹，它也被稱為網際網路。

TCP/IP 與網際網路

TCP/IP 與互連網路的概念是一起被開發的，兩者相輔相成。然而，在更深入這個協定前，我們需要先瞭解 TCP/IP 與網際網路所提供的任何實體之間的關係。

一個在 TCP/IP 之下運作的網際網路，像是一個由許多數目與類型的電腦所連結的單一網路。在它的內部，一個互連網（實際上就是網際網路）是獨立實體網路（像是區域網路）的相互連結，並藉由互連網裝置將他們連在一起。圖 18.1 表示一個互連網路的拓樸，在這個例子中，A、B、C 等字母表示主機。一個在 TCP/IP 中的**主機** (host) 是一台電腦。在圖中以 1、2、

3 等數字標示的實體圓圈，它們是路由器或是閘道器。至於那些內部以羅馬數字（I, II, III 等）標示的橢圓形，則代表個別的實體網路。

圖 18.1 依照 TCP/IP 架構而形成的互連網

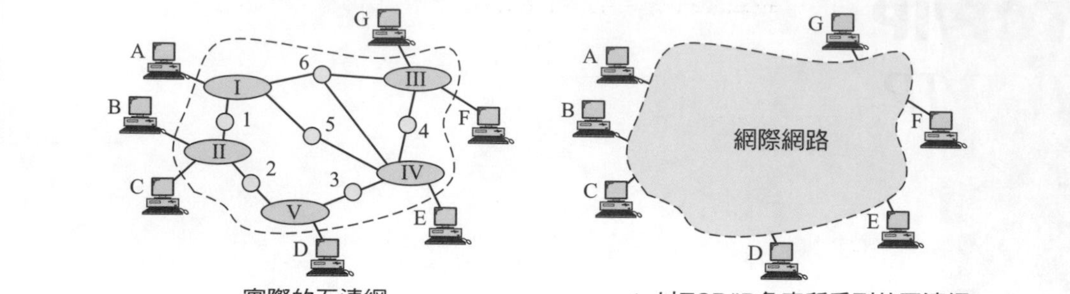

a. 實際的互連網　　b. 以TCP/IP角度所看到的互連網

對 TCP/IP 而言，同樣的互連網路看起來卻是相當不同（再看一次圖 18.1）。TCP/IP 把所有相互連結的實體網路視為一個大的網路，它把所有的主機都視為跟一個大型網路相連接，而不是跟它們個別的實體網路相連接。

TCP/IP 與 OSI 模型

傳輸控制協定 (TCP) 是在 OSI 之前所建立的，因此它在協定層的架構無法完全對應到 OSI 模型。TCP/IP 由五層所組成：實體、資料連結、網路、傳輸、應用層。TCP/IP 的應用層可以相等於 OSI 模型的會議、表示、應用三層的結合。

在傳輸層，TCP/IP 定義兩個協定，TCP 與使用者數據包協定 (User Datagram Protocol, UDP)。在網路層，由 TCP/IP 所定義的主要協定是互連網協定 (Internetworking protocol, IP)，雖然這層還有其他協定來支援資料的移動。

在實體與資料連結層，TCP/IP 並沒有定義任何協定。它支援本書之前討論的所有標準與專屬協定。一個 TCP/IP 網路可以是區域網路 (LAN)、都會網路 (MAN) 或廣域網路 (WAN)。

封裝

圖 18.2 顯示在 TCP/IP 協定套件中，不同協定層的**資料單元封裝** (encapsulation)。在應用層中所產生的資料單元被稱為**訊息** (*message*)。TCP 或是 UDP 則建立一種稱為**區段** (segment) 或是**使用者數據包** (user datagram) 的資料單元。IP 層則是接著建立一種稱為**數據包** (datagram) 的資料單元，數據包在網際網路的移動是由 TCP/IP 協定所負責的。然而，為了能夠實體的由一個網路移到另一個網路上，數據包必須被底層網路的資料連結層封裝成一個訊框，最後以訊號的類型透過傳輸媒介傳送出去。

圖 18.2 TCP/IP 與 OSI 模型

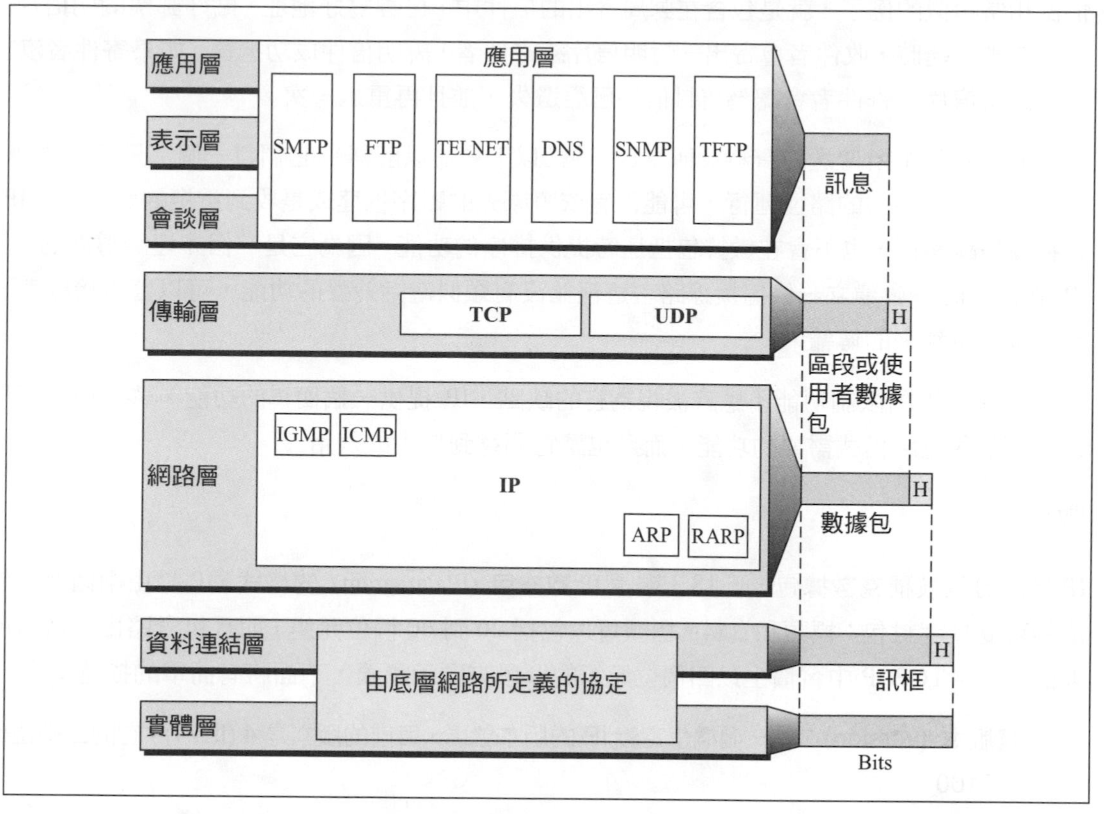

18.2 網路層 Network Layer

在網路層（或更精確地說，是互連網層），TCP/IP 提供互連網 (IP) 協定。IP 也包含四種支援的協定：ARP、RARP、ICMP、IGMP，每一種協定都會在以後的小節說明。

互連網協定 (IP)

IP 是 TCP/IP 協定所使用的一個傳輸機制，它不可靠，而且是非連結導向的數據包協定——一種盡力的遞送服務。**盡力** (*best-effort*) 這個術語，表示 IP 並沒有提供錯誤檢查或是追蹤的機制。IP 假設底層是不可靠的，並且竭盡所能地讓傳輸可以抵達目的端，不過卻沒有任何保證。正如前一章所看的，透過實體層的傳輸，可能因為數種原因而被損毀。雜訊會在訊號經由媒介傳送的過程中造成位元錯誤，一個壅塞的路由器，如果在限定的時間內不能轉送數據包時，就會將它丟棄；繞送的封包最後會在那裡繞圈圈，並且造成數據包的損毀，而封閉的連結可能無法產生到達目的端的可用路徑。

如果可靠性是重要的，IP 必須與一個可靠的協定如 TCP 結合。一個讓大家熟知的盡力遞送服務就是郵局。郵局盡力的傳遞郵件，但是不會每次都成功。如果未掛號的信件遺失了，這就要依靠寄件者或是可能的收件者去發現遺失的事實，並且去修正問題。郵局本身並不會持續追蹤每一封信，也不會通知寄件者信件遺失或是損壞的消息。另一個與 IP 伴隨可靠功能協定情況相當類似的例子，就是包含在郵局寄出的信件中，已經寫好地址，貼好郵票的明信片。當一封信被送達時，收件者會寄出一封明信片給寄件者，說明信件成功抵達。如果寄件者沒有收到這封明信片，寄件者會認為這封信件已經遺失，並且再重送一次。

IP 在封包中所傳送的資料被稱為數據包（以下會加以解釋），它們每一個都是獨立的傳送。數據包會沿著不同的路徑運行，可能沒有依照原先的順序抵達或是收到重複的數據包。IP 不會持續追蹤路徑，也不會在數據包抵達時提供排序的功能。因為它是一個非連結導向的服務。IP 在傳輸時不會建立一條虛擬線路。這裡並沒有類似電話鈴聲的功能，可以警告接收者，會有一個即將到來的傳輸。

然而，IP 的限制功能不應該被視為它的缺點，IP 提供一個簡單的功能，讓使用者不只可以增加某些應用程式需要的功能，而且也讓它們達到最大的效用。

數據包

IP 層的封包被稱為數據包，圖 18.3 顯示 IP **數據包** (IP datagram) 的格式。IP 是由兩個部分所組成的可變長度封包：標頭和資料。標頭可以包括 20 到 60 個位元組，而且包含路由及遞送所需要的資訊。TCP/IP 中習慣上以四個位元組的區段來顯示標頭，下面將有簡單的描述：

- **版本** (version) 第一個欄位定義 IP 的版本號碼，目前的版本是 4 (IPv4)，它的二進位值是 0100。
- **標頭長度** (Header length, HLEN) HLEN 欄位以四個 byte 的倍數來定義標頭長度，4 個 bit 可以表示 0 到 15，當它乘以 4 時，最大長度可達 60 個 bytes。
- **服務類型** (service type) 服務**類型**欄位定義數據包如何被處理，它包含定義數據包優先順序的位元。同時也包含指定傳送者所需要服務類型的位元，比如流通量的等級、可靠度、以及延遲等。
- **總長度** (total length) 總長度定義 IP 數據包的總長度，它是一個 2 byte (16 bits)的欄位。
- **識別** (identification) **識別欄位**被用在**分割** (fragmentation) 的情況。當一個數據包經過不同的網路時，可能會被分割成許多區段來符合該網路的訊框長度。當這個動作發生時，每一個區段將以這個欄位中的序號作為識別。
- **旗標** (flags) 在旗標欄位的位元被用來處理分割的問題（數據包可以或不能被分割，它可以是第一個、中間的、或是最後一個區段等等）。
- **分割起始** (fragmentation offset) 分割起始是一個指標，它用來表示資料在原先數據包的起始位置（如果有分割的話）。
- **存活時間** (time to live) 存活時間欄位定義數據包被丟棄之前，可以通過的跳躍點數目。當來源端主機建立一個數據包時，會把這欄位設成初始值。接著，當這個數據包透過網際網路，經由一台路由器接著另一台路由器來運行時，每個路由器會把這個值減 1。如果在數據包抵達最終目的地之前，這個值先變成 0 的話，該數據包將被丟棄。這樣可以避免數據包在路由器之間來回不停的傳送。

■**協定** (protocol)　協定欄位定義哪些上層協定的資料會被封裝在數據包(TCP、UDP、ICMP 等等)中。

圖 18.3　IP 數據包

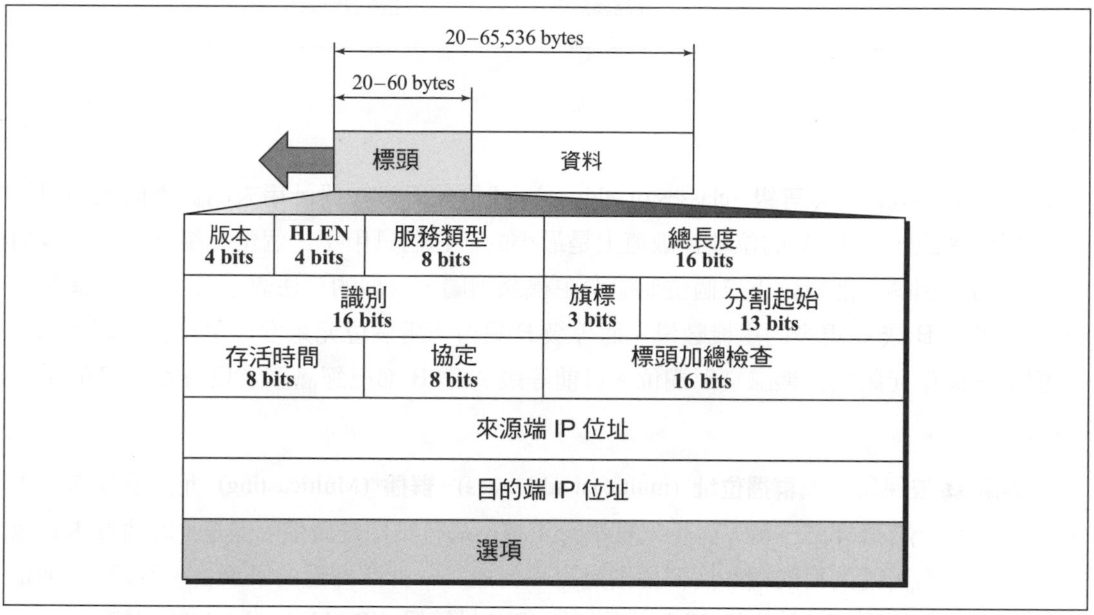

■**標頭加總檢查** (header checksum)　這是一個 16 個位元的欄位，用來檢查標頭而不是封包其他部分的完整性。

■**來源端位址** (source address)　來源端位址欄位是 4 個位元組 (32 bit) 的網際網路位址，它可以識別數據包的原始位址。

■**目的端位址** (destination address)　目的端位址欄位是 4 個位元組 (32 bit) 的網際網路位址，它可以識別數據包的最終目的端位址。

■**選項** (options)　選項欄位可以提供更多功能給 IP 的數據包，它可以載送控制繞送、時序、管理、調校的欄位。

18.3　定址 *Addressing*

除了用來分別不同機器的實體位址（包含在 NIC 中）之外，網際網路需要另外一種定址約定：一種可以用來識別主機到網路之間連結的位址。

每一個**網際網路位址** (Internet address) 包含 4 個 bytes（32 個 bits），它定義三個欄位：等級類型、網路識別碼、主機識別碼。這些部分具有不同的長度，主要是依據位址等級的不同而有所不同（如圖 18.4）。

圖 18.4 Internet 位址

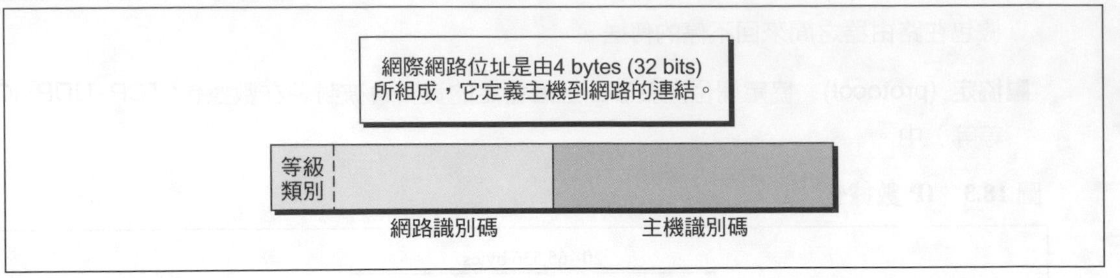

等級

目前有五種不同的**位址等級** (classes of address)，不同的等級被設計用來涵蓋不同種類組織的需求。舉例來說，等級 A 的位址在數值上是最小的。它們只用了一個位元組來識別等級類型，以及網路識別碼，然後留下三個位元組給主機識別碼，這樣的分法表示等級 A 的網路，可以容納比等級 B 或 C 更多的主機數量。而等級 B 只留下兩個位元組當作主機識別碼，而等級 C 只留下一個位元組的主機識別碼欄位。目前等級 A 與 B 都已經滿了，只有等級 C 的位址是可用的。

等級 D 被保留作為**群播位址** (multicast addresses)。**群播** (Multicasting) 允許數據包的內容可以被傳送到一群選擇的主機，而不只是單一主機。這有點像是廣播，但是，廣播要求封包必須被傳送給所有可能的目的端，而群播則是可以傳送給一群選擇過的子集合。等級 E 則是保留給未來可能會用到的位址，圖 18.5 顯示每個 IP **位址等級** (IP address class) 的架構。

圖 18.5 網際網路的等級

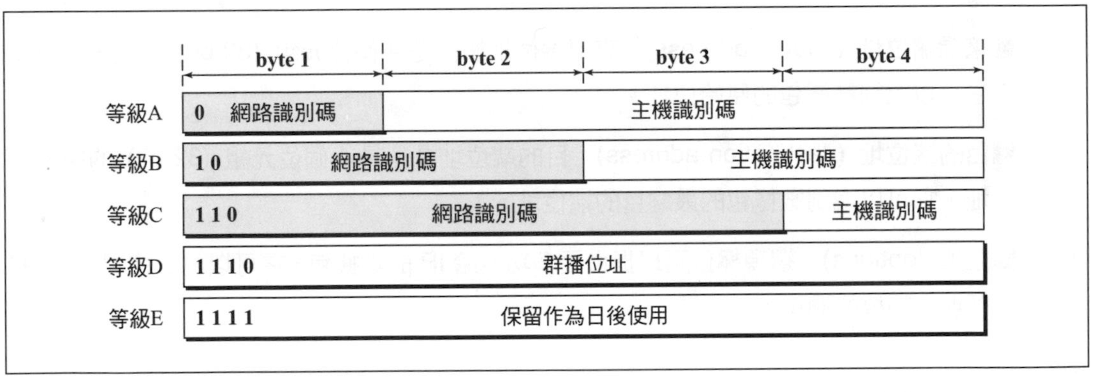

範例 1

下列位址是屬於哪一種等級？

a. 10011101 10001111 11111100 11001111

b. 11011101 10001111 11111100 11001111

c. 01111011 10001111 11111100 11001111

d. 11101011 100001111 1111110 11001111

e. 11110101 10001111 11111100 11001111

答案：

第一個位元就可以定義等級。

a. B

b. C

c. A

d. D

e. E

點式十進位表示法

為了讓 32 位元的格式短一點以及方便閱讀，網際網路位址通常使用十進位，加上以點來區隔位元組的方式—**點式十進位表示法** (dotted-decimal notation)，圖 18.6 表示位元樣式以及可能位址的十進位格式。

圖 18.6　IP 位址以點式十進位來表示

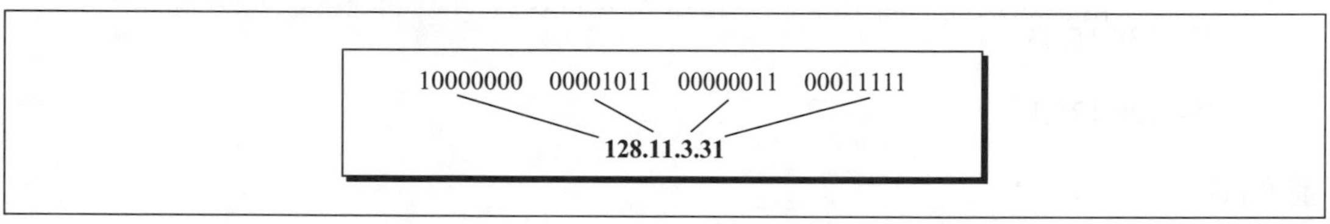

圖 18.7　網際網路位址的等級範圍

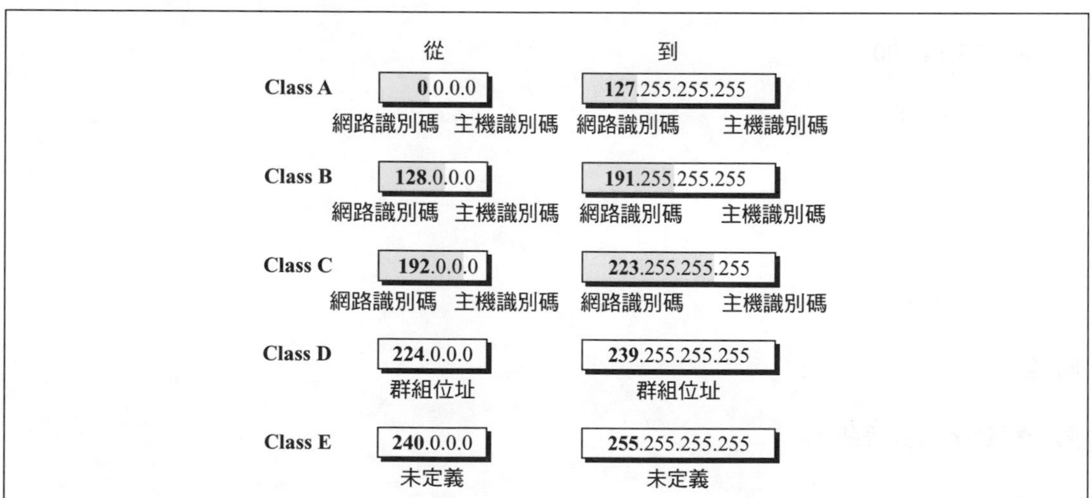

觀察某個以十進位形式表示的位址的第一個位元組，可以讓我們立刻辨識該位址屬於哪一種等級（如圖 18.7）。

範例 2

以點式十進位表示法寫出下列位址：

a. 10011101 10001111 11111100 11001111

b. 11011101 10001111 11111101 00001111

c. 01011101 00011111 00000001 11110101

d. 11111101 10001010 00001111 00111111

e. 11111110 10000001 01111110 00000001

解答：

每個位元組會被轉換成介於 0 到 255 的十進位數字。

a. 157.143.252.207

b. 221.143.253.15

c. 93.31.1.245

d. 253.138.15.63

e. 254.129.126.1

範例 3

找出下列位址的等級：

a. 4.23.145.90

b. 227.34.78.7

c. 246.7.3.8

d. 129.6.8.4

e. 198.76.9.23

解答：

第一組數字代表等級。

a. A

b. D

c. E

d. B

e. C

範例 4

找出下列位址的網路識別碼以及主機識別碼：

a. 4.23.145.90

b. 227.34.78.7

c. 246.7.3.8

d. 129.6.8.4

e. 198.76.9.23

解答

首先找出等級，然後再找出網路識別碼以及主機識別碼：

a. 等級 A，網路識別碼 4，主機識別碼：23.145.90

b. 等級 D，沒有主機識別碼或網路識別碼

c. 等級 E，沒有主機識別碼或網路識別碼

d. 等級 B，網路識別碼：129.6，主機識別碼：8.4

e. 等級 C，網路識別碼：198.76.9，主機識別碼：23

範例 5

找出每一個位址的網路位址：

a. 4.23.145.90

b. 227.34.78.7

c. 246.7.3.8

d. 129.6.8.4

e. 198.76.9.23

解答：

首先找出等級，然再找出網路識別碼。

a. 等級 A，網路位址：4.0.0.0

b. 等級 D，沒有網路位址

c. 等級 E，沒有網路位址

d. 等級 B，網路位址：129.6.0.0

e. 等級 C，網路位址：198.76.9.0

具有超過一個位址的節點

如前面所提到的，一個互連網路位址會定義節點到它所屬網路的連線。因此，必須要遵守的就是，任何連結到超過一個以上網路的裝置（例如，路由器），必須要有超過一個以上的位址。實際上，一個裝置在每個與它連結的網路上，都有不同的位址。

網際網路的範例

一個互連網位址會指定該主機所屬的網路 (netid) 以及主機本身 (hostid)。圖 18.8 表示由區域網路（三個乙太網路以及一個記號環）所組成的網際網路部分。路由器是以圓形表示，並且在中央標示 R。閘道器則是那些方盒子，而且中央被標示為 G。這些圖形與它們所連接的網路上，都有個別的位址，圖上也用**粗體字**來標示網路位址，網路位址是網路識別碼加上主機識別碼的部分全部設為 0。在圖中的網路位址為 129.8.0.0 (Class B) 與 124.0.0.0 (Class A)，134.18.0.0 (Class B) 和 220.3.6.0 (Class C)。

圖 **18.8** 網路與主機位址

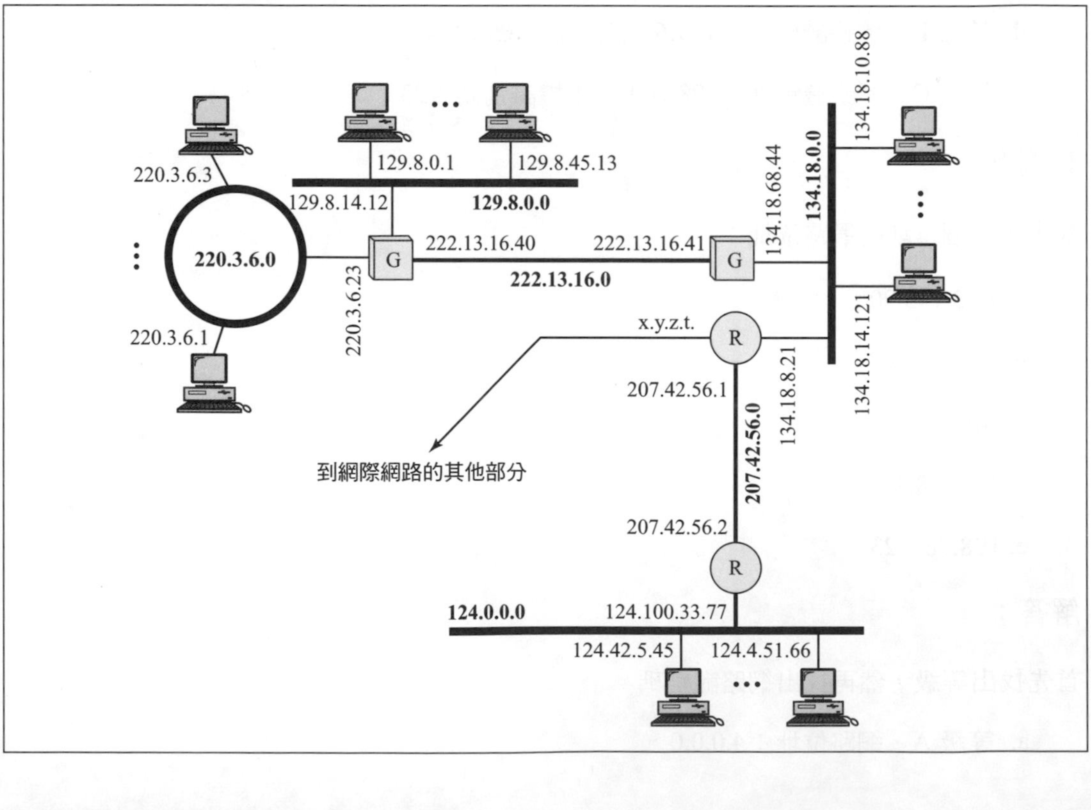

18.4 子網路 *Subnetting*

正如我們之前所討論的，IP **位址** (IP address) 的長度有 32 個位元。位址的一部分表示網路 (netid)，另一部分表示該網路 (netid)上的主機 (hostid)。這代表在 IP 定址上有階層的關係。要抵達網際網路的某個主機時，我們首先使用第一個部分的位址 (netid) 找到網路。接著使用位址的第二個部分 (hostid) 找到主機本身。換句話說，在 IP 定址中的等級 A、B、C 被設計成兩個層級。

然而，在許多情況下，兩個層級是不夠的，例如，想像某個組織具有等級 B 的位址。這個組織擁有兩個階層的位址，但是，它不能擁有超過一個以上的實體網路（如圖 18.9）。

如圖 18.9　具有兩個階層位址的網路

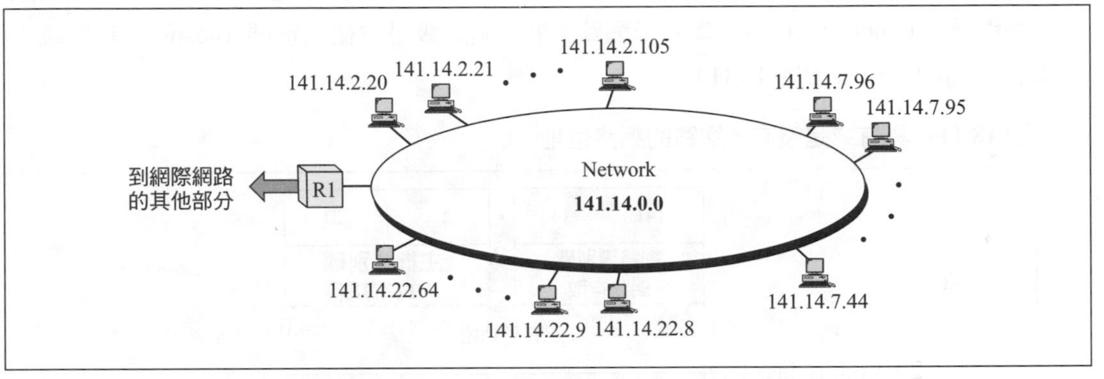

使用這種機制，整個組織被限制在兩個階層中。這些主機不能被組織成群組，而且所有的主機都屬於相同的階層。這個組織具有的單一網路是由多部主機組成。

解決這個問題的其中一種方式就是**切割子網路** (subnetting)，將網路再分割成較小的網路，稱為**子網路** (subnetworks)。例如，圖 18.10 顯示出圖 18.9 中的網路被分割成三個較小的子網路。

圖 18.10

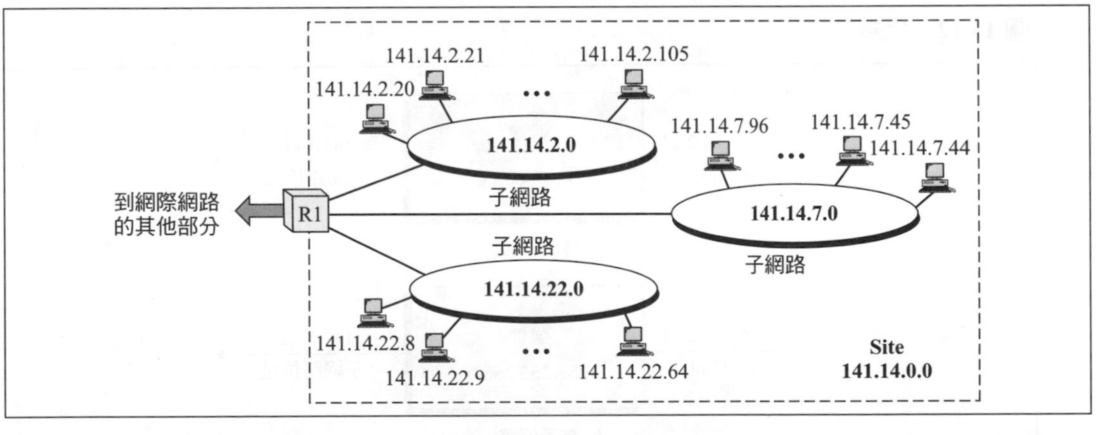

在這個範例中，網際網路的其他部分，並不會察覺這個網路被切割成三個子網路：這三個子網路仍舊以單一網路的形式，連結網際網路的其他部分。一個送往主機 141.12.2.21 的封包，

仍舊會抵達路由器 R1。IP 數據包的目的端位址仍舊是等級 B，其中 141.14 被定義成網路識別碼 (netid)，而 2.21 被定義成主機識別碼 (hostid)。

然而，當這個封包抵達路由器 R1 時，IP 的解釋被改變了，路由器 R1 知道 141.14 在實體上被分割成三個子網路。它曉得最後兩個位元組代表兩件事情：子網路識別碼 (subnetid) 以及主機識別碼 (hostid)。因此，2.21 必須被解釋成 subnetid 2，以及 hostid 21。R1 使用 141.14 當作 netid，2 當作 subnetid，21 當作 hostid。

三階層架構

加入子網路之後，在 IP 定址系統中建立一個中間的層級。現在我們有三個層級：網路識別碼、子網路識別碼、主機識別碼。網路識別碼是第一個層級，它定義站台 (site)。第二個層級是**子網路識別碼** (subnetid)，它定義實體子網路。第三個層級是主機識別碼 (hostid)，它定義主機與子網路之間的連線（如圖 18.11）。

圖 18.11 具有或是沒有子網路的網路位址

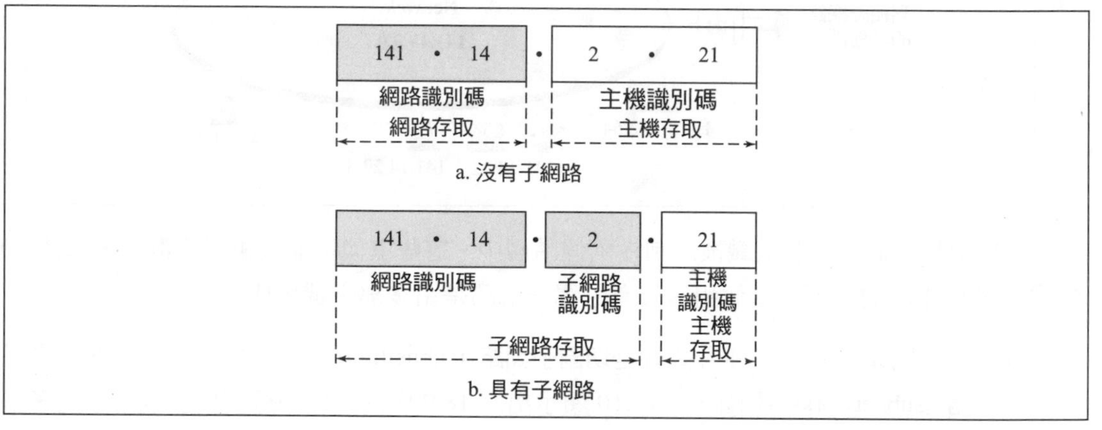

IP 數據包的繞送現在包含三個步驟：遞送到站台、遞送到子網路、遞送到主機。

圖 18.12 遮罩

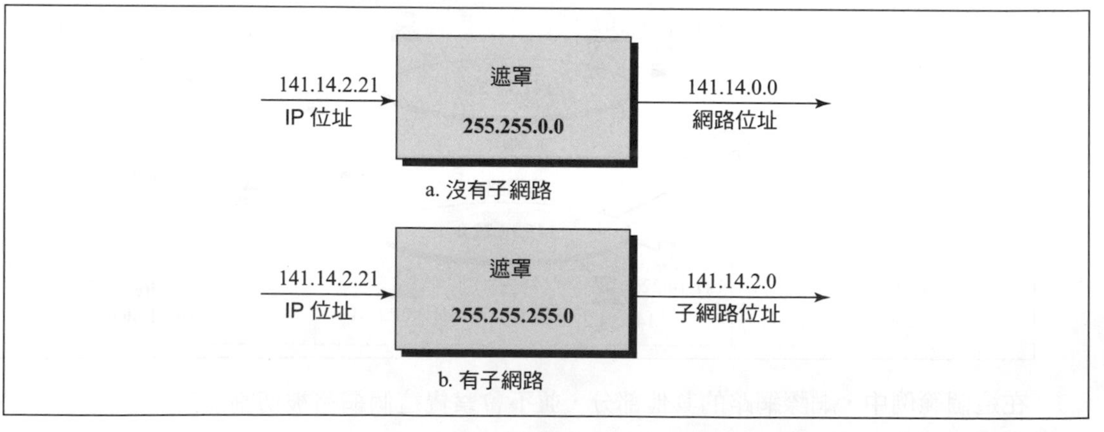

遮罩

遮罩 (Masking) 是從 IP 位址中取得實體網路位址的一種程序。不管我們有沒有子網路，都可以進行遮罩的運算。如果沒有使用子網路，透過遮罩可以從 IP 位址取得網路的位址。如果有使用子網路，那麼遮罩可以從 IP 位址取得**子網路位址** (subnetwork address)（如圖 18.12）。

無子網路的遮罩

為了相容性，即使沒有子網路，路由器還是會使用遮罩。沒有使用子網路的網路遮罩被定義在表 18.1 中。

表 **18.1** 未切割子網路的遮罩

等級	遮罩	位址（範例）	網路位址（範例）
A	255.0.0.0	15.32.56.7	15.0.0.0
B	255.255.0.0	135.67.13.9	135.67.0.0
C	255.255.255.0	201.34.12.72	201.34.12.0
D	N/A	N/A	N/A
E	N/A	N/A	N/A

具子網路的遮罩

當用到子網路時，遮罩會變化。表 18.2 顯示有子網路的遮罩範例。

表 **18.2** 有切割子網路的遮罩

等級	遮罩	位址（範例）	網路位址（範例）
A	255.255.0.0	15.32.56.7	15.32.0.0
B	255.255.255.0	135.67.13.9	135.67.13.0
C	255.255.255.192	201.34.12.72	201.34.12.64
D	N/A	N/A	N/A
E	N/A	N/A	N/A

尋找子網路位址

要找出子網路位址，可以將遮罩應用在 IP 位址上。

邊界層級遮罩

如果遮罩是在邊界層級（遮罩的數字不是 255，就是 0），要找出子網路位址會相當容易。請依照下面兩種規則：

1. IP 位址對應到遮罩數字為 255 的位元組，就會重複出現在子網路位址中。

2. IP 位址對應到遮罩數字為 0 的位元組，就會在子網路位址中被設定為 0。

範例 6

以下顯示如何從 IP 位址中得到子網路位址：

IP 位址	45	.	23	.	21	.	8
遮罩	255	.	255	.	0	.	0
子網路位址	45	.	23	.	0	.	0

範例 7

以下顯示如何從 IP 位址中得到子網路位址：

IP 位址	173	.	23	.	21	.	8
遮罩	255	.	255	.	255	.	0
子網路位址	173	.	23	.	21	.	0

非邊界層級遮罩

如果遮罩不是在邊界層級（遮罩數字不是 255 也不是 0 的時候），找出子網路位址的方式，會使用位元之間的『AND』運算，請依照下面三種規則：

1. IP 位址對應到遮罩數字為 255 的位元組，就會重複出現在子網路位址中。
2. IP 位址對應到遮罩數字為 0 的位元組，就會在子網路位址中被設定為 0。
3. 其他的位元組，則使用『AND』運算。

範例 8

以下顯示如何從 IP 位址中得到子網路位址：

IP 位址	45	.	123	.	21	.	8
遮罩	255	.	192	.	0	.	0
子網路位址	45	.	64	.	0	.	0

正如你所看到的，有三個位元組可以輕易的被決定。不過，第 2 **個位元組**需要經過『AND』**運算**。這種運算非常簡單。如果兩個位元都是 1 時，其結果就是 1，否則，結果就是 0。

123	0	1	1	1	1	0	1	1
194	1	1	0	0	0	0	0	0
64	0	1	0	0	0	0	0	0

範例 9

以下顯示如何從 IP 位址中得到子網路位址：

IP 位址	213	.	23	.	47	.	37
遮罩	255	.	255	.	255	.	240
子網路位址	213	.	23	.	47	.	32

如你所看到的，三個位元組很容易被決定出來，不過，第 4 個位元組需要經過『AND』運算。

37	0	0	1	0	0	1	0	1
240	1	1	1	1	0	0	0	0
32	0	0	1	0	0	0	0	0

18.5 網路層的其他協定

Other Protocols in The Network Layer

TCP/IP 在網路層還支援其他四種協定：ARP、RARP、ICM、IGMP。

圖 18.13 ARP

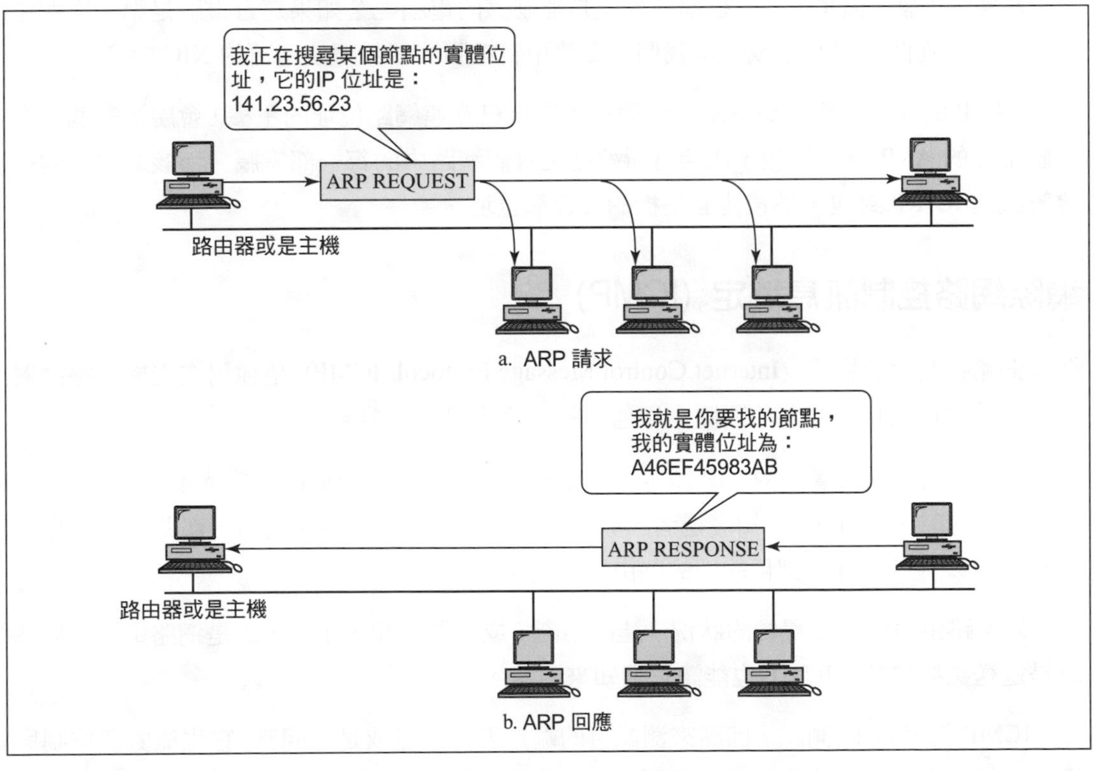

位址解析協定 (ARP)

位址解析協定 (address resolution protocol, ARP) 把 IP 位址與實體位址連結在一起。在典型的實體網路中（例如區域網路），在連線上的每個裝置，都會以實體或是工作站位址來識別，它們通常被燒在網路介面卡 (NIC) 裡面。

實體位址具有本地的管轄權。換句話說，IP 位址具有較廣泛的管轄權。當網際網路的位址是已知的情況下，ARP 被用來找出節點的實體位址。

任何時候，當主機或是路由器需要在它的網路上搜尋其他主機的位址時，它會組成包含 IP 位址的 ARP 查詢封包，並將它透過網路（如圖 18.13）廣播。在該網路的每部主機都會收到，並且處理 ARP 查詢封包。但是只有真正的接受端才會認出它的互連網位址，並且回覆它的實體位址。保存這些數據包的主機，會將目的端主機的位址加到它的快取記憶體以及數據包標頭中，然後將它送出。

反向位址解析協定 (RARP)

反向位址解析協定 (reverse address resolution protocol, RARP) 允許當主機只曉得自己的實體位址時，找出自己的互連網位址。目前的問題，就是為什麼我們需要 RARP？主機不是應該要將它的互連網位址儲存在硬碟中的嗎。

答案：正確。但是，如果這部主機就是無硬碟的電腦呢？如果這台電腦是第一次連結網路呢（當它正在開機時）？或是當我們需要使用新電腦，卻希望使用舊的 NIC 呢？

RARP 的運作非常類似 ARP。想要得到它自己互連網路位址的主機，會廣播一個包含自己實體位址的 ARP 查詢封包，送給它所連結之實體網路中的每一部電腦。而該網路上的伺服器會辨識出 RARP 封包，然後傳回主機的互連網位址。

網際網路控制訊息協定 (ICMP)

網際網路控制訊息協定 (Internet Control Message Protocol, ICMP) 是種用在主機與路由器上面的機制，它可以將數據包的問題，用通知的方式傳回發送端。

如我們在前面所看到的，IP 基本上是不可靠以及非連結導向的協定。不過，ICMP 在數據包無法遞送時，允許 IP 通知發送者。數據包會由一部路由器移動到另一部路由器，直到它遇到某部可以將封包遞送到目的地的路由器為止。

如果路由器因為不尋常的狀況（連結中斷，或是裝置起火了），或是網路壅塞，無法繞送或是遞送數據包時，ICMP 也能讓它通知來源端。

ICMP 使用 echo 測試 / 回應來測試目的端是否可抵達或是可回應。它也能處理控制與錯誤訊息，但是它唯一的功能是回報問題，而非修正它們。修正的工作要靠發送端來完成。

請注意，數據包只有載送原始發送端以及目的端的位址。它並不知道傳送該數據包的前一部路由器位址。因為這種理由，ICMP 只能將訊息送到來源端，而非中間的路由器。

網際網路群組訊息協定 (IGMP)

IP 協定可以包含兩種類型的通訊：單點與群播。**單點** (*unicasting*) 是介於發送者與另一位接收者之間的通訊，這是一種一對一的通訊。不過，有些程序在某些時候必須同時傳送相同的訊息給一大群接收者，這被稱為**群播** (*multicasting*)，它是一對多的通訊。群播有很多種應用，例如，多位股票經紀人可以同時被告知有關股票價格的變化，旅遊社可以被通知航班的取消，其他應用像是遠距教學和隨選視訊等。

IP 位址支援群播，在所有 32 bit 的 IP 位址中，位元由 1110 開始（等級 D）的就是群播位址，其中 28 個位元被當作群組位址，所以有超過 250 萬個位址可以被拿來分配使用。其中有些位址是固定被指定的。

網際網路群組訊息協定 (Internet Group Message Protocol, IGMP) 被設計用來協助一部群播路由器，讓它在屬於某個群播群組的 LAN 中識別主機。它成為 IP 協定的附屬協定之一。

18.6 傳輸層 Transport Layer

在 TCP/IP 中，傳輸層被表示成兩種協定：TCP 與 UDP。在這兩種之中，UDP 是比較簡單的；當可靠度與安全的重要性小於長度與速度時，它提供非順序的傳輸功能。然而，大部分的應用程式都需要可靠的端點對端點傳遞，所以需要使用 TCP。

IP 會將一個數據包從來源主機遞送到目的地主機，並且使用主機對主機的協定。但是，目前的作業系統都支援多重使用者，以及多處理程序的環境。一個執行中的程式被稱為程序。一部接收到數據包的主機，可能會同時執行數個不同的程式，當中的任何一個都有可能是傳輸的目的端。實際上，即使我們已經討論過有關主機經由網路傳送訊息到另外一台主機的議題，它實際上就是來源端的程序在遞送訊息給目的地端的程序。

TCP/IP 協定套件中的傳輸協定，定義出一組連結個別程序的概念性連線，它稱為協定埠，或是更簡單的名詞，埠。協定埠是目的地端的某個點（通常是緩衝記憶體），它被特定程序用來儲存資料。而這些程序之間的介面以及它們所對應到的埠，則是由主機的作業系統所提供。

IP 是一種主機對主機的協定，這代表它可以從一個實體裝置遞送一個封包到另一個裝置。TCP/IP 的傳輸層協定是埠對埠的協定，並且工作在 IP 協定之上，它在傳輸開始時，將封包從來源埠傳送到 IP 服務，並且在另一端從 IP 服務遞送到目的端埠（如圖 18.4）。

每一個埠都是由一個正整數位址所定義，這些位址由傳輸層封包標頭所載送。一個數據包使用主機的 32 位元互連網路位址。在傳輸層的訊框使用 16 個位元的程序**埠位址** (port address)，這樣已經足夠支援 65536 個埠（0 到 65535）。

圖 18.14 埠位址

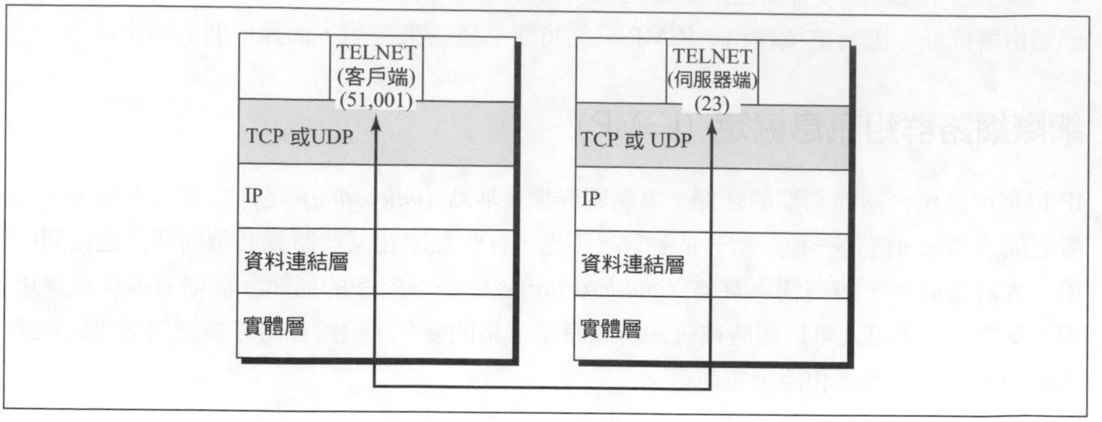

使用者數據包協定

使用者數據包協定 (user datagram protocol, UDP) 是在 TCP/IP 的兩個協定中，比較簡單的一個。它是一種端點對端點的傳輸層協定，它只有在較高層傳下來的資料中，增加埠的位址，加總檢查錯誤控制，以及長度資訊。一個 UDP 所產生的封包被稱為使用者數據包（如圖 18.15），它的簡短描述如下：

- **來源埠位址** (source port address) 來源埠位址是產生訊息之應用程式的位址。
- **目的地埠位址** (destination port address) 目的地埠位址是接收訊息之應用程式的位址。
- **總長度** (total length) 總長度欄位定義使用者數據包的長度，它的單位是位元組。
- **加總檢查** (checksum) 這是一個 16 bit 的資料，它被用來檢測錯誤。

圖 18.15 UDP 數據包格式

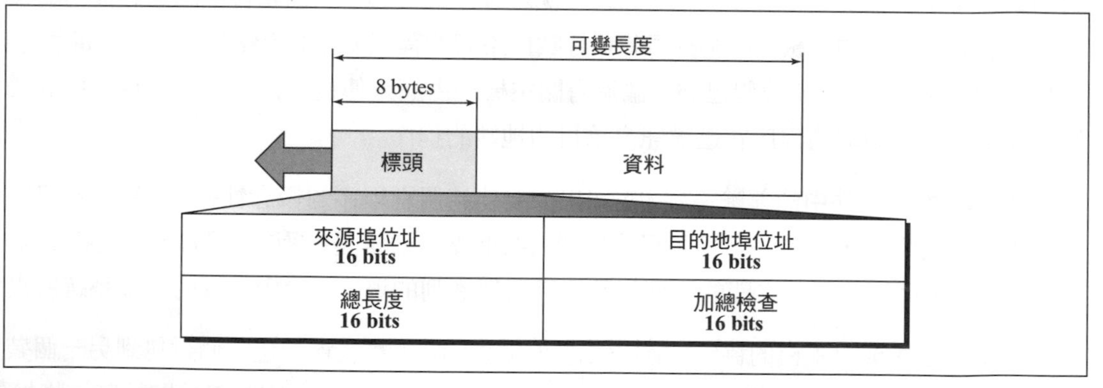

UDP 只有提供端點對端點之間傳輸所需要的基本功能。它並不會提供任何的排序或是重新排序的功能，而且當有錯誤回報時（它必須與 ICMP 一起使用），也不能明確指出是哪一個封包損壞。UDP 可以發現有錯誤產生；ICMP 接著會通知發送端，使用者數據包已經被毀損並且被丟棄。不過它們都無法知道是哪一個封包遺失了。UDP 只有包含加總檢查：它並沒有包含特定資料區段的 ID 或是序號。

傳輸控制協定 (TCP)

傳輸控制協定 (transmission control protocol, TCP) 提供完整的傳輸層服務給應用程式。TCP 是一個可靠的串流傳輸埠對埠協定。串流這個術語在本書中表示連結導向服務：傳輸的兩個端點之間，在資料可以傳送之前必須建立一條連線。藉由建立這條連線，TCP 在發送者與接收者之間建立虛擬線路，它會在傳送的過程中保持運作的狀態（整個交換的連線時間是不一樣的，並且是由個別應用程式的會談功能所處理）。TCP 在每個傳輸開始時會通知接收端，告訴它數據包正在傳送的路中（連線建立），並且以連線終止來結束每個傳輸。用這個方法，接收端期望知道整個傳輸，而非只是單個封包。

IP 跟 UDP 把某個屬於單一傳輸的多重數據包視為完整而且分隔的單元，它們彼此沒有相互關連。每個數據包抵達目的端的事件都是獨立的，沒有在接收者的預期之內。換句話說，TCP 是一個以連結為導向的服務，它負責可靠地遞送包含在訊息中的整個位元串流，這些訊息原本是由發送端的應用程式所產生。要確保可靠度，可以透過提供錯誤檢測，以及重傳一個損壞訊框來做到；在傳輸完成，以及虛擬線路被丟棄之前，所有區段必須被接收和確認。

在每個傳輸的發送端，TCP 會將一長串的傳送資料切割成較小的資料單元，然後將它們包裝在稱為區段的單元中。每個區段包含序號，在接收之後作為排列之用，它也使用確認的 ID 數字，以及滑動視窗 ARQ 所用的視窗長度欄位。區段被包裝在 IP 數據包裡面，然後透過網路連線來載送。在接收端，TCP 在數據包抵達的時候將它們收集起來，並且依據這些數字重新排列傳輸的順序。

圖 18.16 TCP 區段格式

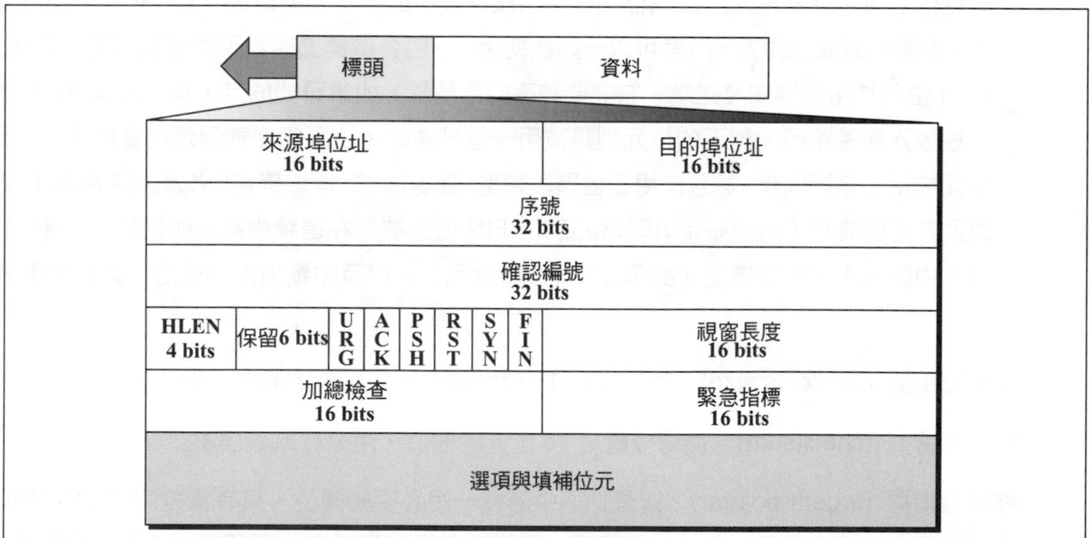

TCP 區段

由 TCP 所提供的服務範圍，需要在區段標頭中詳細地加以說明（如圖 18.16），如果比較 TCP 的區段格式與 UDP 的使用者數據包，就可以顯示這兩種協定不同的地方。TCP 提供一個可以理解的可靠度功能，但是卻犧牲了速度（連線必須被建立，要等待確認等機制）。因為 UDP 是比較小的訊框，所以它比 TCP 快很多，不過卻不可靠。下面會依序地簡單描述每個欄位的意義。

- **來源埠位址** (source port address) 來源埠位址定義來源端電腦的應用程式。
- **目的地埠位址** (destination port address) 目的地端埠位址定義目的地端電腦的應用程式。
- **序號** (sequence number) 來自應用程式的一串資料，可能被切割成兩個或兩個以上的 TCP 區段，序號欄位顯示資料在原始資料串流中的位置。
- **確認編號** (acknowledgment number) 32 個位元的確認數字被用來確認已經從其他通訊裝置接收到資料，這些編號只有在控制欄位（之後會解釋）中的 ACK 位元被設定時才是有效的。在這個情況下，它定義下次所期待的位元組序號。
- **標頭長度** (header length, HLEN) HLEN 欄位是四個位元，用來指出在 TCP 標頭中包含的 32 位元字組有幾個，四個位元最多可以定義到數字 15，然後再乘以 4 來表示標頭中的位元組總數。因此，標頭的長度最多可以為 60 個位元組 (4×15)。因為標頭需要最少的長度為 20 個位元組，還有 40 個位元組可以讓選項區段使用。
- **保留** (reserved) 這是個 6 位元的欄位，被保留用來做為未來使用。
- **控制** (control) 6 個位元的控制欄位，其中每個位元都是獨立而且分開的。每個位元可以定義區段的功用，以及提供其他欄位合法性的檢查。當緊急位元被設定時，就會讓緊急指標欄位生效。這個位元以及指標都會指出該區段中的資料是緊急的，當 ACK 位元被設定時，會讓確認欄位生效。兩者可以一起被使用，不過會依據區段類型的不同而有不同功能。PSH 位元被用來通知發送端，它需要較高的傳輸量。如果可能的話，資料將以更高的傳輸量被放入傳輸路徑。剩下的位元則是被用來重設連線，這是當序號混淆時會進行的。SYN 位元被用在序號同步，並且使用三種區段類型：連線請求、連線確定（必須設定 ACK 位元）、以及確定的確認（必須設定 ACK 位元）。FIN 位元被用在連線中斷，並且使用三種區段類型：中斷請求、中斷確定（必須設定 ACK 位元）、以及中斷確定的確認（必須設定 ACK 位元）。
- **視窗長度** (windows size) 視窗是個 16 位元的欄位，用來定義滑動視窗的大小。
- **加總檢查** (checksum) **加總檢查**是 16 位元的欄位，用來作為錯誤檢查。
- **緊急指標** (urgent pointer) 這是標頭中最後一個必要的欄位，只有當控制欄位中 URG 位元被設定時才會有效。在這種情況下，傳送者會通知接收者，區段中有一部分的資料是緊急資料 (urgent data)。這個指標會定義緊急資料的結束，以及一般資料的開始。
- **選項與填補** (options and padding) TCP 標頭剩下的部分會定義可選擇的欄位，它們因為調校的目的而被用來傳送額外的資訊到接收端。

18.7 IP 的下一代：IPv6 以及 ICMPv6
Next Generation : IPv6 and ICMPv6

TCP/IP 協定套件中的網路層協定，目前使用傳統的 IPv4（網際網路協定第四版）。IPv4 提供網際網路的系統之間主機對主機的通訊。雖然 IPv4 是非常好的設計，數據通訊從 1970 年代就開始使用它。但是 IPv4 的某些缺陷讓它不適用在快速成長的網際網路上，這些缺陷被描述如下：

- IPv4 有兩個層級的定址架構（網路識別碼以及主機識別碼），並分成五個等級（A、B、C、D、E），這樣會讓位址空間的利用非常沒有效率。例如，當某個組織被給予等級 A 的位址，來自位址空間中的一千六百萬個位址將被分派給該組織專用。如果一個組織被給予等級 C 的位址，那麼只有 256 個位址可以分派給這個組織，256 個位址並非是有效率的數字。同時，數百萬的位址被等級 D 跟 E 所浪費。這樣的定址方式會耗盡 IPv4 中的位址空間，很快地，將不會有足夠的位址可以分派給其他想要進入網際網路的新電腦。雖然子網路以及超網路的策略可以減緩這些位址的問題，不過卻讓繞送的複雜度增加。
- 網際網路必須可以提供即時語音以及影像傳輸，這種類型的傳輸需要最少延遲的策略以及預約資源的機制，而這些在 IPv4 中並沒有提供。
- 網際網路必須對於某些應用程式提供加密以及資料的確認，但是 IPv4 並沒有提供。

為了克服這些問題，IPv6（互連網協定，第 6 版），同時也被稱為 IPng（下一代的互連網協定）的新版協定被提出來，而且成為現在的標準。在 IPv6 中，它被大量的修正，來滿足未來網際網路的成長速度。IP 位址的格式與長度同時做了改變。相關的協定像是 ICMP，也都做了修正。其他網路層的協定，像是 ARP、RARP、IGMP，不是被刪除就是併入 ICMP 協定中。路由協定像是 RIP 以及 OSPF，也少許地被修正，來符合這些改變。通訊專家預測 IPv6 及其相關的協定，很快就會取代傳統的 IP 版本。在本章中，我們會先討論 IPv6，然後再討論 ICMPv6。

IPv6

下一代的 IP 或稱為 IPv6，它具有比 IPv4 還要好的優點，可以被歸納如下：

- **較大的位址空間** (larger address space) 一個 IPv6 的位址長度具有 128 bit 與 32 bit 的 IPv4 比較，它有四倍大的位址容量。
- **較佳的標頭格式** (better header format) IPv6 使用新的標頭格式，其中選項與基本標頭分開，並且在需要時，它可以被插入在基本標頭以及上層資料之間。這會讓繞送程序變得較簡單以及更加快速，因為大部分的選項並不需要給路由器檢查。
- **新的選項** (new options) IPv6 具有新的選項，它們也有額外的功能。
- **允許擴充** (allowance for extension) 如果新的技術或是應用程式有需要，IPv6 被設計可以允許擴充。

- **資源配置的支援 (support for resource allocation)** 在 IPv6 中，雖然服務類型的欄位被刪除，不過卻加入新的機制（稱為流量標籤），讓來源端可以要求對封包的特殊處理。這種機制可以被用來支援即時影音的傳輸。
- **更多安全的支援 (support for more security)** 在 IPv6 的加密與確認選項，可以檢查封包的私密性與完整性。

IPv6 位址

IPv6 的位址包含 16 個位元組 (bytes, octets)，所以它有 128 個位元（如圖 18.17）。

圖 18.17 IPv6 地址

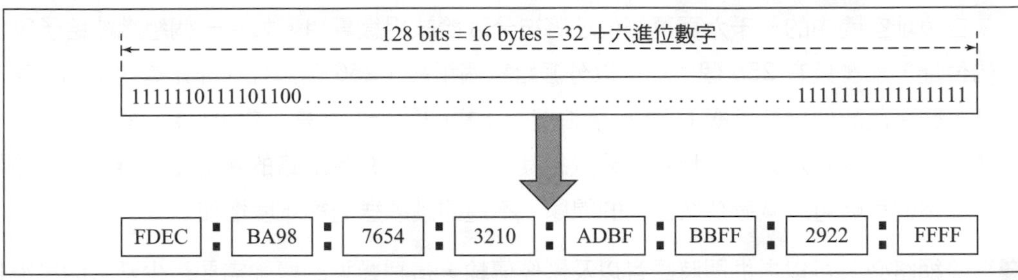

十六進位數字冒號表示法 (hexadecimal colon notation) 為了讓 IP 更容易閱讀，IPv6 位址用**十六進位數字冒號表示法 (hexadecimal colon notation)** 在這種表示法中，128 個位元被切割成八個區段，每個區段有兩個位元組。在十六進位數字表示法中，兩個位元組需要 4 個十六進位數字。因此，位址中包含 32 個十六進位數字，每 4 個由一個冒號所隔開。

圖 18.18 縮寫的位址

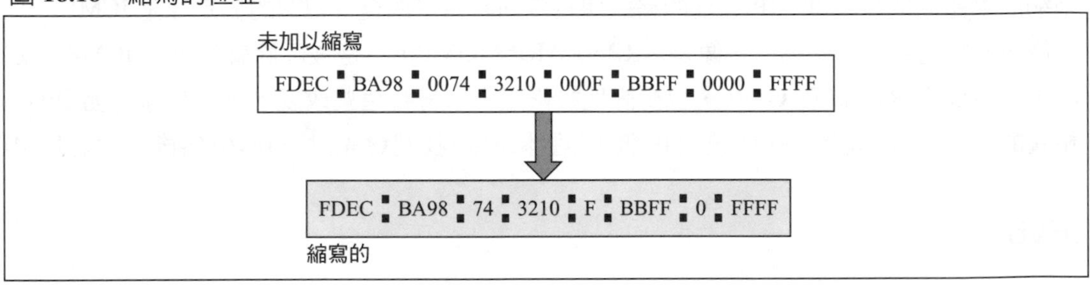

- **縮寫 (abbreviation)** 雖然 IP 位址使用十六進位格式來表示，但是它卻很長，而且有很多都是 0。在這種情況下，我們可以將位址縮寫。一個區段（兩個冒號之間的四個數字）開始的 0 可以被省略。只有起頭的 0 可以被去掉，而尾巴的 0 不能被拿掉，範例請參考圖 18.18。

圖 18.19 省略連續 **0** 的縮寫位址

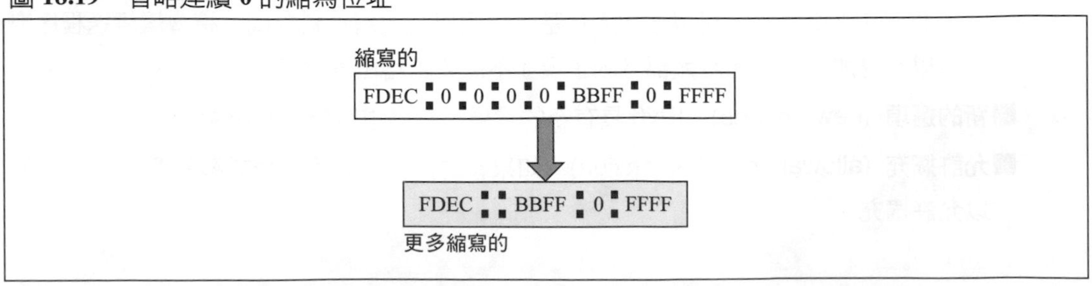

使用這樣的縮寫，0074 可以被寫成 74，000F 可以被寫成 F，0000 可以被寫成 0，請注意 3210 的 0 不能被忽略。如果有連續欄位的 0，還可以更進一步地省略它們。我們可以把那些 0 去掉，然後用兩個冒號來代替，圖 18.19 顯示這個概念。

圖 **18.20**　部分的位址

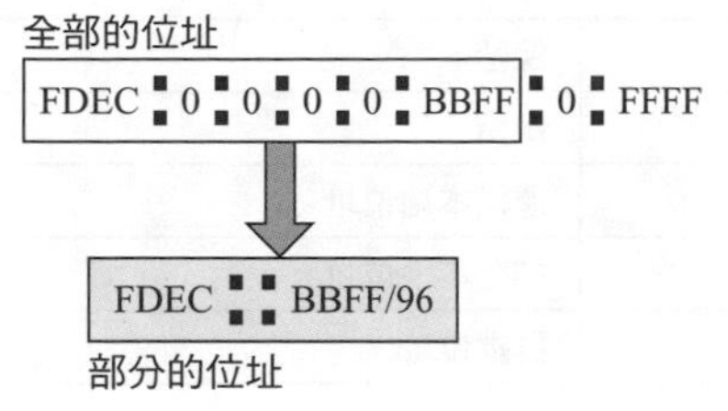

圖 **18.21**　位址架構

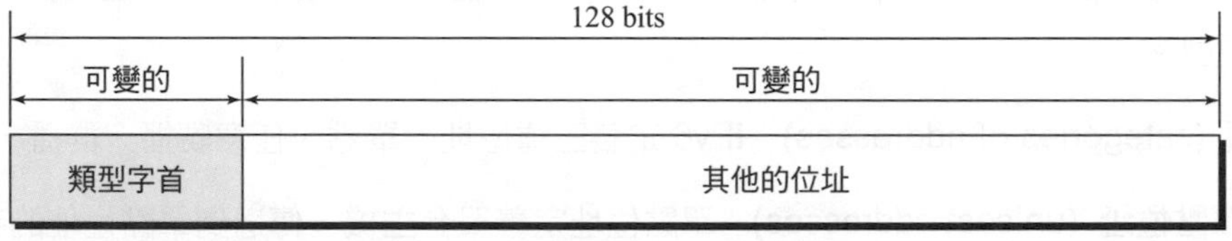

請注意，這樣的簡寫類型在每一個位址中只能使用一次，如果有兩個以上的區段都是 0，那麼我們只能在其中一個區段使用這樣的縮寫方法。要重新展開縮寫的位址也很簡單：調整未被縮寫的部分，把 0 塞進縮寫的地方就可以得到原始的位址。

表 **18.3**　**IPv6** 位址的類型字首

類型字首	類型	比例
0000 0000	保留	1/256
0000 0001	保留	1/256
0000 001	NSAP（網路服務存取點）	1/128
0000 010	IPX (Novell)	1/128
0000 011	保留	1/128
0000 100	保留	1/128
0000 101	保留	1/128
0000 110	保留	1/128
0000 111	保留	1/128
0001	保留	1/16
001	保留	1/8
010	以供應者為基礎的單點位址	**1/8**
011	保留	1/8
100	地理位置的單點位址	1/8
101	保留	1/8
110	保留	1/8

表 18.3 IPv6 位址的類型字首（續）

類型字首	類型	比例
1110	保留	1/16
1111 0	保留	1/32
1111 10	保留	1/64
1111 110	保留	1/128
1111 1110 0	保留	1/512
1111 1110 10	連線本地位址	1/1024
1111 1110 11	站台本地位址	1/1024
1111 1111	群播位址	1/256

有時候我們只需要參考某部分的位址，而不是全部時，只要在保留的數字後面放上一個斜線，然後在它後面寫下你想保留的總數即可。例如，圖 18.20 顯示前六個區段如何被寫成一個簡單的類型。

位址種類 (categories of addresses) IPv6 定義三種位址：單點、任意廣播、群播。

- **單點位址** (unicast addresses) 單點位址定義單台主機，傳送到單點位址的封包，應該被遞送到該特定的主機。
- **任意廣播位址** (anycast addresses) **任意廣播位址**定義一群擁有相同字首位址的主機。例如，連線到相同實體網路的電腦，都會分享相同的位址字首。一個被送往任意廣播位址的封包，應該被送往這個群組中的每一台電腦—最接近或是最容易被存取的電腦。
- **群播位址** (multicast addresses) 群播位址定義一群分享相同，或是不同字首的電腦；以及連接，或是沒有連接相同實體網路的電腦。一個被送往群播位址的封包，應該要抵達這個集合中的每一部主機。

位址空間指定 (address space assignment) **位址空間** (address space) 有很多不同的用途。IP 位址的設計者將位址空間分割成兩個部分，第一個部分稱為**類型字首** (type prefix)，這種變動長度的字首定義位址的用途。而這些編碼則被設計成每個編碼都不會跟第一部分的其他編碼相同。用這種方法，不會產生混淆；當一個位址被給予的時候，類型字首可以輕易的被決定出來，圖 18.21 顯示 IPv6 的位址格式。

表 18.3 顯示每一種位址類型的字首，第三列 (column) 顯示每一個位址類型與整個位址空間的比例。

- **以供應者為基礎的單點位址** (provider-based unicast addresses) 以供應者為基礎的位址，通常被一般主機以單點位址來使用。這種位址格式如圖 18.22。

以供應者為基礎的單點位址欄位如下：

a. **類型識別碼** (type identifier) 這三個位元的欄位將位址定義為提供者為基礎的位址。

b. **註冊識別碼** (registry identifier) 這五個位元的欄位指出哪些機構已經登記註冊這些位址。目前有三個註冊中心已經被定義：INTERNIC(編碼為 11000)屬於北美的中心、APNIC(編碼為 10100)是亞洲以及太平洋國家中心、RIPNIC 是歐洲註冊中心(編碼為 01000)。

c. **提供者識別碼** (provider identifier) 這個變動長度的欄位指出網際網路擷取的提供者，這個欄位的建議是 16 個位元。

d. **訂購者識別碼** (subscriber identifier) 當某個組織向提供者訂購網際網路的存取，它會被指定一個**訂購者**的識別。這個欄位的建議是 24 個位元。

e. **子網路識別碼** (subnet identidier) 每一個訂購者可以擁有很多的子網路，而每個網路可以有不同的識別碼。子網路識別碼在訂購者的範圍內定義一個特定的網路。這個欄位的建議是 32 個位元。

f. **節點識別碼** (node identifier) 最後的欄位定義連結到子網路的節點，這個欄位的建議是 48 個位元，讓它可以跟乙太網路使用的 48 位元連結（實體）位址可以相容。未來，此連結位址可以跟節點實體位址一樣。

圖 18.22 以供應者為基礎的位址

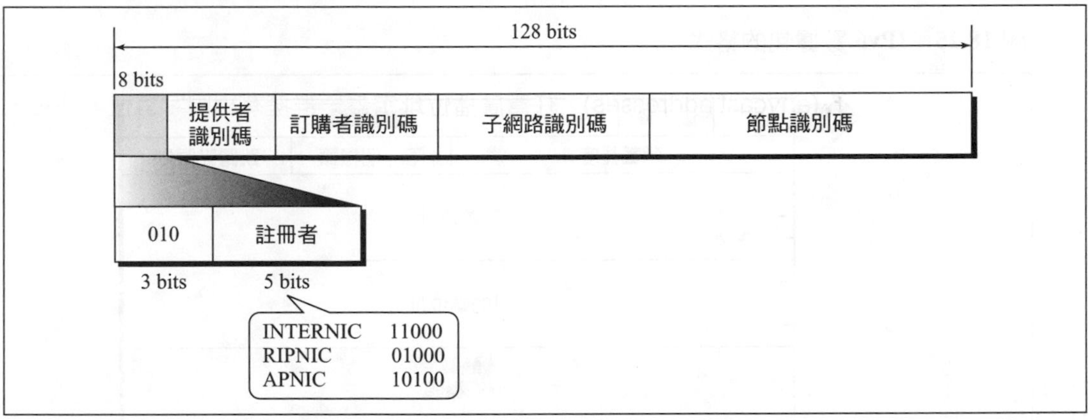

我們可以將「以提供者為基礎的位址」視為具有數個字首的階層實體。正如圖 18.23 所示，每個字首定義階層的一種等級。類型字首定義類型，註冊字首定義註冊等級的唯一性，提供者字首定義提供者的唯一性，訂購者字型定義一個訂購者的唯一性，以及子網路字首定義一個子網路的唯一性。

圖 18.23 位址階層

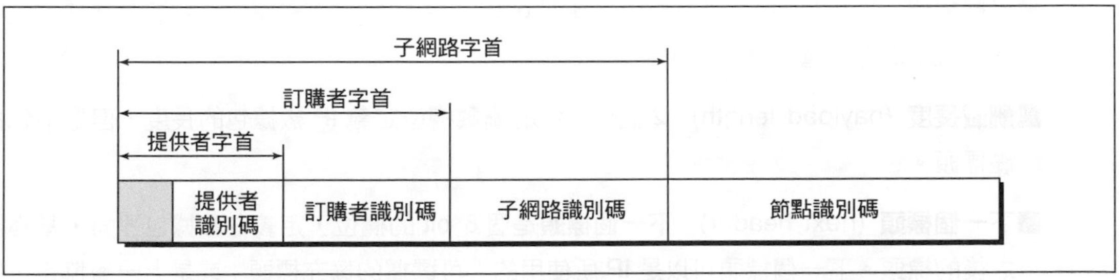

■**其他位址** (other addresses) 其他位址類型被使用在許多的目的上，不過卻超出本書的範圍。要得到更多的資訊，請參考 *TCP/IP Protocal Suite* by Behrouz Forouzan 一書。

圖 18.24 IPv6 數據包

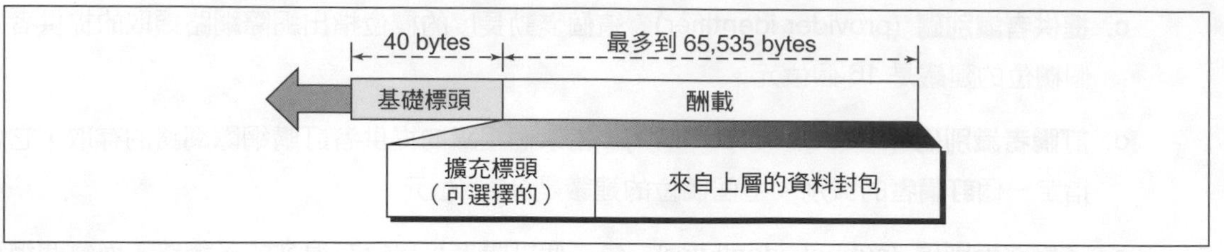

IPv6 封包格式

IPv6 的封包被顯示在圖 18.24，每個封包由必要的**基礎標頭** (base header) 以及後面的酬載所組成。酬載由兩個部分組成：選擇性的**擴充標頭** (extension headers) 以及來自上層的資料。基礎標頭佔有 40 個位元組，所以擴充標頭以及來自上層的資料，通常最多可以包含到 65535 個位元組的資訊。

基礎標頭 (base header) 圖 18.25 顯示基礎標頭以及它的八個欄位，這些欄位分述如下：

圖 18.25 IPv6 數據包的格式

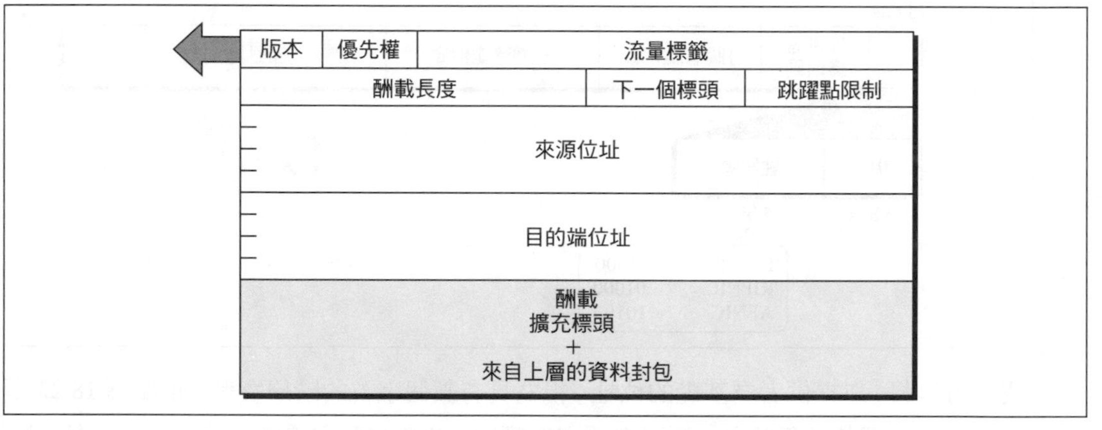

■**版本** (version) 4 個位元的欄位表示 IP 的版本，對於 IPv6，它的值是 6。

■**優先權** (priority) 4 個位元的欄位定義關於壅塞封包中的優先權，我們會在後面討論這個部分。

■**流量標籤** (flow label) **流量標籤**是 3 個 byte（24 個位元）的欄位，它被設計提供資料特殊的流量處理，會在後面討論。

■**酬載長度** (payload length) 2 個位元組的酬載欄位定義 IP 數據包的長度，但是不包括基礎標頭。

■**下一個標頭** (next header) **下一個標頭**是個 8 bit 的欄位，定義在數據包裡面，基礎標頭之後的標頭。下一個標頭可以是 IP 所使用的「可選擇的擴充標頭」或是上一層協定，像是

UDP 或是 TCP 所使用的標頭。每個擴充標頭也包含這種欄位。表 18.4 顯示下一個標頭的數值。請注意，這個欄位在第四版被稱為**協定** (*protocol*)。

表 **18.4**　「下一個標頭」編碼

編碼	下一個標頭
0	跳躍點對跳躍點選項
2	ICMP
6	TCP
17	UDP
43	來源路由
44	分割
50	加密的安全酬載
51	認證
59	空（沒有下一個標頭）
60	目的端選項

■**跳躍點限制** (hop limit)　八個位元的**跳躍點限制**欄位，它提供與 IPv4 中 TTL 欄位相同的用途。

■**來源端位址** (source address)　來源端位址欄位是 16 個位元組 (128 bit) 的網際網路位址，它用來指出數據包的來源端。

■**目的端位址** (destination address)　目的地端位址欄位是 16 個位元組 (128 bit) 的網際網路位址，它通常會識別數據包的最終目的地端。不過，如果使用「來源路由」，這個欄位會包含下一個路由器的位址。

優先權 (priorty) 在 IPv6 封包中的優先權欄位，它定義每個封包與來自同一個來源的封包，它們相對於彼此的優先權。例如，如果有兩個連續數據包，其中一個因為壅塞必須被丟棄，那麼數據包中優先權較低的那個會被丟棄。IPv6 將交通分為兩種類型：壅塞控制以及非壅塞控制。

■**壅塞控制交通** (congestion-controlled traffic)　如果某個來源端，在有壅塞的時候讓自己的交通速度降低，這樣的交通被稱為**壅塞控制交通** (congestion-controlled traffic)。例如，使用滑動視窗協定的 TCP 協定，它可以輕易的控制交通。在壅塞控制交通中，我們知道封包可以延遲抵達，遺失，甚至在接收時已經損壞。壅塞控制資料被指定從 0 到 7 的優先權，如表 18.5，0 表示最低優先，7 表示最高優先。

表 **18.5**　壅塞控制交通量的優先權

優先權	意義
0	無特定的交通
1	背景資料

2	未被注意的資料交通
3	保留
4	值得注意的大量資料交通
5	保留
6	交談式的交通
7	控制交通

優先權可以被描述成下列幾項：

a. **無特定的交通** (no specific traffic)　當程序沒有要定義優先權的時候，優先權 0 被指定給封包。

b. **背景資料** (background data)　這種群組（優先權 1）定義那些通常在背景遞送的資料，新聞遞送就是一個很好的例子。

c. **未被注意的資料交通** (unattended data traffic)　如果使用者並沒有等待（聆聽）要被接收的資料時，封包將被給予優先權 2。電子郵件屬於這個範圍。某個使用者將郵件訊息傳送給另一位使用者，但是接收者並不知道電子郵件即將抵達。此外，電子郵件通常在它被轉送之前是被儲存起來。有一點的延遲是必然的結果。

d. **值得注意的大量資料交通** (attended bulk data traffic)　當使用者正在等待一個大量資料(可能會有延遲)的接收時，它將被賦予優先權 4。FTP 以及 HTTP 就屬於這個範圍。

e. **交談式的交通** (interactive traffic)　需要與使用者交談的協定，像是 TELNET，會被賦予優先權 6（第二高的優先權）。

f. **控制交通** (control traffic)　控制交通在這種分類中被賦予最高的優先權 7。路由協定像是 OSPF、RIP，以及管理協定像是 SNMP，都使用這樣的優先權。

■**非壅塞控制**　這屬於那些期待最小延遲的交通類型，封包的丟棄是不被容許的，重傳在大多數的情況下也不可能。換句話說，來源端並不會針對壅塞而進行自我調整，即時語音及影像屬於這種範圍。

優先權數值 8 到 15 被指定給**非壅塞控制交通量** (noncongestion-controlled traffic)。雖然這個類型的資料還沒有特定的標準，通常會依據丟掉某些封包，對於接收資料品質的影響程度來指定優先權。包含少量冗餘的資料（像是低傳真的影像或語音）可以被指定優先權 15，至於包含較多冗餘的資料（像是高傳真的影像或語音），就會給予較低優先權 8（如表 18.6）。

表 **18.6**　非壅塞控制交通量的優先權

優先權	意義
8	具有最多冗餘的資料

.	.
.	.
.	.
15	具有最少冗餘的資料

流量標籤 (flow label)　從某個特定來源端送往特定目的端，需要經過路由器特殊處理的一串封包，它被稱做封包的**流量** (*flow*)。來源端位址與流量標籤值的結合用來定義封包流量的唯一性。

對於路由器而言，流量是指哪些共享相同屬性的封包序列，這些屬性例如以相同的路徑傳送、使用相同的資源、擁有相同類型的機密機制，等等。一個支援處理流量標籤的路由器會有流量標籤表，這個表對於每個運作的流量標籤都有一個項目欄位，每個項目欄位定義相對之流量標籤所需要的服務。當路由器接收到一個封包時，就會查詢它的流量標籤表，並且找出此封包定義之流量標籤值所對應的項目欄位，它接著會將該項目欄位所提到的服務提供給封包。不過，請注意流量標籤本身並不提供資訊給流量標籤表中的項目欄位；資訊是由其他方式，像是跳躍點對跳躍點選項或是其他協定來提供。

在它最簡單的類型中，流量標籤可以用來增加路由器處理封包的速度。當某個路由器接收到一個封包時，它可以輕易的由查詢流量標籤表來找出下一個跳躍點，而不用去查詢路由表，以執行繞送演算法來獲得下一個跳躍點的資訊。

在比較複雜的類型中，流量標籤可以被用來控制即時語音和影像的傳輸。以數位格式的即時語音和影像，特別需要像是寬頻、大的緩衝記憶體、以及較長處理時間等資源。一個程序可以先對這些資源進行保留，確保即時資料不會因為資源不足而延遲。使用即時資料以及保留這些資源需要用到其他協定，除了 IPv6 以外，還有像是即時協定 (RTP)，以及資源保留協定 (RSVP)。

為了讓流量標籤更有效率的被使用，目前已經定義了三種規則：

1. 流量標籤由來源端主機指定給封包，此標籤是一個由 1 到 $(2^{24})-1$ 之間的亂數。如果現存的流量標籤還在運作時，來源端不能重複使用同一個流量標籤。

2. 如果有主機不支援流量標籤，它會將那個欄位設成 0。如果路由器不支援流量標籤時，路由器將標籤忽略。

3. 所有屬於同一個流量的封包，應該擁有相同的來源端、相同的目的端、相同的優先權、以及相同的選項。

比較 (comparison)　表 18.7 比較 IPv6 與 IPv4 的標頭。

表 **18.7　IPv4** 與 **IPv6** 封包標頭的比較

比較
1. 標頭長度欄位在 IPv6 中被刪除，因為標頭的長度在這個版本中式固定的。
2. 服務類型欄位在 IPv6 中被刪除。由優先權與流量標記的兩個欄位取代服務類型欄位的功

能。

3. 總長度欄位在 IPv6 中被刪除，並被酬載長度欄位所取代。
4. 識別，旗標以及起始欄位都在 IPv6 的基礎標頭中被刪除。它們被包含在分割擴充標頭。
5. TTL 欄位在 IPv6 中被稱為跳躍點限制。
6. 協定欄位被下一個標頭欄位所取代。
7. 標頭加總檢查已經被刪除，因為加總檢查是由上層協定所提供：因此在這一層就不需要了。
8. IPv4 的選項欄位在 IPv6 中以擴充標頭方式被實現。

擴充標頭 (extension headers) 基礎標頭的長度固定是 40 個位元組，然而，為了給 IP 數據包更多的功能性，基礎標頭最多可以使用後面的六種擴充標頭。這些標頭很多在 IPv4 中都是選擇性的，圖 18.26 顯示擴充標頭的格式。

已經被定義的六種擴充標頭格式：跳躍點對跳躍點選項、來源端路由、分割、認證、加密過的酬載、目的端選項（如圖 18.27）。

圖 18.26 擴充標頭格式

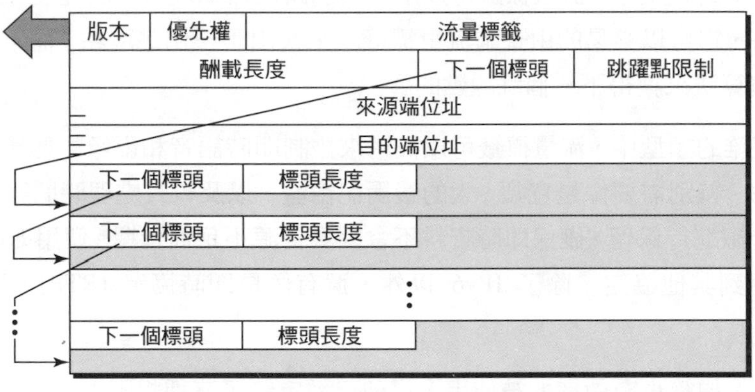

圖 18.27 擴充標頭類型

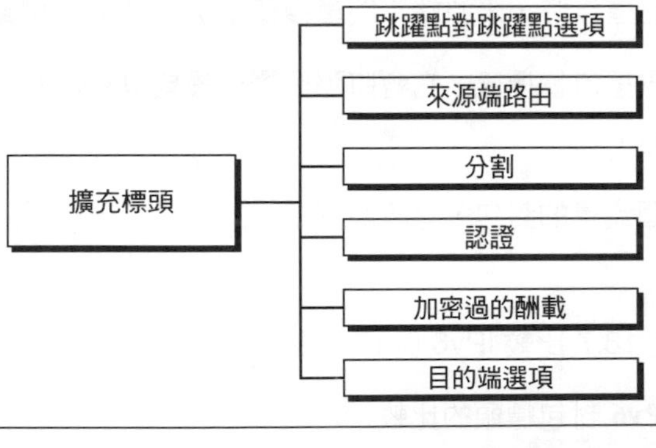

ICMPv6

另外一個在第六版中被修正的協定是 ICMP (ICMPv6)。這個新的版本遵照第四版相同的策略以及目的，但是 ICMPv4 已經被修正過而更適合 IPv6。此外，有些在第四版中屬於獨立的協定，在第六版中也被合併到 ICMPv6，圖 18.28 比較網路層在第四版與第六版之間的差異。

圖 18.28 第四版與第六版在網路層的比較

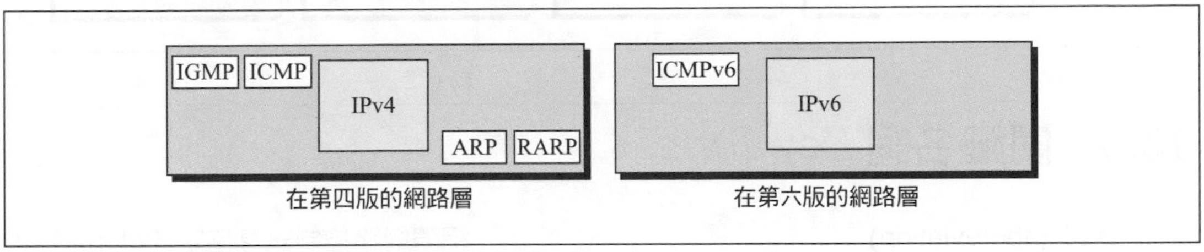

第四版中的 ARP 與 IGMP 協定被併入 ICMPv6，套件中的 RARP 協定已經被拿掉，因為它沒有經常被用到。

圖 18.29 顯示兩種常用的 ICMP 訊息類別：錯誤回報與查詢。

圖 18.29 ICMP 訊息的類別

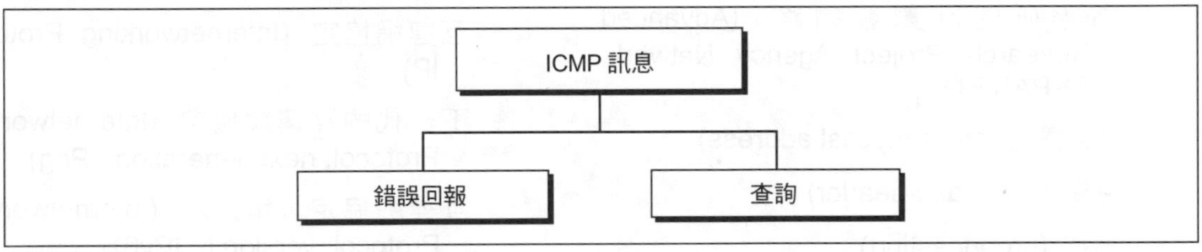

圖 18.30 顯示五種不同的錯誤回報訊息：目的地無法抵達、封包過大、時間超過、參數問題、轉向。

圖 18.30 錯誤回報訊息的類型

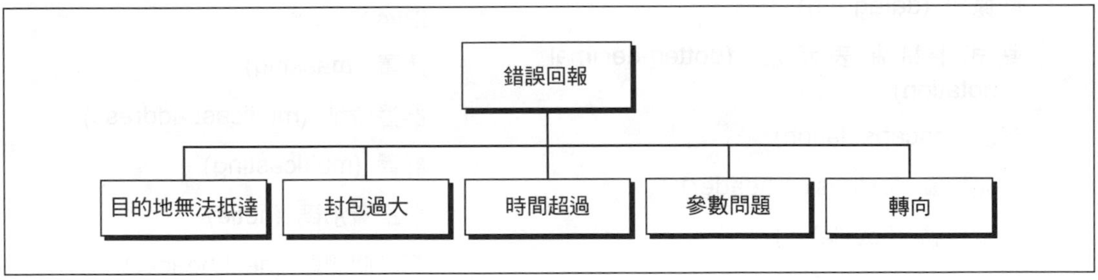

圖 18.31 顯示四個不同的查詢訊息：回報請求與回應、路由器的請求與公告、鄰居請求與公告、群組的成員關係。

圖 18.31 查詢訊息類型

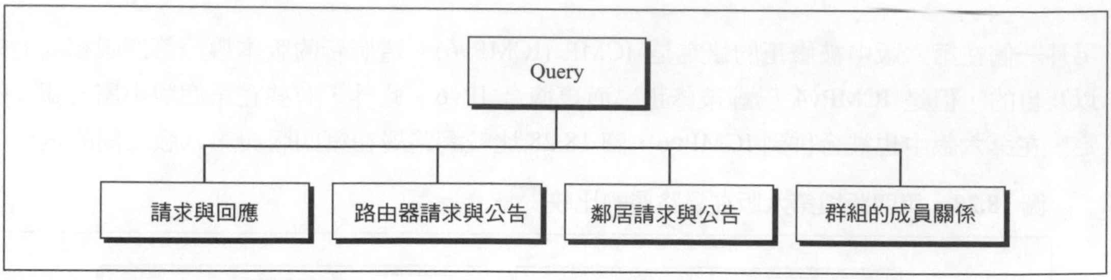

18.8 關鍵名詞 *Key Terms*

縮寫 (abbreviation)

位址解析協定 (address resolution protocolm, ARP)

位址空間 address space

高等研究計劃署 (Advanced Research Project Agency, ARPA)

高等研究計劃署網路 (Advanced Research Project Agency Network, ARPANET)

任意廣播位址 (anycast address)

基礎標頭 (base header)

廣播 (broadcasting)

位址的等級 (class of address)

壅塞控制交通量 (congestion-controlled traffic)

數據包 (datagram)

點式十進制表示法 (dotted-decimal notation)

封裝 (encapsulation)

擴充標頭 (extension header)

流量標籤 (flow label)

分割 (fragmentation)

十六進位數冒號表示法 (hexadecimal colon notation)

跳躍點限制 (hop limit)

主機 (host)

主機識別碼 (hosted)

網際網路位址 (Internet address)

網際網路控制訊息協定 (Internet Control Message Protocol, ICMP)

網際網路群組訊息協定 (Internet Group Message Protocol, IGMP)

互連網控制訊息協定，第六版 (Internetworking Control Message Protocol, version 6, ICMPv6)

互連網協定 (Internetworking Protocol, IP)

下一代的互連網協定 (Internetworking Protocol, next generation, IPng)

互連網協定，第六版 (Internetworking Protocol, version 6, IPv6)

IP 位址 (IP address)

IP 位址等級 (IP address class)

IP 數據包 (IP datagram)

IPv4

遮罩 (masking)

群播位址 (multicast address)

群播 (multicasting)

網路識別碼 (netid)

下一個標頭 (next header)

節點識別碼 (node identifier)

非壅塞控制的交通 (noncongestion-controlled traffic)

選項 (options)

埠地址 (port address)

提供者識別碼 (provider identifier)

提供者為基礎的單點位址 (provider-based unicast address)

註冊者識別碼 (registry identifier)

反向位址解析協定 (reverse address resolution protocol, RARP)

區段 (segment)

子網路識別碼 (subnet identifier)

子網路識別碼 (subnetid)

切割子網路 (subnetting)

子網路 (subnetwork)

子網路位址 (subnetwork address)

用戶識別碼 (subscriber identifier)

傳輸控制協定 (Transmission Control Protocol, TCP)

傳輸控制協定 / 互連網協定 (Transmission Control Protocol/ Internetworking Protocol, TCP/IP)

類別識別碼 (type identifier)

類別的前置 (type prefix)

單點位址 (unicast address)

緊急資料 (urgent data)

使用者數據包 (user datagram)

使用者數據包協定 (User Datagram Protocol, UDP)

18.9 摘要 Summary

- 傳輸控制協定 / 互連網協定 (TCP/IP) 是一組規則與程序，他們用來管理互連網路中的訊息交換。
- TCP/IP 最早被設計用來作為想要連結 ARPANET（美國國防部的專案）網路的協定。ARPANET 現在被稱為網際網路。
- TCP/IP 是種五層的協定套件，它使用非常接近 OSI 模型的最下面四層。它的最高層，應用層，會對應到 OSI 模型的最上面三層。
- 互連網協定 (IP) 被定義成網路層。IP 是不可靠以及非連結導向。
- IP 封包，被稱為數據包，它包含了可變長度的標頭與資料欄位。
- 互連網位址（最好稱它為 IP 位址）定義了將主機連結到網路的唯一性。
- 4 個 byte 的 IP 位址通常被寫成點式十進位表示法。
- 切割子網路允許 IP 定址的額外階層。
- 位址解析協定 (ARP) 會由已知的裝置 IP 位址來找出它的實體位址。
- 反向位址解析協定 (RARP) 會由主機的實體位址找出它的 IP 位址。
- 網際網路控制訊息協定 (ICMP) 處理 IP 層的控制與錯誤訊息。
- 在傳輸層有兩種協定：
  - 使用者數據包協定 (UDP)。
  - 傳輸控制協定 (TCP)。
- 一個協定埠屬於應用程式層執行程式的來源或是目的端。
- UDP 是不可靠以及非連結導向。UDP 通訊屬於埠對埠。UDP 封包被稱為使用者數據包。
- TCP 是可靠以及連結導向。TCP 通訊屬於埠對埠。封包被稱為區段。
- IPv6 是網際網路中最新被提議的版本，它有 128 bit 的位址空間，修正過的標頭格式，新的選項，並且允許擴充，支援資源配置以及增加安全的度量。
- IPv6 可以使用十六進位數冒號表示法以及縮寫法。

- IPv6 有三種類型的位址：單點，任意廣播以及群播。
- 一個 IP 數據包是由基礎標頭與酬載 (payload) 所組成。
- 40 byte 的基礎標頭包括版本，流量標籤，酬載長度，下一個標頭，跳躍點限制，來源端位址以及目的端位址等欄位。
- 優先權欄位是數據包重要性的測量。
- 流量標籤可識別順序封包的特殊處理需要。
- 酬載包含來自較高層的選擇性擴充標頭以及資料。
- 擴充標頭增加 IPv6 數據包的功能性。
- ICMPv6，正如第四版一樣，它會回報錯誤，處理群組的成員關係，更新特定的路由器和主機列表，並且檢查主機的存活。
- 五種錯誤回報的訊息會處理目的端無法抵達，封包太大，分割和跳躍點計數逾時，標頭問題以及沒有效率的繞送。
- 查詢訊息是以回應與回答的類型出現。

18.10 練習題 *Practice Set*

選擇題

1. 哪一種 OSI 層會對應到 TCP-UDP 層？
   a. 實體層
   b. 資料連結層
   c. 網路層
   d. 傳輸層
2. 哪一種 OSI 層會對應到 IP 層？
   a. 實體層
   b. 資料連結層
   c. 網路層
   d. 傳輸層
3. 哪一種 OSI 層會對應到 TCP/IP 的應用層？
   a. 應用層
   b. 表示層
   c. 會談層
   d. 以上皆是
4. 以下關於 IP 位址的敘述何者為真？
   a. 它只被分成兩種等級。
   b. 它包含固定長度的主機識別碼。

c. 它是以易學易用的介面被建立。

d. 它的長度是 32 個 bits。

5. 哪一種 IP 位址的等級在網路上具有極少的主機？

a. A

b. B

c. C

d. D

6. 在網路上使用 ARP 是已知________來找出________。

a. 網路名稱，網際網路位址

b. 網路識別碼，網際網路位址

c. 工作站位址，網際網路位址

d. 網際網路位址，工作站位址

7. 下列何者適用於 UDP？

a. 它是不可靠，也是非連結導向

b. 包含目的端與來源端埠位址

c. 回報某些錯誤

d. 以上皆是

8. 下列何者適用於 UDP 以及 TCP？

a. 傳輸層協定

b. 埠對埠的通訊

c. IP 層所使用的服務

d. 以上皆是

9. 以下何者是等級 A 的主機位址？

a. 128.4.5.6

b. 117.4.5.1

c. 117.0.0.0

d. 117.8.0.0

10. 以下何者是等級 B 的主機位址？

a. 230.0.0.0

b. 130.4.5.6

c. 230.0.0.0

d. 30.4.5.6

11. 以下何者是等級 C 的主機位址？

a. 230.0.0.0

b. 130.4.5.6

c. 200.1.2.3

d. 30.4.5.6

12. TCP/IP 的_________層會對應到 OSI 模型的最上面三層。

a. 應用層

b. 表示層

c. 會談層

d. 傳輸層

13. 當主機知道它的實體位址，卻不知道它的 IP 位址時，可以使用_________。

a. ICMP

b. IGMP

c. ARP

d. RARP

14. 哪一種傳輸層協定需要確認。

a. UDP

b. TCP

c. FTP

d. NVT

15. 下列何者是位址 198.0.46.201 的預設遮罩？

a. 255.0.0.0

b. 255.255.0.0

c. 255.255.255.0

d. 255.255.255.255

16. 下列何者是位址 98.0.46.201 的預設遮罩？

a. 255.0.0.0

b. 255.255.0.0

c. 255.255.255.0

d. 255.255.255.255

17. 下列何者是位址 190.0.46.201 的預設遮罩？

a. 255.0.0.0

b. 255.255.0.0

c. 255.255.255.0

d. 255.255.255.255

18. 如果是最大數目的跳躍點，可將跳躍點限制的欄位設成十進位的_________。

a. 16

b. 15

c. 42

d. 0

19. 在 IPv6 中，具有優先權_________的數據包會比具有優先權 12 數據包還要早被丟棄。

a. 11

b. 7

c. 0

d. 以上任何一個

20. IPv6 數據包的最大長度為_________bytes。

a. 65,535

b. 65,575

c. 2^{32}

d. $2^{32}+40$

21. 以下何種 ICMP 訊息的類型需要被封裝成 IP 數據包？

a. 鄰居請求 (neighbor solicitation)

b. echo 回應 (echo response)

c. 轉向 (redirection)

d. 以上皆是

習題

22. 請藉由計算來顯示每一種 IP 位址等級（只有 A、B 和 C）中，可以包含多少網路（不是主機）

23. 請藉由計算來顯示每一種 IP 位址等級（只有 A、B 和 C）中，每個網路可以有多少主機

24. 請將以下的 IP 位址從十進位表示法轉成二進位表示法：

a. 114.34.2.8

b. 129.14.6.8

c. 208.34.54.12

d. 238.34.2.1

e. 241.34.2.8

25. 請將以下的 IP 位址從二進位表示法轉成十進位表示法：

a. 01111111 11110000 01100111 01111101

b. 10101111 11000000 11110000 00011101

c. 11011111 10110000 00011111 01011101

d. 11101111 11110111 11000111 00011101

e. 11110111 11110011 10000111 11011101

26. 請找出下列 IP 位址的等級：
   a. 208.34.54.12
   b. 238.34.2.1
   c. 114.34.2.8
   d. 129.14.6.8
   e. 241.34.2.8
27. 請找出下列 IP 位址的等級：
   a. 11110111 11110011 10000111 11011101
   b. 10101111 11000000 11110000 00011101
   c. 11011111 10110000 00011111 01011101
   d. 11101111 11110111 11000111 00011101
   e. 01111111 11110000 01100111 01111101
28. 請找出下列 IP 位址的網路識別碼與主機識別碼：
   a. 114.34.2.8
   b. 19.34.21.5
   c. 171.34.14.8
   d. 190.12.67.9
   e. 220.34.8.9
   f. 205.23.67.8
29. 請找出下列 IP 位址的網路位址：
   a. 23.67.12.1
   b. 126.23.4.0
   c. 190.12.67.9
   d. 220.34.8.9
   e. 237.34.8.2
   f. 240.34.2.8
   g. 247.23.4.78
30. 請寫出以下遮罩的二進位表示法：
   a. 255.255.255.0
   b. 255.255.0.0
   c. 255.255.224.0
   d. 255.255.255.240
31. 請寫出以下遮罩的十進位表示法：
   a. 11111111111111111111111111111000
   b. 11111111111111111111111111100000

c. 11111111111111111111100000000000

32. 請以二進位格式顯示以下使用在等級 B 網路的遮罩。

a. 255.255.192.0

b. 255.255.0.0

c. 255.255.224.0

d. 255.255. 255.0

33. 請以二進位格式顯示以下使用在等級 C 網路的遮罩。

a. 255.255.255.192

b. 255.255.255.224

c. 255.255.255.240

d. 255.255. 255.0

34. 在等級 A 網路中使用以下遮罩的最大子網路數目為何？

a. 255.255.192.0

b. 255.192.0.0

c. 255.255.224.0

d. 255.255.255.0

35. 在等級 C 網路中使用以下遮罩的最大子網路數目為何？

a. 255.255.255.192

b. 255.255.255.224

c. 255.255.255.240

d. 255.255.255.0

36. 請找出以下的子網路位址：

IP 位址：125.34.12.56 遮罩：255.255.0.0

37. 請找出以下的子網路位址：

IP 位址：120.14.22.16 遮罩：255.255.128.0

38. 請找出以下的子網路位址和主機位址：

IP 位址：200.34.22.156 遮罩：255.255.255.240

39. 圖 18.32 顯示一個站台使用圖上所給的網路位址與遮罩。網路管理員已經將此站台分割成許多子網路。請選出適當的子網路位址，主機位址，以及路由器位址。

40. 圖 18.33 顯示一個站台使用圖上所給的網路位址與遮罩。網路管理員已經將此站台分割成許多子網路。請選出適當的子網路位址，主機位址，以及路由器位址。

圖 18.32　習題 39 的站台

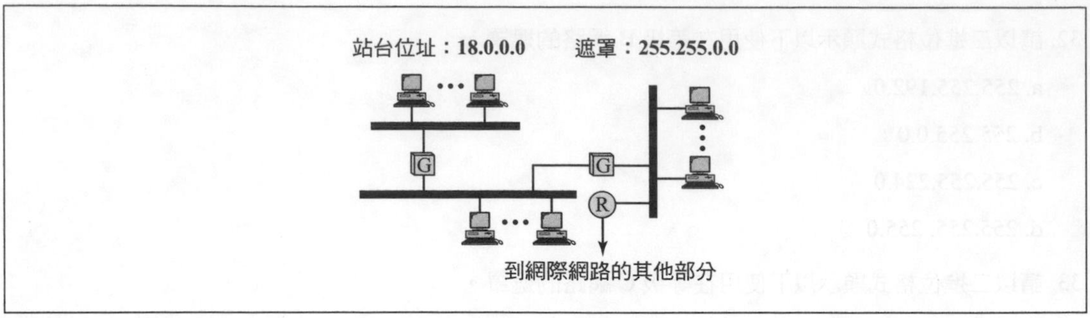

圖 18.33　習題 40 的站台

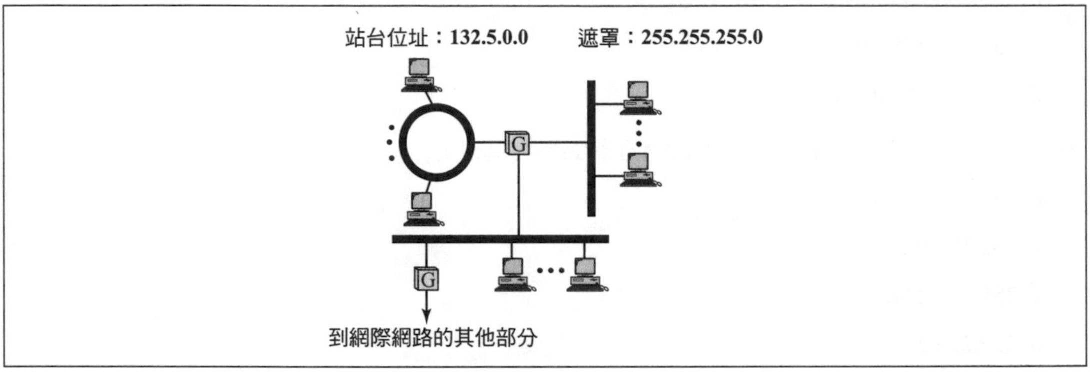

41. 圖 18.34 顯示一個站台使用圖上所給的網路位址與遮罩。網路管理員已經將此站台分割成許多子網路。請選出適當的子網路位址，主機位址，以及路由器位址。

圖 18.34　習題 41 的站台

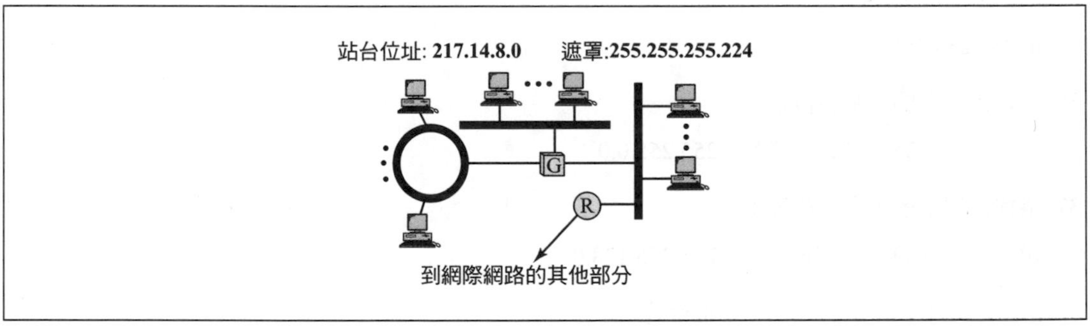

42. 請顯示以下位址的最短格式：

a. 2340：1ABC：119A：A000：0000：0000：0000：0000

b. 0000：00AA：0000：0000：0000：0000：119A：A231

c. 2340：0000：0000：0000：0000：119A：A001：0000

d. 0000：0000：0000：2340：0000：0000：0000：0000

43. 請顯示以下位址的原始（不縮寫的）格式：

a. 0：：0

b. 0：AA：：0

c. 0：1234：：3

d. 123：：1：2

44. 以下位址的類型為何：

a. FE80：：12

b. FEC0：：24A2

c. 4821：：14：22

d. 54EF：：A234：2

45. 請顯示指定給用戶地址的提供者前置符號（用十六進制冒號表示法），如果它在美國註冊，而提供者的識別碼為 ABC1。

46. 請顯示 IPv4 位址 129.6.12.34 的相容 IPv6 十六進制冒號表示法。

47. 請顯示 IPv4 位址 129.6.12.34 的對映 IPv6 十六進制冒號表示法。

48. 請顯示連結本地端位址的十六進制冒號表示法，其中節點的識別碼為 0：：123/48。

49. 請顯示站台本地端位址的十六進制冒號表示法，其中節點的識別碼為 0：：123/48。

50. 請以十六進制冒號表示法來顯示用在連結本地範圍的固定群播位址。

51. 何者為群播位址的前兩個可能 bytes？

52. 某個 IPv6 封包包含基本的標頭以及 TCP 區段。資料的長度為 320 個 bytes。請顯示封包以及輸入每個欄位的值。

53. 某個 IPv6 封包包含基本的標頭以及 TCP 區段。資料的長度為 128,000 個 bytes（超大酬載）。請顯示封包以及輸入每個欄位的值。

54. 在 IPv6 中比 IPv4 多幾種可用的位址？

55. 在設計 IPv4 對映位址時，設計者為何沒有把 96 個 1 塞到 IPv4 位址中？

第 19 章

資料加密

Data Encryption

當傳送的是一些敏感性資料，像是軍事機密或是銀行金融資料時，系統必須能保證其隱密性。不過，無線的傳輸媒介，通常無法避免被不正當地接收或竊聽，即使是有線系統，也不能完全保證非授權的存取。線路常常需要通過一些較隱密的地方，如地下室，這些地點都提供了入侵者適當的機會，以非法方式接觸纜線和竊取資料。

如此看來，任何系統可以完全防止不被非授權的使用者存取傳輸媒介，幾乎是不可能的。保護資料較實際的方法是改變資料，讓只有經過授權的使用者能夠解讀資料內容。資料竄改已經不是新的課題，也不是電腦領域專有的議題。事實上從 Julius Caesar (100-44 B.C.) 開始就有這方面的研究（讓非授權的使用者無法閱讀資訊）了。今天我們所用的方法通稱為資料的加密和解密。**加密** (encryption) 的意義是傳輸端將原始的資訊轉變成另一種型式，然後透過網路將這種不被理解的形式發送出去。**解密** (decryption) 是將加密程序反轉，把訊息轉換成原始的資料內容。

圖 19.1 為基本的加密 / 解密程序，傳送端使用某種加密演算法和一把加密鑰匙，將**明文** (plaintext)（當作原始資料的稱呼）轉換成**密文** (ciphertext)（當作加密後資料的稱呼）。接收端使用解密演算法和一把解密鑰匙，將密文轉換成原始的明文。

圖 19.1 基本加密和解密概念

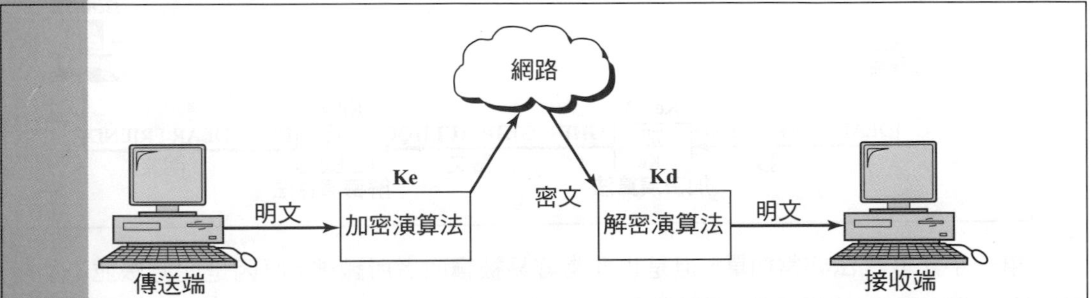

加密和解密的方法主要可以分為兩大類：傳統方法和公開鑰匙（請參考圖 19.2）。

圖 **19.2**　加密 / 解密方法

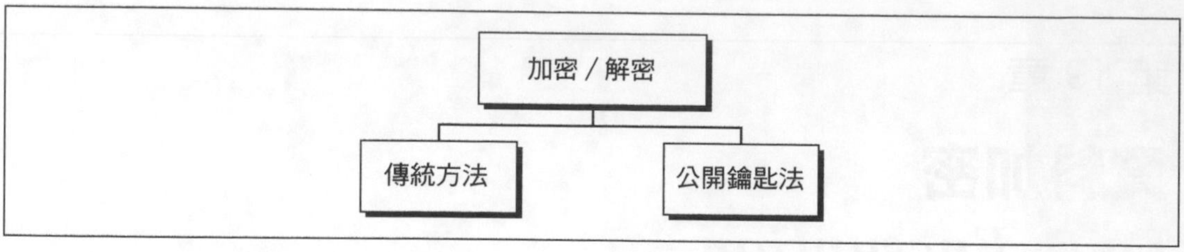

19.1　傳統方法 Conventional Methods

在**傳統加密** (conventional encryption) 方法中，加密鑰匙 (Ke) 和解密鑰匙 (Kd) 都是相同而且私密的。我們可以將傳統方法再細分為兩類：**字元層級加密** (character-level encryption) 和**位元層級加密** (bit-level encryption)。

字元層級加密

在這類方法中，加密的程序都是以字元為對象，共有兩種基本的字元層級方法：**取代** (*substitutional*) 和**置換** (*transpositional*)。

取代法

最簡單的字元加密法就是取代加密。

單一字元取代 (monoalphabetic substitution)　在**單一字元取代**（有時又稱為凱薩密文 Caesar Cipher）中，每一個字元都會被字集中的另一個字元所取代。單一字元加密演算法只要將某個數值與原始字元的 ASCII 碼相加，解密時從 ASCII 碼中減去相同的數值即可。Ke 和 Kd 是兩個相同的數，被用來定義加、減數值，圖 19.3 顯示基本的構想。加密鑰匙的值是 3，表示每一個字元會被字集中往後數三個位置的字元所取代（D 被 G 取代，E 被 H 取代，以此類推）。為了簡化流程，通常不對空白字元進行加密，當取代的 ASCII 字元超過了最後一個字 (Z) 時，就會從頭開始 (Y--Z--A)。

圖 **19.3**　單一字元取代

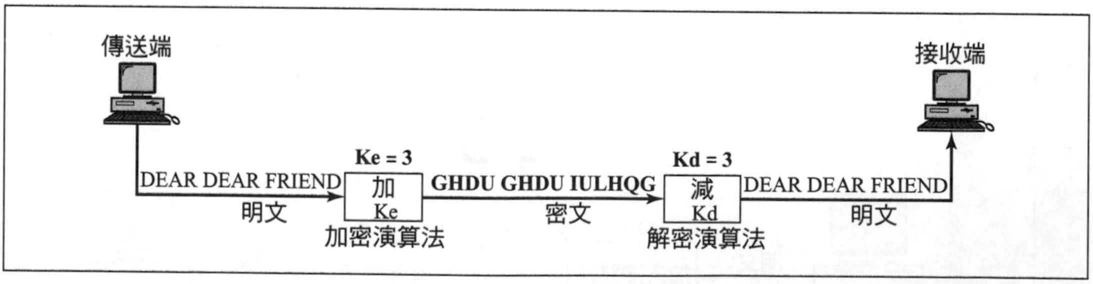

單一字元取代法非常簡單，但是也非常容易被竊取者所識破。原因是此方法並不能隱藏原來資料中使用語言的規律性。舉例來說，在英文中最常使用的字元是 E、T、O、和 A。竊取者只需要找出哪一個字元是最常出現的，並將它取代為 E，再將第二個經常出現的字元取代為 T，如此下去就可以解出全文。

多字元取代 (polyalphabetic substitution)　在**多字元取代**中，每一個出現的字元都可能有不同的替換。其中一種技術是找出此字元在文章中的位置，並將它做為加密鑰匙，圖 19.4 顯示多字元取代的範例，它使用和圖 19.3 相同的明文。在這個例子中，出現兩次的“DEAR”是以不同的方式被編碼。用這種方法，字元的規律性就不再被保存下來，要破解此編碼也較不容易。不過，多字元取代加密也不是非常安全。原因是，雖然“DEAR DEAR”被取代為“EGDV JLIA”，而字元在“EGDV”，“JLIA”中的順序仍然是相同的，所以有經驗的竊取者依然可以輕易地破解此種加密。

圖 19.4　多字元取代

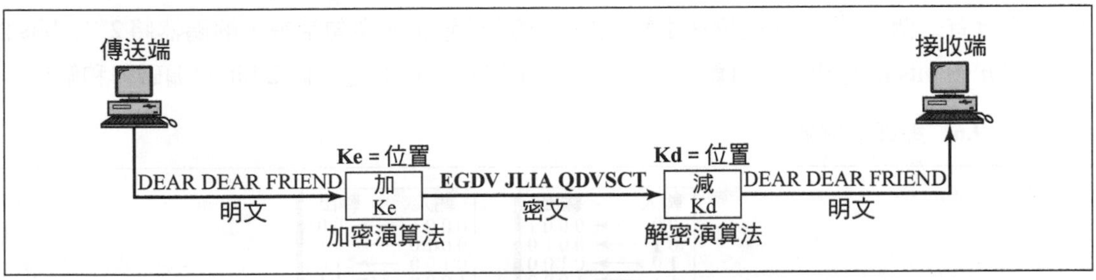

多字元取代加密的其中一種方法就是**維格尼爾密碼** (vignere cipher)。在這種機制中，加密鑰匙是一個二維的列表 (26x26)，其中每一行 (row) 是 26 個字母（A 到 Z）的排列。要置換字元時，此種演算法找出字元在本文中的位置，然後以字母位置當作行編號，再找出字元在字母中的位置（如 A 是 1，B 是 2），把它當作列 (column) 編號。此演算法接著再將原始字元跟列表中對應的行、列編號進行替換。

圖 19.5　置換加密

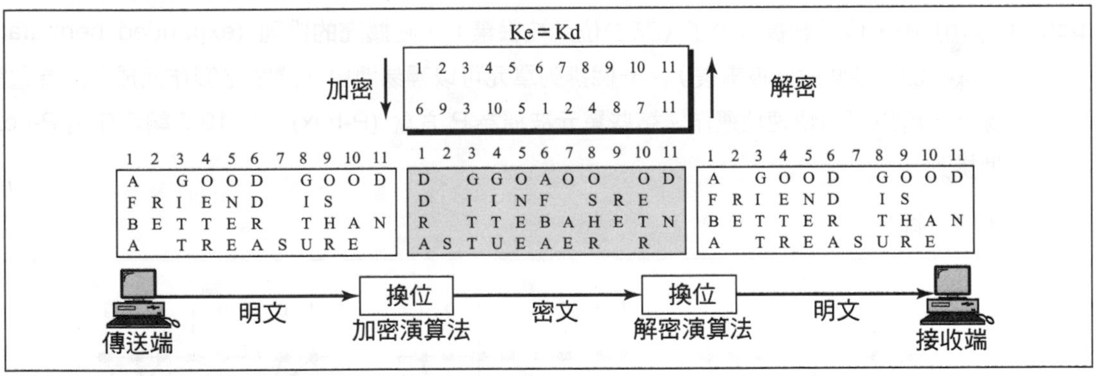

置換法

在**置換加密** (transpositional encryption) 機制中，字元仍然保有其明文格式，但是它的位置將被改變而產生密文。資料會被排列成一個二維的陣列，其中每一列 (column) 會依照加密鑰匙來互相更換位置。舉例來說，我們可以將明文轉成一個有 11 列的陣列，然後將每一列依照加密鑰匙來進行互換。圖 19.5 顯示一個置換加密的例子。加密鑰匙會決定哪些列要進行互換。正如我們可以預期的，置換加密法也不是非常安全，字元的原始規律仍然被保留在密文中，因此竊取者可以經由不斷的嘗試來得到明文。

位元層級加密

在位元層級加密技術上，比如文章、圖案、聲音或影像等資料都要先分割為位元區塊，然後再經過編碼 / 解碼、排列、取代、XOR、旋轉等轉換程序。

編碼 / 解碼

在進行**編碼** (encoding) 和**解碼** (decoding) 時，解碼器將一個 n bits 的輸入轉成 2^n bits 的輸出。輸出只會有一個"1"，它是位在由輸入所決定的位置上。換句話說，解碼器將 2^n 個 bits 的輸入轉成 n 個 bits 的輸出，而且輸入只有一個"1"，圖 19.6 是一個 2 bit 的編碼器和解碼器。

圖 19.6　編碼 / 解碼

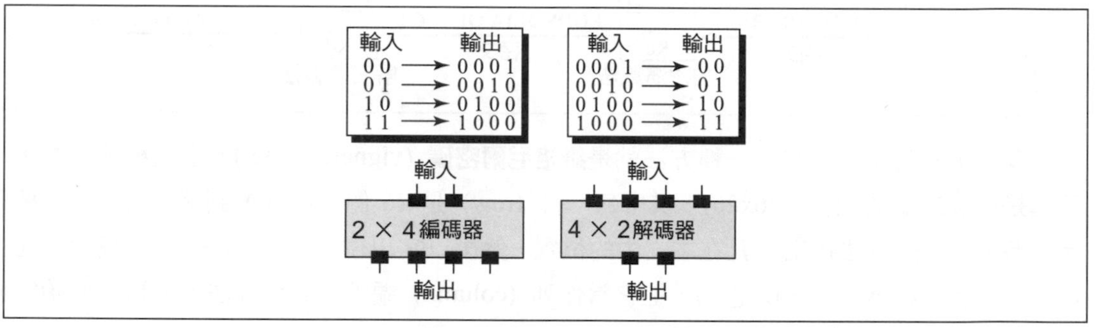

排列 (permutation)　排列實際上就是位元層級的置換動作，在**直接排列** (*straight permutation*) 中，輸入和輸出的位元數目會被保留，只有改變它們的位置。在**壓縮的排列** (compressed permutation) 中，位元數被減少了（某些位元被丟棄），在**擴充的排列** (expanded permutation) 中，位元數增加（某些位元被重複）。一個排列單元可以輕易地由硬體電路製作而成，因為電路都是內部線路，所以可以快速地運作。這些單元被稱為 P 方盒 (P-box)。圖 19.7 顯示使用 P-box 的三種類型排列。

圖 19.7　排列

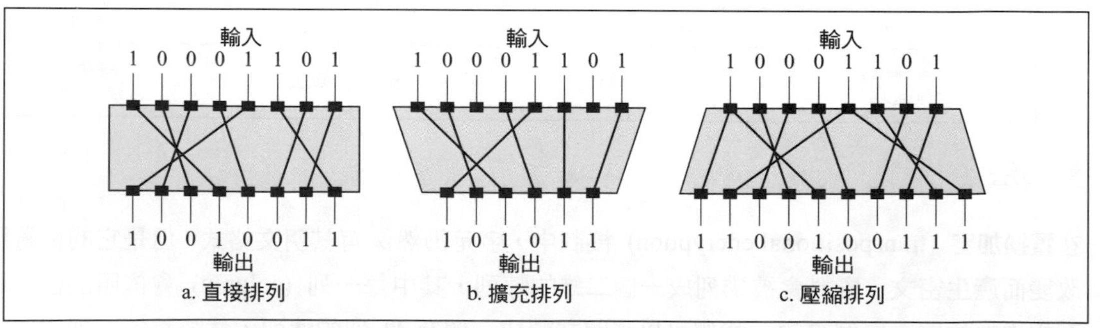

取代 (substitution)　用 n bits **取代**另一個 n bits 的程序，可以藉由 P 方盒、編碼器、解碼器的組合來完成。圖 19.8 顯示一個將"00"取代為"01"，"01"取代為"00"，"10"取代為"11"，

“11” 取代為 “10” 的 2 bit S 方盒 (S-box)。解碼器把 2 bits 轉成 4 bits。P 方盒改變 “1” 的位置。再由編碼器將 4 bits 轉成 2 bits。

圖 19.8 取代

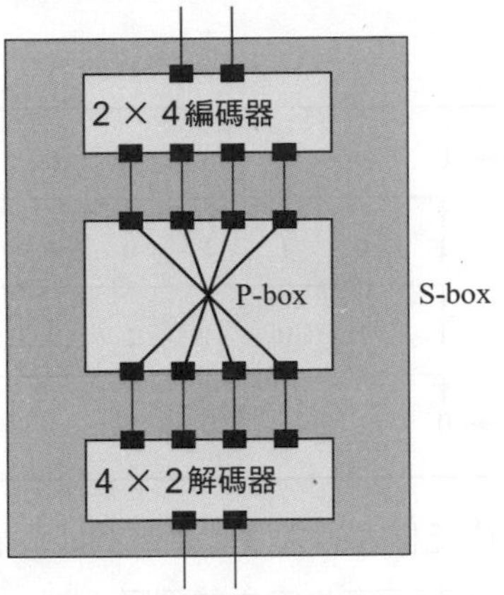

相乘 (product) P-boxes 和 S-boxes 可以組合成一個相乘單位，一個相乘單位是由數個階層的 P-boxes 和 S-boxes 所組成，如圖 19.9。

圖 19.9 相乘

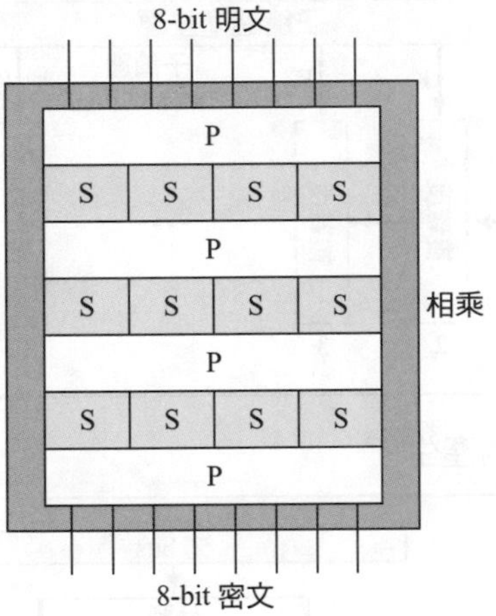

圖 19.10 XOR 運算

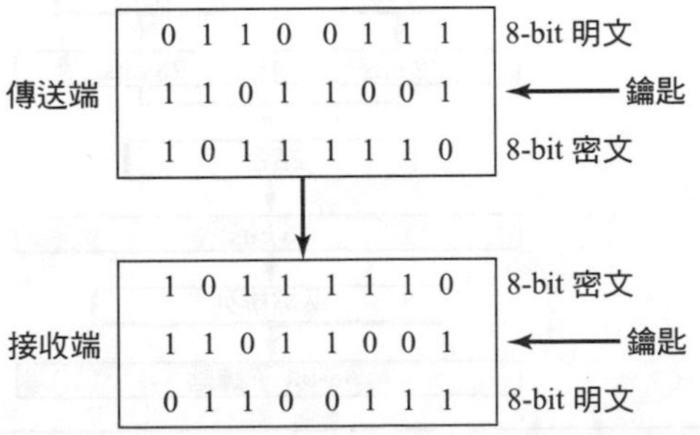

Exclusive OR　一種非常有趣的位元層級資料運算方法就是 Exclusive OR。在 2 bits 上面的 Exclusive OR 運算結果：如果兩個 bit 相同就是“1”，不同就是 0。舉例來說，輸入和加密鑰匙經由 Exclusive OR 運算而產生輸出。圖 19.10 顯示這樣的範例。正如圖上所表示的，Exclusive OR 運算是可以反向的，也就是說，相同的一把鑰匙可以在接收端與密文一起運算，來重建原始的明文。

圖 19.11　旋轉

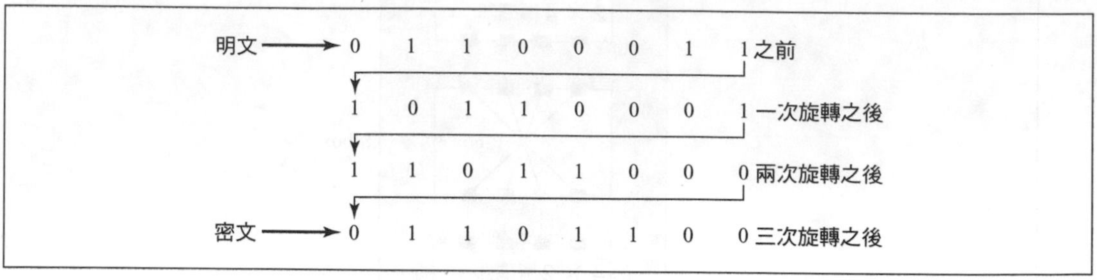

旋轉 (rotation)　另外一種加密位元樣式的方法就是將 bits 向右或向左旋轉。鑰匙就是需要旋轉的 bits 數目，圖 19.11 顯示將明文旋轉而產生密文的例子。

圖 19.12　DES

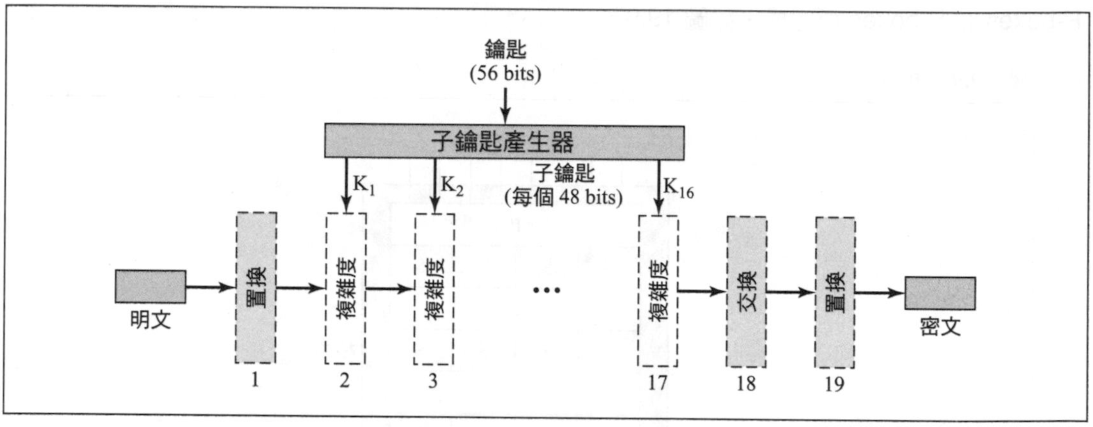

圖 19.13　DES 中子鑰匙的產生

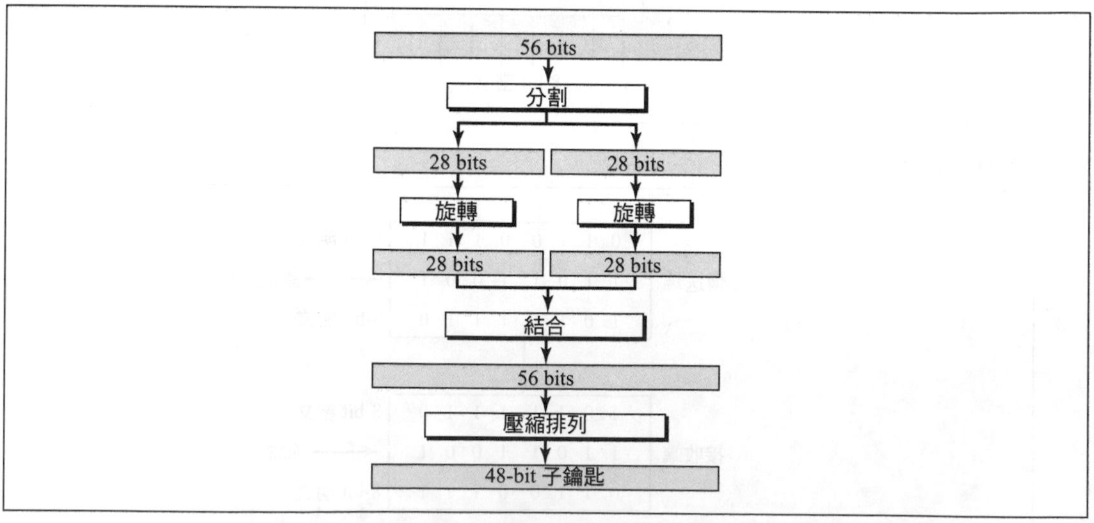

資料加密標準 (DES)

資料加密標準 (data encryption standard, DES) 是位元層級加密的一種例子，DES 是由 IBM 設計，而且是美國政府在非軍事或非機密資料加密時所採用的方法。此演算法使用 56 bits 的加密鑰匙，將 64 bits 的明文加密。本文(text)會經過十九次不同，而且是非常複雜的程序來產生 64 bits 的密文。

圖 19.14 DES 裡面 16 步的其中之一

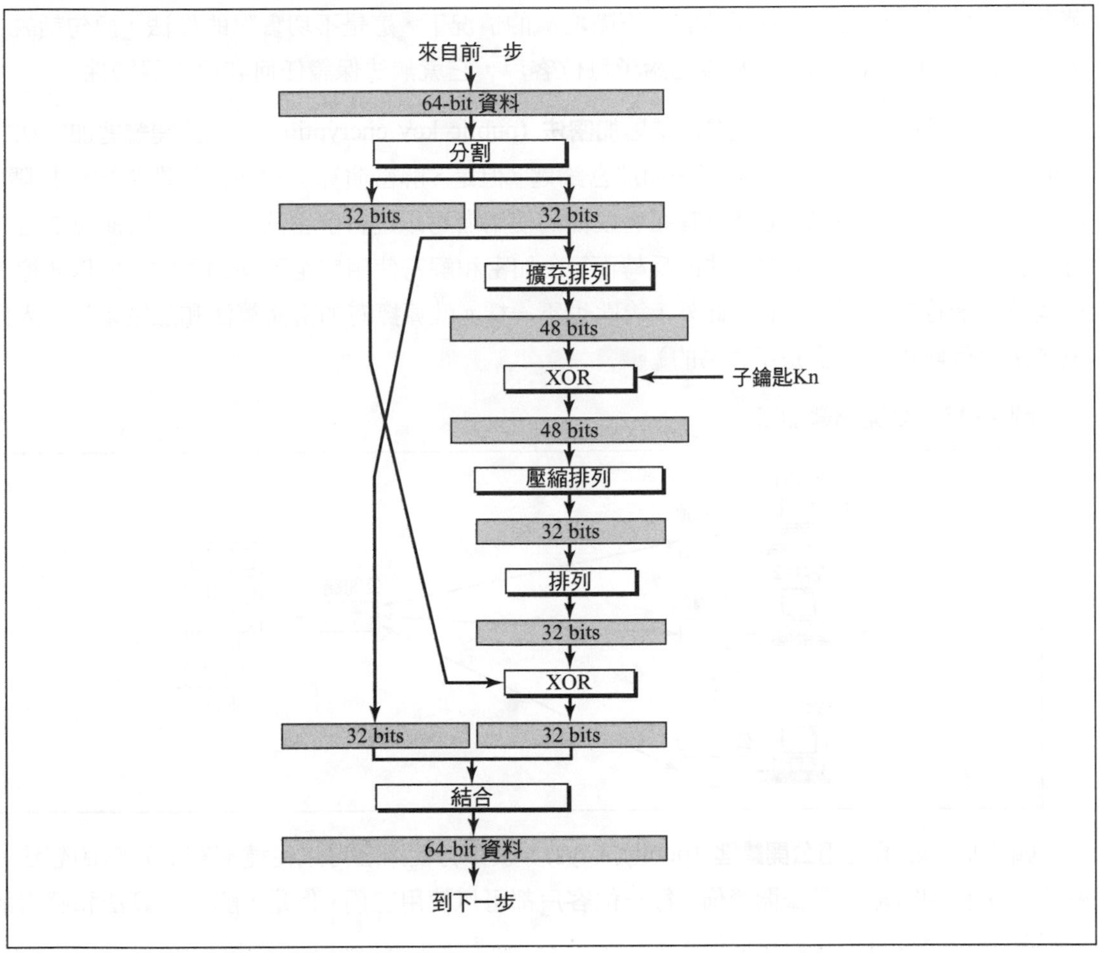

圖 19.12 顯示 DES 的架構圖，第一步和最後一步都相當簡單，不過，從第二步到第十七步就比較複雜，每個步驟需要經由置換、取代、交換、XOR 和旋轉等子步驟組合而成。儘管第二步到第十七步是類似的，但是每一步都是使用從原始鑰匙中產生出來的不同加密鑰匙。額外複雜度的建立，是因為每一步的輸出來自前一步的輸入。

圖 19.13 顯示如何從 56 bits 的鑰匙產生一個 48 bits 的子鑰匙，圖 19.14 描繪牽涉在 16 種複雜步驟裡面的每一種運算。

19.2 公開鑰匙方法 Public Key Methods

在傳統的加密 / 解密方法中，解密演算法一定是將加密演算法反轉過來使用，而且用同一把加密鑰匙。任何人只要知道加密演算法和加密鑰匙，就能夠推論出解密演算法。因此，只有在整個程序都是保密的情況下，安全性才能確保。而且，當有許多傳送端卻只有一個接收端的時候，這種私密等級相當不方便。例如：假設某個銀行要讓它的客戶可以從遠端存取他們的帳戶。在使用傳統加密的情況下，為了限制每個客戶只能接觸到他們自己的帳戶，銀行就必須建立數百萬套加密鑰匙和演算法。在新舊客戶不斷增減的情況下，這是不切實際的作法。換句話說，如果銀行將相同的加密演算法和鑰匙給予每位客戶，它就無法保證任何客戶的隱密性。

上面問題的解決方案就是**公開鑰匙加密法** (public key encryption)。在**公開鑰匙**加密法中，每個客戶都擁有相同的加密演算法和加密鑰匙。但是，解密演算法和解密鑰匙卻要保持隱密。任何人都可以加密訊息，但是只有經過授權的使用者可以進行解密的動作。解密演算法會經過特別設計，並非只是加密演算法的反轉而已。加密和解密使用完全不同的函式，所以知道其中一個並不能推論出另外一個。此外，鑰匙也不一樣。就算擁有加密演算法和加密鑰匙，入侵者也無法進行解碼（至少是不容易的）。

圖 19.15 公開鑰匙加密

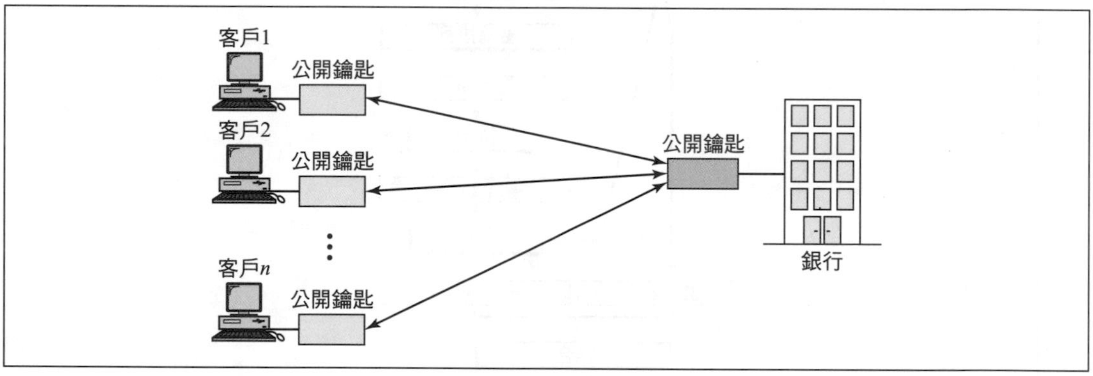

圖 19.15 顯示使用**公開鑰匙** (public keys)，讓銀行使用者可以從遠端存取資料的想法。加密演算法和加密鑰匙是公開發佈，每一位客戶都可以使用它們。但是，解密演算法和解密鑰匙是保密的，而且只能被銀行使用。

RSA 加密

RSA **加密** (Rivest, Shamir, Adelman, RSA) 是公開鑰匙加密技術的一種。在這套方法中，其中一端使用公開鑰匙 K_p（例如，銀行的客戶），另外一端使用私密鑰匙 K_s。兩端使用同一個定值 N，圖 19.16 顯示加密和解密的程序。

加密演算法遵照以下的步驟：

- 將要被加密的資料編碼成數值來產生明文。

- 利用 $C=P^{Kp}$ modulo N 計算密文 C（modulo 表示 P^{Kp} 除以 N 所留下的餘數）。
- 將密文 C 傳送出去。

解密演算法遵照以下的步驟：

- 接收密文 C。
- 利用 $P=C^{Ks}$ modulo N 來計算明文 P。
- 將明文 P 解碼成原始資料。

在討論 K_p、K_s、N 的選擇之前，先來看一個例子，在圖 19.17 中，我們選擇 $K_p=5$、$K_s=77$、$N=119$。

圖 19.16 RSA

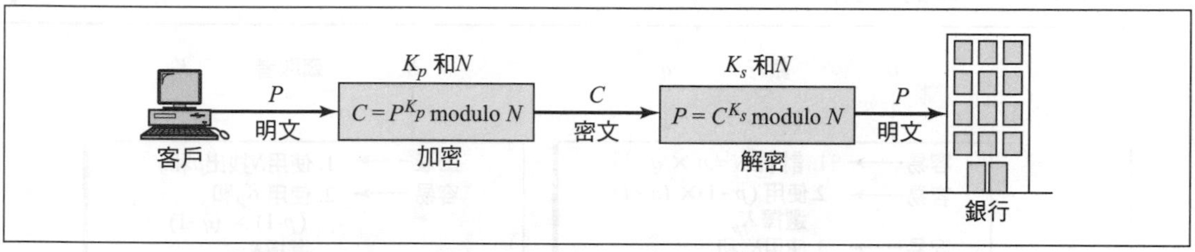

圖 19.17 RSA 的加密和解密

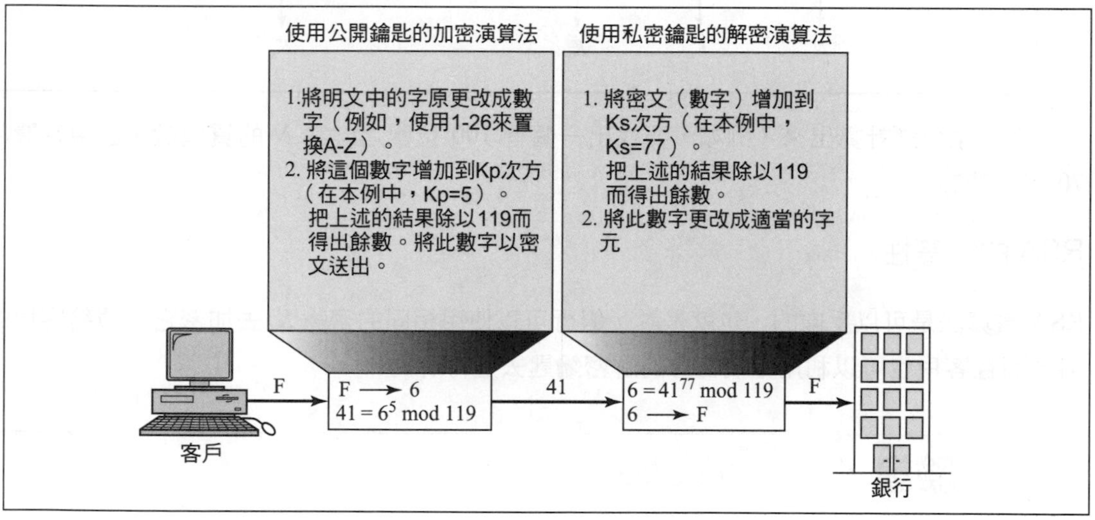

在這個例子中，字母 F 被編碼成 6（F 在字母中的順序是第六個字元），我們計算 6^{Kp} modulo 119 得到 41，在接收端，我們計算 41^{Ks} modulo 119=6，然後解碼 6 而得出 F。

選擇 K_p，K_s 和 N

如何選擇 K_p、K_s、N 是 RSA 的關鍵，這些步驟都是根據數值理論：

- 首先選擇兩個質數（質數只能被 1 和它自己所整除）p 和 q（我們選擇 7 和 17）。
- 計算 $N=p\times q$（在本例中，$N=7\times 17=119$）

■選擇 K_p，讓它不是 $(p-1)(q-1)=96$ 的因數，96 的因數是 2 和 3，所以選擇 5。

■選擇 K_s，讓 $(K_p \times K_s)$ modulo $[(p-1)(q-1)]=1$。在這裡我們選擇 77，如果驗算會得到 $5 \times 77=385$，以及 $385=4 \times 96+1$。

RSA 的安全性

在銀行的例子中，一對數字 K_p 和 N 是公開宣告給每個客戶的，銀行本身保留 K_s 當做密鑰。問題是，如果是銀行可以利用 K_s 來解密，為何竊取者不行？答案在於它複雜的運算程序。銀行利用兩個質數 p 和 q 來計算 N、K_p 和 K_s。竊取者並不知道 p 和 q，所以他必須先從 N 來找到 p 和 q，再去猜測 N。如果 p 和 q 經過適當的選擇，讓 N 有數百個位元，要找到它的質因數（p 和 q）是非常困難的，圖 19.18 描繪出這種情況。

圖 19.18　RSA 的安全性

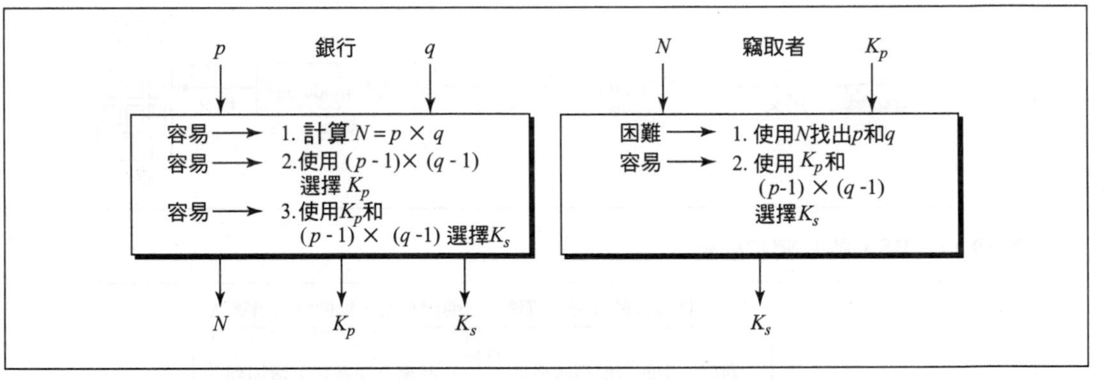

數學家已經計算出來，例如，要找出一個有 100 位數之數字 N 的質因數，必須花費超過 70 年的時間。

RSA 的對等性

RSA 演算法是可以反向的，也就是說，銀行可以使用相同的密鑰 K_s 去加密它回覆給客戶的資料，而且客戶也可以利用他們自身的解密鑰匙去進行解碼。

19.3　驗證 *Authentication*

驗證 (Authentication) 是指確認傳送者的身份。換句話說，驗證技術就是要確認訊息是來自授權的使用者，而非冒充者所發出來的。雖然已經發展出許多驗證的方法，但是我們只討論一種根據公開鑰匙來加密 / 解密，被稱為**數位簽章** (digital signature) 的技術。

數位簽章的觀念，就好像你跟銀行進行交易時必須要簽名一樣，要從你的帳戶提出大量的金錢時，必須到銀行填寫提款單，銀行會要求你在表格上簽名，並且保留做紀錄。簽名是為了日後會有任何有關此次提款的授權問題。舉例來說，如果以後你又說從未提領過這樣的款項，銀行就可以出示你的簽名（或是顯示在法庭上），來證明你確實提領過這筆款項。

在網路交易中，無法真的在提款時簽名，但是可以在傳送資料時，產生對等的電子或數位簽章。

其中一個做法是利用 RSA 的對等性，如我們前面提到的，K_p 和 K_s 是相互反轉的。數位簽章將我們之前所討論的加密和解密機制增加了一個層級，只不過這一次密鑰是由客戶保留，銀行所使用的是公開鑰匙。也就是客戶會有一份公開鑰匙，一份密鑰，銀行也有一份密鑰，一份公開鑰匙。

圖 19.19 顯示了數位簽章的做法，客戶利用密鑰 K_s-1 加密明文 (P)，產生出第一層的密文 (C_1)，然後再利用公開鑰匙 K_p-1 加密 C_1，產生第二份密文 (C_2)，C_2 經由網路的傳送而由銀行接收。銀行利用密鑰 K_s-2 將 C_2 轉換成 C_1，再由公開鑰匙 K_p-2 對 C_1 解密而得到原始的明文。不過在這麼做之前，銀行會先把 C_1 拷貝，並儲存在另外的檔案中。

圖 19.19　數位簽章

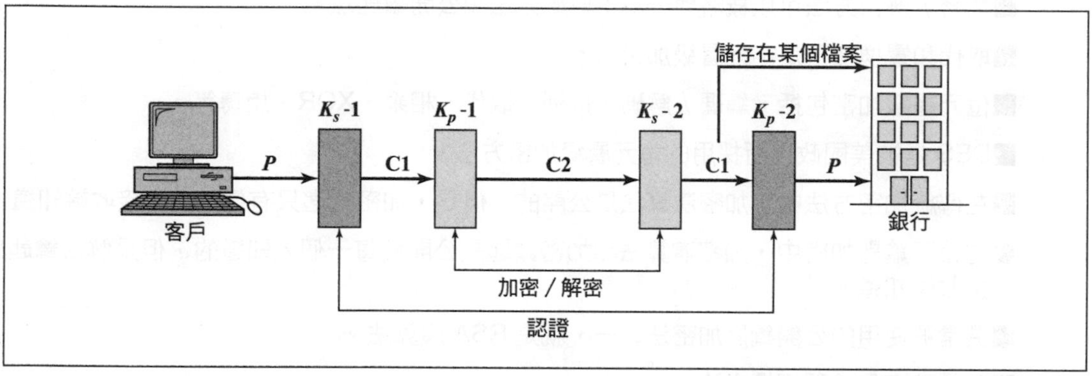

如果有一天客戶宣稱從未進行過這筆交易，銀行便可以從檔案中找出 C_1，並且使用 K_p-2 解密成 P 來證明。除非客戶端確實用 K_s-1 來加密 P，否則不可能會順利解碼的。如果客戶沒有送出交易，C_1 不可能存在。客戶無法宣稱銀行自己創造出 C_1，因為銀行本身並沒有所需的 K_s-1。當然，客戶也可以宣稱是由未經授權的使用者拿到 K_s-1 而產生 C_1，如此一來，法院就可以指出是客戶沒有善盡保護 K_s-1 加密鑰匙的責任，同時銀行也就免除責任了。

19.4 關鍵名詞 *Key Terms*

- 認證 (authentication)
- 單一字元取代 (monoalphabetic substitution)
- 位元層級加密 (bit-level encryption)
- P 方盒 (P-box)
- 字元層級加密 (character-level encryption)
- 明文 (plaintext)
- 密文 (ciphertext)
- 多字元取代 (polyalphabetic encryption)
- 壓縮排列 (compressed permutation)
- 密鑰 (private key)
- 傳統加密 (conventional encryption)
- 公開鑰匙 (public key)
- 資料加密標準(data encryption standard, DES)
- 公開鑰匙加密 (public key encryption)

解碼 (decoding)
Rivest,Shamir,Adelman (RSA)
解密 (decryption)
加密 (encryption)
數位簽章 (digital signature)
S 方盒 (S-box)
編碼 (encoding)
取代 (substitution)
加密 (encryption)
置換加密 (transpositional encryption)
exclusive OR
維格尼爾密碼 (Vignere cipher)
擴充排列 (expanded permutation)

19.5　摘要 *Summary*

■加密讓訊息（明文）對未經授權者來說是無法理解的。

■解密讓一個無法被理解的密文轉換成有意義的訊息。

■加密 / 解密方法可以概略地分為：傳統方法和公開鑰匙法。

■取代和置換加密是字元層級加密法。

■位元層級加密包括，編碼 / 解碼、排列、取代、相乘、XOR、旋轉等。

■DES 是被美國政府所採用的位元層級加密方法。

■在傳統加密方法中，加密演算法是公開的。但是，加密鑰匙只有傳送端和接收端知道。

■在公開鑰匙加密中，加密演算法和加密鑰匙是公開給每一個人知道的，但是解密鑰匙只有接收端知道。

■最常被使用的公開鑰匙加密法之一，就是 RSA 演算法。

■數位簽章是一種認證方法。

19.6　練習題 *Practice Set*

選擇題

1. 在傳統加密方法中，哪一個鑰匙是公開的？

   a. K_e

   b. K_d

   c. K_e 和 K_d

   d. 沒有

2. 在公開鑰匙加密和解密方法中，哪一個鑰匙是公開的？

   a. K_e

   b. K_d

   c. K_e 和 K_d

   d. 沒有

3. 在公開鑰匙加密和解密方法中，只有接收端有權利拿到________。

a. K_e

b. K_d

c. K_e 和 K_d

d. 沒有

4. 我們使用一種加密方法，讓原來的語言規律仍被保存下來，則此種方法可能是________取代。

a. 單一字元

b. 多字元

c. 置換

d. a 和 c

5. 我們使用一種加密法，其中字母 Z 一定被拿來取代字母 G，這可能是________取代？

a. 單一字元

b. 多字元

c. 置換

d. 旋轉

6. 我們使用一種加密法讓明文 AAAAA 變成密文 BCDEFG，那麼它可能是________取代？

a. 單一字元

b. 多字元

c. 置換

d. DES

7. 美國政府用在非軍事和非機密資料上的加密法是________？

a. 單一字元取代

b. 多字元取代

c. 置換取代

d. 資料加密標準

8. 在________排列中，輸出的數字會比輸入的數字多？

a. 直接

b. 壓縮

c. 擴充 d. 旋轉

9. RSA 演算法的本質是________加密法？

a. 公開鑰匙

b. 私鑰

c. 傳統

d. 名稱

10. RSA 加密法的成功，最主要是因為________的困難度很高？

a. 找到 K_p

b. 找到 K_p 的質因數

c. 找到 N

d. 找到 N 的質因數

習題

11. 請將下面這段文字使用單一字元取代法加密，其中 key 為 4：

    THIS IS A GOOD EXAMPLE

12. 將下面這段文字使用單一字元取代法解密，其中 key 為 4：

    IRGVCTXMSR MW JYR

13. 在不知道鑰匙的情況下，使用單一字元取代法來解密下面這段文字：

    KTIXEVZOUT OY ROQK KTIRUYOTM G YKIXKZ OT GT KTBKRUVK

14. 利用多字元取代法來加密下面這段文字，請利用每個字元的位置來當作鑰匙：

    One plus one is two, one plus two is three, one plus three is four.

15. 利用 XOR 來加密下面這段位元樣式：

    明文：1001111111100001

    鑰匙：1000111110001111

16. 利用習題 15 的密文得到原始明文。

17. 利用下列的加密演算法來加密“GOOD DAY”：

    a. 用每個字元的 ASCII 碼來取代每個字元

    b. 在每個碼前面加上一個“0”讓它們都成為 8 個位元

    c. 將前四個位元和後四個位元交換

    d. 將四個位元以對應的 16 進位值來置換

    這種方法的鑰匙是什麼？

18. 利用下列的加密演算法對“ABCADEFGH”進行加密（假設每個字母都是大寫）：

    a. 將每個字母以 ASCII 碼轉成 10 進位（在 65 到 90 之間）

    b. 將每個數值減去 65

    c. 將每個數值轉成 5 位元的樣式

19. 在傳統加密／解密演算法中，Diffie-Hellman 是產生並交換密鑰的一種方法。在這種情況下，傳送端和接收端利用下面這些步驟來建立彼此之間的密鑰：

    a. 它們彼此交換兩個數值 b 和 n，這兩個數值對每個人而言都是公開的

    b. 傳送端選擇一個數值 x_1 ，並計算 $y_1 = (b^{x_1} \% n)$ ，然後將 y_1 送給接收端

    c. 接收端選擇一個數值 x_2 ，並計算 $y_2 = (b^{x_2} \% n)$ ，然後將 y_2 送給傳送端

    d. 傳送端選擇 $k = (y_2^{x_1} \% n)$ 為密鑰

e. 接收端選擇 $k = (y_1^{x_2} \% n)$ 為密鑰

根據數值理論，可以證明這兩個密鑰是相同的，使用 b=3 , n=5, x_1=10, x_2=11 去找出密鑰，並且證明這兩者是相等的。

20. 用 RSA 演算法對“BE”進行加密並解密，鑰匙對為 K_p=3, K_s=11, 使用 $N = 15$ 。

21. 給予兩個質數，p=19, q=23, 請找出 N, K_p, K_s。

22. 要理解 RSA 的安全性，如果知道 K_p=17 和 N=187 的情況下，請試著找出 K_s。

23. 在 RSA 演算法中，使用 $(C = P^{K_p} \% N)$ 來加密一個數值，若 K_p 和 N 都是很大的數字（數百位以上的數值），那麼這個計算不可能成功，而且在超級電腦上也會造成溢位的錯誤。其中一個解決方法（但不是最好的）是利用有數個步驟的數值理論，而且每個步驟都利用前一個步驟的輸出當做輸入：

a. C=1

b. C=($C \times P$) % N

重複 K_p 次

如此一來，就可以寫成一個電腦程式，以迴圈來計算 C。例如 6^5 % 119，它的結果是 41，可以依據下列方式來計算：

a. (1× 6) %119=6

b. (6× 6) %119=36

c. (36× 6) %119=97

d. (97× 6) %119=106

e. (106× 6) %119=41

利用此方法計算 227^{16} % 100。

第 20 章

網路管理

Network Management

我們可以將**網路管理** (network management) 定義如下：為了達到某個特定機構所定義的一組網路需求，而對網路設備所做的動作，如監控、測試、建置、問題排除。這些要求可能包括，有效率地提供使用者一定連線品質的網路運作。網路管理系統使用了硬體、軟體、和人腦來完成這些工作。

國際標準組織 (ISO) 定義五種網路管理的領域：建置管理 (Configuration Management)、錯誤管理 (Fault Management)、效能管理 (Performance Management)、安全管理 (Security Management)、費率管理 (Accounting Management)（如圖 20.1）。

圖 **20.1**　網路管理的五種領域

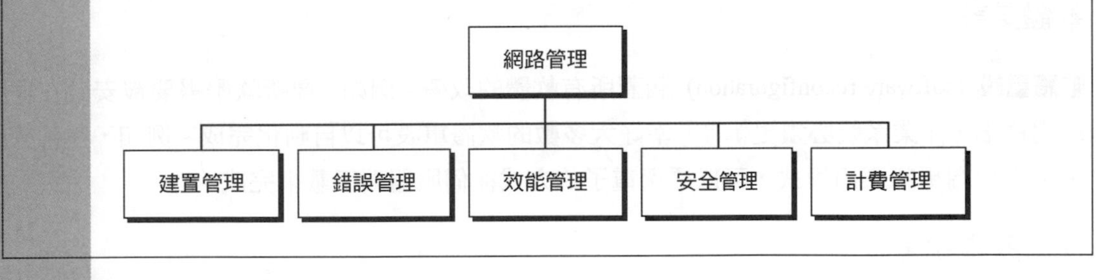

儘管其他組織將一些如成本管理 (cost management) 的領域也包含進去，我們相信國際標準組織的分類是特別針對網路管理的。例如，成本管理屬於管理系統中較一般性的管理領域，而非只專注在網路管理的領域。

20.1　建置管理 *Configuration Management*

一個大型網路通常是由數百個實體上或邏輯上彼此相連的個體所組成。這些個體在網路剛建立時都有它們自己的初始建置，不過會隨著時間而改變。桌上型電腦可能會被其他產品所取代；

應用軟體也能更新到不同的版本；使用者也可能從一個團體遷移到另一個團體，**建置管理** (Configuration Management) 系統必須隨時知道每個個體的狀態，以及它和其他個體之間的關係。建置管理可以分為兩個子系統：重新建置和建檔（如圖 20.2）。

圖 20.2 建置管理

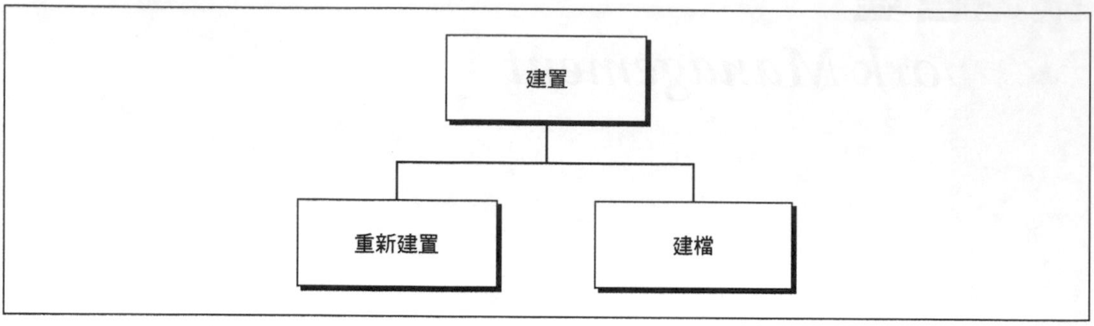

重新建置

重新建置在一個大型系統中可能每天都會發生，它通常有三種不同的型式：硬體重設、軟體重設、以及使用者帳號重設。

硬體重設

硬體重設 (hardware reconfiguration) 包括所有硬體的改變，例如某台桌上型電腦需要被置換，一部路由器也許需要被移到網路的另一個地方，一個子網路可能需要新增或被移除，這些都需要時間和網路管理者的關注。在大型網路中，必須有經過特別訓練的人員來負責迅速有效的硬體重設。不幸的，這些動作並不能自動地被完成，而是需要在各種情況下以手動方式進行。

軟體重設

軟體重設 (software reconfiguration) 涵蓋所有軟體的改變。例如，像新軟體需要被安裝在伺服器或用戶端，作業系統必須更新等。幸好大多數的軟體重設可以自動化完成。例如，在某些或是全部用戶端更新應用程式，可以透過電子的方式從伺服器端下載來完成。

使用者帳號重設

使用者帳號重設 (user-account reconfiguration) 並不只是單純地在系統中新增或移除使用者。還必須同時考慮使用者的權限，包括個人權限和群組成員的權限。例如某個使用者對於某些檔案擁有讀跟寫的權限，但是對於其他一些特定檔案可能只有讀的權限。使用者帳號重設在某些情況下是可以自動化的。例如，在一個大學中，每個學期（或學季）剛開始時，新的學生被增加到系統中。這些學生會依據他們所選的課程，或主修的不同被分配到不同的群組。每個群組都會有不同的權限，電腦科學系的學生，需要可以存取不同程式語言功能的伺服器權限，工程系的學生也許需要存取電腦輔助設計 (CAD) 軟體的伺服器。

建檔

最初的網路建置以及接下來的每一次變動，都必須被清楚地紀錄下來。這表示說硬體、軟體、和使用者帳號都必須建檔。

硬體建檔

硬體建檔 (hardware documentation) 通常包含兩個部分：地圖和規格。

地圖 (maps) **地圖**追蹤每個硬體以及它們與網路的連接。通常會有一份原始的地圖來表示每一個子網路之間的邏輯關係，同時還有另一份地圖來表示每個子網路的實際位置。對每一個子網路而言，還有一份或多份地圖來紀錄所有的設備。這些地圖使用某種標準化的規格，以方便現在和未來聘請的人員閱讀和理解。

規格 (specifications) 光有地圖是不夠的，硬體的每個部分也必須建檔。每個連接到網路上的硬體，都應該會有一組**規格** (specifications)，包括硬體類型、序號、製造商（地址和電話）、購買日期、以及保固的資料。

軟體建檔

所有的軟體也必須建檔。**軟體建檔** (software documentation) 的資訊包括：軟體的類型、版本、安裝時間、以及授權同意書。

使用者帳號建檔

多數的作業系統都有工具可以對使用者帳號和權限進行建檔。管理者必須能確定這些檔案會隨時被更新而且安全的被保存。某些系統將使用者權限分別紀錄在兩個檔案裡：其中一個會顯示所有檔案和每一個使用者的使用權限，另一個則是紀錄對檔案有特殊使用權限的使用者。

20.2 錯誤管理 *Fault Management*

現今複雜的網路通常由數以百計甚至上千個元件所組成。要讓網路正常運作，就要靠每個元件都能個別，以及與其他元件之間相互地正常運作。網路管理中的**錯誤管理** (fault management) 就是在處理這方面的問題。

圖 20.3 錯誤管理

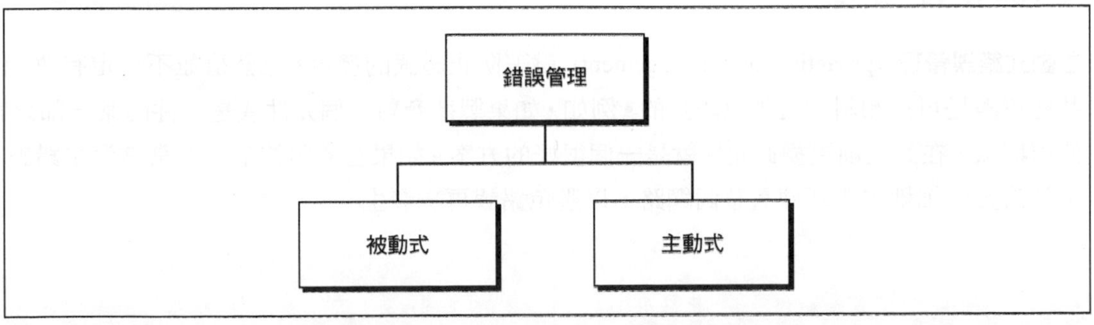

一個有效的錯誤管理系統有兩個子系統：被動式錯誤管理和主動式錯誤管理（如圖 20.3）。

被動式錯誤管理

一個**被動式錯誤管理** (reactive faulf management) 系統負責偵測、隔離、改正並紀錄錯誤，它處理對於錯誤的短期解決方案。

偵測

被動式錯誤管理系統的第一步，就是要找出錯誤的真正位置。一個系統中有不正常的情況就是錯誤，當錯誤發生時，系統會停止正常工作，或是系統產生一連串的差錯。一個損壞的通訊媒體就是一個很好的「錯誤」例範，這種錯誤也許會中斷通訊或是發生許多的錯誤。

隔離

隔離是被動式錯誤管理系統的下一個動作，當某個錯誤被隔離後，通常只會影響少部分的使用者。當隔離完成後，被影響的使用者會被通知，並且被告知需要多少時間來來修復這個問題。

改正

下一個步驟就是改正，這個動作也許包括了置換或是修理錯誤的元件。

紀錄

在錯誤被改正後就必須進行建檔，錯誤的實際位置、可能發生原因、更正錯誤所採取的動作，以及每個步驟所耗費的時間跟資源，都要被紀錄下來。基於以下的幾個理由，建檔是一件非常重要的工作：

- 這個問題也許會再發生。建檔可以幫助現在或是未來任職的管理者或工程師來解決類似的問題。
- 同樣錯誤發生的次數，可能是系統某個大問題的指標。如果錯誤常發生在某個特定的元件上，這個元件就必須被更換，或是整個系統應該避免使用此一類型的元件。
- 這些統計對網路管理的其他部分，如效能管理，也是有用的。

主動式錯誤管理

主動式錯誤管理 (proactive fault management) 試著防止錯誤的發生。雖然這並不一定有效，但是某些錯誤是可以預料而且加以防止的。例如，如果製造商對一個元件或是元件的某一部分設定使用期限，在到期前更換此元件就是一個很好的方案。如果在網路的某一點常常發生錯誤，通常就需要仔細地去重新建置整個網路，以避免錯誤再次發生。

20.3 效能管理 *Performance Management*

效能管理 (Performance Management) 和錯誤管理是息息相關的，它嘗試去監測和控制網路，以確保它工作在最有效率的狀態。效能管理嘗試利用一些可以測量的單位，如容量、流量、流通率或是反應時間來度量效能（如圖 20.4）。某些通訊協定，例如本章會討論的 SNMP，就可以用在效能管理中。

圖 20.4　效能標準

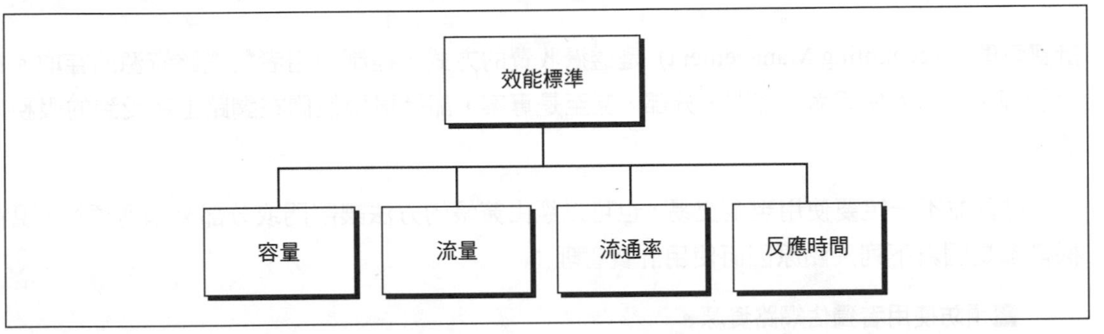

容量

網路的容量 (capacity) 是效能管理系統一定要去監測的重要因素。每個網路都有它的容量上限，而效能管理系統必須保證此網路的使用不會超出這個容量值。舉例來說，如果某個區域網路被設計給一百個站台使用，它的平均傳輸速率是 2Mbps，當兩百個站台連接到這網路上時，它就會無法正常運作。資料傳輸速率會下降，而且可能發生阻塞的情況。

流量

流量 (traffic) 可以用兩種方法來測量：內部和外部。內部流量是計算網路內部封包（或是位元組數）的流動量，外部流量是計算網路對外交換的封包（或是位元組數）。在尖峰時段，當系統有過多的流量時，阻塞就有可能發生。

流通率

我們可以測量單一裝置（例：路由器）或是部分網路的**流通率** (throughput)，效能管理會監測這些流通率，確定它們不會降到某個程度之下。

反應時間

反應時間 (response time) 通常是從使用者發出請求，一直到系統確認此動作的時間。其他因素像容量和流量都可能會影響到反應時間。效能管理會測量平均反應時間和尖峰反應時間。任何反應時間的增加都是非常嚴重的狀況，因為這表示網路的運作已經超過容量。

20.4 安全管理 Security Management

安全管理 (Security Management) 是根據預先定義好的規則來控制網路的存取。在第十九章中，我們已經討論如加密和認證等安全工具。加密提供使用者隱密性，認證強迫使用者必須去證明他們自己的身份。

20.5 計費管理 Accounting Management

計費管理 (Accounting Management) 是透過收費的方式，控制使用者對網路資源的存取。在計費管理中，個人使用者、部門、分部、甚至是專案，都是根據他們在網路上所受到的服務來收費。

付費並不一定要使用現金交易，也可以經由簽帳的方法讓部門或分部來編列預算，現在的機構都是因為下列幾點原因而使用計費管理：

- 預防使用者獨佔網路資源。
- 防止使用者沒有效率地使用系統。
- 網路管理者可以根據網路使用的需求，進行短期和長期的規劃。

20.6 SNMP

許多網路管理的標準都是在最近數十年中被建立起來，其中最重要的就是網際網路所用的**簡易網路管理協定** (Simple Network Management Protocol, SNMP)，在這節裡將對它進行深入的討論。

簡易網路管理協定是種管理架構，它針對使用 TCP/IP 協定套件的互連網路裝置進行管理，它提供一組基本的操作方法，來監測並維護網路。

概念

SNMP 使用了管理者和代理者的概念。也就是說，管理者通常是主機，它控制並監測一組代理者，它們通常是路由器（如圖 20.5）。

SNMP 是一種應用層的通訊協定，其中由一些管理者工作站來控制一組代理者。此通訊協定被設計用在應用層，以便監測由不同製造商生產或安裝在不同實體網路上的元件，換句話說，SNMP 將管理工作從被管理裝置的實體特性，以及下層網路的技術中抽離。它可以用在由不同製造商生產的路由器，和閘道器所連接成的不同區域網路和廣域網路中。

圖 20.5 SNMP 概念

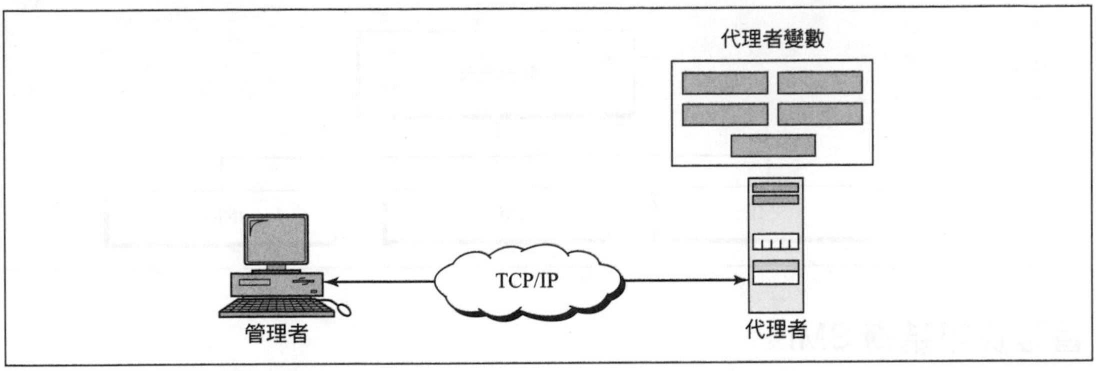

管理者和代理者

一部管理工作站稱為**管理者** (manager)，它是一個執行 SNMP 用戶端程式的主機。被管理的工作站稱為**代理者** (agent)，它是一個執行 SNMP 伺服器程式的**路由器** (router)（或是另一部主機）。管理者和代理者透過簡單的相互交談來完成管理的工作。

代理者將效能資訊存在某個資料庫中，而管理者可以存取資料庫中的數值。舉例來說，一部路由器將它接收和傳送的封包數儲存在適當的變數中，管理者接著搜尋並比較這兩個變數值，並且判斷此路由器是否處在壅塞狀態。

管理者也可以讓路由器執行一些動作。像是一個路由器周期性地檢查計數器，判斷是否需要重新啟動，比如說在計數器為零的時候就重新啟動。管理者只需要送出一個封包迫使計數器為零，就可以利用這種功能，在任何時間由遠端將路由器重新啟動。

代理者同時也可以對管理程序提供一些協助，在代理者端的伺服器程式可以監測環境，如果有任何不正常的狀況發生，它可以傳送警告訊息（稱為**陷阱** (*trap*)）給管理者。

換句話說，使用 SNMP 的管理機制是根據三個基本想法：

1. 管理者藉由請求能反映出代理者狀態的訊息，對代理者進行檢查。
2. 管理者藉由重設代理者資料庫中的數值，強迫代理者執行某個工作。
3. 代理者透過警告管理者，告知有不正常的情況發生，對管理程序提出協助。

元件

在網際網路上的管理不只是透過 SNMP 來完成，同時也要靠許多不同的通訊協定和 SNMP 一起合作。在最上層，管理要靠兩種通訊協定來完成：管理資訊結構 (SMI) 和管理資訊庫 (MIB)，SNMP 使用這兩種通訊協定所提供的服務來完成它的作業。換句話說，管理是靠 SMI、MIB、和 SNMP 的團隊合作。這三者都都有使用一些協定，例如抽象語法表示法 1 (ASN.1) 和基本編碼法則 (BER)。我們將在下面三個小節討論 SMI、MIB、和 SNMP（如圖 20.6）。

圖 20.6 網際網路管理元件

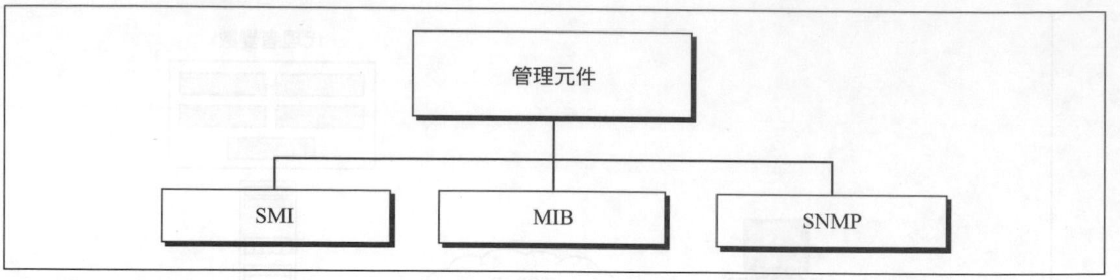

管理資訊結構 SMI

管理資訊結構 (structure of management information, SMI) 是網路管理中的一個元件，它的作用如下：

1. 為物件命名。
2. 定義可以存在物件中的資料類型。
3. 顯示在網路上傳送資料時要如何編碼。

圖 20.7 物件屬性

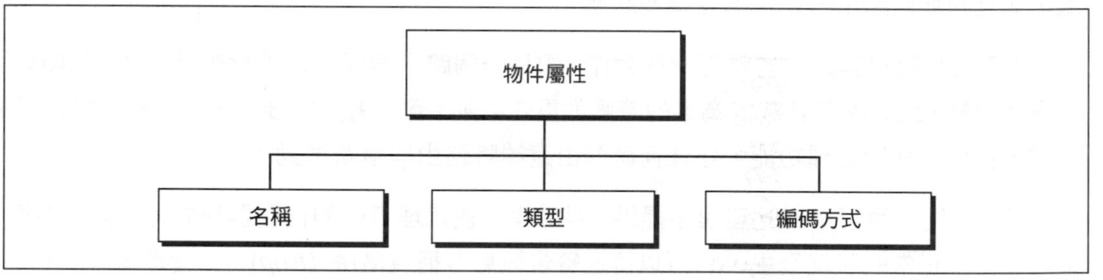

管理資訊結構是 SNMP 的指導原則，它強調處理物件的三種屬性：名稱、資料類型、和編碼方式（如圖 20.7）。

名稱

SMI 要求它所管理的每個物件（像是路由器、變數、數值）都有唯一的名稱。要讓物件有全球性的命名，SMI 使用**物件識別碼** (object identifier)，它是依據樹狀結構的一種階層式編碼（如圖 20.8）。

此樹狀結構由一個未命名的根 (root) 開始，每個物件可以用一串以點隔開的整數來定義。樹狀結構也可以用一串以點隔開的文字來定義。不過，SNMP 使用以整數的表示法。名稱表示法則是由人們所使用。下面的例子顯示相同物件的兩種不同表示法：

iso.org.dod.internet.mgmt.mib←====→1.3.6.1.2.1

SNMP 所用的物件位在 mib 物件之下，所以它們的識別碼總是由 1.3.6.1.2.1 開始。

所有透過 SNMP 管理的物件都有一個物件識別碼，並且由 1.3.6.1.2.1 開始。

圖 20.8 物件識別

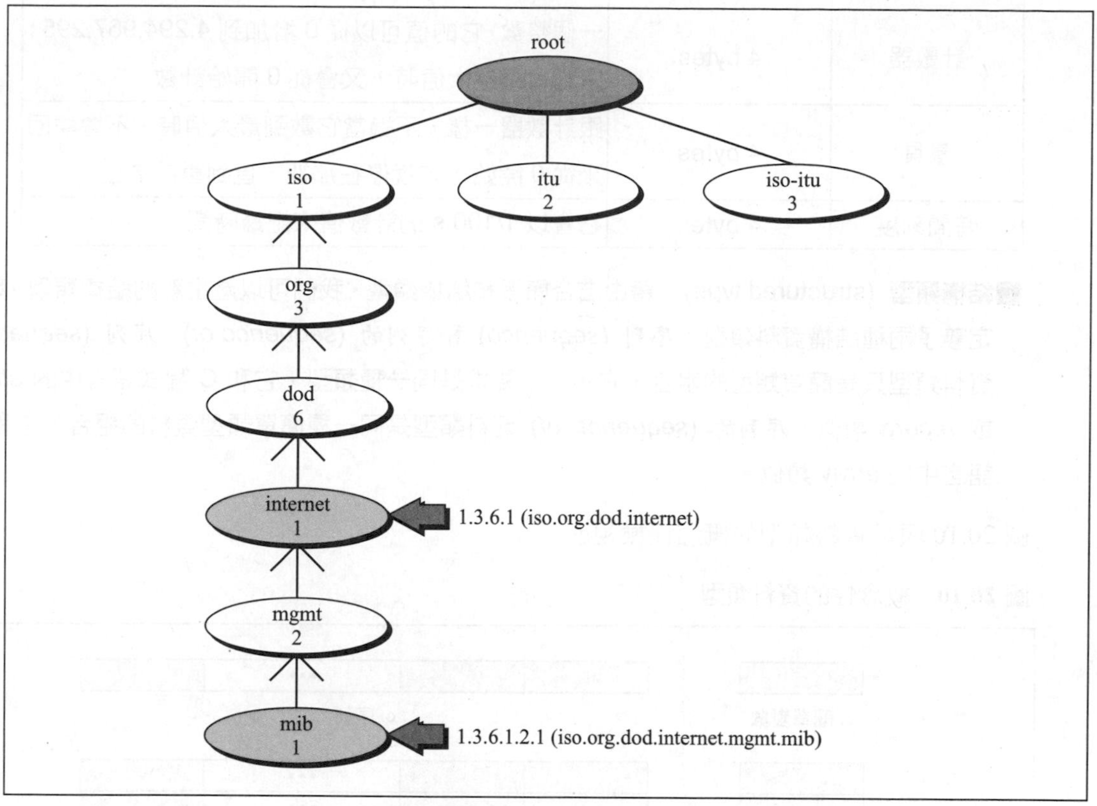

類型

物件的第二個屬性是儲存它裡面的資料類型，我們先定義**簡單** (simple) 的類型，然後再展示如何由簡單類型來建立**結構** (structured) 類型（如圖 20.9）。

圖 20.9 資料類型

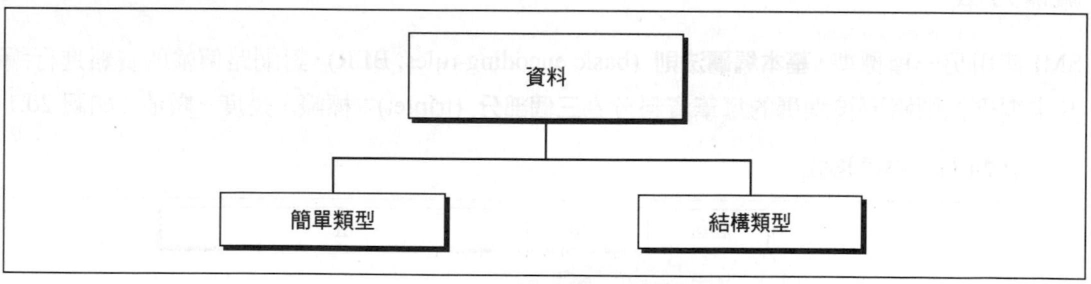

■**簡單類型** (simple type) 它是原始的資料類型。表 20.1 列出最重要的幾種簡單資料類型。

表 20.1 資料類型

類型	長度	描述
整數	4 bytes	介於 0 到 2^{32}-1 的羅馬數字
字串	變動的	0 或多個 ASCII 字元
物件識別碼	變動的	以 ASCII 數字表示的物件識別

IP 位址	4 bytes	由四個整數所組成的 IP 位址
計數器	4 bytes	一個整數，它的值可以從 0 增加到 4,294,967,295；當它數到最大值時，又會從 0 開始計數
量具	4 bytes	跟計數器一樣，不過當它數到最大值時，不會繞回來從 0 開始；它就停在那裡，直到重設為止
時間刻度	4 bytes	它會以 1/100 s 的計數值來記錄時間

■**結構類型** (structured type) 藉由結合簡單和結構類型，我們可以產生新的結構類型。SMI 定義了兩種結構資料類型：**序列** (*sequence*) 和**序列的** (*sequence of*)。**序列** (*sequence*) 資料類型只是簡單類型的組合，它不一定要求是同一種類型，它和 C 程式語言中的 *struct* 或 *record* 類似。**序列的** (*sequence of*) 資料類型是同一種簡單類型資料的組合，它和 C 語言中的 *array* 類似。

圖 20.10 顯示資料類型的概念性檢視。

圖 20.10 概念性的資料類型

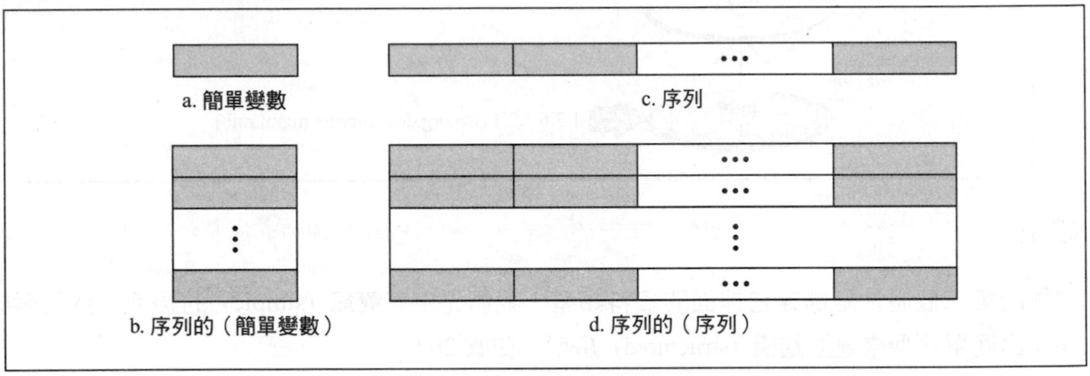

編碼方法

SMI 使用另一種標準，**基本編碼法則** (basic encoding rules, BER)，對網路傳輸的資料進行編碼。基本編碼法則將要被編碼的每筆資料分為**三個部分** (triplet)：標籤、長度、數值（如圖 20.11）。

圖 20.11 編碼格式

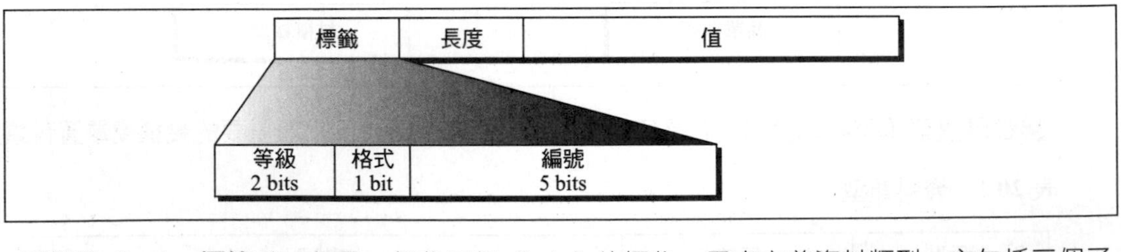

■**標籤** (tag) **標籤** (tag) 是一個位元組 (byte) 的欄位，用來定義資料類型，它包括三個子欄位：**等級** (*class*)（兩個位元）、**格式** (*format*)（一個位元）、和**編號** (*number*)（五個位元）。

等級欄位定義資料的範圍，共有四種等級：共通 (00)、全部應用程式適用 (01)、特定內容 (10)、隱私 (11)。共通資料類型是從 ASN.1 所取得的（整數、字串、物件識別碼）。全部應用程式適用的資料類型是由 SMI 所加入的（IP 位址、計數器、量具、時間刻度）。特定內容資料類型會根據不同的通訊協定而有不同的意義，而隱私資料類型則是由廠商自定。

格式欄位指出資料是簡單式 (0) 或是結構式 (1)。數字欄位進一步將簡單式或結構式資料分成數個子群組。舉例來說，在共通等級中使用簡單式，它的整數值是 2、字串值是 4，以此類推。表 20.2 顯示這一章所用到的資料類型和它們的標籤（二進位和十六進位）。

表 20.2 資料類型編碼

資料類型	等級	格式	編號	標籤（二進位）	標籤（十六進位）
Integer	00	0	00010	**00000010**	**02**
String	00	0	00100	**00000100**	**04**
ObjectIdentifier	00	0	00110	**00000110**	**06**
Sequence, sequence of	00	1	10000	**00110000**	**30**
IP Address	01	0	00000	**01000000**	**40**
Counter	01	0	00001	**01000001**	**41**
Gauge	01	0	00010	**01000010**	**42**
TimeTicks	01	0	00011	**01000011**	**43**

- **長度** (length) 長度欄位有一個或更多個位元組。如果它是一個位元組，那麼最左邊的位元一定是 0，其他七個位元表示資料長度。如果它是多個位元組，那麼第一個位元組最左邊的位元一定是 1，第一個位元組的其他七個位元則是定義要用幾個 byte 來表示資料長度，圖 20.12 顯示長度欄位的描述。

圖 20.12 長度格式

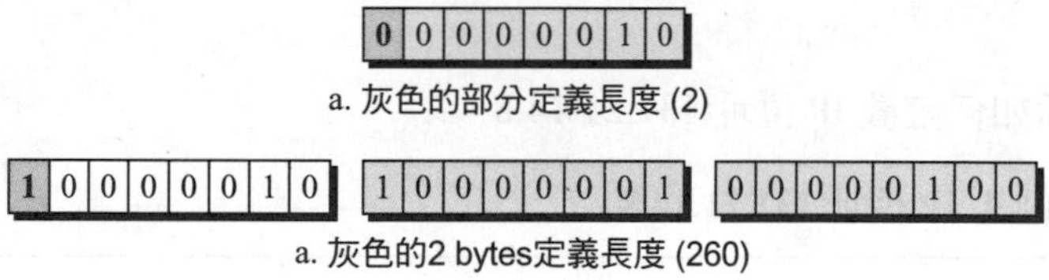

- **數值** (value) 數值欄位依據 BER 所定義的規則對資料值進行編碼。

要顯示這三個欄位—標籤、長度、數值—如何定義一個物件，下面是一些範例：

範例 1

圖 20.13 顯示如何定義整數 14。

圖 20.13 範例 1，整數 14

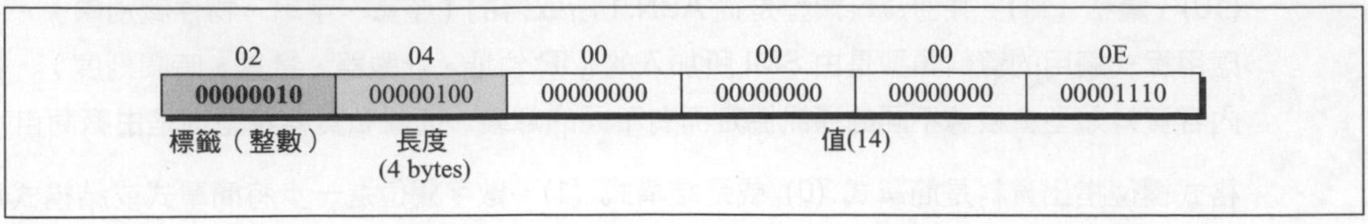

範例 2

圖 20.14 顯示如何定義字串“HI”。

圖 20.14 範例 2 字串“HI”

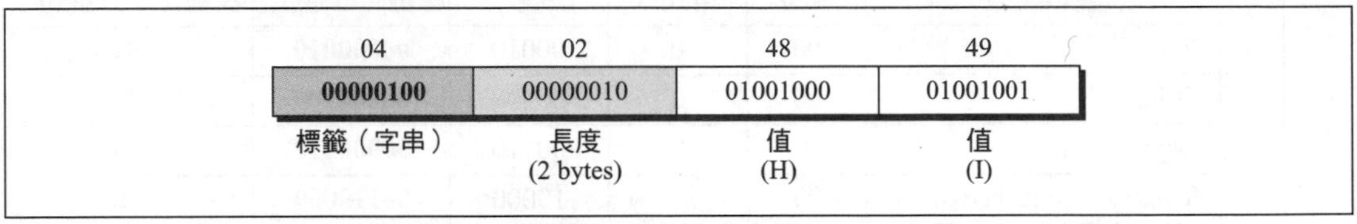

範例 3

圖 20.15 顯示如何定義物件識別碼 1.3.6.1 (iso.org.dod.internet)。

圖 20.15 範例 3，物件識別碼 1.3.6.1

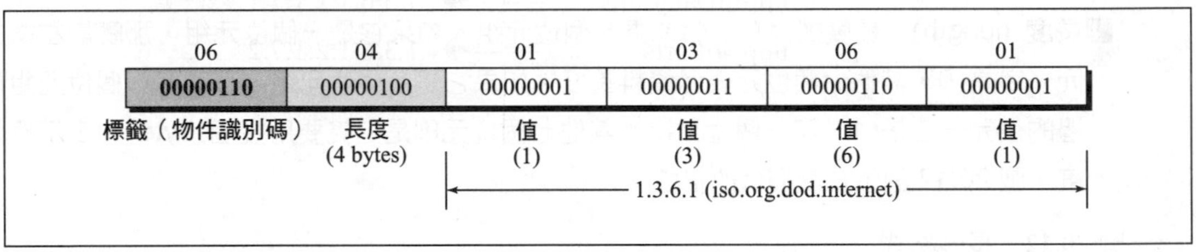

範例 4

圖 20.16 顯示如何定義 IP 位址 131.21.14.8。

圖 20.16 範例 4, IP 位址 131.21.14.8

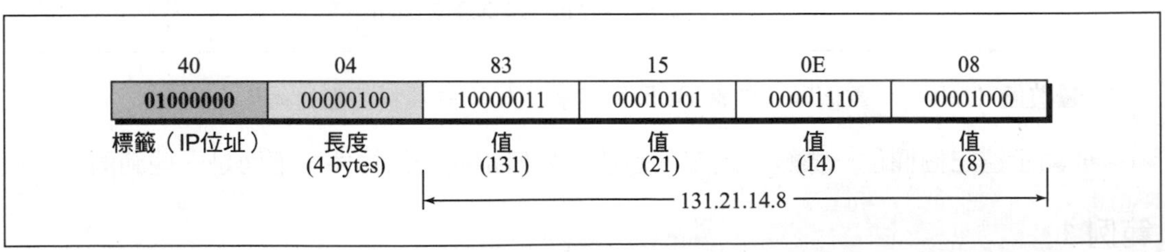

MIB

管理資訊庫 (Management Information Base, MIB) 是網路管理所使用的第二個元件。每一個代理者都有它自己的 MIB，裡面是每個管理者可以管理物件的集合。在 MIB 裡面的物件被分類為八個不同群組：系統、介面、位址轉換、ip、icmp、tcp、udp 和 egp，這些群體是在物件識別碼樹的 mib 物件底下（如圖 20.17）。

圖 20.17　MIB

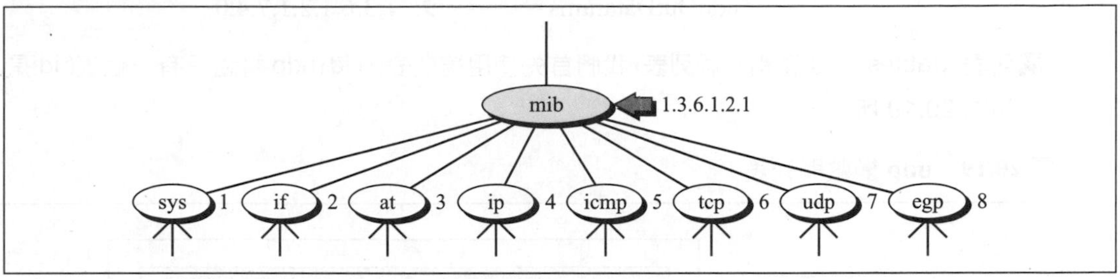

存取 MIB 變數

我們以 udp 群組當作範例來解釋如何存取不同的變數。在 udp 群組中有四個簡單變數和一筆「序列的」（列表的）記錄。圖 20.18 顯示了這些變數和該列表。

我們會解釋如何存取到每一個實體。

■**簡單變數** (simple variables)　要存取任何一個**簡單變數**，我們使用群組的 id (1.3.6.1.2.1.7)，下面顯示如何存取這些變數。

udpInDatarams ======➔ 1.3.6.1.2.1.7.1
udpNoPorts ======➔ 1.3.6.1.2.1.7.2
udpInErrors ======➔ 1.3.6.1.2.1.7.3
udpOutDatarams ======➔ 1.3.6.1.2.1.7.4

圖 20.18　udp 群組

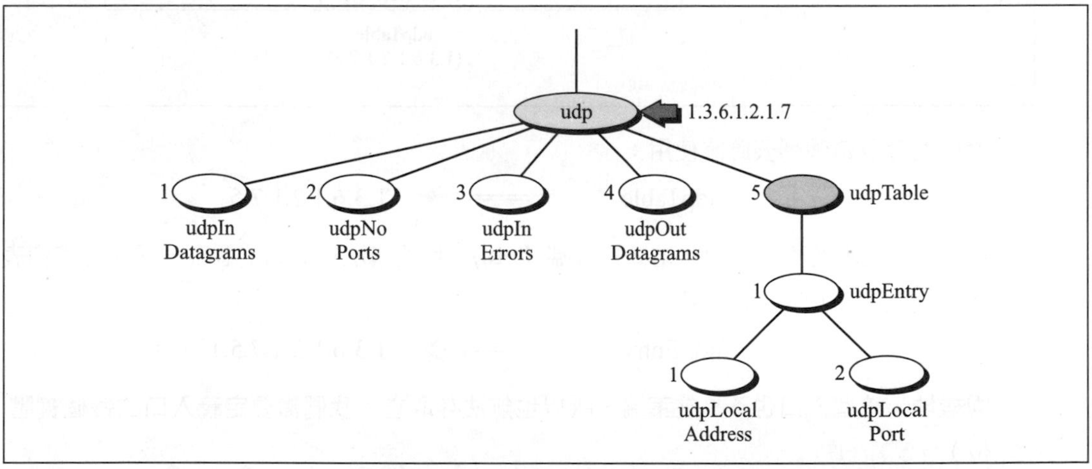

不過，這些物件識別碼只定義變數而不是實體（內容）。為了顯示每個變數的實體或內容，我們必須加入一個內容字尾，簡單變數的內容字尾就是 0。換句話說，為了顯示出上面那些變數的內容，我們必須使用下面的方式：

udpInDatarams ======➔ 1.3.6.1.2.1.7.1.0
udpNoPorts ======➔ 1.3.6.1.2.1.7.2.0
udpInErrors ======➔ 1.3.6.1.2.1.7.3.0
udpOutDatarams ======➔ 1.3.6.1.2.1.7.4.0

■**列表** (tables) 要識別一個**列表**，我們首先使用這個表的 id，udp 群組只有一個表(id 是 5)，如圖 20.19 所示。

圖 **20.19** **udp** 變數與列表

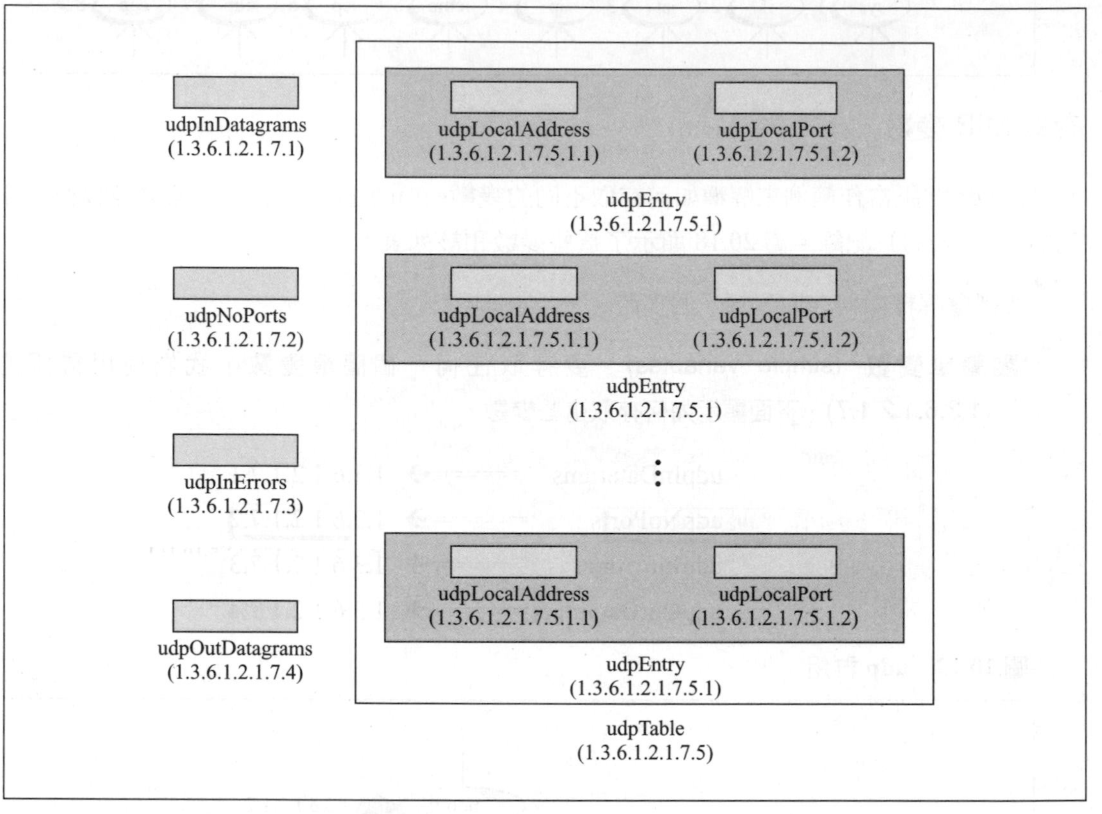

所以要存取這個列表應該使用：

udpTable =====➔ 1.3.6.1.2.1.7.5

不過，這個表並不是在樹狀結構的**葉端** (leaf)，我們無法存取到這個表。因此定義列表（id 是 1）的入口（序列）如下：

udpEntry =====➔ 1.3.6.1.2.1.7.5.1

同樣地，這個入口也不是在葉端，所以也無法存取它。我們需要定義入口的每個實體（欄位）。

udpLocalAddress=====➔ 1.3.6.1.2.1.7.5.1.1
udpLocalPort =====➔ 1.3.6.1.2.1.7.5.1.2

這兩個變數都在樹狀的葉端。雖然我們可以存取它們的內容，但是還必須定義是**哪一個** (*which*) 實體。在任何時間，這個表的 local address/local port 都可能有數個不同的值。為了存取表中某個特定的內容（行，row），我們必須為上面那些 id 加入索引。在 MIB 中，陣列的索引並不是整數（像大多數程式語言一樣）。

這些索引是依據入口中一個或多個欄位的值來決定。在本範例中，udpTable 的索引是根據 local address 和 local port 數值來決定的。例如，圖 20.20 顯示某個有四行 (row) 的表和它每個欄位的值，每一行的索引是兩個值的組合。

要存取到第一行 local address 的值，我們使用識別碼和索引：

udpLoaclAddress.181.23.45.14.23=====➔1.3.6.1.2.1.7.5.1.1.181.23.45.14.23

請注意，並非所有的表都是用同樣的索引，有一些表是用一個欄位的值來做索引，也有一些是用兩個欄位的值，以此類推。

訊息

SNMP 定義了五種訊息：GetRequest、GetNextRequest、SetRequest、GetResponse、以及 Trap（請參考圖 20.21）。

圖 20.20 udpTable 索引

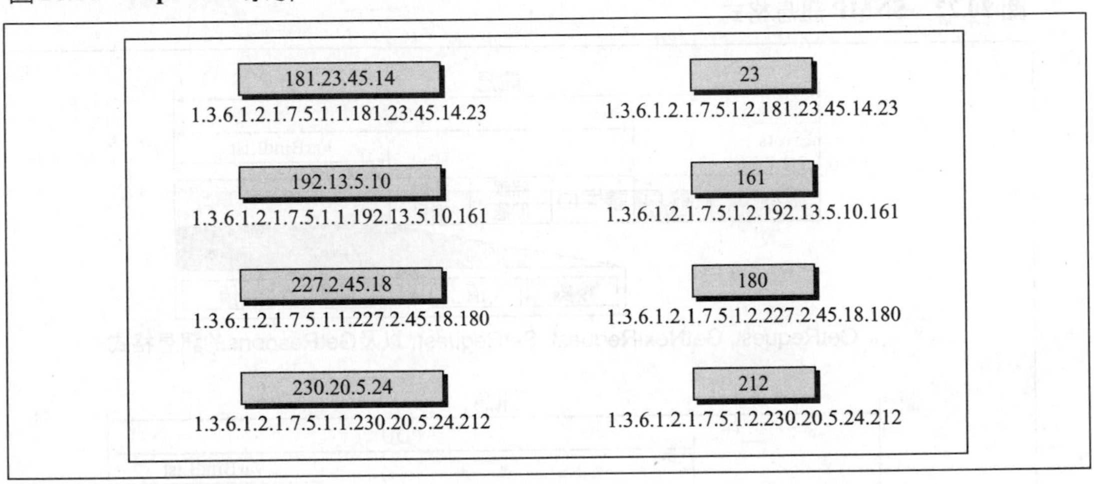

圖 20.21 SNMP 訊息

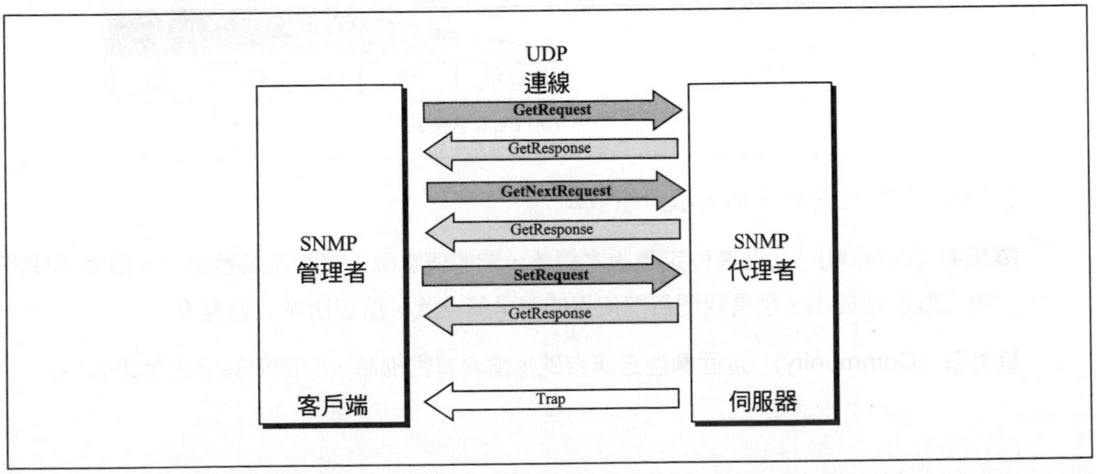

GetRequest GetRequest 訊息是由管理者（客戶）發送到代理者（伺服器）來擷取變數值。

GetNextRequest GetNextRequest 訊息是由管理者發送到代理者來取得變數值。擷取到的值是物件的值，之後是訊息中定義的 ObjectId。它通常是用來擷取列表的入口值。如果管理者不知道入口的索引，就無法獲得所要的數值。不過，管理者可以使用 GetNextRequest 和定義列表的 ObjectId。因為列表的第一個入口就有 ObjectId，它是位在列表的 ObjectId 正後面，所以會傳回第一個入口的數值。管理者可以使用擷取到的 ObjectId 來得到下一個值，以此類推。

GetResponse GetResponse 訊息是代理者為了回應 GetRequest 和 GetNextRequest 而傳送給管理者的，其中包含管理者所要求的變數值。

SetRequest SetRequest 訊息是由管理者送給代理者，把數值設定（儲存）在變數中。

Trap Trap 訊息是代理者送給管理者來回報某個特定事件。例如，如果代理者重新啟動，就會通知管理者，並且回報重新啟動的時間。

格式

圖 20.22 顯示五種訊息的格式。其中前四種訊息的格式都很類似，只有 Trap 訊息不一樣。

圖 20.22 SNMP 訊息格式

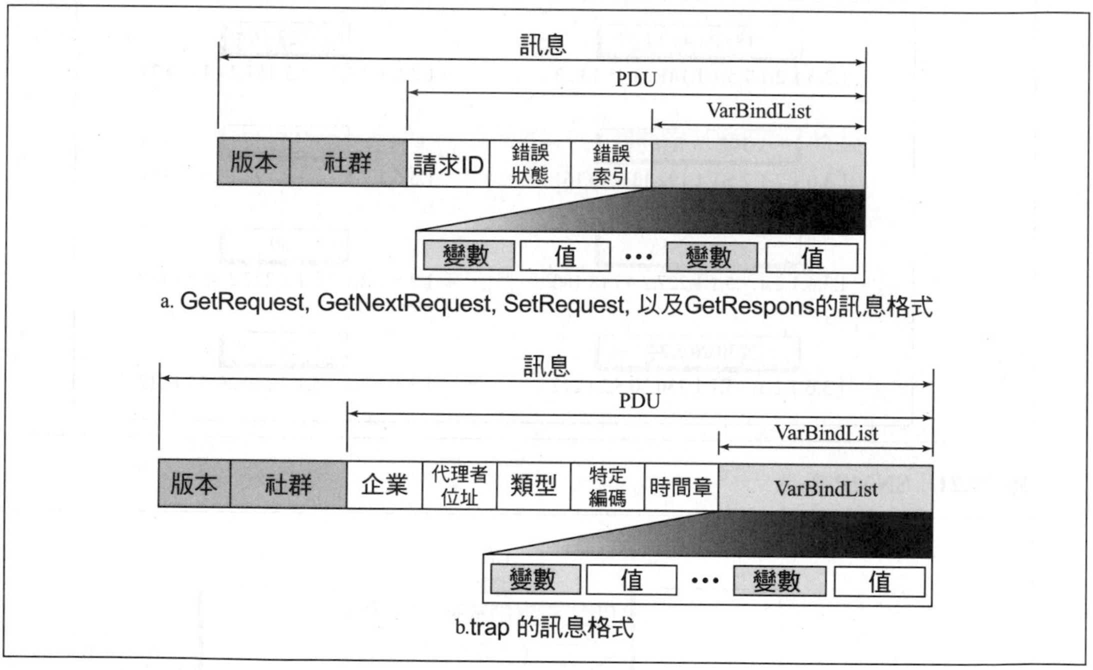

這些訊息的欄位是由下面幾項所組成：

- **版本 (Version)** 這個欄位定義版本編號，它的值實際上是版本編號減 1。雖然 SNMP 的第二版已經提出，但是我們目前使用的還是第一版，所以版本的值是 0。
- **社群 (Community)** 這個欄位定義密碼，當沒有密碼時，它的值為字串“public”。

請求 ID (Request ID) 這個欄位是管理者在請求訊息中使用的序號，而且代理者會在回應時重複使用。它被用來將請求比對到回應。

錯誤狀態 (Error Status) 這是一個只用在回應訊息中的整數，它顯示代理者回報的錯誤類型。它的值在請求訊息中是 0，表 20.3 列出可能會出現的錯誤類型。

表 **20.3** 錯誤類型

狀態	名稱	意義
0	noError	沒有錯誤
1	tooBig	回應過大而無法放在單筆訊息中
2	noSuchName	變數不存在
3	badValue	要被儲存的資料是不合法的
4	readOnly	此數值無法被修改
5	genErr	其他錯誤

錯誤索引 (Error index) 錯誤索引是個起始點，它用來告訴管理者，是哪一個變數造成錯誤。

VarBindList 這是管理者想要擷取或是設定的一組變數以及它們對應的值。在 GetRequwst 和 GetNextRequest 中，這些值為空 (null)。在 Trap 訊息中，它會顯示變數以及關於某個特定訊息的數值。

企業 (Enterprise) 此欄位定義產生 Trap 之軟體套件的物件識別碼 (ObjectId)。

代理者位址 (Agent address) 這個欄位定義產生 Trap 之代理者的 IP 位址。

Trap 類型 (Trap type) 共有定義七種 Trap 類型，如表 20.4。

表 **20.4 Trap** 類型

狀態	名稱	意義
0	coldStart	代理者被啟動
1	warmStart	代理者被重新開機
2	linkDown	介面被關掉
3	linkUp	介面被啟動
4	authenticationFailure	偵測到不合法的社群
5	egpNeighborLoss	某個EGP路由器轉成關閉狀態
6	enterpriseSpecific	其他訊息

特定編碼 (Specific code) 如果 Trap 類型的值是 6，那麼此欄位定義由企業（製造商）所使用的**特定編碼**。

時間標記（章） (Time stamp) 它顯示從引起 Trap 的事件發生，到現在為止的經過時間。

編碼

SNMP 使用基本編碼法則 (BER) 標準來進行訊息編碼。首先，將訊息以標籤來定義，等級為「跟內容相關」(10)、格式為結構類型 (1)，以及數值是 0、1、2、3、4 分別對應到不同類型的訊息（如表 20.5）。

表 **20.5**　**SNMP** 訊息編碼

資料	等級	格式	編號	整個標籤（二進位）	整個標籤（十六進位）
GetRequest	10	1	00000	**10100000**	**A0**
GetNextRequest	10	1	00001	**10100001**	**A1**
GetResponse	10	1	00010	**10100010**	**A2**
SetRequest	10	1	00011	**10100011**	**A3**
Trap	10	1	00100	**10100100**	**A4**

訊息是由三個部分所組成：版本、**社群** (community) 以及**協定資料單元** (Protocol Data Unit, PDU)。版本被編碼成三部分（標籤、長度、值），社群也一樣是三部分（標籤、長度、值），PDU 包含了 PDU 類型的編碼，長度和 PDU 資料。PDU 資料是由請求 id（標籤、長度、數值的組合）和錯誤狀態（同上）、錯誤索引（同上）、及 VarBindList 組合而成。最後一個是「序列的」序列（每個都是變數和數值的組合）。請參考圖 20.23 有關 SNMP 訊息的編碼圖示。

圖 **20.23**　使用 **BER** 的 **SNMP** 訊息編碼

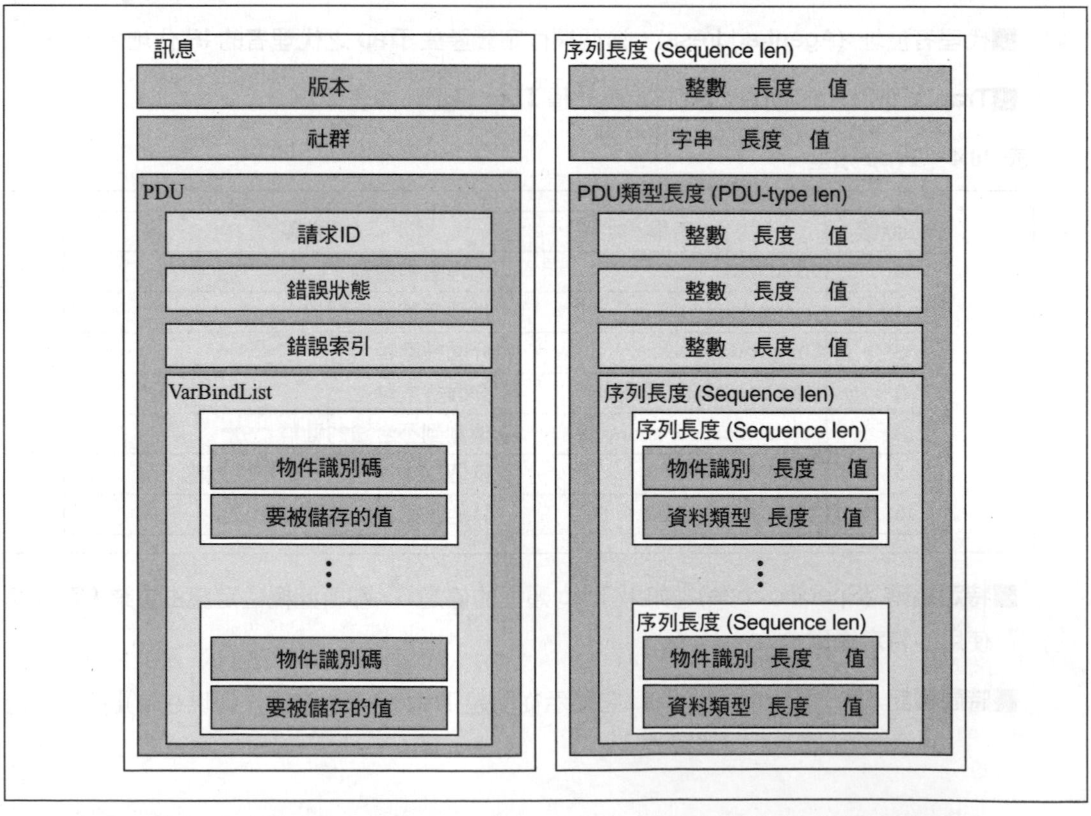

範例 5

在這個範例中，管理工作站（SNMP 客戶端）使用 GetRequest 訊息來擷取「一部路由器收到的 UDP 數據包個數」。代理者（SNMP 伺服器）以 GetResponse 來回應。

GetRequest 訊息是由客戶端（管理工作站）送出。管理者想知道某個特定路由器共收到多少 UDP 數據包。相對應的 MIB 變數是 upInDatagrams，物件識別碼是 1.3.6.1.2.1.7.1。因為管理者希望擷取數值（而非儲存數值），所以最後一段定義數值為 0 的空實體。

範例5的*GetRequest*編碼	
30 2A	Sequence of length $2A_{16}$
02 01 00	Integer of length 01_{16}, version = 0
04 06 70 75 62 6C 69 63	String of length 06_{16}, "public"
A0 1D	GetRequest of length $1D_{16}$
02 04 00 01 06 11	Integer of length 04_{16}, Request ID = 00010611_{16}
02 01 00	Integer of length 01_{16}, Error Status = 00_{16}
02 01 00	Integer of length 01_{16}, Error Index = 00_{16}
30 0F	Sequence of length $0F_{16}$
30 0D	Sequence of length $0D_{16}$
06 09 01 03 06 01 02 01 07 01 00	ObjectId of length 09_{16}, udpInDatagram
05 00	Null entity of length 00_{16}

圖 20.24 顯示實際由管理工作站（客戶端）傳送給代理者（客戶端）的封包。

圖 20.24 GetRequest 訊息

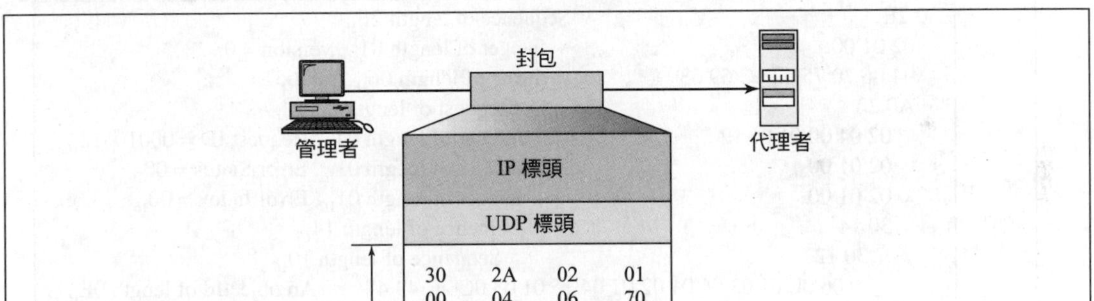

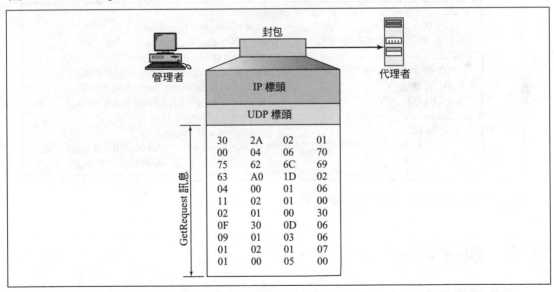

GetResponse 訊息由代理者送出，它所傳送的是路由器收到的數據包個數。相對應的 MIB 變數是 udpInDatagrams，物件識別碼是 1.3.6.1.2.1.7.1，這裡的 VarBindList 是物件識別碼之後接著物件值。

範例5的*GetResponse* 編碼	
30 2E	Sequence of length $2E_{16}$
02 01 00	Integer of length 01_{16}, version = 0
04 06 70 75 62 6C 69 63	String of length 06_{16}, "public"
A2 21	GetResponse of length 21_{16}
02 04 00 01 06 11	Integer of length 04_{16}, Request ID = 00010611_{16}
02 01 00	Integer of length 01_{16}, Error Status = 00_{16}
02 01 00	Integer of length 01_{16}, Error Index = 00_{16}
30 13	Sequence of length 13_{16}
30 11	Sequence of length 11_{16}
06 09 01 03 06 01 02 01 07 01 00	ObjectId of length 09_{16}, udpInDatagram
41 04 00 00 12 11	Counter of length 04 with the value 12 11

範例 6

在這個範例中，管理工作站（SNMP 客戶端）使用 GetRequest 訊息來擷取 IP 位址 12.44.66.71 的子網路遮罩值。

GetRequest 訊息應該能存取 id 為 1.3.6.1.2.1.4.21 的 ipAddrTable。不過，網路遮罩 (ipadEntNetMask) 是每筆紀錄的第三欄位，所以必須先存取到該記錄 (1)，然後才是遮罩 (3)。因此變數名稱的 id 就是 1.3.6.1.2.1.4.21.1.3。此列表是依照 IP 位址來進行索引的。為了存取到此變數的值，我們加入此 id 的索引。最後的 id 就是 1.3.6.1.2.14.21.1.3.12.44.66.71。下面顯示出 GetRequest 訊息的內容：

範例6的*GetRequest*編碼	
30 2F	Sequence of length $2F_{16}$
02 01 00	Integer of length 01_{16}, version = 0
04 06 70 75 62 6C 69 63	String of length 06_{16}, "public"
A0 22	GetRequest of length 22_{16}
02 04 00 01 06 12	Integer of length 04_{16}, Request ID = 00010612_{16}
02 01 00	Integer of length 01_{16}, Error Status = 00_{16}
02 01 00	Integer of length 01_{16}, Error Index = 00_{16}
30 14	Sequence of length 14_{16}
30 12	Sequence of length 10_{16}
06 0E 01 03 06 01 02 01 04 15 01 03 0C 2C 42 47	An objectId of length $0E_{16}$
05 00	Null entity of length 00_{16}

我們將 GetResponse 訊息留作練習。

20.7 關鍵字詞 *Key Terms*

抽象語法表示法 1 (abstract Syntax Notation 1, ASN.1)

反應時間 (response time)

計費管理 (accounting management)

路由器 (router)

代理者 (agent)

安全管理 (security management)

基本編碼法則 (basic encoding rules, BER)

簡易網路管理協定 (Simple Network Management Protocol) (SNMP)

容量 (capacity)

社群 (community)

簡單類型 (simple type)

建置管理 (configuration management)

簡單變數 (simple variable)

錯誤管理 (fault management)

軟體建檔 (software documentation)

硬體建檔 (hardware documentation)

軟體重建 (software reconfiguration)

硬體重建 (hardware reconfiguration)

規格 (specifications)

葉端 (leaf)

管理訊息架構 (structure of management information, SMI)

管理訊息資料庫 (management information base, MIB)

管理者 (manager)

結構類型 (structured type)

地圖 (maps)

表格 (table)

網路管理 (network management)

標籤欄位 (tag field)

物件識別碼 (object identifier)

流通率 (throughput)

效能管理 (performance management)

流量 (traffic)

主動式錯誤管理 (proactive fault management)

三個一組 (triplet)

協定資料單元 (protocol data unit, PDU)

使用者帳號建檔 (user-account documentation)

被動式錯誤管理 (reactive fault management)

使用者帳號重建 (user-account reconfiguration)

20.8 摘要 *Summary*

- 網路管理的五個領域分別是：建置管理、錯誤管理、效能管理、計費管理、和安全管理。
- 建置管理是關於網路物件實體或邏輯上的改變。
- 建置管理包括對軟體、硬體、使用者帳號的重建和建檔。
- 錯誤管理是關於每個網路元件是否正常運作。
- 錯誤管理可以是主動式或被動式。
- 效能管理主要是關於監測並控制網路，確保整個網路能儘可能地有效運作。
- 效能可以藉由測量容量、流量、流通率、和反應時間來進行量化。
- 安全管理是關於網路存取的控制。
- 計費管理是關於控制使用者存取網路資源，讓使用者必須付費後才能使用。
- 簡易網路管理協定 (SNMP) 是種管理架構，它針對使用 TCP/IP 協定套件的互連網路裝置進行管理。
- 管理者通常是主機，它會監測並控制一組代理者，通常是路由器。
- 管理者是一台執行 SNMP 客戶端程式的主機。
- 代理者是一台執行 SNMP 伺服器端程式的路由器或主機。
- SNMP 將管理工作從被管理裝置的實體特性，以及下層網路的技術中抽離。

- ■SNMP 使用兩種協定的服務：管理訊息結構 (SMI) 和管理訊息資料庫 (MIB)。
- ■SMI 將物件命名，定義可以儲存在物件中的資料類型，並且將資料編碼。
- ■SMI 的物件是根據階層的樹狀結構來命名。
- ■SMI 的資料類型是用抽象語法表示法 1 來定義的。
- ■SMI 使用基本編碼法則對資料進行編碼。
- ■MIB 是一群能被 SNMP 所管理的物件集合。
- ■SNMP 主要有三個功能：
  - a. 管理者可以擷取代理者所定義的物件值。
  - b. 管理者可以在代理者定義的物件中儲存資料。
  - c. 代理者可以傳送警告訊息給管理者。
- ■SNMP 定義了五種訊息：GetRequest、GetNextRequest、SetRequest、GetResponse、Trap。

20.9 練習題 *Practice Set*

選擇題

1. ________是建置管理的子系統。
   - a. 建檔
   - b. 流量管理
   - c. 成本管理
   - d. 主動管理
2. 控制對網路的存取是________管理的功能。
   - a. 建置
   - b. 錯誤
   - c. 效能
   - d. 安全
3. ________管理是透過收費服務來控制對網路資源的使用。
   - a. 建置
   - b. 效能
   - c. 計費
   - d. 安全
4. ________管理關心的是硬體、軟體、使用者帳號的重建和建檔。
   - a. 建置
   - b. 效能
   - c. 計費

d. 安全

5. 當伺服器無法運作時，_________管理負責偵測、隔絕、更正並紀錄此錯誤。

a. 錯誤

b. 效能

c. 計費

d. 安全

6. _________管理系統試著量化一些例如容量、流通率等數值，判斷網路是否有效運作。

a. 建置

b. 錯誤

c. 效能

d. 計費

7. 加密和認證是用在_________管理系統的工具。

a. 建置

b. 錯誤

c. 效能

d. 安全

8. _________是效能的一種條件。

a. 流量

b. 流通率

c. 反應時間

d. 以上皆是

9. _________錯誤管理的概念是，在製造廠商使用期限到達之前就將它替換。

a. 效能

b. 被動

c 前置==

d. 主動

10. 建置、錯誤、效能、帳號、安全管理都是_________管理的領域。

a. OSI

b. 網路

c. 前置

d. 商業

11. 下列哪一個和 SNMP 有關？

a. MIB

b. SMI

c. BER

d. 以上皆是

12. _________執行 SNMP 的客戶端程式，_________執行 SNMP 的伺服器端程式。

a. 管理者，管理者

b. 代理者，代理者

c. 管理者，代理者

d. 代理者，管理者

13. SNMP 使用的資料類型是由_________定義的。

a. BER

b. SNMP

c. ASN.1

d. b 和 c

14. _________幫物件命名，定義可以存在物件中的資料類型，並將資料編碼。

a. MIB

b. SMI

c. SNMP

d. ASN.1

15. 下列何者是要被管理物件的集合。

a. MIB

b. SMI

c. SNMP

d. ASN.1

16. 整數、字串、和物件識別碼是 SMI 所使用的_________定義。

a. MIB

b. SNMP

c. ASN.1

d. BER

17. 下列何者可能是合法的 MIB 物件識別碼？

a. 1.3.6.1.2.1.1

b. 1.3.6.1.2.2.1

c. 2.3.6.1.2.1.2

d. 1.3.6.2.2.1.3

18. 管理者的責任是？

a. 擷取定義在代理者端物件的值

b. 在代理者端定義的物件中儲存值

c. 送警告訊息給代理者

d. a 和 b

19. ________列出何種資料類型是 MIB 可使用的。

a. BER

b. SNMP

c. ASN.1

d. SMI

20. 對於一個位元組的長度欄位，資料長度的最大值是________。

a. 127

b. 128

c. 255

d. 256

21. 物件 id 定義一個________。加入一個 0 的結尾定義________。

a. 變數；表格

b. 表格；變數

c. 變數；變數內容

d. 變數內容；變數

22. SNMP 代理者可以送出________訊息。

a. GetRequest

b. GetNextRequest

c. SetRequest

d. Trap

23. SNMP 管理者可以送出________訊息。

a. .GetRequest

b. GetNextRequest

c. SetRequest

d. 以上都是

24. SNMP 代理者端可以送出________訊息。

a. GetResponse

b. GetRequest

c. SetRequest

d. GetNextRequest

25. ________欄位包含了密碼。

a. 社群

b. 請求 id

c. 企業

d. 代理者位址

26. _________欄位包含了對應某個請求到另一個回應的數值。

a. 社群

b. 請求 id

c. 企業

d. 代理者位址

27. _________欄位是個起始值，它指出錯誤的變數。

a. 社群

b. 企業

c. 錯誤狀態

d. 錯誤索引

28. _________欄位在回應訊息中回報錯誤。

a. 社群

b. 企業

c. 錯誤狀態

d. 錯誤索引

29. _________欄位是 Trap 訊息中才有的。

a. 社群

b. 企業

c. 錯誤狀態

d. 錯誤索引

30. _________欄位是 Trap 訊息中找不到的。

a. 社群

b. 錯誤狀態

c. 錯誤索引

d. b 和 c

31. _________欄位是由一串變數和數值子欄位組成。

a. 版本

b. 社群

c. VarBindList

d. 代理者位址

32. 對 SNMP 版本 1 來說，訊息的版本欄位包含________位元組。

a. 1

b. 2

c. 3

d. 4

33. 對一個密碼“public”來說，訊息的社群欄位包含________位元組。

a. 5.

b. 6

c. 7

d. 8

習題

34. 顯示整數 1456 的編碼。

35. 顯示字串“Hellp World”的編碼。

36. 顯示長度為 1000 的任意字串之編碼。

37. 顯示下列紀錄（序列）如何被編碼。

Integer	String	IP Address
2345	“COMPUTER”	185.32.1.5

38. 顯示下列紀錄（序列）如何被編碼。

Time Tick	Integer	Object ID
12000	14564	1.3.6.1.2.1.7

39. 顯示下列陣列（序列的）整數如何被編碼。

a. 2345

b. 1236

c. 122

d. 1236

40. 顯示下列紀錄陣列（序列的序列）如何被編碼。

Integer	String	Counbter
2345	“COMPUTER”	345
1123	“DISK”	1430
3456	“MONITOR”	2313

41. 將下列的編碼進行解碼。

a. 02 04 01 02 14 32

b. 30 06 02 01 11 02 01 14

c. 30 09 04 03 41 43 42 02 02 14 14

d. 30 0A 40 04 23 51 62 71 02 02 14 12

42. 管理者想知道由路由器轉送出去的封包數，如果值為 1200，請顯示 GetRequest 和 GetResponse 訊息的編碼。

43. 管理者想要知道 IP 位址 13.67.34.2 的子網路遮罩，假設子網路遮罩為 255.255.0.0，請顯示 GetRequest 和 GetResponse 訊息的編碼。

44. 管理者想要知道一個路由器的所有 IP 位址之子網路遮罩，如果列表中只有四個入口，請顯示所有 GetRequest 和 GetResponse 訊息的編碼。

附錄 A

ASCII 編碼

ASCII Code

美國資訊交換標準碼 (American Standard Code for Information Interchange, ASCII) 是最常被使用的編碼，它能將可列印或不可列印（控制）字元進行編碼。

ASCII 使用 7 bits 將每個字元進行編碼。因此它最多可表示 128 個字元。表 A.1 同時列出以二進位和十六進位格式的 ASCII 字元以及它們的編碼。

表 **A.1** **ASCII** 編碼列表

十進位	十六進位	二進位	字元	描述
0	00	0000000	NUL	空
1	01	0000001	SOH	標頭開始
2	02	0000010	STX	文件開始
3	03	0000011	ETX	文件結束
4	04	0000100	EOT	傳輸開始
5	05	0000101	ENQ	詢問
6	06	0000110	ACK	確認
7	07	0000111	BEL	嗶聲
8	08	0001000	BS	往回刪除
9	09	0001001	HT	水平跳格
10	0A	0001010	LF	跳行
11	0B	0001011	VT	垂直跳格
12	0C	0001100	FF	跳頁
13	0D	0001101	CR	回車(Carriage return)

十進位	十六進位	二進位	字元	描述
14	0E	0001110	SO	移出(Shift out)
15	0F	0001111	SI	移入(Shift in)
16	10	0010000	DLE	資料連接跳脫
17	11	0010001	DC1	裝置控制 1
18	12	0010010	DC2	裝置控制 2
19	13	0010011	DC3	裝置控制 3
20	14	0010100	DC4	裝置控制 4
21	15	0010101	NAK	負面確認
22	16	0010110	SYN	同步閒置
23	17	0010111	ETB	傳輸區塊結束
24	18	0011000	CAN	取消
25	19	0011001	EM	媒介結束
26	1A	0011010	SUB	取代
27	1B	0011011	ESC	跳脫
28	1C	0011100	FS	檔案分隔號
29	1D	0011101	GS	群組分隔號
30	1E	0011110	RS	記錄分隔號
31	1F	0011111	US	單元分隔號
32	20	0100000	SP	空白
33	21	0100001	!	驚嘆號
34	22	0100010	“	雙引號
35	23	0100011	#	井字號
36	24	0100100	$	錢號
37	25	0100101	%	百分比
38	26	0100110	&	AND 符號
39	27	0100111	’	單引號
40	28	0101000	(	左小括號
41	29	0101001	)	右小括號
42	2A	0101010	*	星號
43	2B	0101011	+	加號
44	2C	0101100	,	逗號
45	2D	0101101	-	減號
46	2E	0101110	.	點

十進位	十六進位	二進位	字元	描述
47	2F	0101111	/	斜線
48	30	0110000	0	
49	31	0110001	1	
50	32	0110010	2	
51	33	0110011	3	
52	34	0110100	4	
53	35	0110101	5	
54	36	0110110	6	
55	37	0110111	7	
56	38	0111000	8	
57	39	0111001	9	
58	3A	0111010	:	冒號
59	3B	0111011	;	分號
60	3C	0111100	<	小於
61	3D	0111101	=	等於
62	3E	0111110	>	大於
63	3F	0111111	?	問號
64	40	1000000	@	小老鼠
65	41	1000001	A	
66	42	1000010	B	
67	43	1000011	C	
68	44	1000100	D	
69	45	1000101	E	
70	46	1000110	F	
71	47	1000111	G	
72	48	1001000	H	
73	49	1001001	I	
74	4A	1001010	J	
75	4B	1001011	K	
76	4C	1001100	L	
77	4D	1001101	M	
78	4E	1001110	N	
79	4F	1001111	O	

十進位	十六進位	二進位	字元	描述
80	50	1010000	P	
81	51	1010001	Q	
82	52	1010010	R	
83	53	1010011	S	
84	54	1010100	T	
85	55	1010101	U	
86	56	1010110	V	
87	57	1010111	W	
88	58	1011000	X	
89	59	1011001	Y	
90	5A	1011010	Z	
91	5B	1011011	[	左中括號
92	5C	1011100	\	反斜線
93	5D	1011101	]	右中括號
94	5E	1011110	^	箭號
95	5F	1011111	_	底線
96	60	1100000	`	反引號
97	61	1100001	a	
98	62	1100010	b	
99	63	1100011	c	
100	64	1100100	d	
101	65	1100101	e	
102	66	1100110	f	
103	67	1100111	g	
104	68	1101000	h	
105	69	1101001	i	
106	6A	1101010	j	
107	6B	1101011	k	
108	6C	1101100	l	
109	6D	1101101	m	
110	6E	1101110	n	
111	6F	1101111	o	
112	70	1110000	p	

十進位	十六進位	二進位	字元	描述
113	71	1110001	q	
114	72	1110010	r	
115	73	1110011	s	
116	74	1110100	t	
117	75	1110101	u	
118	76	1110110	v	
119	77	1110111	w	
120	78	1111000	x	
121	79	1111001	y	
122	7A	1111010	z	
123	7B	1111011	{	左大括號
124	7C	1111100	|	垂直線
125	7D	1111101	}	右大括號
126	7E	1111110	~	波浪符號
127	7F	1111111	DEL	刪除

附錄 B

數字系統與轉換

Numbering Systems and Transformation

目前，電腦使用四種數字系統：十進位、二進位、八進位和十六進位。每一種對於不同數字處理的層級都有它的優點。在本附錄的前半段，我們會描述這四種系統的每一個。附錄的後半段，我們會展示某種系統中的一個數字，如何被轉換成另一種系統的另一個數字。

B.1 數字系統 *Numbering Systems*

我們在這裡所檢視的所有數字系統都是有位置性的，意思是說一個符號相對於另一個符號位置的關係決定了它的值。在一個數字中，每個符號都被稱為數（十進位數、二進位數、八進位數或十六進位數）。

例如，十進位數 798 有三個十進位數字。這些數字是以由較高值往最低值的順序排列，也就是最高值在左邊，最低值在右邊。因為這種原因，最左邊的數稱為最高有效數，而最右邊的數稱為最低有效數（請參考圖 B.1）。例如，在十進位數 1,234 中，最高有效數是 1，而最低有效數是 4。

圖 B.1 數字的位置以及它們的意義

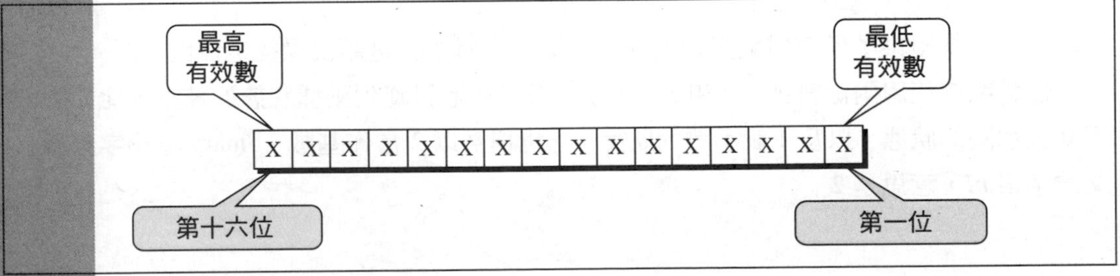

十進位數 (Decimal Numbers)

十進位數系統對我們的日常生活而言是最熟悉的。所有的計數單位都得依賴它，事實上，當我們提到其他的數字系統時，也會用它們對應的十進位數值來做對照。它也稱為以 10 當作基數，*decimal* 這個名稱起源於拉丁文的字根 *deci*，意思是十。十進位數系統使用 10 個符號來表示其數值：0, 1, 2, 3, 4, 5, 6, 7, 8 和 9。

權值與數值 (Weight and Value)

在十進位數系統中，每個權值等於 10 相對於它所在位置的次方。因此第一個位置的權值，就是 10^0，它等於 1。所以位於第一個位置的數字等於該數值乘以 1。第二個位置的權值是 10^1，它等於 10。因此位於第二個位置的數字等於該數值乘以 10。第三個位置的權值是 10^2。第三個位置的數字等於該數值乘以 100（請參考表 B.1）。

十進位數使用 10 種符號：0, 1, 2, 3, 4, 5, 6, 7, 8 和 9。

表 B.1 十進位的權值

位置	第五位	第四位	第三位	第二位	第一位
權值	10^4 (10,000)	10^3 (1000)	10^2 (100)	10^1 (100)	10^0 (1)

數字的值就是每一個數乘以它權值之後的總和。圖 B.2 顯示十進位數字 4567 的權值。

圖 B.2 十進位數的範例

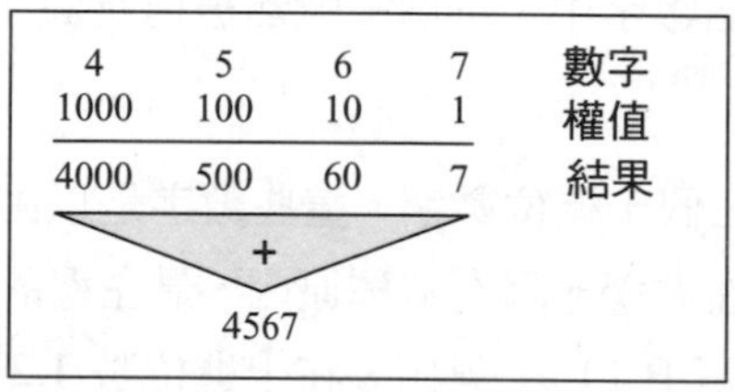

二進位數 (Binary Numbers)

二進位數系統提供了所有電腦操作的基礎。電腦的運作就是藉由操控電流的「開」與「關」。二進位數系統使用兩個符號，*0* 和 *1*，所以它很自然地對應到兩種狀態的裝置，比如說開關，用 0 表示關的狀態，以及 1 表示開的狀態。它也稱為以 2 當作基數，binary 這個字起源於拉丁文的字根 *bi*，意思是 2。

權值與數值

二進位數系統也是一個權值系統。每個數會依據它在數字中的位置而有不同的權值。二進位數系統的權值是 2 相對於它所在位置的次方，如表 B.2 所顯示。請注意權值是以十進位數的值，顯示在它下方的括號內。特定數字的值等於它的面值乘以該位置的權值。

二進位數使用兩種符號：0 和 1。

表 **B.2**　二進位的權值

位置	第五位	第四位	第三位	第二位	第一位
權值	2^4 (16)	2^3 (8)	2^2 (4)	2^1 (2)	2^0 (1)

要計算數字的值，將每個數乘以它位置的權值，然後再把結果加起來。圖 B.3 顯示了二進位數 1101 的權值。正如你所看到的，1101 是十進位數 13 的二進位數對等值。

圖 **B.3**　二進位數的範例

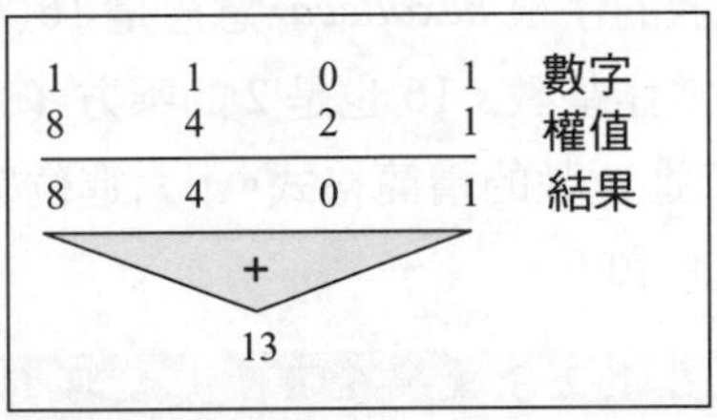

八進位數 (Octal Numbers)

電腦程式設計師使用八進位數系統來表示二進位數的精簡形式。它也稱為以 8 當作基數，octal 這個字起源於希臘的字根 *octa*，意思是 8。8 是 2 的乘方 (2^3)，所以可以被用來建構二進位數的概念。八進位數系統使用八個符號來表示數值：0, 1, 2, 3, 4, 5, 6 和 7。

八進位數使用八個符號：0, 1, 2, 3, 4, 5, 6 和 7。

表 **B.3**　八進位的權值

位置	第五位	第四位	第三位	第二位	第一位
權值	8^4 (4096)	8^3 (512)	8^2 (64)	8^1 (8)	8^0 (1)

權值與數值

八進位數系統同時也是種權值系統。每個數會依據它在數字中的位置而有不同的權值。八進位數的權值是 8 相對於它所在位置的次方，如表 B.3 所顯示。再次地，權值是以十進位數的值，顯示在它下方的括號內。特定數字的值等於它的面值乘以該位置的權值。例如，在第三位的 4，它對應的十進位數值為 4×64 或 256。

要計算八進位數的值，將每個數乘以它位置的權值，然後再把結果加起來。圖 B.4 顯示了八進位數 3471 的權值。正如你所看到的，3471 是十進位數 1849 的八進位數對等值。

圖 **B.4**　八進位數的範例

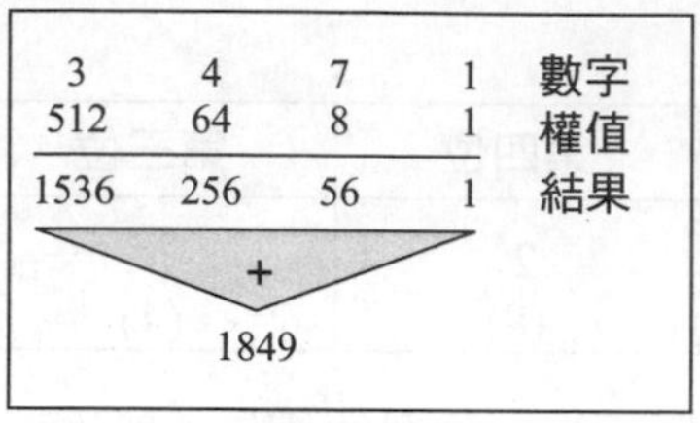

十六進位數 (Hexadecimal Numbers)

Hexadecimal 這個字起源於希臘的字根 *hexadeca*，意思是 16(*hex* 表示 6，而 *deca* 的意思是 10)。所以十六進位數系統是以 16 當作基數。16 也是 2 的乘方 (2^4)。像八進位數一樣，程式設計師使用十六進位數系統來表示二進位數的精簡格式。十六進位數使用 16 種符號來表示資料：0, 1, 2, 3, 4, 5, 6, 7, 8, 9, A, B, C, D, E 和 F。

十六進位數使用 16 個符號：0, 1, 2, 3, 4, 5, 6, 7, 8, 9, A, B, C, D, E 和 F。

權值與數值

跟其他數字系統一樣，十六進位數系統也是一種權值的系統。每個數會依據它在數字中的位置而有不同的權值。權值被用來計算由數字代表的值。十六進位數的權值是 16 相對於它所在位置的次方，如表 B.4 所顯示。再次地，權值是以十進位數的值顯示在它下方的括號內。特定數字的值等於它的面值乘以該位置的權值。例如，在第三位的 4，它對應的十進位數值為 4×256 或 1024。要計算十六進位數的值，將每個數乘以它位置的權值，然後再把結果加起來。圖 B.5 顯示十六進位數 3471 的權值。正如你所看到的，3471 是十進位數 13,425 的十六進位數對等值。

表 **B.4**　十六進位的權值

位置	第五位	第四位	第三位	第二位	第一位
權值	16^4 (65,536)	16^3 (4096)	16^2 (256)	16^1 (16)	16^0 (1)

圖 **B.5**　十六進位數的範例

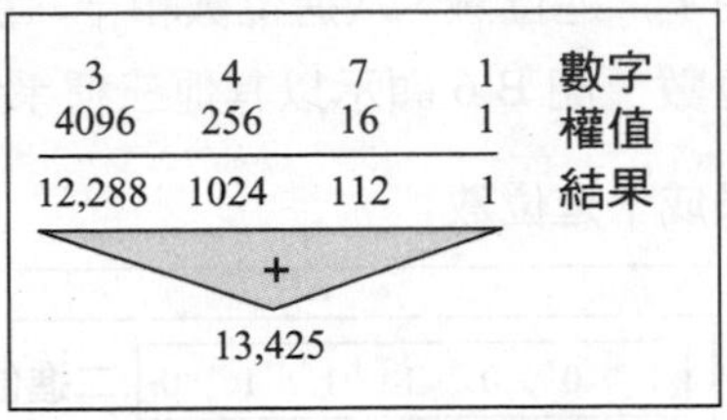

B.2　轉換 *Transformation*

不同的數字系統提供有關共同主題的不同思考方向：訊號單位的量。來自任何系統的某個數字，可以被轉換成它在其他系統中對應的值。例如，二進位數可以被轉換成十進位數，而反之亦然，不需要更換它的值。表 B.5 顯示了每個系統如何表示十進位數字 0 到 15。正如你所看到的，十進位數 13 相等於二進位數的 1101，它又等於八進位數 15，它對應的十六進位則是 D。

表 **B.5**　四種系統的比較

十進位	二進位	八進位	十六進位數
0	0	0	0
1	1	1	1
2	10	2	2
3	11	3	3
4	100	4	4
5	101	5	5
6	110	6	6
7	111	7	7
8	1000	10	8
9	1001	11	9
10	1010	12	A
11	1011	13	B
12	1100	14	C
13	1101	15	D
14	1110	16	E
15	1111	17	F

從其他系統轉成十進位數

正如我們在之前討論所看到的。二進位數、八進位數和十六進位數可以使用數字的權值，輕易地被轉換成它們對應的十進位數。圖 B.6 顯示以其他三種系統來表示十進位數的值 78。

圖 B.6　從其他的系統轉換成十進位數

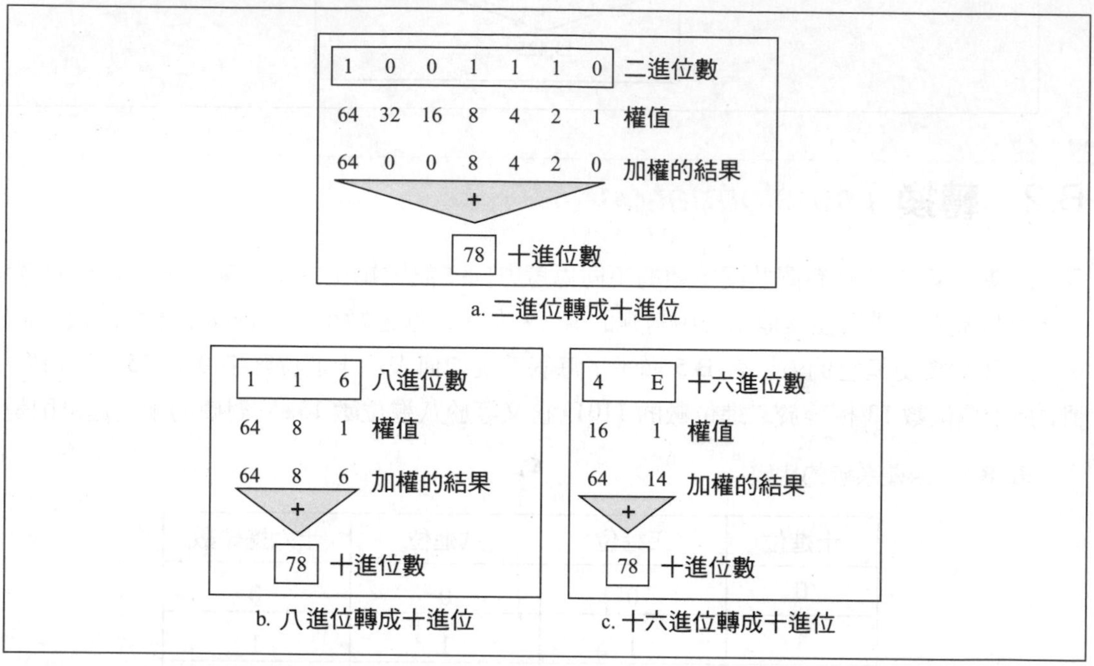

a. 二進位轉成十進位

b. 八進位轉成十進位

c. 十六進位轉成十進位

圖 B.7　從十進位數轉成其他系統

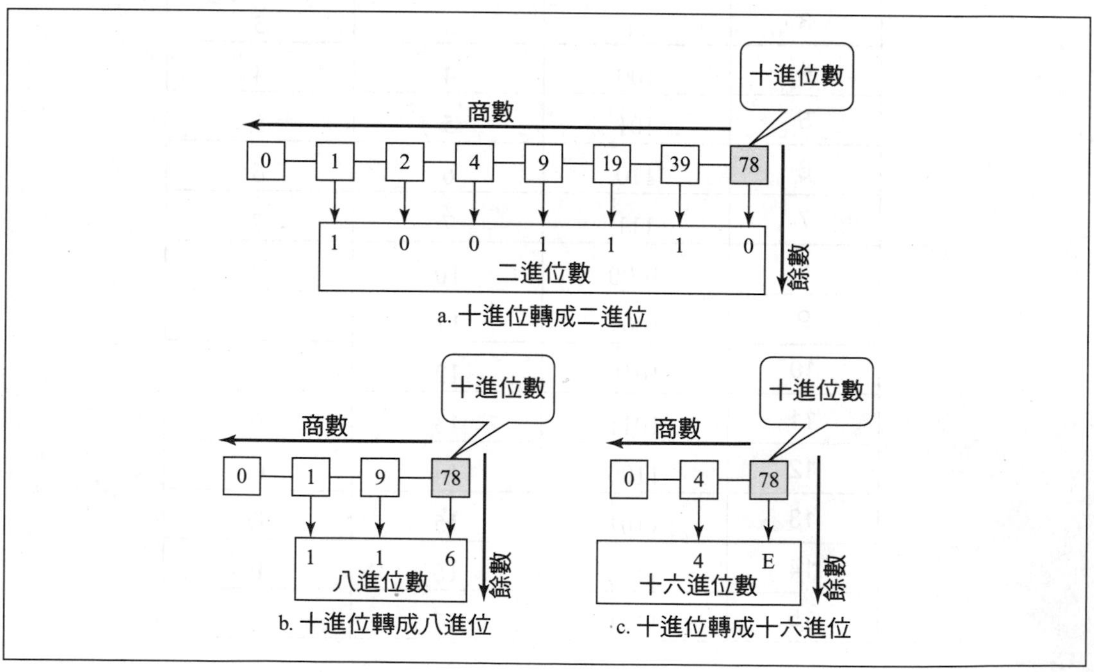

a. 十進位轉成二進位

b. 十進位轉成八進位

c. 十進位轉成十六進位

從十進位數轉成其他系統

一個簡單的除法技巧，就能讓我們以簡便的方式，轉換十進位數成為它對應的二進位數、八進位或十六進位數（請參考圖 B.7）。

要將一個數從十進位數轉成二進位數，將這個數除以 2 然後寫下結果的餘數（1 或 0）。該餘數就是二進位的最低有效數字。現在，將剛剛的結果再除以 2，在第二位寫下新的餘數。重複這個程序直到商數變成 0 為止。在圖 B.7，我們將十進位數 78 轉換成它對應的二進位數。要檢查這種方法的準確性，我們使用每個位置的權值將 1001110 轉成十進位數。從左至右：

$$2^6 + 2^3 + 2^2 + 2^1 \Rightarrow 64 + 8 + 4 + 2 \Rightarrow 78$$

要將一個數從十進位數轉成八進位數，它的程序相同只是除數改成 8 而不是 2。要從十進位數轉換成十六進位數，除數是 16。

從二進位數轉成八進位數或是十六進位數

要將一個數從二進位數改變成八進位數，我們首先把二進位數字從右至左，每三個組成一組。然後我們將每個三位元組 (tribit) 轉換成它對應的八進位數，並且將結果寫在三位元組的下方。這些對應值按照順序排列（不是加起來），就是原始數字的八進位數對應值。在圖 B.8，我們轉換了二進位數 1001110。

要將一個數從二進位數改變成十六進位數，我們遵循相同的程序，不過是將數字從右至左，每四個組成一組。這次把每個四位元組 (quadbit) 轉換成它對應的十六進位數（使用表 B.5）。在圖 B.8，我們轉換二進位 1001110 成為十六進位數。

圖 B.8 從二進位數轉換成八進位數或十六進位數

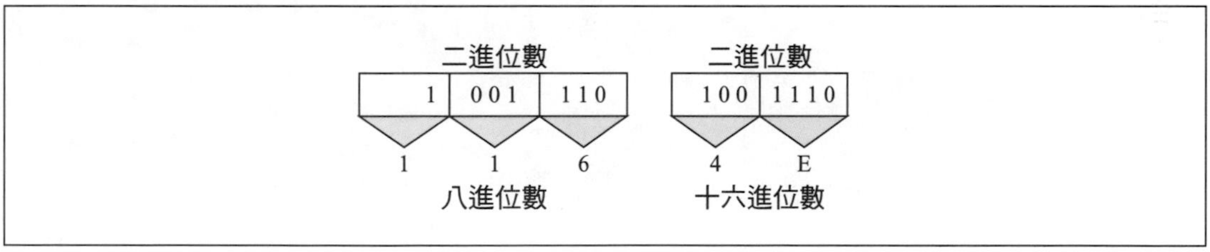

從八進位數或十六進位數轉成二進位數

要從八進位數轉成二進位數，我們將上面的程序反轉。由最低有效數字開始，我們將每個八進位數轉成它對應的三個二進位數字。在圖 B.9 中，我們將八進位數 116 轉成二進位數。

要將一個數字從十六進位數轉成二進位數，，我們將每個十六進位數轉成它對應的四個二進位數字，這次還是從最低有效數字開始。在圖 B.9 中，我們將十六進位數 4E 轉成二進位數。

圖 B.9 從八進位或十六進位數轉換成二進位數

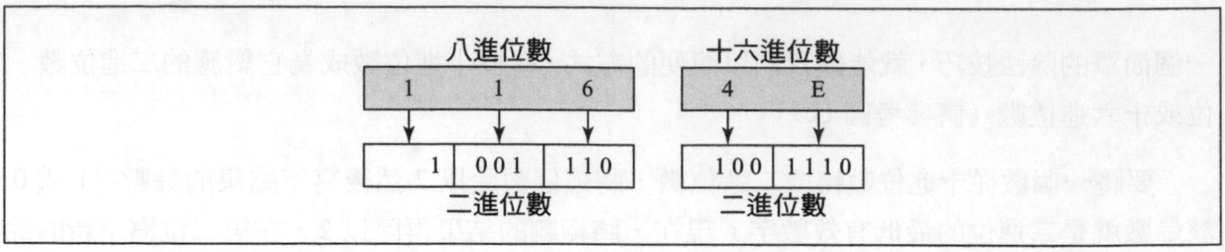

附錄 C

擴充樹

Spanning Tree

擴充樹演算法被用在資料結構中，它由圖形來建立樹。樹應該包含所有的頂點（節點），並且以最少的邊（線）來連接頂點。任何一個頂點可以被選為擴充樹的根 (root)。即使選擇了一個特定的根之後，依據是哪個分支的子集被選擇，將每個頂點連到根，我們還可以有數個擴充樹。不過，在選出根之後，我們通常只對一個特定的擴充樹感興趣，就是每個頂點到根都有最短路徑的那一個。最短路徑被定義為從特定頂點到根的權值總和。如果這個圖形沒有權值，每個邊會被指定一個 1 的權值。圖 C.1 顯示一個有權值的圖形與它的擴充樹。頂點 A 被選為根。

圖 C.1　一個圖形與它的擴充樹

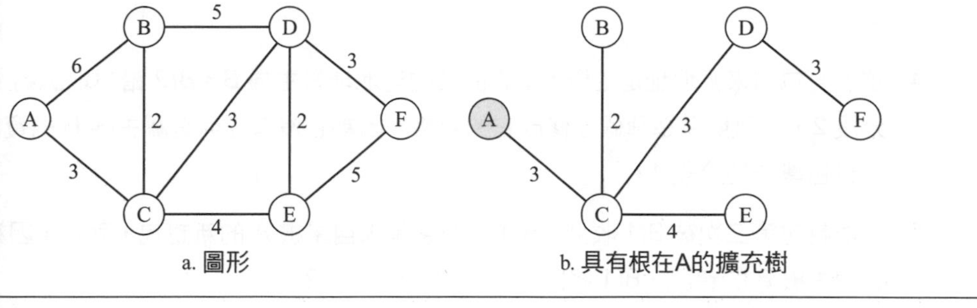

C.1　擴充樹與橋接器 *Spanning Trees And Bridges*

在第 17 章，我們討論過橋接器，並且提到學習型橋接器可以決定一部主機是連到哪個 LAN 分段。要在一部橋接器發生當機時可以建立備援，LAN 分段通常會連接超過一台的橋接器。不過，備援也建立了迴圈，其中一個封包或是數個封包可能會不斷的從某台橋接器送給另一個。我們就舉一個非常簡單的例子。在圖 C.2，兩個 LAN 的分段是由兩台橋接器所連接（Br1 與 Br2）。

圖 C.2　兩個 LANs 由兩個橋接器所連接

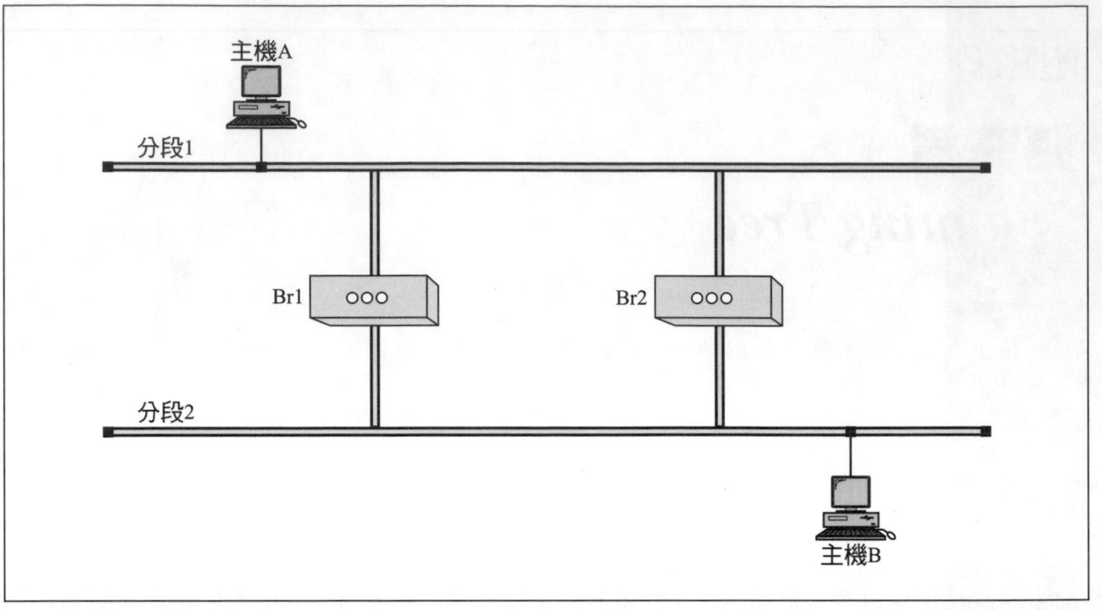

請想像一下主機 B 尚未送出任何封包，所以沒有橋接器會知道主機 B 被連到那個分段。現在考慮以下事件：

1. 主機 A 送出一個封包給主機 B。
2. 其中一台橋接器，舉例說是 Br1，先接到了這個封包，而且不知道主機 B 在哪裡，所以它把封包轉送到分段 2。
3. 封包送到了它的目的地（主機 B），不過，就在同一時間，Br2 透過分段 2 收到同一個封包。
4. 這個封包的來源地址是主機 A；它的目的地地址是主機 B。Br2 錯誤地認為主機 A 是連到分段 2，並且照著這種假設修改它的表格。因為它沒有任何有關主機 B 的資訊，Br2 將這個封包轉送到分段 1。
5. 然後封包第二次被 Br1 收到。Br1 認為它是來自主機 A 的新封包，而且，因為它沒有任何有關主機 B 的資訊，Br1 將這個封包轉送到分段 2。
6. 現在 Br2 又再次收到這個封包，然後這個循環會無窮地重複下去。

這種狀況的發生是由於三種因素：

- 我們使用學習型橋接器，它並沒有關於主機位置的資訊，直到至少收到來自這些主機的其中一個封包。
- 橋接器們並不知道其他橋接器的存在。
- 我們建立一個圖形而非一個樹。

如果我們從圖形中建立一個擴充樹，這種狀況就可以被修正。

演算法

雖然大多數的資料結構教科書都有提供從圖形中產生擴充樹的演算法，它們假設圖形的拓樸是已知的。然而，當一個學習型橋接器被安裝時，它並不知道其他橋接器的位置。因此，擴充樹必須以動態的方式來形成。

每台橋接器會被指定一個 ID 號碼。此 ID 可以由網路管理員指定任何的數字或是其中一個埠的地址，通常是最小的那個。

每個埠也會被指定一個成本。而成本通常是由這個埠所支援的位元傳輸率來決定。位元傳輸率越高，成本越低。如果與位元傳輸率沒有相關連，那麼每個埠的路徑會被設成 1（跳躍點計數）。

找出擴充樹的程序可以被摘要成三個步驟：

1. 橋接器們會選擇一部橋接器當作樹的**根** (*root*)。這是藉由指定橋接器一個 ID 後，再找出最小 ID 的橋接器而辦到的。
2. 每部橋接器會決定它的**根埠** (*root port*)，這是該埠到達「根」的最小**根路徑成本** (*root path cost*)。根路徑成本是由埠到達根所有路徑的成本累加。
3. 在每個分段會選出一個指定的**橋接器** (*designated bridge*)。

所有的橋接器會定期交換一個稱為**橋接器協定資料單位** (*BPDU*) 的特殊訊框。每個 BPDU 包含來源端的橋接器 ID、累加的根路徑成本、以及一些其他的資訊。當一個 BPDU 從橋接器發出時，累加的根路徑成本為 0。

找出根橋接器

當一部橋接器收到 BPDU 之後，它會將來源端橋接器的 ID 與它自己的 ID 做比較。

- 如果它自己的 ID 大於來源端橋接器的 ID，它會將根路徑成本加上接收埠的成本，並且轉送此訊框。它也會停止傳送自己的 BPDU，因為它知道自己不會被選為根橋接器（另一台橋接器具有最小的 ID）。
- 如果它自己的 ID 小於來源端橋接器的 ID，橋接器就將此 BPDU 丟棄。

很明顯地在不久之後，就會計算出具有最小來源橋接器 ID 的唯一 BPDU，那就是根橋接器。以這種方法，每部橋接器都知道誰是根橋接器。

找出根埠

當根橋接器被建立起來之後，橋接器對每個埠接收到的 BPDU 記錄累加的根成本。根埠就是它的 BPDU 具有最小累加根成本的埠。請注意，根橋接器並沒有根埠。

選出指定的橋接器

在每個橋接器都決定根埠後，連接到相同分段的所有橋接器會彼此傳送 BPDU。可以從某個分段以最便宜的根成本載送封包到根的那個橋接器，會被選為指定的橋接器，而連接該橋接器到那個分段的特定埠被稱為**指定埠** (*designated port*)。請注意根埠不能被選為指定埠。同時，也請注意，雖然一部橋接器只能有一個根埠（除了根橋接器之外，它是沒有根埠的），它卻可以有超過一個的指定埠。

形成擴充樹

當根橋接器、每部橋接器的根埠、還有每部橋接器的指定埠都決定好之後，一部橋接器的埠會被分成兩個個別的群組。**轉送埠** (*forwarding ports*) 就是根埠和所有的指定埠。其他的埠則被視為**阻擋埠** (*blocking ports*)。當一部橋接器收到資料訊框後，它會透過它的**轉送埠** (*forwarding ports*) 來轉送。它不會經由阻擋埠轉送訊框。

範例

圖 C.3 顯示五個 LAN 分段透過五部橋接器連接在一起的範例。每個橋接器都有 ID 號碼（顯示在方盒中）。從一部橋接器到某個 LAN 分段，處理一個封包的成本，被顯示在連接線旁邊。

圖 C.3 使用擴充樹演算法之前的 LAN

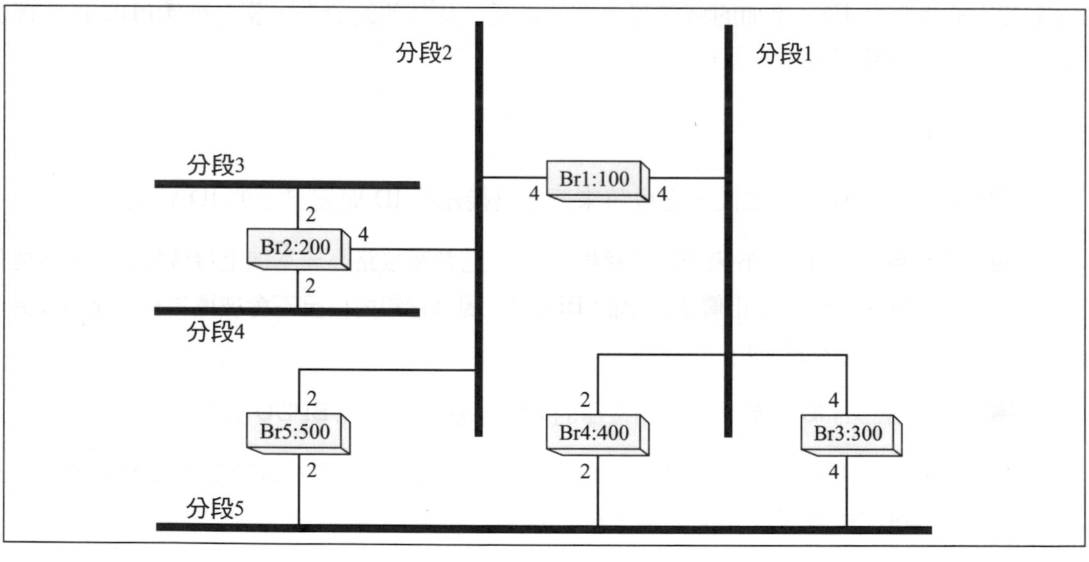

圖 C.4 顯示出應用了擴充樹演算法之後的拓樸。具有最小 ID (Br1) 的橋接器被選為根橋接器。每部橋接器有一個根埠（以箭頭來表示）。因為這裡有五個 LAN 分段，我們有五個指定埠（以 Des.標註）。橋接器 Br1、Br2 和 Br4 的所有埠都是轉送埠。橋接器 Br3 和 Br5 彼此都有一個阻擋埠。

圖 C.4 使用擴充樹演算法之後的 LAN

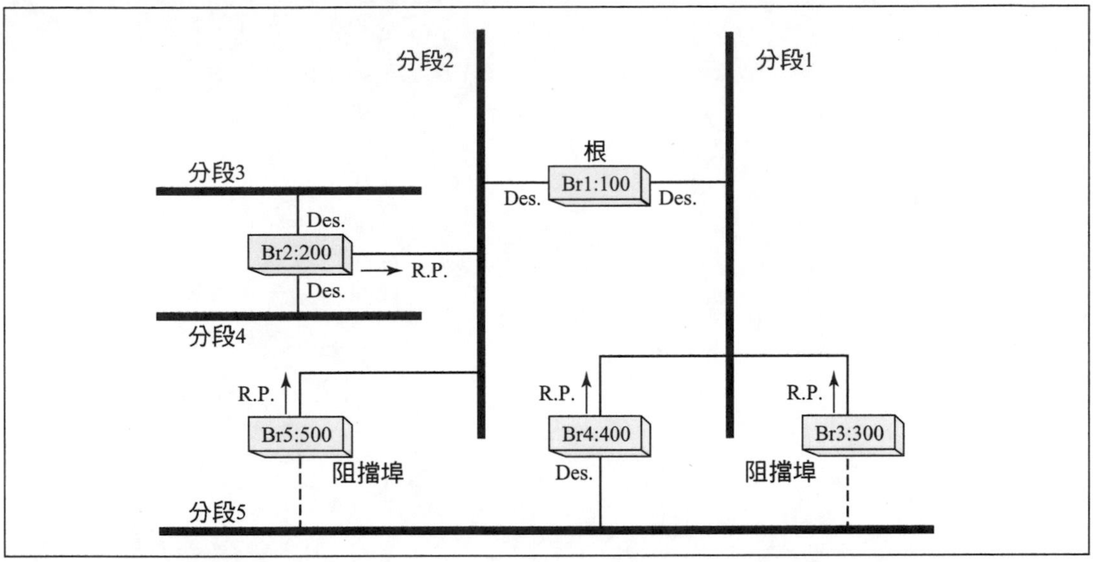

我們聲明在這樣的建置下，每個 LAN 分段只會收到來自任何其他分段之任何主機送出的一份訊框（不會收到重複的訊框）；這就保證無迴圈的操作。

- 由分段 1 上面的主機送出之訊框，會透過 Br1 抵達分段 2，透過 Br1-Br2 抵達分段 3 和分段 4，透過 Br4 抵達分段 5。
- 由分段 2 上面的主機送出之訊框，會透過 Br1 抵達分段 1，透過 Br2 抵達分段 3 和分段 4，透過 Br1-Br4 抵達分段 5。
- 由分段 3 上面的主機送出之訊框，會透過 Br2 抵達分段 4 和分段 2，透過 Br2-Br1 抵達分段 1，透過 Br2-Br1-Br4 抵達分段 5。
- 由分段 4 上面的主機送出之訊框，會透過 Br2 抵達分段 3 和分段 2，透過 Br2-Br1 抵達分段 1，透過 Br2-Br1-Br4 抵達分段 5。
- 由分段 5 上面的主機送出之訊框，會透過 Br4 抵達分段 1，透過 Br4-Br1 抵達分段 2，透過 Br4-Br1-Br2 抵達分段 3 和分段 4。

C.2 擴充樹與群播繞送 *Spanning Trees and Multicast Routing*

擴充樹的概念也可被用在群播繞送，在 IP 層針對數據包產生無迴圈的轉送路徑。這種想法本質上跟在橋接器使用的情況相同。此處，橋接器被置換成路由器，而 LAN 分段則被換成 LANs 或 WANs。路由器們在它們之中選擇一台作為根路由器。每部路由器接著找出它的根埠 (root port)，而且最後每個 LAN 或 WAN 被指定一台「指定路由器」。一台路由器的埠會被分成轉向以及阻擋的埠。當一台路由器收到群播的數據包時，只能透過它的轉向埠進行轉向工作。

附錄 D

資訊理論

Information Theory

在本附錄中，我們將簡單討論相關於資訊理論的概念。首先我們會解釋資訊來源和它的屬性。接著會顯示如何測量資訊。熵（平均資訊量）的概念讓我們找出有效的方法來編碼來源符號。我們也將顯示有效編碼的兩個範例。

D.1 資訊來源 *Information Source*

資訊來源使用一組符號來傳送訊息。我們可以用四種屬性來定義資訊來源：

1. 符號的個數，n
2. 符號，$S_1, S_2, \ldots, S_n$
3. 每個符號出現的機率，$P(S_1), P(S_2), \ldots, P(S_n)$
4. 連續符號之間的相互關連

如果每個符號都是獨立的（也就是說，連續符號之間沒有相互關連），這種來源被稱為**無記憶的** (*memoryless*)。

範例 1

一個傳送二進位資訊（一串的 0s 和 1s）的來源，它的每個符號都有相同的機率，而且沒有相互關連可以被建立成無記憶的來源。

$$n: 2$$

符號：0 和 1

$$\text{機率：} P(0) = \frac{1}{2} \text{ 以及 } P(1) = \frac{1}{2}$$

範例 2

一個傳送英語文字訊息的來源，它只使用大寫字母和空白字元，而且可以被建立成無記憶的來源。

n: 27

符號：A, B,..., Z,和空白

機率：複雜

相互關連：複雜

訊息 (Message)

訊息是從發送端到接收者的一串符號。

D.2 資訊測量 *Measuring Information*

我們如何測量包含在訊息中的資訊？從發送端到接收者之間，訊息載送了多少的資訊？讓我們透過範例來回答這些問題吧。

範例 3

想像有個人正坐在房間。往窗外看，她可以很清楚地看見陽光正在照射。如果在這個時候她收到鄰居的電話，並且對她說：「現在是白天」，這個訊息有包含任何資訊嗎？它並沒有；訊息中沒有包含資訊。為什麼呢？因為她已經確定現在就是白天。這個資訊並沒有移除她腦海中的任何不確定性。

範例 4

想像一下某個人買了一張樂透彩券。如果一位朋友通知她，說她中了頭彩，這個訊息有包含任何資訊嗎？它有。這個訊息包括了許多資訊，因為贏得頭彩的機率非常低。

以上的兩個範例顯示出有用的訊息和接收者的期望之間有一種關係。如果接收者在收到訊息時很驚訝，該訊息就包含許多的資訊；否則，它就沒有。換句話說，訊息的資訊內容與訊息出現的機率成反比。如果訊息非常有可能發生，它並沒有包含任何資訊（範例 3）；如果它非常不可能會發生，它就包含許多的資訊（範例 4）。

符號資訊

要測量包含在訊息中的資訊，我們需要測量包含在每個符號中的資訊。包含在每個符號中的資訊被定義如下：

$$I(s) = \log_2 \frac{1}{P(s)} \quad \text{bits}$$

選擇的資訊單位是 bits。這應該不會跟 bit，用來定義 0 或 1 的二進位數弄混才對。我們會看見這種相似性的推理。

範例 5

請找出每個符號的資訊內容，當來源是二進位（用相同的機率只傳送 0 或 1）。

解答

每個符號的機率為 $P(0) = P(1) = \frac{1}{2}$。每個符號的資訊內容是

$$I(0) = \log_2 \frac{1}{P(0)} = \log_2 \frac{1}{\frac{1}{2}} = \log_2[2] = 1 \text{ bit}$$

$$I(1) = \log_2 \frac{1}{P(1)} = \log_2 \frac{1}{\frac{1}{2}} = \log_2[2] = 1 \text{ bit}$$

現在就很明顯，為什麼資訊的單位要選擇 bit？如果來源是具有相同機率的無記憶二進位來源，每個 bit 只傳達一個 bit 的資訊。

範例 6

請找出當來源送出四種具有的機率分別為 $P(S_1)$ =1/8，$P(S_2)$ = 1/8，$P(S_3)$ =1/4 以及 $P(S_4)$ =1/2 的符號時，每個符號的資訊內容。

解答

每種符號的資訊內容為

$$I(S_1) = \log_2 \frac{1}{P(S_1)} = \log_2 \frac{1}{\frac{1}{8}} = \log_2[8] = 3 \text{ bit}$$

$$I(S_2) = \log_2 \frac{1}{P(S_2)} = \log_2 \frac{1}{\frac{1}{8}} = \log_2[8] = 3 \text{ bit}$$

$$I(S_3) = \log_2 \frac{1}{P(S_3)} = \log_2 \frac{1}{\frac{1}{4}} = \log_2[4] = 2 \text{ bit}$$

$$I(S_4) = \log_2 \frac{1}{P(S_4)} = \log_2 \frac{1}{\frac{1}{8}} = \log_2[8] = 3 \text{ bit}$$

正如我們所看到的，結果在直覺上就很正確。符號 S_1 和 S_2 的機率最低。在接收端，它們每一個都比 S_3 和 S_4 載送較多的資訊 (3 bits)。符號 S_3 比 S_4 的機率要低，所以比 S_4 載送較多的資訊。

從以上的兩個範例中，我們可以定義以下的三種關係：

■如果 $P(S_i) = P(S_j)$，那麼 $I(S_i) = I(S_j)$。

■如果 $P(S_i) < P(S_j)$，那麼 $I(S_i) > I(S_j)$。

■如果 $P(S_i) = 1$，那麼 $I(S_i) = 0$。

你可以看到這些關係滿足我們資訊測量的定義。

訊息資訊 (Message Information)

要在訊息中計算所包含的資訊非常容易。一個訊息是由一群有限的符號所組成。

如果訊息來自無記憶的來源，每個符號都是獨立的，而且接收到具有符號 $S_i, S_j, S_k, \ldots$（其中 i, j 和 k 可以是相同的）訊息的機率為：

$$P\text{（訊息）} = P(s_i)P(s_j)P(s_k)\text{............}$$

我們可以計算由訊息所遞送的資訊內容：

$$I(\text{訊息}) = \log_2 \frac{1}{P(\text{訊息})}$$

$$I(\text{訊息}) = \log_2 \frac{1}{P(S_i)} + \log_2 \frac{1}{P(S_j)} + \log_2 \frac{1}{P(S_k)} + \cdots$$

$$I(\text{訊息}) = I(S_i) + I(S_j) + I(S_k) + \cdots$$

範例 7

一個相等機率的二進位來源送出一個 8 bit 訊息。請問所接收到的資訊量為多少？

解答

此訊息的資訊內容為

$$I\text{（訊息）} = I\text{（第一個 bit）} + I\text{（第二個 bit）} + \cdots + I\text{（第八個 bit）}$$

$$I\text{（訊息）} = 1 + 1 + \cdots + 1 = 8\text{ bits}$$

範例 8

一個具有 $P(0) = \frac{1}{4}$ 以及 $P(1) = \frac{3}{4}$ 的二進位來源送出六個 0 和兩個 1 的 8 bit 訊息。此訊息的資訊量為多少？

解答

此訊息的資訊內容為

$$I(0)=\log_2\frac{1}{P(0)}=2\text{ bits}$$
$$I(0)=\log_2\frac{1}{P(1)}=0.4\text{ bits}$$
$$I(\text{訊息})=6\times I(0)+2\times I(1)=12.8\text{ bits}$$

D.3 熵、平均資訊量 Entropy

當我們談到來源，我們通常會對包含在符號中的平均資訊量感興趣。這被稱為**來源的熵**(*entropy* (*H*))。熵可以用以下的方式來計算：

$$H（\text{來源}）=P(S_1)\times I(S_1)+P(S_2)\times I(S_2)+\cdots+P(S_n)\times I(S_n)$$

範例 9

一個相等機率之二進位來源，它的熵是多少？

解答

$$H（\text{來源}）=P(0)\times \quad I(0)+P(1)\times \quad I(1)=0.5\times 1+0.5\times 1=1\text{ bit}$$

或是一個符號一個 1 bit，它是我們期望的。

範例 10

一個具有四個相同機率符號的來源，它的熵是多少？

解答

$$H（\text{來源}）=4\times(0.25\times 2)=2\text{ bits}$$

相較於二進位來源，這種來源具有較多的熵。當二進位來源送出一個訊息，每個符號的資訊平均量恰好是 1 bit；當這種來源送出一個訊息，每個符號的資訊平均量是 2 bits。

範例 11

一個具有 $\frac{1}{8},\frac{1}{8},\frac{1}{4}$ 以及 $\frac{1}{2}$ 機率的四個符號之來源，它的熵是多少？

解答

$$H（\text{來源}）=\frac{1}{8}\times 3+\frac{1}{8}\times 3+\frac{1}{4}\times 2+\frac{1}{2}\times 1=1.75$$

將這種來源的熵與範例 10 所有機率都相同之來源的熵相比。我們注意到當機率是相同時，來源的熵較高（2 與 1.75 做比較）。

最大的熵 (Maximum Entropy)

我們可以證明：對於具有 *n* 個符號的特定來源而言，只有在所有符號的機率都相同時，最大的熵才可以被建立。它的最大值是

$$H_{\max}\text{（來源）} = \sum P(S_i)\left[\log_2 \frac{1}{P(S_i)}\right] = \sum \frac{1}{n}\left[\log_2 \frac{1}{\frac{1}{n}}\right] = \log_2 n$$

換句話說，每個來源的熵具有下面公式定義的上限 *t*

$$H\text{(來源)} \leq \log_2 n$$

範例 12

一個二進位來源最大的熵是多少？

解答

$$H_{\max} = \log_2 2 = 1 \text{ bit}$$

範例 13

使用 27 個字元（26 個字母加上空白）英文字的來源，其最大的熵是多少？

解答

$$H_{\max}\text{(英語)} = \log_2 27 = 4.75 \text{ bits}$$

D.4　來源編碼 Source Coding

要從來源到目的地送出一個訊息，一個符號通常會被編碼成一串的二進位數。這個結果被稱為**編碼字** (*code word*)。我們可以說編碼是從一組的符號對應成一組的編碼字。例如 ASCII 編碼是一組 128 個符號被對應成一組 7 bit 的編碼字（如圖 D.1）。

圖 D.1　來源編碼

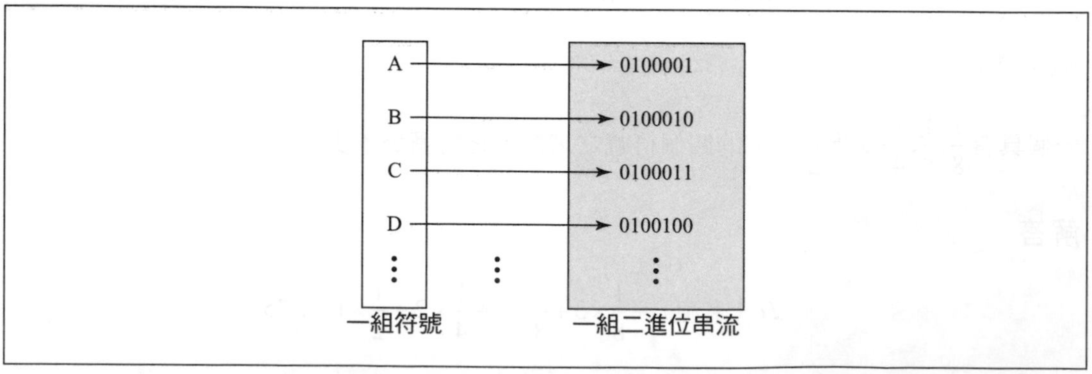

固定和變動長度編碼 (Fixed- and Variable-Length Code)

一種編碼可以被設計成所有的編碼字都是相同長度（固定長度編碼）或不同長度編碼（變動長度編碼）

範例 14

以下是一個固定長度編碼字的範例：

$$S_1 \Rightarrow 00 \quad S_2 \Rightarrow 01 \quad S_3 \Rightarrow 10 \quad S_4 \Rightarrow 11$$

範例 15

以下是一個變動長度編碼字的範例：

$$S_1 \Rightarrow 0 \quad S_2 \Rightarrow 10 \quad S_3 \Rightarrow 11 \quad S_4 \Rightarrow 110$$

不同的編碼 (Distinct Codes)

在「不同的編碼」情況下，每個編碼字與其他的編碼字各不相同。

範例 16

以下是「不同的編碼」範例：

$$S_1 \Rightarrow 0 \quad S_2 \Rightarrow 10 \quad S_3 \Rightarrow 11 \quad S_4 \Rightarrow 110$$

範例 17

以下是「非不同的編碼」（S_2 和 S_3 被編成相同的碼）範例：

$$S_1 \Rightarrow 0 \quad S_2 \Rightarrow 10 \quad S_3 \Rightarrow 10 \quad S_4 \Rightarrow 11$$

唯一可被解開的編碼 (Uniquely Decodable Codes)

如果每個編碼字被插進其他的編碼字之中，它都能被解碼，一個「不同的編碼」就是**唯一可被解碼的** (*uniquely decodable*)。一個有固定長度編碼字的「不同的編碼」是唯一可被解碼的，因為接收端可以依據編碼字的長度切割一串的位元，然後將它們編碼。不過，一個有變動長度編碼字的碼可能是、也可能不是唯一可被解碼的。

範例 18

以下是一個編碼、而且不是唯一可被解碼的範例：

$$S_1 \Rightarrow 0 \quad S_2 \Rightarrow 1 \quad S_3 \Rightarrow 00 \quad S_4 \Rightarrow 10$$

因為

$$0010 \Rightarrow S_3S_4 \quad \text{或} \quad S_3S_2S_1 \quad \text{或} \quad S_1S_1S_4$$

範例 19

以下是一個編碼、而且是唯一可被解碼的範例：

$$S_1 \Rightarrow 0 \quad S_2 \Rightarrow 01 \quad S_3 \Rightarrow 011 \quad S_4 \Rightarrow 0111$$

0 可以被定義成編碼字開始的唯一符號。

範例 20

以下是一個編碼、而且是唯一可被解碼的範例：

$$S_1 \Rightarrow 0 \quad S_2 \Rightarrow 10 \quad S_3 \Rightarrow 110 \quad S_4 \Rightarrow 1110$$

0 可以被定義成編碼字結束的唯一符號。

可瞬間解碼的編碼 (Instantaneous Codes)

如果「唯一可被解碼的編碼」中沒有編碼字是其他編碼字的前置符號，它就是**可瞬間解碼** (*instantaneously decodable*) 的。

範例 21

以下是一個編碼字和它前置符號（請注意每個編碼字也同時是他本身的前置符號）的範例：

$$S \Rightarrow 01001$$

前置符號：0, 10, 010, 0100, 01001

範例 22

以下是「唯一可被解碼的編碼」而且是可瞬間解碼的範例。

$$S_1 \Rightarrow 0 \quad S_2 \Rightarrow 10 \quad S_3 \Rightarrow 110 \quad S_4 \Rightarrow 111$$

當接收者收到 0，它立即知道這是 S_1：沒有其他符號是以 0 開始。當接收者收到 10，它立即知道這是 S_2：沒有其他符號是以 10 開始，以此類推。

關係 (Relationship)

在這一節所提到的不同類型編碼之間有個關係。一個可瞬間碼是「唯一可被解碼的編碼」，不過並非所有「唯一可被解碼的編碼」都是瞬間碼。所有的「唯一可被解碼的編碼」都是不同的編碼，不過並非所有不同的編碼都是「唯一可被解碼的編碼」。圖 D.2 顯示出這種關係。

圖 **D.2** 不同類型之間的關係

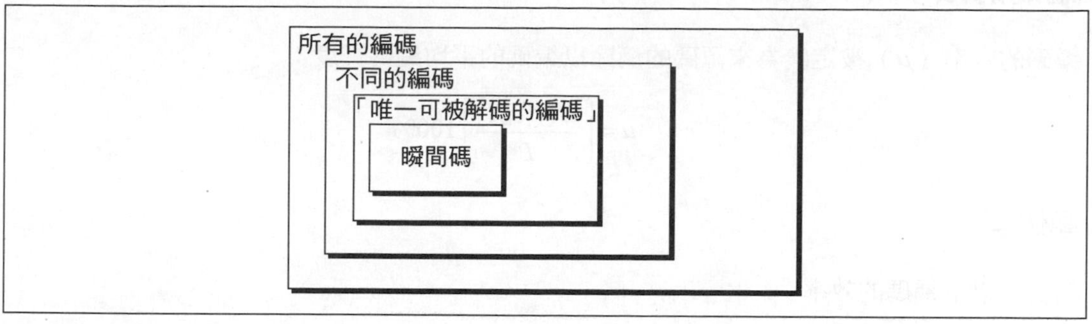

平均編碼長度 (Average Code Length)

一個碼的平均編碼長度被定義如下：

$$L = L(S_1) \times P(S_1) + L(S_2) \times P(S_2) + \cdots$$

範例 23

請找出以下編碼的平均編碼長度：

$$S_1 \Rightarrow 0 \quad S_2 \Rightarrow 10 \quad S_3 \Rightarrow 110 \quad S_4 \Rightarrow 111$$

$$P(S_1) = \frac{1}{2}, \quad P(S_2) = \frac{1}{4}, \quad P(S_3) = \frac{1}{8}, \quad P(S_4) = \frac{1}{8}$$

解答

$$L = 1 \times \frac{1}{2} + 2 \times \frac{1}{4} + 3 \times \frac{1}{8} + 3 \times \frac{1}{8} = 1\frac{3}{4} \text{ bits}$$

範例 24

請找出以下編碼的平均編碼長度：

$$S_1 \Rightarrow 00 \quad S_2 \Rightarrow 01 \quad S_3 \Rightarrow 10 \quad S_4 \Rightarrow 11$$

$$P(S_1) = \frac{1}{2}, \quad P(S_2) = \frac{1}{4}, \quad P(S_3) = \frac{1}{8}, \quad P(S_4) = \frac{1}{8}$$

解答

$$L = 2 \times \frac{1}{2} + 2 \times \frac{1}{4} + 2 \times \frac{1}{8} + 2 \times \frac{1}{8} = 2 \text{ bits}$$

請注意，這個範例的平均編碼長度大於前一個例子的平均編碼長度。這表示說一個適當的變動長度碼可以減少編碼字的平均編碼長度，而且比固定長度碼還要有效率。

編碼的效率 (Code Efficiency)

編碼的效率（μ）被定義為來源碼的熵除以編碼的平均編碼長度：

$$\mu = \left[\frac{H[\text{來源}]}{L}\right] 100\%$$

範例 25

請找出以下編碼的效率：

$$S_1 \Rightarrow 0 \quad S_2 \Rightarrow 10 \quad S_3 \Rightarrow 110 \quad S_4 \Rightarrow 111$$

$$P(S_1) = \frac{1}{2},\quad P(S_2) = \frac{1}{4},\quad P(S_3) = \frac{1}{8},\quad P(S_4) = \frac{1}{8}$$

解答

$$L = 1\frac{3}{4}\text{ bits}$$

$$H(\text{來源}) = \frac{1}{2}\log_2(2) + \frac{1}{4}\log_2(4) + \frac{1}{8}\log_2(8) + \frac{1}{8}\log_2(8) = 1\frac{3}{4}\text{ bits}$$

$$\mu = \frac{H(\text{來源})}{L} = \left[\frac{1\frac{3}{4}}{1\frac{3}{4}}\right] 100\% = 100\%$$

效率 100 %表示我們對於這種來源選擇了最佳的編碼系統。

範例 26

請找出以下編碼的效率：

$$S_1 \Rightarrow 00 \quad S_2 \Rightarrow 01 \quad S_3 \Rightarrow 10 \quad S_4 \Rightarrow 11$$

$$P(S_1) = \frac{1}{2},\quad P(S_2) = \frac{1}{4},\quad P(S_3) = \frac{1}{8},\quad P(S_4) = \frac{1}{8}$$

解答

$$L = 2\text{ bits}$$

$$H(\text{來源}) = \frac{1}{2}\log_2(2) + \frac{1}{4}\log_2(4) + \frac{1}{8}\log_2(8) + \frac{1}{8}\log_2(8) = 1.75\text{ bits}$$

$$\mu = \frac{H(\text{來源})}{L} = \left[\frac{1.75}{2}\right] 100\% = 87.5\%$$

這種編碼的機制對於這種來源並非是最佳的。前一種編碼系統比較好。

熵與平均編碼長度之間的關係 (Relationship Between Entropy and Average Length)

前兩個範例顯示了一個來源的熵與設計給該來源編碼字平均編碼長度之間的關係。最好的「唯一可被解碼的編碼」系統就是該編碼之平均編碼長度等於該來源的熵。不過，這不一定都是可實現的。事實上，大多數編碼系統具有的平均編碼長度會大於來源的熵。請注意，平均編碼長度小於來源的熵，表示該編碼不是「唯一可被解碼」。

換句話說，對於「唯一可被解碼的編碼」而言，來源的熵是編碼平均長度的較低極限。

對於一個唯可被解碼的編碼而言 $L \geq H$（來源）

D.5 設計編碼 *Designing Codes*

在本小節中，我們顯示兩個瞬間編碼的範例：Shannon-Fano 碼以及霍夫曼編碼 (Huffman code)。

Shannon-Fano 編碼 (Shannon-Fano Encoding)

這是一種瞬間變動長度編碼法，其中較常出現的符號會給予較短的編碼字，而較不常出現的符號會給予較長的編碼字。這種設計依據下麵的步驟建立一棵二元樹（由上往下建構）：

1. 將符號以下降（從大排到小）的機率順序排列。
2. 將此列表分成兩個相等的（或幾乎相等）機率子列表。將第一個子列表指定成 0，第二個子列表指定為 1。
3. 對每個子列表重複步驟 2，直到無法再分割下去。

範例 27

針對以下的來源找出 Shannon-Fano 編碼字：

$$P(S_1) = 0.30 \quad P(S_2) = 0.20 \quad P(S_3) = 0.15 \quad P(S_4) = 0.10$$
$$P(S_5) = 0.10 \quad P(S_6) = 0.05 \quad P(S_7) = 0.05 \quad P(S_8) = 0.05$$

解答

圖 D.3 顯示步驟以及結果的編碼字。因為每個編碼字被指定成這棵樹的葉子，沒有任何的編碼字是其他編碼字的前置符號。這種編碼是瞬間的。我們可以計算這個編碼的平均長度與效能。

$$H（來源）= 2.70$$
$$L = 2.75$$
$$= 98\%$$

圖 D.3 Shannon-Fano 編碼

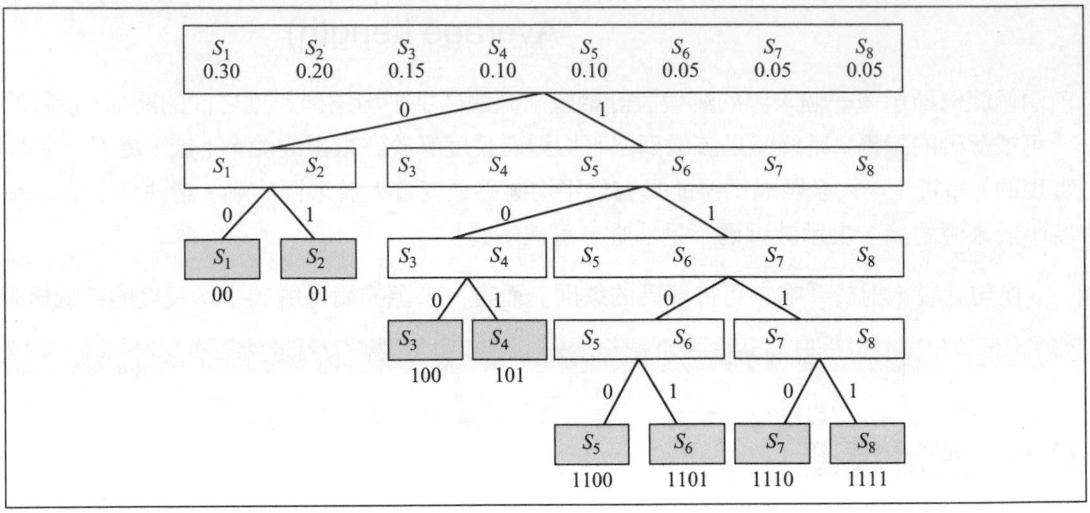

範例 28

請找出在範例 27 中來源的固定長度編碼字。

解答

一種解答是

$S_1 \Rightarrow 000 \quad S_2 \Rightarrow 001 \quad S_3 \Rightarrow 010 \quad S_4 \Rightarrow 011 \quad S_5 \Rightarrow 100 \quad S_6 \Rightarrow 101 \quad S_7 \Rightarrow 110 \quad S_8 \Rightarrow 111$

現在我們來介紹效能。

$$H（來源）= 2.70$$
$$L = 3$$
$$= 90\%$$

霍夫曼編碼 (Huffman Encoding)

這也是瞬間變動長度編碼法，其中較常出現的符號會給予較短的編碼字，而較不常出現的符號會給予較長的編碼字。這種設計依據下麵的步驟建立一棵二元樹（由下往上建構）：

1. 將最少出現的兩種符號相加。

2. 重複步驟 1 直到沒有出現其他可能的組合。

範例 29

找出以下來源的霍夫曼編碼字：

$$P(S_1) = 0.30 \quad P(S_2) = 0.20 \quad P(S_3) = 0.15 \quad P(S_4) = 0.10$$
$$P(S_5) = 0.10 \quad P(S_6) = 0.05 \quad P(S_7) = 0.05 \quad P(S_8) = 0.05$$

解答

圖 D.4 顯示這些步驟和結果的編碼字。

圖 D.4 霍夫曼編碼

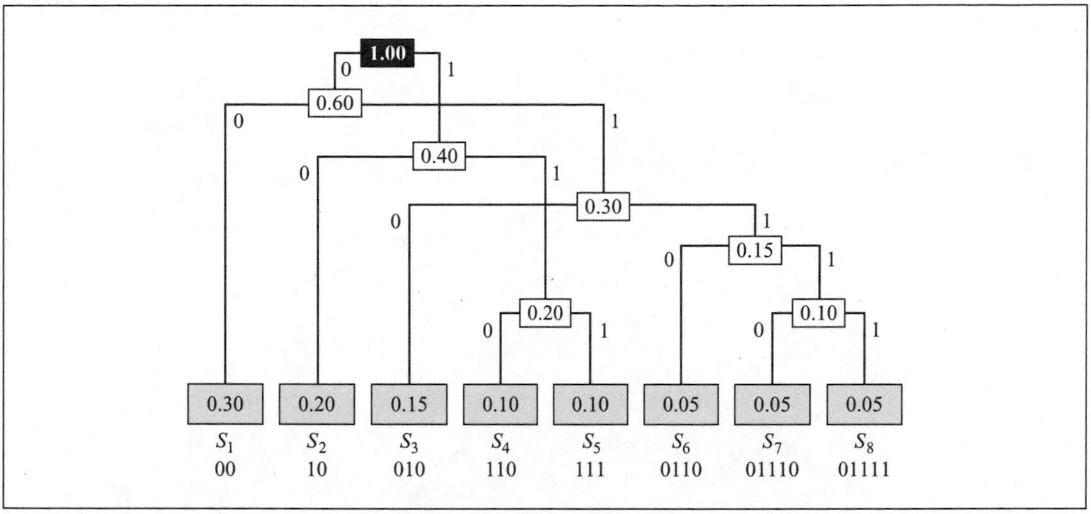

因為每個編碼字會被指定成這個樹的葉子，沒有一個編碼字是其他編碼字的前置符號。這個碼是瞬間的。我們可以計算這個編碼的平均長度與效能。

$$H\text{（來源）} = 2.70$$

$$L = 2.75$$

$$= 98\%$$

雖然 Shannon-Fano 和霍夫曼編碼的效能對於這種特定的來源是相同的，霍夫曼編碼通常具有較高的效率。

附錄 E

ATM
ATM

非同步傳輸模式 (Asynchronous Transfer Mode, ATM) 是由 ATM 論壇所設計，並由 ITU-T 所採用的細胞中繼協定。ATM 最初是以廣域網路 (WAN) 的技術被設計出來，不過這種技術目前也被用在 WANs 和 LANs 上面。我們將簡單地討論這種技術的某些面貌，它們在瞭解 ATM LANs（第 14 章）時很有用。

E.1 導論 *Introduction*

ATM，作為一個 WAN 的技術，它被設計用來充分運用高速的傳輸媒介（比如光纖），而且同時提供使用現存系統（其他 WANs 和 LANs）的介面。設計者們同時也有個遠大的目標：要盡可能地將軟體領域的功能移到硬體領域上。

在討論這些設計需求的解決方案之前，我們先檢視一下現存系統的某些相關問題，這樣對大家會比較有幫助。

封包網路 (Packet Networks)

目前的資料通訊是基於分封交換與封包網路。一個封包是資料與額外位元的組合，它們是以獨立的單元通過網路來傳送。這些額外的位元，是以標頭與標尾的形式出現，就像信封一樣提供識別、位址以及需要作為繞送、流量控制、錯誤控制等等的資料。不同的協定使用不同長度與內容的封包。當網路變的越來越複雜時，在標頭中所需載送的資訊也變的越來越多。

結果就是，相較於資料單位，標頭變的越來越長。為了適應這種情況，某些協定增加了資料單位的長度，好讓標頭的使用更有效率（使用相同長度的標頭送出更多的資料）。很不幸地，較長的資料也形成浪費。如果沒有這麼多的資料要傳送，許多的欄位就不會被用到。要改善使用率，某些協定提供使用者變動長度的封包。

我們現在可以有像 65,545 bytes 這麼長的封包，或是少於 200 bytes 的封包一起分享長距離的連線。

混合的網路交通量 (Mixed Network Traffic)

正如你可以想像的，各式各樣的封包讓交通量變的無法預測。交換器、多工器以及路由器必須配置複雜的軟體來管理不同長度的封包。許多標頭的資訊必須被讀取，而且每個位元還要被計數與評估，來確定每個封包的完整性。在不同封包網路之中的互連網，往最好的方面看是慢速與昂貴的，往最壞的角度看是不可能存在。

另一個問題是封包的長度無法預期，而且在如此劇烈變動的情況下無法提供固定的資料傳輸率。要獲得最大的寬頻技術，交通量必須被分時多工成為分享的路徑。想像一下，從兩個不同需求的網路（以及不同的網路設計）將封包多路傳送到一個連線（請參考圖 E.1）。當線路 1 使用較長的封包（通常是資料封包），而線路 2 使用非常小的封包（聲音和影像資訊的範例）時會發生什麼事?

圖 E.1 使用不同封包長度的多工

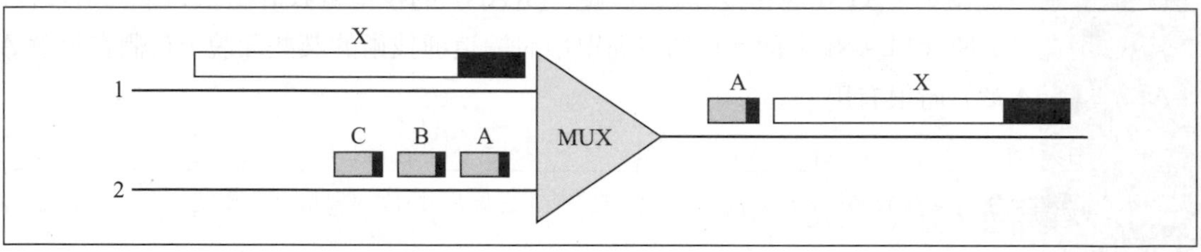

如果線路 1 的超大封包 X 抵達多工器，甚至比線路 2 的封包早一點抵達，多工器會先將封包 X 放進新的路徑。別忘了，即使線路 2 的封包具有優先權，多工器也無法知道要先等它們，所以就處理已經抵達的封包。封包 A 因此必須等到整個 X 的位元串流都處理完之後，才能輪到它。X 的這種長度造成封包 A 的不公平延遲。相同的失衡可以影響線路 2 的所有封包。

細胞網路 (Cell Networks)

關於封包互連網的許多問題，可以採用一種稱為細胞網路的概念來解決。**細胞**是種固定長度的小型資料單位。一個**細胞網路** (cell network) 使用細胞作為資料交換的基本單位，所有的資料都會被裝入個別的細胞，再以完全可預期與劃一的方式進行傳送。當不同長度與格式的封包從分支網路抵達細胞網路時，它們會被分割成多個相同長度的小型資料單位，然後裝入細胞中。此細胞接著會與其他細胞進行多工，並且透過細胞網路進行繞送。因為每個細胞都是相同的長度，而且相當小，這樣就能避免相關於多路傳送不同長度封包所產生的問題。

一個細胞網路使用細胞作為基本的資料交換單位。一個細胞被定義成小型、固定長度的資訊區塊。

細胞的優點 (Advantages of Cells)

圖 E.2 顯示來自圖 E.1 的多工器，它使用兩條線路傳送細胞而非封包。封包 X 已經被分割成三個細胞：X、Y 和 Z。只有來自線路 1 的第一個細胞被放入線路中，然後才是線路 2 的第一個細胞。來自這兩條線路的細胞會交錯傳送，所以沒有細胞需要忍受較長的延遲。

圖 E.2 使用細胞的多工機制

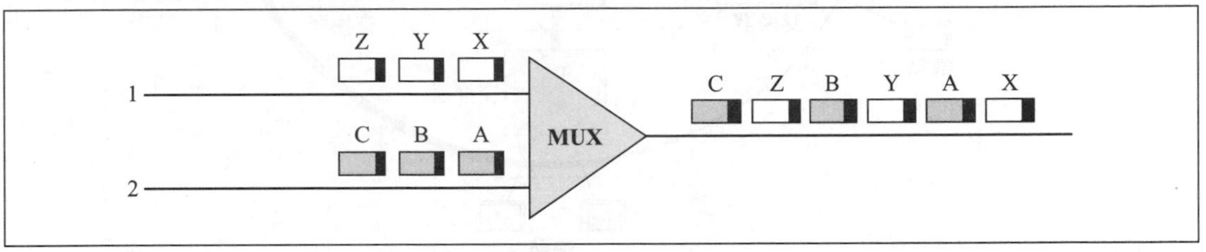

相同環境的第二個優點，就是這種高速連線上被這些小型細胞佔據，它的意義是，除了交錯傳送之外，來自每條線路的細胞會以近似連續的串流抵達它們的目的地（非常類似電影出現在你的腦中會是連續的動作，而實際上它只是一序列個別停止的圖片）。以這種方式，細胞網路可以處理即時的傳輸，比如像打電話，不會讓另一方覺得有分段或是多工的情況。

非同步 TDM (Asynchronous TDM)

ATM 使用非同步分時多工（請參考第 3 章），將來自不同通道的細胞進行多路傳送—這也是它為什麼被稱為非同步傳輸模式的原因。它使用固定長度的槽（細胞的長度）。ATM 多工器把具有細胞的任何輸入通道填入一個槽中；如果沒有通道有細胞要送出，這個槽會是空的。

圖 E.3 顯示來自三個輸入端的細胞如何被多路傳送。在第一個時段，通道 2 沒有細胞（空的輸入槽），所以多工器將來自第三個通道的細胞填入槽中。當來自所有通道的每個細胞都被多路傳送之後，輸出槽就會變成空的。

E.2 ATM 架構 *ATM Architecture*

ATM 是種細胞交換網路。使用者的存取裝置，稱為端點 (end points)，是透過使用者網路介面 (UNI) 連接到內部網路的交換器。

圖 E.3 ATM 的多工

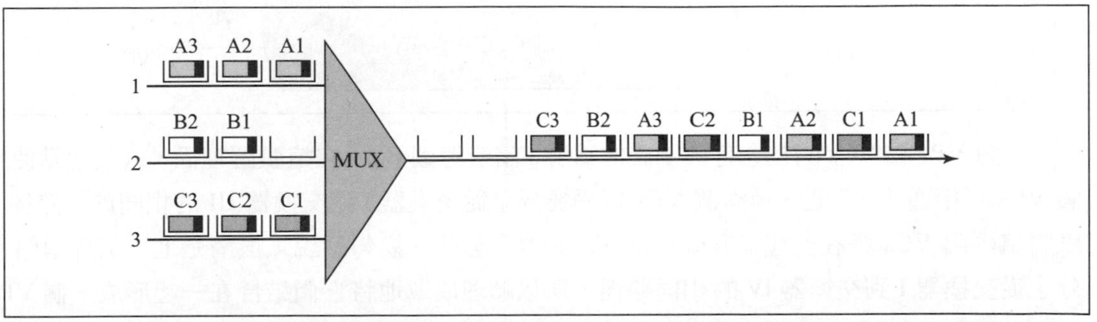

這些交換器是透過**網路對網路的介面** (NNI) 彼此連接。圖 E.4 顯示一個 ATM 網路的範例。

圖 E.4 ATM 網路的架構

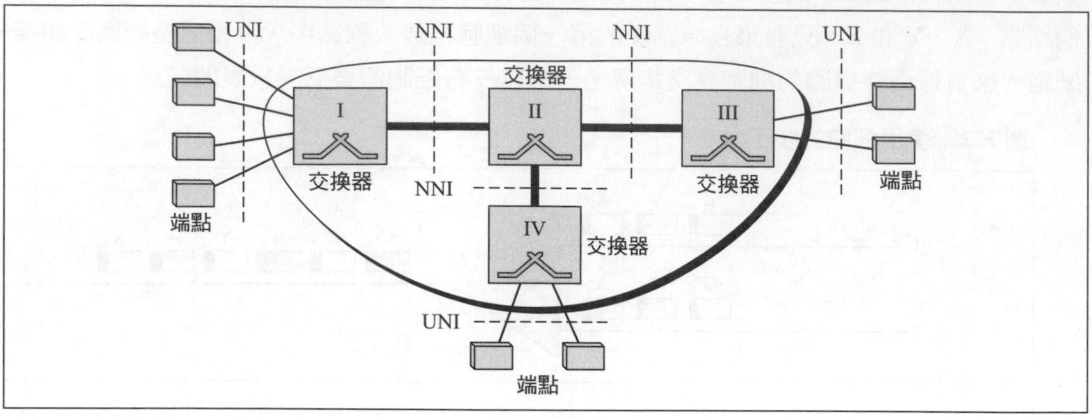

虛擬連線 (Virtual Connection)

兩個端點之間的連線是透過傳輸路徑 (TPs)，虛擬路徑 (VPs)，和虛擬電路 (VCs) 來完成的。傳輸路徑 (TP) 是介於端點和交換器之間，或是兩部交換器之間的實體連線（線路、纜線、衛星、等等）。將兩部交換器想像成兩個城市，那麼傳輸路徑就好像直接連接兩個城市的一組公路。

一條傳輸路徑會被分割成數個虛擬路徑。一條虛擬路徑 (VP) 提供兩部交換器之間一個或一組的連線。將虛擬路徑想像成連接兩個城市的一條公路。每條公路都是一個虛擬路徑，所有公路的集合就是傳輸路徑。

細胞網路是基於虛擬電路 (VCs)。所有隸屬於某個訊息的所有細胞，會遵循相同的虛擬電路，而且照著它們原始的順序直到抵達目的地為止。可以將虛擬電路想像成公路（虛擬路徑）上的一個線道。圖 E.5 顯示傳輸路徑（實體連線），虛擬路徑（虛擬電路的組合，它們被綁在一起，因為某些路徑是相同的），以及將兩個點連在一起的虛擬連線，它們之間的關係。

圖 E.5 TP, VPs 以及 VCs

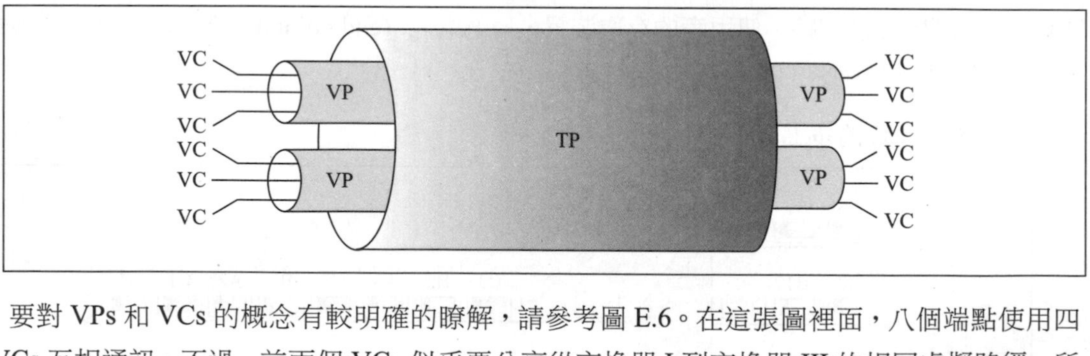

要對 VPs 和 VCs 的概念有較明確的瞭解，請參考圖 E.6。在這張圖裡面，八個端點使用四個 VCs 互相通訊。不過，前兩個 VCs 似乎要分享從交換器 I 到交換器 III 的相同虛擬路徑，所以將這兩個 VCs 綁在一起來形成一個 VP 是很合理的。換句話說，很清楚地，另外兩個 VCs 分享從交換器 I 到交換器 IV 的相同路徑，所以順理成章地將它們結合在一起形成一個 VP。

圖 E.6 VPs 和 VCs 的範例

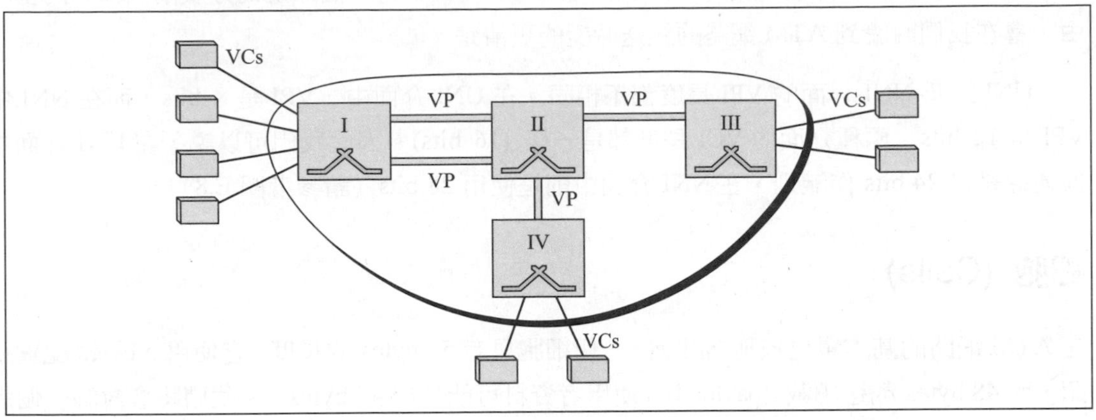

識別碼 (Identifiers)

在虛擬電路的網路上，要將資料從一個端點繞送到另一個，就需要去識別虛擬連線。為了這種目的，ATM 的設計者建立一種階層式的兩層識別碼：虛擬路徑識別碼 (VPI) 以及虛擬電路識別碼 (VCI)。VPI 定義特定的 VP，而 VCI 定義在 VP 中特定的 VC。對於所有被綁在一起（邏輯的）而形成一個 VP 的連線而言，VPI 都是相同的。

請注意，一個虛擬連線會被一組號碼所定義：VPI 和 VCI。

圖 E.7 連線識別碼

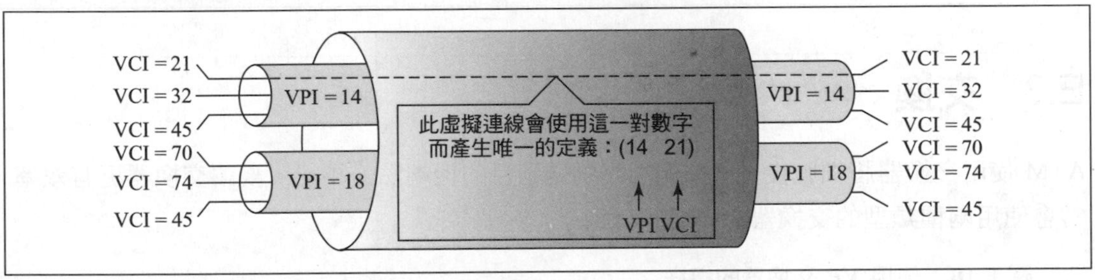

圖 E.8 在 UNIs 以及 NNIs 的虛擬連線識別

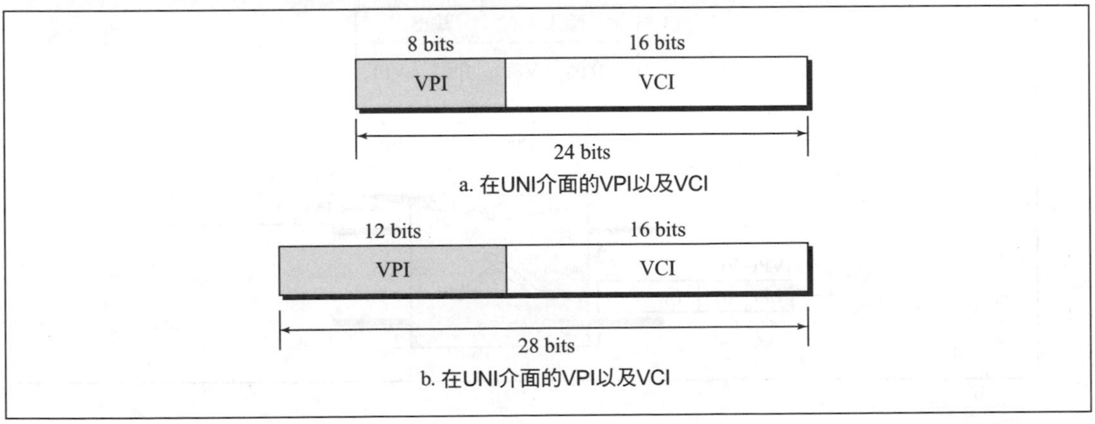

圖 E.7 顯示一個傳輸路徑 (TP) 上的 VPIs 和 VCIs。將一個識別碼分成兩個部分的基本理由，會在我們討論到 ATM 網路的繞送時變的更清楚。

UNI 以及 NNI 介面的 VPI 長度都不相同。在 UNI 介面中，VPI 是 8 bits，而在 NNI 中，VPI 是 12 bits。兩種介面的 VCI 長度都是一樣 (16 bits)。因此我們可以說，在 UNI 介面中虛擬連線是以 24 bits 作識別，在 NNI 介面中則是使用 28 bits（請參考圖 E.8）。

細胞 (Cells)

在 ATM 網路的基本單位被稱為細胞。一個細胞只有 53 bytes 的長度，它使用 5 bytes 配置給標頭，而 48 bytes 載送酬載 (payload)（使用者資料可能少於 48 bytes）。我們將會討論一個細胞欄位的細節，不過在這個階段我們可以說，大部分的標頭是由 VPI 和 VCI 所佔據，它們定義一個細胞該如何從一個端點傳到一部交換器，或是從一台交換器到另一台交換器所行經的虛擬連線。圖 E.9 顯示細胞的架構。

圖 E.9　一個 ATM 細胞

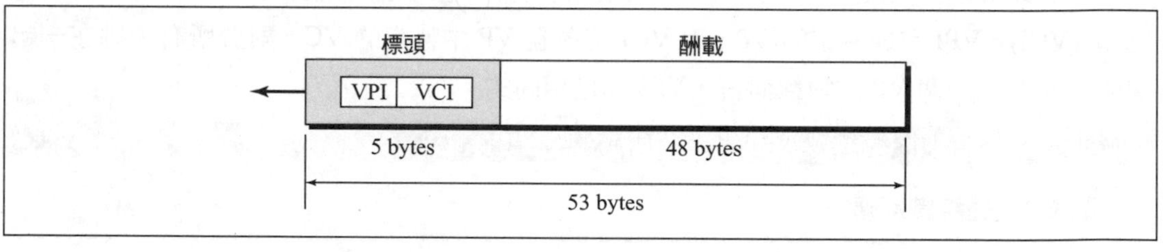

E.3 交換 *Switching*

ATM 使用交換器將細胞從一個來源端點繞送到目的地端點。不過，要讓交換器更有效率，通常會使用兩種類型的交換器：VP 和 VPC。

圖 E.10　使用 VP 交換器的繞送

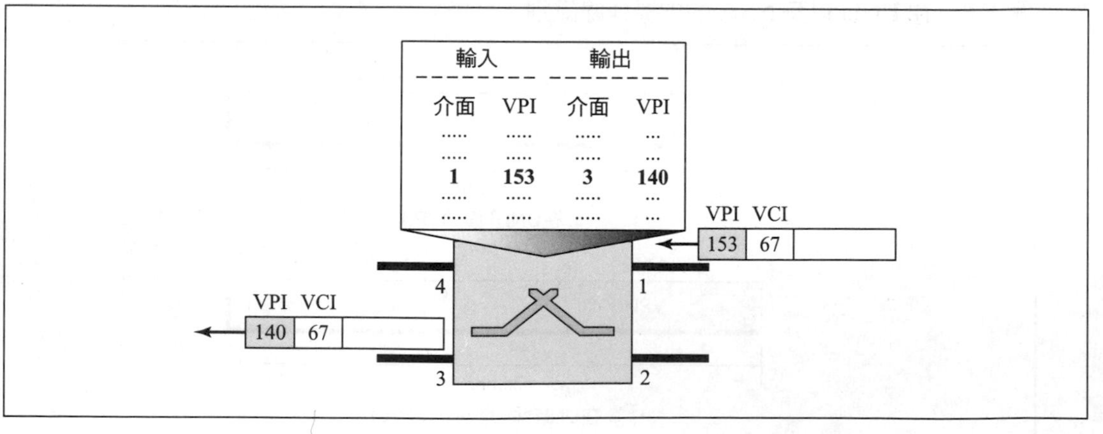

VP 交換器 (VP Switch)

一個 VP 交換器只使用 VPI 繞送細胞。圖 E.10 顯示 VP 交換器如何繞送一個細胞。一個具有 VPI 153 的細胞抵達交換器介面 1。此交換器檢查它的交換器表，這個表裡面的每一行儲存四種資訊：抵達的介面編號、進來的 VPI、對應的往外界面編號以及新的 VPI。

這個交換器使用介面 1 與 VPI 153 來搜尋每筆資料，並且發現這個組合對應到輸出使用 VPI 140 的介面 3。它將標頭中的 VPI 改成 140，然後透過介面 3 將細胞送出去。

圖 E.11 顯示 VP 交換器的概念性檢視。VPIs 會改變，不過 VCIs 仍舊保持一樣。

圖 E.11　VP 交換器的概念性檢視

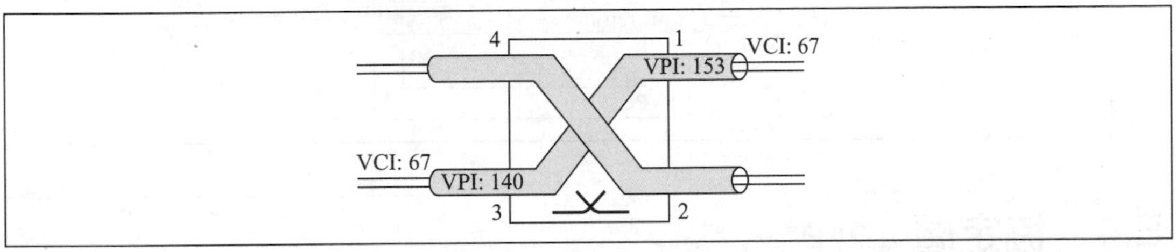

VPC 交換器 (VPC Switch)

一個 VPC 交換器使用 VPI 和 VCI 來繞送細胞。此繞送需要全部的識別碼。圖 E.12 顯示 VPC 交換器如何繞送一個細胞。一個具有 VPI 153 和 VCI 67 的細胞抵達交換器介面 1。此交換器檢查它的交換器表，這個表裡面的每一行儲存六種資訊：抵達的介面編號、進來的 VPI、進來的 VCI、對應的往外界面編號、新的 VPI 以及新的 VCI。這個交換器使用介面 1、VPI 153 與 VCI 67 來搜尋每筆資料，並且發現這個組合對應到輸出使用 VPI 140 和 VCI 92 的介面 3。它將標頭中的 VPI 和 VCI 改成 140 與 92，然後透過介面 3 將細胞送出去。

圖 E.12　使用 VPC 交換器的繞送

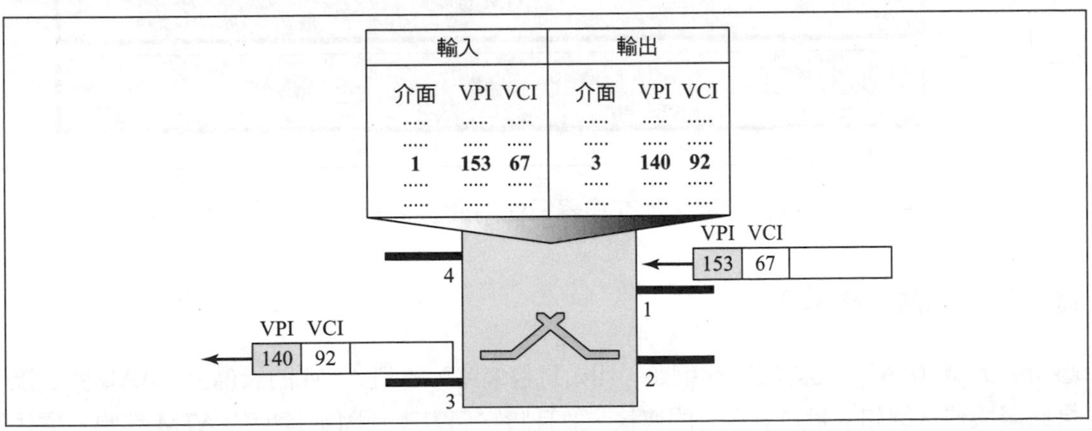

圖 E.13　顯示 VPC 交換器的概念性檢視。我們可以將 VPC 交換器想像成 VP 交換器和 VC 交換器的組合。

將虛擬連線識別碼分成兩個部分背後的整個想法，是允許階層式的繞送。一個實際 ATM 網路中的大部分交換器都是 VP 交換器；它們使用 VPI 進行繞送。在網路邊界的交換器，這些直接與端點裝置溝通的交換器，會同時使用 VPIs 和 VCIs。

圖 E.13 VPC 交換器的概念性檢視

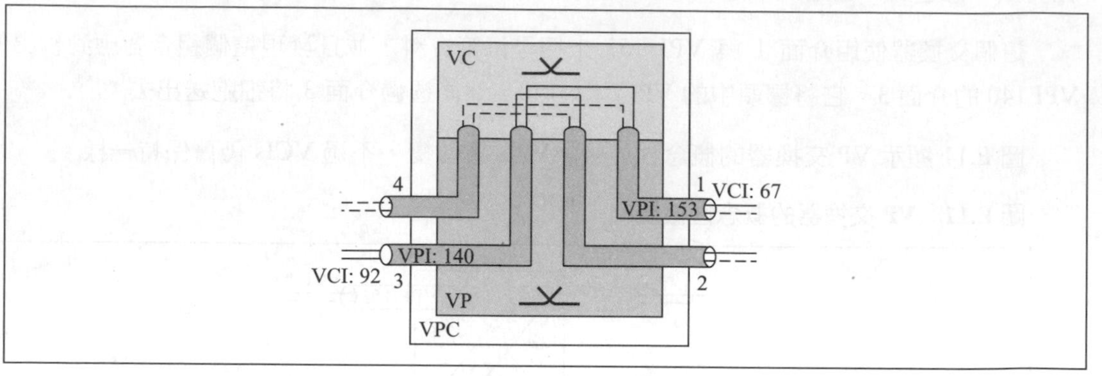

E.4 協定層 *Layers*

ATM 標準定義三層的架構。從上到下，它們分別是：應用調節層 (application adaptation layer)、ATM 層、和實體層（請參考圖 E.14）。

圖 E.14 ATM 協定層

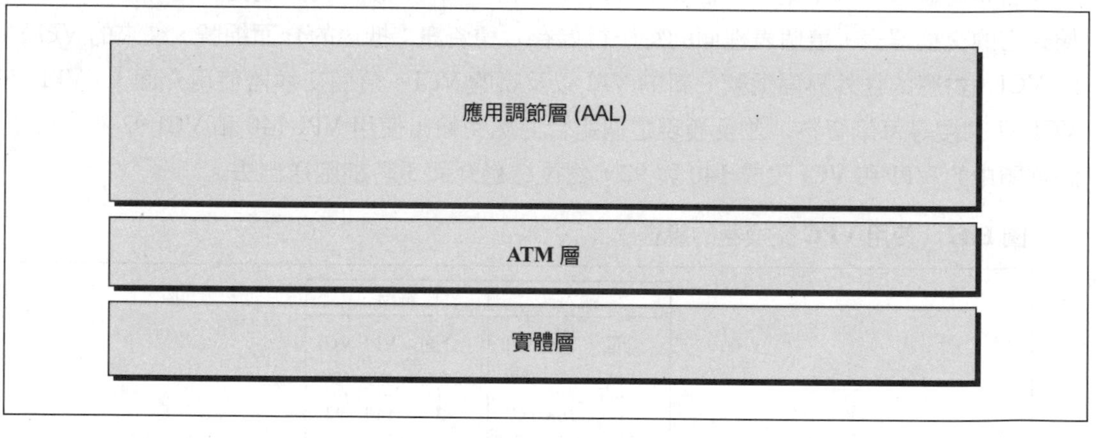

端點使用所有的三個協定層，而交換器只使用最底下的兩層（請參考圖 E.15）。

應用調節層 (AAL)

應用調節層 (AAL) 允許現存的網路（比如封包網路）連到 ATM 的設備上。AAL 協定接受來自底層服務（例如，封包資料）的傳輸，並且將它們對應到固定長度的 ATM 細胞。這些傳輸可以是任何類型（語音、資料、聲音、影像），也可以是變動或固定速率。在接收端，這種程序是反向的—分段會被重組成原始的形式，並且傳給接收端的服務。

圖 E.15 ATM 層在端點的裝置與交換器

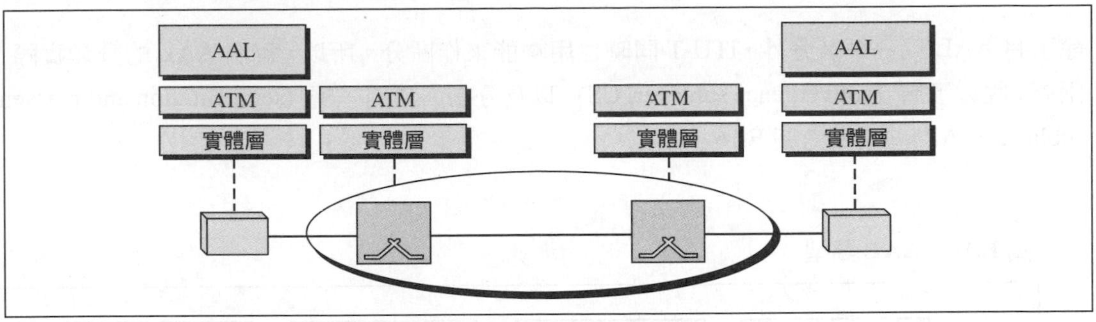

資料類型 (Data Types)

與其讓一種協定包含所有類型的資料，ATM 標準將 AAL 層分成不同的類別，每一種都支援不同類型的應用程式所需要的部分。在定義這些類別時，ATM 設計者確認四種資料串流的類型：固定位元傳輸率資料 (constant bit-rate data)、變動位元傳輸率資料 (variable bit-rate data)、連接導向封包資料 (connection-oriented packet data)、以及非連接導向封包資料 (connectionless packet data)。

- **固定位元傳輸率資料** 是指在固定傳輸率產生和用掉位元的應用程式。在這種類型的應用，傳輸延遲必須是最小的，而傳輸必須是即時的。固定位元傳輸率的應用範例包括即時的語音（電話）和即時的影像（電視）。
- **變動位元傳輸率資料** 是指在變動傳輸率產生和用掉位元的應用程式。在這種類型的應用，位元傳輸率會依據傳輸的不同會談而改變，不過會介於建立的參數之內。固定位元傳輸率的應用範例包括壓縮的語音、資料和影像。
- **連接導向封包資料** 是指使用虛擬電路的傳統封包應用（例如 X.25 和 TCP/IP 的 TCP 協定）。
- **非連接導向封包資料** 是指使用數據包方法繞送的應用（例如 TCP/IP 的 IP 協定）。

ITU-T 認為還有另一種分類的需求，就是跨越以上的所有類型，並且針對點對點做改良，而非多點或互連網路傳送。被設計來滿足這種傳輸類型需求的子層被稱為簡單和有效率的傳輸層 (simple and efficient adaptation layer, SEAL)。

AAL 分類中被設計來支援這些類型的資料分別稱為 AAL1、AAL2、AAL3、AAL4 和 AAL5。不過他們最近也決定，因為 AAL3 和 AAL4 之間有太多的重複，無法證明他們還需要分開成兩種不同類型，所以它們已經被組合成單一的分類，AAL3/4。

AAL2，雖然仍舊屬於 ATM 設計的一部分，它可能會被拿掉，而它的功能將與其他分類相結合。

收斂與分割 (Convergence and Segmentation)

除了將 AAL 以分類區分外，ITU-T 同時也用功能來作區分。所以，每個 AAL 的分類實際上有兩層：收斂子層 (convergence sublayer, CS)，以及分割與重組子層 (segmentation and reassembly sublayer, SAR)；請參考圖 E.16。

圖 E.16　AAL 類型

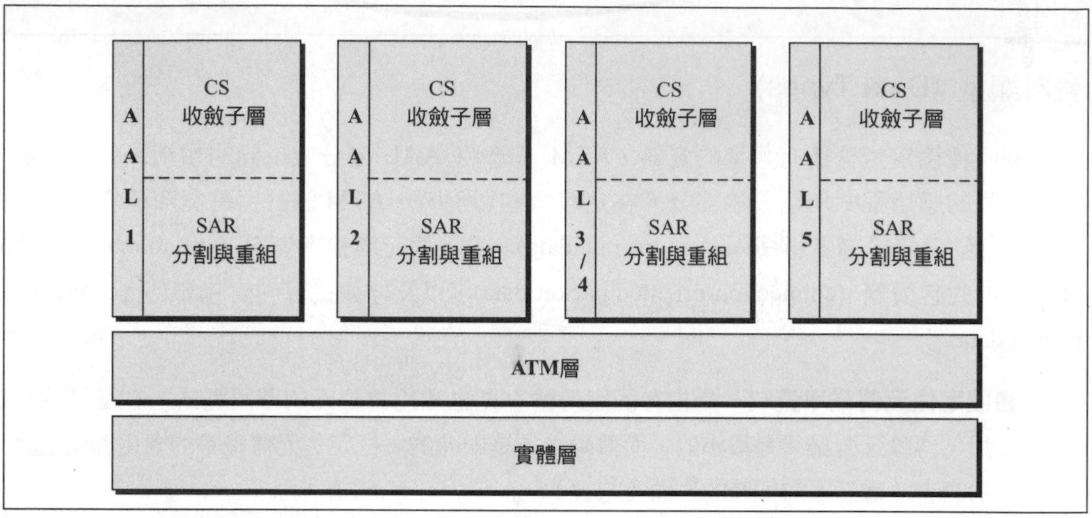

AAL 分類的詳細討論已經超出了本附錄的範圍。進一步的資訊，請參考 *Data Communication and Networking 2 ed.,* Forouzan, McGraw Hill, 2001。

圖 E.17　ATM 層

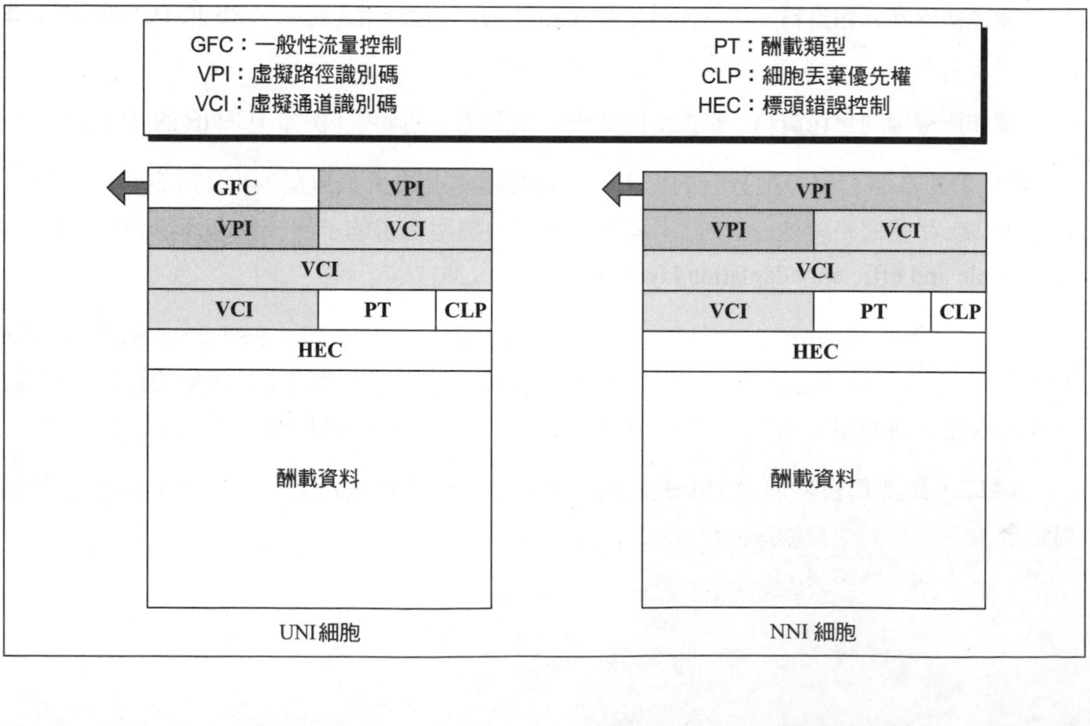

ATM 層 (ATM Layer)

ATM 層提供繞送、交通量管理、交換和多工服務。它處理對外交通的方式，是藉著接收來自 AAL 子層的 48 byte 分段，並且加入額外 5 byte 的標頭形成 53 byte 的細胞來傳送它們（請參考圖 E.17）。

標頭格式 (Header Format)

ATM 針對這種標頭使用兩種格式，一種用在使用者介面 (UNI) 的細胞，另一種用在網路對網路介面 (NNI) 的細胞。圖 E.17 以 ITU-T 喜好的格式，一個 byte 一個 byte 的方式來顯示這些標頭（每一行代表一個 byte）。

- **一般性流量控制** (Generic flow control, GFC)　4 bit 的 GFC 欄位在 UNI 層級提供流量控制。ITU-T 已經決定，在 NNI 層級不需要這種層級的流量控制。因此，在 NNI 的標頭中，這些位元被加入 VPI。較長的 VPI 可允許較多的虛擬路徑被定義在 NNI 層級。這種額外的 VPI 格式尚未被決定。
- **虛擬路徑識別碼** (Virtual path identifier, VPI)　VPI 是 UNI 細胞中 8 bit 的欄位，以及 NNI 細胞中 12 bit 的欄位（請參考上面的說明）。
- **虛擬通道識別碼** (Virtual channel identifier, VCI)　VCI 是兩種訊框的 16 bit 欄位。
- **酬載類型** (Payload type, PT)　在 3 bit 的 PT 欄位中，第一個位元定義酬載是使用者資料或管理的資訊。之後兩個位元的解譯會依據第一個位元而定。
- **細胞丟棄優先權** (Cell loss priority, CLP)　這個 1bit 的 CLP 欄位被提供作爲壅塞控制。當線路形成壅塞時，低優先權的細胞可能會被丟棄，來保護高優先權細胞的服務品質。這個位元會指示交換器，哪個細胞可以被丟棄，哪個應該被保留。一個 CLP 位元被設定成 1 的細胞，在其他 CLP 爲 0 細胞存在的情況下，必須被保留。這種區分優先權的能力在許多情況下很有用。例如，假設一位使用者被指定的位元傳輸率是每秒 x bits，不過他無法以那樣快的速度建立資料。他或她可以插入空的 (dummy) 細胞到資料串流，以人工方式來提高資料傳輸率。這些空的細胞會顯示 0 的優先權來表示它們可被丟棄，不會影響實際的資料。第二種情境是使用者被指定一種資料傳輸率，不過他決定要以更高的速率來傳送。在這種情況下，網路可以將某些細胞的這個欄位設成 0 來表示如果連線過載時，它們必須被丟棄。
- **標頭錯誤修正** (Header error correction, HEC)　HEC 是種針對標頭前 4 個 bytes 所計算出來的編碼。它是以 x^8+x^2+x+1 算出的 CRC，用來修正單個位元的錯誤和大量的多位元錯誤。

實體層 (Physical Layer)

實體層定義傳輸媒介，位元傳輸、編碼以及電氣對光學傳輸。它提供實體傳輸協定的集合，比如 SONET（在第 19 章討論）和 T-3，以及將細胞流量轉換成位元流量的機制。

ATM 論壇將大部分的這種層級規格留給實現者。例如，傳輸媒介可以是雙絞線、同軸電纜或是光纖纜線（雖然要支援 B-ISDN 必要的速度可能無法由雙絞線來做到）。

附錄 F

DQDB
DQDB

另一個包含在 IEEE 802 專案 (802.6) 的協定就是**分散佇列式雙匯流排** (distributed queue dual bus, DQDB)。雖然 DQDB 近似 LAN 的標準，它卻被設計用在都會區域網路 (MAN)。

F.1 存取方法：雙匯流排 *Access Method : Dual BUS*

正如其名稱所隱含的，DQDB 使用雙匯流排的建置：系統中的每個裝置都連接到兩個骨幹連線。存取這些連線不是透過競爭（如 802.3）或是記號傳遞（如 802.4 以及 802.5）取得許可，而是透過一種稱為分散佇列的機制。

圖 F.1 顯示一個 DQDB 的拓樸。在圖形的描述中，兩個單向的匯流排被標註匯流排 A 與匯流排 B。五台編號的工作站如圖所示的連到匯流排上。每個匯流排透過輸入與輸出埠直接連到工作站；沒有使用 drop lines。

方向性的交通 (Directional Traffic)

每個匯流排只支援一個方向的交通。在某個匯流排的運行方向，在另一個匯流排上則是相反的方向。例如，在圖 F.1 中每個匯流排的開始是以正方形表示，結束以三角形表示，匯流排 A 的交通從右向左。匯流排本身從工作站 1 開始，並結束在工作站 5。匯流排 B 的交通從左向右。匯流排由工作站 5 開始並於工作站 1 結束。

上行與下行工作站 (Upstream and Downstream Stations)

工作站在 DQDB 網路上的關係是依據匯流排上交通流動的方向而定。當匯流排 A 被建置時，工作站 1 與 2 相較於工作站 3 被視為上行，工作站 4 和 5 相較於工作站 3 則被視為下行。在圖

F.1 的範例中，工作站 1 沒有上行工作站，卻有四台下行工作站。因為這種理由，工作站 1 被當作匯流排 A 的起頭。

圖 F.1 **DQDB** 匯流排和節點

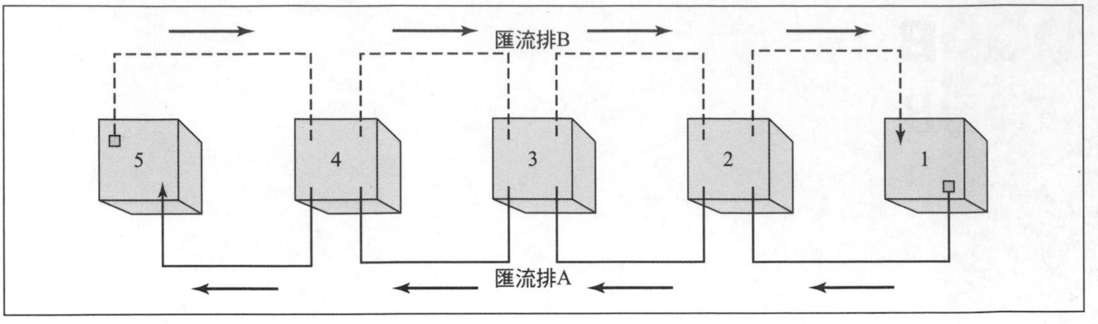

工作站 5 沒有下行的工作站卻有四台上行的工作站；它被視為匯流排 A 的尾端。

當匯流排 B 被建置時，工作站 1 和 2 相較於工作站 3 被視為下行，而工作站 4 和 5 相較於工作站 3 則被視為上行。在這種情況下，工作站 5 沒有上行工作站，卻有四台下行工作站。它因此是匯流排 B 的起頭。工作站 1 沒有下行的工作站卻有四台上行的工作站；它是匯流排 B 的尾端。

傳輸槽 (Transmission Slots)

在每個匯流排上運行的資料是種固定 53 byte 的槽串流。這些槽並非封包；沒有下行的工作站，卻有四台上行的工作站；它只不過是連續的位元串流。匯流排 A 的起頭（在圖 F.1 的工作站 1）會產生使用在匯流排 A 上面的空槽。匯流排 B 的起頭（工作站 5）會產生使用在匯流排 B 上面的空槽。資料傳輸率會依據每秒產生的槽數目而定。目前則使用許多不同的資料傳輸率。

一個空槽會往它的匯流排下行方向運動，直到某個傳輸工作站將資料放上去，讓預期的目的地工作站讀取資料為止。不過，來源端的工作站會選擇哪個匯流排來遞送資料給目的端工作站呢？來源端工作站必須選擇目的端工作站被視為下行的匯流排。這種規則相當直覺。

在每個匯流排的槽會從它們的起頭工作站運行到尾端工作站。在每個匯流排中，每個槽會往下一個下行的工作站移動。如果一台工作站想要傳送資料，它必須選擇其交通流量是朝向它目的地的匯流排。

來源端工作站必須選擇目的端工作站被視為下行的匯流排。

圖 F.2*a* 顯示工作站 2 傳送資料給工作站 4。工作站 2 選擇在匯流排 A 的一個槽，因為匯流排 A 對工作站 2 而言，是往工作站 4 的下行交通。傳輸的過程如下：在匯流排 A 的起頭工作站（工作站 1）建立一個空槽。工作站 2 將它的資料置入通過的槽，並且將槽定址到工作站 4。工作站 3 讀取這個地址並且將槽傳下去，不讀取內容。工作站 4 知道它自己的地址。它會讀取資料，並且改變槽的狀態為「已讀取」，再往下傳給工作站 5，在那裡槽會被收回。

在圖 F.2 *b* 工作站 3 需要傳送資料給工作站 1。工作站 1 對工作站 3 而言，是匯流排 B 上面的下行，所以匯流排 B 會被選擇來進行資料遞送。匯流排的起頭（在本例中是工作站 5）建立一個空槽，然後將它往匯流排的下行方向傳送。工作站 4 忽略此槽（原因會在下面討論）並且將它傳給工作站 3。工作站 3 將它的資料插入槽中，而且將此槽定址到工作站 1。工作站 2 讀取地址並轉送下去，槽的狀態是「未讀取」。工作站 1 辨識到它的地址，讀取資料後將此使用過的槽丟棄。請注意因為工作站 1 是匯流排的尾端，它沒有設定讀取欄位，而只是在讀取完畢後將訊框丟棄。

圖 F.2　DQDB 中的資料傳輸

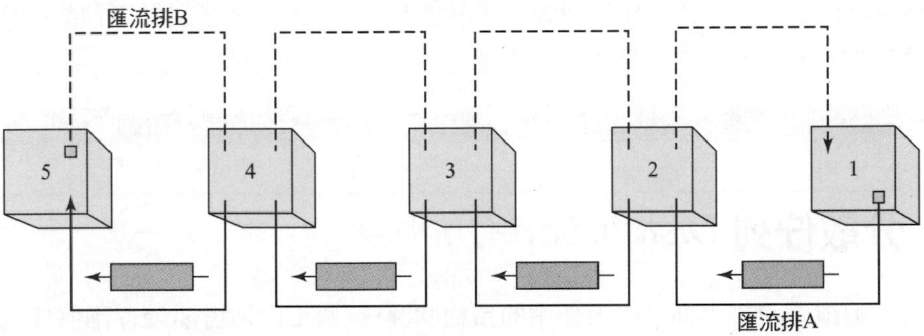

a. 工作站 2 傳送資料給工作站 4。

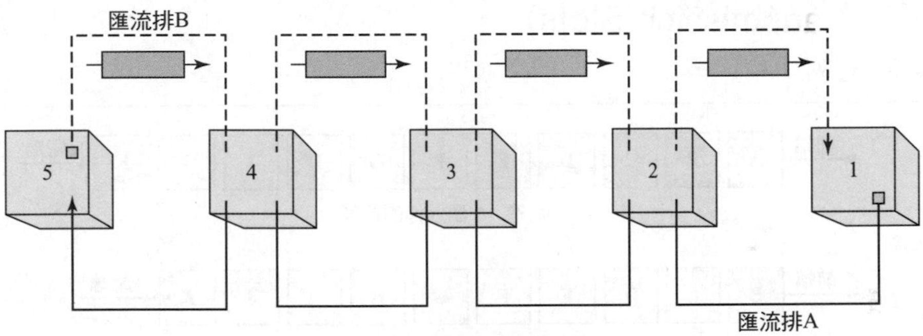

b. 工作站 3 傳送資料給工作站 1。

預約槽 (Slot Reservation)

要將資料往下行傳送，工作站必須等待一個空的槽抵達。但是，如果停止一台上行的工作站而壟斷匯流排、並且佔據所有的槽呢？在匯流排尾端的工作站是否就不能傳送，因為上行的工作站搶在它們之前就已經存取了空槽？這種失衡現象非常不公平；它可能會降低服務品質—特別是系統載送對時間敏感的資訊，例如聲音或影像。

它的解決方案，需要工作站先預約他們想要的槽。不過，如果你再檢視一下圖 F.2，就會發現問題所在。一部工作站進行預約而讓上行工作站無法使用匯流排上的槽。但是，工作站 2 如何能在匯流排 A 上面進行預約工作？它如何能與預約的上行工作站 1 進行通訊？當然，這種解決方案，要讓工作站 2 可以在匯流排 B（它在另一個方向遞送資料）進行它對匯流排 A

的預約動作。工作站 2 在匯流排 B 的一個槽設定預約位元，這會通知槽所通過的每個工作站，匯流排 A 上面有個工作站預約了一個槽。

這個槽會從匯流排 B 的工作站 2 開始，通過下行的每個工作站—相同的工作站在匯流排 A 上面是從它開始的上行。

這些工作站必須尊重下行工作站的預約，並且把這些槽留給下行工作站來使用。這個程序如何運作會在下面討論。至於現在，只要記得，要在匯流排上面傳送資料，工作站必須在其他的匯流排進行預約工作。另一個關於預約程序的重要面貌，就是沒有工作站可以在未進行預約的情況下傳送資料，即使它看見一個通過的槽有空位。

空槽可能已經被下行的工作站所預約。事實上，即使工作站已經做了預約，還是不能要求任何一個空槽。它必須等待它預約的那個槽。

要在一個匯流排上面傳送資料，工作站必須使用其他的匯流排進行預約。

F.2 分散佇列 *Distributed Queues*

進行預約和追蹤匯流排上面其他工作站的預約狀況，每個工作站需要儲存兩個佇列—每個匯流排一個。每個工作站都有一個佇列來紀錄匯流排 A 的狀況，稱為佇列 A，另一個佇列是記錄匯流排 B 的狀況，稱為佇列 B。

圖 **F.3** 佇列

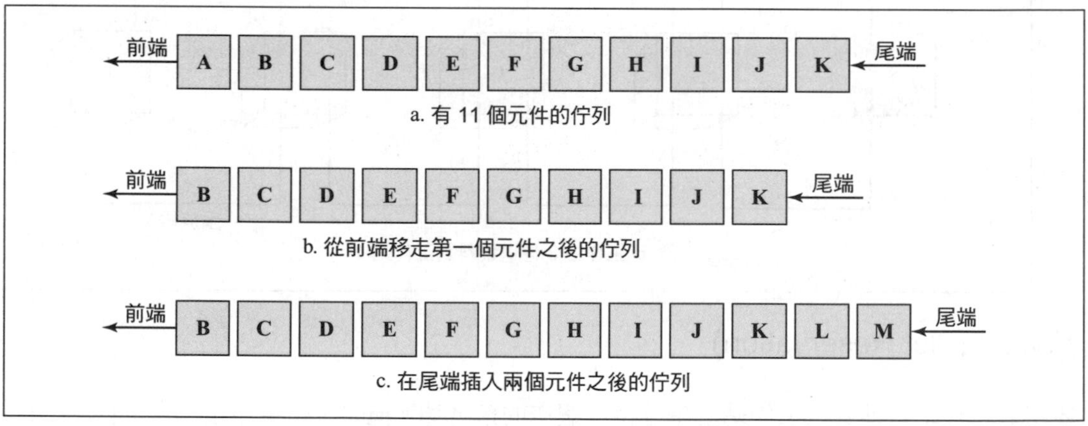

佇列是一種使用先進、先出 (FIFO) 功能的儲存機制。它類似餐廳的等待名單。當客人抵達時會在名單上面簽名。在名單上面的第一位客人會先入座。因此，DQDB 的佇列，在本質上就是使用空槽的等待名單。圖 F.3 顯示佇列的概念式檢視。當佇列前進時，元件會從尾端插入以及從前端移走。

請記得，每個工作站都保存兩個佇列，佇列 A 與佇列 B。圖 F.4 顯示某個工作站的兩個佇列。

圖 F.4 在某個節點的分散式佇列

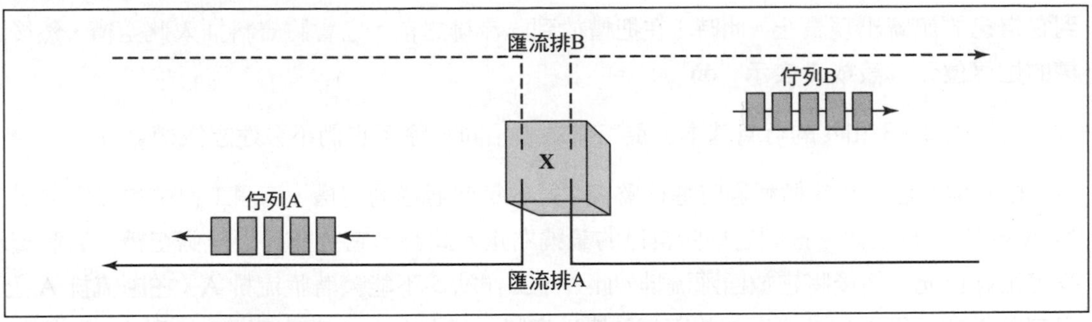

使用佇列進行匯流排存取 (Using a Queue for Bus Access)

為了讓大家更清楚，我們來檢視佇列 A。工作站 X 將它自己加入佇列 A，來預約匯流排 A 上面的空間。為了做這件事，它必須知道有多少下行的鄰居已經在匯流排 A 上面預約了空槽。要追蹤這些預約狀態，它使用虛擬記號 (virtual tokens)。它會在每次有設定預約位元的槽通過匯流排 B 時，在佇列的尾端加入一個記號。當此工作站需要為它自己進行預約時，它會在通過匯流排 B（這個槽可以被佔據或是空的，但是仍舊可以設定需求的位元）的槽設定一個預約位元。此工作站接著將它自己的記號加入自己的佇列 A。不過，這個記號與其他的記號是不同類型，用來表示它是工作站自己的預約（請參考圖 F.5）。

圖 F.5 在佇列中的預約記號

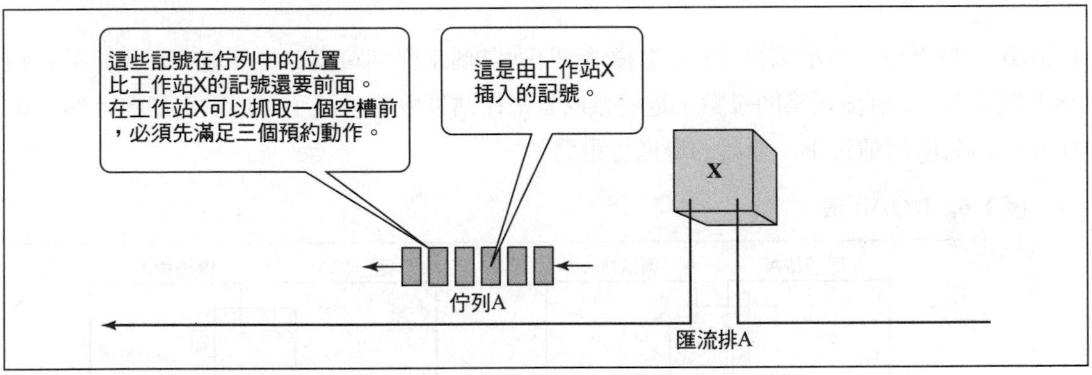

每一次當工作站讀取自己的佇列 A 時，它能藉由計算佇列中的記號，得知有多少個下行預約。工作站也能得知它必須讓多少的空槽通過，才能擷取屬於它自己的槽。工作站也會監視匯流排 A 上通過的空槽。如果有空槽通過，它就從佇列的前端移走並丟棄一個記號。當它看見一個空槽，而且發現它自己的記號出現在佇列的前端時，就會丟棄此記號，然後捕捉空槽來插入它自己的資料。這個工作站知道它已經滿足下行工作站們的預約需求，因為在佇列中比它前面的記號都已經處理完畢（通過相同數目的空槽）。

現在，再回到圖 F.2，我們來檢視匯流排 A 上五台原始工作站的行為。

工作站 1 負責槽的建立。它持續產生空槽並將它們放到匯流排 A。不過，要使用其中一個槽來傳送它自己的資料，它必須像其他工作站一樣，在它自己的佇列 A 中放置記號。如果沒有記號在它本身的記號前面，工作站 1 將空槽往下行工作站（工作站 2、3、4 和 5）傳送，直到它自己的記號出現為止。此時，在把槽放到匯流排之前，它會將資料插入此空槽，然後設定槽的忙碌位元（設成 1 表示“on”）。

工作站 2、3 和 4 的行為基本上跟工作站 1 相同，除了它們不會建立空槽之外。

相對地，它們在空槽通過時進行監視。對於每個通過的空槽，每個工作站會從它自己的佇列 A 移除一個記號，直到它移除自己的記號為止。此時，它會捕捉下一個空槽，裝載資料，設定忙碌位元，然後將它放回匯流排。此外，工作站 5 不能藉著匯流排 A（在匯流排 A 上面，沒有工作站是從工作站 5 開始的下行）傳送資料。事實上，它甚至不需要佇列 A，雖然它可能需要佇列 A 來符合網路的相容性，萬一日後在它的下行又加入一台工作站。

前面的敘述也能適用在匯流排 B，其中的不同，就是在匯流排 B 上，由工作站 5 建立和釋放空槽，而工作站 1 不需要佇列 B。

佇列架構 (Queue Structure)

DQDB 標準中明確定義邏輯佇列 A 和 B 如何被使用。不過，每個佇列的設計工作被留給實現者。網路和工作站可以被建置成模擬佇列的操作，只要這些模擬遵循定義中的規則。

F.3 環的建置 *Ring Configuration*

DQDB 同時也可以用環來實現。在這種情況下，某個工作站可同時擔任起頭和結尾的角色（請參考圖 F.6）。這種拓樸的優點，是連線或者工作站失敗的情況下可以重新建置。圖 F.6 *b* 顯示在線路失敗的情況下，原始的環進行重建。

圖 F.6 DQDB 環

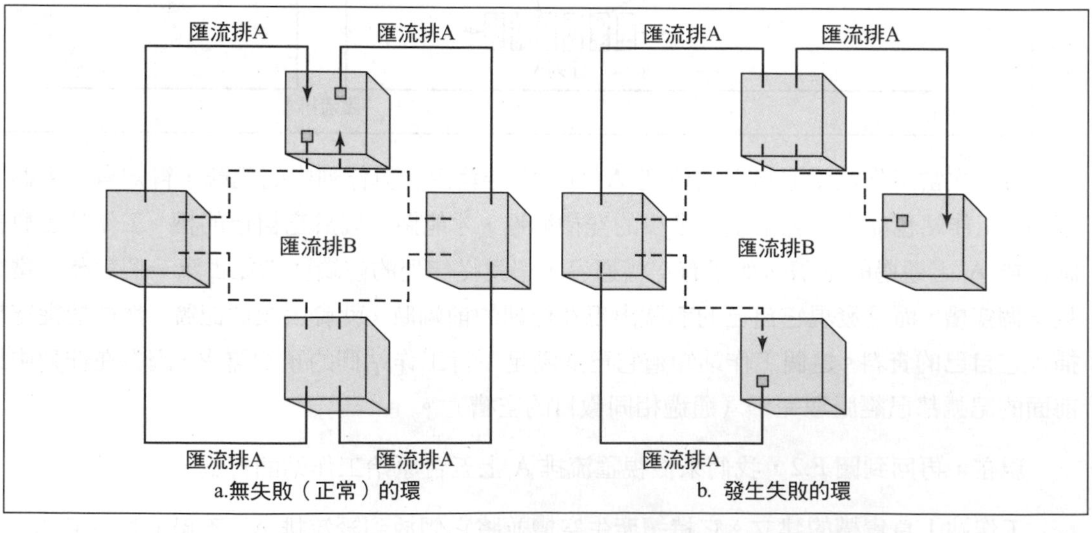

F.4 運作：DQDB 層 Operation: DQDB Layers

IEEE 針對 DQDB 定義了媒介存取控制 (MAC) 子層和實體層。MAC 層特定的功能相當複雜，而且已經超出本書的範圍。一般說來，MAC 層將來自較高層的資料串流分割成 48 byte 的區段，並且在每個分段加上 5 byte 的標頭來產生每個 53 bytes 的槽（請參考圖 F.7）。因為有 53 bytes，這讓 DQDB 的槽與非同步傳輸模式 (ATM) 中的細胞長度相容；請參考附錄 E。

DQDB 標頭 (The DQDB Header)

DQDB 的 bytes 標頭會分佈在五個主要欄位：存取、地址、類型、優先權和 CRC。

存取欄位 (Access Field)

DQDB 存取欄位是個 8 bit 的欄位，用來控制匯流排的存取。它又再分割成五個子欄位：

- **忙碌** (Busy B)　B bit 用來表示槽是否有載送資料。當此位元被設定時，表示槽裡面有資料。
- **槽的類型** (Slot type, ST)　ST bit 可以定義兩種類型的槽，一種作為封包傳輸，另一種當作等時傳輸 (isochronous transmission)。
- **保留** (Reserved R)　R bit 被保留作為日後使用。
- **槽已讀取** (Previous slot read, PSR)　這 2 bit 的 PSR 欄位在定址的工作站讀完資料後會被設成 0。
- **需求** (Request RQ)　RQ 欄位包含由工作站所設定的 3 個 bits 來進行槽的預約。這 3 個 bits 可以在不同工作站階層的網路上，表示八種優先權等級。在無優先權的網路中，只會用到第一個位元。

地址欄位 (Address Field)

地址欄位包含要用在 MAN 和 WAN 傳輸的 20 bit 虛擬通道識別碼 (VCI)。當用在 LAN 時，這個欄位全部為 1，而且附加額外的標頭來載送 MAC 實體地址。

類型欄位 (Type Field)

這個 2 bit 的類型欄位用來識別作為使用者資料、管理資料，等等的酬載 (payload)。

優先權 (Priority)

優先權欄位用來識別網路中使用優先權的槽，它的優先順序。

CRC

CRC 欄位載送 8 bit 的循環冗位檢查 (x^8+x^2+x+1)，它被用來偵測單個位元或是多位元的錯誤，並且在標頭上面修正單個位元錯誤。

圖 F.7　DQDB 層

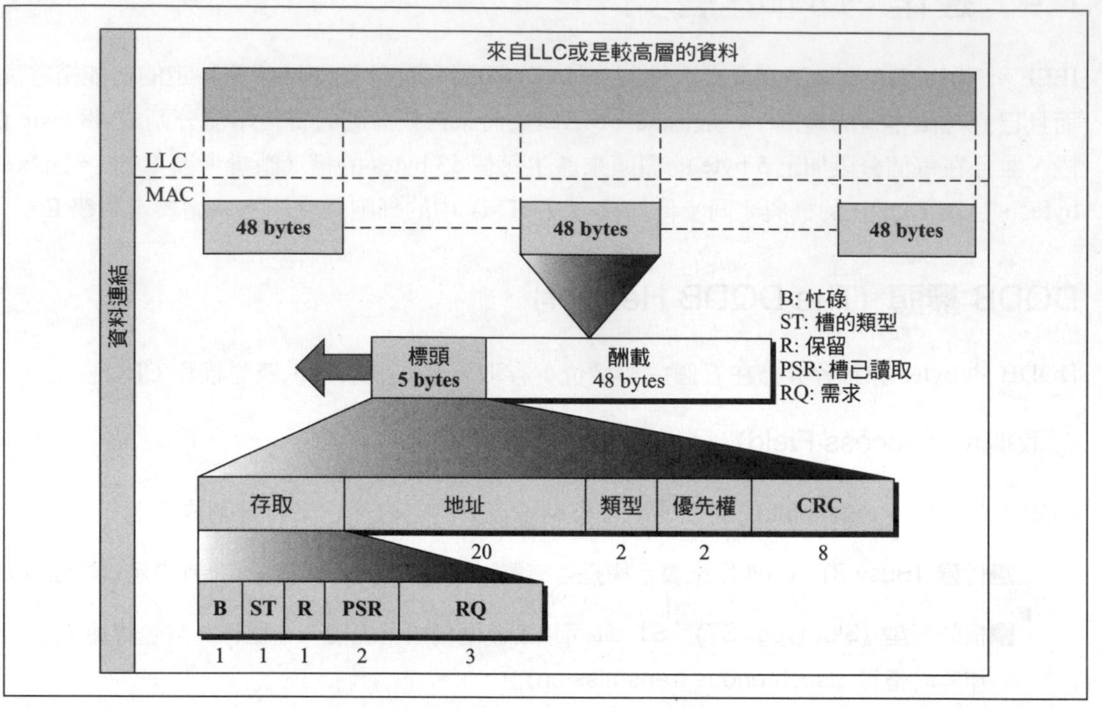

F.5　實現 *Implementation*

實體層的規格會保留開放。DQDB 標準定義用來存取雙匯流排的電子裝置。存取媒介可以是同軸電纜或是使用各種資料傳輸率的光纖。

附錄 G

FDDI

FDDI

光纖分散式數據介面 (Fiber distributed data interface, FDDI) 是種由 ANSI 和 ITU-U (ITU-T X.3) 制訂的區域網路協定。它支援 100 Mbps 的資料傳輸率，並提供記號環 (Token Ring) 的高速替代方案。當 FDDI 被設計時，100 Mbps 的速率需要光纖纜線。不過，同樣的速率目前已經可以使用銅線。銅線版本的 FDDI 被稱為 CDDI。

G.1 存取方法：記號傳遞 *Access Method : Token Passing*

記號環網路中，當工作站每次捕捉到記號，它只能傳送一個訊框。在 FDDI，存取是由時間來限制。一台工作站在所分配的存取時間區間內，它可以盡量傳送訊框，條件是，對時間敏感的訊框要先送。

要完成這種存取機制，FDDI 區分兩種不同類型的資料訊框：同步與非同步。這裡的**同步** (*Synchronous*) 是指對時間敏感的資訊，而**非同步** (*asynchronous*) 則是不對時間敏感的資訊。這些訊框通常被稱為 S 訊框和 A 訊框。

每個要捕捉記號的工作站首先必須要送出 S 訊框。事實上，不論它所分配到的時間用完了沒有，它必須送出自己的 S 訊框（請參考下面）。任何剩下的時間接著才可以被用來傳送 A 訊框。要瞭解這種機制如何確定公平性與適時地連線存取，有必要瞭解 FDDI 時間記錄器和計時器。

時間記錄器 (Time Registers)

FDDI 定義三種時間記錄器來控制記號的流通，以及在節點之中公平地發佈連線存取的機會。每個工作站都有三種紀錄器。記錄器們會記錄控制環運作的時間值。這些值會在環啟始時被設定，並且在運作過程中不會改變。這些記錄器被稱為同步配置 (synchronous allocation, SA)，

目標記號旋轉時間 (target token rotation time, TTRT)，以及最長絕對時間 (absolute maximum time, AMT)。

同步配置 (Synchronous Allocation, SA) SA 記錄器表示每個工作站允許傳送同步資料的時間長度。這個值會隨著不同工作站而不同，而且是在環初始時被協議出來。

目標記號旋轉時間 (Target Token Rotation Time, TTRT) TTRT 記錄器表示記號繞著環旋轉一圈所需的平均時間（記號抵達某個工作站和它下次抵達相同工作站時所經過的時間）。所有工作站的這個值都是一樣，並且是在環初始時被協議出來。因為它是個平均值，任何一次旋轉的實際時間可能會大於或小於這個值。

最長絕對時間 (Absolute Maximum Time, AMT) AMT 記錄器記載等於 TTRT 兩倍的值。一個記號在繞行環一圈的時間可能不會超過這個值。如果時間超過，某個工作站或某些工作站可能獨佔網路時，環就必須被重新起始。

計時器 (Timers)

每部工作站包含一組計時器，讓它與記錄器所包含的值，可以進行實際時間的比較。計時器可以被設定和重置，而且它們的值會被系統時脈設定的速率所遞減。FDDI 所使用的兩個計時器，被稱為**記號旋轉計時器** (token rotation timer, TRT) 以及**記號保持計時器** (token holding timer, THT)。

記號旋轉計時器 (Token Rotation Timer TRT) TRT 會持續地運行，並且測量記號完成一圈所花的實際時間。當記號返回時，工作站將 TRT 剩餘的時間記錄到它的 THT。接著工作站會依據 TTRT 值重置它的 TRT。只要 TRT 被設定，它就開始倒數計時。因此，在某個點，由 TRT 所指示的時間，就是目前旋轉所花費的實際時間，與預期或允許時間（TTRT 時間）的時間差。

當記號完成旋轉一圈並且返回工作站，由 TRT 所指示的時間，等於該旋轉剩餘的時間值（TTRT 和實際花費的時間差）。該剩餘時間就可以讓工作站傳送它的訊框。

記號保持計時器 (Token Holding Timer, THT) 只要收到記號後，THT 就開始運行。它的功能負責顯示，當同步訊框被送出後，剩下多少時間可以傳送非同步訊框。每一次當工作站收到記號時，TRT 的值會被複製到 THT。那時，THT 開始它自己的倒數計時。只要記號收到後，任何等待的同步訊框必須被送出。THT 顯示還有多少（如果有的話）剩餘時間可以傳送非同步訊框。只要工作站有足夠的 THT，它可以盡量地送出 A 訊框。只要 THT 是正數，工作站就能傳送非同步資料。不過，一旦這個值變成 0 或小於 0，此工作站必須釋放記號。我們可以將 THT 想成工作站的銀行帳號。S 訊框是馬上要付的帳單—即使工作站必須靠借貸來支付。A 訊框是可以稍微延遲的支付的開銷；工作站需要支付它們，不過可以等到銀行帳戶有錢時才付。

範例 (An Example)

圖 G.1 和表 G.1 顯示 FDDI 的存取如何工作。我們已經簡化這個範例，所以只顯示四台工作站，而且採取以下的假設：TTRT 是 30 個時間單位；記號從某個工作站到另一個工作站所需的時間是 1 個時間單位；每個工作站每回被允許送出兩個同步的資料單位；而且每個工作站都有許多非同步資料要送（在緩衝記憶體等待）。

圖 G.1 **FDDI 的運作**

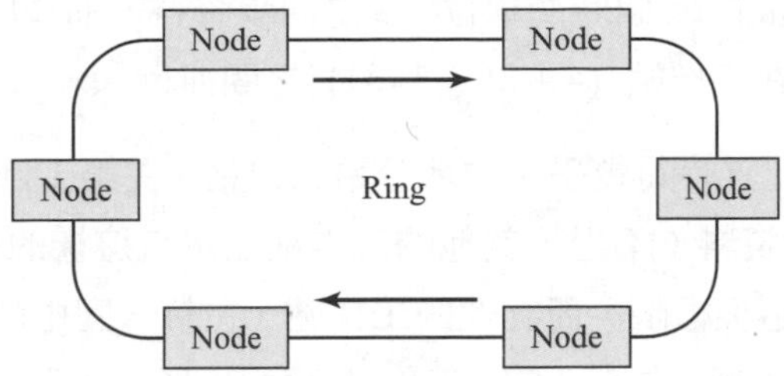

在第 0 回，記號從工作站運行到另一個工作站；每個工作站將它的 TRT 計時器設成 0。在這個回合沒有發生資料傳輸。

表 **G.1** 存取方法的範例

回	工作站*1*	工作站*2*	工作站*3*	工作站*4*
1	抵達時間：0 TRT = 0 抵達時間：4 TRT 現在是 4 THT = 30 - 4=26 **TRT = 0** 同步資料：2 THT 現在是 24 非同步資料：**24**	抵達時間：1 TRT = 0 抵達時間：31 TRT 現在是30 THT = 30 - 30=0 **TRT = 0** 同步資料：2 THT 現在是 - 2 非同步資料：0	抵達時間：2 TRT = 0 抵達時間：34 TRT 現在是 32 THT = 30 - 32=-2 **TRT = 0** 同步資料：2 THT 現在是 -4 非同步資料：0	抵達時間：3 TRT = 0 抵達時間：37 TRT 現在是 34 THT = 30 - 34= -4 **TRT = 0** 同步資料：2 THT 現在是 -6 非同步資料：0
2	抵達時間：40 TRT現在是 36 THT = 30 - 36=-6 **TRT = 0** 同步資料：2 THT 現在是 -8 非同步資料：0	抵達時間：43 TRT現在是12 THT = 30 - 12=18 **TRT = 0** 同步資料：2 THT 現在是16 非同步資料：**16**	抵達時間：62 TRT現在是 28 THT = 30 - 28=2 **TRT = 0** 同步資料：2 THT 現在是0 非同步資料：0	抵達時間：65 TRT現在是 28 THT = 30 - 28=2 **TRT = 0** 同步資料：2 THT 現在是0 非同步資料：0
3	抵達時間：68 TRT 現在是28 THT = 30 - 28=2 **TRT = 0** 同步資料：2 THT 現在是0 非同步資料：0	抵達時間：71 TRT 現在是28 THT = 30 - 28=2 **TRT = 0** 同步資料：2 THT 現在是 0 非同步資料：0	抵達時間：74 TRT 現在是 12 THT = 30 - 12=18 **TRT = 0** 同步資料：2 THT 現在是 16 非同步資料：**16**	抵達時間：93 TRT 現在是 28 THT = 30 - 28=2 **TRT = 0** 同步資料：2 THT 現在是0 非同步資料：0
4	抵達時間：96 TRT 現在是 28 THT = 30 - 28=2 **TRT = 0** 同步資料：2 THT 現在是0 非同步資料：0	抵達時間：99 TRT 現在是28 THT = 30 - 28=2 **TRT = 0** 同步資料：2 THT 現在是0 非同步資料：0	抵達時間：102 TRT 現在是28 THT = 30 - 28=2 **TRT = 0** 同步資料：2 THT 現在是 0 非同步資料：0	抵達時間：105 TRT 現在是 12 THT = 30 - 12=18 **TRT = 0** 同步資料：2 THT 現在是 16 非同步資料：**16**

在第 1 回，工作站 1 在時間 4 收到記號：它的 TRT 現在是 4（在第 0 回，TRT 是 0；它花了 4 個時間單位讓記號返回）。THT 被設定成 26 (THT=TTRT –TRT=30 – 4)。TRT 被重置成 0。

現在工作站 1 傳送相當於 2 個資料單位的同步資料。THT 被減為 24 (26 – 2)，所以工作站 1 可以送出相當於 24 個資料單位的非同步資料。

在同一回合，工作站 2 遵循著相同的程序。記號的抵達時間現在是 31，因為記號在時間 4 抵達工作站 1，它被保留了 26 個時間單位（2 是同步資料，而 24 是非同步資料），而且它花了 1 個時間單位讓記號在工作站 (4 + 26 + 1=31) 之間運行。

請注意，非同步的配置時間幾乎平均地分給工作站。在第 1 回，工作站 1 有機會送出等於 24 個時間單位的非同步資料，不過，其他的工作站並沒有這樣的機會。然而，在第 2, 3 和 4 回，工作站 1 被剝奪了這種權限，而其他的工作站（在每一回中的其中之一）有機會來傳送。在第 2 回，工作站 2 送出 16；在第 3 回，工作站 3 送出 16；以及在第 4 回，工作站 4 送出 16。

G.2 FDDI 層 *FDDI Layers*

FDDI 標準將傳輸的功能分成四種協定：實體媒介相依 (physical medium dependent, PMD)，實體 (physical PHY)，媒介存取控制 (media access control, MAC)，以及邏輯連線控制 (logical link control, LLC)。這些協定會對應到 OSI 模型的實體和資料連結層（請參考圖 G.2）。LLC 子層跟第九章所討論的一樣。我們將在以下三節討論其他的子層。

G.3 MAC 子層 *MAC Sublayer*

訊框格式 (Frame Format)

FDDI 的 MAC 層幾乎與記號環所定義的一樣。不過，雖然彼此的功能很類似，FDDI MAC 訊框本身還是有許多的不同，讓我們有足夠的理由來個別討論這些欄位（請參考圖 G.3）。

每個訊框之前都有 16 個閒置符號 (1111)，而它的總數為 64 bits，被用來跟接收端同步起始時脈。

訊框欄位 (Frame Fields) 在 FDDI 訊框中有八個欄位：

- **開始的分界** (Start delimiter, SD) 這個欄位的第一個 byte 是訊框的開始旗標。就跟記號環一樣，這些位元在實體層會被控制碼 J 和 K（用來表示 I 和 K 的 5 bit 序列會被顯示在下一節的表 G.3）所取代（侵入 violations）。
- **訊框控制** (Frame control, FC) 訊框的第二個 byte 被用來識別訊框類型。
- **位址** (Addresses) 下兩個欄位是目的地與來源位址。每個位址包含 2 到 6 個 bytes。
- **資料** (Data) 每個資料訊框最多可載送 4500 bytes 的資料。
- CRC FDDI 使用標準的 IEEE 4 byte 循環冗位檢查。

■**結束的分界 (End delimiter, ED)** 在資料訊框，這個欄位包含半個 byte (4 bits)，或在記號訊框中包含整個 byte。它在實體層被改成一個 T 取代符號（在資料訊框）或兩個 T 符號（在記號訊框）（T 符號的編碼被顯示在表 G.3）。

圖 G.2 FDDI 層

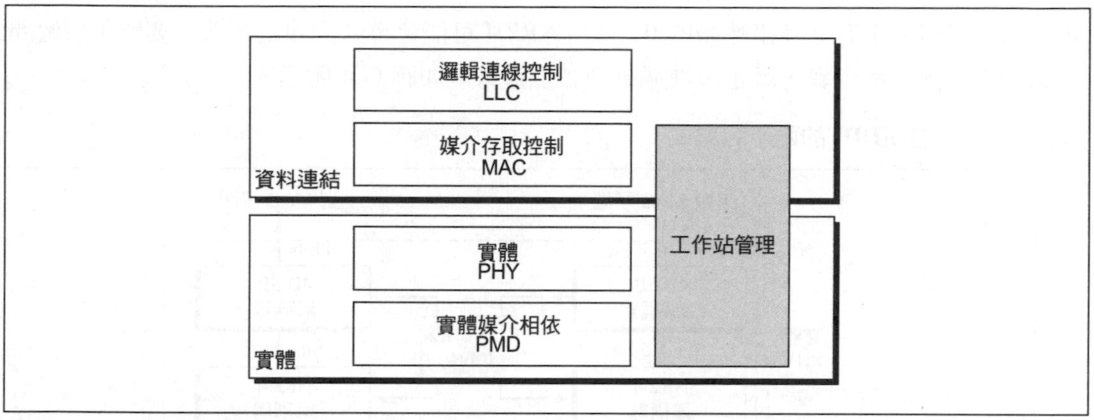

圖 G.3 FDDI 訊框類型

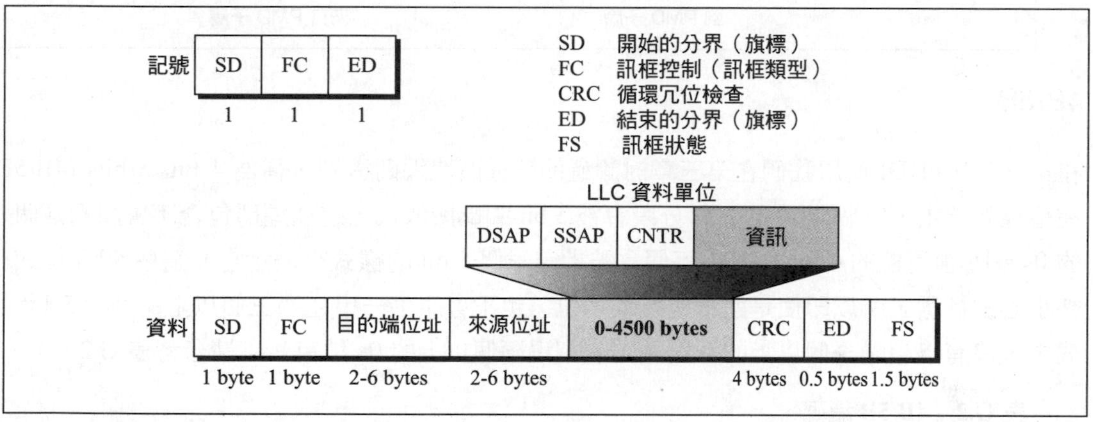

■**訊框狀態 (Frame status, FS)** FDDI FS 欄位類似於記號環。它只有被包含在資料訊框，並且只有 1.5 個 bytes。

G.4 PHY 子層 *PHY Sublayer*

PHY（實體）子層獨立於傳輸媒介。它定義資料傳輸率，並且負責資料的編碼與解碼，同步等。

資料傳輸率 (Data Rate)

FDDI 被設計使用 100 Mbps 的固定資料傳輸率。

編碼 (Encoding)

FDDI 的設計者選擇透過曼徹斯特編碼（用在 Ethernet）以及差動式曼徹斯特編碼（用在記號環）的 NRZ-I 編碼。做出這種選擇的原因是使用 100 Mbps 的資料傳輸率，曼徹斯特和差動式曼徹斯特需要 200 Mbaud 的頻寬（只有 50%的效率）。不過，正如我們在第三章所看到的，如果在資料串流中有一長串連續的 0，使用 NRZ-I 可能會導致同步的損失。要解決這個問題，在編碼中的另一個步驟，就是區塊編碼會被加進來。如圖 G.4 所示。

圖 **G.4**　在 **FDDI** 的兩步驟編碼

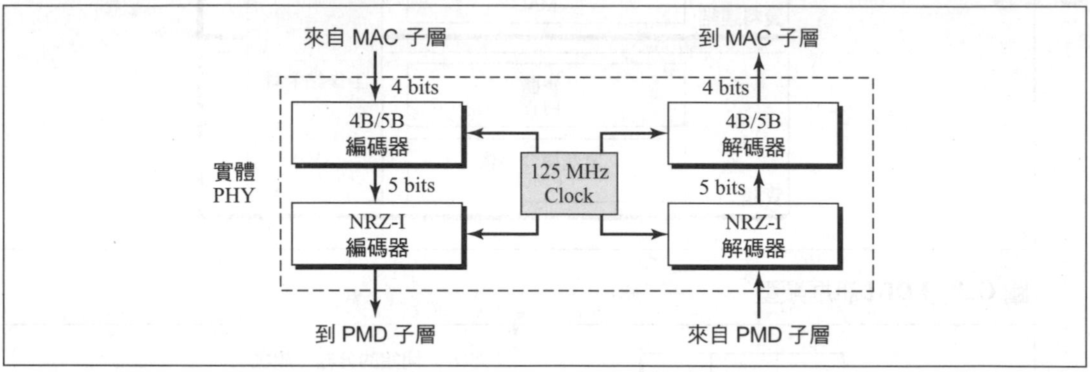

4B/5B

在第一步，FDDI 使用我們在第三章討論過的一種區塊編碼機制，稱為 4 bits/5 bits (4B/5B)。在這種系統中，每個 4 bit 的資料分段會被 5 bit 編碼所取代，這種編碼包含不會超過兩個連續的 0s。16 種可能的 4 bit 樣式，每個會被指定一個 5 bit 的樣式來表示它。這些 5 bit 樣式已經被小心的挑選，所以即使是連續的資料單位，也不會產生一串超過三個以上的 0s（5 bit 的樣式中，沒有以超過一個以上的 0 開始，或超過兩個以上的 0s 結束）；請參考表 G.2。

表 **G.2**　**4B/5B** 編碼

資料序列	編碼序列	資料序列	編碼序列
0000	11110	1000	10010
0001	01001	1001	10011
0010	10100	1010	10110
0011	10101	1011	10111
0100	01010	1100	11010
0101	01011	1101	11011
0110	01110	1110	11100
0111	01111	1111	11101

這個表顯示了 32 種可能的編碼 (2^5= 32)，只有 16 種被用來定義資料。未被使用的 16 種中有八個被用來作為控制（請參考表 G.3）用途。SD 欄位包含 J 和 K 碼，而 ED 欄位包含符號 TT。要確保這些控制碼不會危及透通性，設計者們指定了不會出現在資料欄位的位元樣式。

除此之外，它們的順序也會被控制，來限制許多連續位元樣式的可能性。A K 一定會接在 J 之後，H 後面絕對不會有 R。

表 G.3 **4B/5B** 控制符號

控制符號	編碼序列
Q (沈默)	00000
I (閒置)	11111
H (停止)	00100
J (用在開始的分界)	11000
K (用在開始的分界)	10001
T (用在結束分界)	01101
S (設定)	11001
R (重置)	00111

NRZ-I

4B/5B 編碼器的輸出被送給 NRZ-I 的編碼器。編碼使用如第三章所討論的方式，在資料串流中只要有 1 就使用倒裝法。圖 G.5 就是在 FDDI 使用 NRZ-I 的範例。

圖 **G.5** 用在 **FDDI** 的 **NRZ-I** 編碼

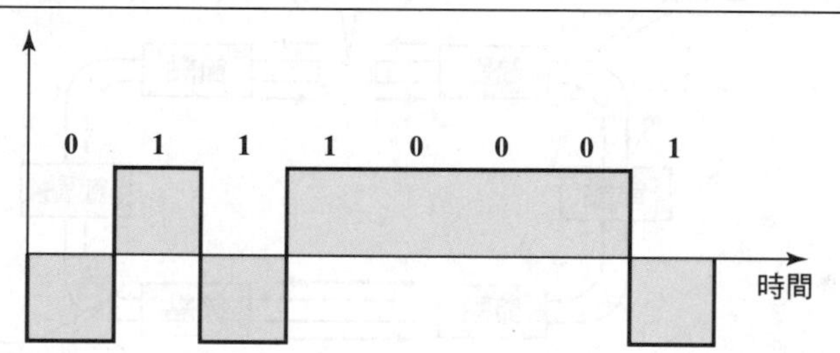

頻寬 (Bandwidth)

在 FDDI 建立編碼資料所需的頻寬是 125 Mbaud，因為送出的 5 bits 中，有 4 bits 是實際的資料。換句話說，每個 bit 是由 1.25 個 bits 所置換。如果需要的資料位元傳輸率是 100 Mbps，我們實際送出的資料傳輸率是 125 Mbps，產生 125 Mbaud 的頻寬。

G.5 PMD 子層 *PMD Sublayer*

實體媒介相依 (physical medium dependent, PMD) 層定義需要的連線，以及電子元件。這層的規格會依據所用的傳輸媒介是光纖或銅線而有所不同。

雙環 (Dual Ring)

FDDI 是以雙環的架構（請參考圖 G.6）來實現。在大多數的情況下，資料傳輸被限制在主要的環。次要環只有在主要環無法運作的情況才會提供服務。

圖 G.6　FDDI 雙環

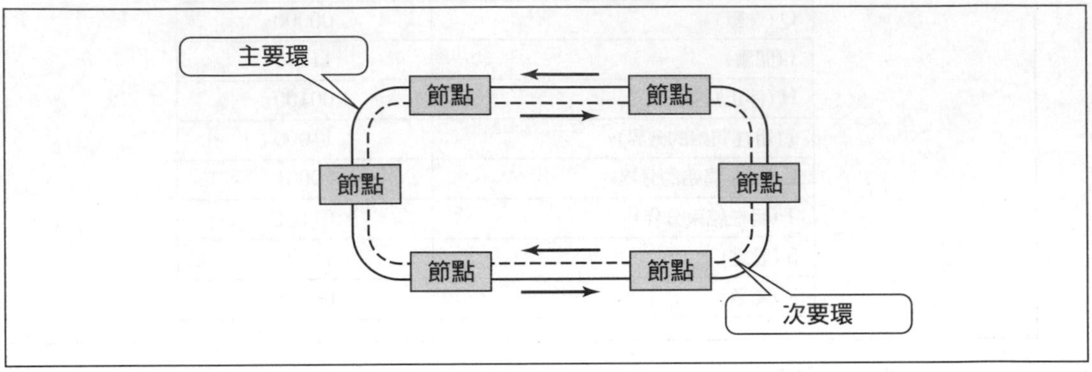

次要環讓 FDDI 可以進行自我修復。當問題出現在主要環時，次要環會被啟動來完成資料電路和維持服務（請參考圖 G.7）。

圖 G.7　發生失敗後的 FDDI 環

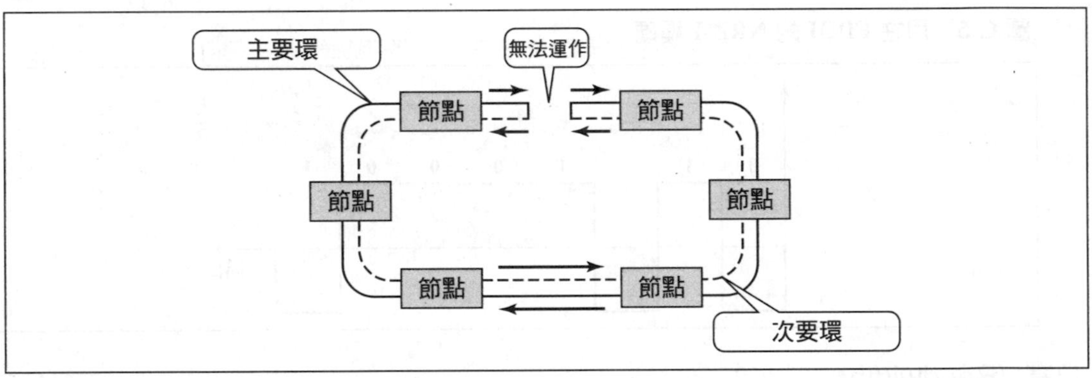

連接到一個或是兩個環的節點是使用媒體介面連接器 (media interface connector, MIC)，它依據工作站的需求，可以是公頭 (male) 或是母頭 (female) 的形式。每個 MIC 都有兩個光纖埠。

節點 (Nodes)

FDDI 定義三種類型的節點：雙連接工作站 (DAS)，單連接工作站 (SAS)，和雙連接集線器 (DAC)；請參考圖 G.8。

圖 G.8 節點的連接

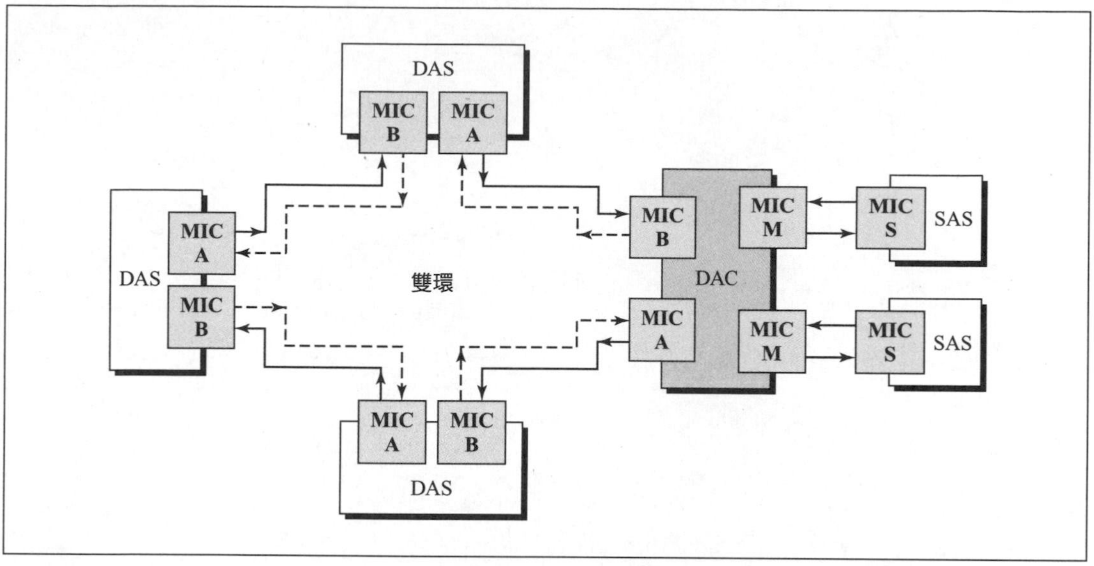

DAS

一台雙連接工作站 (dual attachment station, DAS) 有兩個 MICs （稱為 MIC A 和 MIC B）並且連接到兩個環。要這樣連接的話，需要一個具有兩個輸入和兩個輸出的昂貴 NIC。連接到兩個環讓它改善可靠度和流通率。不過，這些改善取決於工作站仍舊在運作的情況。發生無法運作的情況時，工作站會從主要環到次要環進行迴繞連接，將訊號從一個輸入轉換到另一個輸出，因而避免失誤的發生。然而，DAS 工作站要能做這樣的轉換，它們必須是啟動的（開啟的）。

SAS

大多數的工作站、伺服器和電腦都是以**單連接工作站** (single attachment station, SAS) 的模式連接到環上面。一台 SAS 只有一個 MIC（稱為 MIC S），因此只能連接單環。要建立強健的環境，可以將 SASs 連接到中間的節點 (DACs)，而非直接連到 FDDI 的環上面。這種建置允許每個工作站透過只有一個輸入和一個輸出的簡單 NIC 來運作。集線器 (DAC) 提供到雙環的連線。無法運作的工作站可以被關閉和繞過來保持環的暢通（請參考下面說明）。

DAC

如前面所敘述的，一部**雙連接集線器** (dual attachment concentrator, DAC) 連接一個 SAS 到雙環。它提供迴繞（將交通量從一個環轉向到另一個來避免失誤的情況）以及控制功能。

附錄 H

虛擬區域網路
Virtual Local Area Networks (VLANs)

在這個附錄中，我們將討論**虛擬區域網路** (Virtual Local Area Networks, VLANs) 的主要概念。這種技術已經存在於向製造商購買的硬體與軟體裡面。我們在附錄中只是就一個大方向的主題進行簡要的討論。

H.1 導論 *Introduction*

我們可以用「子網路」或是「一個由軟體所建置的區域網路分段」（不是實體的連線），大略地定義虛擬區域網路 (VLAN)。

讓我們以一個範例來詳細說明這個定義。圖 H.1 顯示一個工程公司的交換式區域網路，其中有 10 部工作站被分類成三個分段，而它們都是透過一台交換器所連接。

圖 H.1 一台交換器連接三個分段

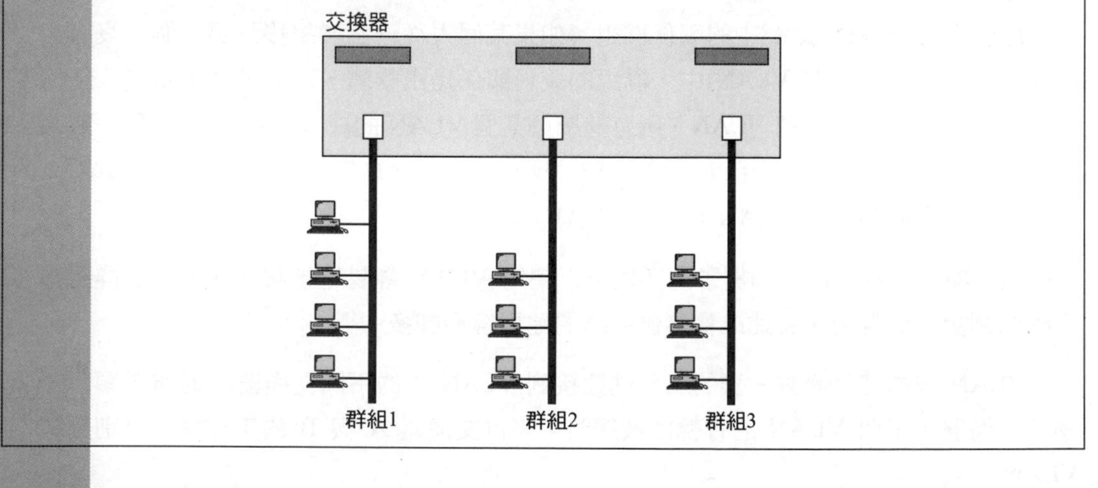

進行分段的其中一個理由，就是讓廣播可以發生在資料連結層。換句話說，來自某個群組（屬於同一個分段）中的工作站，都是廣播訊息的接收者。這個訊息可以來自相同群組的某個工作站，或是來自群組外部的另一個工作站。在這種建置下，人們可以在同一個群組下工作。在我們的範例中，前四個工程師在第一個群組下一起工作，中間有三位工程師一起工作形成第二個群組，最後有三位工程師在第三個群組。這個 LAN 被建置而允許有這樣的安排。

不過，如果管理員需要調派兩個工程師從第一個群組移到第三個群組，來加速第三個群組正在進行的專案時會如何呢？這個 LAN 的建置就會被改變了。網路技工必須重新配線。如果下星期，這兩位工程師又搬回原來的群組，那麼這種問題又要重來一遍。在交換式的 LAN，工作群組的改變就是代表網路建置的實體改變。

圖 H.2 顯示相同的交換式 LAN 被分割成 VLANs。

圖 H.2　一個使用 VLAN 軟體的交換器

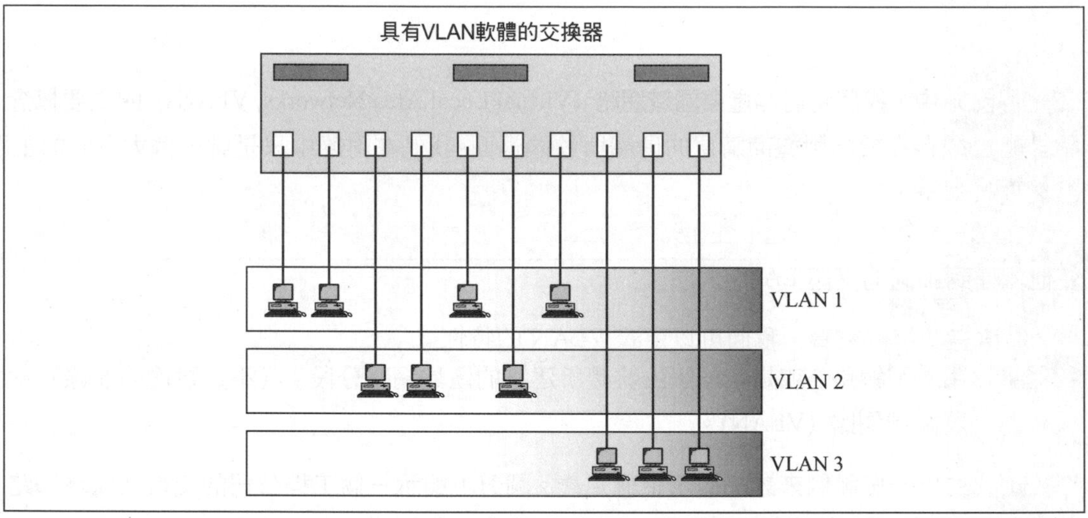

VLAN 技術的整個想法，就是把 LAN 分割成邏輯的，而非實體的分段。一個 LAN 可以被分割成數個邏輯的 LANs，稱為 VLAN。

每個 VLAN 就是組織中的工作群組。如果某個人從一個群組移到另一個，沒有必要連實體建置都跟著改變。在 VLAN 中，群組的成員關係是由軟體，而非硬體來定義。任何工作站可以被邏輯地移到另一個 VLAN。所有隸屬於某個 VLAN 的成員可以收到寄給該 VLAN 的廣播訊息。這表示說，如果一台工作站從 VLAN 1 移到 VLAN 2，它會收到寄給 VLAN 2 的廣播訊息，卻不再收到寄給 VLAN 1 的廣播訊息。

很明顯的，我們前一個例子的問題可以使用 VLAN 輕易地被解決。從一個群組搬移兩個工程師到另一個群組，會比改變實體網路的建置容易許多。

VLAN 技術甚至允許一群的工作站連接到 VLAN 中的不同交換器。圖 H.3 顯示一個具有兩部交換器，三個 VLAN 的骨幹區域網路。來自交換器 A 與 B 的工作站，分別屬於不同的 VLAN。

圖 **H.3** 在骨幹的兩台交換器使用 **VLAN** 軟體

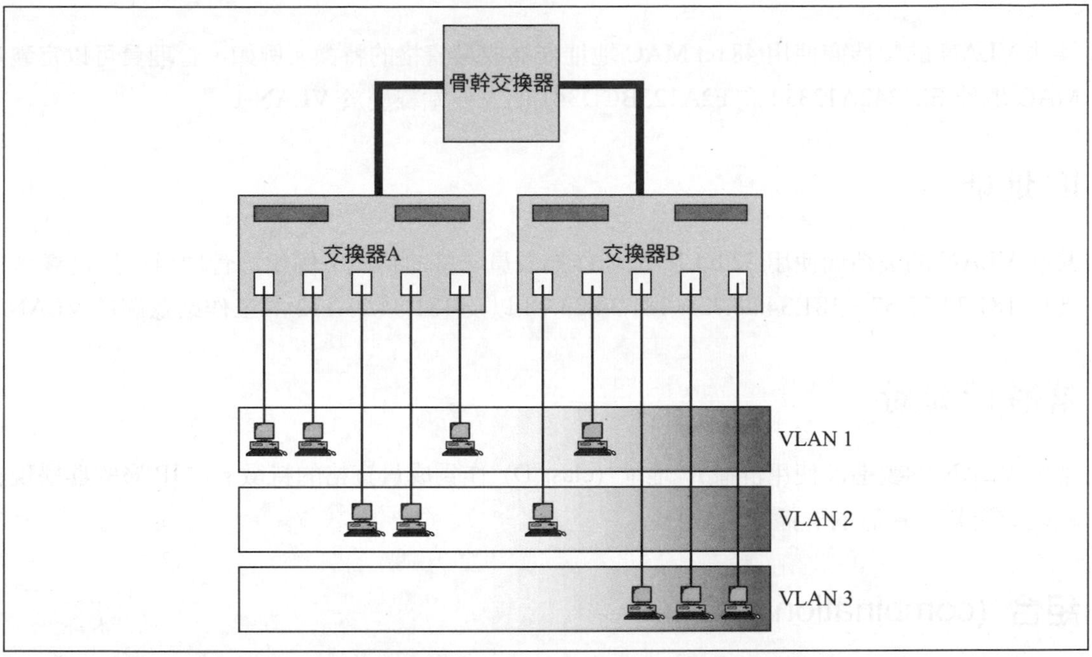

對於一個有兩棟建築物的公司而言，這是一種非常好的建置。每棟建築物可以藉著骨幹將它自己的交換式 LAN 連在一起。在第一棟的員工和位於第二棟的員工可以在相同的工作群組，即使他們連到不同的實體 LANs 上面。

從這三個範例來看，我們可以定義 VLAN 的特性：

VLAN 建立廣播領域。

屬於一個或是多個實體 LAN 的 VLANs 群組工作站形成了廣播的領域。在 VLAN 中的工作站彼此通訊，並且與 VLAN 外部的工作站通訊，好像它們屬於一個實體的分段。

H.2 成員的資格 *Membership*

什麼樣的特性可以在 VLAN 中被用來組合工作站？不同的製造廠商使用不同的特徵，例如埠號碼、MAC 地址、IP 地址、IP 群播地址，或是結合上面提到的兩種或以上的特徵。

埠號碼

某些 VLAN 的製造商使用交換器埠號碼作為成員資格的特徵。例如，管理員可以定義連接到埠 1, 2, 3 和 7 的工作站隸屬於 VLAN 1，連接到埠 4, 10 和 12 的工作站隸屬於 VLAN 2，以此類推。

MAC 地址

某些 VLAN 的製造商使用 48 bit MAC 地址作為成員資格的特徵。例如，管理員可以定義具有 MAC 地址 E21342A12334 和 F2A123BCD341 的工作站隸屬於 VLAN 1。

IP 地址

某些 VLAN 的製造商使用 32 bit IP 地址作為成員資格的特徵。例如，管理員可以定義具有 IP 地址 181.34.23.67、181.34.23.72、181.34.23.98 以及 181.34.23.112 的工作站隸屬於 VLAN 1。

群播 IP 地址

某些 VLAN 的製造商使用群播 IP 地址 (class D) 作為成員資格的特徵。在 IP 層的群播現在被轉換成資料連接層的群播。

組合 (combination)

近來，來自某些製造廠商的現存軟體，允許所有的這些特徵能組合在一起使用。管理員在安裝軟體時可以選擇一個或是多個特徵。除此之外，軟體還能被重新建置來改變設定。

H.3 建置 Configuraton

這些工作站如何能被聚集在一起而形成不同的 VLANs？工作站可以使用下面三種方法來建置：手動、半自動、全自動。

手動建置

在手動建置的方法中，網路管理員在建立時使用 VLAN 軟體手動地將工作站指定給不同的 VLANs。稍後從一個 VLAN 轉到另一個時也要手動完成。請注意，這並非實體的建置；它是邏輯的建置。「手動」這個術語表示管理員要使用 VLAN 軟體輸入埠號碼、IP 地址、或其他特徵。

自動建置

在自動建置的方法中，工作站會使用管理員所定義的條件，自動連接或中斷與 VLAN 的連接。例如，管理員可以定義專案編號當作成為某個群組成員的條件。當一位使用者改變專案時，他或她自動就轉移到新的 VLAN。

半自動建置

半自動的建置是介於手動建置與自動建置之間的機制。通常，啟始的部分由手動完成，而移轉的動作則是自動完成。

H.4 交換器之間的通訊 *Communication Between Switches*

在多交換器的骨幹中，每個交換器不只要知道哪台工作站隸屬於那個 VLAN，也必須知道成員中的工作站連到那個交換器。例如，在圖 H.3，交換器 A 必須知道連接到交換器 B 之工作站的成員資格狀態，而交換器 B 必須知道關於交換器 A 的相同資訊。為了這種目的，已經有三種方法被設計出來：表格維護，訊框標籤化以及分時多工 (TDM)。

表格維護

在這種方法中，當一部工作站送出一個廣播訊框給它的群組成員，交換器會在表格中建立一個欄位，記錄工作站的成員資格。交換器們彼此會定期送出它們的表格來進行更新。

訊框標籤化

在這種方法中，當一個訊框要在交換器之間行進時，一種額外的標頭會被加入 MAC 訊框來定義目的地的 VLAN。此訊框標籤是由接收端的交換器使用，來決定要接收此廣播訊息的 VLANs。

分時多工 (TDM)

在這種方法中，交換器之間的連線（幹線 trunk）會被分割成分時的通道（請參考第三章的 TDM）。例如，假設在一個骨幹中的 VLANs 總數是 5，每一個幹線被分割成 5 個通道。要到 VLAN 1 的交通會通過通道 1，要到 VLAN 2 的交通會通過通道 2，以此類推。接收端的交換器藉由檢查收到封包的通道，來決定目的地 VLAN。

H.5 IEEE 標準 *IEEE Standard*

在 1996 年，IEEE 802.1 的小組委員會通過一個稱為 802.1Q 的標準，它主要是定義訊框標籤化的格式。這個標準同時也定義要被用在多交換器骨幹的格式，以及在 VLAN 中可以使用多種製造商的設備。802.1Q 開啟了相關於 VLAN 其他主題更多標準的大門。大多數的製造廠商已經接受這種標準。

H.6 好處 *Advantages*

使用 VLANs 有許多好處：

節省時間和成本

VLANs 可以降低工作站從一個群組移轉到另一個群組的成本。實體的重新建置不僅花時間而且成本很高。與其實體地將一部工作站移到另一個分段，或甚至另一台交換器，使用軟體會更容易也更快速。

建立虛擬工作群組

VLANs 可以被用來建立虛擬群組。例如，在校園的環境中，工作在相同群組的教授們，可以送出廣播訊息給其他教授，而且他們並不需要屬於同一個科系。如果 IP 群播的功能可以在之前使用的話，就可以減少交通流量。

安全

VLANs 提供額外的安全措施。來自相同群組的人員可以送出廣播訊息，並且保證來自其他群組的使用者不會收到這些訊息。

附錄 I

虛擬私有網路

Virtual Private Networks (VPNs)

本附錄針對**虛擬私有網路** (Virtual Private Networks, VPNs) 進行簡單的討論，它是一種在大型組織之間越來越受歡迎的技術，這些組織使用全球性的網際網路作為企業內部和企業與企業之間的媒介，不過在它們企業內部的通訊中，還會有私密性的需求。

I.1 建立私密性 *Achieving Privacy*

要建立私密性，組織必須使用三種策略：私有網路、混合網路以及私有虛擬網路。這三種網路我們都會加以討論，不過會在本附錄中專注於第三種的討論。

私有網路

一個需要私密性的組織，當資訊繞送是在組織內部時，可以使用私有網路或網路。一個只有一個站台 (site) 的小型組織，可以使用隔離的 LAN。組織內部的人員可以彼此傳送資料，不過這完全侷限於企業內部，而且隔絕了外部的侵害。具有數個站台的較大組織，可以建立私有的互連網。在不同站台的 LANs 可以使用路由器跟專線彼此連接。換句話說，一個互連網可以由私有的 LANs 和私有的 WANs 組成。圖 I.1 顯示的情況是一個具有兩個站台的組織。這些 LANs 使用路由器跟一條專線彼此連接。

在這種情況下，這個組織建立與全球性網際網路完全隔離的私密互連網。要進行不同站台工作站之間的端點對端點通訊，這個組織可以使用 TCP/IP 協定。不過，這個組織沒有必要向 Internet 授權單位申請 IP 地址。它可以使用私有的 IP 地址。此組織可以使用任何 IP 等級，並且在內部指定網路和主機地址。因為互連網是私有的，如果全球網路上也有其他組織使用相同的地址，也不會造成問題。

圖 I.1 私有網路

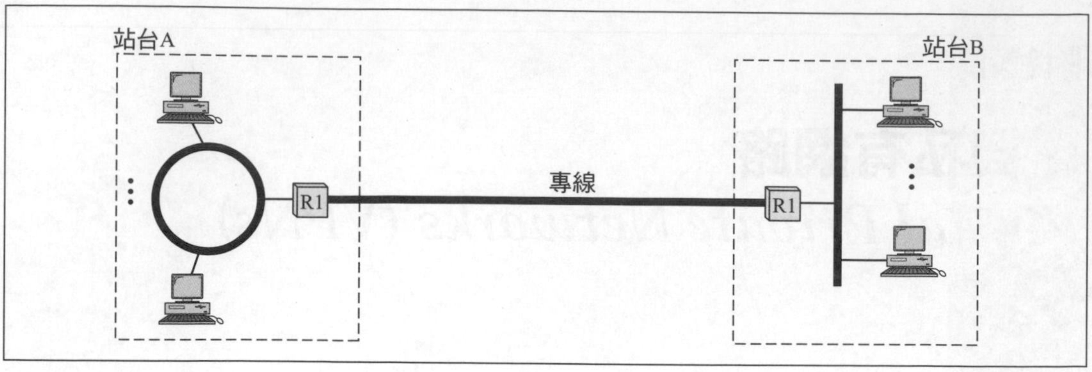

混合型網路

今天，大多數組織需要有組織內部資料交換的私密性，不過，他們同時也希望連上網際網路與其他組織進行資料交換。其中一個解決方案就是使用混合型網路。一個混合型網路允許組織擁有它自己的私密互連網，同時，可以存取全球的網路。組織內部的資料會透過私有互連網來繞送；跨組織的資料則是透過全球性的網際網路繞送。圖 I.2 顯示這種狀況的一個範例。

圖 I.2 混合型網路

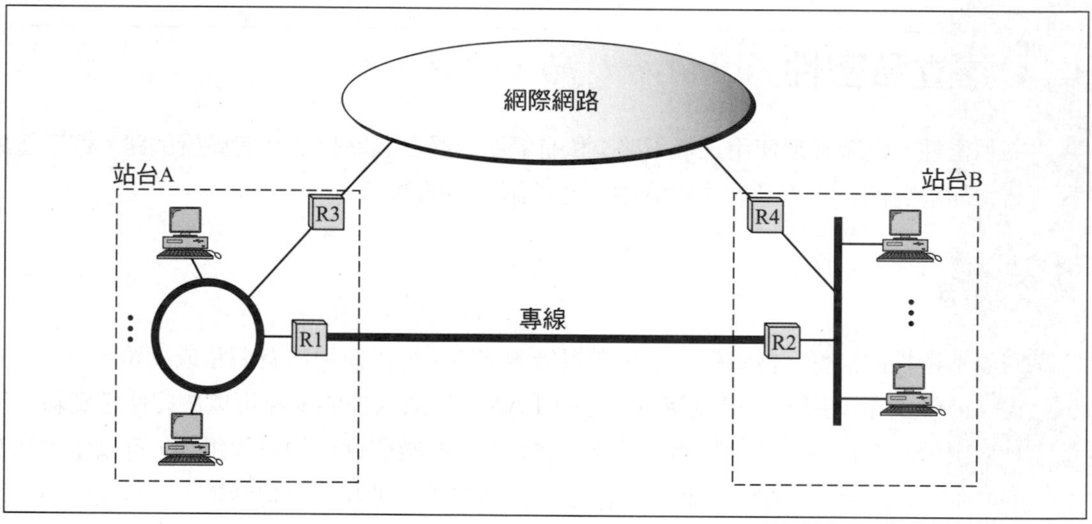

一個有兩個站台的組織，使用路由器 1 和 2 透過專線將兩個站台私密地連接起來；它使用路由器 3 和 4 將這兩個站台連到世界的其他地方。在這兩種通訊類型中，這個組織使用全球性的 IP 地址。

不過，要到內部接收端的封包，只能透過路由器 1 和 2 繞送。路由器 3 和 4 則是繞送要到外部的封包。

私密虛擬網路

私密和混合式的網路都有主要的缺點：成本。私密廣域網路非常昂貴。要連接數個站台，組織需要數條專線，也就是說，每個月的成本都很高。其中一個解決方案就是在私密與公開的通訊上都使用網際網路。一種稱為**虛擬私密網路** (VPN) 的技術，允許組織使用網際網路來進行兩種通訊的目的。

VPN 建立了私密的網路，不過卻是虛擬的。它是私密的，因為在組織的內部可以保證私密性。它是虛擬的，因為它並非真實的私密 WANs；網路在實體上是公開的，不過卻是虛擬的私密。

圖 I.3 顯示了虛擬私有網路的想法。路由器 1 和 2 使用 VPN 技術來保證組織的私密性。

圖 I.3 虛擬私有網路

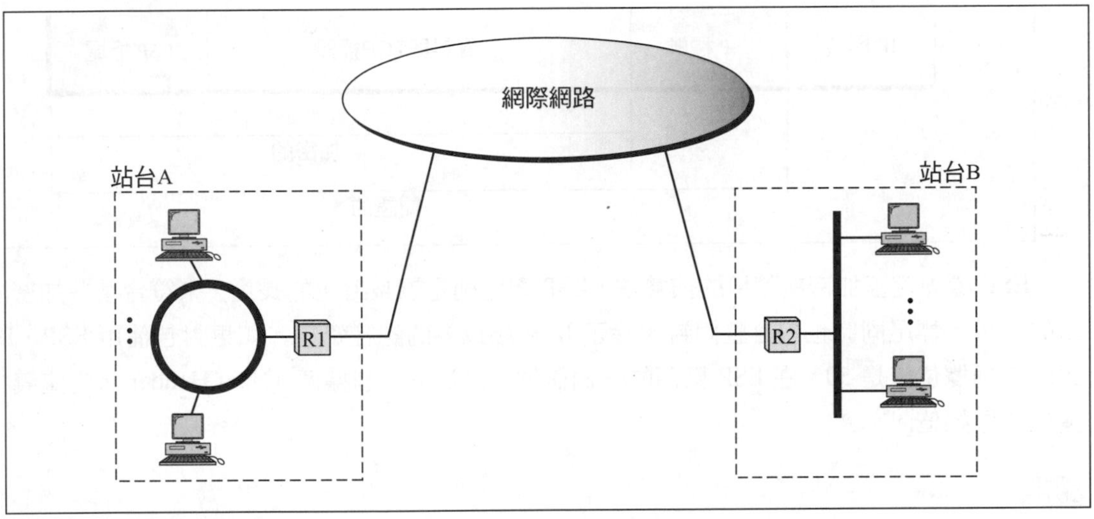

I.2 VPN 技術 *VPN Technology*

VPN 技術中同時使用兩種技術來保證組織的私密性：加密/認證和通道，如圖 I.4 所示。

圖 I.4 VPN 技術

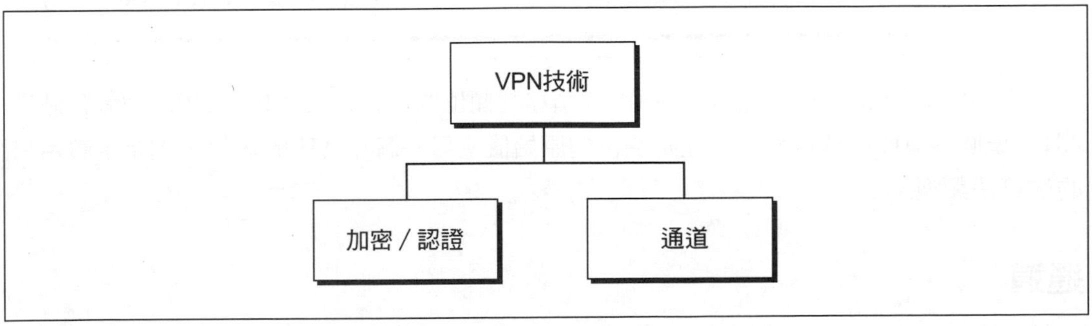

加密／認證

我們在第 19 章討論過加密與認證。在 VPNs 所使用的一種共同的加密與認證技術就是 IPsec（IP 安全）。IPsec 是一組由 IETF（網際網路工程任務編組 InternetEngineering Task Force）所設計的協定集合，它在網際網路所載送的封包上提供安全性。IPsec 並沒有定義使用特定的加密或認證。相對地，它提供架構與機制：把加密/認證方法的選擇工作留給使用者。

加密 (Encryption)

要完成加密，IPsec 使用一種稱為封裝安全酬載 (Encapsulation Security Payload, ESP) 的機制。ESP 首先在傳輸層加密資料封包，然後加上額外的標頭與標尾，如圖 I.5 所示。

圖 I.5 加密

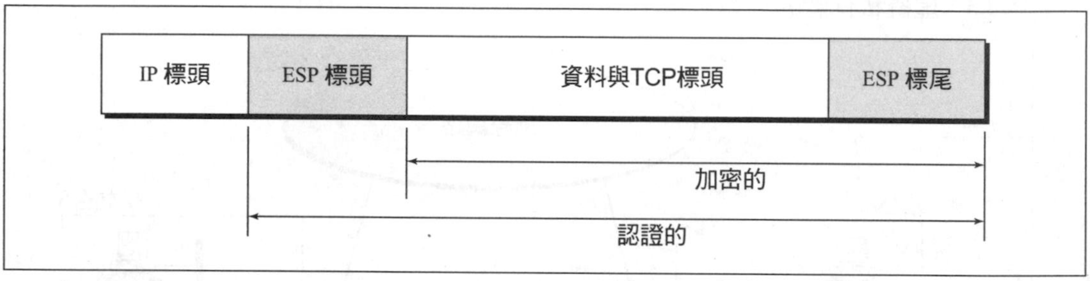

ESP 標頭定義加密所使用的演算法。ESP 標尾則是調整封包的長度，來符合某些加密演算法的要求。標尾同時也包含整個封包除了 IP 標頭以外的認證資料。如果封包使用 ESP，IP 標頭的控制欄位值是 50。在 ESP 標頭的一個欄位，稱為下一個標頭 (Next Header)，它定義控制欄位的原始值。

認證

要實現認證，IPsec 使用認證的標頭 (AH)。認證標頭是在傳輸層還未加入 IP 標頭之前，附加到資料封包的額外的標頭。圖 I.6 顯示了 AH 在 IP 數據包的位置。

圖 I.6 認證

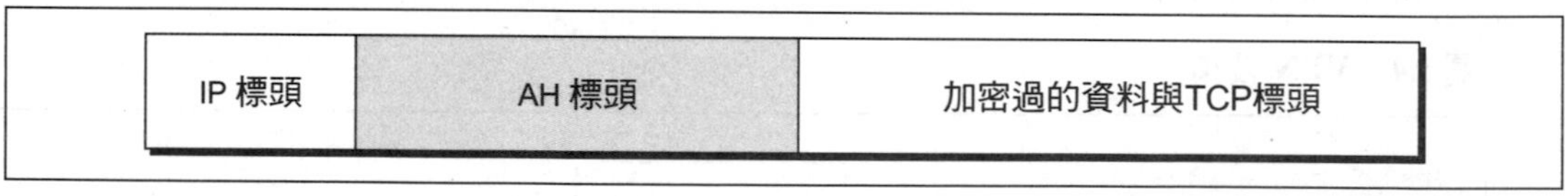

當 IP 數據包載送認證標頭時，IP 標頭控制欄位的值會改成 51，來顯示數據包載送一個 AH。一個在 AH 的欄位會定義控制欄位的原始值。另一個在 AH 的欄位，則是定義用來認證的演算法類型。

通道

要保證組織的私密性，VPN 定義組織中指定當作私密使用的每個 IP 數據包，必須先被加密然後再封裝到另一個數據包裡面，如圖 I.7 所示。

圖 I.7 通道

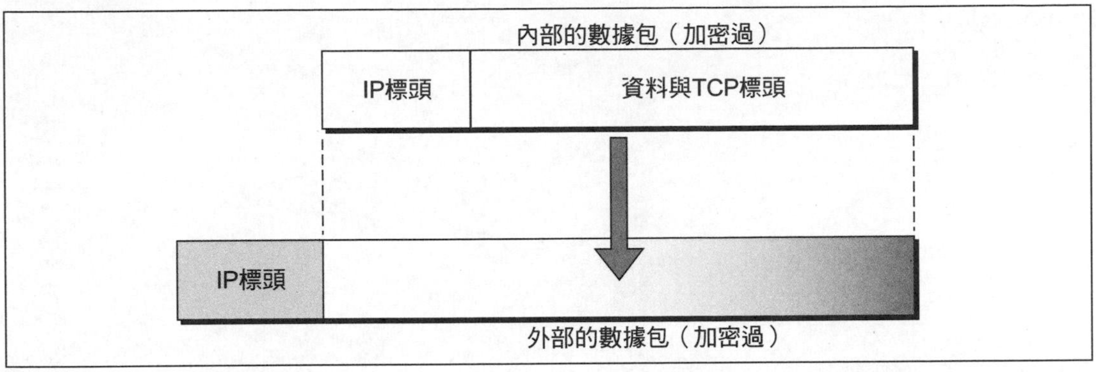

這被稱為通道，因為原始的數據包在離開圖 I.8 所示的路由器 1 之後，被隱藏在外部的數據包裡面，並且變成隱匿的，直到它抵達 R2 為止。原始的數據包看起來就好像穿越了從 R1 延伸到 R2 的通道。

正如圖上所示，整個 IP 數據包（包括標頭）先被加密，然後被封裝到具有新標頭的另一個數據包。此處，內部的數據包載送封包實際的來源與目的地地址（在組織內部的兩個工作站）。外部的數據包標頭載送私有與公開網路邊界，兩部路由器的來源和目的端地址，如圖 I.8。

公開網路（網際網路）負責載送來自路由器 1 的封包到路由器 2。外部人員無法解密封包的內容，或是來源與目的端地址。解密會在路由器 2 進行，它會找出封包的目的端地址然後遞送它。

圖 I.8 VPN 的定址

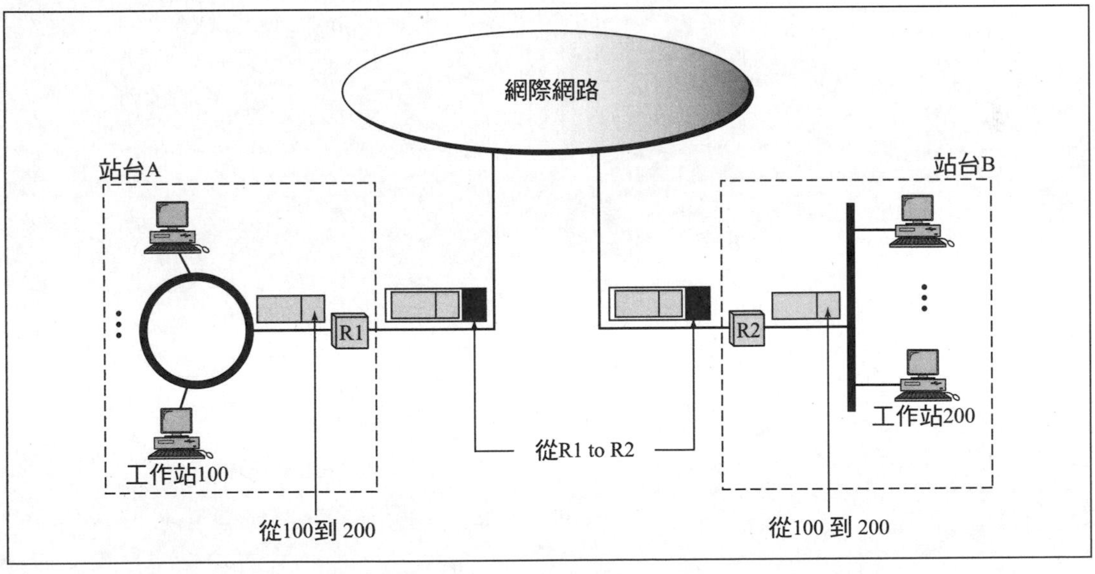

附錄 J

機率

Probability

機率理論在數據通訊及網路的領域中扮演著相當重要的角色，因為這種理論在量化預測的事件時，是最佳的方式，而數據通訊的領域中充滿著許多預測的項目。例如，當我們傳送一個訊框時，我們不確定它有多少位元可以正確無誤地抵達目的地。同時，當一個工作站想要存取網路時，我們也不確定它是否能成功地達成任務。

本附錄只是簡單地複習一些基本的機率理論概念，這些概念在讀者理解本書所討論的某些主題時會用到。

J.1 定義 *Definition*

雖然許多機率已經有許多定義，我們會使用最接近我們用到的傳統定義。

> 一個事件 A 的機率是個數字，$P[A]$，它可以用以下的公式來表示：
>
> $$P[A]=\frac{N_A}{N}$$
>
> 其中 N 爲事件可能發生的總數（也被參照成樣本空間），而 N_A 則是關於事件 A 可能發生的次數。

範例 1

當我們將一枚硬幣投向空中，落地時正面（我們將硬幣上有人頭的那面叫正面，另一面稱反面）朝上的機率為何？

解答

事件發生的總數為 2（正面或反面）。關於這個事件可能會發生的次數為 1（只有正面發生）。因此，我們得到

$$P[\text{head}] = \frac{N_{\text{head}}}{N} = \frac{1}{2}$$

範例 2

當我們擲出一個骰子，並且得到數字 5 的機率為何？

解答

事件發生的總數為 6 (1, 2, 3, 4, 5, 6)。關於這個事件可能會發生的次數為 1（只出現 5）。因此，我們得到

$$P[5] = \frac{N_5}{N} = \frac{1}{6}$$

範例 3

當我們將兩枚硬幣投向空中，落地時兩個硬幣的正面都朝上的機率為何？

解答

事件發生的總數為 4（正面一正面、正面一反面、反面一正面、或反面一反面）。關於這個事件可能會發生的次數為 1（正面一正面）。因此，我們得到

$$P[\text{head - head}] = \frac{N_{\text{head-head}}}{N} = \frac{1}{4}$$

J.2 公理和性質 Axioms and Properties

使用機率理論時，我們需要公理與性質。

公理

要找出事件的機率時，我們接受一些公理，這些公理不能被證明，他們是假設的。以下的三個是機率理論的基礎公理。

公理 1：$P[A] \geq 0$

這表示說事件的機率爲正數。

公理 2：$P[S] = 1$

這表示說樣本空間的機率爲 1。換句話說，其中一個事件可能發生的機率爲 1。

> **公理 3：**
>
> 如果 $A1, A2, A3,...$ 是分開的事件（發生某個事件並不會改變另一個事件發生的機率），那麼 $P[A1或A2或A3或] = P[A1] + P[A2] + P[A3] + \ldots$ (A3 或 …)

性質

接受了以上的公理之後，就能證明一系列的性質 (properties)。以下是稍後的討論中我們必須瞭解的一些性質（我們將這些證明留給機率的專門書籍）：

1. **$P[A] = 1 - P[A']$**

   如果 A 是個事件，A' 是該事件的補集。例如，假設擲一顆骰子得到 2 的機率為 1/6，那麼沒有得到 2 的機率就是 1–1/6 或 5/6。

2. **P[沒有發生事件] = 0**

   換句話說，如果我們擲一顆骰子，沒有出現數字的機率為 0；也就是說，一定會出現數字。

3. **如果 A 是 B 的子集，那麼 $P[A] \le P[B]$**

   如果一個事件為另一個事件的子集，第一個事件的機率會小於或等於第二個事件的機率。例如，當擲骰子時，顯示數字 2 或 3 的機率，P[2或3]，會小於顯示 2,3 或 4 的機率，P[2或3或4]。

4. **$0 \le P[A] \le 1$**

   某個事件的機率一定介於 0 和 1 之間。

5. **如果 $A,B,C,...$ 為獨立事件，那麼 $P[A 和 B 和 C 和...] = P[A] \times P[B] \times P[C] \times ...$**

   如果事件都是獨立的（發生某個事件的機率不會改變其他事件的機率），那麼所有事件一起發生的機率為它們個別機率的乘積。

J.3 重複的試驗 *Repeated Trials*

到目前為止，我們只關注於個別試驗事件的機率，比如說向空中投擲一枚硬幣。我們同時也對超過一次以上試驗的事件機率感興趣。例如，假設我們投擲一枚硬幣十次，只得到一次正面向上的機率為何？假設我們投擲一枚硬幣二十次，得到五次正面向上的機率又是多少。

範例 4

當我們擲出一枚有瑕疵的硬幣三次時，我們要找出恰好出現一次正面向上的機率。假設出現一次正面向上的機率為 p，這就表示說沒有出現正面向上（出現正面向下）的機率為 $1-p$ 。

解答

我們可以在第一次，第二次或第三次試驗中得到一次的正面向上。不過，如果在其中一次的試驗中得到正面向上，那麼在其他兩次的試驗中就不應該出現。因此我們可以得出

P [在三次的試驗中只出現一次正面向上] = P[在第一次的試驗出現正面向上]×P[第二次試驗出現正面向下] ×P[第三次試驗出現正面向下] +P[在第二次的試驗出現正面向上] × P[第一次試驗出現正面向下] ×P[第三次試驗出現正面向下] + P[在第三次的試驗出現正面向上] ×P[第一次試驗出現正面向下] ×P[第二次試驗出現正面向下]

使用這些機率，我們得到

$$P[\text{在三次的試驗中只出現一次正面向上}] = p\times(1-p)\times(1-p) + p\times(1-p)\times(1-p) + p\times(1-p)\times(1-p)$$

或是我們可以說

$$P[\text{在三次的試驗中只出現一次正面向上}] = 3p\times(1-p)^2$$

範例 5

我們要傳送一個 3 bits 的小型訊框。如果在傳輸中一個 bit 被更改的機率為 0.10，而且每個 bit 都是獨立的，那麼恰好只有一個 bit 被改變的機率為何？

解答

這個問題非常類似範例 1。我們假設傳送一個 bit 可以對應投擲一枚有瑕疵的硬幣；一個 bit 在抵達目的地時可能被改變，也可能沒有被改變。因此，我們得出

$$\boldsymbol{P[\text{只有一個 bit 被改變}] = 3p \times (1-p)^2 = 3(0.1)(1-0.1)^2 = 0.243}$$

或 24.3 %。

伯努力試驗 (Bernoulli Trials)

伯努力發現在 n 個試驗中出現 k 次成功的機率。假設成功的機率為 p 而失敗的機率為 q（或 $1-p$），那麼

$$P[\text{在 } n \text{ 個試驗中出現 } k \text{ 次成功}] = C(n, k)\, p^k q^{n-k}$$

其中 $C(n, k)$ 是 n 一次*選取* k 的組合；它的值為

$$C(n,k) = \frac{n!}{k!(n-k)!}$$

範例 4 和 5 都是伯努力試驗，並且使用 $n=3$ 和 $k=1$ 的例子。

範例 6

我們要傳送一個 10 的小型訊框。如果在傳輸中一個 bit 被更改的機率為 10 % (0.1) ，而且每個 bit 都是獨立的，那麼恰好只有 3 個 bit 被改變的機率為何？

解答

使用伯努力試驗的結果，我們可以找出 3 個 bits 被改變的機率如下：

$$\boldsymbol{P}[\text{恰好 3 個 bits 被改變}] = \boldsymbol{C}(10, 3)\ \boldsymbol{p}3\times(1-\boldsymbol{p})7 = 0.057$$

或 5.7 %，它會遠小於 1 個 bit 被改變的機率。

範例 7

在範例 6，沒有 bit 被改變的機率為何？

解答

我們可以找出沒有 bit 被改變的機率為

$$\boldsymbol{P}[\text{沒有 bit 改變}] = \boldsymbol{C}(10, 0)\ \boldsymbol{p}0\times(1-\boldsymbol{p})10 = 0.346$$

或 34.6 %。請注意此處的 $C(10, 0)$ 恰好為 1。

範例 8

假設我們有個 n 台工作站的 CSMA/CD 網路。在任何的時間區段中，一部工作站要送出一個訊框的機率為 p。現在的問題是：可以成功使用（沒有碰撞）這個時間區段的機率為何？這種機率在計算網路的使用效率時很重要（請參考第 16 章）。

解答

對於一個成功的時間區段而言，只能有一台工作站能送出訊框；其它的工作站都不能傳送。不過，這台工作站可以是 n 台工作站的任何一個。這個問題類似於投擲一枚硬幣，而且在 n 次試驗中僅出現一次正面向上的機率。想像一下每台工作站都是一次試驗，而成功的時間區間想成硬幣正面向上。此機率的計算可以藉由將第一台工作站要傳送而其他不傳送的機率，$p(1-p)^{n-1}$ ，加上第二台工作站要傳送而其他不傳送的機率， $p(1-p)^{n-1}$ ，等等的結果。我們可以使用伯努力的公式，來計算 n 次試驗中一次成功的機率。

$$\boldsymbol{P}[\text{成功的時間區段}] = \boldsymbol{C}(n, 1)\ \boldsymbol{p}(1-\boldsymbol{p})^{n-1} = \boldsymbol{np}(1-\boldsymbol{p})^{n-1}$$

附錄 K

8B/6T 編碼

8B/6T Code

本附錄為 8B/6T 編碼對照的列表。8 bit 的資料是以十六進制的格式顯示。6T 編碼則是以+（正的訊號），–（負的訊號）和 0（無訊號）等符號來表示。因為此列表非常大，我們在表 K.1 顯示前半段以及在表 K.2 顯示後半段的編碼。

表 **K.1**

資料	編碼	資料	編碼	資料	編碼	資料	編碼
00	-+00-+	20	-++-00	40	-00+0+	60	0++0-0
01	0-+-+0	21	+00+--	41	0-00++	61	+0+-00
02	0-+0-+	22	-+0-++	42	0-0+0+	62	+0+0-0
03	0-++0-	23	+-0-++	43	0-0++0	46	+0+00-
04	-+0+0-	24	+-0+00	44	-00++0	64	0++00-
05	+0--+0	25	-+0+00	45	00-0++	65	++0-00
06	+0-0-+	26	+00-00	46	00-+0+	66	++00-0
07	+0-+0-	27	-+++--	47	00-++0	67	++000-
08	-+00+-	28	0++-0-	48	00+000	68	0++-+-
09	0-++-0	29	+0+0--	49	++-000	69	+0++--
0A	0-+0+-	2A	+0+-0-	4A	+-+000	6A	+0+-+-
0B	0-+-0+	2B	+0+--0	4B	-++000	6B	+0+--+
0C	-+0-0+	2C	0++--0	4C	0+-000	6C	0++--+
0D	+0-+-0	2D	++00--	4D	+0-000	6D	++0+--
0E	+0-0+-	2E	++0-0-	4E	0-+000	6E	++0-+-
0F	+0--0+	2F	++0--0	4F	-0+000	6F	++0--+
10	0--+0+	30	+-00-+	50	+--+0+	70	000++-
11	-0-0++	31	0+--+0	51	-+-0++	71	000+-+
12	-0-+0+	32	0+-0-+	52	-+-+0+	72	000-++
13	-0-++0	33	0+-+0-	53	-+-++0	73	000+00
14	0--++0	34	+-0+0-	54	+--++0	74	000+0-
15	--00++	35	-0+-+0	55	--+0++	75	000+-0
16	--0+0+	36	-0+0-+	56	--++0+	76	000-0+
17	--0++0	37	-0++0-	57	--+++0	77	000-+0
18	-+0-+0	38	+-00+-	58	--0+++	78	+++--0
19	+-0-+0	39	0+-+-0	59	-0-+++	79	+++-0-
1A	-++-+0	3A	0+-0+-	5A	0--+++	7A	+++0--
1B	+00-+0	3B	0+--0+	5B	0--0++	7B	0++0--
1C	+00+-0	3C	+-0-0+	5C	+--0++	7C	-00-++
1D	-+++-0	3D	-0++-0	5D	-000++	7D	-00+00
1E	+-0+-0	3E	-0+0+-	5E	0+++--	7E	+---++
1F	-+0+-0	3F	-0+-0+	5F	0++-00	7F	+--+00

表 **K.2**

資料	編碼	資料	編碼	資料	編碼	資料	編碼
80	-00+-+	A0	-++0-0	C0	-+0+-+	E0	-++0-+
81	0-0-++	A1	+-+-00	C1	0-+-++	E1	+-+-+0
82	0-0+-+	A2	+-+0-0	C2	0-++-+	E2	+-+0-+
83	0-0++-	A3	+-+00-	C3	0-+++-	E3	+-++0-
84	-00++-	A4	-++00-	C4	-+0++-	E4	-+++0-
85	00--++	A5	++--00	C5	+0--++	E5	++--+0
86	00-+-+	A6	++-0-0	C6	+0-+-+	E6	++-0-+
87	00-++-	A7	++-00-	C7	+0-++-	E7	++-+0-
88	-000+0	A8	-++-+-	C8	-+00+0	E8	-++0+-
89	0-0+00	A9	+-++--	C9	0-++00	E9	+-++-0
8A	0-00+0	AA	+-+-+-	CA	0-+0+0	EA	+-+0+-
8B	0-000+	AB	+-+--+	CB	0-+00+	EB	+-+-0+
8C	-0000+	AC	-++--+	CC	-+000+	EC	-++-0+
8D	00-+00	AD	++-+--	CD	+0-+00	ED	++-+-0
8E	00-0+0	AE	++--+-	CE	+0-0+0	EE	++-0+-
8F	00-00+	AF	++---+	CF	+0-00+	EF	++--0+
90	+--+-+	B0	+000-0	D0	+-0+-+	F0	+000-+
91	-+--++	B1	0+0-00	D1	0+--++	F1	0+0-+0
92	-+-+-+	B2	0+00-0	D2	0+-+-+	F2	0+00-+
93	-+-++-	B3	0+000-	D3	0+-++-	F3	0+0+0-
94	+--++-	B4	+0000-	D4	+-0++-	F4	+00+0-
95	--+-++	B5	00+-00	D5	-0+-++	F5	00+-+0
96	--++-+	B6	00+0-0	D6	-0++-+	F6	00+0-+
97	--+++-	B7	00+00-	D7	-0+++-	F7	00++0-
98	+--0+0	B8	+00-+-	D8	+-00+0	F8	+000+-
99	-+-+00	B9	0+0+--	D9	0+-+00	F9	0+0+-0
9A	-+-0+0	BA	0+0-+-	DA	0+-0+0	FA	0+00+-
9B	-+-00+	BB	0+0--+	DB	0+-00+	FB	0+0-0+
9C	+--00+	BC	+00--+	DC	+-000+	FC	+00-0+
9D	--++00	BD	00++--	DD	-0++00	FD	00++-0
9E	--+0+0	BE	00+-+-	DE	-0+0+0	FE	00+0+-
9F	--+00+	BF	00+--+	DF	-0+00+	FF	00+-0+

名詞解釋

Glossary

10Base-FL　一種透過光纖纜線連接的 10Mbps IEEE 802.3 標準。

10Base-T　一種透過雙絞線連接的 10Mbps IEEE 802.3 標準。

10Base2　一種透過細同軸電纜連線的 10 Mbps IEEE 802.3 標準。

10Base5　一種透過粗同軸電纜連線的 10Mbps IEEE 802.3 標準。

100Base-FX　一種透過兩條光纖纜線進行連接的快速乙太網路 IEEE 802.3 標準。

100Base-T4　一種透過四對 UTP 線進行連接的快速乙太網路 IEEE 802.3 標準。

100Base-TX　一種透過兩對 UTP 或 STP 線進行連接的快速乙太網路 IEEE 802.3 標準。

100BaseX　一種透過兩條纜線進行連接的快速乙太網路 IEEE 802.3 標準。

1000Base-CX　一種透過兩對 STP 纜線進行連接的 Gigabit 乙太網路 IEEE 802.3 標準，不過它從未被實現。

1000Base-LX　一種透過兩對光纖纜線以及長波長雷射進行連接的 Gigabit 乙太網路 IEEE 802.3 標準。

1000Base-SX　一種透過兩對光纖纜線以及短波長雷射進行連接的 Gigabit 乙太網路 IEEE 802.3 標準。

1000Base-T　一種透過四對類別 5 的 UTP 纜線進行連接之 Gigabit 乙太網路 IEEE 802.3 標準。

1000Base-X　一種透過兩條纜線進行連接的 Gigabit 乙太網路 IEEE 802.3 標準。

1 **持續策略** (1-persistent strategy)　一種 CSMA/CD 的版本，這是某個工作站在發現線路為閒置時，立即傳送它的訊框（機率為 1）。

4 **維、5 階、脈幅調變** (4-dimensional, 5-level, pulse amplitude modulation, 4D-PAM5)　一種用在 1000Base-T 的線路編碼方式，其中編碼是使用 5 階的脈幅調變技術 (PAM) 來進行調變。

4B/5B **編碼** (4B/5B encoding)　一種區塊編碼的技術，它能將 4 bit 的區塊編碼成 5 bit 的區塊。

8B/6T　一種三階的線路編碼方式，它可以將 8 bit 的區塊編碼成 6 個三元單位 (ternary units) 的訊號。

802　請參考 *IEEE 802* 專案。也請參考 *802* 專案。

802.1Q　在 VLAN 中將封包加上標籤的 IEEE 標準。

802.1　請參考 *IEEE 802.1*。

802.2　請參考 *IEEE 802.2*。

802.3　請參考 *IEEE 802.3*。

802.4　請參考 *IEEE 802.4*。

802.5　請參考 *IEEE 802.5*。

A

a 參數 (a parameter)　一個定義在 LAN 效能方法中的參數。它是最大傳輸延遲與平均訊框傳輸時間的比值。

ATM **調節層** 1 (AAL1)　一種 ATM 協定的 AAL 層，它能處理固定位元傳輸率的資料。

ATM **調節層** 2 (AAL2)　一種 ATM 協定的 AAL 層，它能處理變動位元傳輸率的資料。

ATM **調節層** 3/4 (AAL3/4)　一種 ATM 協定的 AAL 層，它能處理非連結導向與連結導向的封包的資料。

ATM **調節層** 5 (AAL5)　一種 ATM 協定的 AAL 層，它能處理來自高層協定，具有額外標頭的資料；同時也稱為簡單且有效的調節層 (SEAL)。

放棄 (abort)　突然地將一個程式中斷。

抽象語法表示法 1 (abstract syntax notation 1, ASN.1)　一種使用抽象語法的正規語言，它是用來定義協定資料單元 (PDU) 的結構。

存取控制欄位 (access control (AC) field)　位於記號環訊框中的一個欄位，其中包含優先順序、記號、監測、和保留的位元。

存取方法 (access method)　一台工作站要存取分享媒介時要遵守的程序。

存取點 (access point, AP)　在 BSS 中的中央工作站。

費率管理 (account management)　網路管理的一個分支，負責向存取網路資源的使用者收費。

確認的非連結導向服務 (acknowledged connectionless service)　屬於 LLC 的一種服務類型，其中發送端與接收端在交換 PDU 之前不用先建立連線，不過接收端一定要確認收到了 PDU。

確認 (acknowledgment, ACK)　由接收端送出的回應，用來指出成功收到和接受資料。

主動集線器 (active hub)　一種可以重複或再生訊號的集線器。它的功能就像一個增益器。

位址欄位 (address field)　包含發送端或接收端位址的欄位。

位址解析協定 (address resolution protocol, ARP)　在 TCP/IP 中，一種當網際網路位址為已知，而要獲得節點實體位址的協定。

位址空間 (address space)　在協定中用來識別系統（工作站、節點等等）的一組位址。

美國高等研究計畫署 (Advanced Research Project Agency, ARPA)　創建 ARPANET 的美國政府機關。

美國高等研究計畫署網路 (Advanced Research Project Agency Network, ARPANET)　由 ARPA 創建的分封交換網路。

代理者 (agent)　執行 SNMP 伺服器程式的路由器或是主機。

ALOHA　一種在夏威夷大學研發的早期存取方法。

美國國家標準協會 (American National Standards Institute, ANSI)　一個位於美國的標準組織，由它定義美國的相關標準。

美國資訊交換標準碼 (American Standard Code for Information Interchange, ASCII)　由 ANSI 研發的字元編碼，並且大量地使用在數據通訊上。

振幅 (amplitude)　訊號的強度，通常是以伏特 (volts)、安培 (amperes)、或瓦特 (watts) 等單位來測量。

振幅調變 (amplitude modulation, AM)　一種類比對類比的轉換方法，其中載波訊號的振幅會隨著調變訊號的振幅變化。

振幅偏移調變 (amplitude shift keying, ASK)　一種調變的方法，其中載波訊號的振幅會變化來表示二進位的 0 或 1。

類比 (analog)　參照持續變化的實體。

類比資料 (analog data)　屬於連續和平滑的資料，並且不會被限制在某些特定的數值。

類比訊號 (analog signal)　一種連續的波，而且它會隨著時間平滑地改變。

類比對數位轉換 (analog-to-digital conversion)　以數位訊號來表示類比的資訊。

入射角 (angle of incidence)　在光學中，當光束趨近兩個媒介之間的表面時，與該表面垂直線所形成的角度。

反射角 (angle of reflection)　在光學中，當反射光束在兩個媒介之間的表面時，與該表面垂直線所形成的角度。

折射角 (angle of refraction)　在光學中，當折射光束在兩個媒介之間的表面時，與該表面垂直線所形成的角度。

任意廣播位址 (anycast address)　屬於 IPv6 的一種目的端位址類型，其中遞送給群組中任何一個成員的位址會與遞送給所有成員的位址相同。

非週期性訊號 (aperiodic signal)　一個訊號並沒有展現出某種樣式或重複的週期。

應用調節層 (application adaptation layer, AAL)　在 ATM 協定的其中一層，它可以將使用者資料分成 48 byte 的酬載 (payload)。

應用層 (application layer)　OSI 模型中的第七層；它提供對網路資源的存取。

非同步分時多工 (asynchronous time-division multiplexing)　一種分時多工，其中連線時間是依據連線的活動情況，動態地被配置。

非同步傳輸模式 (Asynchronous Transfer Mode, ATM)　一種廣域網路協定，它可以提供高速的資料傳輸率以及同樣長度的封包（細胞）；ATM 適合用來傳輸文字、聲音和影像資料。

ATM **交換器** (ATM switch)　用在 ATM WAN 或 ATM LAN 的交換器。

附屬單元介面 (attachment unit interface, AUI)　一種 10Base5 的纜線，可以執行工作站與傳接器之間的實體介面功能。

衰減 (attenuation)　因為媒介阻抗而造成訊號能量的喪失。

AUI **纜線** (AUI cable)　由 AUI 介面所定義的纜線。

認證標頭 (authenticating header, AH)　使用在 IPsec 的安全技術，可建立驗證的標頭來附加到酬載 (payload) 上。

認證 (authentication)　驗證訊息的發送端。

自動協商 (auto negotiation)　一種用在 Fast Ethernet 的功能，可以讓工作站協商資料傳輸率。

自動建置 (automatic configuration)　一種在 VLANs 的建置機制，其中工作站可以使用管理員所定義的條件，連接或是與 VLAN 斷線。

自動請求重新傳送 (automatic repeat requestm, ARQ)　一種錯誤控制的方法，它的更正方式是藉由重傳資料來辦到的。

平均編碼長度 (average code length)　在資訊理論中，在編碼時所使用的平均位元數。

B

倒退重傳 (backoff)　一種在節點發現媒介忙碌之後所進行的重傳延遲策略。

骨幹 (backbone)　網路的主要傳輸路徑。

頻寬 (bandwidth)　一個合成訊號之最高和最低頻率的差。它同時也可用來測量一個線路或網路載送資訊的能力。

基本標頭 (base header)　在 IPv6 中，數據包的主要標頭。

基頻 (baseband)　指一種網路技術，其中訊號是直接傳送到通道而非使用載波來調變。

基頻傳輸 (baseband transmission)　一種數位傳輸的類型，其中實體媒介會被視為只有一個邏輯的通道。

基本編碼法則 (basic encoding rule, BER)　一種把要透過網路傳送的資料加以編碼的標準。

基本服務集 (basic service set, BSS)　無線區域網路的建構區塊。

鮑得率 (baud rate)　每秒所傳送的訊號元件數。一個訊號元件包含一個或多個位元。

信號訊框 (beacon frame)　在無線區域網路所用到的特殊控制訊框，可用來處理重複的區間。

雙向傳輸 (bidirectional transmission)　在兩個方向進行的傳輸。

二進位數系統 (binary number system)　一種只使用兩個符號（0 和 1）來表示資訊的方法。

雙相位編碼 (biphase coding)　極性編碼的類型，其中訊號是在位元區間的中間改變。

位元 (bit)　一個二進位數；是資訊的最小單位；1 或 0。

位元區間 (bit interval)　要傳送一個位元所需的時間。

位元層級的加密 (bit-level encryption)　一種傳統的加密方法，其中資料會在加密前先被分割成位元的區塊。

位元傳輸率 (bit rate)　每秒所傳送的位元數。

每秒傳送的位元數 (bits per second, bps)　資料速度的測量方式；每秒送出多少的位元數。

區塊編碼 (block coding)　一種編碼的方法，其中一組的位元會被另一組的位元所取代。

橋接器 (bridge)　一種運作在 OSI 模型前兩層的裝置，它具有過濾與轉送的能力。

橋接器協定資料單位 (bridge protocol data unit, BPDU)　一種以 hello 訊息的形式，定期傳送給每個橋接器的擴充樹協定資料單位。

寬頻 (broadband)　指一種網路技術，其中訊號會分享媒介的頻寬。

寬頻傳輸 (broadband transmission)　一種數位傳輸的類型，其中實體的媒介會被分割成數個邏輯的通道。

廣播位址 (broadcast address)　一種作為廣播通訊的單一位址。

廣播網域 (broadcast domain)　接收廣播訊息的某個網路部分。

廣播 / 未知伺服器 (broadcast/unknown server, BUS)　一台連接到 ATM 交換器的伺服器，它可進行訊框的群播及廣播。

廣播 (broadcasting)　將訊息傳送給網路上所有的節點。

橋接路由器 (brouter (bridge/router))　可以擔任橋接器與路由器雙重任務的裝置。

BSS **遷移機動性** (BSS-transition mobility)　無線區域網路的一種機動類型，其中某部工作站只能從一個 BSS 移到另一個 BSS，而且只能在一個 ESS 之內。

緩衝記憶體 (buffer)　用來作為暫時儲存的記憶體。

集體錯誤 (burst error)　資料單位的錯誤，其中兩個或更多的位元被改變。

匯流排拓樸 (bus topology)　一種網路的拓樸，其中所有的電腦都被接到分享的媒介上（通常是單一的纜線）。

位元組 (byte)　8 bits 為一組的單位。

C

容量 (capacity)　在區域網路中，一部工作站每秒可以傳送的位元數。

載波頻道，連貫相位 (carrier band, phase coherent)　一種用在記號匯流排網路的調變技術，其中訊號的頻率在位元區間保持不變，不過它會隨著不同的位元而有所更改。

載波頻道，連續相位 (carrier band, phase continuous)　一種用在記號匯流排網路的調變技術，其中訊號的頻率會在位元區間持續的改變。

載波擴充 (carrier extension)　一種用在 CSMA/CD Gigabit 乙太網的技術，它增加訊框的最短長度來建立較長的最長纜線長度。

載波頻率 (carrier frequency)　在調變中，載波的頻率。

載波感應多重存取 (carrier sense multiple access, CSMA)　一種競爭的存取方法，其中每部工作站在傳送資料前會聆聽線路。

具有碰撞避免的載波感應多重存取 (carrier sense multiple access with collision avoidance, CSMA/CA)　一種具有碰撞避免的 CSMA 存取方法。

具有碰撞偵測的載波感應多重存取 (carrier sense multiple access with collision detection, CSMA/CD) 當偵測到碰撞時，CSMA 會進行重傳。

載波訊號 (carrier signal) 一種用來作為數位對類比或是類比對數位調變的高頻訊號。這種訊號的其中一種特性（振幅、頻率、或相位）會隨著調變資料而改變。

細胞 (cell) 一種小型、固定長度的資料單位；同時，在蜂巢式電話中，一種由細胞局端所服務的地理區域。

細胞網路 (cell network) 使用細胞作為基本資料單位的網路。

通道 (channel) 通訊的路徑。

字元層級的加密 (character-level encryption) 一種傳統的加密方法，其中以字元作為加密的單元。

加總檢查碼 (checksum) 作為錯誤偵測的欄位。它是藉由加入位元串列而形成，這些串列是使用 1 的補數進行數學運算，接著再將結果作補數運算而產生。

密碼 (ciphertext) 加密的資料。

包覆 (cladding) 光纖電纜核心所圍繞的玻璃或塑膠；包覆的光密度必須小於核心的光密度。

位址的類別 (class of address) IPv4 位址的分類。

客戶端 (client) 一個程式，它會與另一種稱為伺服器的程式啟動通訊。

客戶端－伺服器模式 (client-server model) 一種介於兩個應用程式之間互動的模式，其中一個程式（客戶端）在一端向另一端（伺服器）的程式要求某種服務。

同軸電纜 (coaxial cable) 一種包含導電核心、絕緣物質、以及第二層導電護套的傳輸媒介。

碼 (code) 一種符號的安排，用來代表一個字 (word) 或是一個動作。

編碼的效率 (code efficiency) 在資訊理論中，是由來源碼的平均訊息量除以碼的平均長度。

編碼字 (code word) 在資訊理論中，用來表示一個符號的一組字元。

碰撞 (collision) 一種當兩個傳輸者同時對某個通道送出資料所發生的事件，這種通道被設計在某個時間下只允許一個傳輸；而送出的資料會被摧毀。

碰撞網域 (collision domain) 在乙太網路中，碰撞發生所在的區域。

共同管理資訊協定 (common management information protocol, CMIP) 一種實現 OSI 管理服務的協定。

共同管理資訊服務 (common management information service, CMIS) 一種 OSI 的管理服務。

共同管理資訊服務元件 (common management information service element, CMISE) 由 CMIS 提供的特定服務。

複合訊號 (composite signal) 由超過一個以上正弦波所組成的訊號。

壓縮的排列 (compressed permutation) 一種位元層級的加密技術，其中位元的位置會被更改，有些位元也會被拿掉。

壓縮 (compression) 減少訊息而不會明顯遺失資訊的方法。

建置管理 (configuration management) 網路管理的分支，它處理每個實體相關於其他實體的狀態。

壅塞 (congestion) 過多的網路或互連網交通量所引起的普遍性服務品質變差。

壅塞控制 (congestion control) 一種管理網路以及互連網路交通量而改善輸出的方法。

連線裝置 (connecting device) 一種裝置，例如增益器、橋接器、路由器或閘道器，它們可以連接兩個或多個網路或是分段。

連線建立 (connection establishment) 實際資料傳輸前針對邏輯連線必要的預備設置。

連結導向協定 (connection-oriented protocol) 一種提供連結導向服務的協定。請參考 *connection-oriented service*。

連結導向協定服務 (connection-oriented service) 屬於 LLC 的一種資料傳輸服務類型，其中牽涉建立以及終止連線。

非連結導向協定 (connectionless protocol) 一種提供非連結導向服務的協定。請參考 *connectionless service*。

非連結導向協定服務 (connectionless service) 屬於 LLC 的一種資料傳輸服務類型，它不需要進行連線的建立與終止。

調變座標圖 (constellation) 一種在數位對類比調變組合中，不同位元相位以及振幅的圖形表示。

競爭 (contention) 一種存取的方法，其中兩個或多個裝置同時嘗試對同一個通道進行傳送。請參考 *random access*。

控制的存取 (controlled access) 一種存取的方法，工作站會彼此諮詢來找出那個工作站才有權傳送資料。

傳統的加密 (conventional encryption) 一種加密的方法，其中加密與解密演算法都採用相同的鍵值，這個值要加以保密。

收斂子層 (convergence sublayer, CS) 在 ATM 協定中，較高的 AAL 子層，它將標頭或標尾附加到使用者的資料中。

CRC **檢查器** (CRC checker) 一種硬體或軟體的組合元件，它可以在目的端使用 CRC 偵測技術找出錯誤。

CRC **產生器** (CRC generator) 一種硬體或軟體的組合元件，它可以在來源端產生 CRC 餘數。

CRC **餘數** (CRC remainder) CRC 錯誤偵測技術中，將資料除以某個除數而得到的餘數。

臨界角 (critical angle) 在折射的情況下，產生90度折射角的入射角值。

串音 (crosstalk) 線路上因為訊號跑到另一條線所引起的雜訊。

目前優先權等級 (current priority level) 在記號環旋轉之記號或是訊框的優先權。

目前預約權等級 (current reservation level) 在記號環旋轉之記號或是訊框的預約權等級。

穿透式交換器 (cut-through switch) 一種交換器，它可以在收到目的端位址之後立即將封包轉送到輸出緩衝記憶體。

循環 (cycle) 週期訊號的重複單元。

循環冗餘檢查 (cyclic redundancy check, CRC) 一種非常精確的錯誤偵測方法，它是基於將一個樣式的位元解譯成一個多項式。

D

數據通訊 (data communication) 在兩個或多個實體之間交換資訊。

資料壓縮 (data compression) 減少要傳輸的資料量而不會明顯地遺失資訊。

資料加密標準 (data encryption standard, DES) 在非軍事單位與非機密性情況下使用的美國政府標準加密方法。

資料訊框 (data frame) 一個載送使用者資料而不是載送控制或管理資訊的訊框。

資料連結層 (data link layer) OSI 模型的第二層。它負責節點對節點的遞送。

資料傳輸率 (data rate) 以每秒傳送多少位元來測量的資料傳輸速度。

資料傳輸 (data transfer) 資料從一個位置一到另一個位置的移動。

數據包 (datagram) 在分封交換的技術中，一個獨立的資料單位。

DC **元件** (DC component) 請參考 *direct current*。

DCF **訊框間隔** (DCF interframe space, DIFS) 一種用在 DCF 作為低優先權訊框的訊框間隔。

業界標準 (de facto standard) 一種尚未被官方組織所核准，不過卻因廣泛使用而被採的標準。

官方標準 (de jure standard) 一種已經由官方組織合法承認的標準。

解除包裝 (decapsulation) 將訊框的標頭和標尾移除。

分貝 (decibel, dB) 兩個訊號點相對強度的測量。

十進位數系統 (decimal number system) 一種使用 10 個符號（0, 1, 2, 3, 4, 5, 6, 7, 8 和 9）來表示資訊的方法。

解碼 (decoding) 將一個編碼過的訊息回復成它原來樣子的程序。

解密 (decryption) 將加密資料回復成原始訊息。

解多工器 (demultiplexer (DEMUX)) 一種可以將多路傳送的訊號分離而形成它原始元件的裝置。

目的端位址 (destination address, DA) 資料單元接收者的位址。

目的端服務存取點 (destination service access point, DSAP) 在 LLC 的協定中，一種在接收端定義使用者的識別碼。

雙位元 (dibit) 包含兩個 bits 的資料單位。

差動式曼徹斯特編碼 (differential Manchester encoding) 一種數位對數位的極性編碼方法，它可以在位元區間的中間進行轉換，也能在每個 1 bit 的開始進行反轉。

差動相位偏移調變 (differential phase shift keying, DPSK) 一種數位對類比的編碼方法，它是由位元樣式而非目前的相位來定義相位的改變。

擴散式傳輸 (diffused transmission) 一種在紅外線無線區域網路的傳輸技術，其中反射的物件（比如天花板）會被用來導引訊號。

數位 (digital) 指不連續或是離散的實體。

數位資料 (digital data) 由離散值或狀態表示的資料。

數位網路 (digital network) 傳輸數位訊號的網路。

數位訊號 (digital signal) 具有有限值的離散訊號。

數位簽章 (digital signature) 一種用來認證訊息發送者的方法。

數位對類比調變 (digital-to-analog modulation) 以類比訊號來表示數位資訊的方法。

數位對數位編碼 (digital-to-digital encoding) 以數位訊號來表示數位資訊的方法。

直流 (direct current, DC) 具有固定振幅且其頻率為 0 的訊號。

直接序列展頻 (direct sequence spread spectrum, DSSS) 一種展頻傳輸的技術，其中一個位元的資訊會由一組稱為 chip 的位元所取代。

離散多重音調技術 (discrete multitone technique, DMT) 一種結合 QAM 與 FDM 元素的調變方法。

失真 (distortion) 訊號因為雜訊、衰減、或其他影響所做的任何改變。

分散協調功能 (distributed coordination function, DCF) 在無線區域網路的基本存取方法；工作站會彼此競爭來存取通道。

分散佇列式雙匯流排 (distributed queue dual bus, DQDB) 由 SMDS 所使用的一種協定 (IEEE 802.6)。

點式十進位表示法 (dotted-decimal notation) 讓 IP 位址更容易閱讀所設計的表示法；每個位元組會轉換成它對應的十進位值，然後與它的鄰居以點隔開。

下傳 (downlink) 從衛星到地面工作站的傳輸。

下載 (downloading) 從遠端的站台接收資料或檔案。

雙連接集線器 (dual attachment concentrator, DAC) 在 FDDI 一種的裝置，用來連接 SAS 或 DAS 的組合到雙環。它讓這種組合看起來像是單一的 SAS 單元。

雙連接工作站 (dual attachment station, DAS) 在 FDDI，一個可以被連接到雙環的工作站。

雙匯流排 (dual bus) 兩個匯流排；在 DQDB，一個匯流排被用來作為上行，另一個匯流排被用來作為下行傳輸。

雙環 (dual ring) 用在 FDDI 的兩個環拓樸。

全雙工模式 (duplex mode) 請參考 *full-duplex mode*。

E

電磁波頻譜 (electromagnetic spectrum)　由電磁波能量所佔據的頻率範圍。

電子工業協會 (Electronics Industries Association, EIA)　一個以提升電子製造業為考量的組織。它已經研發的介面標準如 EIA-232、EIA-449 和 EIA-530。

封裝 (encapsulation)　來自某個協定的資料單位被放置在另一個協定資料單位資料欄位的一種技術。

封裝安全酬載 (encapsulation security payload, ESP)　用在 IPsec 的方法，它會將整個酬載 (payload) 加密並附加標頭。

編碼 (encoding)　將資訊轉換成訊號。

加密 (encryption)　將訊息轉換成難以理解的形式，除非被解密，否則它無法被讀取。

端點對端點訊息遞送 (end-to-end message delivery)　將所有訊息從發送端遞送到接收端。

熵，平均訊息量 (entropy)　在符號中所包含的平均資訊量。

錯誤 (error)　在資料傳輸時產生的失誤。

錯誤控制 (error control)　在資料傳輸時偵測和處理錯誤。

錯誤更正 (error correction)　修正在傳輸中被更改位元的程序。

錯誤偵測 (error detection)　判斷是否某些位元在傳輸過程中已經被變更的程序。

錯誤處理 (error handling)　用來偵測或更正錯誤的方法。

錯誤回復 (error recovery)　系統在偵測錯誤後可以重新回到正常狀態的能力。

ESS **遷移基地流動性** (ESS-transition base mobility)　在無線區域網路的一種流動性類別，其中一部工作站可以由某個 ESS 移到另一個。

乙太網路 (Ethernet)　一種使用 CSMA/CD 存取方法的區域網路。請參考 *IEEE 802.3*。

偶同位數 (even parity)　一種錯誤偵測的方法，其中多餘的位元會被加入資料位元，以致於 1 的總數會變成偶數。

exclusive OR　使用 exclusive-OR (XOR) 運算的一種位元層級加密技術。

擴充的排列 (expanded permutation)　一種位元層級的排列，其中輸出的位元會比輸入的位元還多。

擴充服務集 (Extended Service Set, ESS)　在無線區域網路中，由兩個或多個 BSS 以及一個 AP 組成的建構區塊。

擴充的標頭 (extension header)　在 IPv6 數據包的額外標頭，它可提供附加的功能。

至高頻 (extremely high frequency, EHF)　在 30 GHz 到 300 GHz 範圍之間的無線電波，它使用太空來傳播。

F

快速乙太網路 (Fast Ethernet)　請參考 *100Base-T*。

錯誤管理 (fault management)　屬於網路管理的一個分支，負責處理網路中斷的狀況。

聯邦通訊委員會 (Federal Communications Commission, FCC)　負責管理廣播、電視和通訊的政府機關。

光纖分散式數據介面 (fiber distributed data interface, FDDI)　一種由 ANSI 定義的高速 (100Mbps) LAN，它使用光纖纜線，環狀拓樸以及記號環傳遞的存取方法。目前，FDDI 網路也可被用在都會區域網路 (MAN)。

光纖纜線 (fiber-optic cable)　一種寬頻的傳輸媒介，它是以脈衝光的形式載送資料訊號。它包含一條稱為核心的玻璃或塑膠柱，圍繞在它外部的是稱為包覆的玻璃或塑膠同心層。

固定長度碼 (fixed-length code)　一種編碼的類型，對於所有的符號而言，此編碼的長度都是一樣。

流量控制 (flow control)　一種控制訊框（封包或訊息）流量速率的技術。

分段 (fragmentation)　將封包分割成較小的單位來適應某個協定的 MTU。

訊框 (frame) 用來表示一個區塊資料的一組位元。

訊框突爆 (frame bursting) 用在 CSMA/CD Gigabit 乙太網路的技術，其中多個訊框在邏輯上彼此相連，對其他工作站而言，就像是較長的訊框。

訊框檢查字元 (frame check sequence, FCS) 包含 2 或 4 byte CRC 的錯誤檢查欄位。

訊框長度 (frame length) 一個訊框以 bits 或 bytes 為單位的長度。

訊框標籤化 (frame tagging) 在 VLAN 的環境下，當訊框在交換器之間移動時附加標籤的方法。

訊框傳輸時間 (frame transmission time) 發送端傳送一個完整訊框所需的時間。

訊框位元 (framing bit) 在同步 TDM 用來進行同步目的的位元。

頻率 (frequency) 一個週期性訊號每秒的週期數。

分頻多工 (frequency-division multiplexing, FDM) 將類比訊號組合成一個單一訊號。

頻域圖 (frequency-domain plot) 訊號頻率元件的圖形表示。

跳頻展頻 (frequency hopping spread spectrum, FHSS) 一種展頻的技術，其中發送端持續地改變載波訊號的頻率。

頻率調變 (frequency modulation, FM) 一種類比對類比的調變方法，其中載波訊號的頻率會隨著調變訊號的振幅改變。

頻率偏移調變 (frequency shift keying, FSK) 一種數位對類比的編碼方法，其中載波訊號的頻率會變化來表示二進位的 0 或 1。

全雙工乙太網路 (full-duplex Ethernet) 一種乙太網路，其中一台工作站與一部交換器可以彼此同時、雙向傳送訊框。

全雙工模式 (full-duplex mode) 一種傳輸模式，可以在雙向同時進行通訊。

G

閘道器 (gateway) 一種用來連接兩個不同網路的裝置，這兩個網路使用不同的通訊協定。

靜止軌道 (geosynchronous orbit) 允許衛星固定在地球上方某一點位置的軌道。

十億位元乙太網路 (Gigabit Ethernet) 一種使用 1 Gbps 資料傳輸率的乙太網路技術。

十億位元媒介獨立介面 (gigabit medium independent interface, GMII) 一種連接調和子層到 PHY 子層的規格。

gigahertz (GHz) 10^9 赫茲。

回溯 ***n*** **ARQ** (go-back-*n* ARQ) 一種錯誤控制方法，其中發生錯誤以及在它之後的訊框都要重傳。

保護頻帶 (guard band) 分隔兩個訊號的頻寬。

導引媒介 (guided media) 具有實體界線的傳輸媒介。

H

半雙工乙太網路 (half-duplex Ethernet) 一種乙太網路，其中兩個工作站或一個工作站與一部交換器可以彼此傳送訊框，不過一次只有一個可以傳送（不能同時）。

半雙工模式 (half-duplex mode) 一種傳輸模式，它可以進行雙向通訊，不過不能同時。

Hamming **碼** (Hamming code) 一種將額外的位元加入資料單位來偵測與修正位元錯誤的方法。

交握 (handshaking) 建立或終止連線的程序。

硬體建檔 (hardware documentation) 屬於建置管理的一部分，負責記錄所有的硬體改變。

硬體重新建置 (hardware reconfiguration) 屬於建置管理的一部分，它負責重新調整硬體。

諧振波 (harmonics) 數位訊號中的元素，每個都有不同的振幅、頻率與相位。

標頭 (header) 附加到資料封包開頭的控制資訊。

赫茲 (hertz, Hz) 度量頻率的單位。

十六進制冒號表示法 (hexadecimal colon notation) 在 IPv6 中的位址表示法中，包含 32 個十六進制的數字，每四個數字以一個冒號做分隔。

十六進位數系統 (hexadecimal number system) 一種使用 16 個符號（0, 1, . . . , 9, A, B, C, D, E, 和 F）來表示資訊的方法。

高頻 (high frequency, HF) 在 3 MHz 到 30 MHz 範圍之間的無線電波，並使用視距傳播。

跳躍點計數 (hop count) 在一個路徑中的節點數。它是繞送演算法中距離的測量方式。

跳躍點限制 (hop limit) 一個 IPv6 數據包被丟棄前可以行經的跳躍點數。

主機 (host) 網路上的一台工作站或節點。

主機識別 (hostid) 用來識別主機的 IP 位址部分。

集線器 (hub) 在星狀拓樸的中央裝置，它對於節點提供一個共同的連線。

霍夫曼編碼 (Huffman encoding) 一種使用變動長度碼來編碼一組符號的統計壓縮方法。

混合通道 (hybrid channel, H channel) 在 ISDN，一個混合通道可用在各式各樣的資料傳輸率；適合高速的資料傳輸率應用。

混合拓樸 (hybrid topology) 一種由兩個基本拓樸所組成的拓樸。

I

I **訊框** (I-frame) 一種載送使用者資料與控制資訊的資訊訊框。

閒置狀態 (idle state) 在 PPP，線路處在沒有運作的狀態。

IEEE **專案** 802 (IEEE Project 802) 由 IEEE 研發的專案，用來定義 LAN 的標準中屬於 OSI 模型之實體層與資料連結層標準。它將資料連結層分成兩個子層，分別稱為邏輯連結控制與媒介存取控制。

IEEE 802.1 由 IEEE 802 專案針對區域網路所研發的標準。它涵蓋 LAN 的互連網形貌。

IEEE 802.1Q 請參考 *802.1Q*。

IEEE 802.2 由 IEEE 802 專案針對區域網路所研發的標準。它涵蓋 LLC 子層。

IEEE 802.3 由 IEEE 802 專案針對區域網路所研發的標準。它涵蓋使用 CSMA/CD 存取方法網路的 MAC 子層以及提供乙太網路的正式定義。

IEEE 802.4 由 IEEE 802 專案針對區域網路所研發的標準。它涵蓋使用匯流排拓樸以及記號傳遞存取方法網路的 MAC 子層，並提供記號匯流排的正式定義。

IEEE 802.5 由 IEEE 802 專案針對區域網路所研發的標準。它涵蓋使用環狀拓樸以及記號傳遞存取方法網路的 MAC 子層，並提供記號環的正式定義。

IEEE 802.6 由 IEEE 802 專案針對分散佇列式雙匯流排所研發的標準。

資訊訊框 (information frame) 請參考 *I-frame*。

資訊 PDU (information PDU, I-PDU) 在 LLC 中，用來遞送使用者資料的 PDU。

資訊來源 (information source) 在資訊原理中，資訊的發送端。

紅外線光 (infrared light) 剛好低於可見光頻譜頻率的電磁波。

紅外線波 (infrared wave) 請參考 *infrared light*。

可瞬間解碼的編碼 (instantaneously decodable code) 一種可以依據接收到最少的位元，不需要收到全部編碼即可進行解碼的編碼。

電機電子工程師學會 (Institute of Electrical and Electronics Engineers, IEEE) 一個包括專業工程師的團體，它具有特殊的社群，其中委員會在會員的專業領域中籌畫標準。

介面 (interface)　兩個設備之間的界線。它也可以參照連線機械的、電器的以及功能的特性。

訊框間隔 (interframe gap, IFG)　請參考 *interframe space*。

訊框間隔 (interframe space, IFS)　在無線區域網路中，兩個訊框控制存取通道之間的時間。

國際標準組織 (International Standards Organization, ISO)　一個全球性的組織，它在各種不同的主題上定義與開發標準。

國際電訊聯盟的電訊標準化部門 (International Telecommunications Union–Telecommunication Standardization Sector (ITU–T))　一個制訂電訊標準的組織，之前被稱為 CCITT。

互連網路 (internet)　一種由互連網裝置如路由器和閘道器所連接之網路聚集。

網際網路 (Internet)　使用 TCP/IP 協定套件的全球性互連網路。

網際網路位址 (Internet address)　一個 32 bit 或 128 bit 的網路層位址，用來定義互連網中使用 TCP/IP 協定的主機之唯一性。

網際網路控制訊息協定 (Internet Control Message Protocol, ICMP)　屬於 TCP/IP 協定套件的一種協定，負責處理錯誤和控制訊息。

網際網路控制訊息協定，第 6 版 (Internet Control Message Protocol, v6, ICMPv6)　用在 IPv6 的 ICMP 協定。

網際網路群組訊息協定 (Internet Group Message Protocol, IGMP)　在 TCP/IP 協定套件中負責處理群播的的協定。

網際網路協定 (Internet Protocol, IP)　屬於 TCP/IP 協定套件的網路層協定，負責透過分封交換網路的非連結導向傳輸之管理。

網際網路協定，第 6 版 (Internet Protocol, v6, IPv6)　屬於 TCP/IP 協定套件的網路層協定，負責透過分封交換網路的非連結導向傳輸之管理。

網際網路社群 (Internet Society, ISOC)　為了讓網際網路公眾化而建立之非營利的組織。

互連網路 (internetwork)　internet 的另一種說法。

網網相連 (internetworking)　使用互連網裝置如路由器和閘道器將數個網路連接起來。

互連網裝置 (internetworking devices)　如路由器和閘道器的電子裝置，它們能將網路連在一起而形成互連網。

反向多工 (inverse multiplexing)　從某個來源取出資料，然後將它分割成可透過低速線路傳送的部分。

電離層 (ionosphere)　在對流層之上，太空之下的大氣層。

電離層傳播 (ionospheric propagation)　無線電波向上射入電離層，然後反射回地球的傳輸。

IP 位址 (IP address)　請參考 *Internet address*。

IP 位址類別 (IP address class)　在 IPv4 中，五組位址的其中一種；類別 A、B 和 C，包括網路識別、主機識別和類別 ID；類別 D 表示群播位址；類別 E 被保留給日後使用。

IP 數據包 (IP datagram)　網際網路協定的資料單位。

IP security (IPsec)　被設計用在 Internet 的安全方法。它使用 AH 或是 ESP。

下一代的 IP (IPng, IP next generation)　請參考 *IPv6*。

IPv4　網際網路協定，第 4 版。

IPv6　網際網路協定，第 6 版。

J

聯合影像專家小組 (joint photographic experts group, JPEG)　壓縮連續色調圖的標準。

K

kbps　每秒仟位元。

kilohertz (kHz) 1000 赫茲。

L

LAN 模擬 (LAN emulation, LANE) 一種使用 ATM 技術的區域網路。

LANE 客戶端 (LANE client, LEC) 接收 LAN 服務需求的客戶端軟體；LANE 的一部分。

LANE server (LES) 在來源端與目的端建立虛擬電路的伺服器軟體；LANE 的一部分。

雷射 (laser) "Light Amplification by Stimulated Emissions of Radiation"（光射線激發所產生之光線增幅）的縮寫，一種純且窄小的光束，它可被用在光纖傳輸的光源。

層 (layer) 屬於 OSI 模型中資料傳輸的七個標準之一；每個標準都是相關行為的功能性群組。

學習型橋接器 (learning bridge) 一種自行建立本身的工作站位址列表之橋接器。

最低成本繞送 (least-cost routing) 一種依據某些最低特性的繞送策略。

傳統的 LAN (legacy LAN) 使用 ATM 技術做為骨幹的 LAN。

發光二極體 (light-emitting diode, LED) 光纖的一種光源；通常會限制在較短的距離。

線路編碼 (line coding) 將二進位資料的編碼轉成訊號。

視距傳播 (line-of-sight propagation) 將非常高頻的訊號以直線方式用天線直接送到另一個天線的傳輸。

連結 (link) 將資料從一個裝置傳送到另一個裝置的實體通訊路徑。

監聽模式 (listen mode) 屬於記號環網路的一種模式，工作站會監聽線路看是否有進來的訊框。

區域網路 (local area network, LAN) 一種網路，它的連線裝置是在單一的建築物之內，或是在彼此非常靠近的建築物之內。

區域網路模擬 (local area network emulation, LANE) 讓 ATM 交換器的運作可以像是 LAN 交換器的軟體。

本地端唯一的位址 (locally unique address) 一種對於區域網路而言是唯一的位址，不過對於網際網路來說卻不一定必要。

邏輯位址 (logical address) 在網路層所定義的位址。

邏輯連結控制 (logical link control, LLC) 由 IEEE 802.2 專案所定義的資料連結層較高之子層。

邏輯的拓樸 (logical topology) 一種依據工作站在網路上被某個通訊協定如何看待的關係所形成的拓樸。

縱向冗位檢查 (longitudinal redundancy check, LRC) 一種錯誤偵測方法，它將資料單位分割成行跟列，然後在每個欄位對應的位元執行同位元檢查。

低頻 (low frequency, LF) 範圍在 30 kHz 到 300 kHz 之間的無線電波。

M

MAC 位址 (MAC address) 請參考 *physical address*。

MAC 控制子層 (MAC control sublayer) 在快速乙太網路所加入的新子層。

管理資訊資料庫 (management information base, MIB) 由 SNMP 使用的資料庫，內容為存放網路管理必要的資訊。

管理者 (manager) 執行 SNMP 客戶端程式的主機。

曼徹斯特編碼 (Manchester encoding) 一種數位對數位的極性編碼方法，其中為了同步目的，轉換的動作會發生在每個位元區間的中間。

手動建置 (manual configuration) 屬於 VLANs 的建置方法，其中工作站是以手動的方式連上 LAN 或與 LAN 離線。

遮罩 (masking) 從 IP 位址中擷取出實體網路位址的程序。

最長媒介長度 (maximum medium length) 屬於 LAN 效能的參數，它定義資料訊框可以傳送的最長距離。

最大傳播延遲 (maximum propagation delay)　屬於 LAN 效能的參數，它定義訊框的第一個位元行經「最長媒介長度」所需的時間。

Mbps　每秒百萬位元。

媒體介面連接器 (media interface connector, MIC)　用在 FDDI 的一種介面卡類型。

媒介、媒體 (medium)　資料行經的實體路徑。

媒介存取控制 (medium access control, MAC)　由 IEEE 802 專案所定義的資料連結層較低子層。它定義了區域網路協定中的存取方法以及存取控制。

媒介連接單元 (medium attachment unit, MAU)　請參考 *transceiver*。

媒介的頻寬 (medium bandwidth)　媒介可支援之最高與最低頻率的差。

媒介相關介面 (medium dependent interface, MDI)　一種將傳收器連到媒介的介面。

媒介獨立介面 (medium independent interface, MII)　一種改良的 AUI 介面版本，會被用在 10 和 100 Mbps 的乙太網路。

媒體介面 (medium interface)　一種連接裝置到媒體的規格。

媒介傳播速度 (medium propagation speed)　訊號透過媒介傳播的速度。訊號透過空氣傳播時的速度為光速。透過導引媒介時的速度則小於光速。

百萬赫茲 (megahertz, MHz)　一百萬赫茲。

無記憶的來源 (memoryless source)　不需記憶前次送出之符號或位元的來源。

網狀拓樸 (mesh topology)　一種網路建置，其中每個裝置都有與其他裝置的專屬點對點連線。

訊息 (message)　從來源送到目的端的資料。

都會區域網路 (metropolitan area network, MAN)　一種可以跨越地理區域範圍是城市大小的網路。

Microsecond (ms)　百萬分之一 (10^6) 秒。

微波 (microwave)　從 2 GHz 到 40 GHz 範圍的電磁波。

微波傳輸 (microwave transmission)　使用微波的通訊。

中頻 (middle frequency, MF)　範圍在 300 kHz 到 3 MHz 之間的無線電波。

millisecond (ms)　千分之一 (10^3) 秒。

混合結構區域網路 (mixed architecture LAN)　一種使用純 ATM 方式以及傳統 ATM 方式的 ATM 區域網路。

調變 (modulation)　用資訊傳送訊號來修改載波的一個或多個特性。

監控工作站 (monitor station)　在記號環協定中，負責產生和控制記號的工作站。

單一字元加密 (monoalphabetic encryption)　一種取代式的加密法，其中每個字元會被一個字集中的另一個字元所取代。

影像標準制訂委員會 (motion picture experts group, MPEG)　一種壓縮影像的方法。

群播位址 (multicast address)　用作群播 (multicasting) 的位址。

群播繞送 (multicast routing)　繞送一個群播的封包。請參考 *multicasting*。

群播 (multicasting)　一種傳輸的方法，它允許某個封包可以被傳送到一群挑選過的接收者。

多重模式階級索引光纖 (multimode graded-index fiber)　一種具有階級索引折射核心的光纖。

多重模式步進索引光纖 (multimode step-index fiber)　一種具有一致索引折射核心的光纖。折射的索引會在核心/包覆邊界突然改變。

多重存取 (multiple access, MA)　一種線路存取的方法，其中每個工作站都能自由地存取線路。

多工器 (multiplexer, MUX)　用來進行多工的裝置。

多工 (multiplexing) 從多個來源端組合訊號再透過單一資料連線傳送的程序。

多埠橋接器 (multiport bridge) 一種可以連接超過兩個以上 LANs 的橋接器。

多協定路由器 (multiprotocol router) 一種可以在許多協定下處理封包的路由器。

多站存取單元 (multistation access unit, MAU) 在記號環中，一種可以接受個別自動交換器連接的裝置。

N

nanosecond (ns) 10^{-9} 秒。

窄頻 (narrowband) 在無線區域網路中使用微波頻率。

負面確認 (negative acknowledgment, NAK) 一種傳送出來的訊息，表示拒絕接收資料。

網路識別碼 (netid) 屬於 IP 位址的一部分，它被用來識別網路。

網路 (network) 一種包含連接的節點，讓資料、硬體和軟體可以分享的系統。

網路介面卡 (network interface card, NIC) 一種電子裝置，可以在工作站的內部或外部，它包含可以讓工作站連接到網路的電路。

網路層 (network layer) OSI 模型的第三層，負責將封包遞送到最終的目的地。

網路管理 (network management) 對網路元件進行監視、測試、建置以及故障排除，以符合企業組織所定義的一組需求。

網路對網路介面 (network-to-network interface, NNI) 一種介於兩個廣域網路之間，或是廣域網路中兩部交換器之間的介面。

節點 (node) 在網路上一種可定址的裝置（例如，電腦或路由器）。

節點對節點遞送 (node-to-node delivery) 將資料單位從一個節點傳送到下一個節點。

雜訊 (noise) 一種隨機的電氣訊號，它可被傳輸媒介拾起，因而造成訊號的位準下降或是失真。

不歸零 (nonreturn to zero, NRZ) 一種數位對數位的極性編碼法，其中訊號的位準不是正值就是負值。

不歸零，反相 (nonreturn to zero, invert (NRZ-I)) 一種 NRZ 編碼法，其中訊號的位準在每次遇到 1 時就會反轉。

不歸零，位準 (nonreturn to zero, level (NRZ-L)) 一種 NRZ 的編碼方法，其中訊號的位準會直接對應位元值。

Nyquist **位元傳輸率** (Nyquist bit rate) 在 Nyquist 理論中所定義的最低位元傳輸率。

Nyquist **理論** (Nyquist theorem) 一種理論，它指出要適當地表示一個類比訊號所需的取樣數，等於原始訊號最高頻率的兩倍。

O

八進位數系統 (octal number system) 一種使用 8 個符號（0, 1, 2, 3, 4, 5, 6 和 7）來表示資訊的方法。

位元組 (octet) 一個 8 bit 的單位。

奇數同位數 (odd parity) 一種錯誤偵測的方法，其中多餘的位元會被加入資料位元，以致於所有 1 的總數會變成奇數。

1 **的補數** (one's complement) 一種二進位數的表示法，其中一個數的補數可以將所有位元進行 0 與 1 的互換（將數字 0 改成 1，1 改成 0）來產生。

開放系統 (open system) 一種可以讓兩個不同系統相互通訊而不用顧慮底層架構的模型。

開放系統互連 (Open Systems Interconnection, OSI) 一種由 ISO 定義，作為資料通訊的七層模型。

光纖 (optical fiber) 請參考 *fiber-optic cable*。

額外的負擔 (overhead) 為了控制目的附加到資料單位的額外位元。

P

P 方盒 (P-box)　用在加密而且可以連接輸入到輸出的硬體電路。

p 持續策略 (p-persistent strategy)　一種 CSMA/CD 的方法，其中一部工作站在發現閒置線路時，也許會，也許不會送出它的資料訊框。它送出的機率為 p，而不會送出的機率為 $1-p$。

封包 (packet)　資料單位的同義字；大多用在網路層。

封包交換 (packet switching)　使用分封交換網路的資料傳輸。

並列傳輸 (parallel transmission)　傳輸時群組中的每個位元都同時送出，每個都使用個別的連線。

同位位元 (parity bit)　一種為了錯誤檢查的目的，附加到資料單位（通常是字元）的多餘的位元。

同位數檢查 (parity check)　一種使用同位位元的錯誤檢查方法。

主動集線器 (passive hub)　只用在連線的集線器；它不會再生訊號。

路徑 (path)　訊號行經通過的通道。

PAUSE **封包** (PAUSE packet)　一種定義在 MAC 控制子層的封包，其目的在減緩資料的流量。

對等通訊 (peer-to-peer communication)　使用對等協定的通訊。

對等協定 (peer-to-peer protocol)　定義在 OSI 模型中兩個對等層之間相互通訊規則的一種協定。

效能管理 (performance management)　屬於網路管理的一個分支，負責監視和控制網路，確保它可以盡可能有效率地運作。

週期 (period)　要完成一整個循環所需的時間。

週期訊號 (periodic signal)　一種展現重複樣式的訊號。

固接式虛擬電路 (permanent virtual circuit, PVC)　一種虛擬電路傳輸方法，其中相同的虛擬電路會在連續的基礎下，被用在來源和目的端之間。

相位 (phase)　訊號在不同時間的相關位置。

相位調變 (phase modulation, PM)　一種類比對類比的調變方式，其中載波訊號的相位會隨著調變訊號的相位而改變。

相位偏移 (phase shift)　訊號的相位改變。

相位偏移調變 (phase shift keying, PSK)　一種數位對類比的調變方法，其中載波訊號的相位會改變來表示特定的位元樣式。

PHY **子層** (PHY sublayer)　實體層的子層，它獨立於實體的媒介。

實體位址 (physical address)　用在資料連結層的裝置位址（MAC 位址）。

實體層 (physical layer)　屬於 OSI 模型的第一層，負責媒介的機械與電器規格。

實體層訊號子層 (physical layer signaling (PLS) sublayer)　屬於傳統乙太網路的子層，負責編碼與解碼。

實體媒介相關子層 (physical medium dependent (PMD) sublayer)　在實體層中的子層，它會依賴實體的媒介。

實體拓樸 (physical topology)　網路中裝置之間的實體連接。

picosecond　10^{12} 秒。

背負式回送 (piggybacking)　將確認訊號包含在資料訊框。

明碼，明文 (plaintext)　在加密/解密中，指原始的訊息。

點協調功能 (point coordination function, PCF)　在無線區域網路中，一種選擇性的存取方法，它被實現在 DCF 的上方。

點對點連接 (point-to-point connection)　在兩個裝置之間的專屬傳輸連接。

極性編碼 (polar encoding)　一種數位對類比的編碼法，它使用兩個位準（正和負）的振幅。

詢問／完結位元 (poll/final (P/F) bit)　屬於 LLC 封包中控制欄位的位元；如果送出的是主要的部分（命令），它就是詢問 (poll) 位元；如果送出的是次要部分（回應），它就是完結 (final) 位元。

多字元的加密 (polyalphabetic encryption)　一種取代加密法，其中每個出現的字元，都可以有不同的替換。

埠位址 (port address)　在 TCP/IP 協定中，一種識別執行程序的整數。

埠號碼 (port number)　埠位址的另一種名稱。

前置訊號 (preamble)　IEEE 802.3 訊框中的 7 byte 欄位，它包含交互的 1 和 0，可以發警告並與接收端同步。

表示層 (presentation layer)　屬於 OSI 模型中的第六層，它負責翻譯、加密、認證和資料壓縮。

原始的服務 (primitive service)　由 LLC 子層所提供的一種服務。

公開鑰匙 (private key)　在傳統的加密中，由僅有的一對裝置（發送端與接收端）所共用的鑰匙。在公開鑰匙加密的方法中，私密鑰匙只有接收端知道。

私有網路 (private network)　一個與網際網路隔絕的網路。

主動式錯誤管理 (proactive fault management)　屬於錯誤管理的一部分，它會嘗試防止錯誤。

相乘 (Product)　一種位元層級的加密法，它使用 P 方盒和 S 方盒的組合。

802 **專案** (Project 802)　由 IEEE 著手進行的專案，主要是嘗試解決 LAN 不相容的問題，也請參考 *IEEE 802* 專案。

傳播速度 (propagation speed)　訊號或位元行進的速率；這是以每秒多少距離的單位來測量。

傳輸時間 (propagation time)　訊號由某個點移到另一個點所花的時間。

協定 (protocol)　通訊的規則。

協定轉換器 (protocol converter)　一種像閘道器的裝置，它可以將某個協定轉換成另一個協定。

協定資料單位 (protocol data unit, PDU)　定義在 OSI 模型每一層的資料單位。特別是由 IEEE 802.2 在 LLC 子層所指定的資料單位。

提供者為基礎的單點傳送位址 (provider-based unicast address)　由 IPv6 定義的單點傳送位址，通常由主機使用。其前置碼為 010。

提供者識別 (provider identifier)　一個定義提供者的 IPv6 位址欄位。

虛擬三元法編碼 (pseudoternary encoding)　雙極性 AMI 的變形，其中二進位 0 是正、負電壓之間交替的變化。

公開鑰匙 (public key)　在公開鑰匙加密法中，每個人都知道的鑰匙。

公開鑰匙加密 (public key encryption)　一種基於無法反轉演算法的加密方法。這種方法使用兩種鑰匙：公開鑰匙是大眾所知道的；私密鑰匙（密鑰）只有接收者才知道。

脈幅調變 (pulse amplitude modulation, PAM)　一種取樣類比訊號的技術；其結果是基於取樣資料的一系列脈衝。

脈碼調變 (pulse code modulation, PCM)　一種修改 PAM 脈波來建立數位訊號的技術。

純 ALOHA (pure ALOHA)　最原始的 ALOHA 存取方式。

純 ATM **區域網路** (pure ATM LAN)　一種使用 ATM 交換器來連接工作站的區域網路。

Q

quadbit　一種包含 4 個 bits 的資料單位。

正交振幅調幅法 (quadrature amplitude modulation, QAM)　一種數位對類比的調變方法，其中載波訊號的相位和振幅會隨著調變訊號改變。

服務品質 (quality of service, QoS)　在 ATM 協定中，一組關於連線效能的屬性。

量化 (quantization)　給某個取樣的類比訊號指定特定數目的位元。

佇列 (queue)　一個等待的列表。

R

射頻波 (radio frequency (RF) wave)　請參考 *radio wave*。

無線電波 (radio wave)　在 3 kHz 到 300 GHz 範圍之間的電磁波能量。

隨機存取 (random access)　一種存取的方法，其中沒有一台工作站是優於另一台，而且沒有一台被指定其他台的控制權。

被動錯誤控制 (reactive fault management)　錯誤管理的一部分，它在錯誤發生之後才會處理。

接收者 (receiver)　傳輸的目的端。

協調子層 (reconciliation sublayer)　用來取代傳統乙太網 PLS 子層的快速乙太網子層。

重複 (redundancy)　將額外的位元加入訊息中來進行錯誤控制。

反射 (reflection)　指光在兩個媒介的邊界被彈回來的現象。

折射 (refraction)　當光從一個媒介穿過另一個媒介時，行進方向生偏折的現象。

再生器 (regenerator)　一種將毀損訊號再生成原始訊號的設備。也請參考 *repeater*。

註冊識別碼 (registry identifier)　在 IPv6 提供者為基礎位址中的 5 bit 欄位，它定義位址提供者的位置。

規章的代理機構 (regulatory agency)　保護公眾權益的政府機構。

可靠的遞送 (reliable delivery)　接收訊息時不會產生重複、遺失或失序的封包。

增益器 (repeater)　一種藉由再生訊號而延伸訊號可以行經距離的裝置。

歸零 (return to zero, RZ)　一種數位對數位的編碼技術，其中後半部的位元區間為訊號電壓 0。

反向位址解析協定 (reverse address resolution protocol, RARP)　一種 TCP/IP 的協定，它可以讓主機提供其本身的實體位址而找出它的網際網路 (IP) 位址。

環狀拓樸 (ring topology) 一種所有裝置都連接到一個環的拓樸。在這個環上面的每個裝置都會接收到前一個裝置送來的資料單位，它會再生此資料，然後再將它轉送到下一個裝置。

RSA **加密** (Rivest, Shamir, Adelman (RSA) encryption)　請參考 *RSA encryption*。

路徑 (route)　一條由封包所行經的路線。

路由器 (router)　一種運作在 OSI 前三層的互連網裝置。路由器連接兩個或是多個網路，並且將封包由一個網路轉送到另一個網路。

繞送、路由 (routing)　由路由器所執行的程序。

繞送演算法 (routing algorithm)　由路由器所使用的演算法，用來決定封包的最佳路徑。

路由交換器 (routing switch)　一種結合橋接器與路由器功能，並且使用網路層目的端位址的交換器。

路由表 (routing table)　包含路由器需要繞送封包時所需資料的一個列表。這些資訊可能包括網路位址、成本、下一個跳躍點位址，等等。

RSA **加密** (RSA encryption)　一種很受歡迎的公開鑰匙加密方法，由 Rivest、Shamir 和 Adleman 所研發。

S

S **方盒** (S-box)　一種由解碼器、P 方盒和編碼器所組成的加密裝置。

S **訊框** (S-frame)　用來作為監督功能例如確認、流量控制和錯誤控制等的訊框；它沒有包含使用者資料。

取樣 (sampling)　在定時的區間下取得訊號振幅的過程。

取樣速率 (sampling rate)　在取樣過程中每秒獲得的樣本數。

安全 (security)　保護網路避免非授權的存取、病毒和異常的災害。

安全管理 (security management)　網路管理的一個分支，它處理網路的安全與整體性。

分段 (segment) TCP 層的封包。

分段與重組 (segmentation and reassembly, SAR) ATM 協定 AAL 的較低子層，其中可以加入標頭或/和標尾來形成 48 byte 的元件。

選擇性拒絕 ARQ (selective-reject ARQ) 一種錯誤控制的方法，其中只有錯誤的訊框才會重送。

自我同步 (self-synchronization) 訊號中一種可取的特性，它可以同步發送者與接收者。

自我同步編碼 (self-synchronizing coding) 一種編碼法，它提供 1 或 0 之長字串的同步。

半自動建置 (semiautomatic configuration) 一種 VLAN 建置的方法，其中工作站可以手動或自動的方式連接或斷線。

發送者 (sender) 訊息的創始者。

串列傳送 (serial transmission) 使用單一連線，一次只傳輸資料的一個位元。

伺服器 (server) 一種程式，它提供服務給稱為客戶端的另一種程式。

存取點 (service access point, SAP) 識別某種協定使用者的位址類型。

會談層 (session layer) 屬於 OSI 模型的第五層，負責建立、管理和終止兩個終端使用者之間的邏輯連線。

Shannon **容量** (Shannon capacity) 一個通道理論上的最高資料傳輸率。

Shannon-Fano **編碼** (Shannon-Fano encoding) 一種立即的變動長度編碼法，其中較常出現的符號會被指定較短的編碼文字。它使用由上往下的建構樹。

遮蔽式雙絞線 (shielded twisted-pair, STP) 雙絞線被包覆在錫箔或網狀的遮蔽中，可以避免電磁波幹擾。

短訊框間隔 (short interframe space, SIFS) 在 DCF 協定中定義高優先權訊框的一種訊框間隔 (IFS)。

訊號 (signal) 透過傳輸媒介傳播的電磁波。

訊號雜訊比 (signal-to-noise ratio, SNR) 測量在訊號中有多少雜訊的比值。

具有正負號的數字 (signed number) 包含正負符號的二進位表示法（+或-）。具有正負號的數字可以用三種格式來表示：符號及值 (sign-and-magnitude)、1 的補數和 2 的補數。

簡單型橋接器 (simple bridge) 一種連接兩個區段的網路裝置；需要手動維護和更新。

簡單網路管理協定 (Simple Network Management Protocol, SNMP) 一種明確說明網際網路上網路管理程序的 TCP/IP 協定。

單工模式 (simplex mode) 通訊的方向為單向的傳輸模式。

正弦波 (sine wave) 旋轉向量的振幅對時間表示法。

單連接工作站 (single attachment station, SAS) 在 FDDI 環境中，只能被連接到一個環的工作站。

單一位元錯誤 (single-bit error) 資料單元的錯誤，其中只有單獨的一個位元被修改。

單一模式光纖 (single-mode fiber) 一種具有相當細微直徑的光纖，它可以將光束限制在極少的角度，因而造成幾乎是水平的光束。

滑動視窗(sliding window) 一種協定，它允許在收到確認之前，傳送數個資料單位。

滑動視窗 ARQ (sliding window ARQ) 一種使用滑動視窗概念的錯誤控制協定。

滑動視窗流量控制 (sliding window flow control) 一種使用滑動視窗的流量控制技術。

槽 (slot) 一個時間區間，等於送出一個訊框所需的時間。

槽時 (slot time) 送出一段資料所需的時間。在某些競爭的存取中，工作站必須在時間槽的開始送出它們的資料。

時槽式 ALOHA (slotted ALOHA) 一種 ALOHA 存取方法的版本，其中時間會被分割成時槽 (slots)，而且工作站被強迫只能在時槽的開始傳送。

軟體建檔 (software documentation) 屬於建置管理的一部分，它記錄所有軟體的改變。

來源位址 (source address, SA)　訊息發送端的位址。

來源路由 (source routing)　由封包的發送者明確定義封包的路徑。

來源服務存取點 (source service access point, SSAP)　在 LLC 中，在傳送端定義使用者的識別碼。

來源到目的端的遞送 (source-to-destination delivery)　將訊息從原始的發送端傳送到預期的接收端。

太空傳播 (space propagation)　可以穿越電離層的傳播類型。

擴充樹演算法 (spanning tree algorithm)　當兩個 LAN 用超過一個橋接器連接時，一種避免迴圈的演算法。

頻譜 (spectrum)　訊號的頻率範圍。

展頻 (spread spectrum)　使用射頻訊號的無線傳輸技術。

標準 (standard)　每個人都同意的模式或基本原則。

標準建立的委員會 (standards creation committee)　一個產生模式或基本原則讓眾人同意的團體。

星狀拓樸 (star topology)　一種所有工作站都會連接到中央裝置（集線器）的拓樸。

開始位元 (start bit)　在非同步傳輸中，表示開始傳輸的位元。

開始訊框分界 (start frame delimiter, SFD)　在 IEEE 802.3 訊框中的 1 byte 欄位，用來表示可讀取（非前置的）字元串流的開始。

固定繞送 (static routing)　一種繞送的類型，它的路由表固定不變。

工作站優先權等級 (station priority level)　在記號環中，結合在每部工作站的優先權等級。

統計分時多工 (statistical time-division multiplexing)　請參考 *asynchronous TDM*。

停止並等候 (stop-and-wait)　一種流量控制的方法，其中每一個資料單位必須先被確認之後才能傳送下一筆資料單位。

停止並等候 ARQ (stop-and-wait ARQ)　一種使用停止並等候流量控制的錯誤控制協定。

停止並等候流量控制 (stop-and-wait flow control)　請參考 *stop-and-wait*。

儲存並轉送交換器 (store-and-forward switch)　一種交換器，它會將訊框儲存在輸入緩衝器，直到整個封包抵達。

管理資訊架構 (structure of management information, SMI)　在 SNMP 中，一個用在網路管理的元件。

子網路 (subnet)　請參考 *subnetwork*。

子網路識別碼 (subnet identifier (subnetid))　網際網路中的子網路位址。

切割子網路 (subnetting)　將網路再切割成較小的網路

子網路 (subnetwork)　網路的某個部分。

子網路位址 (subnetwork address)　子網路的網路位址。

用戶識別碼 (subscriber identifier)　IPv6 位址中的一個欄位，用來定義主機。

取代 (substitution)　一種位元層級的加密法，其中會依據 P 盒子、編碼器、解碼器的定義，讓 *n* 個 bits 被另外 *n* 個 bits 置換。

極高頻 (superhigh frequency, SHF)　在 3 GHz 到 30 GHz 範圍之間的無線電波，它使用視距或太空傳播。

監督訊框 (supervisory frame)　請參考 *S-frame*。

監督的 PDU (supervisory PDU (S-PDU))　在 LLC 協定中，載送流量與控制資訊的 PDU。

交換器 (switch)　一種可以將多個通訊線路連接在一起的裝置。

交換式乙太網路 (switched Ethernet)　一種乙太網路，其中以交換器取代集線器，它可導引傳輸抵達目的地。

同步分時多工 (synchronous time-division multiplexing)　一種多工技術，其中每個訊框包對於每個裝置含至少一個時間段。

同步傳輸 (synchronous transmission)　一種傳輸方法，需要在發送者與接收者之間有固定的時序關係。

T

表格維護 (table maintenance)　在 VLAN 的環境中，一種使用表格來追蹤工作站成員關係的方法。

標籤欄位 (tag field)　在 VLAN 環境的訊框標籤法中，附加到訊框的欄位。

TCP/IP **協定套件** (TCP/IP protocol suite)　使用在網際網路的一組階層式協定。

Telcordia　一個投入研發和研究電信技術的公司（之前稱為 Bellcore）。

電信 (telecommunication)　使用電子設備透過長距離進行資訊交換。

terahertz (THz)　10^{12} 赫茲。

終端電阻 (terminator)　一種防止訊號在纜線末端反彈回來的電子裝置。

陸上的微波 (terrestrial microwave)　在兩個天線之間傳輸的微波。

粗型乙太網路 (thick Ethernet)　請參考 *10Base5*。

粗型乙太網路 (Thicknet)　請參考 *10Base5*。

三位準，多線傳輸 (three levels, multiline transmission, MLT-3)　一種類似 NRZ-I 的線路編碼技術，不過他使用三個位準的訊號（+、0 和–）。

三路交握 (three-way handshake)　用來建立或中斷連線所進行之一連串事件，它包含提出需求，然後是確認需求，最後是確認的確定。

流通率 (throughput)　多少位元可以用 1 的值行經某個點。

時間段 (time slot)　請參考 *slot*。

分時多工 (time-division multiplexing, TDM)　一種結合來自低速通道的訊號，用來分享高速路徑時間的技術。

時域圖 (time-domain plot)　訊號振幅與時間的圖形表示。

時序 (timing)　一種協定因素，它指出資料何時該被送出以及該以何種速度傳送。

記號 (token)　用在記號傳遞存取方法的小型封包。

記號匯流排 (Token Bus)　一種使用匯流排拓樸以及記號傳遞存取方法的 LAN。

記號訊框 (token frame)　在記號環網路中載送記號的訊框。

記號保存計時器 (token holding timer, THT)　用來表示一部工作站可以傳送資料的最長時間之計時器。

記號傳遞 (token passing)　一種存取方法，其中記號會在網路中繞圈圈，取得記號的工作站才能傳送資料。

記號環 (Token Ring)　一種使用環狀拓樸以及記號傳遞存取方法的 LAN。

記號旋轉計時器 (token rotation timer, TRT)　用來決定記號繞行環一圈所需時間的計時器。

拓樸 (topology)　網路包含實體裝置擺設的架構。

流量控制 (traffic control)　一種在廣域網路塑型和控制交通量的方法。

標尾 (trailer)　附加到資料單元的控制資訊。

傳接器 (transceiver)　一種可進行傳送與接收的裝置。

傳接器纜線 (transceiver cable)　在乙太網路中，將工作站連接到傳接器的纜線。也被稱為附屬單元介面 (AUI)。

轉換 (translation)　將某個編碼或是協定轉變成另一個。

傳輸控制協定 (Transmission Control Protocol, TCP)　在 TCP/IP 協定套件中的傳輸層協定。

傳輸控制協定 / 網際網路協定 (Transmission Control Protocol/Internetworking Protocol, TCP/IP)　一種定義透過網際網路進行傳輸交換的五層協定套件。

傳輸媒介 (transmission medium) 連接兩個通訊裝置的實體路徑。

傳輸路徑 (transmission path, TP) 在 ATM 中，兩個交換器之間的實體連接。

傳輸率 (transmission rate) 每秒傳送的位元數。

傳輸模式 (transmit mode) 在記號環中的一部工作站正在傳送資料的模式。

透通性 (transparency) 以資料傳送任何位元樣式而不會被誤認為控制位元的能力。

透通式橋接器 (transparent bridge) 學習型橋接器的另一個名稱。

傳輸層 (transport layer) OSI 模型中的第四層；負責可靠的端點對端點遞送以及錯誤回復。

調換式加密 (transpositional encryption) 一種字元層級的加密法，它會將字元的位置改變。

樹狀拓樸 (tree topology) 一種工作站都連接到階層式集線器的拓樸。樹狀拓樸是星狀拓樸增加超過一個層級的擴充。

tribit 一種包含三個位元的資料單位。

對流層 (troposphere) 包圍著地球的大氣層。

對流層傳播 (tropospheric propagation) 從天線到天線或是地面到對流層再到地面的視距傳輸。

通道 (tunneling) 一種傳輸技術，其中一個封包或訊框被包裝在另一個封包中（例如，為了安全的考量），並且在目的端被解除包裝。

雙絞線 (twisted-pair cable) 一種包含兩條絕緣導體絞在一起的傳輸媒介。

雙絞線乙太網路 (twisted-pair Ethernet) 使用雙絞線電纜的乙太網路；10Base-T。

U

U **訊框** (U-frame) 一種載送連線管理資訊的無編號訊框。

超高頻 (ultrahigh frequency, UHF) 在 300 MHz 到 3 GHz 範圍之間的無線電波，它利用視距傳播。

無確認非連結導向服務 (unacknowledged connectionless service) 屬於 LLC 的一種非連結導向服務類型，其中目的端並不會確認收到了 PDU。

非導引式傳輸媒介 (unguided medium) 沒有實體界線的傳輸媒介。

單點傳送 (unicast) 將封包只送到一個目的地。

單點傳送位址 (unicast address) 只指定一個目的地的位址。

單向傳輸 (unidirectional transmission) 在一個方向的傳輸。

單極性編碼 (unipolar encoding) 一種數位對數位的編碼方法，其中某個非 0 值代表 1 或 0：其他的位元則是以 0 來表示。

唯一可被解開的編碼 (uniquely decodable code) 在資訊理論中的一種編碼方法，編碼可以很清楚地（不會模稜兩可）被解碼。

UNIX 用在網際網路的作業系統。

無編號的訊框 (unnumbered frame) 請參考 *U-frame*。

無編號的 PDU (unnumbered PDU) 在 LLC 中，PDU 載送管理、控制資訊以及偶而是資料。

無遮蔽式雙絞線 (unshielded twisted-pair, UTP) 一種包含線路被絞成螺旋狀來減少雜訊與串音的纜線。也請參考 *twisted-pair cable* 和 *shielded twisted-pair*。

不具正負號的數字 (unsigned number) 不用正負符號（＋或-）表示的二進位數。

代客上鏈 (uplink) 從地球工作站到衛星的傳輸。

上傳 (uploading) 傳送本地檔案或資料到遠端站臺。

緊急資料 (urgent data) 在 TCP/IP 協定中，必須盡快送到應用程式的資料。

使用者數據包 (user datagram)　在 UDP 協定中的封包名稱。

使用者數據包協定 (User Datagram Protocol, UDP)　一種非連結導向的 TCP/IP 傳輸層協定。

使用者帳號建檔 (user-account documentation)　屬於建置管理的一部分，它可以記錄使用者帳號的改變。

使用者帳號重新建置 (user-account reconfiguration)　屬於建置管理的一部分，負責修改使用者的帳號。

使用者對網路的介面 (user-to-network interface, UNI)　在 ATM 環境中，位於端點（使用者）和 ATM 交換器之間的介面。

V

插入式分接頭 (vampire tap)　一種用在粗乙太網路 (10Base5) 的乙太網路傳收器 (transceiver)。此傳收器被藏在一個像夾子的裝置內，並使用一個尖的金屬插入粗同軸電纜的內蕊。

變動長度碼 (variable length code)　一種編碼的類型，它的編碼長度可以隨著符號的不同而有所變化。

垂直冗位檢查 (vertical redundancy check, VRC)　一種基於每個字元都進行同位元檢查的錯誤檢查方法。

特高頻 (very high frequency, VHF)　在 30 MHz 到 300 MHz 範圍之間的無線電波，它利用視距傳播。

極低頻 (very low frequency, VLF)　在 3 kHz 到 30 kHz 範圍之間的無線電波，它利用地表來傳播。

視訊會議 (video conferencing)　一種可以讓一群使用者透過網路交換資訊的服務。

維格尼爾密碼 (Vignere cipher)　一種多字母代換機制，它使用明碼中的字元位置以及字母中的字元位置。

虛擬電路 (virtual circuit, VC)　在傳送端與接收端電腦之間建立的邏輯電路。這個連線是在兩部電腦進行交握之後建立的。連線完成之後，所有的封包都會遵循相同的路徑並且依序抵達。

虛擬電路識別碼 (virtual circuit identifier, VCI)　ATM 細胞標頭的欄位，被用來識別通道。

虛擬區域網路 (virtual local area network, VLAN)　一種可將區域網路分割成虛擬工作群組的技術。

虛擬路徑 (virtual path, VP)　在 ATM 中，在兩個交換器之間的連線或是一組連線。

虛擬路徑識別碼 (virtual path identifier, VPI)　ATM 細胞標頭的欄位，被用來識別路徑。

虛擬路徑識別碼/虛擬電路識別碼 (virtual path identifier/virtual circuit identifier, VPI/VCI)　這兩個欄位合用可以繞送 ATM 的細胞。

虛擬私有網路 (virtual private network, VPN)　一種技術，它可以允許兩個或多個網路運作起來就像私有的網路，而且可以同時透過網際網路連接起來。這種技術保證在行經網際網路時封包的私密性。

虛擬工作群組 (virtual workgroup)　一組一起工作的使用者，不過他們隸屬不同的部門或區域。

W

分波多工 (wave-division multiplexing, WDM)　將調變的光訊號組合成單個訊號。

波長 (wavelength)　訊號傳播的速度除以它的頻率。

廣域網路 (wide area network, WAN)　一種網路，它所使用的技術可以跨越很長的地理距離。

視窗 (window)　請參考 *sliding window*。

無線通訊 (wireless communication)　使用非導引媒介的數據傳輸。

無線傳輸 (wireless transmission)　請參考 *wireless communication*。

工作群組 (workgroup)　一群進行相同專案的使用者。

索引
Index

七劃

八劃

九劃

十二劃

十三劃

十四劃

十五劃

十六劃

十七劃

十八劃